诺/贝/尔/经/济/学/奖/获/得/者/丛/书

Library of Nobel Laureates in Economic Sciences

不确定状况下的判断

启发式和偏差

Judgment under Uncertainty

Heuristics and Biases

丹尼尔·卡尼曼（Daniel Kahneman）
保罗·斯洛维奇（Paul Slovic）　编
阿莫斯·特沃斯基（Amos Tversky）
方文　吴新利　张擘　等译
方文　校

中国人民大学出版社
·北京·

序　言

本书所代表的有关判断研究的路径，其源头是在20世纪50年代和60年代所发展的三条研究线索：由 xi 米尔（Paul Meehl）所开创的有关临床预测和统计预测的比较；由爱德华兹（Ward Edwards）导入心理学而体现在贝叶斯范式（Bayesian paradigm）中的有关主观概率的研究；由西蒙（Herbert Simon）提供规划并由布鲁纳（Jerome Bruner）提供例证的有关推理启发式和策略的研究。我们的文集也代表了判断研究和另一种心理研究在近期的汇合：由海德（Fritz Heider）作为先驱的有关因果归因和常人心理解释的研究。

米尔的经典著作出版于1954年。他在总结大量证据的基础上得出结论：在预测显著的行为标准时，有关线索的简单线性组合，优于专家的直觉判断。这项研究持久的理智遗产，以及与之相随的激烈论争，也许并不是临床医生在临床预测的工作中表现不佳的明证，正如米尔所指出的，这些工作并非他们所长。

相反，它是在预测任务中人们成功的客观记录和他们对其表现性质的主观信念之间存在实质性偏离的明证。这个结论，并不仅仅局限于临床医生或临床预测：人对自己如何推理以及推理的成效的印象，并不是显而易见的。也许因为临床判断的学生经常用自己和朋友作为研究对象或被试，他们对错误和偏差的解释，往往是认知性的，而不是心理动力学的：是错觉而不是幻觉，作为错误和偏差的模板。

由于爱德华兹和其助手把贝叶斯观念导入心理学的研究中，心理学家第一次被提供了在不确定状况下有关最优绩效的完全清晰的模型，援用这
xii 个模型，可以比较人的判断。在对不确定状况下的判断研究中，人的判断和规范模型之间的匹配，成为一个主要范式。毋庸置疑，它导致对归纳推理易犯的偏差以及可校正的方法的关注。这种关注，反映在本书所选择的大部分文章中。然而，早期的大部分研究采用规范模型来解释人的绩效，但又引用不同的过程来解释与最优性（optimality）的偏离。与之相反，有关判断启发式的研究，则依据同样的心理过程，致力于解释正确和错误的判断。

认知心理学新范式的突现，对判断研究有深远的影响。认知心理学关注内在过程和心理限度，以及内在过程受心理限度所形塑的方式。在这一脉络中，概念研究和经验研究的早期例证，是布鲁纳和其助手对思维策略的研究以及西蒙对推理启发式和有限理性（bounded rationality）的研究。布鲁纳和西蒙都关注能降低判断任务复杂性的简单化策略（strategies of simplification），从而使人所拥有的心智能驾驭这些任务。本书所包含的大部分研究，受同样的关注所激发。

近年来，大部分研究已致力于揭示判断启发式，探索其后果。本书提供了这一研究路径的完备样本。它汇集了为本文集专门撰写的新评论，以及已出版的有关判断和推理的论文。尽管判断和决策之间的界限并不总是很清晰，我们这里专注于判断而不是选择。决策的主题足够重要，从而需要由另一本书来处理。

本书分成十个部分。第一部分，包含有关直觉判断的启发式和偏差的早期评论；第二部分，则具体关注代表性启发式（the representativeness heuristic)；而在第三部分中，它被拓展至因果归因的问题；第四部分，描述便利性启发式（availability heuristic）及其在社会判断中的角色；第五部分，则覆盖有关协方差（covariation）的知觉和学习的问题，并且详尽说明在常人和专家的判断中存在伪相关；第六部分，讨论概率评估的度量，并且证明在预测和解释中普遍存在的信心过分（overconfidence）的现象；第七部分，讨论与多阶段推理有关的偏差；第八部分，评论校正和改善直觉推理的正式和非正式的程序；第九部分，在特定的关注领域即风险知觉领域中，总结有关判断偏差的效应的研究；而最后的部分，则包括与启发式和偏差研究有关的概念和方法论难题的当前思考。

为方便起见，所有参考文献置于书后。文中的黑体数字，是指本书所引的材料在该书中的章节序号。我们用省略号（……）来指代所选文章的删节部分。

xiii

在准备本书的过程中，我们的研究工作得到如下资助：海军研究办公室给斯坦福大学的资助（N00014-79-C-0077）以及海军研究办公室给决策研究（Decision Research）的资助（N0014-80-C-0150）。

我们感谢下列人士在本书准备过程中所给予的帮助：Peggy Roecker、Nancy Collins、Gerry Hanson 和 Don MacGregor。

卡尼曼（Daniel Kahneman）
斯洛维奇（Paul Slovic）
特沃斯基（Amos Tversky）

目　录

第一部分　引论

第二部分　代表性

第三部分　因果性和归因

第四部分　便利性

第五部分　共变和控制

第六部分　过分的信心

第七部分　多阶段评估

第八部分　校正程序

第九部分 风险知觉

第十部分 附录

第一部分

引 论

第1章　不确定状况下的判断：启发式和偏差

特沃斯基和卡尼曼（Amos Tversky and Daniel Kahneman）

许多决策基于不确定事件的可能性的信念，这些事件包括诸如一次选举的结果、被告的罪行或美元的未来价值。这些信念，常常以这样的陈述表现出来："我认为……""机会是……"或"它是不可能的……"诸如此类。偶尔，有关不确定事件的信念，以数字形式如几率（odds）或主观概率（subjective probabilities）来表达。这些信念的决定因素是什么？人们如何估计不确定事件的概率或者不确定量值的数值？本章将表明人们依赖数目有限的启发式原则，以把概率估计和数值预测的复杂任务降低为较简单的判断操作。通常，这些启发式原则很有用，但有时，它们也会导致严重的和系统的错误。 3

概率的主观估计，与物理量值如距离或尺寸的主观估计类似。这些判断，都基于效度有限的数据或资料，其加工依据启发式规则。例如，物品的表面距离部分受制于其明晰度。物品看起来越清晰，似乎越近。这个规则有一定效度，因为在任何给定的视域中，较远的物品比之较近的物品，看起来更不清晰。然而，在对距离的估计中，依赖这个规则，会导致系统的错误。尤其在能见度很差时，距离会被高估，因为物品的轮廓很模糊。而另一方面，在能见度很好时，距离会被低估，因为物品的轮廓很清晰。因此，依靠明晰度作为距离的指标，会导致惯常的偏差（biases）。而这些偏差，也会在直觉性的概率判断中被发现。本章将描述被用来估计概率和预测数值的 3 种启发式。我们将清查这些启发式所导致的偏差，并且讨论这些研究报告的应用和理论内涵。

一、代表性

人们所关注的许多概率问题，都可归于下列类型中的一种：物品 A 属于类别 B 的概率是多少？事件 A 源于过程 B 的概率是多少？而过程 B 产生事件 A 的概率又是多少？在回答这些问题时，人们典型地依赖代表性启发式，即 A 代表 B 的程度或者 A 类似 B 的程度，来评估概率。例如，当 A 高度代表 B 时，A 源于 B 的概率，就被判断或认为是高的。另一方面，如果 A 和 B 并不类似，A 源于 B 的概率，就被认为是低的。

为了详细说明依据代表性的判断，请考虑这样的一个人，他以前的邻居对他的描述如下："斯迪夫，害羞而畏缩，乐于助人，但对人或事没有多少兴趣。一个温顺而清洁的灵魂。他渴望秩序和结构，对细节充满激情。"人们如何从一列可能的职业名单（如农民、商人、驾驶员、图书管理员或物理学家）中推测他的特定职业？按照可能性的高低，如何排列这些职业？依照代表性启发式，斯迪夫是图书管理员的概率，通过他代表或类似图书管理员的刻板观念（stereotype）的程度，而被评估。事实上，这一类问题的研究已经证明，人们用同样的方式通过概率和相似度（similarity）来排列职业（Kahneman & Tversky, 1973, **4**）。这种概率判断的路径，会导致严重的错误，因为相似度或代表性，并不受影响概率判断的几个因素的制约。

1. 对结果的先验概率不敏感

对代表性没有影响但对概率有主要影响的一个因素，就是结果的先验概率（prior probability），或者是结果的基率频率（base-rate frequency）。就斯迪夫的例子而言，在总体人口中，农民比图书管理员要多得多，而这个事实，应该在推断斯迪夫是个图书管理员而不是农民的概率时，被合理地考虑到。然而，基率频率的考虑，并不影响斯迪夫和图书管理员或农民的刻板观念之间的相似性。因此，如果人们通过代表性来估计概率，先验概率会被忽视。我们在一个实验中检验了这个假设，在其中，先验概率被操纵（Kahneman & Tversky，1973，**4**）。给被试呈现几个人的概要人格描述， 5
他们被宣称是从由工程师和律师组成的 100 人的群体中随机抽取的。要求被试基于每个描述来推测他是工程师而不是律师的概率。在一种实验条件下，告知被试群体中有 70 个工程师和 30 个律师；在另一种实验条件下，告知被试群体中有 30 个工程师和 70 个律师。在第一种条件下，任何特定描述属于工程师而不是律师的几率都要高，因为其中工程师是多数。应用贝叶斯规则，每个描述的几率比率是 $(0.7/0.3)^2$ 即 5.44。但结果严重违背了贝叶斯规则，两种条件下的被试的概率判断，本质上相同。很明显，被试评估特定描述是属于工程师而不是律师的可能性，是依靠这个描述对两种刻板观念的代表性状况来进行的，而没有关心范畴或类别的先验概率。

而当被试没有其他信息时，他们会正确地利用先验概率。没有概要的人格描述，他们在两种不同的基率条件下，依次判断特定对象是工程师的概率为 0.7 和 0.3。而当描述甚至是完全无用的描述被引入后，先验概率则被严重地忽视。对下列描述的反应，证明了这种现象：

> 迪克 30 岁，已婚无子女。他能力强，有干劲，想在自己的领域中成就一番事业。他受同事喜爱。

这个描述，本意上不包含与迪克是工程师还是律师有关的任何信息，结果应该是迪克作为工程师的概率和群体中工程师的比率相等，正如没有人格描述的那样。但被试不管群体中工程师的比率是 0.7 还是 0.3，都把迪克是工程师的概率判断为 0.5。显然，在面对无证据或无用证据的情形时，人们的反应不同。没有特定证据时，人们会恰当地利用先验概率；而有无用证据时，人们会忽视先验概率（Kahneman & Tversky，1973，**4**）。

2. 对样本规模不敏感

在从特定整体抽出的样本中，为了评价特定结果所获得的概率，人们
6 典型地应用代表性启发式。或者说，他们通过这个结果和对应参数（即男人整体中的平均身高）的相似性，来评价样本结果的可能性，如 10 个男人的随机样本的平均身高是 6 英尺（183 厘米）的可能性。样本指数（statistic）和整体参数的相似性，并不依赖于样本规模。因此，如果概率由代表性来评价，那么，所判断的样本指数的概率，本质上就独立于样本规模。事实上，当被试评价不同规模的样本的平均身高的分布时，他们得出同样的分布。例如，无论样本规模是 1 000、100 还是 10，要获得男人平均身高高于 6 英尺的概率，对他们而言是一样的（Kahneman & Tversky, 1972b, 3）。并且，甚至在强调样本规模在问题中的重要性时，被试也不能体会到它的作用。请思考下面的例子：

> 某镇有两个医院，大医院每天约 45 名婴儿出生，小医院每天约 15 名婴儿出生。众所周知，约 50% 的婴儿是男孩。但每天男孩出生的实际比例都不一样，有时高于 50%，有时低于 50%。
>
> 在一年内，每家医院都记录新生儿中男孩比例大于 60% 的天数。请问你认为哪家医院会记录更多这样的天数？
>
> 大医院（21）
>
> 小医院（21）
>
> 大致相同（也就是在 5% 的范围内）（53）

括号中的数值，是选择该答案的大学生被试的数目。

大部分被试认为，60% 以上的新生儿是男孩的概率，在大医院和小医院都是一样的。这似乎是因为这些事件是用同样的指数来描述的，因此也同样代表一般的整体。相反，抽样理论，则要求 60% 以上的新生儿是男孩的天数，更可能是在小医院中发生的，因为大样本更不可能偏离 50%。这种基本的统计观念，很显然，并不是人的直觉全域（repertoire of intuitions）的一部分。

在后验概率（posterior probability）——从一个整体而不是另一个整体中抽取样本的概率——的判断中，也发现了类似的漠视样本规模的现象。请思考下面的例子：

> 想象一个容器装满小球，其中 2/3 是一种颜色，1/3 是另一种颜色。一个人从容器中拿出 5 个球，结果发现 4 个是红的，1 个是白的。7
> 另一个人从容器中拿出 20 个球，结果发现 12 个是红的，8 个是白的。谁会对“容器里的球 2/3 是红的而 1/3 是白的”更有信心，而不是相反？每个人给出的几率应该是多少？

在这个问题中，如果假设同样的先验概率，那么正确的后验几率对 4：1的样本而言是 8 对 1，而对 12：8 的样本而言则是 16 对 1。然而，大多数人则认为第一个样本提供了更强的证据，支持容器中有更多红球的假设，因为红球的比例在第一个样本中比在第二个样本中更大。直觉判断在这里再次受样本比例的主宰，且本质上不受样本规模的影响，而样本规模在决定实际的后验几率中，扮演决定性的角色（Kahneman & Tversky，1972b，**3**）。并且，后验几率的直觉估计，并不比正确值极端。在这一类的问题中，不断观察到低估证据影响的现象（Edwards，1968，**25**；Slovic & Lichtenstein，1971）被称为“保守主义”。

3. 误解机会

人们期望由随机过程而产生的事件序列，甚至是很短的序列，也能代表这个过程的本质特征。如考虑硬币抛掷正面或反面出现的情况，人们会认为序列正—反—正—反—反—正比正—正—正—反—反—反更可能发生，因为后者似乎不随机；它也比正—正—正—正—反—正更可能发生，因为后者并没有代表硬币的公正性（fairness）①（Kahneman & Tversky，1972b，**3**）。因此，人们期望一个过程的本质特征，不仅表现在其整体序列中，而且也表现在其局部的部分序列中。然而，局部的代表性序列会系统地偏离

① fairness 在这里有双关之义。一指没有磨损的好硬币；二指好硬币在抛掷过程中正面或反面出现的机会，应公平。——译者注

机会预期：它包含太多的变化和太少的簇（runs）。而局部代表性的信念的另一后果，就是著名的赌徒谬误（gambler's fallacy）。例如，在轮盘赌中，看到一长串的红色之后，大多数人错误地相信现在应该是黑色了，似乎因为较之于再出现一个红色，黑色的出现，将会导致一个更有代表性的序列的出现。机会，通常被看成是自我校正的过程，其中一个方向的偏离，将诱发相反方向的偏离以维持平衡。事实上，正如机会过程所显示的，偏离不会被“校正”，仅仅被稀释。

对机会的误解，并不局限于普通的被试。一项由有经验的研究心理学家从事的关于统计直觉的研究（Tversky & Kahneman，1971，**2**），揭示出可称之为“小数律”（law of small numbers）的持久的信念。依照小数律的信念，即使是小样本，它也高度代表由此而产生的整体。这些研究者的回答，反映了这样的一种预期：有关整体的有效假设，无论在多大规模的样本中，
8 都会通过统计上有显著意义的结果而被表征。其结果是，研究者过分关注小样本的结果，而全然高估这些结果的可复制性或可重复性（replicability）。在实际研究中，这种偏差导致对不充分规模的样本的选择，以及对结果的过分解释。

4. 对可预测性（predictability）不敏感

人们经常要进行数值预测，如一只股票的走势、一件商品的需求量或者一场足球赛的结果。这些预测，也常常依靠代表性。如给你一份公司的描述，要求你预测其未来的利润。如果公司描述很诱人，那么高利润似乎最有代表性；如果描述很差，那么很差的业绩将显得最有代表性。描述诱人的程度，并不受描述信度的影响，也不受预测精确度的影响。因此，如果仅仅依据精彩的描述来进行预测，其预测将对证据的信度不敏感，也对预测的预期精确性不敏感。

这种判断模式，违背了规范的统计理论，根据规范的理论，极值和预测区间，可以根据预测值推断。当可预测性为零时，应该在所有情形下进行同样的预测。例如，如果公司描述没有提供与利润有关的任何信息，那么，对所有的公司应该预测同样的数值如平均利润。当然，如果可预测性是完备的，那么，所预测的价值会匹配其实际价值，而预测的范围，也会

等同于实际结果的范围。通常而言，可预测性越高，所预测的价值的范围越大。

一些数字预测的研究已经表明靠直觉预测违背上述原则，被试很少或没有考虑可预测性（Kahneman & Tversky, 1973, **4**）。在其中的一项研究中，给被试呈现几段文字，每段文字描述一个实习老师（a student teacher）在一实习课程中的表现。一些被试被要求用百分制来评价所描述的课程相对于特定总体的质量；而其他被试被要求也用百分制分数来预测每个实习老师在 5 年后的表现。两种条件下的评价是一样的。也就是说，对遥远尺度的预测（5 年后一个老师的成就），和对当前预测所基于的信息（即实习课程的质量）的评价是一样的。而进行预测的这些被试，毫无疑问地意识到 9
基于 5 年前的一次实习课程来对教学能力进行预测，其可预测性是有限的；尽管如此，其预测和其评价一样极端。

5. 效度错觉

我们已经指出，人们经常通过选择输入信息（如一个人的描述）中最有代表性的特征（如职业）来进行预测。他们在预测时所拥有的信心主要依赖于代表性的程度，亦即所选择的特征和输入信息之间匹配的质量，而很少或没有关注限制预测精确性的因素。因此，在面对与图书管理员的刻板印象相符的人格描述时，人们很有信心地将其预测为图书管理员，即使这种描述很单薄、不可信或者已过时。由预测特征和输入信息之间的良好吻合而产生的无保证的信心，可称为效度错觉。这种错觉，即使在判断者意识到存在限制其预测精确性的因素时，仍会继续。进行选择访谈（selection interview）的心理学家，常常在其预测中有足够的信心，即使他们确知有大量的文献表明选择访谈是高度不可靠的，而这已成为公开的秘密。尽管持续有证据证明选择访谈的不恰当性，但临床上对它的依赖充分地证实了这种效应的强度。

输入信息的内在一致性，是人们预测有信心的主要决定因素。例如，有两个大学生，第一个学生一年级的绩点都是 B，而第二个学生有许多 A 和 C，如要预测学生在大学期间整体的平均绩点，人们对第一个学生会更有信心。当输入变量是冗余的或高度相关的时候，最易观察到高度一致的输入信息。因此，在基于冗余的输入变量进行预测时，人们似乎信心更大。然而，相关统计学的基本结果指出，如果给定输入变量的确切效度，基于这些变量进行的预测，在它们相互独立而不是冗余或相关时，能获得更高的精确性。因此，变量间的冗余性（redundancy），虽然提高了预测信心，但它降低了预测精确性；而人们的预测信心，常常超出人的能力（Kahneman & Tversky, 1973, **4**）。

6. 误解回归

假设用能力测验的两个等价版本对一大群儿童进行能力测试。如果你
10 从中挑出10个儿童，他们在其中一套测验中表现优秀，那么你会发现这些儿童在另一套测验中的表现有些令人失望。相反，如果从中挑出的10个儿童在其中一套测验中表现很差，那么你会发现这些儿童在另一套测验中的表现就平均而言会有进步。普遍而言，设想两个变量 X 和 Y，它们有同样的分布。如果所选择的一些个体，在 X 的平均分数上偏离 X 的均值 k 个单位，那么，它们在 Y 的平均分数上通常会反方向地偏离 Y 的均值 k 个单位。这些观察表明向均值回归的普遍现象，它首先是由高尔顿（Galton）在100多年前证明的。

在正常的生命历程中，人们会碰到许多向均值回归的例证，如父亲和儿子身高的比较、丈夫和妻子智力的比较，或个体在连续的测验中成绩间的比较。然而，人们对这种现象并没有发展出正确的直觉。首先，人们在许多肯定会发生回归的语境中，并没有预期回归的发生；其次，在他们确认回归的发生时，常常对之创造虚假的因果解释（Kahneman & Tversky, 1973, **4**）。我们主张回归现象不易把握，是因为它和这种信念并不相容，而这种信念就是：所预测的结果，应该最大限度地代表输入信息。因此，结果变量的数值，也应该和输入变量的数值一样极端。

正如下面的研究（Kahneman & Tversky, 1973, **4**）所证明的，没有意识到回归的意义，会产生有害的后果。在有关飞行训练的讨论中，有经验的教练发现赞扬一次平滑的着陆，通常会伴随下一次糟糕的着陆；而对糟糕着陆的严厉批评，则常常会伴随下一次着陆的改善。这个教练得出这样的结论：与广为接受的心理学定律相对立，言语奖赏对学习是有害的，而言

语惩罚则是有益的。但这个结论是没有根据的，因为存在向均值的回归。正如在重复测验的案例中那样，好的成绩经常会伴随差的表现，而差的表现却常常伴随好的成绩，即使教练对学员第一次的成绩并没有作出任何反应。因为教练在其学员良好着陆后给予赞扬而在糟糕着陆后进行批评，他们会得出错误而有害的结论，即惩罚比奖赏更有效。

因此，理解回归（regression）效应的失败，导致人们高估惩罚的有效性和低估奖赏的有效性。在社会互动和训练中，表现好时，通常会给予奖赏，而表现差时，通常会给予惩罚。因此仅仅通过回归，惩罚之后行为更 *11*
可能改善，而在奖赏之后行为可能更糟。其结果是人们碰巧在惩罚他人时经常得到奖赏，而在奖赏他人时经常得到惩罚。而人们则常常意识不到这种偶然关系（contingency）。事实上，回归在决定奖赏和惩罚这一明显后果中难以辨别的作用，似乎逃脱了这个领域的学者的注意。

二、便利性

有许多这样的情景，人们通过能想到的例证或事件发生的容易性（ease）来评估这类事件发生的频率或概率。如人们通过回忆其熟人中心脏病的发生情况来评估中年人患心脏病的风险。类似地，通过想象可能遭遇的种种困难，评估一个给定的企业会失败的概率。这种判断启发式，被称为便利性。在评价频率或概率时，便利性是一条有用的线索，因为与较小可能的类别的例证相比，我们能更好和更快地接近或获得较大可能的类别的例证。然而，便利性受频率和概率之外的其他因素的影响，因此，对便利性的依赖会导致预测的偏差，其中一些，在下面予以详细说明。

1. 由例证的可提取性而引发的偏差

当通过其例证的便利性来判断类别的规模时，其例证容易提取的类别，比之频率相同但其例证更难提取的类别，数量上显得更多。在证明这个效应的一项基本研究中，让被试听到一串著名男女的名单，然后要求他们判断这一串名字中是否男人比女人多。不同的名单呈现给不同的被试组。在一些名单中，男人比女人更有名，而在其他名单中，女人比男人更有名。结果表明，在每个名单中，被试都错误地进行判断：名人更多的类别（性别），数目更多（Tversky & Kahneman，1973，**11**）。

除熟悉性（familiarity）之外，还有其他因素如显著性（salience），会影响例证的可提取性（retrievability）。例如，目睹房子着火对这类事件主观概率的影响，比之在当地报纸上读到此类事件可能要大。并且，近期的事件比早期的事件，可能会更为便利地提取。众所周知，目睹翻车事故后，主观上认为发生交通事故多的概率会暂时地升高。

12 **2. 由搜索集的有效性而引发的偏差**

设想你从英文文本中随机抽出一个词（它有 3 个字母或更多）。第 1 个字母是 *r* 的词还是第 3 个字母是 *r* 的词哪种更有可能？在处理这个问题时，人们得通过回忆以 *r* 打头的词（如 road）和第 3 个字母是 *r* 的词（如 car），并且通过能回忆起这两类词的容易性来评估它们的相对频度。因为用第 1 个字母比用第 3 个字母来搜索单词要容易得多，大多数人会判断以某个辅音打头的词比第 3 个字母是这个辅音的词要多。而实际上，第 3 个字母是 *r* 或 *k* 的英文单词，要多于第 1 个字母是 *r* 或 *k* 的英文单词（Tversky & Kahneman，1973，**11**）。

不同的任务激发不同的搜索集（search sets）。如果要你来评定书面英文中抽象词（如思想或爱）与具体词（如门或水）的频度，回答这个问题的自然方法，是去搜索这些词会出现的语境。想到提及抽象词如爱情故事中的爱的语境，似乎比想到提及具体词如门的语境，要容易些。如果单词的频度是通过它们所出现的语境的便利性来判断的，那么，抽象词会被认为比具体词要多。近期的一项研究（Galbraith et al.，1973）发现了这种偏差。这项研究证明，尽管客观频度相同，抽象词的频度，被认为比具体词要多得多。

3. 想象力的偏差

有时，人们要评估一类事件的频率，这类事件在脑海中无法找到实例，却可以依照一定的规则来推断。在这些情况中，人们通常通过相关的容易被建构的例证来形成想要评估的例证并评估其频率或概率。然而，例证建构的容易性并不总是反映实际的频率，这种评价模式易导致偏差。例如，一个 10 人的群体，他们要组成有 *k* 个成员的委员会，其中 *k* 在 2 和 8 之间。

可组成多少个有 k 个成员的委员会？这个问题的正确答案，是由二项系数 $\binom{10}{k}$ 给定的，当 k 为 5 时，其极大值为 252。很明显，有 k 个成员的委员会的数目，等于有（$10-k$）个成员的委员会的数目，因为任何有 k 个成员的委员会，也界定了（$10-k$）个非成员的独特群体。

如果不通过计算来回答这个问题，就要通过心理估算来建构有 k 个成员的委员会，并且通过他们能想到的简单的办法来估计其数目。成员较少 13
如 2 个人的委员会，比成员较多如 8 个人的委员会更可行。

最简单的委员会建构的图式，就是把群体分割为不同的集合（disjoint sets）。你会看到，很容易建构有 2 个成员的 5 个不同的委员会，但几乎不可能产生有 8 个成员的即使是 2 个不同的委员会。结果，如果频率通过想象力或者建构的便利性来估计，小委员会比大委员会似乎更多，而与正确的钟形函数相对立。实际上，要求普通被试来估计不同规模的委员会的数目时，其估计是委员会规模的单调减函数（decreasing monotonic function）（Tversky & Kahneman，1973，**11**），如 2 个成员的委员会的中位值为 70，而 8 个成员的中位值为 20，但两者的正确答案都是 45。

而在现实生活中，想象力在概率评估中扮演重要的角色。例如，探险的风险，是通过能想象到的但无法应对的偶然事件来评估的。如果对这些困难的描绘栩栩如生，那么这次探险将显得格外艰难。尽管很容易想象这些灾难，但这并不反映其实际可能性。相反，如果一些可能的困难很难被意识到，或没有想到，那么风险性会被完全低估。

4. 伪相关

在判断同时发生的两个事件的频率时，查普曼等（Chapman et al.，1969）发现了一种有意思的偏差。他们给普通被试呈现与几种假想的心理病人有关的信息。每个病人的资料，包括一份临床诊断和这个病人所画的人像图。然后，被试要估计每种诊断（如妄想狂或疑症）和人像图中不同特征（如奇怪的眼睛）的频率。被试明显地高估自然联想物（如疑症和奇怪的眼睛）之间共同发生的频率。这种效应被称为伪相关（illusory correlation）。在对自己所接触的资料的错误判断中，普通被试“重新发现”许多普遍而没有根据的临床信条（lore），而这些信条，与“画人测验”（the draw-a-person test）的解释有关。伪相关效应，极端地抗拒相互矛盾的资料。即使症状和诊断之间实际存在负相关时，它还会维持；并且，它使判断者无法觉察所存在的真实关系。

便利性也为伪相关提供了自然的解释。对两个事件同时发生的频率判断，基于两者之间相关联的强度。当关联很强时，人们可能会确信两个事
14 件常常会同时出现。因此，强关系常常被判断为同时发生。依照这种观点，如疑症和奇怪的眼睛之间的伪相关是因为疑症更多地与眼睛而不是身体的其他部分有关联。

人生的经验告诉我们，通常，发生频率高的事件比频率低的事件能回忆得更好和更快；可能的事件比之不可能的事件，更容易想象；而当事件经常同时发生时，事件之间的关联性得以增强。其结果是人们在推测类别的量值、事件的可能性和事件共同发生的频率时，基于容易实施的心智操作如提取、建构和联想，随意使用便利性启发式的程序。然而，正如前面的研究所证明的，这种有价值的推测程序，会导致系统错误。

三、调适和初始化

在许多情景中，人们的推测，是以初始值为参照而获得最终答案的。初始值，或出发点，可以理解为确定问题的明确表达，也可作为部分计算的结果。但在任何情形下，调适（adjustments）显然都是不充分的（Slovic et al., 1971）。也就是说，不同的出发点产生不同的推测，它偏向初始值。我们称之为初始化（anchoring）。

1. 不充分的调适

在证明初始化效应的一项研究中，被试被要求用百分制来估计种种量值，如非洲国家在联合国中所占席位的百分值。当被试在场时，通过转动幸运轮盘来确定一个初始数字，它在 0 和 100 之间。让被试首先指出这个初始数字是大于还是小于所估计的量值，然后从这个初始数字开始向上或向下移动转盘来估计量值。不同的被试群体，被给予不同的初始数字，而这些武断的数字对估计有显著的影响。例如，对得到的初始数字为 10 和 65 的两个群体而言，非洲国家在联合国中所占席位的中位估值，依次为 25 和

45。对于估计尽量精确的要求，也没有降低初始化效应。

初始化效应，不仅发生在被试被给予出发点的时候，而且发生在被试 15
的推测基于不完备计算的结果的时候。对直觉性的数值估计的研究，证明了这种效应。两组高中生要在 5 秒钟以内估计写在黑板上的数值。一组估计的数值如下：

$$8 \times 7 \times 6 \times 5 \times 4 \times 3 \times 2 \times 1$$

而另一组估计的数值如下：

$$1 \times 2 \times 3 \times 4 \times 5 \times 6 \times 7 \times 8$$

要迅速地回答这样的问题，人们得计算几步，然后通过外推（extrapolation）或调适来推测结果。因为调适明显不充分，这种程序会导致低估。并且，就最初几步乘积（从左到右）的结果而言，第 1 个下降的数字序列高于第 2 个上升的数字序列，因此，对第 1 个序列的数值判断，应大于对第 2 个序列的数值判断。这两种预测，都得以证实。对上升序列的中位估值为 512，而对下降序列的中位估值为 2 250。但正确值为 40 320。

2. 在评估连续事件和非连续事件时的偏差

巴-希勒尔在近期的研究中（Bar-Hillel，1973），给被试机会在两个事件中打赌。研究采用了 3 类事件：（1）简单事件，如从装有一半红色一半白色弹珠的包中拿出一个红色弹珠；（2）连续事件，如连续 7 次从装有 90% 红色 10% 白色弹珠的包中拿出一个红色弹珠；（3）非连续事件，如在连续 7 次的尝试中至少有一次从装有 10% 红色 90% 白色弹珠的包中拿出一个红色弹珠。就这个问题而言，绝大部分被试偏好压赌连续事件（其概率为 0.48）而不是简单事件（其概率为 0.50）；被试也偏好压赌简单事件而不是非连续事件（其概率为 0.52）。因此，在两种比较中，被试倾向于压赌较小可能性的事件。这种选择模式证明了一个普遍的发现。对赌博和概率判断中的机会的研究表明，人们倾向于高估连续事件的概率（Cohen et al.，1972，**24**），而低估非连续事件的概率。基本事件的既定概率（即任一阶段的成功），为连续和非连续事件的概率推测提供了基本的出发点。因为从出发点的调适明显不充分，因此在两种情形下，最后的推测，也都接近基本事件的概率。请注意连续事件的整体概率（the overall possibility），低 16

于每个基本事件的概率；而非连续事件的整体概率，则高于每个基本事件的概率。而作为初始化的结果，连续问题中的整体概率将被高估，而非连续问题中的整体概率将被低估。

在计划（planning）的语境中，评估复合事件时的偏差，尤其显著。成功完成一项艰巨任务如开发新产品，明显地具有连续（事件）的特征：为了任务的成功，每个事件必须发生。即使每个单一事件很可能成功，但如果事件数目大时，整体的成功概率仍然很小。因此，在评估计划成功的可能性或者项目能否按期完成的可能性时，高估复合事件的概率的普遍倾向，会导致无谓的乐观主义。相反，非连续结构，通常会遭遇风险评价。复杂系统如原子反应堆或人体，如果其任一基本部分功能失调，其整体功能也会失调。即使每一部分的失败可能性很小，如果包含很多部分，其整体失败的概率仍然很大。由于初始化，人们会倾向于低估复杂系统失败的概率。因此，初始化偏差的方向，有时可从事件的结构中推演出来。连续事件的链式结构，导致高估；而非连续事件的漏斗式结构（the funnel-like structure）则导致低估。

3. 在评估主观概率分布时的初始化

在决策分析中，专家常常被要求表达对某种量值的信念，如某一天以概率分布的形式呈现出的道-琼斯平均指数。这种分布的建构，常常是通过专家所选择对象的不同数值，而这些数值，对应于其主观概率分布的百分位（percentiles）。例如，判断者也许被要求选择一个数字如 X_{90}，这意味着他认为这个数字高于道-琼斯平均指数的主观概率是 0.90。也就是说，他选择 X_{90}，所以他愿意接受 9 对 1 的几率，认为道-琼斯平均指数不能超过这个数值。根据几个对应于不同百分位数的这种判断，我们能够构造出道-琼斯平均指数的主观概率分布。

通过收集许多不同量值的主观概率分布，就有可能检验判断者的度量或校准（calibration）是否合适。在一组问题中，待估量值（assessed quan-
17 tity）的真实值，恰好有 Π% 落在他给出的 X_{Π} 值之下，那么该判断者被正确（或者外部）校准。例如，1% 的量值，真实值应该落在 X_{01} 之下，并且 1% 的量值，真实值在 X_{99} 之上。因而，有 98% 的问题，真实值应该落在置

信区间 X_{01} 到 X_{99} 之间。

几位研究人员（Alpert & Raiffa，1969，**21**；Staël von Holstein，1971b；Winkler，1967）根据大量的判断者已经得到许多量值的概率分布。这些分布表明，它们与合适的校准之间存在巨大而系统性的偏差。在大多数研究中，对于大约 30% 的问题，待估量值的实际值，或者小于 X_{01}，或者大于 X_{99}。也就是说，被试给出的置信区间过小，与他们关于待估量值的知识所能证明的相比，置信区间反映出更大的确定性。经验较少的被试和老练的被试，同样存在这种偏差，并且合适的记分规则的引入，也不能够消除这种偏差，而记分规则为外在校准提供了刺激（incentive）。这种效应至少部分可归因于初始化。

例如，为了选择 X_{90} 为道-琼斯平均指数的数值，通常一开始就考虑它对道-琼斯的最佳估计值，然后向上调节这个数值。如果这种调节——和大多数其他调节一样——不充分，那么 X_{90} 就不会足够大。一种类似的初始化效应，出现在 X_{10} 的选择上，据推测向下调节它的最佳估计值能够得到 X_{10}。结果，置信区间 X_{10} 到 X_{90} 将会太小，而待估量值的分布，将会过于高耸（tight）。为了支持这种解释，有一种程序能够系统地改变主观分布，在这种程序中，最佳估计值并不作为初始值。

有两种不同的方法，能够得到给定量值（如道-琼斯平均指数）的主观概率分布：（i）要求被试选择与他的主观概率分布的指定百分位数相对应的道-琼斯数值，（ii）要求被试估计真实值将会超过指定数值的概率。这两种程序在形式上是等同的，因此应该产生相同的分布。然而，它们暗示的是对于不同初始值的不同调节模式。在程序（i）中，通常的起始点，是对变量的最佳估计值。在程序（ii）中，被试的注意力，可能一开始就被固定在问题中给出的数值上；或者，被试可能一开始就被固定在半分比率（even odds）或者 50－50 概率上，它是可能性估计中通常的起始点。在任何一种情况下，程序（ii）得到的几率与程序（i）相比，都更不极端。

为了对比这两种程序，向一组被试出示一组 24 个量值（例如新德里到北京的空中距离），每一个问题让被试估计 X_{10} 或者 X_{90}。另外一组被试，得到的是第一组关于 24 个量值中每一个量值判断的中位数。他们被要求估计每一个给定数值超过相应量值的真实值的几率。在没有任何偏差的情况下，第二组应该检索出指定给第一组的几率，也就是9∶1。然而，如果半分比18 率或者给出的数值充当初始值，那么第二组的几率应该更不极端，也就是说，接近于1∶1。实际上，所有问题，第二组给出的几率中位数都是3∶1。当测试两个组的判断确定外部校准时发现，与早期的研究一致，第一组中的被试非常极端。实际上，他们规定的概率为0.10的可能性事件在24%的个案中实现了。与此相对，第二组的被试过于保守，他们指定的平均概率为0.34的可能性事件，实际上在26%的个案中实现了。这些结果，说明了校准的程度依赖于启发程序（the procedure of elicitation）的方式。

四、讨论

本章关注认知偏差，而这些偏差源于对判断启发式的依赖。不能把这些偏差归结为动机性的影响，如有意的思考或者由收益和惩罚而引发的判断的歪曲。事实上，尽管鼓励被试要尽量准确，并且其正确回答会有奖赏，前面所报告的严重的判断错误，仍然存在（Kahneman & Tversky，1972b，**3**；Tversky & Kahneman，1973，**11**）。

对启发式的依赖和偏差的普遍存在，并不仅仅局限于普通人。有经验的研究者，也容易在其直觉思考时犯下同样的错误。例如，在统计学上有良好训练的个体，在其直觉判断时，也存在这种倾向：在预测最能代表资料的结果时，没有充分地关注先验概率（Kahneman & Tversky，1973，**4**；Tversky & Kahneman，1971，**2**）。虽然有丰富的统计知识的个体，能避免基本错误如赌徒谬误，但在更为复杂、透明度更小的问题上，他们的直觉判断，也会犯同样的谬误。

毫不奇怪，有用的启发式如代表性和便利性，可以保持，即使它们在预测和估计时会偶尔导致错误。而令人惊异的是，人们不能从其人生经验中推论出如此基本的统计规则，如向均值回归，或者样本规模对抽样变异的影响。虽然在正常的生命历程中，每个人都碰到无数的例子，从中应该能归纳出这些抽样和回归原则，但很少有人能独自发现这些原则。例如，人们不能发现英文课文中相连行之间的字词的平均字母数，比之相连页之间的字词的平均字母数，变异更大，仅仅因为他们没有注意单行或单页的字词的平均字母数。因此，人们并没有知悉样本规模和抽样变异性之间的关系，尽管为这种学习而提供的资料是丰富的。19

缺乏合适的编码可以解释人们为什么常常不能在其概率判断中觉察到偏差。人们应该确切了解其判断是不是外在度量的，通过在要分配同样概率的事件中保持实际发生的事件的比例。然而，通过他们所判断的概率来分类组合事件，并不合适。在缺乏这种分类组合的时候，个体不可能发现他所分配的概率为 0.9 或更高的预测，一半会真的发生。

认知偏差的经验分析，对所判断的概率的理论和应用角色，有特定的内涵。现代决策理论（de Finetti，1968；Savage，1954）把主观概率看成是理想化个人的量化观点。具体说，给定事件的主观概率，被界定为特定个人愿意接受的有关这个事件的一组赌注（bets）。如果他在不同赌注之间的选择满足某种原则如概率论的公理，那么，内在一致而连贯的主观概率测量，就得以引申出来。所引申的概率是主观的，是因为不同个体对同一事件允许有不同的概率。这种研究路径的重要贡献在于，它为概率提供了有力的主观解释，而这种解释可应用于独特事件，并且嵌入在理性决策的一般理论中。

也许应该注意，主观概率有时可从赌注之间的偏好中推演出来，那它们就和上述的形成方式不同。一个人在 A 队上而不是 B 队上加赌注，是因为他相信 A 队更可能会赢。他并没有从他的打赌偏好中推论这种信念。因此，事实上正如理性决策的公理论（axiomatic theory）所言（Savage，1954），主观概率决定赌注之间的偏好，而不是从中引申出来。

概率的内在一致的主观本质，导致许多学者形成这样的信念：连贯性或内在一致性，应该是评价所判断的概率唯一有效的标准。从主观概率的这种形式理论的观点来看，任何内在一致的概率判断集，都优于其他。这种标准并不完全令人满意，因为内在一致的主观概率集，可能与个体所持有的其他信念并不相容。请考虑这样的一个人，他有关硬币投掷游戏所有可能结果的主观概率反映了赌徒谬误。或者说，随着硬币正面连续地出现，在后面的投掷中，他所估计的反面出现的概率会增大。而依照这种形式理

论的标准，其判断就是内在一致的，因此也是合适的主观概率。但这些概
20 率，与普遍持有的信念并不相容；而这种信念就是，硬币并没有记忆，因此也不可能生发序列依存性（sequential dependencies）。对所判断的概率而言，充分、合理或内在一致，都不完备。判断必须与个体所持有的整体信念网相容。不幸的是，并没有简单的形式程序，来评价概率判断集和判断者的整体信念系统的相容性（compatibility）。然而，合理的判断要追求相容性，即使内在一致性更易达到、更易评估。尤其是，他会尽力使其概率判断和其有关主题的知识、概率规律以及自身的判断启发式和偏差相容。

五、概要总结

本章描述了 3 种启发式，它们被用于在不确定状况下进行判断：（1）代表性，它常常被用于这样的情景，即人们被要求判断一个物品或一个事件 A 隶属于类别或过程 B 的概率的时候。（2）例证或场景的便利性，它常常被用于这样的情景，即人们被要求评估一个类别的频率或特定发展的拟真性（the plausibility of a particular development）的时候。（3）从出发点开始的调适，当有相关数字可资利用的时候，它常常被用于数值预测。这些启发式，是高度经济的，也常常是有效的，但它们也会导致系统的和可预测的错误。更好地理解这些启发式和它们所导致的偏差，会改善不确定状况下的判断和决策。

本章原载于《科学》（*Science*，1974，185，1124-1131）。允许重印。

第二部分

代表性

第 2 章　小数律的信念

特沃斯基和卡尼曼（Amos Tversky and Daniel Kahneman）

“假设你用 20 位被试做实验，并已获得显著结 23
果来证实你的理论（$z = 2.23$，$p < 0.05$，双侧检验）。现在你有理由要对另外的 10 人组被试再做实验，你认为通过单侧检验其结果显著的概率是多少？”

如果你认为概率在 0.85 左右，你将高兴地得知自己属于多数人群体。事实上，这是在数学心理学组（the Mathematical Psychology Group）和美国心理学会（the American Psychological Association）的会议上，两个小组对我们所发问卷做出慷慨回答的中位值。

如果你认为概率在 0.48 左右，你则属于少数人群体：84 位被试中仅有 9 人给出的答案在 0.40 与 0.60 之间。然而，0.48 恰恰是一个比 0.85 更为合理的估计。[1]

显然，大多数心理学家对于成功复制已获发现的可能性，怀有夸大的信念。而这种信念的来源及其对科研行为的影响，正是本章想探讨的。我们的论点 24

是，人们对随机抽样有着强烈的直觉；这些直觉本质上是错误的；而普通被试及训练有素的科学家，也都有这种直觉；当它们被应用于科学探寻的过程中时，会产生不适当后果。

我们认为，人们相信一个从总体中随机抽取的样本具有高度代表性，或者说，这个样本在所有本质特征上都与总体相似。相应的结果是，他们预期从特定总体中抽出的任意两个样本之间以及它们与总体之间，都有着比抽样理论所预测的更多的相似性，至少对小样本而言是这样的。

这种把样本作为整体代表的倾向，明显表现在种种情景中。比如，当要求被试给出投掷一完整的硬币（fair coin）的随机序列时，他们给出的序列，在任意部分，头像或正面的比例都远远比所预测的几率，都要接近0.50（Tune，1964）。因此，反应序列中的每一部分，都高度代表着硬币的“公正性”。类似的效应，在诸如概率学习实验（probability learning experiments）（Estes，1964）或者其他机会的序列博弈（sequential games of chance）中，当被试在随机产生的序列中连续预测事件的情况时，均能发现。被试的行为，似乎依照随机序列中的每一部分都应反映真实比例的观念。如果序列偏离了总体比例，一种在反方向上的校正性偏差（corrective bias）就会预期出现。这被称为赌徒谬误（gambler's fallacy）。

赌徒谬误的实质，是对机会规律之公正性的误解。赌徒认为，硬币的公正性有理由让他预期任意方向上的偏差，将被另一方向上对应的偏差所抵消。然而，即使是最公正的硬币，考虑到它的记忆和道德感的限度，也并不总是如赌徒所预期的那样公正。这一谬误并不为赌徒所独有。请思考下面这个例子：

> 已知某一城市八年级学生总体的平均智商是100。你已经选出50人的随机样本来做教育成就的研究。第一个被试儿童的智商是150，你认为整个样本的平均智商将是多少？

正确答案是101。但有相当多的人相信这一样本的平均智商仍是100。这一预期，只有在认为随机过程是自我校正（self-correcting）的情况下，才有合理性。通常所说的“错误会相互抵消”，正反映了这种积极的自我校正过程的意象。在大自然中，我们熟悉的一些过程，就符合此定律：与均衡的偏离，会产生重新回复到均衡的动力。但与之相反，机会规律并不按此行事：偏差并不会随抽样过程而消失，它们仅仅会被稀释。

至此，我们已尝试描述有关机会的两种相互关联的直觉。我们已经提 25
出一种代表性假设（representation hypothesis）。人们据此认为，从同一总体中抽出的样本相互间十分相似，且与总体相似。我们也主张，人们相信抽样是一个自我校正的过程。这两种信念导致同样的结果。它们都引发对样本特征的预期，且这种预期的变异性要小于真实的变异性，至少对小样本而言是这样的。

大数定律（law of large numbers），保证非常大的样本确实能高度代表它从中抽出的总体。另外，如果自我校正的过程在起作用，那么，小样本也具有高度的代表性并且彼此相似。人们对随机过程的直觉，似乎正满足小数律。小数律声称，大数定律同样适用于小样本。

试考虑一位假想的科学家，他信守小数律，他的信念将怎样影响他的科学工作？假设我们的科学家在研究这种现象，它与非控变异性有关的量度很小，也就是说，他从自然中所接收的信息的信-噪比很小。我们的科学家，可能是一位气象学家、一位药理学家或者是一位心理学家。

如果他信守小数律，他就会对在小样本基础上得出结论的有效性抱有夸大的自信。为表明这一点，我们试想他正研究婴儿对于两个玩具的偏好选择。在所研究的前五个婴儿中，四个显示出对同一玩具的偏爱。许多心理学家此时已经有一定把握认为没有偏好的虚无假设或零假设是错误的。幸运的是，这样的裁决，并不足以用来作论文发表，尽管或许能用于书中。通过快速运算，我们的心理学家将发现虚无假设成立的极值将高达3/8。

显然，将统计假设检验运用于科学推论中，面临重重困难。但是，显著性水平［或如贝叶斯统计所偏好的似然比率（likelihood ratio）］的计算，迫使科学家依据有效的抽样方差估计而不是他主观的偏差估计，来评价所得结果。因此，统计检验，通过规诫那些宁愿信守小数律的科学共同体的许多成员，而使科学界免遭过于仓促地拒绝虚无假设（即第一类错误）的厄运。但另一方面，我们也没有对应的保障，来消除无法证实有效研究假设的风险（即第二类错误）。

设想一位心理学家要研究成就需求（need for achievements）与成绩的相关性。在确定样本规模时，他可能这样推理："我期望的相关是多少？$r=0.35$。我需要多大的样本规模来使我的结果显著？（查一下表格）$N=33$。不错，这就是我的样本。"这一推理过程中的唯一缺陷，在于我们的心
26 理学家忘记了抽样方差，也许他认为任何样本都应该高度代表整体。然而，如果他对于总体中的相关的猜测是正确的话，样本中的相关系数，就有可能低于或高于0.35。因此，当$N=33$时，获得显著结果的可能性（即检验力）大约为0.50。

在一个对统计检验力的详细研究中，科恩（J. Cohen，1962；1969）为我们提供了大效应、中效应和小效应（effects）的合理定义，以及一套广泛地用来估计各种统计检验力的计算辅助方法。比如，在对两个均值差异进行正态分布检验时，按照给出的定义，0.25Q 的差异是小效应，0.50Q 是中等效应，而1Q 是大效应；普通员工与半技术化员工的智商差异，是中等效应。在一个精妙的研究中，科恩（1962）研究了刊登在一卷《变态和社会心理学杂志》(*Journal of Abnormal and Social Psychology*）上的所有统计分析，并计算出发现上述三种效应的可能性。他发现小效应的平均检验力是0.18，中等效应是0.48，大效应是0.83。如果心理学家普遍地预期中等效应并依此来选定样本规模，他们所做研究的检验力，实际仅为0.50左右。

科恩的分析表明，许多心理学研究的统计检验力出奇的低。这是一个自拆墙脚的举动：它正是冲着那些沮丧的科学家和无效的研究来的。一位正检验一个有效的假设却不能获得显著结果的研究者，不禁怨叹大自然是如此不值得信赖，甚至充满敌意。进一步，正如欧沃劳（Overall，1969）所揭示的，欠缺统计检验力的研究如此普遍，它不仅虚耗人力，而且十分有害：在出版的结果中，它常常导致对虚无假设的无效拒绝。

考虑到在重复研究（replication studies）设计中，统计检验力有特别重要的意义，我们在问卷中考察了心理学家对重复研究的态度：

> 假设你的一位博士生刚完成40个动物的实验研究，困难且耗时。他计量和分析了大量变量。他的结果是非结论性的，但是实验的前后比较（before-after comparison）是高度显著性的，$t=2.70$。这个结果令人惊异，并且在理论上可能有重大意义。
>
> 综合考虑到这项结果的重要性、它的惊人价值以及你的学生所做分析的动物数量，你会建议他在发表前重做这项实验吗？如果是，你认为他的重复实验还需要多少动物？

在被调查的心理学家中，压倒性的情感是偏好重做实验：在75位被试中，66位建议重做，也许因为他们怀疑单一的显著结果是出于偶然。他们 27
推荐重复实验所需动物数目的中位数是20。思考这项建议的可能性结果，对我们很有裨益。如果在第二个样本中，均值与方差与第一个样本中的恰恰一样，那么，t值则为1.88。根据注释［1］中的推理，这位学生在重复实验中取得显著结果的概率仅略高于0.50（$p=0.05$，单侧检验）。因为预料到20个动物作为重复实验的样本对我们的被试来说是合理的，我们加上了下面这个问题：

> 假定你那位不高兴的研究生事实上已用20个动物重复了原初的实验，并且在同一方向上获得了不显著的结果，$t=1.24$。现在你会有什么建议？请选择一个（括号中的数字，是选择该答案的被试人数）：
>
> （a）他应该汇集他的实验结果并客观地出版其结论。(0)
>
> （b）他应该将结果作为有待验证的发现予以报告。(26)
>
> （c）他应该对另一组动物再做实验（中位数值为20）。(21)
>
> （d）他应该对两组结果的差异尽力做出解释。(30)

请注意，不管对原初发现的信心如何，研究的可信度，通过重复实验显然得以加强。在两个样本的实验中，不仅实验结果是同方向的，而且重复实验的结果的量度，也完全是原结果的2/3。就被试所建议的样本规模（20）而言，重复实验正如所预期的，基本上是成功的。但是，回答的分布，却反映出在重复实验之后对其结果的持续怀疑。这一令人不快的情形，正是不充分的统计检验力的典型结果。

反应 b 和 c，在某些方面有其合理性。与之对照，最为普遍的反应 d，则是站不住脚的。我们怀疑，即使被试知道两项结果的差异甚至没有接近显著性（如果两样本方差相等，$t=0.53$），他们的答案也会是一样的。在缺乏统计检验的情况下，我们的被试追随代表性假设：当两样本差异超出他们的预期时，他们认为这值得解释。然而，这种"对两样本差异寻找解释"的尝试，是无谓的徒劳。

总体而言，我们的被试对重复实验的评估是相当苛刻的。这符合代表性假设：如果我们认为所有样本相互间都非常相似，那么几乎所有针对有
28 效假设的重复实验在统计上都应该是显著的。这一判断重复实验成功与否的标准之苛刻，在对下面这个问题的回答中显现无遗：

> 一位研究者报道了一个你认为不合理的结果。他对 15 位被试进行研究，且有显著结果，$t=2.46$。另一位研究者重做了他的实验，然而对同样数目的被试进行研究得出的结果是不显著的。但两个数据的方向一样。
>
> 你正在检阅该文献，当第二组数据中的 t 的最高值为多少时，你会认为重复实验失败？

大部分被试认为 $t=1.70$ 时，重复实验是失败的。如果将这两次研究中的数据（$t=2.46$ 和 $t=1.70$）汇集，则合并后的数据的 t 值大约为 3.00（假定方差相等）。因此，我们面临一个自相矛盾的情况，即同样的数据，如果作为原来研究的一部分，会增加我们对结果的信心，但作为独立研究，则会动摇我们的信心。这一双重标准十分令人不安，因为重复实验，出于多种原因的考虑，通常被认为是独立研究，而假设的有效性，则是通过列举证实和否证的报告来衡量的。

与普遍的信念相反，做重复实验时，样本所需数目通常应大于原来样本。实施重复研究的决定，常表现出对于这一发现的极大喜爱和希望看到

它被怀疑者共同体所接受的渴望。因为怀疑者共同体无端地要求重复实验应是独立显著的，或至少接近显著性，实验者因此必须用更大的样本进行研究。为说明这一点，我们重提前面所提的那位不幸的研究生。假定他认定他原初的结果（$t=2.70$，$N=40$）是有效的，而且仅愿意接受 0.10 的获得低于 1.70 的 t 值的风险，则他必须在重复实验中对差不多 50 个动物进行研究。如果原初结果更弱一点的话（$t=2.20$，$N=40$），要获得同样的检验力，重复实验的样本规模将增加到 75。

迄今为止所讨论的这种效应，并不局限于与均值有关的假设。而与方差有关的假设的类似效应，在对下面的问题的回答中得以体现：

> 你在做一项相关性的研究，对 100 位被试进行 20 个变量的评分。190 个相关系数中，有 27 个在 0.05 的显著性水平上有显著性；9 个在超过 0.01 的显著性水平上有显著性。显著相关系数的绝对平均值是 0.31，而且结果模式（pattern）在理论上也是非常合理的。你认为在对 40 个被试严格进行的重复实验中，这 27 个显著相关系数将有多少个还是显著的？

当 $N=40$ 时，在 0.05 的显著水平上，显著性所需相关系数的大小大约为 0.31，这是原来研究中显著相关系数的平均值。因此，当 $N=40$ 时，原来显著的相关系数中，仅有一半（也就是 13 或者 14 个）仍然显著。当然，29
重复实验中的相关系数，必然不同于原初研究中的相关系数。而由于回归效应（regression effects），原初有显著性的相关系数，极有可能减少。因此，原初 27 个显著相关系数中，大约 8 个至 10 个将仍然显著，这理应是一个比较乐观的估计。但我们被试的平均估计值是 18。这比从原来的 100 位被试中随机抽取 40 位的情况下重新计算出来的相关系数要大。显然，在重复实验样本中，人们预期的不仅仅是复制原来的统计推论；他们预期的是复制原来的结果显著性，而丝毫不考虑样本规模的变化。这样的预期，要求对代表性假设进行可笑的拓展；因为即使是小数律，也无法产生这样一个结果。

结果模式几乎能被完全复制的期望，为那些普遍的却十分可悲的研究实践提供了准则。一位计算三种焦虑指数（indexes of anxiety）及三种依赖性指数之间的所有相关的研究者，常常会以极大的信心来报告和解释所获得的单个显著相关。而他对其虚弱发现的信心，则来源于他的信念，即所获得的相关矩阵具有高度代表性并且能够被复制。

综上所述，我们已发现小数律的信徒是这样从事科学研究的：

（1）在检验研究假设时，他把赌注放在小样本上，而未意识到他的失败机会非常之高。他高估了检验力。

（2）他对于初期的趋势（如最早的几个被试的数据）以及观察到的模式的稳定性（如显著结果的数量和属性），有过分的自信。他高估了结果的显著性。

（3）在评价自身或别人的重复实验的时候，他对显著结果的可重复性，抱有非分的高预期。他低估了置信区间的范围。

（4）他很少将实际结果与预期间的偏离归结为样本的变异性，因为对于任意的偏差，他都能发现因果“解释”。因此，在实践中，他鲜有机会认识到抽样的变异性。他对于小数律的信念，因而始终坚不可摧。

我们的问卷调查，引发相当的证据，证实小数律的信念的广泛存在。[2]
30 我们多数的被试，都是小数律的信徒，无论他隶属于哪个群体。实际上，数学心理学会议上的听众和美国心理学会分会上的与会者，给出答案的中位数并无区别，尽管我们并不宣称这两个样本具有代表性。显而易见，对形式逻辑以及概率理论的了解，并不能消除错误的直觉。那我们能做些什么？对小数律的信念能被消除或者至少被控制吗？

从事研究的经验，似乎帮助不大，因为抽样差异太容易被解释。能对之校正的经验仅在于：既没有动机也没有机会进行虚假解释。因此，统计课程上的学生，应从总体中重复抽取固定规模的样本，并通过个人观察来学习到样本规模对抽样差异性的影响。但我们还远不能确定，人们的预期可以通过这种方式来纠正。因为相关的偏差，如赌徒谬误，在面对足够多的矛盾证据时，依然存在。

即使这种偏差不能被消除，学生仍然能学会意识到它的存在，并采取必要的防备。因为统计的教学，从来都不乏于规诫，有关统计直觉偏差的警告，也不会显得不合时宜。最明显的预防就是计算。小数律的信徒对显著性水平、检验力和置信区间，都有不正确的直觉。人们通常会计算和报告显著性水平，却没有计算和报告检验力和置信限度（confidence limits）。也许应该计算和报告它们。

与有些合理假设相关的检验力的详细计算，如科恩（1962，1969）的小、大、中等效应，无疑是必须在任何研究之前进行的。此类计算，常常能让人意识到没有理由去进行那项研究，除非，比如说，样本规模再乘以 4。我们拒绝相信一位严谨的研究者，会有意接受存在 0.50 风险可能被否证的有效假设。另外，检验力的计算，对于否定性结果——也就是不能拒绝虚无假设的结果——的解释，也是基本的。因为，读者对检验力的直觉性估计，极有可能是错误的，所以出版计算出来的结果，既不是浪费读者的时间，也不是浪费杂志的版面。

在早期的心理学文献的报告中，有一种普遍的做法，比如说，将样本均值表达为 $M \pm PE$，这里 PE 是可能的误差（即以均值为中心的置信度为 50% 的置信区间）。这一做法，后来由于人们对假设检验程式的青睐而被抛弃。然而，置信区间，能为抽样差异性提供有用的指标，并且正是由于这种变异性，我们倾向于低估。而对显著性水平的强调，倾向于遮蔽效应值（size of an effect）和它的统计显著性之间的基本区别。如果不考虑样本规模，在一项研究中，效应值也是重复实验中的效应值的合理估值。相反，重复实验中所估计的显著性水平，则严格依赖于样本规模。如果效应值与其显著性水平之间的区别，能被辨明，并且效应值的计算得以常规性地披 31
露，那么，有关显著性水平的可重复性的不真切预期，就有可能得以校正。至少，就此来说，接受假设—检验模型，对心理学而言并不是一个纯粹的福音。

小数律的虔诚信徒，真诚地犯下了违背统计推论逻辑的重重罪过。代表性假设，描述了一种不受制于动机因素的认知或感知偏差。因此，如果说匆忙拒绝虚无假设是痛快淋漓的，那么，拒绝珍爱的假设则是令人扼腕的，但小数律的虔诚信徒，则屈从于这两种境况。他的直觉预期，受制于对这个世界的一贯的误解，而并非一时的异想天开。如果给他一些警告和刺激，他或许会愿意恰当地怀疑其统计直觉，并且在任何可能的情况下，以计算来取代那些印象形成（impression formation）。

本章原载《心理学通报》（*Psychological Bulletin*，1971，2：105-110）。允许重印。

注释

［1］所要求的估计，可以用多种方式来解释。一种可能的路径，就是遵循常规的研究实践，即用从一个研究中获得的值来定义虚无假设之外的替换假设（alternative hypothesis）。问题中所要求的概率，因此可理解为针对由第一个样本所获结果所定义的替换假设的检验力（即在第二个样本中获得显著结果的概率）。在用已知方差进行均值检验的特定情形下，可以计算出总体均值等于第一个样本均值这一假设的检验力。因为第二个样本的规模是第一个样本的一半，计算出的使 z 大于或等于 1.645 的概率，只有 0.473。而理论上更合理的路径，是在贝叶斯框架中来解释所要求的概率，并计算出与合理选择的先验分布（prior distribution）有关的概率。假设同一的先验概率，所需的后验概率是 0.478。显然，如按通常情况，先验分布支持虚无假设，则后验概率会更小。

［2］W. Edwards（1968，**25**）主张人们不能从概率数据中提取充分的信息或者是确定性，他称此失败为保守主义。而我们的被试，却根本无法用保守主义来描述。相反，根据代表性假设，他们倾向于去获取比数据实际包含的更多的确定性。

第3章　主观概率：代表性判断

卡尼曼和特沃斯基（Daniel Kahneman and Ames Tversky）

主观概率在我们生活中扮演着重要的角色。我们 32
做出的决定、得出的结论及给出的解释，通常都是基于对不确定事件的可能性判断，如新工作的成功、选举结果或市场行情。事实上，在概率学习、直觉统计（intuitive statistics）和风险决策的语境中，已有大量的实验文献致力于研究人们如何感知、加工和评估不确定事件的概率问题。虽然从这些文献中并未产生有关不确定心理学的系统理论，但一些经验性的概括已经确立。从大量的研究中所获得的最普遍的结论也许就是，人们并不按照概率理论的原则来判断不确定事件发生的可能性。这一结论一点也不奇怪，因为许多机会定律（law of chances）既不在直觉上显而易见，也难以运用。然而，难为人知的一个事实是，主观概率与客观概率（objective probability）的偏离，似乎是稳固而系统性的，且难以消除。[1]显然，人们用那些偶尔合理但大多数时候无效的启发式，代替了机会定律。

33 在这篇论文里，我们将详细探讨这种启发式——代表性启发式。代表性启发式的使用者，根据下面两点来评估不确定事件或者样本发生的概率：（1）它与总体在基本特征上的相似性程度；（2）它反映由此生发的那个过程的显著特征的程度。我们的论点是，在很多情景中，只要事件 A 似乎比事件 B 更具代表性，则事件 A 比事件 B 就被认为更可能发生。换言之，主观概率的事件序列，与其代表性序列相一致。

与知觉相似性（perceptual similarity）一样，代表性易于评估而难以特征化。这两个词语都没有公认的定义，但在很多情景中，人们都同意两个刺激中某一个与标准刺激更相似，或者两事件中某一个更能代表给定的过程。在这篇论文中，我们并不准备去度量代表性，尽管这是一个可行的办法。而我们将要考虑的是，什么时候依据代表性的事件序列是明显的，并说明人们是否一致性地认为越具代表性的事件越可能发生。虽然代表性可能在如政治预测、临床诊断等诸多概率判断中都扮演重要角色，但本章仅限于本质上可重复的情景，在其中，可方便地计算客观概率。

本章所报告的大部分数据，是通过问卷而收集的，被试为总共大约1 500名以色列的10、11、12 年级的大学预科高中生（15～18 岁）。我们采用了特别的措施来维持被试（Ss）的注意力和动机。问卷是以小测验的形式在教室里进行的，被试的姓名记在答题纸上。每位被试，在最多 2 分钟的时间内，回答少量（通常是2～4 个）所要求的问题。这些问题被介绍为有关人们机会直觉的研究。实验前，研究者用标准的口头指导语来对问题进行详细解释。实验设计，通过处理以防止与年龄、学校因素有关的含混变量。大多数问题，都预先对大学本科生（20～25 岁）进行了测试，且两总体所得结果没有显著差别。

一、代表性的决定因素

在这一节，我们将讨论使之具有代表性的样本或事件的特征，并说明这些特征对主观概率的影响。首先，我们将描述决定样本与其总体相似的一些特性。随后，我们将转而分析表面随机性（apparent randomness）的决定因素。

1. 样本与总体的相似性 34

代表性的观念，最好用实例来详细说明。请思考下面这个问题：

> 研究者对某市有 6 个孩子的所有家庭进行了调查。在 72 个家庭中，孩子确切的出生顺序是：女男女男男女 。请你估计在所有被调查的家庭中有多少家庭的出生顺序是：男女男男男男。

这两种出生顺序有大致等同的可能性，但大多数人会肯定地同意它们不具有相同的代表性。有 5 个男孩和 1 个女孩的出生顺序，没有反映出总体中男孩与女孩的比例。事实上，在 92 位被试中，有 75 位认为这一出生顺序比标准顺序出现的可能性要小 [$p<0.01$，符号检验（sign test）]。估计的中位数是 30。科恩等（1956）也报告了相似的结果。

有人也许会问，被试是否并不是简单地忽视了出生顺序的信息，而只是通过估计有 5 个男孩和 1 个女孩的家庭与有 3 个男孩和 3 个女孩的家庭的频率来回答这个问题。但是，当我们要求同样的被试估计“男男男女女女”这一出生顺序的频率时，他们认为它比“女男男女男女”出现的可能性明显要低（$p<0.01$），这似乎是因为前者显得不随机。由此看来，出生顺序的信息，并没有被简单地忽视。

代表性的一个有关的决定因素在于，样本是否保持了总体中的多数—少数的对比关系。我们预期保持这一对比关系的样本，将被认为比违背了这一关系的样本更可能发生，尽管两者（客观）概率等同。这一效应，在下面的问题中得以体现：

> 在一所高中有两个项目，男生在 A 项目中占多数（65%），而在 B 项目中则占少数（45%）。每个项目都有相等的班级数。
>
> 你随机进入一个班级，发现 55% 的学生是男生。你认为该班级属于 A 项目还是 B 项目？

因为这个班上大部分同学是男生，因此该班更能代表 A 项目而不是 B 项目。其结果，在 89 位被试中，有 67 位猜测这一班级属于 A 项目（$p < 0.01$，符号检验）。事实上，该班级属于 B 项目的可能性，要略高于属于 A 项目的可能性（因为，$p = 0.45$ 的方差大于 $p = 0.65$ 的方差）。

通常来说，一个包含各种可能结果的样本，会比一个不包含某些可能结果的样本更具有代表性。例如，给定一个 $p = 4/5$ 的二项过程（binomial process），绝大多数被试认为 10 次成功 0 次失败的样本比 6 次成功和 4 次失败的样本可能性更小，但事实上前一样本更可能出现。

35 代表性的这种偏差效应（biasing effects），并不局限于普通被试。它们同样出现于审慎的心理学家的直觉判断中（Tversky & Kahneman，1971，**2**）。统计显著性，通常被认为是科学真理的表征。因此，（总体中的）真实效应被认为理应（在样本中）以显著结果出现，而不论样本容量如何。结果，当研究者坚信零假设是错误的时候，他们就倾向于高估显著结果的可能性。

例如，给参加数学心理学会议和美国心理学会会议的与会者呈现下面这个问题：

> 假设你用 20 位被试做了一项实验，并已获得显著结果，它能证实你的理论（$z = 2.23$，$p < 0.05$，双侧检验）。现在你有理由还要对另一 10 人组的被试进行实验。就这组被试而言，你认为单侧检验结果显著的概率是多少？

所求概率的现实估计，略低于 0.50。而被试给出估计的中位数高达 0.85。对重复研究的显著性的过分自信，对研究实践有严重影响：它导致对显著性的不现实的预期，并产生缺乏统计检验力（statistical power）的研究计划。请参见科恩（1962）。

2. 随机性的反映

不确定事件与总体的相似性，并不足以使它具有代表性。这一事件还需反映产生该事件的不确定过程的特质，也就是说，它应该是随机的。与样本和总体的相似性一样，决定表面随机性的特定特征，随情境而变。不过，有两个普遍特征，不规则性和局部代表性（local representativeness），看来抓住了随机性的直觉内涵。下面我们依次探讨这些特征。

表面随机性的主要特征是系统模式的缺乏。比如说，硬币投掷[2]的结果序列，若存在显然的规律就不具代表性。因此，正面与反面交替出现的序列，如“正反正反正反正反”或“反反正正反反正正”，就没有体现过程的随机性。事实上，被试认为此类序列更不太可能发生，而他们在构造模拟的随机序列（simulated random sequences）时，也会放弃它们（Tune，1964；Wagenaar，1970）。

正如下面这个问题所展现的，有些不规则性不仅被预期发生在结果的顺序中，也发生于结果的分配上：

在每轮游戏中，要将20个弹珠随机分给5位儿童：艾伦、本、卡 36
尔、丹和阿德。请思考下面两个结果：

	(1)	(2)
艾伦	4	4
本	4	4
卡尔	5	4
丹	4	4
阿德	3	4

在多轮游戏的结果中，第一种结果与第二种结果哪种会更多呢？

第二种结果中的平均分配，客观上比第一种非平均分配更有可能，但它如此规则以至于不像是随机过程的结果。而第一种分配与平均分摊有点偏离，但更能代表随机分配。明显多数的被试（52人中有36个，$p<0.01$，符号检验）认为第一种分配比第二种分配更有可能。扰动的出现增加了代表性，也因此增加了不确定事件发生的表面可能性（apparent likelihood）。

被试的回答，似乎忽略了这两种分配的单一性，转而比较这两类分配，而无视上面的特定分配。这并不意味着被试没有意识到类别与其实例的区分，他们未意识到的是这一区分对相关频率判断的合理影响。

人们认为机会不可预知但本质上是公正的。因此，在一次纯粹的随机分配弹珠的过程中，他们期望每一位儿童应当获得大致（但不是真正）相同的弹珠。同理，他们认为即使很短的一个硬币投掷的序列也应包含相同数目的正面和反面。更一般地，有代表性的样本，不但在整体上体现了总体的本质特征，且在每一个局部都是如此。然而，一个具有局部代表性的样本，会系统地偏离机会预期：它包含太多的变换和太少的聚类（cluster）。

大数定律保证极大的样本能高度代表它所从中抽出的总体。在其他地方（Tversky & Kahneman，1971，**2**），我们根据“大数定律同样适用于小样本”的断言，将局部代表性的预期作为小数律信念的一个特征。我们认为，这一信念支撑着有关随机性的错误直觉，它明显地体现在多种情境中。

对随机性感知的研究（Tune，1964；Wagenaar，1970）表明，当人们被要求模拟随机过程时，如硬币投掷的序列，他们会给出具有局部代表性和有许多短簇①的序列。另外，人们倾向于认为那些短簇的长度有正确分
37 布的序列不太可能发生，或者是不随机而予以拒绝。这也许是因为长簇②不具有局部代表性。

在大量有关概率学习和二元预测（binary prediction）（Estes，1964；M. R. Jones，1971）的研究中，也发现了相似结果。赌徒谬误（gambler's fallacy）或者说否近效应（negative-recency effect），就是信守局部代表性的一个明证。因为如果两种结果的比例关系必须在较短区间内予以保持的话，则一种结果的长序列必然紧跟另一结果的长序列以维持平衡。事实上，在局部代表性的世界中，赌徒谬误不再荒谬。

在费乐的《概率理论导论》（*Introduction to Probability Theory*）一书中，他（Feller，1968，p. 160）曾举例说明局部代表性的错误信念。第二次世界大战期间，在对伦敦的密集轰炸中，人们普遍认为轰炸模式不可能是随机的，因为市区中有的地方被轰炸了数次，而其他地方却丝毫未损。因此，轰炸模式违背了局部代表性，随机轰炸的假设看来不成立。为检验这一假

① 即长的连续出现的正面或反面。——译者注

② 即短暂的连续出现的正面或反面。——译者注

设，整个伦敦南部地区被分割为相同面积的小块，然后将每小块轰炸次数的实际分布与随机轰炸假设下的分布（泊松分布）相对比。与这种普遍信念相反，这两种分布非常吻合。“对未受过训练的人来说”，费乐评论道：“随机似乎有规则性或者有聚类倾向（tendency to cluster）。”

大部分学生惊讶地发现在一个只有23人的小组里，至少有两人生日相同（也就是同月同日）的概率超过0.5。显然，23人的预期生日天数与一年中的天数之比要小于1/15。因此，一天有两个生日，而343天则是“空缺”的情况，极不具有代表性，因此，问题中所述事件也就显得不太可能。更一般地，我们推测正是概率理论中许多结果的反直觉的本质促成了它们对代表性的违背［有关随机游动理论中的一个引人注目的例子，可参见费乐（Feller，1968，pp. 84-88）］。

如此说来，一个有代表性的样本，在本质特征上与总体相似，并且如人们认为的那样体现随机性；也就是说，它的所有部分都具代表性，且无一部分过于规则。在所有可能的样本中，只有少部分符合所有这些约束条件。大部分样本并不符合，也就显得不随机。比如说，在投掷6次硬币结果的20种可能的序列中（不考虑方向与标号），我们敢说，只有正反反正反正似乎是真正随机的。而在投掷4次硬币的序列中，可能没有一个。

认为某些二元序列（binary sequence）比其他二元序列更为随机的倾向，在天空广播实验中有着重要的影响。[3]在这项实验中，听众被要求猜测 38
由一个游戏小组编制的五个二元符号（binary symbols）的具体含义。通过对超过百万个回答的分析（Goodfellow，1938），研究者发现有些序列被猜中的概率远远超过随机概率，而有些则远远低于随机概率，这主要取决于目标序列的表面随机性。这项发现对实验社会心理学（ESP）研究的意义是显而易见的。

对表面随机序列的语言描述是最冗长的。试想你在口述一个长序列的二元符号，比如说正面与反面。你毫无疑问会使用简便的表达，如“四个反面”或者是“正面—反面，连续三次”。一个有许多长簇（long run）的序列，可以使用第一种简便表达，而有许多短簇的序列，则要求第二种简便表达。一个表面随机序列的呈现结构，最大地限制了简便表达的便利性，也因此拒绝了经济的描述。因此，表面随机性，是一种结构复杂的形式。而结构复杂性的决定因素，如可编码性（Garner，1970；Glanzer & Clark，1963；Vitz & Todd，1969），也会影响表面随机性。

二、抽样分布

我们已提出，被试总是给更具代表性的事件分配更高的概率，而给同等代表性的事件分配同等的概率。在这一节，我们将考察这一假设对主观抽样分布研究的意义（subjective sampling distribution）。而主观抽样分布，也就是被试分配给从一特定总体中抽出的既定容量的样本的概率。

当用诸如比例或均值等单一统计量来描述样本时，该样本能在多大程度上代表总体，取决于该统计量的数值与相应的总体参数的相似性。因为样本容量并不能反映出总体的任何特征，它不影响代表性。因此，比如说，在 1 000 个婴儿的样本中发现 600 个男孩的事件与在 100 个婴儿的样本中发现 60 个男孩的事件，具有同等的代表性。这两个事件也就被认为有同等的可能性，尽管后者事实上更有可能。同理，按照现在的分析，一个平均身高在 6 英尺与 6 英尺 2 英寸之间的男性样本的主观概率，与样本容量无关。

为了检验这一预测，9 组被试被要求给出以下 3 种总体中 3 种样本容量（N 为 10 或 100 或 1 000）下的主观抽样分布：

（1）性别分布（二项分布，$p=0.50$）。被试被告知某一地区每天大约

39 有 N 个婴儿出生。当 $N=1\,000$ 时，问题如下：

> 在 1 000 个婴儿中有下列数目男孩的天数与总天数的比例各是多少：
>
> 0～50 个男孩
>
> 50～100 个男孩
>
> 150～250 个男孩
>
> …………
>
> 850～950 个男孩
>
> 多于 950 个男孩
>
> 请注意这些类别包括所有的概率，您回答的总和应为 100%。

当 $N=100$ 时，有11个类别：0～5，5～15等。当 $N=10$ 时，每一结果就是一类别，如6个男孩。

（2）心跳类型的分布（二项分布，$p=0.80$）。被试被告知某地区每天大约有 N 个婴儿降生，且80%的新生儿心跳类型是 a，剩下的20%的心跳类型是 b。被试要对3种容量的样本按照如图3—1和图3—2中11种类别 40
给出每天新生儿心跳类型为 a 的抽样分布。

（3）身高分布。被试被告知某地区的就业中心记录每天来访男性的平均身高。被试了解到男性总体的平均身高在170～175厘米之间（在以色列身高是按厘米来测量），且身高离均值越远频率越小。对每一类样本容量，被试要给出如图3—3所示的7类平均身高的抽样分布：低于160，160～

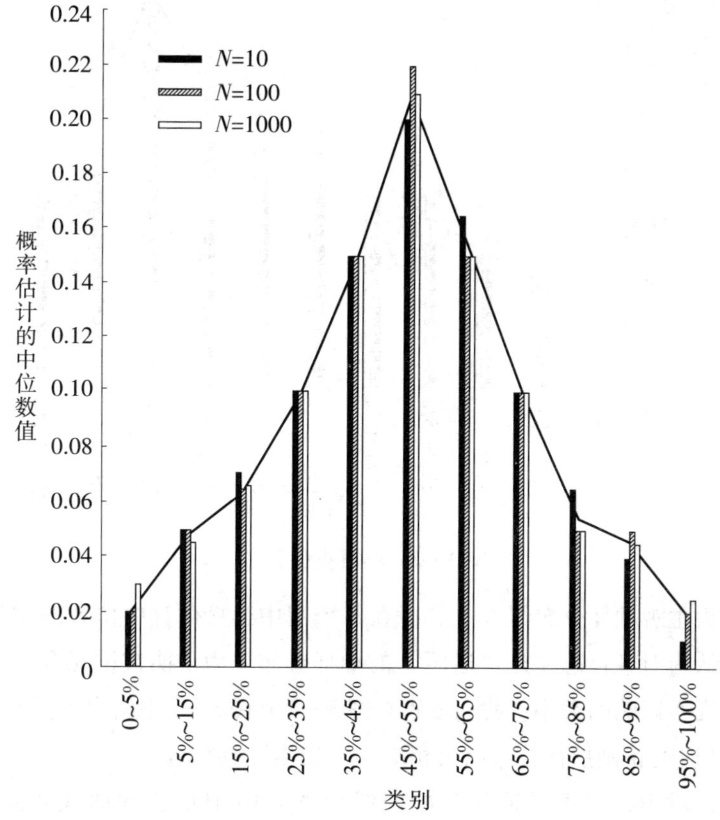

图3—1　性别分布

165，…，高于 185。

在图 3—1、图 3—2、图 3—3 中，我们给出了 3 种总体在不同取值 N 下估计的中位数值（被试的数量在 45 与 84 之间，均值为 62）。显然，样本容量对主观抽样分布几乎无任何影响。各自独立的小组，面对仅仅是样本容量不同的相同问题，给出相同的分布。这一结果对于抽象的总体，如二项式以及日常生活中所熟知的总体，如男性身高，同样成立。

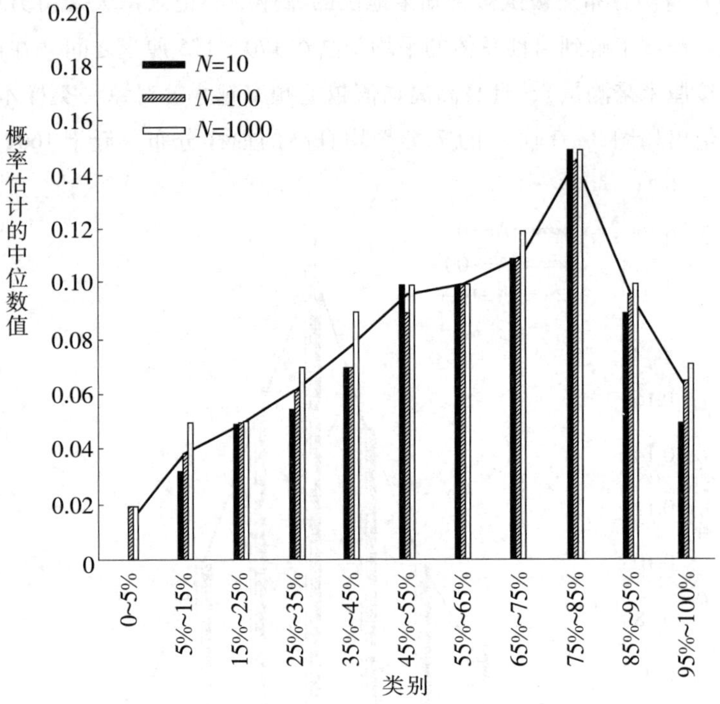

图 3—2　心跳类型分布

41 因为主观抽样分布与 N 无关，在每个图中连接估计中位数的均值的实线可被认为对各自总体是“通用”的抽样分布。为说明被试完全忽略的样本容量真实影响的大小，我们分别在图 3—4 和图 3—5 中给出了 $p = 0.50$ 和 $p = 0.80$ 时的正确抽样分布以及相应的“通用”抽样分布。

可以看出，那条“通用”的曲线比 $N = 10$ 时的正确曲线还要平坦。$p = 0.50$时，“通用”抽样分布的方差（0.048）差不多等于 $N = 5$ 时正确样

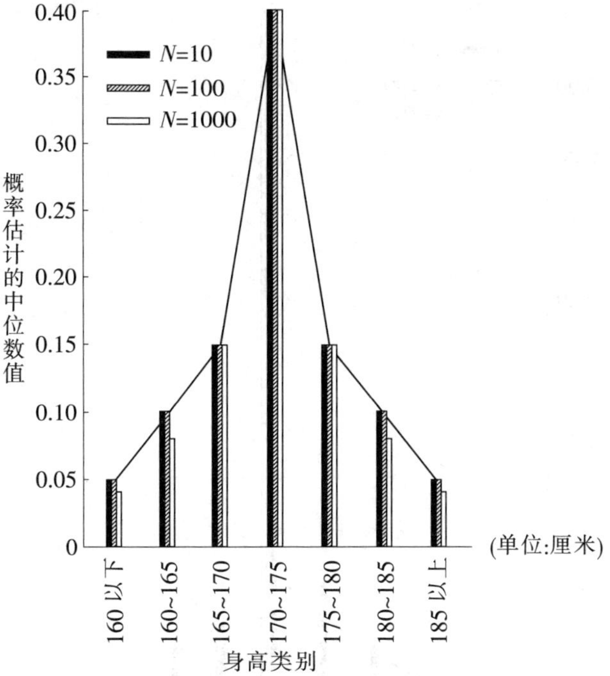

图 3—3　身高分布

本分布的方差（0.05）。$p=0.80$ 时，“通用”曲线的方差（0.068）在 $N=2$ 及 $N=3$ 时的正确抽样分布的方差之间。

在二项分布中，均值通常与众数相等。因此，当 $p\neq 0.50$ 时，较短的尾端应比较长的尾端高；比如，请看图 3—5，当 $N=10$ 时的正确分布。图 3—5 说明 $p=0.80$ 时的“通用”曲线违背这一特点，它的均值只有 0.63。因此，尽管主观抽样分布的众数合理地出现在最具代表性的值上，均值则出现在较长尾端的方向上。同样的结果在其他研究，如科恩等的研究中，也得到同样的结果。因此，$p=0.80$ 时比例的“通用”样本分布根本不是二项分布。

这一实验在两方面区分于以往的主观二项分布的研究（Peterson, DuCharme & Edwards, 1968; Wheeler & Beach, 1968）。第一，早期研究关注的样本的容量远小于这一研究。第二，更重要的，对不同的样本容量被试要给出概率分布的事件数目不同：样本容量为 N 的样本，被试需评估 $N+1$ 个结果。与之不同，在这项研究中，被试对所有样本容量的样本都评估相 42

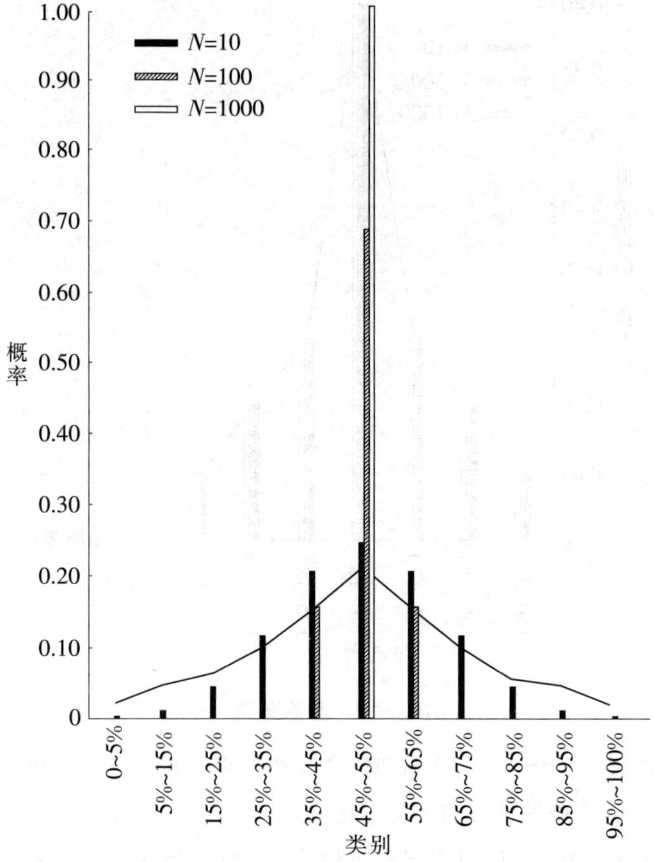

图 3—4　$p=0.50$ 时的抽样分布

同数量的类别。当类别的数量变化或者是样本足够小以致可以心算出概率时，图 3—1、图 3—2、图 3—3 中所展示的主观抽样分布对样本容量 N 不变的特点将不存在。对大样本，心算是不可能的，自然的解决方法是直接运用代表性启发式，而这主要由样本均值或样本比例掌握着。

43　为进一步探讨样本容量在代表性启发式的预测中的影响，我们另外做了一项实验，被试是 97 名斯坦福大学的没有概率或统计背景的本科生，他们被分成由 5 至 12 名成员组成的小组。按照固定顺序，被试看到三个问题，每一问题都定义了一个抽样过程并给出特定的均值和一个待评估的高于均值的数字，然后要求判断一个特殊的抽样结果更可能在小样本还是大

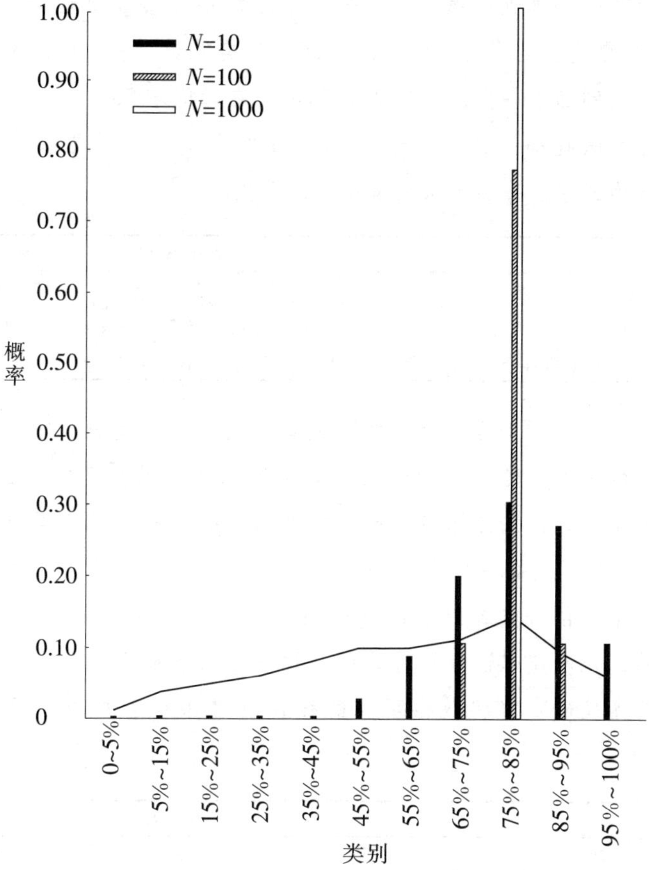

图 3—5　$p=0.80$ 时的抽样分布

样本中发生。每位被试都获得 1 美元的实验报酬；如果他答对其中一个问题（完成任务后从中随机抽取一个），将获得额外 1 美元的奖励。

为控制反应偏差（response bias），每个问题都以两种方式出现。一半被试判断，在 3 个问题中，与给定数值相比，更极端的值更可能在小样本还是大样本中出现。正确答案当然是极端值更可能在小样本中出现。剩下 44 的被试判断，与给定数值相比，不极端的值更可能在小样本还是大样本中出现。这里正确答案是这种数值更可能在大样本中出现。这 3 个问题如下。其中，表格中的数据是两种问题形式中选择每一回答类别的人数。正确的答案用星号表示。

(1) 某镇有两个医院，大医院每天约45名婴儿出生，小医院每天约15名婴儿出生。众所周知，约50%的婴儿是男孩。但每天男孩出生的实际比例都不一样，有时高于50%，有时低于50%。在一年的期间内，每家医院都记录（多于/少于）60%的新生儿是男孩的天数。请问你认为哪家医院会记录更多这样的天数？

	多于60%	少于60%
大医院	12	9*
小医院	10*	11
大致一样（即在5%的差异之内）	28	25

(2) 一位研究语言特性的研究者选出一本平装书，并计算该书每页单词的平均长度（即用该页字母数除以单词数）。另一位研究者挑每页的第一行，并计算该行单词的平均长度。整本书单词的平均长度是4，但并不是每一页或每一行都如此。有些平均长度高些，有些则低些。第一位研究者记录每页单词平均长度为6或多于/少于6的数量。第二位研究者记录每行单词平均长度为6或多于/少于6的行数。你认为哪位研究者将获得更大的数值（其中前者单位是页，后者是行）？

	多于6	少于6
页数研究者	8	10*
行数研究者	21*	15
大致一样（即在5%的差异之内）	20	23

(3) 一项医学调查旨在研究冠状动脉疾病的相关因素。两个小组正收集数据。其中一组每天检查三个人，另一组每天检查一人。被检查者是从总体中随机抽取的。在检查中每个人身高都要予以测量，成
45 年男性的平均身高是5英尺10英寸，高于平均值与低于平均值的人一样多。每天检查3人的小组对他们的身高排序，并记录下中等身高的人身高高于/低于5英尺11英寸的天数。另一组仅记录被检查者高于/低于5英尺11英寸的天数。你认为哪一小组记录的天数更多？

	高于5英尺11英寸	低于5英尺11英寸
检查3人的小组	7	14*
检查1人的小组	18*	17
大致一样（即在5%的差异之内）	23	17

如果被试了解样本容量所扮演的角色，他们会轻而易举地挑出这几个简单序数问题的答案。相反，如果他们认为同等代表性的结果发生的可能性等同，他们将不会表现出对正确答案系统一致的偏好。事实正是如此。在几乎所有的比较中，最多的回答都是“一样”；而且，没有哪个问题表现出对正确答案的明显偏好。

尽管有一些程序上的差异，但这项实验确认了我们前面研究的结论。这里，每位被试，都在追求准确性的实验设计中，对两个不同样本容量下结果发生可能性做一个直接的排序判断。这一程序可以突显样本容量的显著性。并且，最后一个问题，将单个观测与三个观测组成的样本的均值进行比较。显然，被试没有注意到一个最明显的事实，即中位数值比单个观测值更稳定。

抽样变异（sampling variance）与样本容量成比例降低的观念，显然不是人们直觉中的常备曲目。事实上，有关样本容量的错误观念，在我们日常生活中经常发生。一方面，人们愿意对用百分比表示的结果认真看待，却忽略了观测的数值可能过分的小。另一方面，人们面对从大样本处获得的确凿证据依然持怀疑态度，正如一位著名的政治家措辞激烈地抱怨道，生活成本指数（cost of living index）不是建立在整个人口总体的基础上，而只是个大样本，他还补充道：“更糟糕的——还是个随机样本。”

我们当然不是说人们无法意识到样本容量对抽样变异存在影响。人们可以学会正确的规则，甚至没有多大难度。问题在于，当让他们独自判断时，他们并不遵守正确的规则。另外，对研究心理学家行为的研究（J. Cohen，1962；Tversky & Kahneman，1971，**2**）表明，他们有一种很强的低估样本容量影响的倾向，尽管他们拥有有关正确规则的知识和广泛的统 46
计训练。对任何一位认为人们是合理的直觉统计学家的人来说，这些结果都是令人沮丧的……

三、规范模型和描述性启发式

有些学者（W. Edwards，1968，**25**）认为人们大体上遵守正确的贝叶斯规则，只是不能看清证据的全部影响，因此是保守主义的。有人（Peterson & Beach，1967）总结说，规范模型提供了一个很好的对被试行为的近似描述，认为“被试在合适的方向上受到合适变量的影响”（第43页）。这一观点并不为所有人所认可。较近的一篇文献评论（Slovic & Lichtenstein，1971）认为，以上对人们的表现作为一个直觉统计学家的评价“过于慷慨大方”；而皮茨等（Pitz et al.，1967）根据他们的数据总结说，人们在贝叶斯任务中的表现，“比保守主义说法所暗示的更差”（第392页）。

用规范的贝叶斯路径来对主观概率进行分析和建模的有效性，很大程度上并不取决于主观估计的准确性，而是这一模型是否抓住了判断过程的主要决定因素。这篇论文中的研究表明它并没有做到。特别地，我们注意到样本容量对样本分布没有任何影响，（至少在总体上）后验二项估计（posterior binomial estimates）是由样本的比例而不是样本的差异来决定的，还有，样本分布并不取决于总体比例。在他的证据评估过程中，人们显然不是一个保守的贝叶斯主义者：他根本就不是贝叶斯主义者。

有人也许会说，规范模型对人们行为描述的失败，仅局限于面对不熟悉的随机过程的普通被试，它对人们对日常生活中碰到的熟悉的随机过程的评估，仍然能提供充分的解释。然而，几乎没有证据支持这一观点。第一，研究已表明（Tversky & Kahneman，1971，**2**），在严谨科学家的直觉判断中，同样能发现援用代表性启发式所引起的相同类型的系统性错误。显然，对概率理论的了解，并不能消除所有的有关机会定律的错误直觉。第二，在日常生活中，我们会碰到许多以很高的近似度符合二项式定理（binomial law）的随机过程（如生男孩还是生女孩，在一个既定交叉路口撞上红灯，抓了一手没有红心的牌），但人们并没从这些经验中获取对二项式过程
47 （binomial process）的充分理解。显然，广泛的对众多实例的接触，并不足以产生理想的行为。

在日常生活中，人们会问自己或他人这类问题：这个 12 岁的男孩长大后成为一名科学家的可能性有多大？这位候选人当选的可能性有多大？这个公司关门倒闭的可能性有多大？这些问题与我们论文中早先讨论的问题的不同，在于它们的特质，即人们既不能用过去发生的频率也无法用定义完备的抽样过程来给出现成答案。

在本章中，我们详细地考察了一种启发式，人们依此通过评估一事件多大程度上代表产生该事件的过程或总体的主要特征来判断事件发生的概率。尽管我们的实验局限于定义完备的抽样过程（客观概率可以计算），我们推测，这一启发式，在那些没有“正确”答案的独特情况下对不确定性的评估中，也扮演重要的角色。比如说，那位 12 岁的男孩成为科学家的可能性，可以通过判断这位男孩的形象在多大程度上代表了科学家的角色来评估。同理，当思考某公司关门或某位政治家当选的可能性时，我们在大脑中也需存有公司或政治局势的模型，那些最能代表相应模型的核心特征的结果将被评估为最有可能发生的……

本章是《认知心理学》（*Cognitive Psychology*，1972，3，430-454）上的一篇论文的缩写。允许重印。

注释

［1］我们用“主观概率”来指被试给出的或者由他的行为推断出的对一件事情发生概率的估计。这些估计并不需要满足任何公理或者一致性要求。我们用“客观概率”来指基于既定假设，并根据概率运算的法则算出 的数值。显然，这一术语与任何概率哲学观无关。

［2］本章只讨论完整硬币（fair coin，均质硬币）的情况。

［3］感谢 R. P. Abelson 提请我们注意这项研究。

第4章　论预测心理学

卡尼曼和特沃斯基（Daniel Kahneman and Amos Tversky）

48 在这篇论文中，我们将探讨决定直觉预测和信心判断的规则，并将其与标准的统计预测原则进行比较。我们讨论两类预测：类别预测（category prediction）和数值预测（numerical prediction）。在类别预测中，预测以定类（nominal）形式出现，比如，竞选中的胜出者、对病人的诊断或一个人将来的职业。在数值预测中，预测以数值形式出现，比如，某一股票的将来市值，或某一学生的平均绩点（grade point average，GPA）。

在不确定状况下进行预测与判断时，人们并不根据概率的计算或者预测的统计理论。相反，他们依赖于数目有限的几种启发式，他们有时能获得合理判断，有时却导致严重的系统性错误（Kahneman & Tversky，1972b，**3**；Tversky & Kahneman，1971，**2**；1973，**11**）。本章关注其中一种启发式即代表性启发式在直觉预测中的作用。

在给定证据下（如人格描述），所考虑的结果（如职业或成就水平），可以按它们在多大程度上代表了证据来排序。本章的论点就是，人们用代表性启发式来预测，也就是说，他们按照结果体现证据的本质特征的程度来选择或者排列结果。在很多情景中，具代表性的结果，确实比其他结果更可能发生。然而，事实并不总是如此，因为有些因素（如结果的先验概率以及证据的可信度），而不是其代表性，会影响结果发生的可能性。由于忽视了这些因素，直觉预测，系统地和根本地违背了统计预测的规则。为 49
证实这一假说，我们将说明按可觉知可能性对结果的排序，与按代表性的排序是一致的，并且直觉预测基本上不受先验概率和预期的预测准确性的影响。

在第一节，我们将考察类别预测，并说明它符合一种独立的代表性的评估，且它基本上也独立于结果的先验概率。在第二节，我们将考察数值预测，并说明它并不是合理的回归性的，且基本上不受证据可信度的影响。接下来的三节依次讨论有关预测研究中的方法论问题、预测中过分信心的来源，以及有关回归效应（regression effects）的错误直觉。

一、类别预测

1. 基率、相似度和发生可能性

下面这个实验的例子展现了用代表性启发式做出的预测，以及与这种直觉预测模式相关的谬见。一个由69位被试组成的小组[1]［基率组（the base-rate group）］被要求回答下面这个问题："请考虑今天在美国的所有的一年级研究生。请写下你对以下9个专业领域的注册学生所占比例的最佳估计。"这9个领域见表4—1。表格中的第一列是各个领域基率估计的均值。

表4—1　对9个专业领域基率的估计，和有关汤姆的相似度及预测数据的总汇

专业领域	判断出的基率的均值（%）	相似度排名的均值	可能性排名的均值
工商管理	15	3.9	4.3
计算机科学	7	2.1	2.5
工程学	9	2.9	2.6

续前表

专业领域	判断出的基率的均值（%）	相似度排名的均值	可能性排名的均值
人文学与教育学	20	7.2	7.6
法律	9	5.9	5.2
图书馆管理学	3	4.2	4.7
医学	8	5.9	5.8
物理与生命科学	12	4.5	4.3
社会科学与社会工作	17	8.2	8.0

第二个小组的65位被试（相似度组）被给出下面这个人格描述：

> 汤姆有很高的智商，尽管他缺乏真正的创造力。他有着对秩序、清楚、整洁和所有部分各司其职的整齐系统的渴望。他的文章相当枯燥和机械，只是偶尔的陈腐的双关语和科幻小说式的想象迸出的火花才令其生色。他有强大的动力去胜任工作。他看起来对他人毫不在意，缺乏同情心，也不愿与人交流。尽管以自我为中心，但他有很强的道德感。

被试被要求按照"汤姆与上述9个领域中的典型的研究生有多像"来对这9个领域排序。表4—1中的第二列就是给不同领域的相似度排名的均值。

50 最后，预测组由114名美国三所主要大学的心理学研究生组成，他们被给出了汤姆的人格描述，但附加了下面的额外信息：

> 前面的人格描述是一位心理学家在汤姆读高中高年级时，根据投射测验写下的。汤姆现在是一位研究生。请根据汤姆现在分别是这9个领域中的研究生的可能性，对这9个领域排序。

表4—1中的第三列是预测组的被试赋予结果的排名的均值。

我们计算了表4—1中各列之间的积矩相关系数（product-moment correlation）。判断的可能性与相似度之间的相关系数是0.97，而可能性与估计的基率[2]之间的相关系数是－0.65。显然，对可能性的判断与相似度的判断基本一致，而与基率的估计截然不同。这一结果，对人们按照代表性或者相似度来预测的假说，是一个直接的证明。

由心理学研究生给出的对可能性的判断，严重违反了标准的预测规则。多于 95% 的回答者认为汤姆更可能学计算机科学而不是人文学或者教育学，但同时他们也确知在后一领域有更多的研究生的事实。根据表 4—1 列出的基率估计，人文学或教育学与计算机科学的先验几率之比（prior odds）大约为 3∶1（实际比率要高很多）。 51

根据贝叶斯规则，仅当对汤姆的人格描述既准确又切中要害时，才有可能逆转汤姆更可能是人文学或教育学的研究生而非计算机科学研究生的倾向。然而，我们研究中的研究生并不认为这一条件得到了满足。在预测任务之后，被试被要求估计通过数种不同信息实现一选就中（在 9 个领域中第一选择就正确）的比例。当预测是基于投射测验时，估计的一选就中的比例的中位数是 23%，而基于高中生对自己的兴趣与计划的报告的预测，这一数值是 53%。显然，投射测验并不被看重，不过，研究生们确实是依赖于由此种测验获得的描述，而忽视了基率。

总体上，有三类信息与统计预测相关：（1）先验信息或者是背景信息（如研究生专业的基率）；（2）关于个例的特定证据（如对汤姆的描述）；（3）预测的预期准确度（如估计的一选就中的概率）。统计预测中的一个基本规则是，预测的预期准确度，控制着赋予特定证据及先验信息的相对权重。当预测的预期准确度降低时，预测应该更为回归，也就是更接近按先验信息做出的预测。在汤姆这个例子中，预期准确度较低，先验概率理应被赋予更高的权重。但相反，我们的被试按照与特定证据的相似度来对答案排序，而无视先验概率。

在他们完全依赖于人格描述时，预测组中的被试，显然忽视了以下几点。其一，基于人格投射测验无效性这一臭名昭著的事实，汤姆极有可能并不像人格描述暗示的那样冲动和孤僻。其二，即使对汤姆读高中时的描述是真实的，在汤姆读研究生时可能就不再有效了。最后，即使描述依然是真实有效的，与读计算机科学的学生比较，极有可能在读人文学或教育学的学生中，有更多人符合这一描述，道理很简单，因为有更多的学生就读于前一领域。

2. 对预期准确度的操纵

另外一个研究被用来检验这一假说，它认为与统计模型不同，对预测
52 的预期准确度的操纵，并不影响预测模式。实验材料是 5 份对 9 年级男孩的简略的人格描述，据称这是由一位咨询员在纵向研究（longitudinal study）的访谈基础上写成的。实验设计与汤姆研究中的设计是一样的。同一组中的被试（$N=69$），按照被描述的男孩与“那一研究领域中典型的一年级研究生的形象”的相似度，对这 9 个研究生专业排序。在相似度判断之后，他们估计这 9 个研究领域基准频率（base-rate frequency）。这些估计均见表 4—1。剩下的被试被告知，这 5 个案例是从现在是研究生一年级学生的早先研究的参加者中随机抽取的。其中一组是高准确度组（$N=55$），他们得知“在此类描述基础上，与你相似的同学所做出的准确预测约占所有案例的 55%”。低准确度组（$N=50$）则得知在一个任务中能做出的准确预测约占所有案例的 27%。被试对每一描述，按“被描述的人现在是该研究领域的研究生的可能性”对这 9 个领域排序。他们同样要对每一描述估计他们的第一选择就正确的概率。

预期准确度的操纵，对概率判断有重大影响。高准确度与低准确度组的平均估计分别为 0.70 和 0.56（$t=3.72$，$p<0.001$）。然而，在低准确度的条件下，对 9 个领域排序的结果与高准确度条件下的排序结果相比，并不显著地更接近基率分布。对每一判断，研究者计算出被试赋予（五项描述）9 个研究领域的平均排名与基率间的积矩相关系数。这一相关系数，是对被试的预测多大程度上符合基率分布的总体衡量。高准确度组和低准确度组的单个相关系数的均值分别是 0.13 和 0.16。差异并不显著（$t=0.42$，$df=103$）。这一判断模式违背了预测的标准理论，后者认为任何预期准确度的下降，都将伴随着预测对基率的移动。

由于预期准确度的操纵对预测没有影响，这两个预测组被汇总在一起。随后的分析与汤姆研究是一样的。对每一描述，两个相关系数被算出：（1）可能性的平均排名与相似度的平均排名之间的相关系数；（2）可能性的平均排名与平均基率之间的相关系数。对每一描述判断出的最可能的结果和这些相关系数都列示于表 4—2。预测与相似度之间的相关系数始终很

高。与之相反，预测与基率之间没有系统的关系：相关系数波动很大，它取决于每一描述中最具代表性的结果是否经常或极少发生。

表 4—2　　可能性平均排名与相似度平均排名、基率之间的积矩相关系数

	统计数据中的第一选择				
	法律	计算机科学	医学	图书馆管理学	工商管理
与相似度平均排名	0.93	0.96	0.92	0.88	0.88
与基率	0.33	-0.35	0.27	-0.03	0.62

这里对基率的考虑再一次被忽略。在统计理论中，只有当个体认为自 53
己的预测万无一失时，他才可以忽略基率信息。在所有其他情况下，在按照描述所做出的排序与按基率的排序之间必须取得合理的折中。难以相信，基于一次访谈中的对 14 岁少年的粗略描述，就可以成为由被试的预测所暗示的其预测绝对可靠的理由。

在 5 份人格描述之后，让被试回答另一问题：

> 对于丹，除了他参加了原来的研究而现在是一年级研究生之外，你没被告知任何其他信息，请记下你的排序，并回答你对这一案例的信心。

丹的可能性平均排名与估计的基率之间的相关系数是 0.74。因此，在具体描述给定的情况下没被利用的基率信息，在没有具体证据可资利用时，会被利用。

3. 先验证据对个体证据

下面的一项研究，为直觉预测受制于代表性启发式且对先验概率相对不敏感的假设，提供了更严格的检验。在这项研究中，先验概率将十分显著，且与回答模式谐调一致。被试看到下面的封面故事：

> 一组心理学家访问 30 位工程师和 70 位律师，并进行人格测验，他们在各自的领域都很成功。在这些信息的基础上，他们写出 30 位工程师与 70 位律师的简略描述。你将在表格上发现 5 份描述，它们是从

100 份可利用的描述中随机抽取的。对每一份描述，请在 0～100 的量表上记下你认为被描述者是工程师的概率。

同样的任务由一组专家完成，他们所给出的对不同描述的概率是高度准确的。如果你的估计接近专家组的估计，你将得到奖金。

54 这些说明，提供给 85 名被试组成的小组（低比例工程师组，或 L 组）。而另一被试组（高比例工程师组，H 组；$N=86$），也给出同样的说明，只是先验概率不同：他们被告知，抽取这些描述的集合由 70 位工程师和 30 位律师组成。所有被试都得到 5 份同样的描述，其中一份描述如下：

杰克今年 45 岁，他已婚并有 4 个小孩。总体上，他保守、小心、雄心勃勃。他对政治和社会话题没有丝毫兴趣，大部分业余时间都花在他众多的嗜好上，比如家庭木工、航船、数学难题。

在 100 人中有 30 位工程师的样本中，杰克是工程师的概率是________%。

在五份描述之后，被试碰到一份无内容的描述：

假设现在你没有获得有关从样本中随机抽取的人的任何信息。

此人是由 100 人组成的样本中的 30 位工程师之一的概率是________%。

对每份描述，在高比例工程师组和低比例工程师组，一半被试要求给出被描述者是工程师（如上面的例子）的概率，而另一半被试给出被描述者是律师的概率。这一操纵没有任何影响。对每份描述，在两份不同表格中对“工程师”和“律师”给出的概率相加约为 100%。因此，两种表格的数据被汇总，结果以工程师的形式列示。

这项实验设计，使研究者能够算出标准的合理判断模式，这项推导是依据贝叶斯公式，以几率（odds）的形式出现。用 O 来表示某一描述属于工程师而不是律师的几率，按照贝叶斯规则，$O = Q \cdot R$，其中 Q 表示随机抽取的表述是工程师而不是律师的先验几率；R 是对某一描述的可能性比率，也就是，从工程师总体中随机抽取的个体与从律师总体中随机抽取的个体被如此描述的概率之比率。

对得知样本由 70 名工程师和 30 名律师组成的高比例工程师组，先验几率 Q_H 等于 70/30。而对低比例工程师组，先验几率 Q_L 等于 30/70。因此，对每份描述，两组的后验几率的比值是

$$\frac{Q_H}{Q_L} = \frac{Q_H \cdot R}{Q_L \cdot R} = \frac{Q_H}{Q_L} = \frac{7/3}{3/7} = 5.44$$

由于可能性比率在公式中被消除，对所有描述都能得到同样的 O_H/O_L。 55
因此，在现有实验设计下，对操纵先验几率的准确影响，可以在不了解可能性比率的情况下算出。

图 4—1 给出了在两种先验几率条件下，对每份描述的概率估计的中位数。对每份描述，先验几率高时（$Q_H = 70/30$）的估计概率的中位数对应先验几率低时（$Q_L = 30/70$）的估计概率的中位数的点，被绘制出来。按照上一段得出的标准方程，所有的点都应落在曲线（贝叶斯曲线）上，而事实上，只有对应无内容的描述的空白方框落在这条线上：当没有给出描述时，被试在 Q_H 下判断概率为 70%，Q_L 下概率为 30%。在其他 5 个案例中，所有点都落在直线附近。

先验概率的影响虽然细小，但在统计上是显著的。除了无内容描述外，对每位被试，都计算出概率估计的均值。在低比例工程师组中，所有这些值的平均是 50%，而高比例工程师组是 55%（$t = 3.23$，$df = 169$，$p < 0.01$）。然而，由图 4—1 可以看出，相比贝叶斯曲线，所有点更靠近直线， 56
得出对先验分布的明确操纵对主观概率有极小的影响的结论是合理的。与前一实验一样，被试仅在没有给出明确证据时才使用先验信息。正如代表性假设所必然推出的，当个体证据可资利用时，先验概率大体上都被忽略。

这一效应的强度，在对下面的描述的回答中得以体现：

迪克 30 岁，已婚无孩子。他能力强，有干劲，要在自己的领域中成就一番事业。他也受同事喜爱。

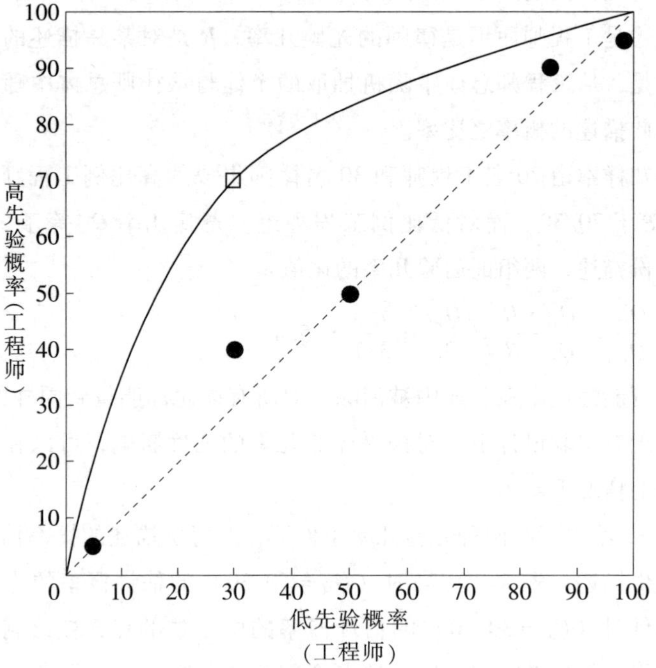

图 4—1　在高先验概率和低先验概率下，对五份描述和无内容描述（方框符号表示）的判断概率的中位数（工程师）

曲线表示的是根据贝叶斯规则得出的正确关系。

这一描述的组织不包含任何有关迪克职业的信息。我们的被试取得一致：在低比例工程师组和高比例工程师组，估计值的中位数都是 50%（见图 4—1）。对这一描述与对无内容描述的反应之间的反差是明显的。显然，人们在没给出明确证据和给出无价值的证据时的反应是不同的。在没给出明确证据时，先验概率被合理利用；在给出无价值证据时，先验概率被忽略。[3]

在有些情况下，先验概率扮演更具实质意义的角色。在迄今讨论的所有例子中，替代结果总是与独特的刻板观念联系在一起，而判断——我们已说明，是由描述代表那些刻板观念的程度所控制。在其他问题中，结果更自然地被视为一个区域内割离的不同部分。比如说，某人被要求判断数位学生中每一位获得奖学金的概率。在这个问题中，没有泾渭分明的奖学金获得者与非获得者的刻板观念。相反，视结果（即获得奖学金）为由学术成就与能力区域中的分割点决定的，是更自然的事情。先验概率，也就是相关群体获奖学金的比例，可以定位这些分割点，从而可被用来定义结果。因此，它们不太可能被忽略。而且，我们可预期，即使存在有关结果的清晰的刻板观念，极端的先验概率也将产生一些影响。对在什么条件下先验信息会被使用或被丢弃的明确阐释，还有待进一步的研究。

统计预测的一个基本原则是，先验概率总结了在获得独立的明确信息之前我们对问题的了解，即使在获得此类信息之后，它也依然相关。贝叶斯规则，将这一定性原则转化为先验几率与可能性比率之间的相乘关系。57
然而，我们的被试，没能将先验概率与明确信息加以综合。在面对一项描述时，无论它多么空洞或者可疑，无论是有关汤姆的还是迪克的（工程师/律师），他们都明显感到描述对象所在组中的职业分布不再相关，不能意识到在有明确证据下先验概率依然相关，这也许是直觉与标准预测理论最重大的差别。

二、数值预测

标准预测理论中的一个基本规则是，在一组案例中，预测的变异性，应该反映预测准确度。当预测准确度极佳时，个体将预测标准值（criterion value）。而当不确定性极大时，在所有案例中，个体都将预测固定值（在类别预测中，个体将预测最高频率的类别。在数值预测中，个体会依据损失函数，预测均值、众数、中位数或其他数值）。因此，预测准确度极佳时，预测的变动将等同于标准值的变动。预测准确度为零时，预测变异性也为零。预测准确度为中等时，预测的变异性也取中等的值，也就是，预测依标准而回归。因此，不确定性越大，预测变异性越小。而使用代表性启发式的预测并不符合这一规则。在前一节，我们已知，预测的预期准确度下降时，人们并不会回归于高频率的类别。本节将在数值预测情境下显示类似的错误。

1. 结果预测对输入信息的评估

假设你被告知，一位大学新生被咨询人员形容为聪明、自信、渊博、勤奋，还富有好奇心。请考虑下面对该描述可能提出的两类问题：

(1) 评估：关于学习能力，这一描述给你留下多深的印象？这种描述适合多少比例的新生，会给你留下更深印象？

(2) 预测：你估计该生会获得多高的平均绩点？获得更高的平均绩点的新生的比例是多少？

这两个问题之间有一重要区别。在第一个问题中，你评估的是输入信
息；在第二个问题中，你预测结果。由于第二个问题比第一个问题肯定有
更大的不确定性，你的预测应该比你的评估更趋向回归。也就是说，你给
出的作为预测的比例将比作为评估的比例更接近 50%。为凸现这两个问题
58 之间的差异，请考虑这项描述不准确的可能性。它应该不会对你的评估产
生任何影响：对这些描述给你印象的排序与它们的准确度无关。另一方面，
就预测而言，只有当你怀疑描述不准确或者你的预测不准确时，你才会
回归。

然而，代表性假设，使预测和评估一致成为必然。在评估一份给定描述时，人们很可能选取最能代表这一描述的分值。如果人们用代表性预测，他们会选取最具代表性的分值作为预测。因此，评估与预测将基本上等同。有多项研究被用来检验这个假设。在每项研究中，被试获得有关一组案例的描述性信息。评价组评价与特定总体相关的每一描述的质量（quality），预测组则预测将来的表现。这两组的判断将被比较，以检验预测是否比评估更趋向回归。

在这两项研究中，被试得到对大学新生的描述，据称是由咨询员在对新生班级的访谈基础上写成的。在第一个研究中，每一描述由五个形容词组成，如我们引用的例子一样，它们涉及智力品质与性格。在第二个研究中，描述是大段的报告，包括这些学生的详细背景和目前对大学生活的适应情况。在两项研究中，评估组都被要求，以评估“在整个班级中，由描述显示的比该生更具学习能力的同学的比例”的方式，评估每一份描述。预测组得到同样的描述，并被要求预测每位学生在大一学期末取得的平均

绩点与百分比方式的班级排名。

这两项研究的结果都在图 4—2 中有显示，它为每一描述描出百分比平均绩点的预测均值对应着平均评估的点。观察到的预测与评估之间的唯一的系统的偏差发生在形容词研究中，在该研究中，预测始终高于对应的评估。用每位被试的数据算出预测或评估的标准差（standard deviation）。在我们研究中的数值范围内，这些数值的对比没有显示出评估组与预测组在变异性上的显著差异。在形容词研究中，评估组（$N=38$）的平均标准差是 25.7，预测组（$N=36$）是 24.0（$t=1.25$，$df=72$，没有显著差异，简写为 *ns*）。在报告研究中，评估组（$N=37$）的平均标准差是 22.2，预测组（$N=63$）是 21.4（$t=0.75$，$df=98$，没有显著差异，简写为 *ns*）。在两项研究中，预测组与评估组都产生同样极端的判断，尽管前者基于粗略的访谈信息预测出稍具客观性的标准值，而后者仅仅是评估从每一描述那里获得的印象。在预测的统计理论中，只有在预测准确度极佳时，我们观察到 59
的预测与评估之间的相等才具合理性，而在这些研究中，难以想象这一条件能得到满足。

对评估与预测相等的进一步的证据，源于贝丝（Beyth，1972）的硕士论文。她呈现给三组被试 7 段话，每段话都描述一位实习老师在某一特定试讲课程上的表现。被试是希伯来大学统计课程上的学生。他们被告知，这些描述是从 100 位小学教师的档案中抽取出来的，这些老师在 5 年前完 60
成了他们的教师培训计划。评估组的被试，要求用相对于给出总体的百分比分数的方式，评估这段话描述的课程的质量。预测组的被试，要求用百分比分值来预测每位教师目前的名次，也就是在写出这些描述的 5 年后他的总体胜任能力。评估—预测组要完成这两项任务。与上述研究一样，评估与预测的差异不明显。这一结果对被试之间与被试内（within-subject）的比较同样成立。尽管判断者都毫无疑问知道在一次试讲课程与五年后的教学能力之间有多重因素起作用，这一知识却并未导致他们的预测比评估更趋向回归。

2. 预测对转换

前面的研究说明，对变量的预测相比于对变量输入信息的评估，并不

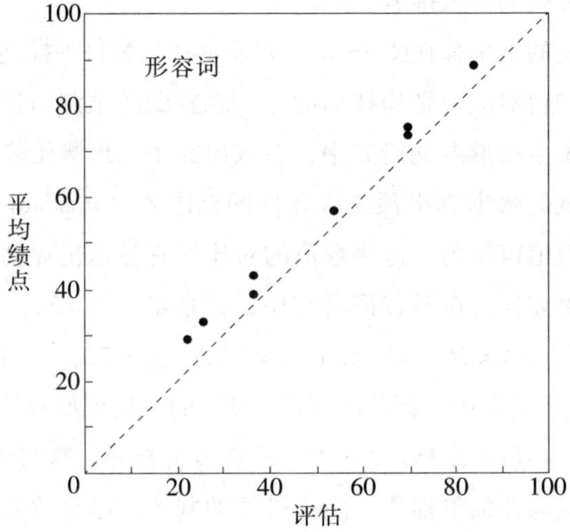

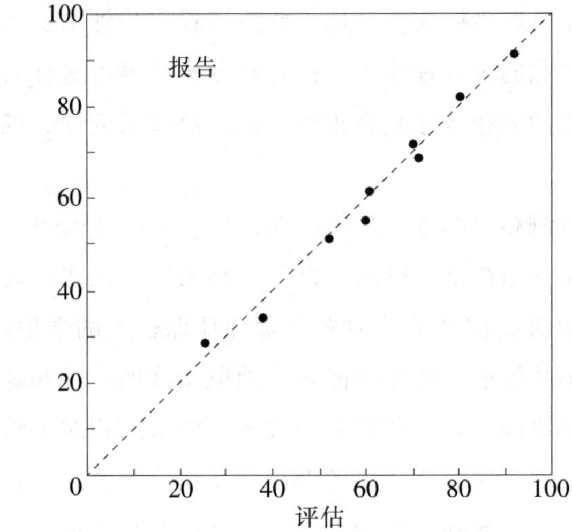

图 4—2　预测百分比平均绩点是对形容词和报告描述的百分比评估的函数

会更趋向回归。在下面这个研究中，我们将说明在有些情况下，对某一变量（学习成就）的预测，并不比变量在不同尺度之间的转换，更趋向回归。平均绩点，被选作输出变量，是因为它具有相关性，且它的分布特性对被试是非常熟悉的。

三组被试参加了实验。所有组的被试，都要在单一每位学生获得的百分比分值基础上，预测 10 位假想的学生的平均绩点。所有小组都拿到同样的一组百分比分值，只是三组获得如下的对输入变量的不同表述：

（1）百分比平均绩点：第一组被试（$N=32$）被告知，“对这数名学生的每一位，你都会得到一个代表他大学第一年的学习成就的百分比分值，你将需要对他当年的平均绩点给出你的最佳的猜测。”研究者也向被试解释，“比如，百分比分值是 65，表示该生获得的平均绩点好于他所在班级的 65% 的同学，以此类推。”

（2）心理集中度（mental concentration）：第二组被试（$N=37$）被告知，“对心理集中度的测试是测量集中注意力和提取由复杂信息传达的所有信息的能力。研究发现，获得较高平均绩点的学生，往往在心理集中度测试中取得高分，反之亦然。然而，研究发现，心理集中度测试中的表现取决于测试者参加测试时的情绪和心理状况。因此，同一人重复测试会取得差别很大的分数，这取决于测试前一天晚上他的睡眠状况和当天他的心境。” 61

（3）幽默感：第三组被试（$N=35$）被告知，“幽默感的测试可测量一个人为卡通配上诙谐的文字说明和欣赏不同形式的幽默的能力。研究发现，在此测试中取得高分的学生比取得低分的总体上趋于获得更高的平均绩点。不过，用幽默感去预测平均绩点，不可能有较高的准确度。”

在这个实验设计中，所有被试都在同一组百分比值基础上预测平均绩点。第一组仅仅将百分比平均绩点的数值转换为平均绩点尺度上的数值。另一方面，第二组和第三组依据关系甚远的证据来预测平均绩点。标准的推理将要求这两组的预测比第一组的判断更回归，也就是有更少的波动。然而，代表性假设暗示了不同模式的结果。

第二组用可能有效但不可靠的、被看作学习能力的一种衡量方式的心理集中度来预测。我们假设这一组的预测与第一组预测相比，并不会更回归。总之，我们推测，最能代表在某一能力测试（如心理集中度）中取得 62
的百分比数值的成就分值（如平均绩点），是对应在成就量度上的同一百分比数值。因为代表性并不受不可靠性的影响，我们预期用不可靠的心理集中度的测试做出的平均绩点预测，将基本上与用百分比平均绩点做出的预测相同。另一方面，我们预期第三组的预测将会回归，因为幽默感的测试，并不被普遍认为是学习能力的衡量方式。

由这三组赋予10个百分比数值的预测显示于图4—3。在该图中，显而易见的是，第二组的预测并不比第一组的预测更回归，而第三组的预测显得更回归。

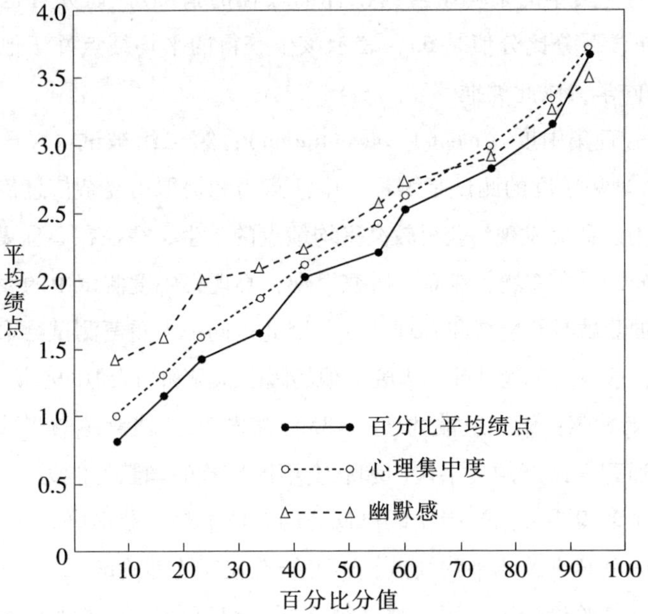

图4—3　用三个变量上的百分比分值做出的平均绩点预测

在每位被试数据的范围内，计算出4个指标：他的预测的均值，他的预测的标准差，输入数值基础上做出的预测平均绩点的回归的斜率，以及它们之间的积矩相关系数。三组中的这些数值的均值均列示于表4—3。

表4—3　三组的单个预测数据的均值以及预先计划的第一组和第二组之间、第二组和第三组之间比较的结果

统计量	小组				
	1. 百分比平均绩点	1对2	2. 心理集中度	2对3	3. 幽默感
预测的平均绩点的均值	2.27	*ns*	2.35	0.05	2.46
预测的标准差	0.91	*ns*	0.87	0.01	0.69
回归线的斜率	0.030	*ns*	0.029	0.01	0.022
r	0.97	*ns*	0.95	*ns*	0.94

在表格中，三组都产生有顺序的数据是显而易见的，这由输入变量与预测之间的高度相关证明［平均的相关系数，是通过将个人的数据转换为费希尔系数（Fisher's Z）而获得的］。预先计划的第一组和第二组、第二组和第三组之间比较的结果确证了在图 4—3 中观察到的模式。在用百分比平均绩点和心理集中度做出的预测之间没有显著差异。因此，人们在用对能力的衡量来预测对成就的衡量时并不回归，无论它多么不可靠。

另一方面，用幽默感做出的预测，是回归的，尽管不够充分。由回归曲线的比较而推定的平均绩点和幽默感之间的相关系数是 0.70。另外，用幽默感做出的预测，显著地比用心理集中度做出的预测高。同时，由心理 63
集中度做出的预测，倾向于比百分比平均绩点基础上的预测高。我们在很多研究中都获得这一发现。当在不完备信息基础上预测某人的学习成就时，被试表现得宽大仁慈（Guiford，1954）。他们对有效性降低做出的反应是，提高预测出的表现水平。

只要输入变量与输出变量都被视为同一品质的外显，就可预期，预测基本上是不回归的。此类预测的例子，在一个真实生活场景——以色列军队军官选拔委员会中被观察到。在完成几天的检测和观察之后，那些参加评估小组的富有经验的军官，通常会在 7 分量表上对候选人进行评估。为了研究的目的，他们被额外要求对每位入选的候选人，在军官培训学校最后能取得的分数做出预测。在由大量不同的判断者做出评估的个案中，预测分数的分布与军官培训学校最后获得的实际分数的分布实际上是一致的，只有一个明显的例外：预测的失败比实际失败的频率要少。特别地，在最高的两个类别上的预测频率，与实际的频率完全一致。所有判断者都深知，研究证明他们的预测有效性仅仅是一般水准（介于 0.20 与 0.40 之间）。然而，他们的预测是非回归的。

三、方法论的考虑

代表性假设认为，预测与按相似度进行的评估或评定没有差别，尽管标准的统计理论认定预测应该比这些判断更不那么极端。因此，对代表性假设的检验，需要一种可以将预测与其他类别的判断相比较的实验设计。

本章报告的实验中，就使用了两种比较实验设计的变异形式。

在其中一个设计中，我们标记为 $A-XY$，不同组的被试在同一输入信息（A）的基础上判断两个变量（X 和 Y）。比如在汤姆的例子中，两个不同的小组被给予同样的输入信息（A），也就是，一份人格描述。其中一组按相似度（X）对结果排序，而另一组按可能性（Y）排序。相似地，在数值预测的几个研究中，不同组的被试被给予同样的信息（A），比如说，对一位学生的五个形容词的描述，其中一组提供评估（X），另一组则提供预测（Y）。

在另一设计中，我们标记为 $AB-X$，两组不同被试在不同输入信息（A 和 B）的基础上判断同一输出变量（X）。比如，在工程师/律师研究中，两个不同小组做同一判断（X），即一个特定的人是工程师的可能性。他们得到此人的简要人格描述和有关工程师与律师的基率频率（base-rate frequencies）的不同信息（A 和 B）。而在数值预测的情境中，不同组根据不同变量——百分比平均绩点（A）和心理集中度（B）——的分数对平均绩点（X）做出预测。

64 这些比较实验设计表明，与标准模型相反，预测与相似度的评估或判断一样不回归，从而支持了代表性假设。我们同样可以问，与实际结果或者当输入信息与结果在同一量表上衡量时的输入信息相比，直觉预测是否回归。由于著名的趋中错误（central-tendency error）（Johnson，1972；Woodworth，1938），即使当预测与转换后的形式一样不回归时，我们也预期他们将比实际结果更回归一些。在各种广泛的判断任务中，包括纯粹的将输入变量从一个量度转换到另一个量度上，被试都倾向于避免极端的回答且限制他们判断的变异性（Stevens & Greenbaum，1966）。由于这一反应偏差，相比输入信息或结果，判断将是回归的。本章所使用的设计通过两种判断的比较中和了这一效应，因为二者都受同一偏差的影响。

这里的系列研究，关注的是人们基于在实验前就可使用的信息来做预测的情形，这些信息是以刻板观念（如对某一工程师的刻板观念）和对变量之间关系的预期的形式出现的。它们没有提供结果的回馈，对每一被试要求的判断的次数也很少。与之相反，大部分以前的预测研究，都是处理被试并不了解的对变量之间的函数或者统计关系的学习，这些研究通常有大量次数的试验和不同形式的结果反馈。在斯洛维奇等（Slovic et al.，1971）的研究中，有对部分这类文献的回顾。在有回馈的反复预测的研究中，被试通常选择那些使整个预测序列或模式高度代表实际结果的分布的结果。比如，在概率学习的研究中，被试构造出与结果序列的统计特征大体一致的预测序列。同样地，在数值预测中，被试相似地构造出散点图，也就是输入与结果的联合分布（参见 Gray，1968）。为了这样做，被试使用一种混合策略：对任一给定输入信息，他们构造出一个有不同预测的分布。这些预测反映的事实是，任一输入信息，在不同的试验下产生不同的结果。显然，在这两种范式中，其预测规则是不同的，尽管都涉及了代表性启发式。在有回馈的范式中，被试构造出代表输入信息与结果关系的整 65
体范式的回答序列。在本章考察的情形中，被试选择最能代表每一个体给他们的印象的预测。这两种方法导致对标准规则不同的背离：在回馈范式中用混合策略代表不确定性；但在本章涉及的范式下，则根据评估的预测而摒弃不确定性。

四、信心与效度错觉

如前面章节所示，人们通过选取最能代表输入信息的结果来预测。我们提出，人们对预测的信心程度反映出被选结果在多大程度上比其他结果更能代表输入信息。在输入信息（如分数描述）具有多重属性的数值预测的情境中，代表性的一个主要决定因素，是输入信息的一致性或者连贯性。输入信息越一致，预测分数将显得越具代表性，从而对预测越有信心。比如，在两门基础课程成绩都是 B 的基础上做出总体成绩是 B 的预测，相比基于获得 A 和 C 的成绩做出的同样的预测，更具信心。事实上，输入信息内部的变异性或者不一致，已被发现会降低预测的信心（Slovic，1966）。

那种认为一致的描述（profile）相比不一致的将给予更多的可预见性的直觉，是不由自主的。然而，值得注意的是，这一观念与被普遍应用的多元预测模型（即正态线性模型）不相符合，后者认为预测的预期准确度独立于描述内部的变异性。

当判断者依据高度相关的分数来预测时，通常将碰上一致的描述；相对地，在相关性较低时，不一致的描述会更常见。因为信心随着一致性而增长，当输入变量高度相关时，信心通常也会比较高。然而，就给定效度的输入变量而言，它们与标准值（criterion）的多重相关性和它们之间的相关性是反向相关的。因此，一个两难的情况出现了：输入变量间的高度相关增强了信心却降低了效度。

为说明这一效应，我们要求被试基于两组能力测试预测平均绩点。被试被告知，其中一组测试（创造性思维和符号能力）是高度相关的，而另一组测试（思维灵活性和系统推理能力）是不相关的。他们看到的分数都符合这些预期（对其中一半的被试，测试贴上的相关和不相关的标签被调转过来）。被试被告知，“所有测试在预测大学成绩上，被发现是同样成功的。”
66 在这种情况下，当然地，不相关组的测试将比相关组测试实现更高的预测准确度。但正如预期的，在总体的预测分数范围内，被试对依据相关组测试做出的预测更具信心。也就是，他们在一个较低的预测准确度的情境中更具信心。

在许多预测研究中，包括我们自己的，都观察到另一个发现：信心是表现的预测水平的J状函数（参见 Johnson，1972）。被试对杰出表现的预测，具有相当的信心，并且他们对预测彻底的失败比预测平庸的表现，也有更多的信心。正如我们前面所看到的，直觉预测通常都是不充分地回归。因此，预测与结果之间的偏差，在极端值时是最大的。J状信心函数，使被试在预测最有可能偏离常态时最具信心，成为必然。

上述分析表明，增强信心的因素，比如一致性和极端性，通常与预测准确度是负相关的。因而，人们在极易犯错误的判断中倾向于体验相当的信心，这一现象我们可称之为效度错觉（illusion of validity）。与其他感知和判断上的错误一样，即使在其虚幻的特性被意识到时，效度错觉通常仍会存留。比如，当采访一位候选人时，大多数人都会对我们对他将来的表现的预测具很高的自信，尽管我们都知道采访的极不可信是臭名昭著的。

五、有关回归的直觉

回归效应与我们所有人都息息相关。在我们的经验中，大部分杰出的父亲都有稍稍令人失望的儿子，光彩照人的妻子有暗淡的丈夫，适应不良的开始适应，幸运儿最终遭遇飞来横祸。尽管有这样的经历，人们并没有获取回归的合理概念。首先，在许多注定会发生回归的情况下，他们没有预测回归。其次，正如任何一位统计学老师会证实的，对回归的合理概念是十分难获得的。最后，当人们观察到回归时，他们通常会对其臆造出动态的解释。

是什么让回归的概念违反直觉，且难以获得和应用呢？我们认为这一困难的一个主要来源在于，回归效应，通常违背了所预测的结果应该最大限度地代表输入信息的直觉。[4]

为显示尽管与统计学有相当的接触但非回归的直觉仍然持续的事实，67
我们为一组心理学研究生被试提供了下面这个问题：

> 一个测试的问题。一位随机抽取的个体，在一个标准的 IQ 测试中获得 140 分。假定 IQ 分数，是“真实”分数和服从正态分布的随机测量误差的总和。请给出你对此人真实 IQ 的置信水平为 95% 的置信区间的上限和下限的最佳估计。也就是说，给出一个高估计值，这样你有 95% 的把握使真实 IQ 事实上低于这一估计，以及一个低的估计值，这样你有 95% 的把握使真实 IQ 高于此估计。

在这个问题中，被试被告知将观测到的分数视为“真实”分数和误差成分之和。由于观测到的分数显著地高于总体均值，误差成分更有可能是正值，因而此人在随后的测试中也将获得一个略低的分数。然而，大部分被试（108 位中有 73 位），报告了以 140 为中心的对称的置信区间，而未能传达出任何的回归预期。在剩下的 35 位被试中，其中 24 位报告了回归的置信区间，11 位报告反回归的区间。因此，大部分被试忽略了输入信息中的不可靠因素的效应，而视 140 为真实分数一样来预测。这种在预测时把输入信息看成是毫无错误的倾向，在本章中已被反复观察到。

回归现象的发生，有时也能被认识到，这可能是因为我们在自己的观察中发现了回归效应，也可能是因为我们被明白无误地告知回归现象已发生。当意识到时，回归效应通常会被视为需要进行大量解释的系统的变化。事实上，在社会科学中，提供了大量的对回归效应的虚妄的解释。[5]已有人运用动态原则来解释为何有些企业在某一时段生意兴隆但随后濒于垮台，为何面部表情的训练有益于在前测中分值很低的培训者，而有害于表现极佳的人。如果那些作者能够意识到给定两个有相同方差的变量，下面两个命题在逻辑上是等价的，则部分这样的解释就不会被提出：（1）*Y*有关于*X*而回归；（2）*Y*和*X*之间的相关系数小于1（unity）。因此，解释回归效应与解释为何相关系数小于1是等价的。

作为对认识到和合理表达回归效应是多么困难的最后一个说明，请考虑下面这个提供给研究生样本的问题。这个问题所描述的，是发生在作者之一身上的真实经历。

> 一个培训的问题。一所飞行学校的老师采纳了心理学家推荐的一
> 68 致正面强化的政策。他们对每一个飞行操作的成功实施都进行口头强化。在使用这个方法一段时间后，老师们声称，与心理学原理相反，对正确实施复杂操作的高度赞赏通常会导致下一次尝试中表现的下降。心理学家应该如何应答？

在飞行操作中，回归是不可避免的，因为飞行表现并不是十分的稳定，且成功操作之间的进步也是缓慢的。因此，飞行员在一次尝试中表现极佳，在下一次有可能弄糟，无论老师对最初的成功做出什么样的反应。富有经验的飞行教员事实上已发现回归现象，但归结为是正面强化的负面效果。这一真实的故事表现了我们人类生活中令人悲哀的一面。我们一般在他人表现良好时予以强化，在他人表现糟糕时予以惩罚。仅仅通过回归效应，他们就极有可能在惩罚后提高成绩，而在奖赏后成绩下滑。于是，我们被置于一个终生的计划中，我们常常为惩罚他人而受到奖励，为奖励他人而受到惩罚。

回答这一问题的研究生中，没有一位提出回归效应可能导致这一问

题。相反，他们提出口头强化对飞行员可能是无效的，或者会导致过分自信。有些学生甚至怀疑教员的印象的正确性，并探讨他们对情境的感知偏差的可能来源。这些被试都毫无疑问接触过彻底的对统计回归的处理。然而，当它不是用父亲和儿子的身高这一熟悉的方式表达时，他们没能认识到这一回归事件。显然，单凭统计学训练，并不能改变对不确定性的基本直觉。

本章原载《心理学评论》（*Psychological Review*，1973，80，237-251）。允许重印。

注释

［1］除非另加说明，本章中实验的被试，均为通过俄勒冈大学的一份学生报纸招聘的有偿志愿者。数据是在小组的情境下收集的。

［2］在计算这一相关系数时，我们把排名反过来。这样一个更高的判断可能性被赋予了更大的数值。

［3］参见本书第 159 页。

［4］每份有意义的行为片段，应高度代表行动者的人格。这种期望，可解释为什么普通人和心理学家一样总是对这些因素之间可忽略的相关表示惊奇，而这些因素，就是对诚实、风险承担、攻击行为和依从的明显可交换的测量（Mischel，1968）。

［5］对研究中的回归谬误（regression fallacies）的富有洞见的讨论，可参见 Campbell（1969）、Wallis & Roberts（1956）。

第 5 章　对代表性的研究

巴-希勒尔（Maya Bar-Hillel）

69 卡尼曼和特沃斯基提出，人们在判断一些不确定事件发生的概率时，通常会求助于启发式或者拇指法则，它们与真正决定事件发生的概率的变量是不完全相关的（即便有相关关系，也是不完全的）。其中一种启发式是代表性启发式，它被定义为对问题中的事件在多大程度上“与母体在核心特征上相似”或者“反映了产生该事件的过程的显著特征”的主观判断（Kahneman & Tversky，1972b，p. 431，**3**）。尽管在有些情况下，更可能发生的事件显得更具代表性，反之亦然。但将事件的代表性作为判断其发生概率的指示器，会将两种系统的错误引入判断之中。第一，它赋予那些影响事件的代表性但不影响其发生概率的变量以过高的影响力。第二，它会降低那些对事件发生概率起关键作用但与代表性无关的变量的重要性。

代表性这一概念时常被批评为过于模糊和隐晦，这可能是因为它缺乏一个一般性的可操作定义。不过，这并不等于认同了批评者常常暗示的一个结论，即独立于概率判断来评估代表性是不可能的。例如，在“汤姆”研究中，卡尼曼和特沃斯基就将代表性定义为某些个体（汤姆）与“某些研究生专业领域中的典型研究生”的相似度（1973，p. 238），并在汤姆就读这些研究领域的可能性之外，对这些领域进行排名。在其他研究中，按照代表性进行的独立排名能够被规避（sidestep），仅仅是因为读者可以如此轻易地通过思想实验（thought experiment）将其予以运用。

一、相似度和代表性

在代表性的概念被引进后不久，我进行了一项小研究，被试在其中根 70
据一项先验标准（在本章后面会予以明确说明）和实验中的判断对代表性排序。我随后将这些排名与独立收集的概率判断进行比较（Bar-Hillel，1974）。此研究中的任务的优点在于，与之相关的概率是唯一的且定义完备，而且它展示方式简便，可以不费力地帮助被试进行感知相似度的判断。

本研究中的刺激是三条形图（triples of bar graphs），我们分别用 *L*、*M*、*R* 来表示左边、中间和右边的图。其中一例如图 5—1 所示。每一个图都由三个竖条组成，它们从左到右被涂成绿色、黄色和红色。每一竖条的长度都是 5 的倍数，而且每个图中的三个竖条的长度之和都是 100。

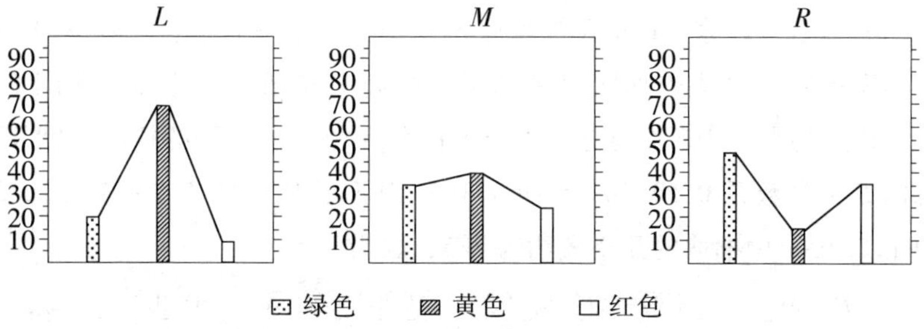

图 5—1　在相似度和代表性的研究中使用的特征刺激（characteristic stimulus）

资料来源：Bar-Hillel，1974。

本研究中的所有三条形图（*L*、*M*、*R*）都具有下面一些特征：

（1）中间条形图中的每一竖条在长度上都是其相应的左边和右边图中

的竖条长度的中点（不过，如果左边和右边的竖条长度的均值不是5的倍数，将被近似为与其最接近的5的倍数）。比如，在图5—1中，在M中的绿色竖条的长度是35，它是20和50之间的中点，也就是L和R中相应竖条长度的中点。这对黄色和红色竖条同样成立（不过，请注意这些竖条的长度都是被近似处理过的：42.5近似为40，22.5近似为25）。

（2）M中竖条长度的排布顺序与L或者R一致，但不是都一致，因为L和R的排布顺序总是相反的。比如，在图5—1中M和L的排布顺序是一样的，都是红的最短而黄的最长，而R的不一样，它最短的竖条是黄色的。
71 依次连接每个图中所有竖条顶端的细线使这一特点变得明显，不过X轴是定类变量。

（3）假设M被表述为是描述一个三项式总体（trinomial population），而L和R是可能从中抽取的容量为20的样本，则排布顺序与M一致的样本将总是概率较小的样本。例如，在图5—1中，M描述的是参数为0.35、0.40和0.25的三项式总体，则抽取出样本R（10个绿色、3个黄色和7个红色珠子）而不是样本L（4个绿色、14个黄色和2个红色珠子）的几率将大约为8/5，因为

$$\frac{P\ (L \mid M)}{P\ (R \mid M)}=\frac{(20!\ 4!\ 14!\ 2!)}{(20!\ /10!\ 3!\ 7!)}\times\frac{(0.35)^{4}\ (0.40)^{14}\ (0.25)^{2}}{(0.35)^{10}\ (0.40)^{3}\ (0.25)^{7}}=0.6127$$

因此，R是更可能的样本。

（4）假设反过来，L和R被表述为总体，M是一个样本，则M从与其排布顺序一致的总体中抽取出来的可能性将总是较小。比如，在图5—1中，M描述的是一个7个绿色、8个黄色和5个红色珠子的样本，则M是从总体R（参数是0.50、0.15和0.35）而不是从总体L（参数是0.20、0.70和0.10）中抽取的几率大约为7/5，因为

$$\frac{P\ (M \mid L)}{P\ (M \mid R)}=\frac{(20!\ /7!\ 8!\ 5!)}{(20!\ /7!\ 8!\ 5!)}\times\frac{(0.20)^{7}\ (0.70)^{8}\ (0.10)^{5}}{(0.50)^{7}\ (0.15)^{8}\ (0.35)^{5}}=0.7017$$

因此，R是更可能的总体。

在三组不同的说明条件下，28种此类三条形图被展示给三组不同被试。其中一组得知，每一条形图都是描述三项式分布，其中L和R描述的是两个总体，而M描述的是从其中一个总体中抽取的样本。该组25位被试

需判断 M 描述的样本是更可能从 L 还是从 R 中抽取的。另一组得知 M 描述的是三项式总体，而 L 和 R 是两个三项式样本。该组的 26 位被试需判断两个样本中哪个更有可能是从给定总体中抽取出来的。实验者首先向这些组呈现一个装满绿色、黄色和红色珠子的大罐子，然后向他们展示如何可能用合适的条形图来描述罐子（总体）的组成成分。实验者当场展示随机抽取 20 个珠子的样本，同时展示了它的条形图。被试随后被要求将 L 和 R 视为罐子总体的代表，M 代表 20 个珠子的样本，或者视 L 和 R 为样本，M 为总体，这要视被试所在组而定。

第三组，也就是最后一组，由 25 位被试组成，他们未得到对条形图的 72
任何解释，仅仅被要求判断 L 和 R 中哪个与中间的 M 更相似。

按照每一个标准（1. 更可能获得样本 M；2. 更可能从总体 M 中抽取；3. 与 M 更相似），根据大部分被试选取的图的情况，刺激被归类为 L 或者 M。

本研究的两个主要发现是：

（1）以被试给出的经验性的相似度排名与体现于特征 2 中的相似度的先验标准完全一致。换句话说，在所有 28 个刺激中，多于 80% 的被试判断，M 与这种图形更相似，它的各种颜色的竖条高度的排布与 M 是一致的。

（2）无论是作为样本还是总体，按照可能性对 L 和 R 的排名，与按照相似度对它们的排名是高度相关的。在 R 被判断为与 M 更相似的 17 个三条形图中，作为样本时，仅仅 2 个被判断为更不可能，作为总体时，仅仅 4 个被判断为更不可能。在 L 被判断为与 M 更相似的 11 个样本中，仅仅只有 1 个排名低于 R，且它是作为样本的。因此，只有少于 13% 的刺激的相似度排名与可能性排名不一致。相似度判断和可能性判断的联合分类在图 5—2 中给出；在 A 中，L 和 R 是样本，在 B 中，它们是总体。

作为样本的可能性排名与作为总体的可能性排名，它们之间的相关系数 ϕ 是 0.75，这与每个可能性排名与相似度排名之间的相关系数 ϕ 基本上是一样高。这支持了在两个概率判断组中被试的排名基本上都是基于相似度的立场，其中对相似度的判断是由第三组进行的。

(A)

		L	R
相似度	R	2	15
	L	10	1

样本可能性

ϕ=0.79

(B)

		L	R
相似度	R	4	13
	L	11	0

总体可能性

ϕ=0.75

图 5—2　被试按相似度对 *L* 组和 *R* 组的排名，分别与它们的样本可能性（A）或总体可能性（B）的联合分布

资料来源：Bar-Hillel，1974。

二、使样本显得具有代表性的特征是什么？

奥尔森（Olson，1976）指出，尽管“在广泛的判断情境中，基于对代
73 表性的评估做出判断的观念在实验和思辨上都有相当的支持”，但只有当我们能够确定“哪些因素使某些特定任务和问题的特征，成为与进行代表性判断相关的显著特征”时，这一观念才是完整的（p. 608）。在某些情境下，比如在相似度和概率研究中，这些都已被识别。举另一例子来说：决定从贝努利分布中抽取的各种容量的无序样本的样本代表性的线索（cue），看来是样本中“连续”的比例与相应的总体参数之间的差异（Kahneman & Tversky，1972b，**3**）。我接下来要描述的研究（Bar-Hillel，1980b）提示我们一种一般性的方法，它可识别出对从任何总体中抽取的样本的代表性起控制作用的那些特征。这体现在对从钟形分布（如正态分布）中抽取的（三个观察的）样本的代表性起决定作用的线索进行识别的尝试中。

基本原则很简单：如果我们假定对代表性和可能性的判断是由同样的基本因素决定的，则这些因素可以通过询问对合理选出的样本集的概率给出判断的人而获得。这一程序倒转了概率和代表性的角色。换句话说，概率判断不是被用来确认代表性，而是去推定代表性。然而，直接要求被试按照代表性对样本排序很有理由被认为是在乞求答案。他们也许会反驳：“那你说的代表性是什么意思呢？”我们建议的策略是，用在标准假设下的有标准答案的清晰明确的问题（“下面的样本中，哪个更有可能是从这一总体中随机抽取的？”）来取而代之。

研究人员给被试如下的问题：

> 美国大学男生的平均身高是 175 厘米。从大学注册办公室中随机抽取三份档案，它们分别是 John、Mike 和 Bob 的。在三人身高的结果中，哪个更有可能？

John—178 厘米		John—177 厘米
Mike—170 厘米	或	Mike—177 厘米
Bob—176 厘米		Bob—177 厘米

实际给出的数字在不同的表格上都不一样，它们都能在表 5—1（上述例子是表中第一行）中的刺激列中看到。通过系统地改变被使用的数字，我们可以查明究竟是什么特征，又是以什么顺序在决定被试的回答。在对浮现出的图景给出总结前，我会依次给出一些解释性的评论来帮助读者理解该表。

（1）标号为 A 的样本始终是被试认为比与之配对的样本更有可能的样本。在原来的问卷表上，A 出现在左边和出现在右边的频率是一样的。被试中选择 A 和选择 B 的确切比例标于回答列中。

（2）从标准观点看更有可能的样本，可以在统计测量列中看到。当且 76
仅当 $P(A)/P(B)>1$ 时，也就是当且仅当

$$\frac{f(X_1)\cdot f(X_2)\cdot f(X_3)}{f(Y_1)\cdot f(Y_2)\cdot f(Y_3)}>1\text{ 时，}$$

这里 $A=[X_1, X_2, X_3]$，$B=[Y_1, Y_2, Y_3]$，样本 A 比样本 B 更有可能。这一系数是根据 $\mu=175$ 厘米，$\sigma=6$ 厘米的正态密度函数（normal density function）算出的。因为统计意义上的正确答案出现于 A 或者 B 列中的频率是一样的，被试与这些标号的关系显然仅仅是随机的。

也许表 5—1 的结果中最令人震惊的，是不存在单一的为被试对样本排序所依赖的线索。比如说，有时他们选择均值与总体均值比较接近的样本（如第 1 行），而有时选择相反的（如第 2 行）。有时他们选择有更多极端数据的样本（如第 13 行），而有时选择相反的（如第 14 行）。事实上，似乎有一大堆的线索是相关的——相同数值的个数，总体均值两侧的数据是否都得到了体现，样本均值和全距（range），且如图 5—3 显示的那样，以

表 5—1 对一对样本的可能性的统计衡量和判断

		样本 A 的刺激			样本 B 的刺激			回答			$\frac{P(B)}{P(A)}$	正确答案	KS 统计量	
		John	Mike	Bob	John	Mike	Bob	A(%)	B(%)	n			A	B
三个不同数据 V. S. 三个相同数据	1.	178	170	176	177	177	177	95	5	188	1. 39	B	0. 31	0. 63
	2.	181	165	177	175	175	175	93	7	29	6. 42	B	0. 31	0. 50
	3.	178	170	176	175	175	175	97	3	30	1. 59	B	0. 31	0. 50
	4.	178	180	176	175	175	175	85	15	26	1. 59	B	0. 57	0. 50#
	5.	178	180	176	177	177	177	80	20	25	1. 39	B	0. 57	0. 63
	6.	191	183	189	175	175	175	72	28	25	1300	B	0. 91	0. 50#
三个不同数据 V. S. 两个相同数据	7.	178	170	176	176	170	176	72	28	25	1. 12	B	0. 31	0. 43
	8.	178	170	176	178	170	178	76	24	25	0. 68	A	0. 31	0. 36
	9.	176	174	175	178	170	178	57	43	29	0. 56	A	0. 43	0. 36#
较大全距者被优先考虑	10.	178	170	176	176	174	175	62	38	29	1. 58	B	0. 31	0. 43
	11.	178	170	176	177	173	176	71	29	31	1. 43	B	0. 31	0. 37
	12.	178	170	176	178	172	177	54	46	28	1. 14	B	0. 31	0. 31
	13.	178	170	176	177	171	175	54	46	28	1. 14	B	0. 31	0. 37
较小全距者被优先考虑	14.	178	170	176	179	169	177	54	46	26	0. 75	A	0. 31	0. 30#
	15.	178	170	176	181	165	177	77	23	30	0. 23	A	0. 31	0. 30#
	16.	178	170	176	180	170	175	64	36	25	0. 81	A	0. 31	0. 20#
	17.	178	170	176	181	169	175	59	41	27	0. 60	A	0. 31	0. 17#

续前表

		样本 A 的刺激			样本 B 的刺激			回答			$\frac{P(B)}{P(A)}$	正确答案	KS 统计量	
		John	Mike	Bob	John	Mike	Bob	A(%)	B(%)	n			A	B
双侧样本 V.S. 单侧样本	18.	178	170	176	172	170	174	78	22	27	1.00	皆可	0.31	0.57
	19.	178	170	176	178	180	176	64	36	25	1.00	皆可	0.31	0.57
	20.	178	170	176	184	176	182	76	24	25	0.26	A	0.31	0.57
	21.	181	165	177	178	180	176	63	37	32	4.29	B	0.57	0.57
	22.	176	174	175	184	176	182	73	27	30	0.87	A	0.37	0.57
	23.	177	171	175	178	180	176	93	7	28	0.17	A	0.43	0.57
	24.	176	174	175	178	180	176	79	21	37	1.58	B	0.43	0.57
两样本均为单侧	25.	183	175	177	184	176	182	87	13	30	0.42	A	0.50	0.57
	26.	185	175	177	184	176	182	85	15	27	0.68	A	0.50	0.57
	27.	178	180	176	184	176	182	91	9	34	0.26	A	0.57	0.57
	28.	178	180	176	181	179	183	81	19	26	0.32	A	0.57	0.75

资料来源:Bar-Hillel (1980b)。

75

某种序列的形式依次被考虑到。这更强化这一观点，即是什么决定样本被判定的可能性本身就构成了一个概念。如果被试仅仅使用单一的线索，那就没有必要称其为代表性。事实是，被试的判断看来是基于一个复杂的对样本格式塔结构性的考虑，它促成了对被试的启发式的术语化——还有概念化——按照代表性进行判断。

我们能将图 5—3 中的流程图视为不仅仅是对表 5—1 中的结果的方便简洁的总结吗？在多大程度上，我们可以将其视为被试在上述任务中的真实推理的过程模型？一方面，显然，并不是模型中提到的所有特征，都可以推广到其他模型、其他的样本容量和其他的分布。比如说，我不敢说任

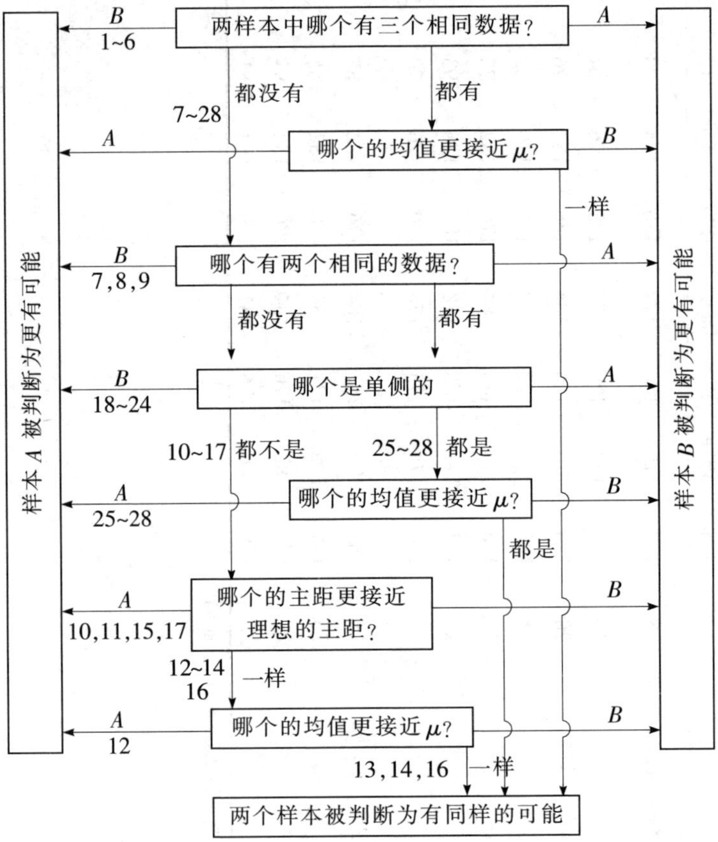

图 5—3　对按照可能性对样本排序时使用到的线索和过程进行汇总的流程图

何存在变异的样本总是被认为比没有变异的样本更有可能出现，尽管这对本实验中使用的样本是成立的。因此，这一序列模型仅仅是对人们真实的认知策略的一种近似模拟。尽管如此，它具有可信这一诱人的心理学上的优势，因为它仅仅纳入了少量的需要计算的简单线索。

这里，一个有趣的发现给出了暗示，并将前面描述的研究和现在的研究联系在一起。在条形图研究中，两种概率排名被用来与相似度排名进行比较：（1）对两个样本中哪个更有可能是从某一总体中抽取出来的进行的排名，我们将其标为 $P(s/p)$；（2）对两个总体中哪个更有可能是某一样本的来源进行的排名，我们将其标记为 $P(p/s)$（有时也被称为逆概率 inverse probabilities）。这两个任务得到非常接近的结果，这暗示着它们是用 77
非常相关的方式完成的——事实上，按照我们的假设，它们都是根据代表性（这里是视觉上的相似度）完成的。有一个统计概念与心理学上的代表性的概念具有某种相似性即拟合优度（goodness of fit）。对拟合优度的测量通常是在假设检验中被用到，在其中，没有任何先验概率，而必须找到产生几个已知样本的总体。因此，在评估总体时，相比于已知样本的总体的条件概率 $P(p/s)$ 这一概念，代表性看来与拟合优度的概念更为贴近。在身高分布的研究中，作为样本来源的总体是给定的。因此，被试既不必评 78
估逆概率，也不必评估拟合优度。不过，看看他们的判断是否能够被设想为对拟合优度进行评估的直觉尝试，也是非常有意思的。

对样本容量为 3 的样本和正态分布总体之间的拟合优度的一种可能衡量，是单样本双侧的柯尔莫果洛夫—斯米尔诺夫统计量［Kolmogorov-Smirnov（KS）statistic］（参见 Siegel，1956，pp. 47-52）。这一统计量被表述为，值（它是指样本和总体的分布函数之间的最大差距）越大，此样本是从该总体中随机抽取的可能性越小。表 5—1 中的最后两列列出的就是每一个被研究的样本的 KS 统计量。在 18 对样本中，按照 KS 统计量对样本的排序与大多数被试的排序是一致的；有三对 KS 统计量相同（其中一对，第 12 行中，被试的判断实际上也是相同的），另外 7 对中（在表 5—1 中用 #号做了标示）的排序是不一致的。

将 KS 统计量排序和被试的排序之间的一致程度，与标准排序和被试的排序之间的一致程度进行比较是没有多大意义的（对于后者，28 个刺激中有 13 个是一致的），因为后一数据仅仅是被使用的刺激的副产品，而这些刺激不是从所有可能的刺激中随机抽取的。考虑特征层级模型（hierarchical-features model）与拟合优度模型在什么地方存在差异，会更具有建设性的意义。KS 排序相同而被试的排序不同的情况（第 21、27 行，还有程度较轻的 12 行）可以归结为是 KS 值造成的，它是用 6 厘米的标准差计算出来的。这导致全距为 12 厘米的样本（181、169、175）（样本 *B*，第 17 行）有最小的 KS 值，而被试判断中的“理想”（也就是最具代表性的）的全距要稍小——8 到 10 厘米。由于在目前的数据基础上，我们没有办法确定人们主观的身高分布中的标准差，因此我们难以获知是什么导致了这一差异。

第二种差异对第 4、6、9 和 14～17 行能够做出解释，它的产生是源于 KS 模型而不是特征层级模型，且它提供了某种补充。换句话说，当某一样本存在一个重要的“瑕疵”（比如由三个相同数据组成，或者仅代表了钟形总体的一侧）时，被试将判断它比任何一个没有那种瑕疵的样本更不具代表性，但 KS 模型会考虑特征层级模型之外的因素。正如我前面所说的，我们建议的过程模型的层级性质应该被视为一种近似，因此这种差异更多的是程度上的差异而不是性质上的不同。

其他的拟合优度的测量由统计学家进行。他们未达成一致的事实表明，他们声称要予以测量的属性是不清晰的和没有唯一定义的。尽管训练有素的统计学家比起一般被试来有更复杂的直觉，但他们都极有理由去获取同
79 样的潜在概念。迄今为止，即使是统计学家在这个方向上的努力也依然是不尽如人意的。

三、样本容量在样本评估中的角色

某些样本特征与一些总体参数相对应，这些特征被称为样本统计量。人们普遍地将代表性启发式运用其上，其中代表性等同于样本统计量和相应的总体参数之间的相似度或者说贴近度（closeness）。我称之为代表性的首要含义（primary sense of representativeness）。但样本同样可以借助于产生该样本的程序来描述。比如说，样本的抽取有放回和没有放回两种方式；

从已知总体或未知总体中抽取等等。代表性的概念，也可能被运用其上。因此，人们可能（已有逸事证据支持）判断一个随机抽取的样本比一个分层样本更不具代表性，或者一个大样本比小样本更具代表性（Bar-Hillel，1980b）。我称之为代表性的次要含义（secondary sense of representativeness）。因为它涉及的是抽样方法而不是样本统计量，代表性的次要含义反映的是对代表性的首要含义的预期。换句话说，判断一个大样本比一个小样本更具代表性，是在被告知样本的确切属性之前，就判断它的“显著特征”或者“基本属性”能更好地反映总体的相应特征。

我在这最后一节要描述的实验问题，研究的就是代表性的次要含义，它是被运用于样本容量的特征上的。

> 问题 1：两家民意调查公司进行一项调查，以估计在某一全民公决中投票者将投赞成票的比例。公司 A 调查的是一个 400 人的样本，公司 B 调查的是 1 000 人的样本。你将更有信心接受哪家公司的估计？
>
> 公司 A 的________　　公司 B 的________　　基本一样________

研究者将这一问题及其两种变异形式的问题（它们分别加上被调查社区的人口数为 8 000 和 50 000 的信息）呈现给 72 位被试。多于 80% 的被试，对大样本更有信心，相比之下只有 4% 的人倾向于小样本。

如果从中我们仅仅总结出，样本越大，则它将被判断为越具有代表性（即被预期为更可靠或更准确），这一结果将过于平常而不值得予以报告。并不是样本本身决定了样本的代表性，而是由某种类似于样本和总体容量之比的东西决定的。当被考虑的样本是从同一总体中抽取的时，这两者是 80
线性相关的，因而被试给出同样的排序。然而，当样本容量和总体容量都变化时，差别就变得明显。请思考下面这个问题：

> 问题 2：两家民意测验公司进行调查，以估计在它们分别所属的城市中投票者将在某一全民公决中投赞成票的比例。
>
> 公司 A 是在一个有 100 万投票者的城市中进行的。

公司 B 是在一个有 5 万投票者的城市中进行的。

两家公司都是从每 1 000 人中抽取 1 人。

你将更有信心去接受哪家公司的估计？________

这里，尽管公司 A 的样本有 1 000 人而公司 B 只有 50 人，被试对大样本更有信心的比例却降到了 50%，而有 29% 的被试表示对两者有同样的信心。在另一组被试中，他们被告知两家公司都是抽取 1 000 人（而不是每 1 000人中抽取 1 人），9% 的人表示对两样本有同样的信心，而相比之下有 62% 的人对在小城市中抽取的样本更有信心。被试给出的解释性评论，也确认了他们除考虑绝对样本容量以外，也考虑比例性的样本容量的想法。

有时，容量和总体之比对评估一个样本确实很重要——比如说，当采用无放回抽样时，还有，尤其当相当大的比例被抽取的时候。然而，当抽样是可放回的（总体容量是无限的），或者一个较大总体中仅仅有小部分被抽取到时（这实际上使总体容量为无限），在绝对容量之外考虑相对容量则是苍白无力的。

问题 3：在你的面前放着两个被掩盖住的瓶子。它们里面都放着混合的红色和绿色的珠子。两个瓶子中珠子的数目不一样：小瓶子中有 10 个珠子，而大瓶子中有 100 个珠子。不过，红色和绿色珠子的比例在两个瓶子中都是一样的。抽样过程如下：你从瓶子中随机抽出一个珠子，将它的颜色记下，然后将其放回。将珠子混合，再次随机抽取，然后再记下它的颜色。在小瓶中抽取次数为 9 次，在大瓶中抽取次数为 15 次。你认为在哪种情况中，你猜中多数珠子的颜色的机会更大？

因为问题 3 中描述的抽样程序是有放回的，因此，从标准视角来看，这两个瓶子中珠子的数目是完全不重要的。被试的选择应该压倒性地倾向于有 15 个珠子的大样本。但相反，110 位被试中有 72 位选择了有 9 个珠子的小样本。这只能由后者中的样本容量和总体容量之比为 90% 而前者为

15%来解释。由巴-希勒尔（Bar-Hillel，1979）报告的其他结果，也支持了同样的结论。

因此，如果在样本统计量中谁是“基本属性”这一角色未知时，样本容量就替代了它的位置。人们都很清楚地意识到样本容量是有优势的样本属性，那为何这一意识没能上升为代表性的首要含义呢？换句话说，既然人们相信大样本相比小样本更可能成为总体的好的代表，那为何他们没能判断出某些不正常的结果在大样本中相比小样本出现的可能性更小呢？ 81

判断特定样本结果在大样本中出现的可能性较小，可能是取决于它被感觉为不具代表性。从标准视角来看，只有当某一样本的均值与总体均值相同时，它才是“准确”的。其他样本都是不准确的，虽然某些样本比其他样本更不准确。从心理学角度来看，即使样本结果有些偏离总体参数，它们也可能被判断为具有代表性。也许60%并不被感觉为不具代表性，因此它没有启动被试的代表性的次要含义。

为检验这一可能性，我给被试几个有所变动的卡尼曼和特沃斯基（1972b，**3**）的孕妇产房（maternity-ward）的问题：

> 某镇有两家医院。大医院中每天约有45个婴儿出生，小医院每天有15个婴儿出生。众所周知，在所有婴儿中大约有50%是男孩。不过，男婴的确切比例每天都不一样。有时它高于50%，有时又低于50%。在一年的期间内，两家医院都记下出生婴儿中超过/少于60%的是男婴的天数。你认为哪家医院会记下更多的此类天数？（1972b，p. 443）

在对不同组给出的不同问题中，男婴的比例从60%到70%、80%和100%不等。表5—2显示的就是这一变化对被试回答的分布的效应。

第二列复制了卡尼曼和特沃斯基版本中的问题和答案。但请注意，一旦男婴的比例超过70%，最常见的回答（modal response）就变成了“小医院”，而这是正确的答案。当被告知所有的婴儿都是男婴时，“小医院”甚至是多数人的回答。另一组问题给出的比例少于60%、70%或者80%。对于这些问题，“一样”从始至终都是最常见的回答。

这些结果表明，一旦某样本结果被认为不具代表性，样本容量更有可能在人们对样本的评估中扮演一个适当的角色，这可能是因为较小的样本容量相比较大的样本容量，与不具代表性的结果更一致。然而，如果给定的样本结果没有激发起“不具代表性”的标签，人们大体上都忽略了样本容量。高于70%的比例看来被编码为不具代表性的，而包括50%在内的其他比例则没有。

表5—2　对有所变动的孕妇产房问题做出不同回答的被试比例

	超过60%[1]	超过60%[2]	超过70%[2]	超过80%[2]	100%[3]
大医院	24%	20%	25%	26%	19%
小医院	20%	20%	43%	42%	54%
一样	56%	60%	32%	32%	27%
N	50	40	28	27	41

	少于60%[1]	少于70%[2]	少于80%[2]
大医院	20%	31%	29%
小医院	24%	28%	25%
一样	56%	41%	46%
N	45	29	28

注：1. 源自Kahneman和Tversky（1972b，**3**）。
2. Bar-Hillel的未发表数据。
3. 源自Bar-Hillel（1979）。这里，大医院和小医院每天出生的婴儿数分别为15和5。

四、讨论

82 本章呈现的是对主观概率的判断的三项研究的总结，它们与代表性概念是相关的。每个研究都是用不同的方式做的。

第一项研究是对相似度判断和可能性判断具有相关性这一主题的一个直接的呈现。与许多其他检验这个同样假设的任务不同（参见Kahneman & Tversky，1972b，**3**；1973，**4**），被试既不会因为没有考虑其他因素（或者，至少其他显而易见的或者说简单的因素）而被挑剔，也不会因为没有审慎思考错误的或者不相关的因素而被指责。事实上，在缺乏理应进行的概率比较的情况下，被试除了使用他们实际采纳了的策略外，别无他法。这在某种程度上削弱了这项研究的效力。不过，与其他研究一起，它指出在对计算或概念上的复杂事件做出判断时，对相似度的考虑——即便是如本研究中所引发的对简单的视觉相似度的考虑——是多么的不可抗拒。

在样本特征（sample-features）研究之前，对代表性的检验，通常都集中于单一参数的样本或者单一维度的线索。这使迅捷地按相似度对刺激的先验排名成为可能，因而使得通过实验获取的独立排名变得没有必要。不过，即使是一些“显而易见”的线索随后也遭到质疑（参见 Olson, 1976），但当刺激变得复杂时，它们之间的相似关系就变得隐晦，这是因为许多线索都会影响总体的判断。本研究就意图通过挖掘已建立的概率和代表性之间的关系，以求对后者如何按照多重线索被样本特征决定给予一定 83
的阐释。

通常，查明两个刺激有多么相似的最好的办法，是直接考察相似度。但要查明样本 *S* 多大程度上代表了总体 *P* 时，这一方法就有点问题了。因此，询问样本 *S* 多大可能是从总体 *P* 中抽取出来的，以求间接地对它做出评估，这是有裨益的。本章中的第二个研究在描述了什么样本特征使样本在某一特定情境下显得具有代表性时，显示了这一方法的可能性。

最后，第三个研究指出了样本的代表性和样本结果的代表性之间一个重要的区别。代表性的首要含义，是应用于样本结果的判断。换句话说，为了评估在这个意义上某一样本对其总体具有多大的代表性，我们必须知道两者的基本特征。因此，参照一般的新生婴儿的性别分布（男婴的比例已知），对有 9 个男婴的由 15 个婴儿组成的样本的代表性做出评估，是有意义的。如果样本或者总体中的男婴的比例未知时，对该样本的代表性做出评估是没有意义的。但是我们还有代表性的次要含义，它将使第二种评估也成为有意义的。就其次要含义而言，如果样本被判断为在首要的含义上具有代表性，则它更具有代表性。换句话说，无论总体均值是多少，在样本均值未知之前，一个 45 名婴儿组成的样本（在次要含义上）比 15 名婴儿组成的样本更具代表性，因为一旦得知它的均值，它更有可能与总体相似。因此，当然地，45 人的样本能被证实有 60% 的男婴，而相比之下小样本只有 53% 的男婴。但如果这两层含义区分很清楚，这不会造成任何混淆。

第三个研究表明，当人们做出次要含义上的代表性判断时，即便他们未能意识到首要和标准的代表性判断必然包含的含义，他们也会对样本容量做出反应。

第 6 章　有关代表性的判断和依据代表性的判断

特沃斯基和卡尼曼（Amos Tversky and Daniel Kahneman）

几年前，我们分析了不确定性状况下的判断，它 84
将主观概率和关于代表性的预期及印象的直觉预测联系在一起。有两个不同的假设组成了这个概念：（1）人们预期样本与它的母体高度相似，而且能体现抽样过程的随机性（Tversky & Kahneman，1971，**2**；1974，**1**）；（2）代表性作为一种启发式，人们常常依赖它进行判断和预测（Kahneman & Tversky，1972b，**3**；1973，**4**）。

第一个假设，用来解释机会是自我校正的这一普遍信念，以及对在小样本中观测到的结果的稳定性持有的夸大信念即赌徒谬误，还有对随机性判断中的相关偏差。我们指出，在普通人有关几率的概念中，包含了对小数律的信念，根据小数律，即使是小样本，也能够高度代表它们的母体（Tversky & Kahneman，1971，**2**）。一个类似的假设也能解释下面这一普遍的倾向，即夸大人格特质的一致性和可预测性（Mischel，1979），以及高估类似的变量（见第 15 章）和行为之间的相关关系（Shweder & D'Andrade，1980）。人们似乎相信一个全息摄影式的（hologram-like）人格模型，在这个模型中，任何行为片段，都被认为代表了行动者的真实品格（Kahneman & Tversky，1973，**4**）。

人们预期样本会高度代表它们的母体，这一假设在概念上独立于第二个假设，即人们通常使用代表性启发式做出预测和判断概率。也就是说，
85 人们评估不确定事件或样本的概率，是按照“（1）样本在多大程度上与母体的核心特征相似；（2）体现了产生它的过程的显著特征”进行的（Kahneman & Tversky，1972b，p. 431，**3**）。我们在多种情境下对该假设进行研究，这包括直觉统计判断和对职业选择的预测（Kahneman & Tversky，1972b，**3**；1973，**4**）。

这两个代表性的假设，被用来解释许多观察到的现象，诸如共识信息的相对无效性，以及在解释投射测验时对相似度的使用等（Nisbett & Ross，1980）。这些假设也为一项回报甚丰的、在直觉判断中对标准规则的严重违背的研究指明了方向。这些研究大部分都关注的是依据代表性的判断，也就是，代表性在预测和推论中的角色。相对而言，较少的研究，指向关于代表性的判断，也就是，在随机抽样情境之外的这一关系的本质和决定要素（Bar-Hillel，1980b）。本章的第一部分，将关注代表性关系的本质，以及在什么条件下代表性的概念被用来解释直觉预测和概率判断。在本章的第二部分，我们将展示，在对复合事件的可能性判断中，代表性逻辑和概率逻辑之间的差别。

一、代表性关系

代表性，是某一过程或模型 M 和与该模型相关的某一实例或事件 X 之间的关系。代表性和相似度一样，可以通过经验研究来评估，比如说，我们可以要求人们对两个事件 X_1 和 X_2 哪个更能代表某一模型 M 作出判断，或者是判断事件 X 更能代表 M_1 还是 M_2。所讨论的模型，可以是一个人、一块理想硬币，也可以是世界经济，而与此相应的结果，则是一个评价、一个由正面和背面组成的序列，或者是黄金的当前价格。

代表性是一个单向关系：我们说，一个样本对某一总体更具或更不具代表性，或者是，这一行为更能代表某个人。我们通常不会说，这个总体对该样本具代表性，或者是，这个人能够代表这一行为。但是，在有的问题中，我们可以逆转模型和结果的角色。比如说，我们可以评估一个人是否代表了图书管理员的刻板印象，也可以评估图书管理员的职业是否能代表这个人。

我们区分出代表性概念通常被激发的四种基本情形：

（1）*M* 是一类别，*X* 是定义在该类别中的一个变量的数值。我们是在这个意义上提及（更具或更不具）代表性的大学教授的收入，或者是某一文化中的结婚年龄。自然的、最具代表性的数值，应该要接近于类别 *M* 的相关变量分布的均值、中值和众数。在这一情况下，代表性关系，主要是由判断者所了解的相关变量的频率分布决定的。

（2）*M* 是一类别，*X* 是这一类别中的一个实例。大多数读者都可能会同意，厄普代克（John Updike）是比梅勒（Norman Mailer）更具代表性的美国作家。显然，这一判断不是基于频率，它反映的是这些作家的风格、主题和思想谁更接近当代美国文学的主流。相似的考虑，也决定了那些本身就是类别而非个体的实例的代表性。比如说，知更鸟被认为是比鸡更为典型的鸟类，尽管它比较少见（Rosch，1978；Smith，Shoben & Rips，1974）。因此，如果一个实例拥有该类别的成员都共有的特征，而没有太多其他类别成员不具备的独特特征，则它可以成为该类别的代表性的实例（Rosch，1975；Tversky，1977）。

当前对概念形成（Rosch & Mervis，1975；Mervis & Rosch，1981）、语义记忆（Bransford & Franks，1971）和类型识别（Posner & Keele，1968）的研究已说明，一个类别中最具代表性或原型性的元素，比起更常见但缺乏代表性的元素，要更易被学习、记忆和识别。而且，人们经常犯“再认”一个实际从未显示过的原型刺激的错误。因此，代表性对频率判断和识别记忆都会带来偏差。

大家也许会注意到，元素可以有两种方式来高度代表它所属的类别。代表性的这两层含义，与典型性关系和原型性关系非常一致。如果一个元素是典型的或者普遍的，则它对所属类别具高度的代表性；如果它是体现了所属类别的核心特征的理想型，则它也是具代表性的。比如说，纽约是美国城市的原型，但辛辛纳提更可能被选作典型的城市。相似地，我们观念中典型的法国女性和法国女性的原型也可能是非常不一样的。前者可能是一位年轻优雅的巴黎女郎，而后者更可能是外省的肥胖中年妇女。

（3）*M* 是一类别，而 *X* 是 *M* 的子集。大部分人可能会同意，佛罗里达州的人相比伊利诺伊州的人更不能代表美国人，而天文学的学生比心理学的学生更不能代表整个的学生群体。代表性的标准对一个子集和单个的实例是不一样的，这是因为，一个实例仅仅能体现属性的趋中度（central tendency），而子集还可以体现全距和变异性。一个身高、体重、年龄、收
87 入和美国人的平均值一致的人，显然能够代表这一总体。由 100 个这样的人组成的群体，却无法体现总体属性的变异性。

如果类别 *M* 由这样一些不同的聚类（cluster）构成，在这些聚类中，每一聚类内的变异性相比聚类间的变异性都十分小，我们将倾向于把每一聚类视为类别的一个实例而不是子集。因此，尽管知更鸟是鸟类的一个子集，但我们自然地将“知更鸟”视为一种鸟或者说“鸟”这一类别中的一个实例。更一般地，我们可以将（2）视为（3）的一个特例，这里子集 *X* 只有一个成员。相同地，（1）可以被视为（2）的单维版本。这三种代表性因为 *X* 的复杂性而区分开来，其中（1）是单个元素、单个属性的情况，（2）是单个元素、多属性的情况，而（3）是多元素的情况——有一个或多个属性。

子集代表性中的一个特别重要的例子，是这样的情形，即 *X* 是从特定总体中随机抽取的样本。人们预期，一个随机样本要体现抽取过程的随机性，而不仅仅是体现它所从中抽取的总体的核心特征。譬如，当 100 个人被随机抽取时，由 53 位男性和 47 位女性构成的样本比由 50 位男性和 50 位女性构成的样本更具代表性，这是因为前者体现了随机抽样的不规则性，而后者没有（Kahneman & Tversky，1972b，**3**）。代表性样本的统计概念，有些学者已讨论过（Kruskal & Mosteller，1979a；1979b）。

（4）*M* 是（原因）系统，*X* 是一个（可能）结果。这一情形区别于前

面几个的地方在于，*M* 不再是一类物体或实例，而是产生不同结果的系统。比如说，*M* 可以是美国经济而 *X* 是通货膨胀率，或者 *M* 是一个人而 *X* 是 *M* 采取的一个行为，比如，离婚、自杀和选择职业等。这里，*X* 要代表 *M*，可能是因为它通常和 *M* 联系在一起（比如，肺炎一般都伴随着高烧），也可能是因为人们相信——无论正确的还是错误的——是 *M* 造成了 *X*（比如，死刑防止了绑架的发生）。在条件概率的判断中，因果图式（causal schemas）的进入，已在特沃斯基和卡尼曼（1980，**8**）一文中有所说明和讨论。

综上所述，代表性关系可以在下面四类情形中被定义：(1) 一个数值和一个分布，(2) 一个实例和一个类别，(3) 一个样本和一个总体，(4) 一个结果和一个原因。在所有这四种情形中，代表性都表达的是 *X* 和 *M* 的一致程度，但其决定要素在四种情形中不都是一样的。在情形 (1) 中，代表性是由感知的相对频率或统计关联（statistical association）所操纵。在情形 (2) 和 (3) 中，代表性主要由相似度决定，比如说，一个实例与其他实例的相似度，或样本统计量与相应的总体参数的相似度。最后，在情形 (4) 中，代表性主要受（正确的或错误的）因果信念控制。

代表性和概率

使用代表性来解释概率判断和直觉预测是基于下面的假设： 88

(1)“*X* 对 *M*（非常/……/全然不）具有代表性”这一关系，可以由判断者进行有意义的评估。

(2) 这些评估不是基于概率或者频率的印象，而是由代表性来解释的。

(3) 代表性有其自己的逻辑，它系统地区分于概率逻辑。

当这些条件满足时，来检验概率判断是否受代表性的评估的调节，是有重要意义的。

对不确定事件发生概率的评估或者未知数值的预测，是一个复杂的过程，它包括对问题的解释、对相关信息的搜索和合理回答的选择。它可以和一个灵活的计算机程序的运行相比较，这种计算机程序包容了多种潜在有用的子程序。依照这个类比，代表性启发式是其中的一个程序，它可以被用来提取、解释和评估信息。当然，这一启发式的使用，并不排除其他程序的使用，这也正如形象性（imagery）启发式在回忆中的使用，并不排除其他策略的使用。但是，对启发式的依赖会导致特有的偏差。当形象性启发式被用来回忆在某一会议中在场的人时，与会者中可以被清楚看到，相比那些不能清楚看到的更能被记住。同样地，用代表性启发式评估主观概率会造成对某些概率的高估和对其他概率的低估。

早先的研究导致极端的假设，即认为某些概率判断完全是基于代表性的。比如说，主观样本分布基本独立于样本容量这一观察（Kahneman & Tversky, 1972b, **3**）表明，人们根据样本统计量和相应的总体参数的相似度来评估样本的概率。但是，大部分可资使用的数据都支持一个更温和的假设，即直觉预测和概率判断，对代表性是高度敏感的，但不是完全受其控制。因此，主观概率受到那些（标准上）不相关但影响代表性的因素的强烈影响，而对（标准上）相关但不影响代表性的因素相对不敏感。代表性偏差的大小以及样本容量、可靠性和基率等变量的影响，取决于问题的性
89 质、实验设计的特点、回答者的严谨程度和在场的暗示性的线索或者其他需求特征（demand characteristics）。我们将在第 34 章对这些因素在有关判断的研究中的角色进行讨论。

如果对代表性的依赖会造成系统的错误，那为何人们还使用这一关系作为预测和判断的基础？对这一问题的回答有三点。第一，代表性显得容易获取和易于评估。当代对范畴化的研究（Mervis & Rosch, 1981；Rosch, 1978）表明，概念性的知识，通常是用原型或者代表性的实例的方式进行组织和处理的。因而，我们会发现，评估某一实例对所属类别的代表性比评估它的条件概率更容易。第二，更可能发生的事件，通常比更不可能发生的事件更具代表性。比如说，一个与总体相似的样本，通常比同样样本容量的高度非典型的样本更可能发生。第三，样本通常对母体具有代表性，这一信念致使人们高估频率和代表性之间或者统计关联和隐含的相似度之间的相关关系。因此，代表性之所以被使用，是因为：（1）它易获取，（2）它通常与概率相关联，以及（3）人们高估了这一相关关系。但是，对代表性的依赖会导致可预见的判断错误，因为代表性有它自己的逻辑，

而这一逻辑与概率逻辑不同。

代表性和概率间的反差，在下面的情况中最为显著：（1）当证据是错误的，或者（2）当目标事件是高度特殊的。在第一种情况中，对我们的模型具有高度代表性的结果，也许是不可能发生的——如果我们观念中的模型，是建立在不具有效性的证据上。比如说，请思考在一次面试中给人留下突出印象的候选人完成一项非常困难的任务的可能性。因为基于面试的印象，是臭名昭著地不可靠，且工作成功与否是由多种因素控制的，而这些因素，并不是从一次简单的交谈中就可以预测到的。因此，尽管成功非常能体现候选人给我们的印象，但成功还是很有可能不会发生。

就第二种情况而言，代表性的结果也许会非常不可能发生，因为它太特殊或者说太具体。一般而言，一个事件不可能发生，或者是因为它是非典型的，或者因为它太特殊。低于 135 磅的体重对中年男子来说是非典型的；157.625 磅的体重是典型的，但过于特殊。事实上，尽管前者更有可能，但后者更能代表中年男子。如本例所示，特殊性的增加，通常不会导致代表性的减少。因此，具有不同特殊性的事件之间的比较，通常会导致代表性和概率间的冲突。比如说，随机抽取的四张牌的样本由红心 K、黑桃 A、方块 9 和梅花 4 组成，它比四张一样的牌组成的样本显得更具代表性，尽管后者往往更可能发生。因此，概率判断中的代表性偏差，在对具 90
代表性但高度特殊的事件的评估中最为显著。这类偏差，在我们下一节要描述的对复合事件的概率判断的研究中有所展示。

二、对复合事件的评估

概率和代表性之间的最大差异，存在于对复合事件（compound events）的评估中。假设我们被提供某人的一些信息（比如人格描述），然后我们推测此人拥有的各种属性或者属性的组合，比如说职业、业余爱好或政治倾向等。概率的一个基本定律是，详细的说明（specification）只会降低概率。某一特定的人既是民主党人又是艺术家的概率，必然小于此人是艺术家的概率。这一条件不仅在标准的概率计算中成立，也在非标准的模型中成立（如 Shafer，1976；Zadeh，1978）。

但是，$P(A \& B) \leqslant P(B)$ 的要求——也被称为联合定律（conjunction rule），对相似度或者代表性并不适用。比如说，一个蓝色的正方形比圆形更相似于蓝色的圆形；相比于民主党人给我们的印象，某个人给我们的印象可能与民主党艺术家更相似。因为某客体与目标物的相似度，可以通过给目标物添加客体所共有的特性的方式而增加（见 Tversky，1977），因此，相似度或代表性，可以通过对目标物的详细说明而增加。如果概率判断受到代表性或相似度的调节，则我们可以构造出这样的问题，在这些问题中，结果的联合显得更具代表性，因而显得比它单个的组成成分更有可能发生。

1. 研究 1：联合效应（conjunction effect）

这一预测，首先是在 1974 年于耶路撒冷进行的一项实验中被检验的。我们给 184 位被试四份人格描述。每一描述，都与某一职业（如出租车司机）的刻板印象相符合，但与某一政治党派（如工党）的刻板印象截然不同，或者相反。因此，每份描述（X）都对某一目标物——我们标记为 A——具代表性，而对另一目标物——我们标记为 B——不具代表性。每份描述的后面，是一组五件或六件目标物事件，它们是由从事某份职业的人、某党派的人，或者它们的组合——比如，一位加入了工党的出租车司机——讲述的。对每份描述，一半被试收到的列表上包括目标物 A 和目标物 B，而另一半被试收到的列表包括混合目标物（$A \& B$）。剩下的四个目标物，在两份列表上是一样的。一半被试，被要求根据“X 对该类别具代
91 表性的程度”对目标物排序，另一半则根据“X 是该类别的成员的概率”对目标物排序。

研究设计可以让我们对目标物 B 和混合目标物（$A \& B$）相比于四个不变的替代选择的代表性和概率，进行间接的比较。结果如下。第一，相比于单个目标物 B，所有这四份描述都被判断为对混合目标物（$A \& B$）更具代表性。第二，在所有情况中，对每组代表性和可能性的排序都是几乎一致的；平均排名之间的平均积距相关系数是 0.96。特别要注意的是，混合目标物（$A \& B$），在概率排序中，被赋予的平均排名，要显著高于单个的目标物 B。显然，对代表性启发式的依赖，导致回答者认为混合事件比

它单个的组成部分更可能发生，而这与概率理论中的联合定律是不一致的。这种判断的模式，我们称为联合效应。

2. 研究2：比尔和琳达

因为早先研究中所使用的刺激材料（stimulus material），是置于以色列文化中的具有高度特殊性的材料，所以我们对其进行了几项重大修改，设计了一份英文版的问题并重复了这项研究。首先，我们对被试间设计的结果和被试者内设计的结果进行比较，前者要求每位被试将混合目标物(*A* & *B*)或者单个目标物*B*与相同一组替代选择进行比较，后者则是每位被试对两个关键目标物进行直接比较。我们假设联合定律在前一设计中不会生效——正如我们前面的研究一样，但我们预期在后面的设计中，违背联合定律的频率会显著降低，因为后者中的被试，在本质上被要求将*P*（*A*）和*P*（*A* & *B*）进行比较。其次，我们预期，即使被试不具有多少统计上的严密性，大部分对联合定律的违背也会被消除，至少在被试者内设计中是这样的。

为检验这些假设，我们用相同的刺激材料进行被试内（直接）和被试间（间接）研究。重复研究中的三组被试的统计严密性各不一样。统计知识空白组，是由英属哥伦比亚大学和斯坦福大学的本科生组成，他们没有任何概率或统计的背景。中等组由斯坦福大学心理学、教育学和医学的研究生组成，他们都修过数门统计课程，且对概率的基本概念非常熟悉。统计知识严密组，由斯坦福商学院决策科学项目中的研究生组成，他们都修过多门概率和统计的高级课程。

我们撰写了两份简要的人格描述。每位参加者都在被试内研究中看到 92
其中一份描述，而在被试间研究中看到另一份描述。在前者中，人格描述后面是八个可能的结果，包括一个代表性的结果、一个不具代表性的结果和这二者的组合。在被试间研究中，结果的清单包括两个关键的单个结果或者它们的组合。被试内研究中的问题如下所示。括号中的数字是收到这份表格的被试赋予不同结果的排名的均值。

比尔34岁，他聪明但缺乏想象力，冲动，通常都是毫无生气的。在学校时，他擅长数学，但在社会科学和人文科学方面比较弱。

请根据下面陈述的可能性对其排序，用 1 表示最有可能的，用 8 表示最不可能的。

(4.1) 比尔是位内科医生，打扑克是他的一项业余爱好。

(4.8) 比尔是位建筑师。

(1.1) 比尔是位会计师。(*A*)

(6.2) 弹爵士乐是比尔的一项业余爱好。(*J*)

(5.7) 冲浪是比尔的一项业余爱好。

(5.3) 比尔是位记者。

(3.6) 比尔是位会计师，弹爵士乐是他的一项业余爱好。(*A* & *J*)

(5.4) 登山是比尔的一项业余爱好。

琳达 31 岁，单身，坦率直言，且非常伶俐。她主修哲学。做学生时，她对歧视和社会正义的问题非常关注，也曾参加反核游行。

请根据下面陈述的可能性对其排序，用 1 表示最有可能的，用 8 表示最不可能的。

(5.2) 琳达是小学教师。

(3.3) 琳达在书店工作，她参加瑜伽功的练习。

(2.1) 琳达是女权运动中的积极分子。(*F*)

(3.1) 琳达是精神治疗的社会工作者。

(5.4) 琳达是女选民联盟 (League of Women Voters) 的成员。

(6.2) 琳达是银行出纳。(*T*)

(6.4) 琳达是保险销售员。

(4.1) 琳达是银行出纳，且是女权运动中的积极分子。(*T* & *F*)

读者也许已猜到，对比尔的描述被设计为对会计师 (*A*) 具代表性，而对爱好弹奏爵士乐的人不具代表性 (*J*)。对琳达的描述被设计为对女权运动的积极分子 (*F*) 具代表性，而对银行出纳 (*T*) 不具代表性。根据心理学的相似度原则 (Tversky，1977)，混合目标物——爱好弹奏爵士乐的会计师（*A & J*）和积极参加女权运动的银行出纳（*T & F*），将介于相应的单个目标物之间。为验证这一预测，我们要求 88 位统计知识空白的被试，93
根据“比尔（琳达）与该类别的典型成员相似的程度”对八个目标物排序。相似度的排名验证了我们对这些描述的假设。回答者中表现出我们对比尔的预测排序（$A > A \& J > J$）的比例是 87%；表现出我们对琳达的预测排序（$F > T \& F > T$）的比例是 85%。

所有被试都收到被试内研究样式的对比尔的描述或者对琳达的描述，并根据八个目标物的发生可能性对其排序。这些数据汇总在表 6—1 中的上半部分，其中标记了“联合效应（%）”的一行表示的是，被试中将混合目标物排在单个的不具代表性的目标物之前的比例。标记为“A & B”和“B”的行分别表示的是，赋予混合目标物和单个的不具代表性的目标物的排名的均值。我们在图 6—1 中描出了被试内设计的相似度排名对应概率的总体平均排名的点。

表 6—1　　**联合效应**

	空白		中等		严密	
	琳达	比尔	琳达	比尔	琳达	比尔
被试者内设计						
联合效应（%）	89	92	90	86	85	83
平均排名：*A & B*	4.2	3.6	3.9	3.5	4.0	3.4
平均排名：*B*	6.3	6.4	6.2	6.4	6.1	5.6
N	88	94	53	56	32	32
被试者间设计						
平均排名：*A & B*	3.3	2.3	2.9	2.4	3.1	2.5
平均排名：*B*	4.4	4.5	3.9	4.2	4.3	4.6
N	86	88	55	56	32	32

在被试间设计的条件下，两个问题的版本，是通过从目标物清单中删去混合目标物或者两个单个的目标物而得到的。人格描述、说明和其余的五个目标物，与被试内设计的版本是一样的。在被试间设计中的所有被试的结果，呈现在表 6—1 的下半部分。

表 6—1 中汇总的结果表明，混合目标物在被试内设计和被试者间设计中，都被判断为比关键的单个目标物更有可能发生。这一结果对两个描述

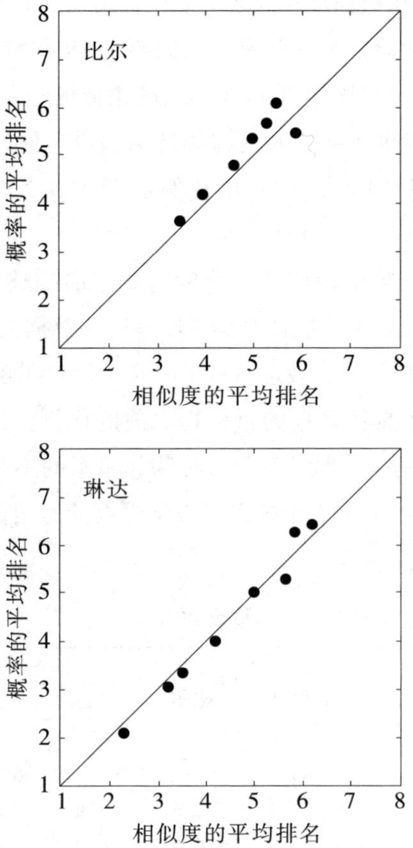

图 6—1　在两个描述中，按照概率和相似度对八个结果的平均排名的散点图

和所有组都成立。让我们吃惊的是，统计知识的严密性对联合效应的影响甚微，这体现在三组中都有多于 80% 的被试受联合效应的影响。

在前面的研究中，关键目标物都是放置在大量的可能结果中，这可能会掩盖它们之间相互包容的关系。因此，对目标物之间的逻辑关系非常明
94 显时，人们是否会违背联合定律进行考察，是有意义的。为检验这一假设，我们将比尔和琳达的描述呈现给一组新的（统计知识空白）被试。每位被试都得到两份描述中的其中一份，并被要求回答两个关键目标物中［即 *J* 和（*A* & *J*)，或 *T* 和（*T* & *F*)］哪个更有可能发生。这一程序并没有降低联合效应：在比尔的情形中，92% 的被试（$N = 88$）选择了混合目标物，

在琳达的情形中，这一数据是 87%（$N=86$）。

联合定律的严重失效，提出了一个饶有趣味的关于它作为标准诉求的问题。为考察这个问题，我们对中等组中的 36 位研究生进行了访谈，他们都参加了这项实验。他们被问到：（1）你们对两类关键的目标物是如何排序的，（2）为什么你们这么排序，以及（3）请考虑这一论述，“比尔同时是会计师和爵士乐手的概率不可能超过他是爵士乐手的概率，因为前一类别中的所有成员同时也是后者的成员。”超过 2/3 的被试表现为：（1）说他们选择了混合目标物，（2）给出相似度或者典型性的论述作为理由，以及（3）经过一段考虑，同意他们的答案是错误的，因为它不符合联合定律。只有两位被试坚持认为，概率的排序不必与类别的包容保持一致，只有一位被试声称自己误解了问题的含义。尽管访谈可能有诱导被试认可联合定律之嫌，但结果至少表明，有统计背景的被试，愿意将对联合定律的违背视为令人遗憾的错误。有关该问题的进一步讨论，请参见第 34 章。 95

在解释联合定律的失效时，考虑这一结果是否整体地或部分地归结于语言惯例或者交谈规则是很重要的。譬如，在早先的一个研究中，我们给人们下面这个描述，“约翰 27 岁，性格开朗。在大学时，他是一位出色的运动员，但在学识问题上没有表现出多大能力或兴趣。”我们发现，约翰被判断为更像是一位“体育老师”而不仅仅是一位“老师”。虽然每位体育老师在某种意义上都是老师，但我们可以认为，老师这个词语在这里的含义排除了体育老师或者驾驶学校的教员。在本章的实验设计中，我们在外延上将关键的结果限定为两个集合的交集，比如说，业余爵士乐手的会计师，这样就避免了这个问题。

对联合定律的违背，在序列问题中——目标物由一个序列的事件组成——也被观察到。斯洛维奇等（Slovic et al.，1976）呈现给被试某人的人格描述，此人与工程师的刻板印象相类似，但与新闻记者不类似。被试赋予“汤姆将选择新闻学作为他的大学专业”这一事件的概率，要低于赋予“汤姆将选择新闻学作为他的大学专业，但很快不乐意于他的选择而改学工程学”这一事件的概率。严格来讲，前一事件包括了后者，因而上面的判断违背了联合定律。但是，这个例子存在可商榷之处，根据谈话的标准规则，汤姆选择新闻学作为他的大学专业，这一表述意味着他仍然是新闻学专业的。否则，这一表述就是有歧义的。

相同的异议也可以对比尔和琳达的例子提出。人们可以争辩说，被试将“一位银行出纳”这一类别理解为“一位不积极参加女权运动的银行出
96 纳”，这与给出的类别“一位积极参加女权运动的银行出纳”是不一样的。但是，在被试间设计中——其中，关键目标物之间不是进行直接的比较——所呈现的联合效应表明，该效应，不能由根据标准的谈话蕴意（implicature）对目标物类别进行的重新表述给予充分的解释。相反地，观察到的判断，表现出一种普遍的倾向，即根据琳达代表各自类别中的典型或者原型性的成员的程度，评估相关事件发生的概率。

另外，我们也注意到在有些任务中，联合效应显得不受谈话蕴意的影响。下面的问题关注的是对未来事件的预期，这里将 B 解释为（B & 非 A）看来是不合理的。

3. 研究 3：对 1981 年的预测

这里描述的问题，被设计来检验在预测真实世界中的事件时的联合定律，其中被试可以依赖他们的常识进行预测。这些问题是在 1980 年的 12 月，由 93 名没有统计背景的被试组成的小组回答的。说明如下所示：

> 在这份问卷中，你被要求评估各种事件在 1981 年发生的可能性。每个问题都包括四个可能的事件。你的任务是对这些事件按照概率进行排序，用 1 表示最可能发生的事件，2 表示第二可能的事件，3 表示第三可能的事件，4 表示最不可能发生的事件。

这份问卷包括六个问题。我们下面给出了其中的两个问题。其他问题的结果非常相似。括号中的数字是每个事件的平均排名，我们也给出了将复合目标物排在单个目标物之前的被试的比例。

> 1981 年网球赛（联合效应：72%）
>
> 假设博格（Bjorn Borg）进入了 1981 年温布尔登网球赛决赛。请

对下面几种结果按照从最可能到最不可能的顺序排序。

(1.7) 博格将赢得这场比赛。

(2.7) 博格将输掉第一局。

(3.5) 博格将赢得第一局但输掉整场比赛。

(2.2) 博格将输掉第一局但赢得整场比赛。

1981 年的美国政治（联合效应：68%）

请根据下面事件在 1981 年发生的概率对其排序。

(1.5) 里根将削减对地方政府的联邦支持。

(3.3) 里根将为未婚妈妈提供联邦支持。

(2.7) 里根将以低于 5% 的幅度提高国防预算。

(2.9) 里根将为未婚妈妈提供联邦支持，而削减对地方政府的联邦支持。

如前面的研究一样，复合类别，被判断为比单个的组成部分更可能发生。该结果与代表性的概念是一致的，代表性在这是指原因系统和其结果 97 之间的关系，而不是某项描述与刻板观念之间的相似度。比如说，在第二个问题中，为未婚妈妈提供支持，对总统里根不具代表性，而削减对地方政府的联邦支持非常具有代表性。这些行为的复合显得具有中等的代表性，对概率的评估显然也遵循同样的模式。

在第一个问题中，大部分回答者评估博格赢得比赛是最有可能的，而视博格输掉第一局不太可能。这两者的复合，也就是博格输掉第一局但赢得整场比赛，再次被判断为比第一种可能性的发生概率要低而比第二种可能性要高。显然，被试对事件的组合是根据代表性原则，或者因果效应，而不是根据概率的法则。

4. 讨论

前面研究的结果为我们的假设——人们根据这些事件代表相关模型或过程的程度，评估事件发生的概率——提供了直接的支持。因为事件的代表性，可以通过详细化而增加，混合目标物，会被判断为比它的单个组成部分更可能发生。这一预测，由使用被试内设计和被试间设计的研究给予了支持，被试总体，覆盖了广泛的有各种统计背景的群体。

不同于其他的概率规则，如向均值的回归——普通被试发现它们难以理解和接受，联合律既简单又引人注目。大部分被试，都愿意以抽象的形式去接受它，但当联合律与代表性的直觉发生冲突时，他们当中几乎所有人都在实际中违背了它。现有结果与有的学者（Johnson-Laird & Wason 1977）关于对“如果……就……”表述证实的发现恰恰相反（参见 Johnson-Laird et al.，1972）。这些研究者发现，在确认的任务中，大部分被试，成功完成使用抽象材料的证实任务，但在使用具体例子的任务中则会失败。相反地，我们的被试，在抽象形式中认可联合定律，而在具体例子中则违背了联合定律（见第 34 章）。

混合目标物比其单个组成部分显得更有可能发生，这一发现可能会有深远影响。我们没有理由相信，那些政治分析员、陪审员、法官和内科医师的判断会不受联合效应的影响。在以评估某一特定剧情或场景（scenarios）发生可能性的方式来预测未来的尝试中，这一效应可能是尤为有害的。当他们向水晶球里注视时，政治家、未来学家和普通人，都一样地在寻找
98 一个未来的形象，使其最能代表他们心中的当前的动态前景的模型。这种寻找，将导致对具体剧情的构建，这些剧情将是内部一致的，且高度代表着我们心中世界的模型。此类剧情，往往显得比不具体的预测更有可能发生，但事实上，后者更有可能发生。当剧情中的细节数量增多时，它的概率只会稳定地下降，但它的代表性以及相应的表面可能性则会增加。我们相信，对代表性的依赖，是人们对此类构建所经常提供的具体剧情和虚幻洞察力无根据青睐的主要原因。

对概率的考虑和对相似度的考虑之间的混淆，不仅发生在对不确定未来的预测上，也出现在对不确定的过去的重构中，比如说在历史和刑事案件中。这里，对过去事件的描述，通常被纳入到一个代表性的剧情中，它包括对未知事件进行的似是而非的猜测。这些猜测的纳入，只会降低整个事件是真实的可能性，但它给人具有代表性和一致性的感觉，因而可能会增加感觉中的剧情的发生可能性。比如说，“被告离开了犯罪现场”的假

设，相比于“被告因为害怕被指控犯谋杀罪而离开了犯罪现场”的假设，似乎合理性更小，但后一描述比前一描述的可能性要小。一个好的故事，比一个不怎么动听的故事，更不可能发生。

最后，认识到联合效应只是一个更基本问题的表征是很重要的。它仅仅暴露出了概率逻辑和代表性逻辑之间的不一致，后者往往操控着人们对不确定事件的信念。因为人们的判断与许多对我们生活有重大意义的问题密不可分，所以直觉上的概率概念和逻辑架构上的概率概念之间的冲突，是非常令人忧虑的。一方面，我们无法轻易地放弃我们用来评估不确定性的启发式，因为我们关于这个世界的知识，有很大部分和它的运作联系在一起；另一方面，我们又不能违抗概率法则，因为它们抓住了我们所处世界中的真实。无论你喜欢与否，*A* 不可能比（*A* & *B*）的概率要小，相反的观点将是有害的。我们的问题将是，在纠正直觉判断所倾向造成的错误和偏差的同时，保留直觉判断中有益的和有效的部分。

本章是按照与斯坦福大学的合同 N00014-79-C－0077，由海军研究办公室提供资助的。

第三部分

因果性和归因

第 7 章　普通的归纳：信息不必然使人知情

尼斯比特等（Richard E. Nisbett，Eugene Borgida，Rick Crandall，and Harvey Reed）

目前（1976）对社会心理学家影响最大的认知理论是归因理论。其形式化的版本，由凯利（Harold 101
Kelley）于 1967 年提出。这个理论把人看成非专业的科学家，力图对所观察到的结果进行原因推论。他的原因归因，决定其社会世界观，而这种世界观，又会决定其行为。从阿希（Asch）的从众研究到沙赫特（Schachter）的情绪研究，有极其广泛的现象，可以有效地看作是因果归因过程在发生作用的例证。实际上，凯利最为重要的贡献，最终极有可能被认为是他创造了一种语言，或者说是一个路线图，用以描述并连接不同的社会心理现象。

除了其组织性贡献，凯利还提出了因果归因过程中三个正式的影响源。在试图对“行动者在 *A* 情境下以 *X* 进行反应”这一类事件进行归因时，他认为平常的归因者要面对三种信息来源：特异性（distinctiveness）信息（行动者对同类的所有情境还是仅仅在 *A*

情境下，以 *X* 进行反应?)；一致性（consistency）信息（行动者是一直有这种反应，还是纯属偶然?)；共识性（consensus）信息（是大多数人还是只有相对的少数人有这种反应?)。原因归因便依赖于对上述每个问题的回答。如果行动者在同类的所有情境中都如此反应，而其他人在此情境下并不这样，那么行动者本人就是这个行为的首要原因。而如果行动者只在 *A*
102 情境中有如此反应，且大多数人在此情境中也是如此，那么情境就是行动者行为反应的原因。

凯利的归因过程分析，由于其极端的形式化而受到赞同，但也受到批评。不管你对它是欣赏还是厌恶，你都会惊讶地发现其中的一个基本公理，在后续的研究中基本得不到任何支持：这就是人们在分配原因时会对共识性信息作出反应。尽管有理论和常识的支持，仍有越来越多的证据显示，人们在因果归因时基本上不受有关他人行为的知识影响。共识性反应的知识，似乎并不会促进情景归因而不是行动者归因。与之相反，低共识性反应的知识，也不会促进行动者归因而不是情景归因。

下面我们要评论相关证据，它们很少支持这种观点，即人在归因时会利用共识性信息。这些证据涉及两类例证：行动者是他人，以及行动者是自我；这后一类的例证，主要源于我们自己的研究。然后，我们将揭示共识性信息对归因影响的失败与卡尼曼和特沃斯基（1973，**4**）所证明的基率信息对预测影响的失败之间的相似性。我们将依据抽象信息（共识和基率）与具体信息（和行动者或目标相关的信息）的相对影响，来对上述两种失败进行解释。最后，我们将把抽象信息和具体信息之间的区分应用于沟通与劝说的研究中。

一、共识性信息与对他人的感知

有两个研究，考察了有关他人行为的共识性信息对归因的影响。它们都显示出共识性信息的影响极其微弱。其中的第一个实验，是由麦克阿瑟（L. Z. McArthur）在 1972 年做的。她的研究，直接检验了凯利关于特异性、一致性和共识性信息对因果归因影响的命题。被试拿到一个只有一行的描述：“行动者对刺激作出 *X* 反应”；除此之外，他们还得到一些凯利的特异性、一致性和共识性维度上的信息。例如，被试可能被告知："在跳舞的时候，拉尔夫踩了琼的脚"，此外还被告知拉尔夫差不多会踩所有女孩子的脚（或几乎没踩其他女孩子的脚）；或者拉尔夫几乎总是（或者从来没有）踩琼的脚，而差不多所有其他人（或者没有他人）都踩琼的脚。然后，研究者让被试回答踩脚事件是拉尔夫的错、琼的错，还是仅仅舞场环境的错？他们还要求被试预测反应普遍性（拉尔夫建议琼报名参加一个交 103
际舞培训的可能性有多大?）以及刺激普遍性（拉尔夫有多大可能会在一个结冰的人行道上摔跤?）。

特异性信息，占所有原因归因（将所有原因加总）的 10%，和所有刺激普遍性预期的 63%；一致性信息，占所有原因归因的 20%，和所有反应普遍性预期的 14%。相反，共识性信息，在上述三种推论的任一种中所占的比重都不超过 3%。这个结果，不仅违背了归因理论的常识，也根本违背了所有常识。虽然被试似乎相信这样的信息是重要的，即拉尔夫是否踩大多数女孩子的脚以及他是否经常踩琼的脚，但对他们而言，其他人是否也踩琼的脚，则是无足轻重的。

在对他人的感知的其他研究中，归因的或任何其他类型的常识，也被违背。1973 年，米勒（Miller）等让大学生阅读米尔格拉姆（Milgram）在 1963 年所作的经典的服从研究的程序。其中一半被试被提供的是米尔格拉姆研究的真实数据，它们显示出实际上所有被试都对实验同谋施以高量度的电击，而且大多数被试的电击都一致达到了最高量度。而其余的被试，则让他们保留其质朴的期望，即那样的行为应该是很少发生的。然后，所有被试被要求对两个个体进行人格特质评定，这两个个体实施了最高量度的电击，而特质评定是在 11 项负荷强评价意义的人格特征维度上进行的，如吸引力、热心、可爱、攻击性等。在这 11 个维度的评定中，仅有一个受到了共识性信息的显著影响。因此，施行最大量度的电击是普遍行为的信息，实际上，对评价已实施了最大量度电击的人，没有影响。

二、共识性信息与自我感知

共识性信息，似乎对自我行为的归因也没有多大影响。贝姆（Bem，

1967）提出，人们对自己的行为进行因果分析所采用的方式与对他人行为进行归因的方式完全类似，凯利则在同年把此观点结合到他的归因理论中。人们观察自己的行为反应，注意这些反应所发生的情境，然后推论其感受和动机状态。例如，在沙赫特和辛格（Schachter & Singer）的经典实验中，被试知道自己被注射了一种能导致自发唤醒的药物，在被置于能引发强烈情绪的环境中，他们就会采取特定的因果分析。他察觉到了自身唤醒的症状，在通常情况下，他会将此归因于情景的影响，而现在他则归因于他所
104 注射的药物。其结果是，比之那些不知道自己被注射了唤醒药剂的被试，甚至是没有注射唤醒药剂的控制组被试，他更少报告也更少在行为上表现出其情绪症状。他因此将自身的自发反应归于“外在的”的原因，并依此进行感受和行动。

几年前，以人能受引导对自己行为反应进行外在归因的观点为基础，我们开始了治疗干预的研究项目。似乎看来，无论个体的反应是适应不良的、精神崩溃的，或者是病态的，劝说他将这些反应归结为某种外在的原因，也许会有一定的成效。第一个，也是唯一成功的一个研究，是由斯多姆斯和尼斯比特（Storms & Nisbett）在 1970 年做的。所研究的病状是失眠症。我们要求入睡困难的大学生在就寝前 15 分钟吃一片药（实际上是安慰剂），并告诉他们这药物会引起心跳加速、呼吸短促而无规律、全身发热，以及一种平常的清醒状态。显然这些都是失眠症的症状。吃了药的被试报告说，他们在吃了药的夜晚要比没有吃药的夜晚入睡更快，而且比那些没有吃药的控制组被试也要入睡快。斯多姆斯和尼斯比特分析认为，有一个或两个不同的归因过程能解释此结果。失眠症可能主要是由就寝时的唤醒所造成，而唤醒有种种原因，这些原因包括对个人问题的焦虑，白日里不适当的生活节奏，或者慢性的神经官能症。当人躺在床上却处于唤醒状态时，他沉醉在富含情感内容的想法中。这种唤醒，能和情感认知相联结，并促进情感认知。而由此增强了的情绪状态，又会强化唤醒状态，于是形成恶性循环。然而，如果认识到唤醒本质上是外源性的，恶性循环就可以打破。他就不会从对自身唤醒状态的观察中，推论出他多么地担心考试，或者对室友多么地气愤。在服用过药物的夜晚，唤醒状态被视作是不可避

免的，与他脑中的任何想法都没有关系。不断强化唤醒状态的恶性循环圈，因此被打破，睡眠接踵而至。

作为替代，或者作为补充，一个略微不同但更有普遍适用性的过程，应该也在发生作用。我们的失眠被试报告说，他们对自己是失眠症患者的事实非常担忧。他们把此看成是更为普通的病理学的证据，并反映了自身不良的心理调节状态。对一个具有如此忧虑的被试来说，意识到唤醒是不可避免的，并且是外在引发的，这将使他们安心。至少在服药的当晚，被试可以推断，失眠症不会是普通心理病理学的证据。即使这种担忧本身对失眠负有部分责任，但在服药当晚，睡眠还是会来得更快。 105

1. 抑郁操纵

有了成功干预失眠症的经验，我们开始了一系列的尝试来减轻抑郁。在所有研究中，所采用的技术都是共识性操纵，通过让被试确信抑郁是普遍共享的，以求将抑郁原因外在化。既然这种状态为类似的其他人所共有，它的存在就更少消极地反映自我。它就不会是根源于被试对特定情境和环境所作的独特的并且可能是病态的反应。随着对自己处理生活情景能力的担忧的减弱，抑郁会部分减轻。

2. 研究 1：星期天忧郁症

许多大学生，在星期天会体会到一种普遍的低落情绪。虽然这一天开局很好，有早午餐、咖啡、周末报纸，但在下午通常会萌生厌倦感。要多多地筹划下周的工作，筹划太多而无法决定周末的约会，尽管可能不是多到马上就得开始进行。临近黄昏，没有外出，也没有做任何事，周末报纸甚至包括财经和旅行版面，也“嚼”了一遍，而漫长枯燥的苦修之夜就要开始。到了晚上，如果所有事情还像通常的一样糟糕，那么学习就会痛苦不堪，或者毫无感觉，而黯淡的心境以及自我怀疑，就会涌现。

这让我们想到，如果这种星期天抑郁现象非常普遍，而且人们也意识到这一点，那么它在强度上就能得以缓解。如果一个学生知道他周围的室友都处于同样的厌倦状态，他自己的消极情绪也就会略微减轻。他也许意识到人们都会在星期天心情沮丧而顺其自然，而不再整天担忧自己的学业，或因自己不再可能与某个女孩子维持良好关系而耿耿于怀。

为了检验这个观点，我们在耶鲁大学请了大批的男生在星期天的下午 4 点及晚上 10 点填写心境量表。心境量表由魏斯曼等（Wessman et al., 1966）所设计的量表中的项目所构成，但主要专注于其中的欣快感—忧郁感（euphoria - disphoria）因素。此外，我们还要求他们在晚上 10 点填写一份问卷，报告他们当天的学习和社交活动，以及他们借以发泄不快情绪事件的次数，如大叫或者哭泣。最后，还要求被试从文件夹中取出一叠卡通画并评价它们的有趣程度。

经过这些最初的星期天预先测试，把被试分成三组，每组 18 人。第一
106 个组是控制组，被试仅被告知调查者正在研究星期天的心境模式，需要他们在下个星期天填写与上个星期天相同的材料。对于第二组被试，星期天抑郁综合征被详细地加以讲解，并给他们看一些伪造的统计资料，以说明这种抑郁症在大学生中的广泛存在。被试被告知耶鲁学生中有 92% 都报告说至少偶尔有过这样的情绪，而 65% 的学生则在大多数星期天都有同样的体验。而第三组被试，被给予和第二组相同的共识性信息，但附加对此现象的理论解释。研究者告诉他们星期天抑郁是由一种在星期天发生的“唤醒冲突”（arousal clash）造成的：平日里的唤醒状态在周六达到高潮，而到了星期天，则坠入谷底；而这种唤醒缺乏则经常就被解释为，或者转化为抑郁。

我们预期后两个实验组的被试，将重新解释他们在星期天的苦恼情绪，将它们更少地归于自身原因，顺其自然，不再因抑郁情绪而沮丧。果真如此，他们应该在心境量表上显示出，从操纵前的星期天到操纵后的星期天，他们的不快情绪在减少，吼叫或哭泣等不悦行为也在减少；而学习或社会活动则在增加，对卡通画有趣程度的评价也会普遍提高。但上述这些现象，都没有在他们身上发生。实验组被试的任何心境指标，与控制组被试相比都没有提高。

3. 研究 2：慢性抑郁

我们没有因此气馁，而试图对男大学生进行类似的治疗干预，这些学生认为自己处于慢性抑郁状态。用在密歇根大学的学生报纸上登广告的方式，我们征募了 20 名被试，广告词为征募“抑郁的男性高年级学生参加一

个由抑郁社会研究所实施的研究”。

被试来到实验室后，就被随机分成两组。我们告诉控制组被试已设计出一个新的心境量表，以及使用这个量表获取那些自认为是抑郁者的日常心境报告的重要性。而它会有助于评定量表的有效性及其探测心境转变的能力。

给予实验组被试的是同样的故事，此外，他们还被告知实验者正处在一个理论检验的最后阶段，而这个理论和年轻成年男子的抑郁有关，至少基于一些特异的事实。这个理论如下所述：被试被告知我们已知道成年人心境的保持部分依赖于性激素的存在，而男性则依赖于睾丸激素。然而，直到现在还存在着一个悖论，即儿童几乎从不沮丧。由于儿童体内的性激素非常少，这显然就与荷尔蒙能促进良好心境这一普遍规则相抵触。不过 107
最近这个矛盾得到了解决，因为有人发现大脑的情绪中枢——边垂体（limbic lobe）在青春期时会依据性激素进行转换以保持心境。在大多数男性中，这个转换的时间期限与体内激素的增长相当吻合，而体内激素水平大概在 25 岁时达到顶点。但是，对许多年轻男性而言，这个转换过程，在“燃料”的数量并不足以保持心境之前，就结束了。

对这些被试而言，这个理论的强烈含义在于他们就是这样的年轻男子。我们预期这样的操作化，由于下列三个复杂原因而使心境改善：

（1）它暗含着抑郁情绪有时间界限。

（2）被试现在可以把消极情绪归于一个不幸的生理事件，而不是自己的生活圈以及无法控制它们的任何病理学的无能。从这个意义上讲，他们把不良情绪“外因化”了。

（3）这种消极情绪及其原因为多数他人所共有，它意味着被试的苦恼及反应并不是唯一的。

所有的被试都被要求在两个星期的实验期内，每天晚上填写前述的魏斯曼心境量表。问卷还包括被试前一晚睡眠情况的报告，因为睡眠障碍是抑郁的常见症状。最后，在研究进行的学期期末，统计被试学习成绩的平均绩点。

在两个星期的实验期间，实验组和控制组的心境报告没有任何差异，睡眠质量的报告也是如此。实际上，这些变量没有向假设的方向发展的任何迹象。虽然正如我们所预期的，实验组被试平均绩点较高，但它缺乏统计的显著性（$0.05 < p < 0.10$）……

三、归因与预测心理学

卡尼曼和特沃斯基所揭示的推论失败，似乎与共识性信息影响研究中所观察到的推论失败高度相关。在《论预测心理学》（1973，**4**）的论文中，卡尼曼等人表明，在预测目标成员的范畴成员身份（the category membership）时，人会忽略整体基率（population base rates）……

如果被试在预测目标个体的范畴成员身份时不受基率信息的影响，那
108 么他们的归因似乎也不会受到共识性信息的过多影响。而共识性信息，恰恰就是基率信息。它是关于行为反应而非范畴成员身份的基率信息。而且归因，是比预测更复杂也更间接的推论。卡尼曼和特沃斯基让他们的被试组织一个相当直接也并不复杂的推论链："如果整体中的大多数成员都属于特定范畴，那么目标个体也有同样的几率属于该范畴。"可他们的被试，都没能够作这样的推论。而在我们已讨论的归因研究中，所要求的是一个更为精致的推论链："如果整体中的大多数成员都表现出特定行动，那么情境的强大压力必然趋向这种行为；因此，如果目标个体的行为也是如此，那么利用该个体的特质去解释其行为就是多余的。"

当然，被试是否不愿意利用行为基率去预测目标个体，这仍有待检验。如果他们确实不愿意，那么我们一直探求的问题，就必须从"为什么人们不能依照共识性信息改变他们的归因?"，转向一个更为基础的问题"为什么人们如此处理基率信息，就好像它并没有提供任何信息一样?"

研究5：行为基率、预测和归因

为了研究人在面对行为基率信息时是否愿意改变其预测，我们（Nisbett & Borgida，1975）给被试提供了两个心理实验。被试是来自密歇根大学的学生。他们要仔细阅读两个实验的描述：（1）尼斯比特等（1966）的实验。在实验中，被试被要求尽可能地承受最大量的电击。（2）达利和拉塔尼（Darley & Latané，1968）的助人行为实验。在实验中，当几名学生在彼此隔离的小房间里通过耳机讨论大学生活适应问题时，一名"被试"突

然发出类似疾病发作的声音。我们之所以挑选这两个实验，是因为我们在教学经验中发现，大学生对行为基率的猜测是不准确的。虽然学生倾向于假定很少有被试能承受高量度电击，但实际的普遍行为，是被试可承受仪器所能提供的最强电击，它足以引起被试整个手臂不由自主地痉挛。而就达利和拉塔尼的实验而言，在六人一组的条件下，其典型被试，从来不帮助受害者，但学生则假定，多数人都会迅速离开他们的小房间去帮助受害者。

鉴于被试并不知道真实的行为基率，就有可能只告诉一部分被试两个实验的真实基率，以创造分化的基率信息条件情景。获得基率信息（共识性信息条件）的被试，观看了原初实验中对被试进行采访的简短录像带 109
（或者，采用一种共识性信息条件的变体形式，让他们读一些对那些学生的背景和人格的简单描写）。共识性信息条件下的被试，被要求预测他们所看到或读到的目标个体在实验中的行为反应。这样就有可能将获得共识性信息的被试的预测，与他们所了解的实际基率信息进行比较，以及与那些缺乏共识性信息的被试对基率的猜测进行比较。

图 7—1 所显示的，是对有关电击实验的结果。最上面的柱形图所显示的，是提供给共识性信息被试组的实际基率数据。第二排的柱形图所显示的，是缺乏基率信息的被试组所作的基率预测。可以看出这些无共识性信息的被试所作的预测与实际数据相差很大。他们认为承受中等强度的电击应该是普遍的行为。第三排图所显示的，是具有共识性信息的被试对他们所看到或读到的目标个体的行为的猜测。虽然这些被试完全清楚基率信息，但仍可以看到它的分布与实际基率甚至没有一丁点儿类似。相反，它的分布与缺乏基率信息的被试所作的对基率的猜测相当接近。关于助人行为的实验结果也完全一样。

在一篇题为《小数律的信念》的论文中，特沃斯基和卡尼曼（1971，**2**）提出一个假设：即使是科学家对样本规模也相当迟钝，他们往往基于极少数案例的知识就草率地对整体进行强推论。我们这个实验对之也提供了一个检验机会。为了在现在的语境中验证这个观点，我们让一些被试对两个实验的基率一无所知，并让他们观看每个实验中的两名被试被采访时的简短录像。这些目标信息条件下的被试，被告知两个实验中的那两个被试都采取了最极端可能的行为方式，也就是说，在电击实验中的两名被试都承受了可能达到的最强电击，而助人实验中的两名被试则都没有去帮助受害者。在告知这些信息之后，我们要求这些目标信息条件下的被试预测这两个实验中整个被试群体的行为分布。就这两个实验而言，被试都倾向于推断整个被试群体的行为模式与他们所观看的两个人的行为模式是一致的。从图7—1底端的柱形图可以看出，对电击实验的基率猜测，跟实际的基率

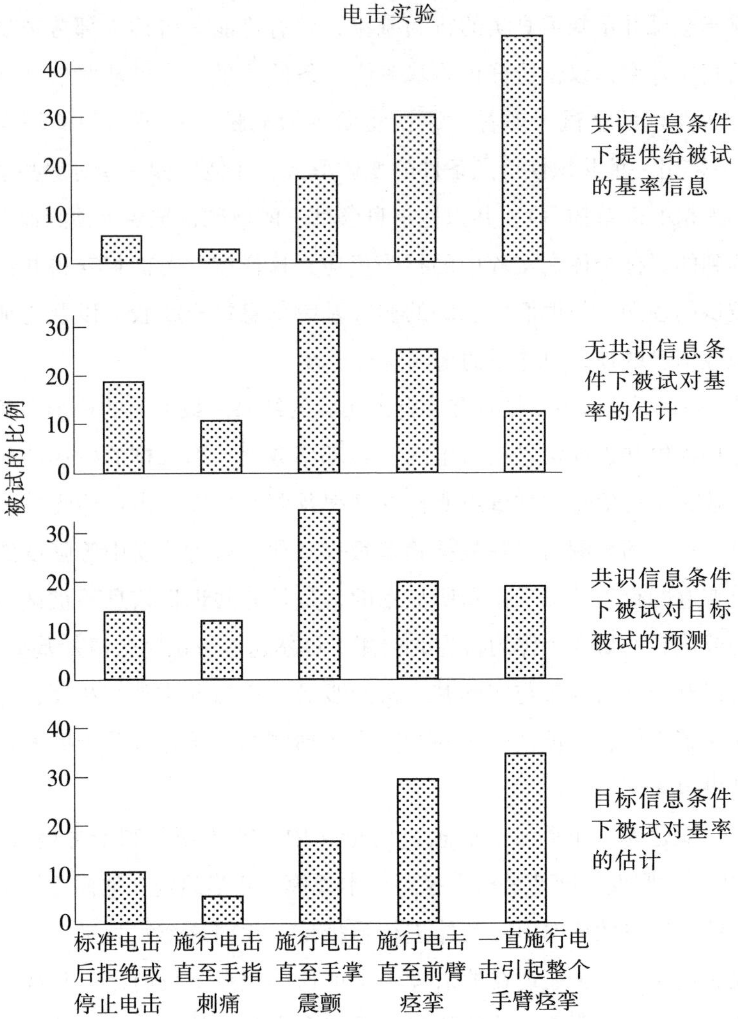

图7—1　电击实验中的基率、基率估计以及对目标被试的预测

惊人地相似。而对助人实验的预测虽然不像电击实验那般近似，但与实际基率的J型曲线也相当接近。如果样本挑选过程反复而鲜明地使他们注意 110
到那两个被试是随机挑选的，而不是指定的，我们的被试就愿意推论所有被试的行为模式与他们所看到的两名被试的行为相类似。

总之，当对目标个体的行为进行预测时，他们并不利用基率信息。重要的是，在预测问题之外，我们也提及了一些归因问题，例如是情景因素 111
还是个人偏好对目标个体的行为负责？共识性信息对这些归因问题没有实质影响。由于前者（基率信息）的失败，后者（共识性信息）的失败，实质上是不可避免的。因此，为何人在归因时会忽略共识性信息这个问题，就应还原为更基本的问题：即使在像预测这样简单的推论中，基率信息为什么会被抛弃？人为什么不受基率信息的影响，对这个更为基本问题的任何回答，都理当能够同时解释当前研究中的其他主要发现。这个发现就是，被试在被告知只有两名那样少数的被试实施了最极端可能的行为后，愿意假定这种极端行为就是普遍的行为模式，他们实际上是“过多地”受到目标个体信息的影响。

四、抽象信息对具体信息

卡尼曼和特沃斯基（1973，**4**），并没有详尽地思考人们不受基率信息影响的原因。他们的基本解释，似乎集中在人们不擅长于处理概率性数据。即使在赌博领域，人们知道机会法则在起作用，且至少拥有一些处理或然性的基本图式，但他们仍显示出明显的盲目和偏差。而在这种情景之外，人们则完全看不到像基率那样的概率性信息的相关意义。或者，因为不知道如何正确结合基率信息和目标个体信息，他们就只好简单地完全忽略基率信息。

当然，也有很多的事实证实，人们缺乏处理概率性信息的良好图式。实际上，在归因文献中，就人们忽略共识性信息的规则而言，有一个例外，良好图式的缺乏则能很好解释这一例外。如当人们对特定个体的能力进行归因时，就显然利用了成功与失败的基率信息（Weiner et al.，1971）。如果多数人在特定任务上都失败了，而目标个体成功了，那么目标个体就被认为具有很强的能力；如果大多数人都成功了，而目标个体失败了，目标个体就会被视作能力较低。显然，我们每个人一生中都在依照他人的表现评价能力。能力，实际上，就其本质是一个导源于基率的推断。

然而，在我们看来还有另一个原则也可能在起作用。基率或者共识性信息，从本质上，似乎就是冷漠的、苍白的和抽象的。相比而言，目标案例信息，则是逼真的、醒目的和具体的。在抑郁研究中，我们试图让对枯燥的统计性信息的记忆与对现实世界刺激的逼真的紧迫的反应相对抗。在饼干品尝研究中，从瓶子中液体高度的证据中抽象出来的共识性信息，被
112 用来与感官印象相比较。在描述电击和助人实验的研究中，表格式的频率数据，则对决于一个具体的人的录像或书面描述，而他有父母、职业计划、爱好以及个人癖好。尽管基率信息具有逻辑上的关联性，但它们也许就是缺乏激发更进一步认知活动的动力。

正如所见，上述假设并不新颖。在 1927 年，罗素就提出“普通的归纳所依据的，是事例的情感兴趣，而不是其数目”（p. 269）。在卡尼曼和特沃斯基的实验中，以及在我们自己和其他人关于共识性信息的实验中，纯粹的事例数目，与具有情绪兴趣的事例进行较量。与罗素的假设相一致，情绪兴趣在每个实验中都取胜。

我们可以推断，具体的、有情绪兴趣的信息会有更大的效力促生推论，因为这样的信息更有可能唤起包含了类似信息的具体图式。推论的进行，因此会依照预先存在的具体图式的习惯路线。比较而言，抽象信息与具体图式能够达到的连接网络之间，可能只有更少的潜在联系。与这些推测相一致，在电击实验和助人实验中，尼斯比特等（1975）发现，有关他人行为的共识性信息，不仅未能影响被试对他们如果参加这个实验会如何反应的预测，而且在实验后关于他们为什么会作如此预测的采访中，也没有一个被试提到此共识性信息。相反，被试抓住了实验场景中一些特别具体的细节信息，并将它们与自己过去经历中的类似情境相联系。“我相信我会去帮助发病者，因为我一个朋友的姐姐是癫痫病患者。”

罗素的假设，对于日常行动也有重要的内涵。一个简单的例子可以作为例证。我们假定你想买一辆新车，而且基于经济和使用寿命方面的考虑，

你认为你需要一辆结实而坚固的中产阶级的车——沃尔沃（Volvo）或者萨博（Saab）。作为一个谨慎和明智的购买者，你求助于《消费者报道》，它告知你他们专家的一致意见是沃尔沃的机械性能更好，而且读者也一致认为沃尔沃有更好的维修记录。拥有这些信息后，你决定在下星期之前去跟沃尔沃的经销商商讨价钱。然而，在这段间隔时间里，你参加了一个鸡尾酒会，并跟你的一个熟人讲了这个决定。他对此极不相信，并劝告你说："买沃尔沃？你在开玩笑！我妹夫曾买过一辆沃尔沃。起先，那个奇特的加油计数器坏了，花了 250 美元。接着汽车的尾灯也开始出问题了，只好换掉。然后是变速器和离合器。不到三年就只好当垃圾卖掉了。"这个信息的 113
逻辑地位是，给几百名拥有沃尔沃的《消费者报道》的读者的总人数增加了一位，让维修记录的平均频率在三个或四个方面提高了一点点。但是，任何人若坚持他将不受这种信息的影响，那他要么是不坦诚，要么就是缺乏最基本的自知之明。

研究 6：抽象信息对具体信息的影响力

看起来将《消费者报道》操作化为思想实验是很有价值的（Borgida & Nisbett，1977）。由于我们可资利用的大多数被试，都是密歇根大学心理系的学生，我们就选择密歇根大学的心理学课程作为消费商品。于是十门较高水准的讲座课程被挑选出来，它们在所称的授课质量上各不相同。一群准备加入心理学专业的低年级学生，由一个本身就是系里老师的实验者召集到一间教室里。实验者告诉他们，他现在为系里一个委员会工作，该委员会要为系里制定长期发展规划。而关于发展规划的一个问题，就是要决定将来会有多少人选择其中的哪些课程。他们被告知，为了得到有关计划招生人数的一些启发，需要他们为心理学本科的学习填写一张尝试性的课程表。

于是，我们要求控制组被试先浏览一份课程目录（实际上是一个包括了 27 门课程的真实课程表的模拟，只是排除了实验课、统计课以及通选课），然后要求他们在愿意选的 5 ~ 10 门课程旁边做上记号，并给他们认为自己一定会选的课程旁的记号画圈。

而两个实验组的被试，被告知为了帮助他们作决定，将提供给他们一些额外的关于具有很高选课率的讲座课程的信息。对这两个实验组来说，这些额外信息中的一部分都是比目录式的介绍更为全面的对10门课的内容和形式的详细介绍。之后，让其中的一组被试（面对面条件组）加入一个由高年级的心理系学生组成的座谈小组。这些高年级学生依次对表上的10门课程进行简短评论。有1到4个人，通常是2个或3个人，对每门课进行评论。每个评论，都是先在下面五个词中挑一个，这五个词是：“优秀”、“非常好”、“好”、“一般”、“糟糕”，然后有一个概要的评价。下面是所有评论中的一个例子：

> 在这门课上尽管要读许多资料，但它们都会被清楚地介绍给你们。你们始终都会知道自己的进展，这对你们通过这门课程是非常有帮助
> 114 的。这门课会向你们介绍心理学中一个非常广阔且重要的领域。但我为何不评定它为“优秀”而是“非常好”呢？原因在于那些资料并不能明显地启发学生思考。

在另一个实验条件下（基率条件组），我们让被试看一份对这门课的平均评价，它们是在所有选这门课的学生在上学期期末所填写的量表基础上得出来的。每门课程底下，有一个从“优秀”到“糟糕”的五个等级量表。在每一量表上，有个标记表示这门课程的平均评价，并注明参与评价的学生人数。这些人数从26人到142人不等。每门课程的平均评价，是由实验者设计的，以使它们与在面对面条件下的实验同谋所提供的平均评价值相同。

这样的设计使得两种信息的有效性的比较成为可能。第1种信息，是被试亲耳所闻的推荐，亦即选修过这门课程的2或3名学生的简短评论；第2种信息，是他们得到的更稳定、更有广泛基础的信息。表7—1显示的，是这三组被试对推荐课程（平均评价值是2.50或更高）、未推荐课程（平均评价值是3.75或更低）以及未提及课程的平均选课人数。在每一类的平均人数旁边的，是加权的选择倾向。这是一个指数，没被选的课程的加权值是0，被选课程的加权值是1，而画圈必选的课程的加权值是2。

表 7—1　　平均被选课程数以及加权的选择倾向

条件	推荐的课程		未被推荐的课程		未提及的课程	
	选择数目	加权的选择倾向	选择数目	加权的选择倾向	选择数目	加权的选择倾向
面对面组（$N=22$）	4.73^{a}	$8.31^{a,b}$	0.50^{a}	$0.77^{a,b}$	$3.09^{a,b}$	$4.32^{a,b}$
基率条件组（$N=18$）	4.11	6.33^{b}	0.94	1.56^{b}	4.17^{b}	5.89^{b}
控制组（$N=18$）	3.33^{a}	5.22^{a}	1.39^{a}	2.17^{a}	$5.39^{a,b}$	7.17^{a}
F（2，55）	6.14^{*}	10.34^{**}	6.59^{*}	6.65^{*}	13.24^{**}	8.19^{**}

注：a：标有 a 上标的栏在 Newman-Keuls 检验中在 0.01 显著水平上区别于其他栏。
b：标有 b 上标的栏在 Newman-Keuls 检验中在 0.05 显著水平上区别于其他栏。
$^{*}p<0.005$，$^{**}p<0.001$。

从表 7—1 中可以看出，面对面的方式，对课程选择具有更大的影响。面对面条件组的被试，跟控制组的被试相比，更倾向于选择被推荐的课程，而更少选择未被推荐或未提及的课程。相比而言，基率的方式，仅仅影响到对未提及课程的选择。 115

也许有人会主张，面对面条件组的被试，比基率条件组的被试有更多的信息。这种主张的一种版本，正是我们想提出的观点。学生们在作选择时，就好像他们已经从由两个人所作的现实的评价中，提取了比基率信息更多的信息。然而，这个主张的另一版本，则是面对面条件下的学生所作的评价，包含了基率条件下所没有的真正有价值的信息，如关于课程组织、评分程序或者老师亲和力等方面的信息。

为了应对后一种反对意见，我们在对原实验进行了一个重要的改动后重复了该实验。我们给基率条件组被试同样提供了面对面条件下的实验同谋所作评论的书面副本。而且，我们明确地指出，这些评论是那些选了该门课的学生的代表性意见，是从上学期末的所有评价中精选出来的。这种条件下的被试，既了解整个学生群体稳定的平均评价，也看到了实验同谋的逐字报告，并且也知道这些评价具有高度代表性，但他们在作选择时，仍比面对面条件下的被试更少受到前述信息的影响。

五、和具体性动物沟通

不难看出罗素关于普通归纳的格言以及上面提及的例证，对沟通和劝说的一般问题所具有的意义。如果人们对这种让科学家及政策制定者所钟爱的呆板的统计数据无动于衷的话，社会及技术的进步就会受到阻碍，除非发展出有效的、具体的、具有情绪影响力的沟通议定方式。我们收集了几个有关劝说的“个案研究”，我们坚信依据抽象信息和具体信息的区分，对之能够更好地理解。我们在下面将它们罗列出来，希望它们能作为现实世界的灵感之源，并引导有关信息的本质及其劝说性影响的研究。

（1）20 世纪 30 年代初期，由于农业技术的进步，早期的绿色革命成为可能。通过由县农业部门介绍统计数据以及发放政府传单的方式，政府及时地向全国的农场主介绍这些新技术。然后他们便停下来，期待传来粮食产量大量增长的喜讯。可是接下来，并没有出现这样的报道，而且马上清楚农场主们并没有转向这些新技术。于是，一些明智的政府官员着手一项计划，由政府农业组织直接进入到被挑选出来的一些农场中，与农场主

116 们一起利用这些新技术进行粮食耕作。邻近农场的农场主，看到使用新技术的产量效果后，立即转向新技术的应用中。

（2）在癌症检测诊所，候诊者名单如同本文一样冗长，排到了几个月之后，而且从 1974 年秋季开始就一直是这种状况。这并不是由于美国医生协会（Surgeon General）或美国医学学会（AMA）或其他组织发布的最新统计数据造成的。这种冗长的候诊者名单，始于福特夫人（Mrs. Ford）和洛克菲勒夫人（Mrs. Rockefeller）的乳房切除之后。

（3）克娄瑟（Timothy Crouse）1974 年写了一本关于 1972 年总统竞选的新闻报道的书，题目是《巴士上的男孩》。在这本书中，他提到在竞选日前一天，一大群追踪报道麦克戈文竞选活动的记者，都很明智地同意麦克戈文的失利不会超过 10 个百分点。这些人包括有线电视记者、网络电视记者以及一些主要的报纸和新闻杂志的记者。而他们也了解到所有的主要民意测验都认为麦克戈文会落后 20 个百分点，而且也清楚在 24 年里没有哪一个主要民意测验结果的偏差会超过 3% 。然而，他们已亲眼看到成千上万的狂热的群众都支持麦克戈文。

（4）纽约时报（Kaufman，1973）最近对一个纽约地铁里的胡乱涂鸦者进行了采访。一个电火花点着了这个人作喷涂画的喷涂器，而他则在这

场大火中被严重烧伤。这个笔名叫“Ali”的男孩，承认在此事故的两星期前，曾经读过关于一个名叫 Bernard Brown 的男孩在火车上作喷涂画时被火车辗死的报道。他说：“也许如果我们知道他所用的名字‘Joe 146’，就会留下深刻印象。但是我记得我当时在嘲笑他，认为他肯定是一个不知道自己在做什么的家伙……”

我们相信，现在的研究以及这些日常生活的事例，揭示了某类信息通常被人们所忽略，而这些信息，在科学家看来，则是高度关联的，且具有逻辑必然性。而其他一些更少逻辑性的信息，却能够激发很强的推断和行为倾向。对那些研究信息加工的心理学家来说，最有用的研究，莫过于去发现他们的被试认为哪些信息是值得加工的。

本章是一篇文章的节选，它原刊于 J. S. Carroll 和 J. W. Payne 编的 *Cognition and Social Behavior*. Hillsdale，N. J.：Lawrence Erlbaum. 1976。允许重印。

第 8 章　不确定状况下的判断中的因果图式

特沃斯基和卡尼曼（Amos Tversky and Daniel Kahneman）

117　我们所作的许多决策，无论是琐细的还是极其重要的，均取决于事件的显著可能性，如遵守承诺、一个企业的成功或对一项行动的反应。但由于我们通常缺乏适当的模型去计算此类事件的概率，对它们的估计就必然是主观的和直觉性的。近年来，人们以估计概率的方式评估证据，已经激发了许多的研究兴趣，如爱德华兹（1968，**25**），卡尼曼和特沃斯基（1979a，**30**），斯洛维奇（1972a），斯洛维奇等（1977），特沃斯基和卡尼曼（1974，**1**）。这类研究已经识别出几种判断启发式，而它们总与一些特征性的错误和偏差相关联。本章关注的是因果推理在不确定状况下的判断中的角色，以及与这种思维模式相关的一些偏差。

人们总是力图对身边的事件给出一个连贯的解释，而利用因果关系模式来组织事件有助于达到这个目的，这是心理学的一个常识。人们根据因果关系来感知事件序列，即使感知者完全意识到事件间的联系是偶然的，导入其中的因果关系是虚假的。这种不可抗拒的趋势，由米休特（Michotte，1963）的经典研究提供了令人关注的解释。而海德（Heider，1958）的原创性研究，也突出了在对基本社会关系的感知中因果模式的普遍性。而因果归因研究，也是当代社会心理学的焦点之一（Jones et al.，1971；Ross，1977）。

本章主要关注在不确定状况下的判断中因果模式的角色。尤其，我们 118
要在一些证据或数据 D 的基础上，来研究对目标事件 X 的条件概率 *P*（X/D）的判断。要对证据的影响进行心理学的分析，有必要来区分判断者所感知的 D 和 X 间的几种不同的关系类型。如果 D 被认为是 X 发生或不发生的原因，我们就称 D 为原因资料。另一方面，如果 X 被视为 D 的一个可能原因，我们称 D 为诊断资料。例如，对 A 人格的描述，通常被认为是提供了预测他行为的原因资料，而对 A 的行为的描述，则为其人格提供了诊断信息。如果 D 既不是 X 的原因也不是它的结果，但它们都被视为另一因素的结果，我们称 D 为指征性资料。因此，如果两种行为都被认为是同一特质的表现形式，那么，一种情景中的行为，就为另一情景中的行为提供指征性资料。最后，如果 D 和 X 看来并没有直接或间接的因果联系，我们就称 D 为偶然性资料。

在对条件概率的规范处理中，D 和 X 的各种关系类型的区分并不重要，数据资料的影响，仅仅依赖于其信息量（informativeness）。与此相反，我们主张信息的心理影响，关键取决于它们在因果模式中的角色。我们还特别假定，原因资料比其他具有同等信息的资料，有更大影响；而且如果存在一个能引发因果图式的资料，不符合该图式的偶然资料，就只有较弱影响或根本无足轻重。

本论文的第一部分，我们比较了原因资料和诊断资料的效果，揭示出相对于具有同等信息的诊断资料而言，人们赋予原因资料以更大的影响力。我们还研究了一类问题，其中总有一个独特的资料同时具有原因和诊断意义，并且证明了在对条件概率 *P*（X/D）的直觉性估计中，D 对 X 直接的原因影响占有支配地位，而其诊断影响没有被给予足够的考虑。

原因和诊断推理

1. 推论的不对称性

因果图式，具有天然的演化进程：从原因到结果。因此，我们认为，依照此正常序列从原因推论结果，比颠倒此顺序由结果推论原因，更加自然，也更加容易。如果原因推论实际上比诊断推论更容易也更自然，那么我们可以预期，人们从原因推演结果比从结果推演原因会信心更强——即使结果和原因实际上提供了同等的关于对方的信息。我们用了两种不同的
119 测量来检验这个假设：对条件概率的判断和对预测准确性的信心。

在一组问题中，我们要求被试在两种条件下比较一对事件 X 和 Y 的两个条件概率 P（Y/X）和 P（X/Y），这两个条件是：（1）X 被自然地认为是 Y 的原因，（2）P（X）$=P$（Y），即两事件的边际概率等同。后一个条件意味着 P（Y/X）$=P$（X/Y）。大多数被试会认为我们的预测是因果关系强于诊断关系，因而错误地坚持 P（Y/X）$>P$（X/Y）。

在另一组问题中，我们要求被试来比较他们在预测两个连续变量时的信心差异，而预测则依据哪个变量是给定的，哪个是需要预测的。同样地，问题的设计，是使其中一个变量自然地被视为另一个变量的原因。如果这两个变量有着近似的边际分布，就没有有效的统计理由来预期由一个变量预测另一个变量的准确性上存在着差异。然而，我们假定，多数被试将认为由原因推测结果比由结果推测原因具有更大的信心。

在这两类问题中，因果推论和诊断推论之间被预测的不对称性，都被观察到。其效果可用下面的问题来说明，括号中的数值表示选择每个答案的大学生（来自俄勒冈大学）人数。[1]

问题 1：下列哪个事件更具有可能性？

（1）如果母亲是蓝眼睛，那么她女儿也是蓝眼睛。（$N=69$）

（2）如果女儿是蓝眼睛，那么她母亲也是蓝眼睛。（$N=21$）

（3）这两个事件有同样的可能性。（$N=75$）

问题 2：在对一个城市高年级中学生的调查中，比较男孩的身高

与他们父亲的身高。你对下面的哪个推测更确信？

（1）从儿子的身高推测父亲的身高。（$N=23$）

（2）从父亲的身高推测儿子的身高。（$N=68$）

（3）同等信心。（$N=76$）

显然，在连续的代际中，身高或者眼睛颜色的分布基本上是相同的。为了证实被试对这个事实的觉知，我们询问了另一组 91 个被试，其问题是：在一个由母亲和女儿组成的更大的样本中，蓝眼睛的母亲所占比例相对于蓝眼睛的女儿所占比例是更多、相等、还是更少。结果选择更多的是 15 人，选择相等的 64 人，选择更少的 12 人。因此，尽管被试意识到这两者的概率是相等的，他们仍然判断“原因的”条件概率高于“诊断的”条 120
件概率。

当然，严格来讲，父亲的身高并不是儿子身高的原因。然而，在惯常的用语中，说一个男孩高是因为他父亲有 6 英尺 4 英寸，是可以被接受的，而说父亲有 6 英尺 4 英寸是因为儿子高，则显然说不过去。更一般地讲，我们料想在两个变量间存在推论的不对称性，只要看起来用其中第一个变量推论第二个似乎比用第二个变量推论第一个更好。为了举例说明，请看下面我们提供给不同的两组被试的问题：

问题 3：以下哪一个描述更好理解？

（1）汤姆很重是因为他很高。（$N=63$）

（2）汤姆很高是因为他很重。（$N=7$）

问题 4：你对以下哪个推测更有信心？

（1）由一个男人的体重推测他的身高。（$N=16$）

（2）由一个男人的身高推测他的体重。（$N=78$）

虽然体重和身高不能被视为彼此的原因，但大多数被试，仍觉得用身高解释体重比用体重解释身高有更好的解释力。这也许是因为典型的高个子男人会很重，而典型的重的男人却未必高。因此，绝大多数的被试，对由男人的身高推测体重给予了相比于由其体重推测身高更大的信心。当然，这个不对称性，无法得到统计学意义上的解释。

问题3和问题4，还暗示了即使在两个变量之间并不存在直接的因果关系，推论的不对称仍然会发生——倘若其中的一个变量（如身高）更自然地被认为能解释另一个变量（如体重）的话。下面的两个问题，涉及的都是两个变量都被认为是某个潜在特质的指征或表现的情况。但其中的一个变量，提供了对潜在特质更直接的体现或者更有效的测量。我们预计从强指征到弱指征的推断，将比其相反方向的推断更有信心。

问题5：下面哪个事件更具可能性？

（1）如果一个运动员赢了十项全能中的第一项，他就能赢得比赛。($N=21$)

（2）如果一个运动员赢了十项全能，他就能赢得十项全能中的第一项。($N=75$)

（3）两事件有同等的可能性。($N=70$)

问题6：对一大群学生进行了两项智力测验，一项是一个小时的综合测试，一项是十分钟的简短测试。你比较相信下面哪一个推测？

121 （1）以学生在综合测试中的分数推测他在短测试中的分数。($N=80$)

（2）以学生在短测试中的分数推测他在综合测试中的分数。($N=47$)

（3）同样确信。($N=39$)

同样，这里两个问题的正确答案仍是“相等”。在问题5中，一个运动员（非特指的）在十项全能比赛中获胜的先验概率是$1/N$，N代表参赛者数目。这也是一个非特指的运动员能够在第一项运动中获胜的先验概率。因此，这两个条件概率应该相等。在问题6中，线性回归的标准假定使从一个测验推测另一个测验具有一定的正确性。但对这两个问题的回答，都显示出了明显的预测方向的偏好。

在问题 5 和问题 6 中，所包含的都是对同一潜在特质的两种指征，只是强度有别。在十项全能中的胜利和在一个单项运动中的胜利，都是杰出运动才能的表现，但前者比后者对杰出性有更强的指示力。同样地，在智力测验中的表现反映了其智力特质，而更全面的测验比缩减后的测验，能提供更好的测量。这些结果证实了前面的假设，即从强指征到弱指征的预测，比反向的推测会更有信心。

在前述问题中所观察到的推断的不对称性，可与特沃斯基（1977）研究的接近关系的不对称性联系在一起。经验研究显示，在相似性判断中，一个显著物体或原型与不太显著物体或变体之间的相似性，要小于变体与原型之间的相似性。例如，深红对浅红不如浅红对深红近似（Rosch，1975）；“好”与“坏”之间的相似性，不如“坏”与“好”之间的相似性；一个地位突出的国家同一个不那么突出的国家之间的相似性，小于其反向的相似性（Tversky，1977）。预测的不对称性，似乎遵守了同样的规则。因此，我们通常认为儿子更像父亲而不是相反，并以很大的信心把儿子的品性归于父亲而不是相反。因此，同样的过程，可能潜藏在相似性的不对称性和推论的不对称性背后。

2. 证据的因果意义和诊断意义

前一节的讨论，显示了因果资料对结果概率判断的影响大于诊断资料对原因概率判断的影响。本节要研究的问题是，在考虑到目标事件的时候，某证据同时具有原因和诊断两种意义。我们研究的假设是，人们倾向于关注资料对将来的因果影响，而倾向于忽略了它们对于过去的诊断性意义。 122
我们首先讨论一类问题，在其中，对原因的考虑相对于诊断性的考虑占据了优势，而导致不一致甚至矛盾的概率估计。下面这一对问题，是图罗夫（Turoff，1972）在关于预测的交叉影响方法的讨论中提到的。

问题 7a：下面哪一个的概率更高？

（1）如果在以后的五年里由于汞污染导致的死亡人数超过 500 人

的话，议会将在这五年内通过一项控制汞污染的法令的概率。

(2) 如果在以后的五年里由于汞污染导致的死亡人数没有超过500的话，议会将在这五年内通过一项控制汞污染的法令的概率。

问题7b：下面哪一个的概率更高？

(1) 如果议会在五年内通过一项控制汞污染的法令，这五年内由于汞污染导致的死亡人数将会超过500的概率。

(2) 如果议会在五年内没有通过一项控制汞污染的法令，这五年内由于汞污染导致的死亡人数将会超过500的概率。

我们用C表示在五年内议会将通过一项控制汞污染的法令，用D表示在五年内汞污染导致的死亡人数超过500。然后用$\bar{C}$和$\bar{D}$分别表示C和D的反面。

大多数被试认为死亡人数超过500将比不超过500更有可能使议会通过限制汞污染的法令，也就是$P(C/D) > P(C/\bar{D})$。多数人也认为这项法令在五年内通过，相对于不通过而言，死亡人数更不可能达到500，也就是$P(D/C) < P(D/\bar{C})$。这些判断反映了因果信念，即高的死亡人数将增加实施一项反污染措施的压力，而这样的一个措施又将会有效控制汞污染。在一个由166名学生构成的样本中，有140人对两个问题都选择了上述的回答。这种看起来似乎合理的判断方式，违反了最基本的条件概率原则。

很显然，$P(C/D) > P(C/\bar{D})$，意味着$P(C/D) > P(C)$。

而且，若不等式$P(C/D) = \frac{P(C \& D)}{P(D)} > P(C)$成立，

那么$P(C \& D) > P(C)P(D)$，

由此进一步得出必须$P(D) < \frac{P(C \& D)}{P(C)} = P(D/C)$。

这样反过来意味着只要$P(C)$和$P(D)$不为0，那么$P(D/C) > P(D/\bar{C})$。

因此，$P(C/D) > P(C/\bar{D})$意味着$P(D/C) > P(D/\bar{C})$，这与通
123 常的判断模式相矛盾。

很容易找出其他的同类例子，来证明人们的直觉违反了概率运算。这样的例证，通常由一对事件 A 和 B 构成，B 事件的发生增加了其后 A 事件出现的可能性，而事件 A 的出现又降低了随后 B 事件发生的可能性。为了举例说明，请看下面的问题。

问题 8：用 A 表示在明年年底之前，彼得将会在他家里安装一个防盗警报系统。用 B 表示在明年年底前彼得家将会遇窃。用 $\bar{A}$ 和 $\bar{B}$ 分别表示 A 和 B 的反面事件。

问题：$P(A/B)$ 和 $P(A/\bar{B})$ 中，哪一个条件概率更高？

问题：$P(B/A)$ 和 $P(B/\bar{A})$ 中，哪一个条件概率更高？

大多数被试（161 人中的 132 人）选择了 $P(A/B) > P(A/\bar{B})$ 和 $P(B/A) < P(B/\bar{A})$，有悖于概率规律。我们将此判断模式解释为因果分析比诊断分析占优势的另一种表现。为了认识这种效应的实质，让我们分析一下问题 8 的结构。

首先，考虑 $P(A/B)$：如果彼得家在明年年底前的某个时候会遇窃，他将在此期间给家里安装一个防盗警报系统的条件概率。防盗警报系统的安装，或在受盗之前，或在之后。条件中所携带的信息，也就是对遇窃的假设，对于将来有原因的意义，而对于过去又有诊断的意义。具体而言，盗窃的发生，提供了之后安装防盗警报系统的原因，同时又提供了在遇窃之时房子没有安装警报系统的诊断性提示。因此，盗窃的影响增加了安装警报系统的可能性，而它的诊断影响又降低了其可能性。几乎是一致的 $P(A/B) > P(A/\bar{B})$ 的判断，显示出 B 的原因影响比其诊断性影响占优势。

同样的分析也适用于 $P(B/A)$：如果在明年年底前某时彼得给家里安装一个警报系统，他家在此期间会遇窃的条件概率。警报系统的存在，具 124
有原因性的影响，以减少之后遇窃的可能性；它也会提供一个诊断性的暗示，即盗窃的发生，可能促使了彼得安装警报系统。警报系统的影响减少了遇窃的可能性；而警报系统的诊断性影响增加了这个可能性。这里，绝

大多数对 P（B/A）$<P$（B/$\bar{A}$）的判断，又一次证实了 A 的原因影响相对于其诊断性影响的优势地位。人们显然首先是依据条件的直接原因影响来估计条件概率 P（A/B）和 P（B/A）的，而不对此事件的原因和诊断性影响都加以权衡，这样必然导致在这类问题中出现矛盾。

图罗夫的问题中的一个明显特征，是条件事件和目标事件之间时间关系的不确定性。然而，即使不存在时间的不确定性，也经常会有条件事件同时具有原因和诊断性意义的情况。现在要分析的假设是：即使在两事件的时间关系确定的情况下，主导条件概率估计的仍然是原因分析。

问题 9：下面的哪一个概率更高？

P（R/H）　假如 20 世纪 80 年代利用太阳能进行室内供暖有显著增长，90 年代美国将对个人消费者实施燃料配给的概率。

P（R/$\bar{H}$）　假如 20 世纪 80 年代利用太阳能进行室内供暖没有显著增长，90 年代美国将对个人消费者实施燃料配给的概率。

按照我们对原因和诊断性考虑的区分，用贝叶斯的标准方式来考虑这个问题将会有所启发。20 世纪 80 年代利用太阳能进行室内供暖将有显著增长这一事件 H，既有原因的也有诊断性的意义。它对事件 R 的直接原因影响显然是否定性的。在其他情况不变的条件下，使用太阳能的明显增长，只会减轻以后年代里的燃料危机。但是，80 年代太阳能使用的显著增加，也提供了强有力的一个对即将发生的能源危机的暗示。尤其是，它暗示着 80 年代的燃料价格已非常高，致使对许多消费者而言投资太阳能进行室内供暖会更为经济。而 80 年代高的燃料价格，反过来又揭示了一个矿物燃料短缺的状态，这个状态增加了在之后的年代里进行燃料配给的可能性。因此，H 对 R 的原因影响，减少了 R 的可能性，而它的诊断性含义又间接增加了 R 的可能性。

虽然原因的和诊断性意义的相对强度问题，还没有正式解决，我们仍相信事件 H 的诊断性意义有可能比它的原因影响更重要。由于使用太阳能供暖的增长而节省下来的燃料数量，不可能大到足以制止即将发生的危机。

另一方面，H 所暗含的燃料不足，对即将到来的能源危机是一个强有力的提示。按照这个推理路线，P（R/H）$>P$（R/$\bar{H}$），$\bar{H}$ 是 H 的对立面。 125

然而本节的假设是，人们通常在条件概率估计中，将条件事件的直接原因影响看得过重，而没有给予条件事件的诊断意义足够的重视。这个假设在问题 9 中的体现，就是 80 年代使用太阳能供暖增长这一条件减小了对 90 年代进行燃料配给的概率判断。实际上，83 名回答者中的 68 名都认为，P（R/H）$<P$（R/$\bar{H}$）。同样的判断模式，还可以见诸同类的其他问题中，其中条件的直接诊断意义与它的直接原因意义相冲突。虽然这个判断模式没有像图罗夫的问题一样违背概率原则，但我们认为它反映了在条件概率判断中忽略条件事件的诊断意义的惯常趋势。

3. 预测、解释和修正

在前面的几节里，我们列举了一些证据来支持原因推论比诊断推论具有更大效力的假设。首先，我们揭示了从原因推论结果比从结果推论原因更有把握。其次，我们指出当一个同样的信息同时具有原因和诊断性意义的时候，前者通常比后者在条件概率判断中占有更大优势。

现在我们转向一个更普遍的问题，即一个系统的意象、模型或者图式（比如能源情景或某个人的人格）与该体系的结果或表现（比如太阳能使用的增长或敌意的表现）之间的关系。模型或者图式，通常被用于预测和解释结果，这个结果反过来又被用于修正或者更新原模型。因此，一个人可以用这个模型去预测事件的结果或估计其概率；也可以用它解释某特定事件的发生或其结果。最后，他还可以用某特定事件的发生所提供的信息，去改正或者修正他原有的模型。

预测和解释代表了两种不同的原因推论，而模型修正则是诊断性推论的例证。在作预测时，判断者力图选择与他所采用的系统模型最一致的结果；在进行解释时，判断者从模型中辨识出最有可能引起某特定结果的特征。另一方面，当需要对模型进行修正时，判断者更改或者完善模型里与资料最不一致的元素。

日常生活中的大多数推论，都基于不准确、不完备甚至有时候是不正确的模型或图式。不过，人们已经意识到这一点，而且经常欣然地承认他 126

们的系统模型（如某人的意图或者能源情景）可能是错误的。这种有关模型精确性的不确定性的存在，对于合适的预测、解释和修正，有特定意义。如果一个模型可能出错，由此模型导出的推测，将是适度的或者保守的，也就是说它们不应太偏离基率预测。例如，如果某人对另一个人的了解，出自一个并不可靠的信息来源，相比于同样信息来自一个比较可信的渠道的情况，他会更不愿意预测这个人是否会做出少有或不寻常的行为。

基于不确定模型的解释，也应被谨慎地加以调整，因为用于解释的因果因素，可能在现实中并不存在。而且，在不确定状况下的解释，经常与模型的修正结合在一起。例如，若一个人的某种行为与我们对他人格的印象明显不符，我们就会认真地考虑是不是我们对他的印象不正确，原有印象就会按照这个新信息所暗示的方向进行修改。模型的不确定性越大，其行为越不寻常，对模型的改动就会越多。一个恰当的解释，应该将要解释的事件所暗含或揭示的模型的变化考虑进去。因此，就规范的观点而言，不确定情况下的解释，包括了诊断性的和原因的这两种推论。

早先的研究发现，人们通常由高度不确定的模型进行过分预测。比如被试会依据对某人人格的一个简短描述，非常确信地推测他的职业选择或学业表现，即使这个人格概述的来源并不可靠（Kahneman & Tversky，1973，**4**）。从人格概述中推导出的某人的意向和特质，被自然地视为他的职业选择或学业上的成功等结果的原因。在这类问题中所发现的过度预测，与前面所例证的原因性资料的强影响是一致的。

在解释和修正的语境中，原因推论的强势地位和诊断性推论的劣势地位，体现在人们更易于对他们难以预测的结果构建原因性说明，而不容易对不确定模型进行修正以调适新的信息。将一个新的事实同化到已有的原因模型中，似乎比依照此事件修改原模型，要容易得多。而且，用以调适新事实的修正，通常只限于在极小的范围和局部的特征上。

为了举例说明这个观念，我们转向以前所作的有关直觉性预测研究中的一些尚未发表的结果（Kahneman & Tversky，1973，**4**）。在那个研究中，
127 给 114 名心理学专业的学生看了一段对研究生汤姆的描述，并声称这段描

述是在他念中学高年级时由一个临床心理学家在投射测验基础上所写的。下面就是这段描述：

> 汤姆有很高的智商，尽管他缺乏真正的创造力。他有着对秩序、清楚、整洁和所有部分各司其职的整齐系统的渴望。他的文章相当枯燥和机械，只是偶尔的陈腐的双关语和科幻小说式的想象迸出的火花才令其生色。他有强大的动力去胜任工作。他看起来对他人毫不在意，缺乏同情心，也不愿与人交流。尽管以自我为中心，但他有很强的道德感。

首先要求被试推测的是汤姆的研究生专业，需要他们对九个备选专业按照其可能性排序。结果被试中的绝大部分人认为汤姆最有可能学的是计算机科学或工程技术，最不可能的是社会科学和社会工作或者人文科学和教育。对一个附加问题的回答，也显示出一个基本的共识：投射测验为职业选择的预测，并不能提供一个有效的信息来源。在完成预测任务后，被试被要求回答下面的问题。

> 实际上，汤姆是一个教育学院的研究生，他已经加入了一个为残疾儿童的教育而开设的专门培训计划。请简要勾勒你认为最能解释汤姆的人格和他的职业选择之间关系的理论。

回答这个问题的正确路径是什么呢？被试面临一个明显的冲突，在一个确定的事实即汤姆的职业选择和对他的一个详细但并不可靠的人格描述之间的冲突。人们从人格描述来预测他的职业选择时的十足把握，意味着他们相信在人格和职业选择之间存在着高相关。这种信念，依次使职业选择对于人格有很强的诊断性意义。在上述例子中，汤姆的职业选择，从对他的人格描述来看是不可能的，而且这个描述的来源信度很低。因此，一个合理的诊断式推论，将导致对汤姆性格印象的实质性的修正，以使它与汤姆所选职业的刻板观念相容。如果一个人相信特殊教育专业的学生通常都是富于同情心的，那么汤姆的职业选择，会导致对心理学家的描述中所说的他“缺乏同情心，也不愿与人交流”产生怀疑。对此问题的一个恰当的反应，就是至少应提高汤姆的人格并不像描述的那样的可能性，并且提高实际上他要比描述中介绍的更亲切、更仁慈的可能性。

但我们的被试并没有采用这种解决路径。一小部分人（占21%）甚至
128 完全承认原描述的可靠性。绝大多数被试（包括那些怀疑者）为了解决冲突，要么选择汤姆人格描述中合适的片段进行推论（如他有很强的道德观念），要么重新解释他的职业选择的心理意义（如这是他渴望支配权的表现）。

可以论断被试没有修改他们对汤姆的印象，仅仅是反映了他们所要完成任务的要求特征，也就是“解释汤姆的人格和他的职业选择之间的关系”。按照这种说法，这个任务被自然地理解为要求他们尝试着将汤姆的职业选择与他的人格描述联系起来，而不去质疑该人格描述的可靠性。但是，尽管对他的人格描述深表怀疑，被试却似乎把它视作非常可靠的信息以处理对汤姆的印象。我们认为这种趋势，为一个更普遍的现象提供了例证。这个现象就是：即使用以解释的模型高度不确定，人们也倾向于不修改模型。

在我们看来，被试的回答，显示了不愿意和舒适两方面的特征：无论模型多么不确定，人们都不愿意修改一个内容丰富内在连贯的模型；以及他们非常舒适地用这样的一个模型去解释新事实，而不管该事实是多么的出乎意料。我们惊讶于被试在发展对汤姆意料之外的职业选择的因果解释时所表现的流畅自然，而且没有理由不认为他们在解释汤姆令人惊讶的其他行为时，也会同样地轻而易举。

高度发展的解释技巧，也许要归功于人们在面临不相容的证据时，他们脑中的印象、模型、概念以及范式的牢固和稳定（Abelson，1959；Hovland，1959；Janis，1972；Jervis，1975；Kuhn，1962）。修改一个模型的推动力，只能来自他们对此模型和新事件的不一致性的承认。如果只对已有观念作少量而且局部的修改就能令人们满意地解释大多数事情的发生，那他们几乎不会觉得有需要对那些观念做彻底的修改。这样讲的话，原因的

思考，阻碍了诊断性修正的过程……

本章是以下书中某篇论文的第一部分，M. Fishbein 编：*Progress in Social Psychology*. Hillsdale，N. J.：Lawrence Erlbaum. 1980。允许重印。

注释

［1］基于以色列的样本，本章初稿报告了不真实的低比例的“同样”反应。我们感谢冈萨雷斯（Gonzalez，A. M. B）和库伯威（Kubovy，M.），他们使我们注意到这个问题。现在的数据，是在俄勒冈大学收集的。它和冈萨雷斯在耶鲁大学收集到的数据一致。

第9章　归因过程中的缺陷：错误的社会评估的起源和维持

L. 罗斯和安德森（Lee Ross and Craig A. Anderson）

一、归因理论和归因错误引论

1. 归因理论和直觉心理学

129 从最广泛的意义上讲，归因理论所关注的是普通人企图理解他们亲眼目睹的事件的原因及其隐含意义的各种尝试。它处理的是人们在对自己的行为及他人的行动进行解释时的“朴素心理学”。由于归因理论正在社会心理学中处于优势地位，这就使长期以来关于提升本学科对于人的观念的斗争达到一个顶峰。心理学上的人，不再是极端行为主义者所认为的刺激—反应（S—R）式的机器人，它被提升到了信息加工者和认知协调寻求者的层次之上，而最终被赋予与研究他们的科学家同等的地位。从归因理论的角度来看，人是直觉心理学家，他们力求解释行为并对行动者和他们的社会环境进行推论。

为了更好地理解这些直觉心理学家的感知和行为，我们必须探求他们的方式。首先，如同专业的心理学家一样，他会受一些关于人的本性和行为的隐含假设的引导——如追求快乐和逃避痛苦是普遍存在的且强有力的人类动机，或者遵从其同伴的心愿和期望相对于不遵从这些期望是更正常的，并且更不需要作进一步的解释。这些非专业的心理学家和专业心理学家一样严重依赖于数据，尽管这些数据从随机性和代表性上考虑很难满足正规的需求。有时候这些数据来源于第一手的实验；但更为通常的是，它 130
们来自非正规性的社会交流、大众传媒或其他间接来源。非专业的心理学家，必须进一步采用或者发展出编码、存储以及提取这些信息的技术。最后，他还必须采用各种总结、分析和解释信息的策略——也就是说，他必须应用能使他建立新推论的一些规则、启发式或图式。相应地，这个直觉心理学家控制他的社会环境的能力，将依赖于他的假设、证据和分析的精确性和充分性。反过来，任何现存理论中的系统性错误都可利用数据中的偏差或者分析方法的不足产生严重的后果。这个后果既影响到非专业心理学家个人，也将影响到他所构建和维系的社会。从当代归因理论的优势地位角度来探究的这些缺陷，就是本章的焦点所在。

归因理论的主要轮廓由海德（1944，1958）最早勾画出来，并由琼斯和戴维斯（Jones and Davis，1965）、凯利（Kelley，1967，1971，1973），以及他们的同事（Jones 等，1971；Weiner，1974）将其发展得更为精致、具体。这些理论家主要关注的是社会观察者所面临的两个紧密相连的任务。一个任务是关于因果判断的：观察者力图辨别出能最合理地将一些特殊的结果（如某些行动或者结果）归结于其上的原因，或者是一组原因。另一个任务是关于社会推论的：某事件的观察者会对相关行动者的品质（attributes）或者品性，以及行动者所应对的情境的特征或者属性（properties）进行推断。

因果判断和社会推论这两个任务，一直都是大量的理论和经验调查的主题，而且直至今日，它们实际上占据了归因理论的整个领域。然而近来直觉心理学家的第三个任务，开始受到某种关注，这个任务是对结果及行为的预测或者估计。直觉心理学家不仅必然会寻求解释，对品性进行推论，他还必定会对目前未知或将来可能发生的行动和结果产生期盼，并进行猜测。例如，当一个总统竞选者承诺将“减轻普通纳税人的负担”，我们就可能会考虑他作这个声明的原因，以及它对于竞选者个人品性的某种暗示(这个承诺是否仅仅反映了某种政治上的权宜之计？我们能由此推断出竞选者的任何真实信念吗?)。但是我们也可能会推测他接下来的行为以及他对于那些没有被考察到的相关问题的看法（如果选举成功，他会削减财产所
131 得税吗？他会支持削弱社会福利计划吗?)。简而言之，关于直觉预测的心理学，是归因理论领域的一个自然的扩展。

当然，无论从逻辑上还是心理学上讲，这三个归因任务都是相互依存的。对一个事件的解释，与对在该事件中扮演角色的行动者和组织实体的推论是密切联系的。而它们又共同提供了对目前未知或在将来有可能发生的事件本质进行推测的基础。然而，每一个任务又提供了揭示直觉科学家的表现背后隐含的假设和策略的独特可能性（以及一些关于解释和方法论的独特问题；见 Ross，1977，pp. 175 - 179)。值得一提的是，近几年来，在对普通人的推论所进行的研究中，将估计和预测用作因变量已经越来越流行。造成其日益流行的其中一个原因是尤其重要的。与感知者对一事件进行分析后所作的因果判断和品性推论不同，对新的或未知事件的估计或预测，通常能依据它们的准确性进行评价。也就是说，一个人能将他对事件的预测和估计与实际观察或测量结果进行比较。这就使得有可能评估直觉科学家采用的归因策略的适当性，以及他产生特定错误或偏差的方向。

2. 逻辑归因原则对自助（self-serving）偏差

当代归因理论追求的是两个截然不同但互相补充的目标。一个目标，是要揭示出社会感知者进行估计和推论时通常会遵从一些逻辑的或理性模式的指引。另一个目标，则是要对会歪曲那些通常是真实的估计和推论的偏差或错误的来源进行阐明和解释。我们首先将简短地关注为直觉心理学家所采用的所谓的逻辑的或理性的图式，然后在本章的余下部分集中考察他在试图理解、预测和控制即将发生事件时所犯错误的来源。

(1)“共变”原则和“折损”原则。

在很大程度上，人们必须具有一个共同的对影响他们的社会行动和结

果的理解，因为如果没有这种共识，社会的互动将会混乱而不可预测，并且脱离参与者的控制。通过归因理论家们内省的方式和一些实验证据的支持，已经得出对在行为和结果解释中经常采用的一套“规则”的假设。这些“常识”性的规则或者图式在某些方面，非常类似于社会科学家和统计学家在对数据进行分析和解释时所遵从的更为正规的规则和程序。

凯利和琼斯，以及他们的同事，已经区分出逻辑规则和图式会被应用 132
到的两种情况。在多重观察情形中，归因者将有机会得到以行或列的方式表示的关于行为的信息，它是一个行动者 × 对象 × 环境（或场合）的反应矩阵。特别的是，在这个研究领域中，参与者所能够得到的是概括性的陈述而不是实际的反应。因此潜在的归因者得到的是如下这样的信息：“大多数戏剧爱好者都喜欢这部新的品特派戏剧”，或“玛丽无法拒绝迷失的动物”，或“安看的唯一的一个电视节目是名著剧场（Masterpiece Theatre）”。而在单一观察情形中，归因者所面对的是单独的一个行动者在个别场合下的行为。例如，他可能看到山姆顺从一个实验者的要求，对同伴施以痛苦的电击；或者他得知“路易用他所有的钱在赛马上进行了大风险的投注”。

在这两种情形中，对归因进行调节的逻辑规则或原则是截然不同的（Kelley，1967，1971，1973）。在多重观察情形中，归因者应用的是“共变原则”；也就是，他会估计已观察到的行为或结果，在所考虑的每一个候选原因出现时发生而在其缺失条件下不发生的不同程度。按照这个原则，若新品特派戏剧在很大程度上受到众多戏剧爱好者的喜爱，并得到那些很少赞赏戏剧的人的称赞，以及它在其上映的第九十天与第九天一样受到热烈欢迎的话，这个归因者就会得出新品特派戏剧是优秀戏剧的结论。

在单一观察情形中，归因者所采用的估计策略包括“折损原则”。据此，归因者在解释一事件时，若能发现其他可能的原因或决定因素的话，就会“折损”任何已有的候选原因。这个归因原则，用社会推论的术语重述，会比用因果归因描述更好：若环境或外在的因素能对一个事件进行“充分”的解释，那么这个事件将被归因于该环境，且不会再作关于行动者品性的某种逻辑推论（而且也可能不会作任何经验上的推论）。相反，如果一个行动或结果看起来在该环境因素不存在的情况下也会发生，因此不是由于现场的环境影响，那么相应的事件就会归因于行动者，并进行“对应推论”（correspondent inference）（Jones & Davis，1965），即归因者会推断是行动者的某些性格、能力、意图、情感或其他品性的存在和影响导致了行动者的行动或某种结果。因此，若一些诸如令人激动的小道消息（a hot tip）、让人绝望的金融危机或者下注前的七瓶马提尼酒等因素被提及的话，我们就不会认为路易在赛马上的高风险性下注反映了他稳定的个人特征。反之，若我们知道他在面对如果再一次在跑马上输掉薪水那么妻子就会离开他的威胁时，在他知道如果输掉就无法偿付租金的情况下，以及偷听到赛马行家关于赛场上可望获胜的马“并不为获胜几率所能预测”的评论之后，仍继续下注，那么我们就会判断路易是一个积习成癖的高风险性赌徒。

133 值得一提的是，这两种不同原则的应用，对直觉科学家们提出了迥然不同的要求。共变原则，需要归因者采用在本质上基本是逻辑性的或统计性的规则，并且不需要对所考察实体的特征作进一步深入的了解。与之相对应，折价原则的应用，则需要对此人的本性以及如经济需求、喝酒、妻子的遗弃威胁等环境因素的影响进行相当深入的了解。从某种意义上讲，共变原则能被一个纯粹的“统计学家”所应用，而折价原则则需要一个能够估计各种社会压力和环境影响，甚至能区分有意行为和非有意行为结果（比较 Jones and Davis，1965）的“心理学家”。

关于常识性归因原则的系统运用的证据，主要来源于一些问卷调查，在这些调查中被试会阅读关于一个或多个行动者在特定情境下对一些特定的对象或者“实体”作出反应的简短情节描述，并对之进行解释（如 L. Z. McArthur，1972，1976）。较小范围的特殊场合的研究，使得归因者所面对的似乎是可信的一些反应、遭遇和结果（如 Jones et al.，1961；Jones & DeCharms，1957；Jones & Harris，1967；Strickland，1958；Thibaut & Riechen，1955）。这类研究显示归因者们能够，而且通常会适量应用到一些假定的原则或拇指法则（rules of thumb）。现在所应用的研究方法论，仍然无法解释清楚的是普通人归因准确性的程度以及他们的归因错误的幅度和方向。

（2）归因中的自助动机偏差。

在考察一个不同的逻辑归因体系中可能存在的歪曲时，理论家们很快假定出“自我保护”偏差，通过这种偏差，归因者得以保持或者提升他们惯有的自尊或者关于他们自己特有的品性和能力的肯定性评价（Heider，1958；Jones & Davis，1965；Kelley，1967）。证明这样一个动机性偏差存在的尝试，通常也揭示出在对积极和消极结果的归因中存在着不对称性——更确切地讲，就是行动者趋向于将“成功”归因于他们自己的努力、能力或者品性，却将“失败”归因于运气、任务的难度或者其他外在的因素。成就任务（如 Davis & Davis，1972；Feather，1969；Fitch，1970；Wolosin et al.，1973）和教学表现（如 Bechman，1970；Freize & Weiner，1971；Johnson，Feigenbaum & Weiby，1964）实验，已经提供了关于不对称性的大量证据。而且还显示出相对于某行动的旁观者而言，其行动者可能给予自己的成功以更多的称赞，而更少对失败加以责备（Beckman，1970；Gross，1966；Polefka，1965）。

然而，对动机性偏差的广泛存在持怀疑态度的批评者，很容易就对这些研究提出了挑战（见 Miller & Ross，1975；Nisbett & Ross，1980，第 10 134
章，对此进行了详细讨论）。对意欲揭示动机性偏差的研究所作的一个最有力的反驳，是在被试个人内在的感知与他们的公开评判之间进行了明显的区分。我们很容易设想一个情境，在此情境中，一个人会公开否认（或承认）他对于某事件的责任，而在私下里他则会承认（或者否认）这是他的责任。虽然从保持某人公众形象的意义上讲，这些公开的评判是自助性的，但若从维护个人自我形象的意义上考虑，它们并不意味着自我保护偏差在起作用（Mileer，1978）。

而且，对成功与失败进行自我归因（它们是否能用于研究者身上?）中的不对称性，以及行动者与旁观者的判断上的差别，有可能反映了其他非动机性的偏差来源。正如几个研究者所指出的，至少在考试的情境下，成功可能是被期待的，并且与行动者过去的经历相符，而失败则在意料之外，也是不常见的。同样地，成功的结果是人们所期待的，也是行动者的计划和行动的目标，而失败则是发生在行动者的计划和努力之外的未预料事件。而旁观者，则很少真正了解他们所看到的结果的行动者过去的经历以及他们目前的种种期待和意图。

对存在普遍的自我保护偏差的观点的挑战，既有经验上的，也有概念上的。例如，一些研究发现被试显示出的是“反自卫性”或者自尊衰减性偏差。比如，罗斯等（1974）通过采用一个非常可信的教员—学生范式，发现教员将自己的表现和能力评定为失败而不是成功的更为重要的决定性因素。反之，他们认为其学生的努力和能力则是成功而非失败的更为关键的决定因素。同样的研究还证明与那些缺乏经验的大学生相比，这些看起来是反自卫性的归因趋向，在职业教师中甚至更为显著。这个结果与自我防卫理论的一个明显推论相抵触，即那些受到失败经历最直接威胁的人将最具有自卫性。

当然，坚持自我保护动机性偏差存在的研究者，能对那些似乎显示出不存在动机性偏差或者存在反自卫性偏差的研究提出替代性的解释（比较 Bradley，1978）。实际上，动机性偏差的支持者和怀疑者之间争论的许多方面，都让我们回想起一些较早的在学习理论和基础知觉中间进行的更广泛的争论。在这些争论中，寻求一个关于动机性影响问题的“决定性”实验（即一个无法从“另一方面”作出解释的实验）的努力，在资料收集得越来越多，而概念分析也日益深入的时候，却越发显出其毫无益处。

对这样一种事态的一种反应，就是暂时放弃动机性概念，而把注意力
135 集中于那些能影响并可能歪曲因果判断的非动机性因素（如信息的、知觉的和认知的因素）。除开已经存在的概念上的困难、混杂的经验研究结果以及使寻求动机性偏差存在的研究者气馁的历史教训外，还有其他两个促成当前这种转换的原因。第一，我们越来越确信对非动机影响的充分认识，将有助于我们理解并预期在哪种情境下对责任的归因可能提升归因者的自尊，而在哪种情境下这样的归因又可能削弱他的自尊（比较 Miller & Ross，1975）。第二，我们也逐渐认识到准确的归因比不准确的归因更倾向于“自助”——也就是不管某种不准确的感知及影响的直接后果是多么令人愉快，归因判断的失真，更易于使有机体难以准备好应对长期的生存任务。

本文接下来的部分，将关注有限的几个非动机性偏差（见 Nisbett &

Ross，1980，有一个更为全面的回顾）。而且我们也会讨论一个将增加这些偏差“代价”的普遍现象——错误的印象、判断甚至更广泛意义上的理论，在面对与它们相抵触的逻辑严密的数据资料时仍会继续存在的趋势。不过，让我们在刚开始时就认识到，本文所探讨的这些错误和偏差，在直觉科学家的角度看来，并不是难以理解的反常现象。它们典型地反映出了一些机制和策略的作用，而且这些策略和机制，在很多情况下对个体而言，都是相当有效的；否则，它们也绝不可能在个人的认识历程或者人类的进化历程中保留下来。这些错误和偏差，应当被公平地看作是推论策略和技巧在“特定领域”中的不足，而这些推论策略和技巧，在个体整个经历中，是最为经济有效的（并且可能通常是相当正确的）。

二、非动机性归因偏差

1. 基本归因错误

最先被发现（Heider，1958），也是最常被引用的非动机性偏差，是指归因者在对控制行为的归因中趋向于低估环境因素的影响，而高估品性因素（dispositional factors）的作用，我们称之为基本归因错误。作为“直觉”心理学家，我们似乎经常都是本土主义者，或者比较赞同个体性差异，很少是刺激—反应式的行为主义者。我们非常乐于对各种个人品性进行推断，并预期在广泛而各异的情境和背景下个人的行为或者其结果都具有一致性。若我们亲眼目睹了同伴的行为，便会匆忙地据此得出结论，而忽视相关的环境压力和环境限制的影响。

基本归因错误的普遍证据。除开一些趣闻逸事以及求助于个人体验，
最常被用来说明这种基本归因错误的证据（如 Jones & Nisbett，1971； 136
Kelley，1971），包括归因者明显地喜欢对处于非常显著的环境压力之下的行动者进行“一致性”个人推论的倾向。例如，琼斯等（1967）发现，即使听众知道谈话者仅仅是在遵从实验者的直接要求，因而处于毫无选择的境地，他们仍然会假定谈话者的批评卡斯特罗的评论与他们私人的观点之间存在着某种一致性。

观察者会忽略或者低估环境压力的另一个更直接的证据，来自另一学

者的研究（Bierbrauer，1973）。她主要研究的，是被试对经典的米尔格拉姆实验环境所产生的压力的印象。在她的研究中，参与者亲眼目睹了一个丝毫不差的被试“服从”的重新演示，该被试对假定的受害者施加了最大量级的电击。不管被试作判断前有怎样的时间间隔以及间隔的长短，也不管参与者在这个重演中是否实际扮演了被试的角色或者仅仅是旁观，其研究中的参与者，都犯了基本归因错误：即他们一致地，并且是显著地低估了普通被试对米尔格拉姆实验环境中要求服从的情境压力的屈服程度（见图9—1）。换句话讲，他们假定这个被试的服从反映了他独特的个人品性而不是作用于所有被试身上的潜在的环境压力和控制。

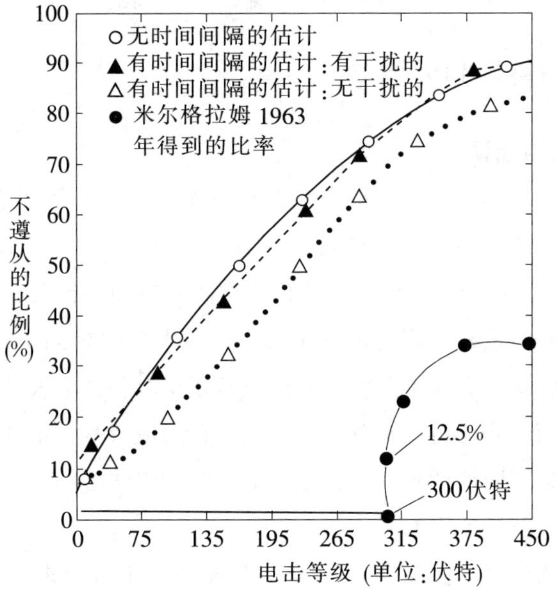

图9—1　估计的和实际的不遵从比率的比较

下面是自我展示中授予性角色优势的一个特例。

社会观察者低估环境压力和限制的影响力并高估个人品性的作用的趋向，在策略、概念性分析，甚至当代社会心理学的学术争论中，已被广泛地讨论到（见Nisbett & Ross，1980；Ross，1977）。关于这个基本归因错误的一些特例，将帮助我们把注意力集中到直觉心理学家的判断过程以及他们的一些更细微的错误之上。罗斯等（1977）的一个实验，是一个非常恰当的例子。这个实验所研究的，是被试对具有优势角色或不利角色的行动者（通过随机分配产生）所进行的评价。罗斯等人设计的特定角色，是在一个常识测验游戏中的发问者以及竞争者。发问者的角色，要求被试向竞争者提出一系列具有挑战性的常识问题，并且在竞争者每次回答问题后给予其准确的反馈。而竞争者的角色仅限于回答，或者尝试回答相关问题。之后，这两组参加者（在后来重新操作的实验中，还包括旁观者）都被要求对发问者以及竞争者的常识水平进行评判。

很显然，这种武断的角色分配，以及对这些角色的执行，将迫使参与 137
者和旁观者面对明显不具有代表性的，或者说具有偏差性的关于发问者和竞争者的知识水平的“样本”。发问者的角色，激励他们展示出高深的知识水平，并且保证他们能够避免涉及那些他们无知的领域；竞争者在自我展示中则没有这样的有利条件。实际上，这里的参与者及旁观者对这种角色分配的专断性或者与各个角色相联系的不同特权并不是不清楚。它不像现实世界中的许多情境，其社会角色同样赋予了个人在自我展示中的优势或者劣势，却对于个人而言是不明确的。尽管如此，发问者与竞争者的这种尽管不平等的竞争，仍然导致了一致的偏差和错误的印象。从某种意义上讲，参与者仅仅没有对由情境赋予的与各个角色相关的优势和劣势给予足够的考虑。因此，竞争者认为他们的发问者比他们自己优秀许多，而未参与其中的旁观者也显然同意这样的判断（见图 9—2）。旁观者明白他们自己不会比竞争者更能回答发问者提出的那些深奥问题，因此会认为竞争者的常识水平并不差。但是他们仍然会得出发问者确实在知识水平上高出一筹的结论。有意思的是，发问者自己并不会被他们的遭遇所误导。对这样一个事实的关注，将我们的注意力从基本归因错误的普遍存在以及社会角色的特定影响，转移到各种参与者进行推论所依赖的特定“资料样本” 138
之上。与竞争者和旁观者不同，发问者并不一定要专门依赖于常识水平的“偏差性”样本。他们显然拥有许多其他的证据，表明他们自己的常识水平及其局限，以及在他们所提出的问题中展示出的深奥信息的非代表性；结果，他们将自己以及竞争者都评定为“一般”。

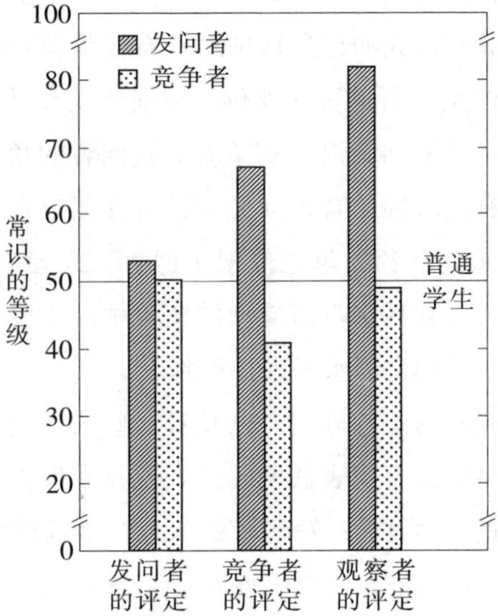

图 9—2　对发问者和竞争者的常识的评定

罗斯等人的研究的社会和理论意义都是很清楚的。它促使我们去考虑无数的社会场景，其中正式或者非正式的角色限制着人际境遇，并且因此使参与者的印象发生偏差——甚至达到试图将由优势角色和劣势角色所造成的特权和限制予以合理化的程度。它也促使我们加强对直觉科学家的一个特别失误的关注——他们似乎没有意识到偏差性的资料样本只具有有限的推论价值（见 Hamill et al.，1980；Nisbett & Ross，1980，第四章）。

2. 显著性或便利性偏差

也许归因偏差中注意力以及调节注意力的知觉和认知因素的影响得到最有力地研究。简而言之，就是似乎无论何时，若环境中的某些因素对于感知者来说变得相当突出或“便利”（比较 Tversky & Kahneman，1973，139 11），这些因素就会对因果归因具有更大的影响力。因此，若一个行动者在一个较大的群体中因为某种独特的种族或性别身份（Taylor 等，1976），或因为一些外表或衣着的显著特征（McArthur & Post，1977；McArthur & Soloman，1978），或因为处于某种指导性的位置（Regan & Totten，1975），甚至是因为座位的顺序或其他一些视觉感知上的决定因素（如 Storms，1973；Taylor & Fiske，1975），而使他在视觉上显著的话，这个行动者就会被认定对她或他所做事情的结果负有与实际情况不相称的责任（见 Taylor & Fiske，1978，可得到更详尽的回顾）。实际上，从“客观的自我知觉”理论导出的一系列研究，已经揭示出行动者对自己因果角色的感知同样可以为某种简单操纵影响，这些操纵引导他们将注意力集中或者偏离作为社会客体的自我（如，Duval & Hensley，1976；Ellis & Holmes，1979）。

对显著性或便利性因素如何影响归因过程的认识和理解，可以帮助我们更好地理解许多我们熟悉的归因和推论偏差的基础，甚至有可能将它们包括进来作为一些特殊情况。例如，基本归因错误，可能在很大程度上反映了这样一个事实，即行动者仅仅是因为比环境特征更显著而使他在归因者最初寻找候选原因时更有可能受到关注。实际上，当环境因素和限制因素对于归因者来说变得相当突出时，我们将可以预期会出现与所谓的基本错误完全相反的归因错误。因此，若某外在因素高度显著，一个主管就可能将某员工的忠诚表现错误地归因于该因素——该主管的监视作用（见 Strickland，1958）。出于同样的原因，某行动者对一指定任务的内在兴趣将会被减弱，如果他被引导将注意力集中于某些外在的看起来似乎激励了他在该任务中的表现的刺激或限制因素的话，虽然这些因素实际上并不必然具有激励作用。

我们再来看一下琼斯和尼斯比特（1971）提出的经验性归纳。他们发现行动者在对自己的行为进行归因时，相比于旁观者对同样行为的归因，相对更乐于提及那些环境因素，而不愿归因于自己的品性因素。从一定程度上讲，行动者和旁观者显示出了相应的关注点的不同——行动者注意的是环境中的相关特征，而旁观者把注意力集中于行动者本身——因此他们的归纳成为注意力/归因原则的一个特例。实际上，实验证据显示通过操纵调节行动者和旁观者的关注点或视角，他们引证环境或者品性原因的倾向也同样会得到调整（如 Storms，1973；Taylor & Fiske，1975）。

最后，让我们考虑一下由精明的侦探小说家，同时也是心理学家的霍 140
姆兹（Sherlock Holmes）提出的一个推论缺陷，即人们倾向于忽略未发生事件的推论价值。这种能提供信息的未发生事件，指的是在某种背景下没有出现的事件或行为，也正因为没有出现才潜在地包含了重要的信息（比较 Ross，1977）。很显然，认为这种未发生事件具有相对低的认知便利性，是特别恰当的。当某人寻求或考虑候选原因时，未发生事件不可能得到高度凸显或者受到适当的注意；相应地，他也不易在解释所观察行为或事件结果时赋予未发生事件足够的影响力。吉尔更有可能将杰克的愤怒归因于一些她已经“做过”的事情，而不是某些还未做的事，这仅仅是因为对于她来说前者比后者更为显著。实际上，若假定违法罪相对于疏忽罪更为显著的话，杰克就可能在对自己的愤怒作解释时犯同样的错误。

3. 虚假共识或自我中心的归因偏差

本章要考虑的最后一个非动机性的或者“信息性的”偏差，是关于人们对社会共识的估计——人们判断自己所目睹的各类行为反应是普遍的还是奇异的。普通人不能像专业的心理学家一样，依赖于精心设计的抽样技术和统计程序去做这样的估计，他们只拥有一些获得相关资料的有限渠道，因而只能依据以此为基础的直觉以及主观印象进行判断。因此，这种估计中的偏差，以及反映类似估计的各种社会推论或归因中的偏差，数不胜数。这里我们要考虑的特殊归因偏差，是关于人们感知“虚假共识”的倾向——人们通常将自己的行为选择和判断视作相对普遍的，并且对现有情境而言是适当的，却将其他替代性的反应视为少见的、异常的并且不恰当的。

在关于社会感知和归因的研究文献（比较 Katz & Allport，1931；Kelley & Stahelski，1970）中，偶尔会提到“自我中心的归因”（Heider，1958；Jones & Nisbett，1971）、“归因投射”（Holmes，1968）以及与虚假共识偏差相关的一些特别的发现和现象。然而，最具启发性的此类证据，或许是由罗斯等（1977）所做的一系列研究提供的。

在公布的第一项实验中，被试阅读了对一种假设的冲突情境的描述，这种情境是他们可能会亲身面对的。之后他们要完成三个任务：一是估计两类可能的反应选择的普遍性；二是指出他们个人将选择其中哪一类；三是对每一类反应选择的“典型”个体的性格进行评定。

这些估计和评定显示了“虚假共识”效应；被试认为他们所选择的反
141 应类型比他们没选的一类更具有普遍性。从虚假共识命题出发，可以得出的一个显而易见的推论，即直觉心理学家会将那些与自己的反应不同的行为认定为比与自己类似的行为更能揭示行动者稳定的品性特征。罗斯等人（1977）得出的资料支持了这个推断：相对于对依照被试所选的反应类型进行反应的特定个体的评价而言，被试对依照自己未选择的行为类型行事的特定个体的评价，更确定而且更极端。

相对的这个词，对于虚假共识偏差的明确表述非常关键，因此需要作一些解释。显然，一个会在两栋摩天大楼之间走绳索的人、会发起一场革命的人或者选择牧师独身生活的人，会认识到他的选择仅为少数的同伴所认同。然而，虚假共识偏差，会导致这些个人的选择在他们自己眼中，比在那些不会走绳索、不会发动革命以及不会成为独身牧师的人眼中，更正常。同样地，当前的命题也会承认，对于某些反应类型来说，所有评判者的估计实际上都会在同一个方向上发生偏差。比如，虐待以及从不虐待婴儿的父母，都会低估虐待婴儿事件。但虚假共识假设中相对的这个概念，仅仅要导出这样一个推论，即有虐待行为的父母相对于无虐待行为的父母，会将婴儿虐待事件估计为更普遍，更少揭示个人的品性特征。

罗斯等人（1977）在所做的最后一项实验中，放弃了假定性的问卷方法，而让被试面对一个真实的并且有意义的冲突情境。被试被要求挂着一个印有“EAT AT JOE'S”标志的广告牌绕着校园走 30 分钟。实验者让被试清楚地知道他们可以很轻易地拒绝参与这项关于广告牌的研究，但是他建议他们参加，并因此“在帮助实现研究目的的同时学到一些有趣的东西”。然后，被试被要求进行是否加入研究的个人选择，估计其他人可能的决定，并对那些同意或者拒绝加入研究的同伴进行性格推论。

采用“真实的”冲突情境的结果（见表 9—1），证实了先前只涉及假定行为反应的问卷研究的发现。总的来看，同意佩戴广告牌标志的被试估计 62% 的同伴会作出同样的选择。而拒绝佩戴此标志的被试认为仅有 33% 的同伴会遵从实验者的要求。而且，如我们所预计，遵从和不遵从的被试，对同意佩戴广告牌的同伴以及拒绝佩戴的同伴所作的推论的相对强度上，存在着严重的差异。遵从研究要求的被试，对不遵从的同伴的个人性格特征进行了更确定和更极端的推论；不遵从的被试，则对遵从要求的同伴作了更强的推论。

表 9—1　虚假共识效应：评定者对两种行为选择的普遍性的估计以及性格推断

142

			性格推断的强度	
	估计的同意比例（%）	估计的拒绝比例（%）	对同意佩戴的被试的推断	对拒绝佩戴的被试的推断
同意佩戴广告牌的被试（$n=48$）	62	38	120.1	125.3
拒绝佩戴广告牌的被试	33	67	139.7	106.8

注：对四种性格的评定的总和，数值越高代表评定者的推断越确定以及越极端。
资料来源：摘自 Ross，Greene，& House（1977）。

143 罗斯等人的实验（1977），显然对我们关于直觉心理学家的概念，具有某种普遍意义。普通人对事件普遍性和奇特性的估计，以及与此估计相伴随的许多社会推论和人际反应，都存在系统性的而且是自我中心的偏差，偏差的方向与他自己的行为选择相一致。更普遍的是，归因分析遭受的歪曲，显然不仅来自于直觉心理学家在对社会信息的最终分析中存在的错误，而且还来自于早先对这些信息进行选择或者估计时就已产生的偏差。

几个非动机性因素，显然对于虚假共识现象的出现有一定的作用。其中的几个主要因素是：（1）选择性暴露以及便利性因素，（2）与解决不明情境相关的因素。

在虚假共识中隐含着选择性暴露因素，是非常明显的。显然，我们会与那些和我们拥有共同的背景、经历、兴趣、价值观及发展前景的人结识并且交往。这样的一些人中的一小部分，在面对许多情境时，确实会与我们作出相同的反应。实际上，我们与他人的密切交往，部分决定于一种普遍共识的感觉，我们会倾向于避免与那些我们认为不可能跟我们拥有同样的判断和反应的人交往。这种对有偏差的人和行为的样本的暴露，并不必然使我们在对相关人数的估计中犯错，但它确实可能导致这样的错误。更微妙并且在特性上更具认知性的因素，是那些能够提高我们回忆、形象化或者想象典型行为事例能力的因素。在一个既定情境中，我们已经选择或者将要选择的特定行为，很可能更易于从记忆中提取，并且比与之相反的行为更容易想象。用卡尼曼和特沃斯基（1973，**4**）的术语来讲，我们所偏爱的行为选择，会在认知上更具“便利性”，我们也容易在估计相关行为选项的可能性时，受这种获取信息的难易度的误导。

第二个非动机性的虚假共识的影响源，来自直觉心理学家们对不明情境的反应——既包括对环境压力的性质和强度的不明确，也包括对各种不同反应选择的意思及含义的不明晰。解决这种不明确的尝试，通常包括解释、估计以及猜测。所有这些方式，都会对归因者自己的行为选择，以及他对其他人的选择的预测和推论，产生类似的效果。因此，预计同伴会因他佩戴“EAT AT JOE’S”的广告牌而嘲笑他，并且害怕这种嘲笑的被试，以及那些认为实验者的请求和期望无足轻重的被试，很可能会拒绝佩戴广告标志，并假定他们的同伴也会同样拒绝，同时对选择佩戴此广告牌的被试的性格，进行了很确定的推论。当然，对上述问题的轻重缓急的相反看法，将会导致相反的个人选择以及相反的社会估计和推论。

简而言之，虚假共识偏差，反映了同时也创造了归因过程中存在的歪
曲现象。它来源于对证据的非随机的抽样和提取，以及对不明情境因素和 144
压力的特异性处理。反过来，它又使得对异常性和偏离的判断发生偏差；而且，更普遍的是，它促使了社会现象解释中的变化和错误。

三、面对经验挑战时信念的坚定性

在本章以及其他地方（见 Nisbett & Ross，1980），所介绍的直觉心理学家的各种缺陷，能使他对自己、对他人甚至对社会世界的本质的信念坚定不移，尽管这些信念是不成熟的，而且在很多情况下是错误的。只要这些信念只保持私下的状态，并且未导致相应的行为，似乎就无关紧要——本质上仅仅是暂时的，当输入新的信息时，可以随之进行调整。但是，一系列逐渐积累的理论和研究，现已证明其对立面的成立。

各种信念——从相对比较细微的个人印象到更宽泛的社会理论——在面对看起来具有严整逻辑性的经验挑战时，似乎都相当具有伸缩性。两个范例可以说明这种伸缩性。一是信念在遇到新信息后能够继续保留甚至被强化。而这些新信息，从一个标准的立场来看，应该是能够导致这些信念减弱的。另一个范例是在信念得以确立的最初证据基础都被否定之后，信念仍然能被保留。

1. 面对新信息时信念的坚定性及极化

对于一些紧迫的社会或政治问题，不同个人、社会派别、利益群体甚至国家，通常会持不同的信念。这种观点上的分歧是不足为奇的。由于这些观点赖以形成的基础是不规范的且通常是纯粹直觉性的，以及社会沟通（通常是高度偏差性的）在我们的信念形成过程中的作用，产生真正意见不合的情况是不可避免的。但是，当这些不同观点的持有者，有机会接触相关的证据——尤其这些证据本质上是相对规范的，并且对于所有相关群体而言都是一致的时候会如何呢？

一种比较乐观的预测，是这些彼此争斗的派系之间的信念差别会减小。这种减小包括两种情况，一种是如果那些相关证据具有逻辑一致性和说服力，不同信念就会都朝着这种为证据所支持的方向变化，由此而减小差别；另一种是如果相关证据是混杂的或者不是决定性的，不同信念就会更加抑制自身或者互相宽容。还有一个不那么乐观的预测，则是这些竞争派别将
145 保持立场不变，也就是说他们不会理会这些新信息，而牢固坚持原有立场。最近由劳德等（Lord et al., 1979）所做的一个实验，得出一个甚至更加令人沮丧的结果（至少对那些希望或者期盼社会科学家的客观资料能够消除社会争斗的人来讲是令人沮丧的）。

劳德等人（1979）首先选出一批被试，他们要么支持死刑并认为这是一种有效的威慑力量（支持者），要么反对死刑并认为它不具有威慑力（反对者）。接着采用一种具有相互抵消作用的设计（counterbalanced design），实验者提供给他们两份据称是非常可信的研究。其中的一份似乎从经验上支持他们的观点；而另一份似乎反对他们的立场。在他们阅读这两份研究过程中的一个关键时间点上，实验者要求两组被试评估他们对这两个研究的评价以及他们自己的态度和信念的改变。这次评估，显著地反映出了理论持有者按可以强化和支持其原理论的方式对新证据进行解释的能力。首先，死刑的支持者和反对者们，都一致地将支持他们信念的研究评估为相比于反对他们信念的研究“更令人信服”和“得到了更好的实施”。其次，与任何可以想见的在合并与某人信念相关的新证据时所采用的标准策略形成对照的是，阅读这两个研究的最终效果，是导致死刑支持者和反

对者的信念都进一步极化。这种极化发生的方式，尤其具有启发性的（见图 9—3）。通过阅读支持他们观点的结果的简单描述，被试的信念变得相当极端，而且在被试进一步考察关于研究过程和资料的细节之后，其信念的极化，得以保持或者更加扩大。相比而言，通过阅读反对他们自己观点的结果的简单描述，被试仅仅变得稍微不那么极端，但在考察研究过程和资料的细节之后，被试往往返回到他们原有的信念，甚至是在知道该研究存在之前所持有的信念。实际上，许多既阅读了反对他们信念的研究的结果简介，又看了其进程细节的单个被试，最终都变得更加确信其原有信念的正确性。而对那些其信念在最初就得到支持的被试来说，即使读了同样的结果简介和进程细节，上述效果也不会发生。

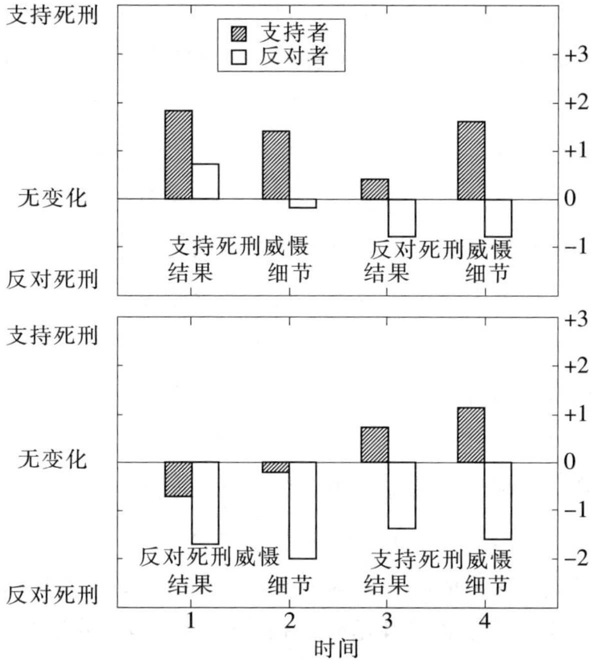

图 9—3　面对新信息时信念的坚定性及极化

上面的图反映的是先阅读了支持死刑的研究的被试在实验过程中随时间推移而报告的对死刑的态度改变。而下面的图反映的是首先阅读了反对死刑的研究的被试在实验过程中报告的随时间推移而产生的对死刑态度的变化。这些变化都是相对于实验刚开始时的态度而言的。

显然，专业的科学家也经常会犯和直觉心理学家们同样的错误。我们能一次次地看到存在于学术争论中的竞争性派别——不管这些争论是关于宇宙的起源、原始人类的进化路线或是自我防御性归因偏差是否存在——从一系列相同的研究发现中获取对于各自不同观点的支持。在本章的后面我们将更详细地考察此种现象背后隐藏的过程，并将专门评析科学家们努力按照他们现有理论和期望处理证据的标准情形。这里有必要首先考虑第二类普遍的信念坚定现象。

2. 证据遭怀疑后信念的坚定性

146 在很多情况下，个人信念受到的威胁，不是来自于新信息，而是来自对支持此信念的“正式的”证据的挑战——对导致此人在最初形成该信念的那些信息或者分析的挑战。我们很容易在逸事趣闻的层次上举出一个这样的例子。萨丽第一次学习滑冰的尝试非常失败，结果她发现是因为她借的溜冰鞋太大了，以至于不能给她的脚踝以所需的力量支持。玛丽认为约翰送她一束花反映的是他的体贴、浪漫情怀，以及某种传统礼节，结果却得知仅仅是因为约翰的父亲开着一间花店。更大范围的关于世界的理论或信念，同样也会遭到挑战。一个婴儿照看者依据她对一个会整夜号啕大哭的婴儿的经验，认定用奶瓶代替母乳喂养会导致婴儿害疝痛病，结果却发现这个婴儿整夜哭只是由于发高烧。或者一个科学家发现对某项特定理论的形成具有很大作用的一项经典实验，由于一些严重的人为操作或彻底的失误而失去了意义。

按照信念坚定假设的通常表述，它认为上面提到的社会感知者对他们
147 原有看法的坚持会达到一种毫无根据并且毫不恰当的程度。但是这个论点中的概念，显然太具概括性，也太模糊，而无法检验。我们何时才能精确地推断出一个社会感知者对其基础已被削弱了的印象或信念“不恰当地”坚持？为了用实验证明信念坚定性假设，我们显然需要一个范式，能让我们精确地确认出到底存在多大程度的坚定性以及多大程度的信念改变。

这样的一个范式，可以由社会心理学家通过在实验中先欺骗被试，然后对作为此欺骗目标的被试进行解密的过程所产生的困境来提供。这些心理学家，在揭示了先前所提供的信息的纯粹人为的、不真实的本质后，假

定这样一个解密过程，将消除先前信息对被试的感情或者信念所可能产生的任何影响。然而，许多专业人士表达了他们公开的担忧，即这种实验性欺骗，有可能产生严重的不良后果，而它们是不能由传统的解密过程完全消除的（如 Kelman，1972；A. G. Miller，1972；Orne，1972；Silverman，1965）。

罗斯等人所做的一系列研究（早期也有类似的研究，如 Walster 等，1967；Valins，1974），就运用了完整的折损或者解密范式，来考察当人们面对证据遭怀疑的情况时仍保持信念坚定的现象。我们可以通过略述罗斯（1975）的一组实验来开始对此研究的讨论。他们的这组实验处理的是被试经历解密过程之后对在某特定任务中自己以及同伴的能力的印象。

（1）个人印象解密后的坚定性。

罗斯等人（1975）所采用的程序相当简明。首先，在被试完成一项小说鉴别任务（如从虚构的自杀描写中辨别出真实的片段）时，实验者不断地给予他们错误的反馈。在所报道的第一个实验中，该程序是用于控制被试对自己的表现及能力的感知。在第二个实验中，旁观者被引入，他们在观看错误反馈操作时将形成自己的社会印象。在这两个实验中，当对第一印象的操作化完成之后，实验者将行动者及/或旁观者的印象得以形成的基础“证据”完成推翻。尤其是行动者（在第二个实验中被旁观者旁听）经历了一个标准的解密过程，在此过程中，他得知他的推断结果是被预先确定的，而且其反馈与他实际的表现毫不相关。在因变量被引入之前，实际上每一个被试都被引导着明确地承认了他对于实验欺骗的性质及目的的了解。

在完全推翻原有的信息之后，被试被要求填写一个关于行动者表现和能力的因变量调查量表。结果显示印象在解密后仍具有坚定性的证据，对于行动者以及旁观者都是同样明显的。实际上，在每一项测量中（如客观 148
评价行动者刚才的表现，估计被试在将来的一系列分辨问题中的表现，主观评价行动者的能力）被彻底推翻掉的先前的结果操纵过程对行动者和旁观者的评估，都产生了显著的“剩余”效应（见表9—2）。

表 9—2　　　　解密后对行动者的业绩和能力的感知

	行动者自身的感知			观察者对行动者的感知		
	成功	失败	t	成功	失败	t
所估计的最初正确数目	18.33	12.83	5.91***	19.00	12.42	4.43***
所预测的未来正确数目	18.33	14.25	4.23***	19.08	14.50	2.68*
所评定的能力	5.00	3.83	2.65*	5.33	4.00	3.36**

注：* $p<0.05$；** $p<0.01$；*** $p<0.001$。

资料来源：摘自罗斯等（1975）实验2。

一些后续的实验，都显示出许多毫无根据的个人印象一旦通过实验程序形成，就能在各种彻底的证据失效过程之后仍然保留。例如，杰宁斯等（1980）就揭示出被试对于自己的人际劝说能力的印象（他们在劝说一实验同谋献血的努力中是成功或是失败了）能够一直持续，即使在他们得知最初的结果完全不可靠之后。类似地，其他学者（Lepper et al., 1979）的两个相关实验，也显示出学生对他们的“逻辑问题解决能力”的错误印象（以及两星期后的一个后续测量中的学院选择）可以一直保持，即使在他们知道作为这些印象基础的对先前问题成功或者失败的解决，完全是由教学过程的好坏所造成的之后。

（2）已失效理论解密后的坚定性。

最近由安德森（Anderson et al., 1980）所做的一系列实验，将坚定性的实证领域由个人印象扩展到更广泛的关于世界的信念。他们的研究，首先操纵了继而试图破坏被试关于两个测量变量间的函数关系的理论：消防队员职业表现的好坏与他们在之前的一项关于冒险偏好的书面测验中的分数。在一个与之相关的实验变式中，提供给被试用以形成理论的是一组仅
149 包括一对特殊个案的证据——一个成功的和一个不成功的消防队员，在他们各自关于冒险承担偏好的测验中获得的是相应不同的分数。有趣的是，这样简单的资料，就足使被试形成坚定的关于这两个相关变量的可能关系的理论。然而，更重要的发现，是在对被试揭示前面所考察的个案完全是虚构的，其他被试实际上获得的是相反的关于冒险测试分数与工作表现的数据组合之后，这些理论仍然会被保留。实际上，当我们将经历了解密过程的被试与那些没有经过这个过程的被试进行比较时，会发现“个案记录”信息的最初效应的50%，会在解密之后仍然保持。

简而言之，信念显然能够在逻辑性强或经验性强的挑战中幸存。它们不仅能够幸存，甚至还能由这些证据而得到巩固，而这些证据，在局外的旁观者看来，在逻辑上是应该能对那些信念有削弱作用的。这些信念，甚至还能在它们最初的证据基础被完全破坏之后继续存活。尽管还需要做更多的工作来确认此现象的精确界限以及考察那些不可避免的例外情况，但显而易见的是，普通人的归因偏差与其他推论缺陷造成的损失不容易被校正，相反还会因随后的经历和考虑而被固化。因此，我们最后必须强调的问题，是如此的信念坚定是如何以及为何产生的？也就是说，在我们对于印象、信念和广泛的社会理论的毫无根据的坚持背后，隐藏着怎样的认知机制？

3. 信念坚定性中可能的潜在机制

（1）偏差性的搜寻、回想以及信息同化。

毫无疑问，我们的信念会影响我们搜寻、储存和解释相关信息的过程。实际上，如果没有先前存在的知识以及相应的先见，我们对于日常经历的理解将需要更多的时间、更多的努力，而且这种理解十有八九是严重不充分的。但是，我们依据先前信念处理证据的偏好所带来的一个不可避免的后果就是，我们倾向于从手头的证据中提取比它实际存在的更多的对于前信念的支持。

这种“证实偏差”（见 Einhorn & Hogarth，1978；Hamilton，1979；Hastie & Kumar，1979；Wason & Johnson-Laird，1972）长期以来一直为科学哲学家（如 Bacon，1620/1960）所关注。也许最值得一提的是这些理论持有者对于模棱两可的或者不明确的资料的反应。如劳德等人（1979）所证实的，那些潜在可证实的证据，在第一印象上就易于被视作有价值的，而 150
那些不具有潜在证实性的证据，就将受到高度批判性的和怀疑性的审查。因此，这就会引出下面两种结果：一是按照这种方式处理的任何类型的证据，即使是那些本质上随机的证据，也往往会支持最初的信念。二是证据一旦依据此方式经过处理，当先前信念遇到新的经验性反驳，或者其最初的证据基础遭到攻击时，它就具有了维持先前信念的能力。

我们认为当理论持有者面临新资料的情况时，偏差性同化的作用，已经得到了相当令人信服的展现（如 Lord et al.，1979）。但是，这种机制，在折损或者解密范式中的作用，也许不是很明显，我们必须依赖的是推测而不是坚实的资料。我们假设，那些力图形成关于自己、他人或者一些函数关系的最初印象的被试，倾向于从他们的记忆以及当前的环境中寻求与此印象相关的其他资料。而这些资料若支持即将形成的印象，就更易于被回想起，并被视为相关的或者能够提供证据的。因此一个在给定任务中成功或者失败的被试，就会依据相应结果的一致性而回想起在相关任务中的同样的成功或者失败经历——并判断它们与目前情形的相关性。类似地，一个逐渐相信变量 X 与变量 Y 存在函数关系的被试，就会回想那些证实而不是挑战该假定关系的例子，并给予它们更多的信任。而且，这种偏差性的搜寻、回想和同化，不仅能支持某人先前的信念，还能创造出一种偏差性证据，它们在其先前信念基础受到攻击甚至完全被摧毁时，能始终高度有效地给予支持。这里存在的一个关键的假设，是人们不会经常对与他们信念相关的证据进行更新或者重新评估。他们通常不会判定“我先前的假设现在已经略微被削弱了，我必须回过头去重新评估我曾依据此假设加以考虑的所有证据”。

（2）因果解释的形成。

人们所做的不仅仅是注意那些与他们的印象或者信念相关的证据。他们也致力于进行因果分析或者解释（Heider，1958）。或者说，人们力图解释他们自己或他人的性格特征，或者解释那些他们已逐渐相信其存在的函数关系。因此，在罗斯等人（1975）的研究中，认为自己是一个优秀的或者较差的自杀描写分辨者的被试，就会在他们的背景中寻找一些能说明此种才华或者缺陷的情况。同样地，被引导着相信在消防队员的能力和冒险偏好之间存在某种正相关或者负相关的被试，就会毫不困难地为其相关关系假定一个逻辑基础。而且，这个过程，不仅能够支撑最初的印象或信念，还能在这些印象或信念面临之后的挑战或者攻击的时候，给予支持。

这种坚定性机制发生作用的证据，主要来自于两个解密范式的研究。
151 它们揭示出若被试在经历解密过程之前被明确要求对其信念作出解释，那么坚定性效应的强度就能增大。在1980年安德森等人的研究中，就明确要求一组被试对由两个消防队员的个案所暗示的正相关或负相关关系进行解释。如我们所料，这项操纵极大地增强了相应的坚定性效应。实际上，在经历解密前就对这种正相关或负相关关系的基础进行解释的被试，与那些没有经历解密的被试相比，只是对此关系有些不确定。罗斯等人（1977）的研究，也得出了同样的结果，他们发现若被试被要求对临床病人（他们读了这些病人先前的病历）经历中的某些结果进行了解释，就会一直认为这些结果是相对可靠的，即使他们了解到所解释的事件，仅仅是实验者杜撰的，毫不真实。

（3）行为证实或者“自我实现”假设。

罗斯和其同事在研究坚定性现象中所采用的两种研究范式，缺少了一个要素，而该要素对于许多日常情境是非常重要的。确切地讲，就是这些研究中的被试，缺少依照他们信念行动的机会。这种行动之所以非常重要，部分原因在于它们会导致某人信念改变时的心理损失或者“失调性”（Festinger，1957）增加（比较 Ashmore & Collins，1968；Collins & Hoyt，1972；Hovland et al.，1957）。而且，这样的行动，能够产生与那些信念相关的新的资料。这些新资料不仅会以一种偏差性的方式加以处理，而且它们自身也可能会朝着支持相关假设的方向而偏差化。

自我证实，或者自我实现假设的概念，对于社会科学家来讲并不新鲜。由罗森塔尔等人（Rosenthal & Jacobson，1968）所做的著名的但极具争议的“皮格马利翁效应”（Pygmalion）研究，就是一个典型的例子。它处理的是教师的期望对于其学生的能力和表现的“大幅度提升”的影响。然而，最近由斯奈德（Snyder）及其同事所做的一系列研究，揭示了被试的期望或者他们所意图证实的假设的形式，就能产生对这些期望或假设的“客观支持”（如 Snyder and Swann，1978a，1978b；Snyder et al.，1977），由此很大程度上扩展了我们对于此种现象的评判或者理解。

4. 结束语：信念总在改变！

我们之前对现象及机制的讨论，不应使读者忽略掉这样一个事实，即有关我们自己，我们的政治领导人，甚至我们的科学理论的信念，都在发生着改变。在部分情况下，这种改变仅仅是毫无理性的影响力的结果。逻辑的或经验的挑战，尽管不如由正规标准所赋予它们的那样具有影响力，

152 但它们的影响确实存在（见 Ross & Lepper，1980）。这些信念改变，部分反映了这样一个事实，即那些正规的假设验证方式，经常被特意地用于保护我们的信念免受非正规验证的威胁。但是我们怀疑这里面还有更多的东西，因为已有证据表明，先前的理论有时候会遭到替代，但却不是因为存在大量驳斥性证据或者决定性的操纵完美的实验。因此，由生动的、具体的、第一手的经验所导致的，以及由那些实现了引人注目的政治或宗教变革的群体或领导者的影响力所导致的观点和信念的改变（见 Nisbett & Ross，1980），就构成了将来研究中的极具吸引力的研究对象。

本章的内容和结构，主要源于第一作者在 *Advances in Experimental Social Psychology*（1977）中的论文。衷心感谢他们允许使用这些材料。

第10章 基率的证据式影响

特沃斯基和卡尼曼（Amos Tversky and Daniel Kahneman）

在很多语境下，人们需要对一些目标事件的发生概率进行估计，如对某病人的诊断，或者某教科书的销售状况。而这些估计往往以两方面的证据作为基础，其一是某些相关参照整体中目标事件发生的基率性频率（如不同诊断的发生频次或教科书销售的频率分布），其二是与现有事件有关的一些具体证据（如病人在一个诊断性测试中的反应或所考察的课本的目录表）。 153

米尔等人（Meehl & Rosen，1955）注意到基率（base-rate）数据在对个别事件进行的直觉预测中所扮演的角色。他们应用贝叶斯规则，认为在不准确数据基础上所进行的对稀有事件的预测，是临床预测中发生错误的主要原因。他们虽然没有进行实验研究，但他们从临床诊断的文献中引用了许多例证，在其中，并没有考虑基率信息。

为了对基率数据的影响进行实验检验，我们提供给被试有关某个研究生或专业人员的描述，然后让他们各自预测此人的研究领域或他的职业（Kahneman & Tversky，1973，**4**）。这些研究，显示后验概率判断主要取决于那些描述在多大程度上近似于或者代表了各自的职业的刻板观念（如关于图书馆馆长或律师的刻板观念）。被试从他们的日常经验里，或者该研究的问题里，都无法得知有关这些职业类型的基率性频率，因此基率信息在很大程度上被忽视了（我们用忽视“neglect”这个词来描述基率信息被忽略或者严重考虑不足的情况）。

根据代表性或者相似性进行的预测，对基率性频率通常是不敏感的。
154 然而，忽视基率的现象远比此更为普遍，因为它们同样出现于那些不能轻易地用代表性来解释的判断中（Hammerton，1973）。例如，有学者（Casscells et al.，1978）向 60 名哈佛医学院的学生和教职工提出下列问题：

> 如果一种疾病的流行程度是 1/1 000，而检测该疾病的一项测试，出现错误的阳性结果的概率是 5%，那么你判断一个有阳性检测结果的人实际患有该疾病的概率是多少？若你一点儿也不知道这个人的症状或者迹象的话（p. 999）。

最普遍的答案是 95%，几乎有一半的被试作此回答。答案的平均值为 56%，并且仅仅只有 11 名被试回答正确，即 2%，他们假定该疾病测试正确地诊断出了每一个患有该疾病的患者。显然，即使是受过高等教育的被试，通常也未关注事件基率在相对简单的正规问题中的价值（如 Bar-Hillel，1980a；Lyon & Slovic，1976）。米尔等人对基率信息未得到关注的批评，不仅仅局限于临床心理学家，也同样适用于一般的医生以及其他人。

判断和社会心理学的学者，详尽地研究了基率数据能得到采用或者会被忽视的一些条件（可参阅 Borgida & Brekke，1981；Kassin，1979b。他们对此类文献有一定回顾）。在这些研究中，考察的因变量可以分成两种类型：程序性的和证据性的。程序性变量，指程序设计的特征、任务以及其对被试的展示，而证据性变量，指的是信息来源的性质以及对这些证据的解释。

例如，一个非常重要的程序性变量，是判断者将各个问题作为特殊任务处理，还是将它们作为一个总的复合性预测任务处理。对概率学习以及相关任务的一些研究，提供了大量的证据。它们显示人们在进行复合预测时，倾向于匹配其标准的分布，尤其是在具有结果反馈的情况下。由于人们总是力图形成一种对结果分布具有代表性的预测类型，因此那些使用相同基率进行重复判断的实验，就能比那些每个判断被当作一个特殊问题进行处理的实验，产生更大的基率效应（见 Bar-Hillet & Fischhoff，1981；Manis et al.，1980）。

另一个有意思的程序性变量，是关于被试内（within-subjects）与被试间（between-subjects）设计的区分。比如，费希荷夫等人（1979）揭示出如果基率的差别是存在于提供给每个被试的所有问题中，那么相比于这种差别存在于不同被试的问题之间的情况，基率数据能够具有更大的影响力。这种被试内程序，能够导致一种普遍的对不同的分布赋予更大重要性的趋向，即使这些分布根本与问题没有关系（Fischhoff & Bar-Hillel，1980）。要 155
更深入地讨论比较被试内设计与非比较被试间设计的差异，以及他们对于常人统计性直觉检验的意义，请参阅本书第 34 章。

虽然程序性变量能产生相当大的效应，本章在这里却只关注对证据性变量的讨论，它们控制着对基率数据的解释和其影响。我们将关注点特别集中于我们称为原因基率和偶然基率的两种基率类型的区分。

一、原因基率和偶然基率

一个基率，如果暗示着一种因果因素，它能解释为什么某特定情况比其他情况更容易导致某种结果，那么这个基率就被称为原因基率。而一个被称为偶然基率的基率，则无法导致这样的因果推断。

有学者阿杰岑（Ajzen，1977）提供了一个引人注目的关于因果基率和偶然基率比较的例证。在他所做的一项实验中，实验者向被试提供了对一名学生的学术能力的简要描述，然后要求他们估计这名学生通过一特定考试的概率。以下是其原因基率：

两年前，耶鲁大学一门课程的期终考试中，有大约75%的学生未能通过（已通过）。

这个基率是原因基率，因为它暗示着这门考试相当难（如果75%的学生都未通过）或者相对简单（如果75%的学生都通过）。这个推出的原因（如考试很难）"解释"了此基率，并使每个单个的学生更不容易（或更容易）通过这个考试。

如下是其偶然基率：

两年前，耶鲁大学的一门课程进行了期终考试。一个对教育成绩感兴趣的教育心理学家采访了许多参加这门考试的学生。由于他主要关注的是对成功（失败）的反应，因此他选择的大多是通过（未通过）考试的学生。具体而言，在他抽取的样本中，有75%的学生通过（未通过）了这门考试。

这个基率是偶然的，或者说是非原因的，因为样本中的成功与不成功学生的比例是由调查者主观选定的。因此它不能像原因基率那样，允许对考试的难易度进行推断。

阿杰岑的这个研究，显示出原因基率比偶然基率更具影响力，尽管两种类型的基率的变化都能产生明显的效力。对于原因基率来讲，被试在成功基率高的情况下所做的该学生通过考试的平均概率预测，比在成功基率低的情况下所做的预测，要高出34%。对于偶然基率而言，相应的这种差别只有12%。依据以上的分析，考试的难易，是影响学生成绩的一个有效原因，而且它与其他一些起作用的原因相结合，比如问题中涉及的那个学生的智力水平和动机。

156

在上述研究中，成功的基率，被用于确定考试的难易。在下面的研究中，偏好或优选基率，则被用于确定选项是否具有吸引力（Ajzen，1977）。在此实验中，要求被试评估学生选择历史或经济学作为一门通选课的概率，同时实验者给出了对这些学生人格的简单描述。这里的原因基率，包括选修这两门课的学生比例（分别为70%和30%），它被用于确定这两种选择的相对吸引力大小。而偶然基率，则以下面的方式给出：

> 为了了解学生的反应，历史学（经济学）教授最近采访了70名选择历史学（经济学）为通选课程的学生。为了能够进行比较，他也采访了30名选择经济学（历史学）的学生。

我们可以注意到，偶然基率不同于原因基率，它没有提供关于这两门课程的受欢迎程度的信息。在这个研究中，偶然基率的影响是不显著的，虽然对概率的预测，在偶然基率暗示的方向上存在2.5%的差异。相反，原因基率产生了明显的效应：对受欢迎课程（有高的基率）的选择概率的预测平均值为65%，而对不受欢迎课程（基率较低）的选择概率的预测平均值为36%。显然，课程的吸引力，是从选择基率中推断出来的，并在判断特定的学生将选择某门课程而不是另一门的概率时，与该学生的个人性格特征结合在一起被考虑。然而，从一个标准的立场来看，在这些例子中的原因基率和偶然基率，应该具有大致相同的作用。

下面我们将举例说明另一类不同的原因基率；它也允许在一些合理的假定下计算正确的后验概率。让我们来看关于出租车问题（cab problem）的一个修正版本，该问题最早是由卡尼曼和特沃斯基（1972a）提出来的，后经巴-希勒尔（Bar-Hillel，1980a）以及特沃斯基和卡尼曼（1980，**8**）作进一步研究。

> 某天晚上一辆出租车撞人并逃逸。该城市只有两家出租车公司，绿的以及蓝的。提供给你下面的数据：
>
> （a）该城市中85%的出租车是绿的，15%是蓝的。
>
> （b）一个目击者确认那辆出租车是蓝的。法院在与事故发生当晚同样的环境下检验该目击者的可信度，结果目击者在80%的时间里正确辨认出了每一种颜色，而余下的20%的时间里却没有。
>
> 那么在此事故中牵涉到的出租车是蓝的而不是绿的概率是多少？ 157

为了得到正确的答案，我们用 B 和 G 分别指代事故中的出租车是蓝的或绿的的假定，用 W 指代目击者的报告。按照贝叶斯概率公式，在先验概率为15/85，似然比（likelihood ratio）为80/20的情况下，

$$P(B/W)/P(G/W) = P(W/B)P(B)/P(W/G)P(G) = (0.8)(0.15)/(0.2)(0.85) = 12/17$$

因此，

$$P(B/W) = 12/(12+17) = 0.41$$

因此，尽管目击者证实车是蓝的，但撞人并逃逸的出租车更有可能是绿的，因为基率比目击者的可信度更强。

提供给大量被试的是一些关于此问题的经过细微改动的版本，但保留了相当一致的结果。被试得出典型的答案以及答案的中位值均为80%，它与目击者的可信度一致，显然没有受到蓝的和绿的出租车的相对频率的影响。

不过，在缺少个案数据的情况下，基率信息就会被采用。在本研究中，若（b）条件项从问题中删除，几乎所有的被试都会将基率15%作为他们的答案。而且，基率信息限制着被试对于证据的预期。我们在提供给另外一组被试的上述问题中，将“一个目击者确认那辆出租车是蓝的”一句改为“一个目击者看到了那辆出租车的颜色”。然后要求被试回答：“该目击者确认那辆出租车是蓝的的概率是多少？”回答者给出的典型答案及答案中位值为15%。而正确的答案应该是 $0.2\times0.85+0.8\times0.15=0.29$。因此，在缺少其他数据的情况下，基率被正确地用于目标结果的预测，同时被不恰当地用于目击者的报告的预测。

如果将偶然基率（关于出租车）替换为原因基率（关于事故），我们就可以发现一种不同的判断方式。这可以通过将前面的（a）替换为下面的（a′）来完成：

（a′）虽然这两家公司在规模上基本相当，但该城市中85%的出租车事故都是绿车公司的出租车造成的，15%的事故出自蓝车公司的出租车。

虽然对此问题的回答差异很大，但基率不再遭到忽视。答案的中位值为60%，居于目击者的可信度（80%）和正确答案（41%）之间。（a′）中的基率为原因基率，是由于两个同等规模的公司在事故发生率上的差别能很容易地导出这样的推论：绿车司机比蓝车司机更鲁莽，而且/或者能力更差。这个推论，可以解释事故基率的不同，并且暗示着绿车公司任何一辆出租车都会比蓝的出租车更可能牵涉进一场交通事故中。相比而言，（a）中的基率，之所以是偶然的，在于该城市中蓝的和绿的出租车数量的差别并不能证明一个因果推论，使任何一辆绿的出租车都比任何蓝的出租车更可能牵涉到一场交通事故中。 158

应注意到根据现有分析，关于犯错的是蓝的出租车而不是绿的出租车的后验概率在（a）和（a′）两种条件下都是相等的。然而，出租车颜色与事故之间的相关，在偶然基率下为0，而在原因基率下则为0.7！这个统计上的事实，反映了两种基率间的差别，并有助于解释为什么原因基率被采用而偶然基率则遭到忽视。

二、其他的证据性变量

基率数据的原因或偶然性质，并不是唯一影响直觉判断的证据性变量。即使在缺乏因果解释的情况下，基率数据也不会被不明确的、无力的或不一致的个案数据所取代。例如，巴-希勒尔（1980a）研究了早期出租车问题的另一个版本，其中对关于目击者的信息（即问题中的b项）被替换为：撞人并逃逸的出租车配备了对讲系统，而80%的绿的出租车和20%的蓝的出租车配备了该系统。在这个问题的回答中，（偶然）基率并未被被试所抛弃，答案的中位值为48%。巴-希勒尔认为，关于对讲系统的证据没有替代基率，是因为它不如由目击者提供的证实明确。因此，在基率数据能提供因果解释，或者其他一些证据并不比基率更明确的情况下，基率会与其他证据结合在一起（Bar-Hillel，1980a），

确切性和因果性，都有助于解释卡尼曼和特沃斯基（1973，**4**）与麦克考利等人（McCauley & Stitt，1978）的研究结果之间的差别。差别在于，卡尼曼和特沃斯基发现被试在获得对某学生的性格刻画基础上预测该学生

的研究领域时会严重忽视基率信息，而麦克考利等人发现被试判断的关于某特征的基率与他所判断的在一特定国籍下该特征出现的概率（例如，如果一个人是德国人，那么他就会很能干的概率）之间存在着本质的关联。除开几个程序上的差别，后一个研究，在三个重要的方面不同于前一研究。其一，实验者要求被试预测的是相对频次（如能干的德国人的比例），而不是预测关于某个体的概率。其二，证据中涉及的是群体成员，如德国人，而不是对一特定个体的详细描述。其三，关于某特征的基率性频率，与关于某专业的基率信息相比，更易于导出因果性的解释。常人人格理论，提
159 供了一些为何大多数人是乐观的，而仅有少数人具有自虐性的原因。这些原因适用于普遍意义上的人，也适用于特定的德国人，由此对特征的基率提供了一个因果解释。

一个非常有意思的情形，是关于具体的但非诊断性的证据（例如，对一个人的描述既适合于此人是工程师的情况也适合于他是律师的情况）。此种情况下的实验结果并不完全一致。卡尼曼和特沃斯基（1973，**4**）的被试忽视了基率，而另一些学者（Ginosar & Trope，1980）在明显类似的实验条件下所发现的则是被试对基率的完全依赖。然而，大多数研究得到的是一种中间结果，即基率并没有被完全抛弃，但由于有关手头案例的非诊断性证据的存在，其影响被削弱（参见 Manis et al.，1980；Wells & Harvey，1977）。

三、内在归因与外在归因

当具体证据与基率信息分别代表的是影响结果发生的内在性情因素和外在环境因素时，让社会心理学家们特别感兴趣的一系列基率问题就产生了。例如，某考试的难度和某学生的才干共同决定了该学生在该考试中的成功。类似地，某人是否同意向某特定目标捐款的请求，既取决于他本人的慷慨程度，也决定于这个请求的性质。外在因素，如上述的考试的难度或请求的效力等，自然是由相应的基率来表示（如：75% 的学生未通过考试；大多数人为该目标捐款）。因此，社会归因中关于环境因素和性情因素的相对影响力问题，就可以转化为相应基率的重要性问题。

尼斯比特等最先开始探究在判断研究中基率信息的使用与行为归因研究中环境因素的相对重要性之间的联系。他们发现在达利等人（1968）的助人研究中，被试虽然知道助人行为发生的低频次，但并没有影响他们对该研究中个别参与者的行为的预测，而对这些个别参与者的观察是通过一个简短的电视访问进行的。尼斯比特等人的研究（Nisbett & Borgida，1975）有助于认知的方法与社会心理学的方法在判断研究中的会合。它也引发了一些争论（Borgida，1978；Wells & Harvey，1977，1978），并激起了一股研究共识性信息在行为预测中的作用的热潮（Borgida & Brekke，1981；Kassin，1979b；Nisbett & Ross，1980；Ross，1977）。

在上述关于考试和出租车的例子中，原因的和偶然的基率都具有明确的区分，与之相对照的是，在许多共识研究中，基率通常会被给予其他的解释。为了说明这一观点，让我们比较一下尼斯比特（1975）的研究和阿 160
杰岑（1977）的实验中的原因基率情形，其中被试要估计某特定学生通过一项有 75% 的人未通过的考试的概率。这两个问题的标准结构完全一样，但是前一研究中基率被大多数被试忽略掉了，而后一实验中的被试则利用了基率信息。显然，在阿杰岑的研究中，被试对令人惊讶的基率信息进行的是情境解释，而尼斯比特等人的研究中，被试将之解释为一次抽样失误。

阿杰岑的被试们的判断，显示出他们由考试成功的低基率推断出了该考试很难，尽管他们也可以用这同样的证据推出参加考试的学生能力差的结论。与之相对照，尼斯比特的被试所作的推断，显然是助人研究中的参与者大多是冷酷无情的（Wells & Harvey，1977）。他们没能得出正确的结论，即达利等人的研究设计的情境，并不易于助长助人行为。

把极端的基率归因于一次抽样失误还是归结于情境因素，依赖于问题的前后关系：一次考试结果的不寻常分布似乎更有可能是由于此考试很难（或很容易），而不是因为该班级学生构成的特殊性。另一方面，相比于假定助人研究中的参与者非常不乐于助人，被试更难改变对于那些使人们帮助一个遇到麻烦的陌生人的条件的认识。

在预测个体案例时，被试明显忽视了基率数据，而这也同时伴随着他们对群体成员的不寻常特征的推断。如果这种推断受到阻碍，那么被试对基率进行因果解释就变得更为可能。这个假设已经得到了许多研究的支持，在这些研究中，通过强调观察到惊人行为的样本的代表性，使基率效应得到保留（Hansen & Donoghue，1977；Hansen & Lowe，1976；Wells & Harvey，1978）。在其中一个研究中，被试被告知提供基率信息的样本非常大，因而具有可靠性，基率信息对他们的预测的影响甚至由此得到了加强（Kassin，1979a）。这个研究所得出的主要结论是，在个人预测中，对共识性信息是利用还是忽略，关键在于人们对该共识性信息的解释。

本研究受海军办公室的资助，合同号为斯坦福大学 N00014-79-C-0077。

第四部分

便利性

第11章 便利性：用于频率和概率判断的启发式

特沃斯基和卡尼曼（Amos Tversky and Daniel Kahneman）

一、引论

近来的许多研究都在关注频率判断和概率判断的有效性以及一致性。但是对于人们采用哪些心理机制去估计某些类别的出现频率或某些事件的发生概率，我们却知道得很少。 163

我们假定人们在面临概率判断或频率判断这样比较难的任务时，会采用数量有限的几种启发式以简化这些判断。在其他地方，我们已经详细分析过其中的一种启发式——代表性。如果某事件体现了它的整体或原发过程的某些基本特征，人们就会利用这个启发式而判断该事件是可能的……

在通过代表性判断某事件的概率的时候，人们会将这个事件的基本特征与导致它发生的整体结构的基本特征进行比较。按照这种方式，人们评估其相似性或隐含距离（connotative distance），再对概率进行估计。另外，人们也会通过评估便利性或联结距离（associative distance）来估计概率。长时期的经验已经教会我们，回忆大数量类别的例证，通常比回忆那些出现较少的类别的例证，更快也更清晰；想象可能出现的事例比想象不太可能发生的事件也更容易，而且若两个事件经常同时发生的话，其联结关系会得到进一步加强。因此，人们在估计某类别的数量、某事件
164 的发生概率或事件同时发生的频率时，会通过对与此相关的回忆、建构或联想等智力活动发生的容易程度来完成。

例如，某人会通过回忆他熟人圈子中的离婚事件来估计某特定群体中的离婚率；他会考虑一个政治家失去支持的多种途径，以估计该政治家在选举中失败的概率；他还会评估残暴与食肉兽之间的关系强度，以估计一个残暴的人会在罗夏（Rorschach）卡片中“注意”食肉兽的概率。在所有这些例子中，便利性评估，都在调节着对某类别频率或某事件概率的估计。[1]无论什么时候，只要人通过回想实例或者相关性的难易度来进行频率或概率估计，我们就称他是采用了便利性启发式。评估便利性，并不一定需要进行实际的回想或建构活动。我们只需要评估这些活动发生的容易程度就足够了，就好像我们并不需要考虑详细的解答，就能够评估某个谜语或数学问题的难度一样。

联结关系能够通过重复得到强化，或许是人们所知道的最古老的记忆法则。便利性启发式所考察的，是这个法则的相反形式，即它将联结关系的强度作为频率判断的基础。在这个理论中，便利性是一个中间变量，而不像在记忆研究中是一个典型的因变量。便利性，在生态学上，是一个对频率判断很有效的线索，因为频率高的事件通常比频率低的事件，更容易被回忆或者想象。然而，便利性也会受到一些与实际频率无关的因素的影响。如果便利性启发式得到采用，那么这些因素就会影响人们所感知的类型的频率以及对事件概率的主观判断。结果，便利性启发式的采用，将导致系统性的偏差。

本章将考察10个研究中的便利性启发式。[2]我们首先证明人们能以较好的速度和准确性估计便利性。然后，我们将揭示人们所判断的某类别的频率，会因他们建构和回忆实例的便利性而产生偏差。本章所介绍的实验

研究，关注的都是频率判断或概率判断，而后者很容易被转换为相对频率。165
我们将在第五部分及最后一部分，讨论便利性对基本上是唯一的事件（它们不能被转换为相对频率）的概率判断的影响。

二、便利性评估

1. 研究 1：建构

我们给被试（$N=42$）出示了一系列词语建构问题。每个问题，由一个包含了 9 个字母的 3×3 的矩阵构成，在这中间我们要建构由 3 个及其以上的字母组成的词语。在这个研究的训练阶段，我们给每个被试提出了 6 个问题。对每一个问题，他们有 7 秒钟的时间，来估计他们认为自己能在 2 分钟内建构出来的词语数目。在这每一个估计之后，我们给他们 2 分钟来写下他们能从这个矩阵的字母中建构出的词语（写在一些已经编号的横线上）。我们并没有采用训练阶段的数据。在实验阶段，建构和估计这两个任务被分开了。每一个被试要在 8 个问题中，估计他们认为自己能够在 2 分钟内建构出来的词语数。而对另外 8 个问题，他们不是事先进行估计，而是直接建构词语。估计和建构问题交替进行。我们采用了两本相同的小册子，因此对每一个问题，有一半的被试在作估计，而另一半被试在建构词语。

结果

平均建构的词语数，最低为 1.3（XUZONLCJM 这一问题），最高为 22.4（TAPCERHOB 这一问题），总平均数为 11.9。而估计的平均数，最低为 4.9，最高为 16.0（与前面的问题相同），总平均数为 10.3。这 16 个问题中，估计数与实际建构数之间的积矩相关（product-moment correlation）为 0.96。

2. 研究 2：提取

除了任务的性质有差别外，本实验的设计和程序都与研究 1 相同。这里每一个问题包含着一个目录，如花或俄罗斯小说家，它们的实例将由被试来回忆。被试（$N=28$）被限定在 7 秒钟内估计他们能够在 2 分钟内能回忆到的实例数，或他们在 2 分钟内实际回忆到的实例数。跟实验 1 一样，建构和估计任务，在训练阶段是结合在一起的，而在实验阶段则交替进行。

结果

被试回忆到的平均实例数，最小为4.1（以F开头的城市名），最大为23.7（四条腿的动物），总平均值为11.7。估计的平均数，最小为6.7，最大为18.7（在上两个目录中），总平均值为10.8。这16个目录的回忆值与估计值之间的积矩相关系数，为0.93。

3. 讨论

166 在前面的两个研究中，通过被试在任一给定问题中回忆或建构出的实例的总数量，我们可以测量出获得实例的便利性。[3]这两个研究揭示出人们能迅速并且准确地估计便利性。这种估计是如何进行的呢？有学者（Bousfield & Sedgewick，1944）的研究，提出了一个可能的机制，即能回忆起的实例数目是随着时间的长短呈负向指数增长的。因此，被试能用他们在短时间内回忆起的实例数，来估计那些仅能在更长时间内回想起的实例数。另外，被试根本不需要明确地回想或者建构任何实例就能够估计便利性。例如哈特（Hart）在1967年的研究中，就已经发现人们能够准确地估计他们认识某些事物的能力，而他们在单词配对联想（paired-associate）记忆实验中，却不能回想起这些事物。

三、建构的便利性

现在我们转向另一系列问题，在其中，我们提供给被试一些建构实例的规则，并让他们估计这些问题的总频率（或相对频率）。与大多数估计问题一样，在这些问题中，被试无法建构和列举所有的例子。相反，我们假设他们会尝试建构一些实例，并通过建构的便利性，来判断整体的频率而这里所谓的建构的便利性，即指对回忆实例的容易度的评判。因此，其实例很容易建构或想象的类别，相对于数量相等但很难想到实例的类别，将被视为出现频率更高的。我们用词语频率判断以及对一些组合表达式的估计研究，来验证上面这个推测。

1. 研究3：词语频率判断

假定你从一篇英语文章中随机地选出一个单词。这个单词，更有可能

以 *K* 开头呢，还是以 *K* 作为它的第三个字母？根据我们的理论，人们在回答这个问题的时候，是通过比较这两类任务的便利性来完成的，即他们会估计哪一类的例子更容易回想起。我们当然更容易想出那些以 *K* 开头的单词而不是把 *K* 放在第三个位置的单词。如果这种频率判断确实受到便利性估计的影响，那些以 *K* 开头的单词将被判断为更常出现。实际上，167
某特定文本中所包含的 *K* 为第三个字母的单词，会是以 *K* 开头的单词的两倍。

根据学者（Mayzner & Tresselt，1965）所进行的广泛的单词计数，一共有 8 个辅音字母会经常出现在单词的第三个位置而不是第一个位置。在这 8 个字母中，有两个是相对比较少见的（*X* 和 *Z*），另一个（*D*），仅仅在由 3 个字母构成的单词中，才会更多出现在第三个位置。剩下的 5 个辅音字母（*K*，*L*，*N*，*R*，*V*）被选用来进行研究。

我们给被试出示下面的说明：

> 我们已经研究过字母在英语中出现的频率。选出某篇文章，然后记录下字母表中不同字母出现在整个词的第一个位置和第三个位置的频率。少于 3 个字母的词不在我们的计数范围内。
>
> 现在我们将给你几个从字母表中选出的字母，要求你判断这些字母出现在第一个位置的次数多，还是出现在第三个位置的次数多，并且估计它们出现在这两个位置的频率比。

给他们的问题是这样的：

> 考虑一下 *R* 这个字母。
>
> *R* 更可能出现在
>
> ____第一个位置？
>
> ____第三个位置？（请选择一个）
>
> 我估计这两个位置的频率比为______：1。

我们要求被试估计频率高的一类与频率低的一类的比率。对其中的一半被试，问题中这两个位置的顺序是颠倒过来的。而且，对这 5 个字母我们采用了 3 种不同的排序。

结果

在所有 152 名被试中，有 105 人认为 5 个中的多数字母更可能出现在第一个位置，另外 47 人则认为大多数字母会出现在第三个位置。这种对第一个位置的偏差，是非常明显的（在显著性检验中，$p<0.001$）。而且，这 5 个字母中的每一个，都被大多数被试判断为经常出现在第一个位置而不是第三个位置。对每一个字母，他们估计的比率平均值为 2∶1。尽管事实上，这里所有的字母，都常出现在第三个位置，但被试还是得出了它们更多出现于第一位置的判断。

在其他研究中，我们发现了同样的对于第一位置的偏好，且不管其研究采取的是每一个被试只判断一个字母的被试内（within-subject）设计，还是字母出现在第一及第三个位置的频率由不同的被试来判断的被试间（between-subject）设计。我们还观察到，在被试内设计中，引入正确判断
168 的回报机制（payoffs for accuracy）根本不会产生任何作用。由于所有这些实验方法都得出的是大致相同的结果模式，我们在这里就只介绍用最简单的程序得出的结果。

菲利普斯（Phillips，1966）在一个关于贝叶斯推论的研究中得到了相同的结果。他们让一个学生出版物的 6 名编辑估计从他们自己的文章中抽取出的各种双字母组合（bigrams）出现在词语的开头或是结尾的概率。在这个研究中观察到的一个偶然效应，是所有的编辑都具有同样的偏差，即赞同双字母组合出现在词语开头的假设。比如，这些编辑错误地判断以 re 开头的词比以 re 结尾的词更多。而前者显然比后者更易于被想到。

2. 研究 4：排列（permutations）

请看 A 和 B 两种排列，如下所示。

(A)	(B)
x x x x x x x x	x x
x x x x x x x x	x x

x x x x x x x x　　　　　　　　　　　　　　　　　　x x
x x
x x
x x
x x
x x
x x

一个排列中的路径指的是一条线，它能够将第一排的某个元素与最后一排的某个元素连接起来，而且在每一排它通过一个而且仅仅是一个元素。

这两种排列中的哪一个拥有的路径更多？

你认为在每一个排列中共有多少种路径？

大多数读者都可能跟我们拥有相同的直观印象，认为在 A 中的路径要比 B 更多。我们的被试也同意这种意见：54 名被试中有 46 人说自己在 A 中看到的路径要多于 B（显著性检验中，$p<0.001$）。他们对 A 的平均估计值是 40 条路径，而 B 是 18 条。实际上，在两个排列中的路径数是一样的，都是 $8^3=2^9=512$。

为什么人们在 A 中会看到比 B 更多的路径呢？我们假定这种结果所反映的，是两种结构中的路径在便利性上的差异。有几种因素使得 A 中的路径比 B 中的路径更易获取。首先，最直接易获的路径，是各个排列中的纵列。在 A 中有 8 条纵列，而在 B 中只有这样的两条。其次，在跨越这些纵列的路径中，属于 A 的比属于 B 的更特别且更不易被混淆。平均而言，A 中的任两条路径共同通过的元素为总元素的 1/8，而 B 中的任两条路径共同通过的元素为总元素的一半。最后，A 中的路径比 B 的路径更短，因此也更易于想象。

3. 研究 5：组合

让我们来想一下下面这个问题。我们需要从一个 10 人群体中选出一个由 169
r 名成员构成的委员会，r 值位于 2 和 8 之间。那么这 10 个人能够构成多少种不同的包含 r 名成员的委员会？这个问题的正确答案由一个二项式系数（r^{10}）给出，它在 $r=5$ 的时候达到最大值 252。显然，r 名成员组成的委员会的数量，与 10 − *r* 名成员组成的委员会的数量是相等的，因为任何一个选出来的群体，比如两名成员构成的群体都能对应一个特定的未入选的八人群体。

然而，根据我们对直觉估计的分析，两个人的委员会比 8 个人的委员会更容易被想到。首先，建构一个委员会的最简单的策略，就是将整个群体分成一些分散的子群体。那么，人们很容易看出由两个人构成的独立的委员会有 5 个，而由 8 个人构成的独立的委员会甚至不足两个。其次，由 8 人构成的委员会由于成员之间的重叠度较高而显得不那么易于区分；任两个 8 人委员会之间都会共有至少 6 名成员。以上的分析暗示着小委员会比大委员会在想象时更具有便利性。因此，依据这个便利性假设，小委员会将显得数量更多。

有 4 组被试（总人数 $N = 118$）估计了一个 10 人群体所可能组成的包含 *r* 名成员的委员会数量。不同的被试组在估计时所用的 *r* 值分别为 2 和 6，3 和 8，4 和 7，5。

图 11—1 显示了对委员会数量的平均估计值以及正确值。与我们的预测一致，被试所判断的委员会的数目多少随着其构成成员的增加而减少。

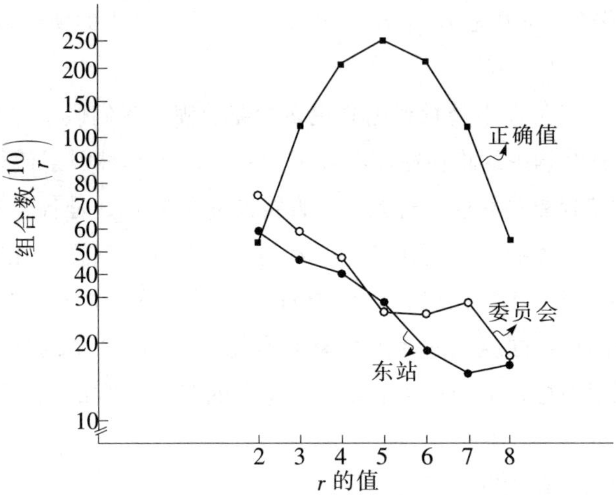

图 11—1　委员会问题以及车站问题的正确值和在对数尺度上的估计中值

我们还设计了对这同一个问题的其他表述方式，以检验之前的结果的普遍性：

> 下图表示在始发站和终点站这条路线上共有 10 个车站。一辆在这条路线上运营的巴士会在 r 个车站靠站。
>
> 始发站 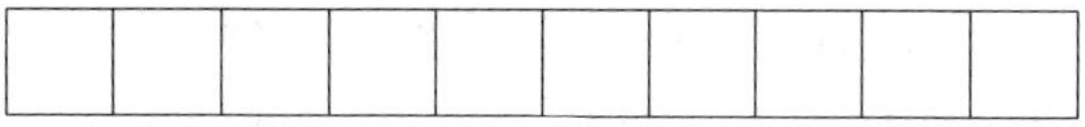 终点站
>
> 这辆巴士在这条线上停 r 个车站的不同方式有多少种？

停靠 r 个车站的不同方式的总数，仍然是由二项系数 $\binom{10}{r}$ 给出的。而且显然这里停两个车站的方式，与停靠 8 个车站的方式总数是相等的，因为任一种停靠类型都会对应着一个特定的与之互补的未停靠车站类型。然而，似乎人们在建构停靠两个车站的方式时，会比建构停靠 8 个车站的方式有更大的自由度，因为若只需在两个车站停靠，会有很多车站供你从中选择，而若要在 8 个车站停靠，则意味着几乎每一个车站都需要停。我们之前的分析认为停靠两站的方式在想象时更具便利性；乍一看上去，这样的组合方式更多，它们更容易区分，而且易于想象。

我们让与之前不同的四组被试（总人数 $N=178$）回答了 $r=2, \cdots, 8$ 时的停靠站组合数量，程序都依照上一个设计。停靠类型数目的平均估计 170
值也在图 11—1 给出。与委员会问题研究的结果一样，表面上组合数随着 r 值的增大而减小，这与从便利性假设推出的结论一致，但与正确值差别极大。而且，在这两个问题中，对组合数的估计是非常相似的。在另一个组合问题中，被试对所有的正确值都存在着明显的低估，单单 $r=2$ 这个最易想象的类型除外。

我们假定，在实验 4 和实验 5 中发生的低估现象，是由于人们对组合值的估计来自他们通过最初印象得出的推测。人们在第一眼获得的印象以及通过简单的几步计算所得出的认识，并不能够给予他们足够的关于很多组合表达式急剧的增长率的信息。在这种情况下，从最初印象导出的推测，就会导致显著的低估。在这里需要作出一种区分，即推测的基础是来自于如前两个研究所示的实例最初的便利性，还是来自像下面这个研究中所显

示的最初计算的结果。

4. 研究6：外推（extrapolation）

我们要求被试在5秒钟内估计写在黑板上的一个数学表达式的值。其中一组被试（$N=87$）需要估计的数值是$8\times7\times6\times5\times4\times3\times2\times1$，而另一组（$N=114$）估计的数值是$1\times2\times3\times4\times5\times6\times7\times8$。对于下降序列的表达式，被试的中位估值为2 250。而对于上升序列的表达式的中位估值为
171 512。这两个估值的差别是高度显著的（中位值检验，$p<0.001$）。而且这两个估计值，都大大低于正确值40 320。

不管是对正确值的低估还是这两个估计值之间的差别，都支持了同一个假设，即人们在估计8！的时候，是通过局部计算得出推断。与其他组合表达式一样，阶乘也具有增长率不断上升的特点。结果，那些只通过局部的计算进行推断的被试，就会严重低估阶乘积。因为在下降序列的组合表达式的前几步乘积（计算顺序从左至右），要大于上升序列的组合表达式的前几步乘积，被试就判断前一个表达式的结果要大于后者。对下降序列的表达式的评估，可能是像下面这样："8乘以7为56，再乘以6就已经超过300了，因此我们是在计算出一个相当大的数值。"而另一方面，在评估上升序列的表达式时，被试可能如此推理："1乘以2为2，再乘以3等于6，再乘以4也只等于24，这个表达式的结果显然并不会太大……"

5. 研究7：二项式——便利性对代表性

本章讨论的最后一个研究，是要探索便利性在二项式分布评估中的作用，并阐明问题的表达方式会影响人们在直觉估计中对所采用的启发式的选择。

我们给被试（$N=73$）提供了下面的说明：

> 请看下面这个图表：
>
> X X O X X X
>
> X X X X O X
>
> X O X X X X
>
> X X X O X X

X　X　X　X　X　O

O　X　X　X　X　X

该图表中的路径指的是任一条递减的直线，它起始于第一排，结束于最后一排，并且在每一行只通过一个符号（X 或 O）。

你认为下面这些类型的路径各占的比例为多少？

通过 6 个 X，0 个 O __________%

通过 5 个 X，1 个 O __________%

…………

…………

…………

通过 0 个 X，6 个 O __________%

请注意这些包括了所有可能的路径类型，因此你的所有估计值加起来应该等于 100%。

路径类型的实际分布是一个 $p = 5/6$，$n = 6$ 的二项式。当然，人们既不能靠直觉得出正确答案，也无法列举出所有相关的例子。相反，我们假定他们会扫一眼图表，然后依据某类型的个别路径能够在脑海中建构出来的容易度，估计每一种路径类型的相对频率。由于在建构一条路径的每一个步骤（即在图表的每一行）中，X 的数量都要多于 O 的数量，因此建构包含 6 个 X 的路径就要比建构包含 5 个 X 和 1 个 O 的路径容易得多，尽管后者实际上数量更多。相应地，我们预计被试会错误地判断包含 6 个 X、0 个 O 的路径将是数量最多的一类。 172

图 11—2 显示的，是所有路径类型的相对频率的中位估值，以及正确的二项式值。这个结果证实了我们的假设。在 73 个被试中，有 54 人错误地判断包含 6 个 X、0 个 O 的路径要多于包含 5 个 X 和 1 个 O 的路径，而只有 13 人认为后者比前者数量更多（符号检验，$p < 0.001$）。被试主观认定的路径类型分布的单调性，显然是一个普遍现象。我们在其他条件下也得到了同样的结果，如改变 p 和 n 的赋值（$p = 4/5$ 和 5/6，$n = 5$、6 和 10），或改变总体的分布（如在路径图的第一行安排 4 个 X、1 个 O，或者 8 个 173

X、2 个 O。）

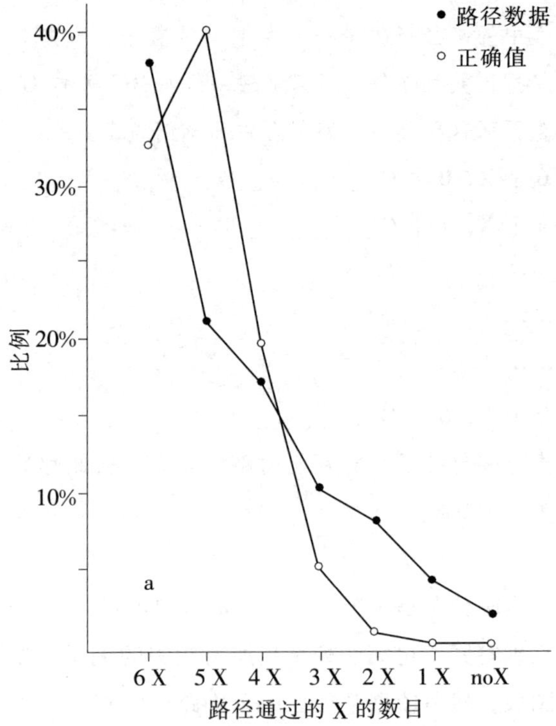

图 11—2　路径问题中的正确估值与估计中值

为了进一步研究这个结果的稳定性，我们进行了下面这个补充性实验。我们向 50 名对于二项式一无所知的斯坦福大学的学生，提出了上面的路径问题。这里，我们并不要求被试估计相对频率，而是仅仅要求他们判断“包含 6 个 X 和 0 个 O 的路径数量多呢，还是包含 5 个 X 和 1 个 O 的路径多”。这些被试单独进行判断，而且我们向他们许诺如果他们判断正确，将得到 1 美元的奖金。结果绝大部分的被试（50 人中的 38 人，符号检验 $p<0.001$）再次认为前者的数量更多。显然，错误的直觉，不可能通过引入金钱回报机制，来轻易地加以改变。

我们曾假定当二项分布以一个路径图表来表现时，人们会通过评估在想象每一种路径类型的单个路径时的容易度来判断它们的相对频率。采用这种评估方式，是受到了路径定义中的有序特征以及问题的图像式表达的提示。下面我们来看对同一问题的另一种表达方式。

> 在一个纸牌游戏中有 6 个参与者。一轮游戏中，每一个参与者都要从一副洗好的纸牌中随便抽出一张牌。在这副牌中，5/6 的纸牌印的是 X，而剩下的 1/6 印的是 O。在多轮游戏中，出现下面情况的轮数各占多少比例
>
> 6 个参与者抽到 X，没有参与者抽到 O ____________%
>
> 5 个参与者抽到 X，1 个参与者抽到 O ____________%
>
> …………
>
> …………
>
> …………
>
> 没有参与者抽到 X，6 个参与者抽到 O ____________%
>
> 请注意这些已经包含了所有可能的抽取类型，因此你的估计数加起来应该等于 100%。

这个纸牌问题在形式上是与路径问题相同的。但是它意欲引出一个不同的评估模式。在路径问题中，个别例子是通过直接的展示来加以强调的，且总体比例（即 X 在每一行的比例）并没有明确地表达出来。而在纸牌问题中，明确地告诉了总体比例，但没有提及个别例子。因此，我们假定，对纸牌问题的结果的评估，所依据的是其中的每一类抽取方式对于整副牌的构成的代表性，而不是个别例子的获取便利性。在纸牌问题中，“5 个 X 和 1 个 O”的结果是最具有代表性的，因为它与总体完全吻合（见 Kahneman & Tversky，1972b，**3**）。因此，依据代表性启发式，这个结果将被判断为比“6 个 X 和 0 个 O”的结果出现次数更多，这与路径问题中所观察到的判断模式是完全相反的。回答纸牌问题的 82 个被试中，有 71 人的判断 174
证实了我们的预测。在路径问题中，73 名被试中，只有 13 人，以同样的方式得出了与此相同的判断；这两类问题表述所造成的差别，是非常显著的（在卡方检验中，$p<0.001$）。

图 11—3 显示的是纸牌问题中被试的中位估值。图 11—2 和图 11—3

之间的差异，证实了我们的假设，即同一问题的不同表达方式会引出不同的启发式。具体而言，如果某类型事物的个别例子在题目中得到强调的话，对该类型事物的频率判断就有可能依据便利性，而如果该类型事物的整个类型特征在题目中很显著的话，人们的判断的就更可能依据代表性。

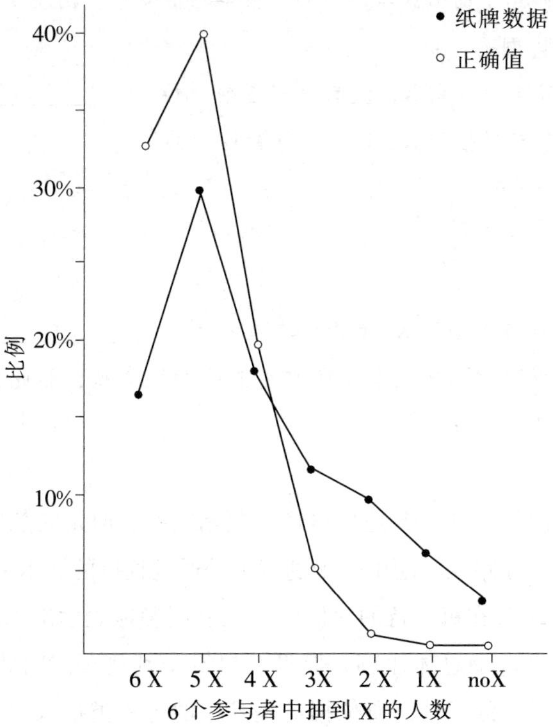

图 11—3　纸牌问题中的正确值和估计中值

四、提取的便利性

在本节我们要讨论的几个研究中，研究者先让被试看一些相关信息（如一张姓名列表），然后要求他们判断信息中提到过的某给定类型的具体项目出现的频率。跟我们在前一节中讨论过的问题一样，被试无法回忆和计算所有的例子。相反，我们假定他们会尝试回忆一些实例，然后依据便利性判断整体的频率，即依据实例浮现在脑海中的容易度来作判断。由此，那些实例很容易被回想的类型，就会被判定为比实例难以回想的类型数量更多，尽管它们的数量其实是相等的。这个预测，首先通过一个关于范畴判断的研究来加以证实…… 175

研究 8：声望、频率和回忆

我们给被试播放了一份包含了许多知名人士的姓名列表的录音，其中男女性别都有涉及。在听完所有的姓名后，一些被试被要求判断此姓名表中包含的男士多，还是女士多，另一部分被试则要尝试回忆列表中的名字。表中所列的一些名字是相当有名的（如 Richard Nixion、Elizabeth Taylor），而另一些却不那么有名（如 William Fulbright、Lana Turner）。通常比较著名的名字会更容易回想。因此，如果频率判断受到被试所估计的便利性的影响，那么与由不太出名的名字构成的比较类相比，包含了出名人士的姓名的一类，就会被判断为数量更多。

我们准备了 4 份姓名列表，其中两份由演艺人员构成，另两份列出的是其他公众人物。每一份列表包括 39 个名字，它们的播放频率是每 2 秒钟一个名字。有两份列表（一份是公众人物，一份是演艺人员）包含 19 个著名女士的名字，20 个不太著名的男士的名字。另两份列表则包括了 19 个著名男士的名字以及 20 个不太著名的女士的名字。因此，在所有的列表中声望和频率都存在着反向的相关关系。依据所有名人姓名中的名字，都能够明确地辨认其性别。

我们要求被试用心听录音。每一份姓名表放给两个被试组听。在听完录音之后，我们要求其中一组被试写下所有他们能够回想到的列表中的姓名。要求另一组被试判断列表中包含的男士姓名多还是女士姓名多。

结果

（1）回忆。对 19 个著名人士的姓名，被试能平均回忆出 12.3 个，对另 20 个不太著名的姓名，他们能平均回忆出 8.4 个。4 个回忆组的 86 名被试中，有 57 人回想的著名人士名字多于非著名人士的名字，只有 13 个回想出的非著名人士名字多于著名人士的名字（符号检验，$p<0.001$）。

（2）频率。在比较列表中男士和女士的姓名频率的 99 名被试中，有 80 人错误地判定包含了更多著名人士名字的一组频率更高（符号检验，

$p < 0.001$）。

五、事件的提取和情节的建构

在本章我们所讨论过的所有经验研究中，都存在着一个列举实例的客观步骤（如以 *K* 开头的词或图表中的路径），因此每一个问题，都有一个客观的正确答案。但在许多需要进行概率判断的现实情境中，却往往没有
176 一个客观正确答案。每一次经济衰退、一次成功的医学治疗，或者一桩离婚案，基本上都是独特的。对这些事件的概率不能只通过事例间简单的吻合来判断。然而，便利性启发式，也可能被用于对这些事件的发生可能性进行估计。

比如，在判断某对夫妇将会离婚的可能性时，人们会在记忆中搜寻因这个问题而浮现于脑海中的类似的夫妇。如果在他以此方式想到的所有例子中离婚非常的普遍，这对夫妇离婚的可能性就显得很大。或者，人们会通过尝试着建构一个能导致离婚的故事，或是一个情节来估计其可能性。这个建构出的情节的合理性或者其被虚构时的容易度，提供了一个可能性判断的基础。在本节中，我们将讨论便利性在这种判断中的作用，推测一些有所预计的偏差来源，并勾画出在进一步的研究中应该努力的方向。

我们来看一下一个假想出来的临床情境，以解释便利性偏差。[4]一个医生，他听到某个病人抱怨说他对生活已经非常厌倦。他在猜测这个病人会不会自杀的时候，会仔细地回想他所知道的类似的病人。有时候可能只有一个相关的病例会进入脑海中，这大概是因为这个病例最让人难忘。这时候，对该病人自杀可能性的主观判断的主要依据，就是该病人与所想到的案例之间的相似性。如果这两者非常类似，那么这个医生就会预计过去发生的事情会重演。如果该医生回想到许多的案例，他就可能会衡量这些案例在一些关键特征上与目前病人的吻合程度。

相关的例子是如何被选出来的呢？在浏览他过去的经历的时候，这个临床医生想到的是与当前病人相似的病例呢，还是那些试图自杀的病例，或是既与当前病人相似又试图自杀的病例？当然，从一个保险统计的观点来看，相关的类型应该是与当前病人在某些方面相似的病例，而相关的统

计量是这些病例中试图自杀的频率。

记忆搜寻也可能遵循其他的规则。由于试图自杀是一个非常引人注目的和显著的事件，自杀的病人，就可能比那些并未企图自杀的病人更难以忘记，也更易于回想。因此，这个临床医生会回想起他所遇到的自杀病人，然后依据这些病人与当前病人的相似程度来判断当前病人试图自杀的可能性。这种方法会导致严重的偏差。注意到自己能想起的所有自杀病人几乎都相当沮丧的医生会得出结论说，如果一个病人显示出严重的沮丧情绪的话，他就可能自杀。另一方面，如果该病人看起来与这个医生之前遇到的 177
自杀病例并不类似，他就会断定该病人不可能自杀。这样的推理，忽略掉了在精神沮丧的病人中只有一小部分人会企图自杀的事实，以及当前病人与该临床医生遇到过的其他病例完全不同的可能性。

最后，一个临床医生可能会想到一个既沮丧又企图自杀的病人。于是，他会通过这个病例进入脑海中的容易度或者当前病人对此类病例的代表性，来评估该病人自杀的可能性。这种推理仍然会导致严重的错误。有许多沮丧的病人企图自杀的事实，并不足以支持一个沮丧的病人必然企图自杀的可能性。然而，这种评估模式并不少见。许多研究（Jenkins & Ward，1963；Smedslund，1963；Ward & Jenkins，1965）显示出像症状和疾病这样的两个二元变量之间的偶然关系（contingency），通常是根据它们同时发生的频率来判断的，对其中任一方不出现的情况，很少考虑或基本不考虑。

有些事件感觉非常独特，以至于过去的历史看起来对估计它们的发生可能性并没有太大作用。在考虑这些事件的时候，我们通常会建构情节，即能将当前情境导引至目标事件的一段故事。想象出来的这些情节的合理性，或者虚构这些故事的容易度，会成为我们估计当前事件发生可能性的一个线索。如果无法想出一个合理的情节，这个事件就会被认为不可能或者非常不可能。如果我们能想出许多的情节，或者我们想象出来的某情节相当具有说服力，那么这个事件在我们看来就非常可能发生。

人们想要估计其可能性的许多事件，都建立于一些相互关联的因素上。然而对人的智力而言，要弄清楚这些相互关联的因素变化的次序，是相当困难的。我们假定在估计复杂事件的概率时，人们只能想到最简单也是最便于想象的情节。具体来讲，人们倾向于虚构这样一些情节，其中许多因素根本就不会有改变，即使有发生也只是最显而易见的变化，而且因素之间相互影响的变化极少。由于这种想象出的情节受到了极度简化，用计算机模拟相互影响过程而得到的结果，往往是反直觉的（Forrester，1971）。这种只考虑相对简单的情节的倾向，对于冲突情境具有非常显著的影响。这里，某人获得自己的情绪和想法，当然比获得其对手的情绪和想法要容易得多。参赛者很难采用对手关于整个棋局或战场的看法，这也正是为什么当普通的竞争者在比赛中与对手转换一下位置之后，会发现更多新的制胜可能性的原因。因此，参赛者倾向于认为他的对手采用的策略是相对固定的，且与他自己的战术或招数（moves）毫无关系。这样的考虑意味着参赛者很容易受到主动性谬误（fallacy of initiative）的影响，这种主动性谬
178 误，指的是参赛者认为自己比对手具有更多的主动性和想象力的倾向。这个假设，与琼斯等人（Jones & Nisbett，1971）所做的一项归因研究的结果，非常吻合。在那个研究中，被试倾向于认定他们自己的行为反映了环境不断变化的要求，而他人的行为仅反映了他们的特质的影响。

虚构出一个极具说服力的情节，很可能限制人们未来的思考。有很多的证据显示，一旦某个不确定情境以某种特定方式被理解或者解释之后，就很难以另一种方式再来看它（可参考 Bruner & Potter，1969）。因此，对某特定情节的虚构，将会限制其他情节的出现，尤其是那些会引出不同结果的情节……

偶然的事例或者情节所导致的便利性的影响，也许是现实生活中最明显的对于便利性的证明。很多读者都有过这样的经历，即亲眼看到一辆轿车在路旁翻车之后，其主观判断的此类事件的发生可能性就会瞬间上升。同样地，许多人应该留意到人们在看了某部生动地展现一次事故或故障引发一场热核战争的电影之后，对此类事件发生率的主观判断也会增长不少。连续地遇到同一事件就会提高该事件的便利性，从而增强对它的发生可能性的感知。人们总会专注于那些非常令人满意的事件或者非常令人不快的事件，比如赢得彩票大奖或者一次飞机坠毁。因此，便利性就提供了一种机制，使得那些非常有利的事件（或者非常不利的事件）看起来比实际情

况更可能发生……

本章是《认知心理学》（*Cognitive Psychology*，1973，4，207-232）上一篇论文的缩写。允许重印。

注释

［1］现在所采用的“便利性”，与这个术语在言语学习文献中的一些用法，并不吻合（如 Horowitz et al.，1966；Tulving & Pearlstone，1966）。

［2］大约有 1 500 名被试，参与了这些研究。除非特别指明，他们在研究中都分成 20～40 人一组。研究 1、2、3、9 和 10 中的被试的招聘，是通过在俄勒冈大学的学生报纸上登广告的方式来进行的。研究 8 中的被试，是以类似的方式在斯坦福大学招聘的。而研究 5、6 和 7 中的被试，是以色列 10～11 年级的高中学生。

［3］单词建构的问题，也可看成是提取问题，因为反应单词储存在记忆中。在这篇论文中，我们所说的提取，是指被试从自然类别或范畴中回忆实例，如研究 2 和 8 一样。而我们所说的建构，是指被试依照特定规则来生发范例，如研究 1 和 4 一样。

［4］这个实例的选择，也是因为便利性。我们没有理由相信股民、运动员、政治分析家或研究心理学家在直觉预测中，会少有偏差。

第12章 便利性和归因中的自我中心偏差

罗斯和斯考利（Michael Ross and Fiore Sicoly）

179 几乎所有从事过合作研究的人，都很熟悉我们现在的实验所研究的现象。试想，你和另一个人共同进行一个研究项目，涉及谁是“第一作者”（即谁对最终的成果贡献更多），问题就来了。通常，你们两人都认为自己完全有理由享此荣耀。尤其当你确信同事就事实真相（只有一种真相）也肯定认可你的观点的时候，你认为对方正试图占你便宜。有时候，采用随意决定的原则，可以解决或是避免这一忧虑，如字母优先原则，这是姓氏排在字母表开始部分的人最喜欢的一种方式。

由此我们认为，对于一个合作性成果，跟其他合作者所认定的自己的贡献相比较，个体倾向于认为自己承担更多的责任。进一步，我们主张当合作探索的责任被参与者分担时，这种现象尤其普遍。然而，在许多共同的努力中，因为没有必要去分配“著述权”，参与者并未意识到他们意见的分歧。其结果，这种现象并不明显。我们现在研究的目的，就是要评估在种种情景中这种自我中心的感知是否存在，并且考察与之相关的心理过程。

在探索这些分化感知的基础时，我们不会天真地认为有意的自我夸耀从不存在。然而，在不存在有意识的欺骗时，这些感知，可能会有差别。就是基于这种视角，我们来研究这个难题。

为了给合作探索分配责任，善意的参与者大概都会试图回忆每一名参 180
与者对最终成果所做的贡献。然而，互动的某些方面，比起其他方面，可能更容易或是更便利地被回忆。而且，更易回忆的特征，并非整体的随机子集。尤其是，同对其他参与者的贡献相比，个人可能记起其自身贡献的更大部分。

记忆中信息便利性的自我中心偏差，依次会在合作任务中产生有偏差的责任归因。正如特沃斯基和卡尼曼（1973，**11**）所阐明的，人们使用便利性——相关实例被回忆的容易性（1973，p. 209）——作为估算频率的基础。因此，如果自身的输入的确更为便利，跟其他合作者所认定的自己的贡献相比较，个体更可能在合作任务中声称自己承担更多的责任。

为了增加个人自身贡献的便利性，至少有四种过程在起作用：（1）信息的选择性编码及储存；（2）分化提取；（3）信息的不一致；（4）动机影响。

1. 选择性编码及储存

自生反应中的分化编码及储存，因为种种原因，会促进个人自身输入的便利性。第一，个体自身的思想（关于他们接下来说什么，白日梦等）或行动，可能会分散对其他人贡献的注意力。第二，个体会复述或重复自己的想法和行动，如在言说和辩护之前权衡自身的观点。其结果，他们自身的输入能够赢得更多的“学习时间”，而保持程度和学习时间是紧密相连的（Carver，1972）。第三，个体的贡献，可能更容易地契合其自身的认知图式，也就是基于其先前的经验、价值等对特定问题的独特概念。而与这种先存的图式相契合的贡献，更可能被保存（Bartlett，1932；Bruner，1961）。

2. 分化提取

对记忆中的信息的选择性提取，也会产生便利性偏差。在合作性成果的责任分配过程中，从每一名参与者的观点来看，基本问题是："我做了多大的贡献?"因此，参与者会主要地尝试回忆自己的贡献，以及不适当地使用所提取的信息去评估自己的相对贡献。而这种判断，如果没有考虑他人
181 的输入，是不可能合适的。

3. 信息的不一致

合作者可资利用的信息，可能存在差异。而这会助长自我中心的回忆。较之观察者，个体更易进入其自身的内在状态、思想和策略。而且，合作的参与者对于彼此独立贡献的比例及意义，也有不同的注解。例如，导师同学生相比，可能较少注意到学生在操纵被试、数据分析以及撰写论文初稿上所投入的时间、努力及独创性。另一方面，导师会更为看重学生参与之前自己所投入的思想、阅读等量值及其重要性。

4. 动机影响

动机因素也会调节便利性中的自我中心偏差。对个人输入（inputs）的注重和强调，会提高个人的自尊感。类似地，对于个人效能或控制的关注（参见 deCharms，1968；White，1959），能够使个体在合作成果中看重自身的贡献。

前面的讨论，概要描述了几种发生作用的心理过程，它们使得个体自身输入的呈现较其他人的贡献，更为便利（或更容易被回忆）。因此，想来否证记忆与归因是自我中心的假设，会很困难。然而，正如有人（Greenwald，1978）所观察到的，记忆的自我中心特征"并非必然的真理。比如，对过去经验组织的构想，可能更类似于参考书，如历史教材或辞典的索引"（p. 4）。而且，我们还不能找到已发表的数据，来直接支持便利性中的偏差假设。最后，在有关行动者—观察者的归因偏差文献中，其最近的发展，似乎与记忆与归因的自我中心假设，并不一致。琼斯和尼斯比特（1971）推测，行动者倾向于将其行为原因归于环境，而观察者则将相同的行为归因为行动者所具有的稳定特质。尽管有种种方案来解释这种效应（Jones & Nisbett，1971），但最近的重点集中于感知的信息加工（Storms，1973；Taylor & Fiske，1975）。行动者的视觉感受器指向环境，而
182 观察者则直接集中于行动者。因此，行动者与观察者，会关注情境的不同

方面的显著性，反应在他们不同的因果归因上。但这一主张，似乎与互动中的行动者大部分是自我关注的说法相矛盾。

两个研究为现在的假设提供了启发性的证据。罗杰斯等（Rogers et al.，1977）表明，就特质形容词而言，当要求实验对象判断其自我关联性（如决定每一特质是否可描述自身）而不是判断其他维度（如同义词判断）时，他们更易回忆。这些数据意味着自我关联增强便利性。但是，他们并没有比较自我关联的形容词的回忆和他人关联的形容词的回忆。而这种比较，与现在的讨论更有关系。有学者（Greenwald & Albert，1968）发现，在态度问题上，个体回忆其自身的论点，比其他被试的书面论点，还要准确。因为自我与他人的论点总是相左，因此，他们的发现能够令人信服地证明，与自身态度相一致的论点会更为熟悉，更易记住，而不是增强自发陈述的记忆（尽管有关态度—偏差的学习的证据是可疑的，如 Greenwald & Sakumura，1967；Malpass，1969）。

我们进行了一项先导研究（pilot study），来确定是否能支持便利性中的偏差假设。我们要求一个本科研讨班的学生估计每个同学在上节课中的发言时间。另外，我们还在自然情景中如餐厅及休息室中找了 26 个被试，他们两人一组。我们要求这些被试估计在互动中每人讲话时间在总时间中的比例。

我们假定，这些被试根据他们能够容易记起的谈话比例来进行时间估计。因此，如果个体在更易回忆自身陈述的方向上存在偏差，他们对自己发言时间的估计，应该超过组中其他被试对其发言时间的平均估计。

结果与此推论一致。在研讨班上，8 个学生中有 7 人对自己讨论时间的估计，超过其他被试对他时间的平均估计（$p<0.05$，符号检验）。类似地，13 对中有 10 对，自我的时间估计，超过对方对自己的估计（$p<0.05$，符号检验）。13 对中的偏差幅度是高度显著的，$F(1, 12)=14.85$，$p<0.005$；平均而言，参与者对自身发言时间的估计为总时间的 59%。这些数据初步表明，尽管并不直接，在日常情境中，存在以上所假设的便利性偏差。

一、实验1

183 在这个实验中，我们希望考察在自然发生的持续关系中的自我中心偏差。已婚夫妇似乎是这一实验的理想目标群体。配偶们参与了许多重要程度各异的合作。这种场景似乎充满自我中心偏差的可能性。

因此，我们进行的第一个实验是为了：（1）确定婚姻关系中是否存在责任分配时的自我中心偏差；（2）用不同的因变量测量，来重复验证预研究中所获得的便利性中的自我中心偏差；（3）发现便利性偏差同责任偏差之间的相关。如果责任偏差由便利性偏差所引起，两组数据应有相关。

1. 方法

被试：实验被试由学生居住区的37对已婚夫妇构成，其中20对有子女。两名女实验助手入户招募这些被试，并概要描述实验程序。如果他们同意参与，就会签订一份协议。研究在实验对象的公寓内进行，每一对夫妇有5美元的报酬。

程序：基于对6对已婚夫妇广泛的初步访谈，我们编写了一份问卷。而在正式实验中，问卷由丈夫和妻子分别完成，并确保他们的匿名权。问卷第一部分要求实验对象对与已婚夫妻相关的20项活动的责任程度进行估计，估计方式是在一条150毫米长的直线上定位，直线两段分别标注“主要是妻子的”和“主要是丈夫的”。[1]这20项活动包括：做早餐、洗碗、清扫房间、购物、照料孩子、闲暇时的活动安排、如何开销、选择住处、择友、影响二人的重要决策、争端、冲突解决、搞乱房间、洗衣服、同亲戚联系、关爱对方、倒垃圾、激怒对方、等待对方、决定是否要孩子等。

接下来要求实验对象简单记录他或者配偶对所有这些活动的贡献。随后考察他们的文字记录是否反映个体自身的记忆更为“便利”，或者说，他们记录的事例是否更加强调自己而非配偶的贡献？在不知道实验假设的
184 情况下，一名统计者记录实验对象所提供的自己或其配偶的独立的事例，第二名统计者对数据的三分之一进行编码；信度（Pearson product-moment

correlation，皮尔逊相关）为 81%。

2. 结果

将配偶双方对每一个责任问题的反应汇总，包括妻子视作其自身贡献的数目，以及丈夫视作其自身贡献的数目。既然反应刻度有 150 毫米长，可以分配 150 个“责任单位”。多于 150 的总和，将表明在被感知的贡献中存在自我中心偏差，因为配偶中至少有一方高估了自己在活动中的责任。为了评估配偶在每一项活动中所显示的高估或低估的程度，在每一对配偶每一项活动的总数中要减掉 150。将 20 项活动进行平均，从而得出配偶们的综合成绩（如果配偶没有子女，则为 19 项活动）。

将配偶双方作为分析单位进行方差分析，可以看出综合成绩显著地大于 0，$M = 4.67$，$F(1, 35) = 12.89$，$p < 0.001$，这反映出在被感知的贡献中存在自我中心偏差。37 对夫妇中有 27 对，有高估倾向（$p < 0.025$，符号检验）；而且平均而言，高估倾向表现在 16 个项目上，甚至包括在消极项目上如两人争端，$F(1, 32) = 20.38$，$p < 0.001$。尽管平均而言，高估的范围相对较小，这显示出实验对象在试图控制量度的范围。大部分反应，集中于量表中部稍高或稍低的区域。没有一个项目有显著的低估效应。

问卷第二部分的项目，要求实验对象提供事例，以记录自己或配偶对每一项活动的贡献。在 20 项活动中，用配偶双方贡献的事例数目减掉自己贡献的数目，可得出丈夫和妻子各自的平均值。大均值检验高度显著，$F(1, 35) = 36.0$，$p < 0.001$，正如我们所预期的，与配偶所提供的事例相比（$M = 8.1$），实验对象给自己提供了更多的事例（$M = 100.9$）。自我—他人成绩差异和感知责任的初始测量之间的相关，得到确定。正如假设，对自我相关的行为回忆越多，感知责任中的高估越大，$r(35) = 0.50$，$p < 0.01$。

实验对象所报告的每一行为事例中的字数，同样被作为其回忆精致化或丰富性的评估尺度。每一事例是由自己（$M = 10.0$）还是由配偶（$M =$ 185
10.1）所报告的，两者平均字数并无差异，$F < 1$。而且，这一测量与感知的责任测量之间，没有关联，$r(35) = -0.15$，没有显著性（ns）。

总之，对责任的测量以及反映相关行为便利性的测量，显示了所假设的自我中心偏差。而且，在便利性的偏差幅度和责任中的偏差幅度之间，存在显著相关。责任分配中的自我中心偏差由便利性中的偏差所控制，而这一发现同我们的假设也是一致的，即责任归因中的自我中心偏差受便利性偏差所调节。最后，所回忆的行为数量，而不是回忆的丰富性，更是重要因素。

二、实验 2

在实验 2 中，我们让 12 个大学院际篮球队的队员各自完成一个问卷，在问卷中，他们要回忆上场比赛的一个重要转折点，并且要评价他们球队胜利或失败的原因。

这是一次跨越，即从前一研究中的自我—他人比较跨越到我队—他队比较。然而，有很多理由可以预见，对归因者而言，我队的行动，较之他队的行动，会更为便利：我知道自己队友的名字，因此，我有便利的手段存储和提取与他们相关的信息；而我队在今后几场比赛中的胜利，则更多取决于自身进攻和防守的能力，而非对手的能力。其结果，我可能更密切地关注我队友的行动，而这会增强编码及储存。而且还存在信息的不一致：我队的策略比之对手更为显著（Tversky & Kahneman，1973，**11**）。如果我队的行为动因是分化便利的，队员会依据我队的行动去回忆转折点，并且把比赛结果的责任归于自己球队。

1. 方法

被试：74 名大学院际女篮队员和 84 名大学院际男篮队员参与研究。通过电话与球队教练联系，他们与其队员商量后，全部同意其球队参加研究。

186 程序：在六场比赛后，我们对比赛的双方 12 支球队进行问卷调查。对入选的三场男子比赛而言，在所研究的六支男队中，三支对垒另外三支。类似地，三场女子比赛，则包括了所有参与研究的六支女队。在赛后的第一训练期间（赛后的一到两天），我们进行问卷调查。只有一次例外，由于比赛日程的缘故，需要在赛后及时收集数据（两支女队）。问卷由个人单独完成，保证参与者的匿名权。以现在的视角，有如下相关问题：

（1）请概要描述上场比赛的一个重要转折点，以及它发生的时段。

（2）我队赢/输的原因是……

对第一个问题的反应，是要确定转折点是否由我队、双方或他队所引发。而对第二个问题的反应，则是来估计与自己或对手球队的行为相关的输赢原因的数目。统计数据，由一位不知道实验假设的人员进行编码，还有一位对 50% 被试的反应，独立进行编码。对这两个问题，两者编码均很吻合。

2. 结果

两次因变量测量，不存在显著的性别差异。因此性别差异的结论不成立。因为队员的反应不能视作是独立的，因此将他们的反应平均，并将球队作为分析单元。

对于“转折点”数据的初步分析表明，即使在同一球队内部，队员也会回忆非常不同的事件。尽管如此，有 119 名队员所回忆的转折点都由自己球队的行动所引发；13 名队员所回忆的转折点由双方球队所引发；而 16 名队员所认为的转折点则与对方球队有关（剩下的 10 名队员没有回答这个问题）。他们所描述的事件，如比赛最后两分钟的顽强防守，一次防守反击，进攻战略的转换等。

我们因此得出每支队伍中认为转折点由其队友引起的队员的百分比，并将这 12 个数字同 50% 的机会预期进行对比分析。得到的分布与机会分布明显不同，$F(1, 11) = 30.25$，$p < 0.001$，平均数为 80.25%。正如所假设的一样，大部分报告强调了队员自己所在球队的作用。

将认为转折点由自己球队引起的队员的百分比同其球队的表现进行比较检验，6 场比赛里有 5 场，输队的平均百分比要高于赢队（$p < 0.11$，符号检验）。但输队（$M = 88.5$）与赢队（$M = 72.0$）百分比的平均差异，并不显著（$F < 1$）。

我们还考察了队员对球队输赢的解释。158 名参与者中，只有 14 名队员提供了和对方球队作用相关的解释。平均而言，实验对象所报告的与自身球队有关的胜负理由有 1.79 个，而与对方球队有关的胜负理由则是 0.09 187

个，$F(1, 11) = 272.91$，$p < 0.001$。最后，把原因归于自身球队的趋向，与输（$M = 1.73$）赢（$M = 1.65$）的关系，并不显著，$F < 1$。

3. 讨论

对转折点问题的回答表明，被试队友的表现比对方队员的表现，能更便利地提取。而且，被试将比赛结果的责任，更多归于其队友的表现（有为或懈怠），而非对方球员的表现。因此，在群体水平上，也存在便利性偏差和责任判断偏差。有人（Rather & Heskowitz，1977）提供了关于群体自我中心的另一例证："在 1968 年阿波罗登月之后，哥伦比亚广播公司（CBS）的新闻成为绝对的头号。如果你是 CBS 人，你会说我们的登月直播无与伦比。而如果你是美国广播公司（NBC）人，你会将联队（Huntley-Brinkley team）的瓦解作为关键因素。"（p. 307）

三、实验 3

在实验 3 中，我们试图改变个体注意的焦点来影响便利性。我们的实验操纵，是为了促进与责任归因直接相关的信息的选择性提取。

在最初的分析中，我们认为记忆中信息的选择性提取，会产生自我中心的责任归因，并且这种提取会受个人自我追问的各种问题的指引。实验 3 即用来验证这种假设。通过不同的问题提问的方式，被试参与不同的提取任务。我们激发研究生来权衡他们的学士论文中自己的贡献或导师的贡献大小，然后评估被试分配给自己或是导师的与论文有关的责任量。我们假设在导师中心而非自我中心的情境下，实验对象对于研究成果会承担较少的责任。

1. 方法

被试：被试由 17 名女性和 12 名男性心理学研究生组成。他们大多数在研究生院上了 1～2 年。所有学生，在本科的最后一年，做过学士论文所需的实验。

188 程序：我们在其办公室里个别接触这些被试，要求他们完成有关导师—学生关系的简单问卷。没有人拒绝。两种形式的问卷，随机地发给他们，并确保其反应的匿名性及保密性。

一种形式的问卷，要求被试说明自己在与自己学士论文有关的各项活动中的贡献。问题如下：“(a) 研究中最后被采用的方法论的____%由我提出；(b) 我提供了结果阐释的____%；(c) 同导师进行的与论文相关的讨论____%由我发起；(d) 在与论文相关的讨论中，我对讨论内容和过程的控制时间约占____%；(e) 总的来说，我对整个研究成果的____%负有责任；(f) 与系里其他人相比，你如何评估自己的论文?”

问卷的第二种形式与上述相同，只不过将问题1～5中的“我”(自我中心情境) 换成了“导师”(导师中心情境)。要求被试对前5道题进行填空，而对第6题的回答，则是在一条150毫米长的直线上定位，直线两端标注“低劣的”与“优秀的”。

2. 结果与讨论

为了分析，我们假定在每个项目上，导师与学生的贡献总计为100%。尽管我们声称实验的目的是研究导师—学生关系，学生仍可能会在他们的评估中考虑到其他人的工作（如同学）。即便如此，现有的实验程序，还是能对实验假设进行保守的检验。例如，如果被试对“我”版本的问卷中的一个项目的反应是20%，这意味着他的导师的贡献是80%。但导师可能贡献了60%，其余的则由他人完成。然而，通过高估导师的贡献，我们的数据存在偏差以反对实验假设：版本1的问卷，会降低分派给导师的责任比例。

在“我”版本的问卷中，被试对前5道题的回答，从100中减掉，从而较大的数字能够反映导师在两种情境中较大的贡献。而第5道题，则涉及研究成果的全部责任。和预期一致，同自我中心情境（$M=16.5\%$）相比，在导师中心情境（$M=33.3\%$）中，研究对象将更多的责任归于导师，$F(1, 27)=9.05$，$p<0.01$。前4道题涉及论文的不同方面，其平均发言有类似的结果：在导师中心情景中，$M=33.34$，而在自我中心情景中，$M=21.82$；$F(1, 27)=5.34$，$p<0.05$。最后，在自我中心情境中，比之导师中心情境，被试对其论文的评价，更为积极：112.6对94.6， 189

$F(1, 27) = 3.59$, $p < 0.10$。

问题的文字差别，对被试的责任分配具有所预期的影响。同“我”版本的问卷相比，导师版本的问卷，能够使学生更多地回忆导师的贡献。这一分化的便利性，在随后的责任分配中也体现出来。不过，值得注意的是，问题的文字差别，并不能完全成功地控制被试的提取。在导师中心的情境中，导师对论文只被分配了1/3的责任。

根据现有的数据，实验2中篮球队员对比赛结果的责任归因，需要重新检验。回忆一下要队员完成的句子，“我们球队赢/输掉上一次比赛是因为……”这个问题产生了高度显著的自我中心偏差。事后来看，很明显，问题的形式如“我们球队……我们上一次比赛”，会促使被试关注自己球队的行动，尽管文字表达并未排除提及对手。而实验2中的“转折点”问题的文字表达，则更为中立，不会导致这种模棱两可的阐释。

在这些研究中，主要问题由外部（如实验者）提起。然而，我们许多提取性提问是自我发动的，我们的回忆，由于我们有关提取问题的自我提问的方式，而存在很大偏差。如篮球队员的思考，更可能根据“为什么我们赢/输了”的方式，而不是依据中立的语句“哪支队伍该为比赛结果负责?”……

现在的研究表明，在便利性和责任判断中，普遍存在自我中心偏差。日常生活中，当合作工作并不要求明晰的责任分配时，这些自我中心倾向可能会被忽视。但是，如果清楚阐明责任分配，则会有潜在的纠纷；而个体也不会意识其判断的差异，是由对信息的诚实评价所引发，而这种信息是分化便利的。

本章原载《人格和社会心理学杂志》(*The Journal of Personality and Social Psychology*, 1979, 37, 322-336)。允许重印。

注释

[1] 在最初的访谈中，我们采用百分数估计。我们发现被试能记住自己所报告的百分数，而问卷后的百分数比较会使配偶双方引发强烈的冲突。而采用150毫米的量度，可避免这些困难；被试不会把自己在150毫米量度上的定位，转换为会在以后引发争执的精确百分数。

第13章　社会知觉和互动中的便利性偏差

泰勒（Shelley E. Taylor）

每天，社会认知者都进行无数复杂的社会判断，如预测他人的行为、判别责任归属、将个人分类、评价他人、评估一个人的权势或影响力，以及进行因果归因。社会心理学的中心任务，就是确定社会认知者是如何做出这些判断的。直至最近，有关这一主题的研究，始终以理性主义的偏差为特征，即假设社会判断是深思熟虑和最优策略的结果［例如请参见费希荷夫（Fischhoff）在1976关于这一点的讨论］。判断中的误差，被归结为两个源头：一是由于社会认知者可能未意识到的信息而带来的偶然误差；二是由认知者的非理性动机和需要而导致的误差。 190

在社会心理学领域，有关归因的研究体现了这一视角。早期的归因模型（例如，Jones & Davis，1965；Kelley，1967），假定认知者作为一个朴素的科学家，通过从周边环境多渠道地收集资料来进行因果关系的归因。一旦观察到与这一规范模型的偏离，人们就相信它们源于一些偏差，诸如享乐主义的关怀或其他的自我中心的需求（参见 Miller & Ross, 1975）。

然而，历经多年不断增多的证据表明，人们的判断和决策，不但不及设想的那么完整和理性，而且也并非所有的误差都可以追溯为动机性因素。甚至在不考虑动机的前提下，判断也经常基于少量的数据；而这些数据似乎是无序的组合，并受到先见（preconceptions）的影响（参见 Dawes, 1976）。这些发现致使人们重新审视和修正认知系统。人被重新定位为能力
191 有限的个体，即一次只能处理一小部分信息。认知者，不再被视为进行最优选择的朴素科学家，而是在进行“满意”选择，并借助捷径高效而准确地做出决策和判断。

在对判断过程的修正研究中，最具影响力的贡献之一，当属卡尼曼和特沃斯基关于认知启发式的研究（Kahneman & Tversky, 1973, **4**; Tversky & Kahneman, 1974, **1**）。根据特沃斯基和卡尼曼的研究（1974, **1**），在重要信息不确定、不可获得或者不明确的条件下，认知者将采用启发式。在非社会判断中，不确定性主要是因为有关特定判断的信息几乎总是不完备的。合适的事实材料可能无法接近，也可能无法被及时地收集以辅助决策，或者也可能因为数量过于庞大，无法在一次判断中被适当地组织和利用。

启发式是社会判断和非社会判断的可能策略。其主要原因如下：第一，在社会判断和非社会判断之间的区分是武断的，因为任何重要的判断实际上都有社会后果。第二，社会判断也牵涉到同类的不确定性，而它们则是非社会判断的特征。第三，社会判断包含不确定性的新来源。相对于有关物体和非社会事件的信息而言，有关人的信息，更为模糊、更不可靠，也更不稳定；因为人们并不像客观物体外显其颜色、形状或大小那样，并未外在地表现出其个人品质。从而，个人品质，必须通过推断而非直接地观察。人们的意向，并不都是可直接说明的。假定大多数重要的社会行动的发生，有种种理由，并将产生一系列后果，那么社会行动的意义，基本上是模糊的。尽管客观物体的属性，具有跨情境性和历时性，但是人的动机，则随情境的变化而变化，并且，其目标也会毕生随时变化；因此，即使特定情境下的判断是准确的，其预测效用也是很差的。想要获得完整、可靠

而又具预测价值的人和社会互动的信息，是不可能的；这种不可能性，促使人们在信息不充分、数据不可靠的情况下，采用启发式进行推理和预测。

一、便利性启发式

启发式的一种，可以被称为便利性启发式（availability）。“当一个人通过他可回忆的实例和联想的容易性（ease）来推测事件发生的频率和概率时，他便是在采用便利性启发式。”（Tversky & Kahneman, 1973, p. 208, **11**）这里包含了以下的假设，即容易忆起的例子是大量存在的；而容易生发的 192
联想，既然是基于现实经验的，那么也是准确的。而且，人们在对频率和概率推测时，依据的正是提取、建构和联想的容易程度，而不是对可能回忆到的实例和联想所做的总数统计。这样看来，使用便利性启发式和使用更精确的推理过程的一个重要差别在于，前者几乎不需要完成实际的信息提取和建构，而对于信息提取和建构过程的操作容易性的推测，就已足够作为推论的基础。

特沃斯基和卡尼曼（1973, **11**）提出，便利性偏差会明显出现在两大类认知任务中：一类是实例和联想的建构过程，另一类是联想和实例的提取过程。这两类任务，也就是社会认知者所要完成的任务。在许多情况下，我们会被要求建构社会行为，比如试着猜测如果某个朋友的妻子将要离他而去，他会做何反应。在这些情形中，人就在建构社会实在，以此和实际的社会事件相比较。在其他的情形中，一个人则可能利用既有经验进行推论，如依据这个朋友以往在应对危机时的表现，来推测他现在将做何反应。

在建构或提取过程的难易程度与实例或联想的多寡之间所做的假设，在某种程度上是准确的；并且在假设准确有效的范围内，利用启发式可以做出正确的推测，或者说与详尽而又费神的认知程序相比，其准确性并不逊色。然而，在其他情况下，这些推论，很可能是不准确的，因为有关问题的可资利用的信息中，存在着偏差。在可资利用的信息中所存在的偏差，至少以三种途径，使后继的社会认知过程产生偏误。其一，高度显著性的信息更为便利，从而对判断过程产生或多或少的影响。其二，提取过程中的偏差本身，可能产生并不具有代表性的数据库。其三，认知者持久的认知结构，如信念和价值，会滋养先见；这会抬高某些证据的便利性，从而使判断过程产生偏误。其中任何一种证据上或过程中的偏差，都可能导致偏差性推论。

二、便利性和显著性偏差：一个实例

显著性偏差，所指的是一个事实，即色彩鲜艳的、活动的或者其他显著的刺激，或多或少地吸引了认知者的注意力，进而或多或少地对判断造成影响。这种偏差的一个例证，被称为基本归因误差（参看 Ross，1977）。作为一种普遍的偏差，它把人看成是环境中的因果行动者（causal agents）。也就是说，当社会情境中的候选因素——个人变量或情景变量，都可能是
193 某结果的原因所在时，通常的偏差是把人视为导致结果的原因，尤其是其持久的品性特征。

一些人比另一些人更为突出和显著。而在社会环境中，这一分化的显著性，也将使判断过程产生偏差。应用格式塔原理中图形比背景显著的许多研究（如 McArthur & Post，1977；Taylor & Fiske，1975；Fiske et al.，1979），揭示了一个酩酊大醉的、移动不定的（比如在摇椅上）、对比鲜明的（比如通过衬衣颜色等看来不起眼的琐碎安排）或者与众不同的，或多或少将会吸引相当的注意力。

一些研究，雄辩地证明了显著性偏差的社会后果。这些研究，考察了孤立地位（solo status）和象征性整合（token integration）对人们所持有的个体印象的影响。当一个团体欲废除种族隔离，并接纳少数群体的成员如黑人、女人或是伤残人时，在达到完全整合之前，将是一种试探性的协调阶段。在这一阶段，原被拒群体中的一两个成员，可能被纳入一个完全不同的白人男性工作群体，从而同时创造了孤立地位的实例。孤立地位的形成有多种原因。可能是由于特定的少数人群体中缺乏合格的申请者；或者可能为了避免大量少数群体成员对组织造成威胁；或者一个孤立者被用来逃避平权运动力量（affirmative action forces）的指责。为了象征整合而不论是什么原因，象征的或是孤立的个体，通常被视为他或者她所属群体的代表。据此，对他或者她的表现所作的评价，常常被套用于其所属群体的其

他成员，以预测他们若是加入组织后的可能表现。孤立地位的重要性，就在于其新奇性。在一个其他均为男性的群体中，一位女性突显出来，就像一位黑人在一个均为白人的环境中。这一独特性，造就了显著性偏差。

在对这种情景的实验模拟中，被试观看了一个小组（6 个人）非正式讨论会的视听资料。部分被试观察的是一个黑人、一个男性或者一个女性分别在白人、女性和男性组的情况（Taylor et al.，1976；Fiske et al.，1978）。另一部分观察的则是比较组，即讨论的内容与孤立组完全一样，但是小组的性别和种族构成则是均分的（比如，三男三女）。被试所做的，是观察小组讨论，并记录下他们对小组中个体的印象。

与先前的论点一致，孤立地位或象征性整合，产生了显著性偏差。同一个黑人，被试对其印象，在平均混合组和孤立组的条件下，略微不同：他在后一组内的行为能被更好地回忆起来，并被认为参与了更多的讨论。[1] 194
由此，这种显著性偏差，依次导致了评价的极端性。当个体的同一种行为在组内处于孤立地位时，较之发生在混合组内部，所受到的或积极或负面的评价，将被极端化。当处境孤立时，一个讨厌的人将被认为更加令人生厌，一个友好的人也将被认为更加易于相处。

可以推断，利用便利性启发式作为解释框架，当被试者被要求评价群体中的一个成员时，他们会尝试使用与刺激个体相关的实例和联想；而回忆实例和联想的容易性，导致他们判断的极端化。就孤立个体的情形而言，因为存在较大的数据库，因此，相关行为有许多例证可资利用，由此导致评价的极端性。这些结果强有力地表明，一个与众不同的个体，比如孤立的、伤残的或者异于与之互动的其他个体，都将在其周围人中引发极端判断。这些发现，对于我们理解现实社会的启示，意义深远。举例来说，如果孤立者的表现作为废除种族隔离的决策基础，并且对孤立者的知觉是天然有偏差的，那么，误差的决策就会出现。对一个孤立者夸大的负面评价，会毫无根据地导致废除种族隔离计划的流产；另一方面，夸大的积极评价，则会导致对少数人群体中的其他成员的误差预期，而这种预期通常难以达到。

很显然，动机不能解释在感知显著他人时所产生的这些偏差。虽然一些动机性过程可能卷入了对伤残人或孤立者的反应，但在评价一个衣着怪异色彩或举动特异的个人显著性时，这一过程却很难被发现。由此，人们必须仔细考察各认知因素，而便利性启发式，则为这些效应提供了一种可能的解释。

三、便利性和提取偏差：两个实例

便利性偏差产生的第二条途径，源于信息的储存或提取方式。也就是说，以特定方式组织的记忆，它会促进特定种类的实例或者推论的提取或建构，并且会阻碍其他实例或者推论的提取或建构。阻碍的途径之一，在于记忆中可存储的信息量是有限的，而这会导致所存储的联想路径和实例产生混乱。

罗斯巴特和他的同事（Rothbart et al., 1978）在有关社会群体特质的研究中，论证了这个问题。首先，告知被试假定的群体成员的特质信息（如
195 Phil 是懒惰的），而这在两种不同的条件下进行：一种是由几个不同成员（如 Ed, Phil, Fred, Joe）构成的名单，它和特定的特质（懒惰的）配对给出；另一种是以等价次数的“姓名—特征”对的形式给出。随后，要求被试描述群体的整体特征。如果被试能够精确地记住姓名和特质的对应，同时好几个成员而不是仅仅只有一个都具有某一特定特征，那么对该群体的整体推断，将更加肯定。当被试接触到的“姓名—特征”对总数较少时，他将谨慎地推测群体特征。然而当“姓名—特征”对总数较多时，被试就很难记起哪些成员确实有哪些特征，于是转而认为同样的“姓名—特征”对的许多例证，和几个不同的成员姓名都具有那个特征的情形，两者提供的是等价充分的信息。因此，即使只有少数成员实际上是懒惰的，该群体也会被标定为“懒惰的”。

现实社会是瞬息万变的，信息通常扑面而来。这种情形，更多反映在罗斯巴特及其同事所界定的高信息负载的条件下，而非低信息负载的条件下。这些条件，利用部分个体的多频次行动而促进了群体刻板印象的形成。正如罗斯巴特他们所注解的例子，媒体更容易被负面事件而不是积极事件所吸引，由此而产生的所有这些偏差，会促成消极群体刻板印象的形成；

尤其当成员身份被新闻媒体醒目提及时更是如此。

提取偏差对社会判断产生影响的第二个实例，就是自我中心的归因（Ross & Sicoly, 1979, **12**）。在很多情况下，个体必须判断谁该对既成事实负责。论文的冠名权需要决定，咨询费用需要在同事间摊派，群体成功或失败的责任需要分明。在每个人都无法清楚地列出自己和他人分别所作的贡献时（曾经勉为其难地采取该策略的人，都深感沮丧），所有的利益方，都必须进行近似的估计，判断每个成员在合作中的努力大小。便利性启发式，为之提供了一种潜在的策略。一个人可以仔细地回想自己和他人分别作出贡献的具体实例，并在此基础上，根据所能想到的两者实例的多寡判定谁付出的更多。然而此时，偏差就可能出现，干扰评价的精确性。一种假设的偏差，就是自我中心的回忆，即在某种程度上更容易回忆起自己而不是他人的贡献的能力。这种回忆偏差，依次产生了责任认知偏差。举例来说，如果我能记得自己曾经倒了 6 次垃圾，而我的丈夫才 3 次，那么我就可能得出结论说，倒垃圾的事由我承担了。最近的研究（Ross & Sicoly, 1979, **12**）表明，婚姻家庭的杂务琐事，是检验便利性偏差有用而中立的语境。37 对夫妇接受了相关访谈，访谈涉及已婚者必然要经历的各种行为 *196*
活动，比如做早餐或者洗碗。访谈要求每对夫妻双方分别指出，某项活动主要是由双方的哪一方承担的。之后，每个人都回忆了合作过程中自己和配偶分别出力的具体实例。这个设计，是为了测量回忆自己和回忆配偶贡献度的相对便利性。

其结果清楚地表明，配偶双方都认为各自较对方在合作活动中贡献了更多。如果把双方的责任评价得分加和，总数就超出了可能承担的责任总数。同时，配偶双方所作贡献的具体实例，也分别加以计数，结果表明归功于自己的远远超过归功于自己配偶的。能回忆起来的贡献实例和责任归因之间是高度相关的（+0.51），它意味着回忆偏差很可能导致了责任认知偏差。

对这种效应，一种可能的解释建立在动机原则的基础上。该解释主张，人们有失公平地过分归功于自己是为了维持或加强积极的自我意象。如果这种说法成立，那么我们应该发现，若一项合作失败，人们将会否认个人责任并把责任归咎于他人。比方说，如果一对夫妇购买了一件次品，任一方都会把责任推脱给另一方。罗斯等人（1979，**12**）检验了这种可能性，但发现自我中心归因的解释力很弱。在合作项目的失误和成功上，人们的归咎和归功的比例，几乎没有差别。

而对此效应的认知解释，则注重信息的提取或存储如何产生可觉知的责任偏差。一种暴露偏差（exposure bias），也许存在。因为比较而言，一个人观察自己的贡献更近；从而在对责任进行认知重构时，自己的功劳更多地被提取。例如，如果夫妇俩同时工作，一方可能根本不在意对方的贡献，而只是专注于观察距离更近的自己的贡献。也有可能，一方没有意识到配偶的贡献，因为当配偶在分担自己的工作时，自己并不在场；因而，自己很可能低估了配偶实际投入的时间和精力。其二，如果一个人更为频繁地考虑自己的贡献，偏差同样会出现。特别是在合作项目牵涉到一系列思考、写作或其他复杂的工作时，比如筹划一次家庭装修，或者组织一次家庭派对。第三种可能性在于，自己的贡献，更为吻合其个人构念和认知
197 图式，而这正是信息铭刻或编码的方式。与既存的图式相吻合的信息，似乎更容易被回忆，因此，所提高的回忆本人贡献实例的便利性，也就反映了提取偏差（参看 Taylor & Crocker，1979b）。总而言之，信息的存储和提取的偏差，会导致有偏差的社会判断。一个可能的中介，就是便利性启发式的使用。

四、源于认知结构的便利性和偏差

便利性还可通过第三条途径使社会判断产生偏差，即社会认知者利用习以为常的规则、图式或其他认知结构。人们在处理新输入的信息时频繁地利用持久的认知结构，长此以往便将其作为认知习惯加以利用。比如我们知道，人们更可能利用一些特质来组织与人有关的信息，而忽略另外的特质。例如，学者经常用智力这种特质，来对人进行区分；而对运动员来说，是运动技能而不是智力，成为区别的因素。这种利用特定图示或认知构念的倾向即偏差，同样会使判断产生偏差。例如，如果一个人被问及他对某个特定个体的印象，他可能会以自己偏爱的特质作为回忆的线索，并

且他的描述较少是依据该个体的实际行为，更多的则是依据那些他自己偏好的品质（参见 D'Andrade, 1965）。类似的偏差，可能出现在社会行动的建构中，因为人们在面临新情景或者被要求对未来做出预测时，同样会借助于其个人构念和图式。比如说，一位学者将会依据他的朋友有多机敏来预测其摆脱困境的能力，而体育运动员依据的，则会是他的朋友能跑多快。据此，一个人基于规则、图式和构念所做的推论，将与他人不同，除非他们之间分享同一的认知结构。

刻板印象，也许是这方面最为引人兴趣的例子，这一现象展示了持久的图式结构对信息认知的影响。预期一个人的特定行为，会导致他已经这样行动的推测。刻板印象，是特定的期望，其功能在于指导和形塑现实；而其功能的发挥，至少是部分借助便利性偏差。哈密尔顿和罗斯（Hamilton and Rose, 1978）在其刻板印象研究中，探索了这种可能性。在一次研究中，给被试一列描述性的句子，而描述以这样的格式给出："卡洛是一名图书管理员，迷人而严肃。"在每个句子中，对应于一种职业的一个人，都是有两种品质。一些品质带有与该职业种类相关的刻板的联想，比如上例中的"严肃"是"图书管理员"这个职业的刻板印象；而另一些品 198
质，对于该职业来说是非刻板性的（比如"迷人"对于"图书管理员"）。在所有的句子中，每种品质，以均等次数分别与每种职业配对。其中和刻板印象配对的比率，是 1/3，和非刻板印象配对的比率是 2/3。然而，当被试被要求估计每种品质描述每种职业中的成员次数时，他们有选择地遗忘了某些"品质—职业"对，以偏好刻板性的联结。比方说，他们更有可能记住是图书管理员而不是女招待，是严肃的。

虽然说动机因素对这种情况也可提供一种解释，但认知者却未必会这样行事。一些刻板印象，可能在个体的需要和目标中异常突显，但有关职业的刻板印象，诸如女招待或者图书管理员之类，已是相当老套，因而很可能并不明显。据此，这些结果，最好作为一种认知现象来理解。便利性启发式提供了一种可能的解释，其假设是，当要求被试回答品质和职业的配对频率时，他们是依据职业和品质间的关联强度进行估计的。在许多情形下，在许多次的配对后，关联强度会增大。然而，就这个案例而言，因为刻板印象存在于一些“品质—职业”配对中，这一关联强度，产生了偏差。其结果是，因为这些关联较强，认知者因此会推测刻板的“品质—职业”配对，比之非刻板的“品质—职业”配对，更为频繁。并且，这种偏差的社会内涵，是显著的。刻板印象一旦形成，就会使信息的收集和储存以及随后的印象，都产生偏差。其后果就是，对社会群体或个人的所作的推论即使毫无根据，也可能在经验缺失的条件下永远存在下去。

五、结论

在过去的几十年中，我们已经见证了研究视角的转变。判断一度被视为理性的、逻辑决策的产物。这种观点，由于受到偶然出现的非理性需求和动机的攻击，而趋向另一种观点。后者将人视为启发式使用者。有关非社会判断的经验研究表明，认知者使用捷径或启发式来尽可能迅速地解放认知能力和传递信息。而近期的社会心理学的研究也表明，这些认知过程同样适用于社会判断的形成和使用。回忆实例或联想的容易程度，提供了一种可能性估计（如频率或概率），而这又以此为其他的社会判断提供基础，如评价他人、因果和责任归因、描述他人特征、把他人归类或者自我描述等。

199 敏锐的批评家会指出，在上述研究中，有关应用启发式的证据是推论性的，而不是直接的。他们完全有理由要求更清晰的证据，以表明正是回忆实例或联想的容易程度，实际上在调节判断。三个原因，造成了这种暧昧不清。第一，这些社会研究，和有关便利性的认知研究不同，其中没有一项是专为检验便利性而设计的。更确切地说，它们是为了阐明一些本质上令人好奇的社会现象，而便利性启发式，只是作为一种可能的解释被提出来。第二，到目前为止，在便利性的测量问题上，还没有达成一致意见。有些研究把信息提取的速度作为测量便利性的方法（参见 Pryor & Kriss, 1977），而另一些研究，则关注能回忆的信息量作为衡量信息便利性的指标（参见 Ross & Sicoly, 1979, **12**）。因为这两种测量并不总是有很好的相关（参见 Pryor & Kriss, 1977），因此测量的含混不清阻碍了经验研究的进展。

然而，有关测量的问题，仍是悬而未决。其部分原因，是由于第三个问题，即便利性这一术语在使用上的概念模糊性。有一种很浅显的理解认为所有的社会推论都是由便利性所调节的；而人的判断，总是基于其所能想到的。便利性的这种用法，必须和便利性启发式严格地区分开来。而这种区分，必须通过清晰的标准，以决定是否和如何利用启发式，以及实例和联想的便利性是否和如何调节后续的判断。社会心理学家的工作重心，已经关注哪种信息是便利的，其原因何在？便利性启发式是如何与认知过程中的具体内容相联系的？对社会现象解释水平的提高，要求我们转而在这个问题上作进一步的努力。

便利性这一概念在社会心理学中的重要影响，毋庸置疑。它主要有以下几个原因。第一，它强调即使不诉诸动机性构念，也可以对信息处理中的偏差做出解释。这并不意味着动机对判断的影响不再重要，而仅仅是指出了主要偏差同样存在于认知中。第二，虽然理性主义理论已经提供了卓有益处的规范模型，用以比较实际的判断，但是与这些模型的偏离，是如此常见和明显，因而发展描述性的模型很有必要。在这里列举的和许多其他的例子中，便利性启发式已经提供了一种可能的描述。在某些情况下，便利性启发式的使用，带来了完全恰当的结论。然而，在便利的信息存在偏差的其他情形下，误差的推论便随之而来。具体说来，显著性偏差、提取偏差，和源于认知结构的偏差如图式、信念和价值，都可能在社会判断任务中使误差信息或误导信息的便利性大大提高。

既然便利性的偏差如此普遍，为什么还要继续使用便利性启发式呢？
一个显而易见的理由是，由此产生的正确答案多于误差答案，并且从成本 200
收益角度考虑，我们成功地节省了时间和精力。第二种理由在于，由便利性启发式所产生的许多结论中的误差，是无关紧要的。举例来说，如果有偏差的印象对其将来发挥个人作用没有影响，一种情况是如果你对个人产生了误差的印象，而你们只有一次见面机会，那么这个误差就是无关紧要的。再有一种情况是发生这种便利性偏差的情境是固定不变的。例如，如果一个员工认为他的老板态度粗暴，同时如果老板仅仅在身处“老板”这一角色时才脾气暴躁，而职场又是该员工与他互动的唯一场合，那么该员工的看法并无利害关系。第三种理由，是许多误差能够被纠正。只要便利性偏差不是历时相关的，过程本身就将随着重复的遭遇而不断修正。举例说来，如果某人的好几个朋友都在最近离婚了，那他对离婚率的估计可能会暂时偏高。但假定他的朋友们并没有继续不断地离婚，那么他的估计，最终会和客观数据一致。最后的一种理由在于，误差通过交往可以被察觉。举例说来，如果一个人声称他完成了应承担的部分家务，却遭到其配偶的愤怒反对，那么这种立场就有可能被修正。简言之，正常的社会交往，为人们真实检验自己的推论提供了基础，明显有误差的结论及其深远广泛的影响，很可能得到纠正。

但是在某些情况下，误差的认知及其所造成的严重后果，将会持续。举例来说，正如有关刻板印象的研究所证明的，如果在判断的形成中存在偏差，这种偏差，通过既已形成的认知结构（即所谓的刻板印象），依次导致维持这种判断的偏差。这些密切关联的偏差，作为结果，可能会高度抗拒相反的证据。在其存在的范围内，它们很可能对个体认知和社会政策都产生破坏性的影响。简而言之，不能忽视便利性偏差的后果；也正因如此，察觉和纠正偏差性推论的策略，是必需的。

本章的研究，受国家科学基金会（NSF）的研究基金 No. BNS77-09922 的资助。

注释

[1] 在这些研究中，没有收集孤立男性和孤立女性的回忆数据。

第14章 模拟启发式

卡尼曼和特沃斯基（Daniel Kahneman and Amos Tversky）

我们之前对于便利性启发式的研究（Tversky & Kahneman，1973，**11**），主要讨论的是两类“能把事例带到脑海中”的心智操作：对事例的提取以及对例子或情节的建构。回忆和建构，是两种完全不同的把事例带到脑海中的方式；它们用于解答不同的问题，并且遵从不同的规则。过去的研究主要关注的是从记忆中提取事例，却相对忽视了心智建构这一过程。 201

为了推进我们对于建构便利性（availability of construction）的研究，我们现在简单勾勒出一个被我们称为模拟启发式（simulation heuristic）的心智操作。我们的出发点是基于普通的内省，显然在生活中存在许多这样的情境，即我们通过某种操作来解答关于某事件的一些问题，而这种操作类似一个模拟模型的运行。这种模拟，以几个方式受到抑制和控制：该模型运行的起始条件，是所模拟事件在现实中的系统设定值，或者稍作调整以假定某特定突发事件；模拟的结果可以是任意的，或者也可设定一目标状态，而模拟的任务就是要找到一条连接起始条件和目标状态的路径。一次模拟，并不必然产生一段唯一的故事，它开始于起始状态，结束于某特定结果。相反，我们将模拟的结果作为一种对容易程度（ease）估计的方式，基于这种对容易程度的估计，这个模型在给定的初始条件和运行参数下能得出不同结果。因此，我们假定，这种心智模拟得出了对某人的能产生出不同结果的情境模型的品
202 性（propensity）的测量，就好像蒙特·卡洛（Monte Carlo）技术能估计出某统计模型的品性一样。对某系统的模拟得出一特定结果的容易程度，最终能被用于判断现实中该系统达到那种结果的品性。

我们将论证，在一些判断任务中，会用到这种依据心智模拟估计品性和概率的方式，而且它们在一些情感事件中也扮演了重要的角色。我们首先会列出一些判断活动，其中显然与心智模拟有关。然后我们会介绍一个关于一些认知规则的研究，这些规则主宰着人们在脑海中取消过去发生事件的过程，或心智取消（mental undoing），我们还会简要地讨论到这些规则对于人们在比较现实情境与某个他期望的情境时所产生的情绪的意义，这个期望情境虽然在现实中未能实现，但人们很容易在脑海中想象它的达成。最后，我们通过对情节以及模拟启发式的运用所带来的偏见的评论，来结束对模拟启发式的简要的勾勒。

（1）预测。想象一下你非常熟悉，但他们彼此从未谋面的两个人的第一次会面。你如何得出诸如“他们会相处得很好”或“他们会激怒对方”的预测？

（2）估计某特定事件的发生概率。你如何估计为保护沙特阿拉伯的油田，美国在下个十年中会进行军事干预的可能性？请注意这个问题与前一个预测问题的差别。对当前这个问题的模拟，有一个很明确的目标状态，模拟的任务，是要得到某种对该目标状态在国际体系的现实模型局限中得以实现的容易程度的测量。

（3）估计条件概率。如果沙特阿拉伯爆发内战，可能带来什么样的结局？注意这个模拟活动不同于单纯的预测，因为它包含了一个特定的起始状态，而且这个起始状态多多少少与目前的现实不相符合。具体来讲，对

这种可能性比较小的突发事件的估计，包含了一种有意思的模糊性：在模拟进行之前，我们应该如何改动当前的模型？我们应该遵照基本的一致性要求，仅对模型做小小的修改，将这个特定的突发事件（如沙特阿拉伯爆发内战）包括进去就可以了吗？或者我们应该将由这个突发事件所引起的所有可能变化都纳入到模型中去？比如，就沙特阿拉伯的内战这个例子而言，我们关于政治体系的模型应该首先进行调整以使其内战的爆发尽可能地显得比较合理，而模拟时就应该采用这个修改后的模型的参数。

（4）反事实的估计（counterfactual assessments）。希特勒聘用的科学家们，在第二次世界大战时是否差点就制成原子弹了？如果他们在 1945 年 2 月就研制成功了，那么这场战争的结果会不同吗？在许多生活情境中也会用到这种违背事实的估计，如当你判断“如果她的孩子没有得病的话，她是能够应付这种工作处境的”时，就是采用的一种反事实的判断。

（5）估计因果关系。为了检验 A 是否导致了 B，我们会在脑海中将 A 取消，并观察 B 是否仍然在模拟中出现。模拟也能被用于检验 A 是否极大 203
地增强了 B 的趋势，甚至使 B 变得不可避免。我们假定在一些像“即使她没有提到她母亲，你也能知道她们吵过嘴”这样的例子中，纳入了模拟以检验因果关系。

一、有关取消的心智研究

我们最初关于模拟启发式的研究的关注点，集中于反事实判断。具体来讲，我们研究了人们判断某事件“差点发生”或者“几乎发生”的过程。这种空间隐喻是非常引人注目的，被许多哲学研究采用：谈论现实与一个曾经可能但未成为现实的世界之间的距离，似乎是合理的。下面这个例子，将用来说明对已发生事件与应发生事件之间的距离进行估计的心理意义。

克兰先生和蒂斯先生预定在同一时间和同一机场搭乘不同的航班。他们乘同一辆轿车出发，却遇上了交通阻塞。结果他们到达时比其航班预定起飞时间晚了半个小时。

克兰先生被告知他的航班按时起飞了。

蒂斯先生则被告知他的航班延迟了，五分钟前刚刚起飞。

谁是最沮丧的？

克兰先生____ 蒂斯先生____

在一群由学生构成的被试中，有96%的人都认为蒂斯先生是最沮丧的，这似乎一点儿都不让人惊讶。那么是什么使得这种一致如此显著呢？我们会注意到这两个人的客观遭遇是完全相同的，即他们都错过了航班。而且，由于两个人都已经预计到了他们会错过航班，他们之间的差异并不能作为失望的原因。从任何意义上讲，蒂斯和克兰的差别是无关紧要的。造成蒂斯先生更沮丧的唯一原因，在于他更有“可能”搭上航班。我们认为要出现这种情境所导致的标准情绪反应，需要两位旅行者进行一次模拟练习，通过这次模拟他们检测自己离准时搭上航班有多近。这种反事实建构所起的作用，跟预测差不多。虽然这个故事很清楚地告诉了蒂斯先生和克兰先生的预期并没有什么差别，但现在蒂斯先生却更失望，因为相比于克兰先生，要去想象自己如何避免30分钟的迟到来讲，他想象自己怎样提前5分钟到达会更容易。

这种例子，有一种爱丽丝奇遇记的味道，都包含了一种想象与现实的奇妙结合。如果克兰先生能够想象到独角兽的话——我们相信他能——为204 什么他会如我们所认为的一样觉得想象自己如何避免一个30分钟的迟到会相对困难呢？显然，想象的自由受到了限制，对心智模拟的心理分析，主要包括的就是对这些限制的研究。

我们对于心智模拟的规则的理解，仍处于初期，我们只能介绍有关这个似乎相当广泛而且颇有发展前景的领域的一些早期研究结果，以及一些尝试性的推论。我们已经对一些规则进行了初步观察，这些规则主宰着一类特定的模拟活动——取消过去发生的事情。我们对于取消的研究，集中于一种这类模拟活动相当普遍的情境——事故中的死者的亲属对于该致命性事故的反应。与前面蒂斯先生和克兰先生的例子一样，在这里，我们选择被我们称为情境的情绪版本（the emotional script for a situation）来进行研究。下面的故事就是一个例子：

琼斯先生今年 47 岁，他是三个孩子的父亲，也是一个成功的银行经理。他的妻子生病在家已经好几个月了。

在事故发生的当天，琼斯先生按往常的时间下班。他有时候会应他妻子的要求早一点下班回家处理家务事，但在那天并不需要。下班后，琼斯先生并没有依照他常规的路线开车回家。那天的天气相当晴朗，琼斯先生在办公室时告诉他的朋友他会沿海滨路回家，以欣赏风景。

这场意外发生在一个大的十字路口，在黄灯亮的时候琼斯先生到达那里。目击者说他急刹车停在了路口处，虽然他完全可以在红灯亮前通过路口。他的家人知道这是他开车时经常发生的事。他在绿灯亮后开始通过路口的时候，一辆轻型卡车全速闯进十字路口，从左面猛撞到琼斯先生的车。琼斯先生当场死亡。

后来得知那辆卡车的司机是一个十几岁的小男孩，他当时服了药，药性发作。

跟类似情境中经常出现的情况一样，琼斯的家人和他的朋友在事故后的很长时间里经常想到和念叨的都是，“要是……”他们这些想法的下文是什么？请补充一个或多个可能的下文。

62 名不列颠哥伦比亚大学的学生看到的，是这个版本的故事（称为“路线”版本）。另一组由 61 名学生组成的被试读到的，是“时间”版本的故事，这个版本是在原版本的基础上对第二段作了如下的改动。

在事故发生的当天，琼斯先生按比往常提前了一点儿时间下班，以应他妻子的要求回家处理一些家务事。下班后，琼斯先生依照常规的路线开车回家。在某个天气相当晴朗的日子，琼斯先生会沿海滨路开车回家，以欣赏风景，但那天一切照旧。

我们分析了被试给出的第一个对“要是”命题的补充，结果如表 14—1 所示。被试给出了四种回答：（ⅰ）取消死者所走的路线；（ⅱ）取消死者离开办公室的时间；（ⅲ）琼斯先生在黄灯亮的时间穿过十字路口；（ⅳ）将服药的小男孩从整个场景中取消。

表 14—1 所显示的结果中让人印象比较深刻的一个方面，是有一类情
205 况没有发生：没有一个被试提到要是琼斯先生早到十字路口两三秒钟，他就会安全地通过。这个发现很具有代表性：人们不会通过武断地更改连续变量的值，来在头脑中取消某事件。显然，被试在完成这个取消任务的时候，并没有取消掉先验概率很低的关键事件得以发生的必要条件，这个过程必然会使他们把注意力集中于两辆车在十字路口相撞的特殊巧合性上。因此那个人无论做什么，都不能很好地跟先验概率联系起来。

表 14—1　　被试对“要是”命题所作的第一个补充的分析

回答类型	时间版本	路线版本
（ⅰ）路线	8	33
（ⅱ）时间	16	2
（ⅲ）十字路口	19	14
（ⅳ）男孩	18	13
（ⅴ）其他	1	3

人们对故事进行的改编，可以区分为三类：下降的，上升的，或者水平的改变。下降的变化，指的是去掉故事中某个令人惊讶的或者未预料到的方面，或者说增加它们之间的一致性。上升的改变指的是，引入某些不可能的事件。而水平的改变指的是，用另一个任意值取代原先的变量值，而前者可能并不比后者好。这个实验处理使得在一个版本中路线的改变是下降的，而在另一个版本中则是上升的，对琼斯先生的行程的时间所作的改动，也对应着上述特征。这个处理显然是成功的：被试更有可能通过保留某个变量的正常值而不是引入一个异常值来取消这个事故。总而言之，在被试的回答中，上升的改变是相对比较少的，而水平的改变则几乎没有。

下降或者上升的概念，借自越野滑雪者们的经验，它力图说明的是一个系统的某些可能状态之间的距离关系的特殊性质。这种关系的最重要的性质，在于它是不对称的。对越野滑雪者来讲，从 A 地点到 B 地点这样一

个短距离的下坡，通常伴随着从 B 到 A 的一个距离长并且颇吃力的上坡。在这个隐喻中，山峰代表异常的状态或者事件，而山谷则属于正常的状态或者事件。因此，我们假定，从一个异常情况到它所违背的正常情况之间的心理距离，要小于从正常情况到同一个异常情况的心理距离。对下降式改变的偏好，也许就是心智模拟所遵从的最主要的规则；它体现了对现实与反事实性幻想之间的转换的基本限制。

表 14—1 显示的结果中一个显著的特点是，有一类回答，在被试的所有回答中所占比例，相对较小，此类回答就是通过排除某个很自然地被视为事故原因的事件——服药的小男孩在十字路口的疯狂行为——来取消该事故。这个发现说明了心智模拟的另一个特征，我们称它为聚焦规则（focus rule）。这个规则是指，通常来讲，如果改变故事中我们所关心或留意的某主要目标的一些特征，整个故事就会发生很大变化。在前面这个例子中，我们注意的焦点当然是琼斯先生，因为故事在引导被试去强调他的家人。为了证明聚集规则，我们设计了关于此事故的一个新的故事版本，其中我们将最后一段作了如下改换： 206

后来知道小型卡车的司机是一个叫做汤姆的十几岁的小男孩。汤姆的父亲在此之前在家发现他服了药，而且药力已经发作。这是常发生的事情，因为汤姆严重依赖药物。他父亲因此跟他吵起来，在争吵过程中汤姆抓起放在起居室桌子上的车钥匙，疯狂地驾车出去了。他本人也在这场事故中受重伤。

我们要求看到这个版本的故事的被试，或者代表琼斯的亲属，或者代表汤姆的亲属，来继续补充“要是”命题。这里，我们仍然分析的是被试所给出的第一个回答。扮演汤姆的家属的大多数被试（68%），通常通过假定没有把那把致死的钥匙放在桌子上将汤姆从整个事故场景中去掉。相反，在代表琼斯的亲属的被试中，只有少数人（28%）在他们的回答中提到汤姆。

我们已经比较详细地描述了这个取消研究，尽管它还处于初期，但也能说明主宰心智模拟的一些规则的令人惊讶的整齐性，并能证明有关适用于某些场景的反事实性幻想的一些广泛认同的规则的存在。我们相信，那些主宰着在脑海中取消某些事的容易程度的认知规则，对于很多被称为反事实情绪（counterfactual emotions）的研究，是非常有帮助的，这些情绪包括挫败感、后悔、某种愤慨、悲痛以及嫉妒，它们的产生，依赖于将现实与那些可能或应该可以发生的事情进行比较。这些令人反感的情绪状态的普遍特征，在于一个人享乐性的适应水平（one's hedonic adaptation level），要高于当前的现实水平，这就好像将未实现的可能事件按照它们在心智模拟中实现的容易度对应到不同的适应水平中去。

二、对情节的评论

对于不确定状况下的预测和计划来讲，心智模拟的谨慎操纵，显得非常重要，它可以被称作是一种独特的模拟启发式。最明显的例子，就是人们会明确地建构一段情节（scenarios）作为概率估计中的一个步骤。

207 怎样才是一个好的情节呢？情节这个词本身就说明了，一个好的情节会采用一系列的中间事件连接起初始状态和目标事件，而且中间的变化通常采用下降的趋势，几乎没有明显的上升运动。非正规的观察结果显示，一段情节的合理性，在很大程度上，更多地依赖于其中最不牢固的连接的合理性，而不是其所有连接的数量。如果一段情节中连接起始状态和结束状态的路径，并不是立刻变得很明显，这段情节就是相当令人满意的，因此中间阶段的引入，实际上增加了主观上判定的目标事件的概率。

任何情节都必然是概略性的、不完整的。因此有必要找出那些控制着如何选择情节中某些特定事件的规则。我们假设情节中的“连接点”，是一些冗余度很低，但因果显著性很高的事件。一个非冗余的事件，代表了结果预测中的局部极小化，某个重要的替代事件很可能在这一点上出现。某连接点事件的出现，若能改变整个链条中那些最终导致该情节的目标状态发生的其他事件的正常值，它就被称作是因果性显著事件（a causally significant event）。

在一个合理的情节里，对现实的初始状态和某特定的结果之间起连接作用的那些细节，经常被用于支持该结果发生的概率非常高的判断。另一方面，如果某种结果，只能通过援引一些关于稀有事件或奇怪巧合的上升性假设才能实现的话，我们倾向于认为这种结果是不可能的。因此，对某个情节的好坏的评估，能作为一种判断事件概率的启发式。尤其是对于人们的计划来讲，情节，通常被用于评估该计划成功的概率，以及估计各种导致计划失败的原因的风险。

我们已经提到过，情节的建构，能作为一个启发式去估计事件的概率，这中间主要是通过一个中介性的估计，它评估的是一些因果体系能导致那些事件的品性。跟其他任何的启发式一样，模拟启发式也会导致一些特有的错误和偏差。这个领域的研究非常少，但下面的假设似乎很合理：(1) 在情节建构中，对冗余度低和因果显著性高的“连接点”的搜寻，会导致人们对某种情节（和结果状态）的偏爱，在这种情节中，是用一些引人注目的事件来标示出因果转换。这就会相应地造成另一种倾向，即人们会低估那些由缓慢的和累积性的变化所导致的事件的发生可能性。(2) 在概率估计中，使用情节建构，还伴随着另一种偏差，即人们会偏爱那些能建构起一个合理情节的目标事件，而相应地排斥那些能以多种途径实现的事件。如果人们的计划活动存在这样的偏差，将会造成相当有害的后果，因为它会导致人们过度乐观地估计计划成功的可能性。一个计划，从本质上讲，是一条包含着许多合理连接点的链条。在这个链条的任一点上，都有理由期望事情会跟计划的一样圆满实现。然而，即使造成计划失败的每 208
一个原因发生的概率，都可以忽略不计，但至少有一个致命性失误的累积概率是相当高的。计划失败，往往是因为一些令人惊讶的事件，在这些事件中，出现了未预料到的上升性改变。因此，使用偏向于下降性改变的模拟启发式，就必然伴随着犯巨大而系统性错误的危险。

本章源自 1979 年 4 月在密歇根大学（Ann Arbor, Michigan）的 Katz-Newcomb 社会心理学讲座的演讲，论题为“论可能世界的心理学”（On the Psychology of Possible Worlds）。本研究受海军研究办公室给斯坦福大学的资助，合同号为 N00014－79－C－0077。

第五部分

共变和控制

第 15 章　非正式的共变评估：基于数据的判断与基于理论的判断的比较

杰宁斯等（Dennis L. Jennings，Teresa M. Amabile，and Lee Ross）

社会经验之流不断地要求我们承认经验共变（empirical covariation）的存在。有些时候，这些共变仅仅是对于我们的观察能力的另一种检验，对于我们没有什么直接的实用意义。而在其他时候——如当这些共变涉及问题的初期症状与后期表现，或者运用的行为策略与得到的结果，或者人、情境的相对明显的特征与相对隐秘的特征时——这种检测能力，可能有助于决定我们在适应日常社会生活的要求方面的成功。更普遍地说，共变检测，在我们作为“直觉的科学家”（见 Nisbett & Ross，1980；Ross，1977，1978）评估和修正我们持有的关于我们自己、我们的同辈和我们的社会的假设的持续斗争中，扮演了重要角色。因此，一个明显的问题，由此引发：作为普通人（laypeople），我们在评估由经验证据所显示的经验共变时，我们的水平如何呢？ 211

在开始讨论过去的或者现有的研究之前，我们应该注意到，日常观察提供了大量的相关证据，也暗示了关于水平问题的答案可能远远不是那么简单。一方面，社会行为的普遍适应性与社会互动的普遍协调性都使我们相信，我们的文化参与者对于行为的原因和结果有着
212 深邃的洞察力。事实上，当代的归因理论家（如 Jones et al.，1971；Kelly，1967，1971，1973；Weiner，1974）对这种洞察力的原理表现出独特的兴趣。他们似乎普遍地把这种检测共变的能力视为一种“给定的”能力，并且开始在推理中运用，而这种推理，由可觉知的共变构成。另一方面，日常经验所提供的雄辩的证据表明，还存在毫无根据的偏见、破坏性的行为策略，以及错误的因果或者相关理论的其他表现。因此，应该很明显，任何关于非正式的共变评估的充分描述，都必须解决普通人的表现的不均衡性（unevenness）问题。不管怎么样，它必须调和人们对一些函数关系的精确洞察与对其他关系的忽视或者错误印象。

一、关于共变评估的先期研究

或许，值得注意的是，即使是那些最坚定地为普通人作为直觉的科学家的能力辩护的学者（如 Peterson & Beach，1967），也几乎没有人不承认他们过高地估计了普通人处理双变量（bivariate）观察资料的能力。我们将评论两种支持这样的客观描述的研究路线，对于每一种情况，我们集中关注其程序和结果，它们会证明与我们自己关于普通人共变评估的研究报告相关。

1. 阅读列联表：“生态效度”问题

先期研究的一条重要路线，是研究人们识别简单的 2×2 列联表（contingency table）中所呈现的函数关系的能力。通常，这种表格汇总了变量 *X*（如某种疾病）出现和不出现的个案的数目，以及据称与之相关的变量 *Y*（如某种症状）出现和不存在的情况。两个变量的数据，被如此巧妙地收集和“包装”起来，因此表面上看来被试的任务是再简单、直接不过了。然而，证据（如 Jenkins & Ward，1965；Smedslund，1963；Ward & Jenkins，1965）表明，普通人在这种任务上通常表现得非常糟糕。

忽视四个单元中的一个或者更多单元的判断策略，被证明是大多数被

试所面临的困境的根源。如一种常见的缺点，与被试几乎完全依赖于“出现—出现”单元的样本规模在全部总体的比例直接相关。因此，许多被试，可能仅仅因为列联表报告了较大数目的人确实同时拥有某疾病及其症状，就认为症状 X 与疾病 A 相关。类似地，那些仅仅考虑四个单元中的两个单元的被试，可能也被误导了。如果注意到没有症状 A 的病人比有症状 A 的 213
病人要多，他们可能推论这种相关关系是一种负相关；或者注意到有这种症状的人中患有该种疾病的比不患病的更多，他们可能推论说这种关系是一种正相关。

但是，由于缺乏正规的统计学训练，几乎没有人意识到，在这种情况下，只有在考虑了所有四个单元之后，才能够做出有效的推论。如一种令人满意的方法，可能需要比较比例（即比较表现出某种症状的病人的比例与表现出该种症状而未患病的人的比例）。当然，当前的统计推论教材所指定的正规策略，同样需要考虑所有四个单元。特别地，这种策略，要求人们注意观测到的单元频次与“期望”频次之间的差异，而后者则基于相关的边缘频次或者概率（因而提供了计算卡方统计量所需要的信息）。

为普通人辩护的怀疑论者，可能试图拒绝这种论证作为人们拙于“阅读”列联表的证据，他们会认为，被试在这种任务中出错，主要是因为任务的新奇性和人工性。实验室表现与日常现实世界表现之间的关系——也就是“生态效度”问题——是一个重要问题，也是本章所描述的研究中不能够规避的一个问题。相应地，在此让我们开始处理这个问题，希望读者会预先得到警告并且做好准备。

首先，尽管不可否认，表格阅读任务不是一种常见任务，并且从生态学意义上来说并不具有代表性，但是我们要注意，被试在这些实验室任务中所表现出的逻辑（和各种逻辑弱点），与各种日常推理中所表现出的逻辑相当一致。如考虑一个复杂的问题，“上帝会回答祈祷者吗?”“是的”。那些仅仅考虑出现—出现单元的普通人可能会说，“因为有很多次我向上帝要求一些东西，结果他给了我那些东西。”他的那些更加老练多疑的朋友可能会问，“但是又有多少次你向上帝要求一些东西而没有得到呢?”但是，对于目前这个推理任务，两个单元的比较，仍然绝对不够。即使加上第三个单元——没有祈祷而出现满意的结果——也不会解决问题，因为在做出任何可靠的推论之前，都必须考虑所有四个单元。并且，即使是最老练的直觉心理学家，也可能会固执地拒绝这种建议，即“不存在—不存在”单元的数据（如没有祈求要得到满意的结果，并且确实也没有出现满意的结果），对于评估祈祷对尘世结果的影响，必不可少。

但是，我们甚至可以更强有力地回击“不具代表性”的这种指控。如
214 果说四项表格（fourfold table）的任务，是一些独特的问题，那么，这同一种任务，也是被试在日常生活中被要求的，而它们正是日常共变评估的困难所在。这些要求，包括初始抽样、编码、存储和提取相关数据，然后以符合共变评估的形式整理数据。如考虑有一个人，他试图检验一种陈旧的观点，即红头发的人脾气暴躁（或者更准确地说，红头发与脾气暴躁之间存在正相关关系）。首先，他必须决定应该考虑哪些数据。他应该试图抽样或者回忆红头发且脾气暴躁的人的实例吗？或者他应该考虑一些有红头发的人，然后注意他们中有多少人是脾气暴躁的，或者考虑一些脾气暴躁的人，然后注意他们中有多少人是红头发的吗？他很可能会采取一些这样的策略或者策略组合，而从来没有考虑过性情平和且头发深色的人的相对频次可能与这个推理任务有关的可能性。这种情况，与四项表格任务形成对比，后者使得被试能够平等地利用所有相关数据，即使它并不要求所有数据都应该被给予适当顺序的考虑。

让我们假设不知什么原因，正被讨论的这个人确实承认，为了检验他的成见，他需要考虑所有四个单元的数据。他应该怎样选取出一个合适的数据样本从而得到相关的单元频次呢？他应该仅仅考虑碰巧首先浮现在脑海中的那组人吗？他应该考虑属于某个有限类别（如他的家庭成员、他的朋友，或者他所在公寓的房客）的所有人吗？或者他应该尝试采用某种“随机”方法从全部总体中得到一些例证吗？大多数非正规抽样方法的潜在偏差来源都很明显。根据首先浮现在脑海中的人抽样，容易出现严重的“便利性”偏差（Tversky & Kahneman，1973，**11**）。朋友、家庭成员或者邻居样本，可能出现同样的偏差，也违反了独立性的要求（并不是一个微不足道的问题，因为一个人的家庭、他的朋友甚至他的邻居往往可能具有共

同的行为倾向、身体特征，甚至是他们之间的一致）。当然，“新奇的”四项表格程序，使得共变评估者免于面对这些复杂的和潜在的临界问题。

编码、存储以及提取的工作，给日常共变评估带来许多额外的因素和问题。最重要的是，红头发的人脾气暴躁这一隐含的假设，可能左右了关于谁脾气暴躁或者不暴躁以及谁的头发红或者不红的判断。本章随后会进一步考虑这个问题。目前，我们仅仅需要注意到，人们先前的预期或者假设，可能会持续潜在地影响每一阶段的信息处理，以致产生偏差。而当人们面对的是已经完成了全部处理的数据即包括编码、存储和提取时，这种影响就被排除了。更一般地，让我们仅仅重申，容易证明，与源自于列联 215
表方法论的人工性或者新奇性的困难相比，现实世界中的这种困难，对于精确地评估共变来说，是更加难以克服的障碍。

2. 伪相关：先见对于感知的影响

当相关的观察资料是一个一个单独地而不是以列联表的形式给出时，人们处理二元分布的成功情况又是怎样的呢？现存的证据大部分来自于查普曼（Chapman）等人关于伪相关的开创性研究。对这一研究的详细说明见查普曼等人的研究（Chapman & Chapman，1967，1969），也参见本书第 17 章。在此，我们的简短评论，集中关注那些为我们自己的最新努力做出铺垫的特定问题和研究发现。

查普曼等人研究被试检测临床迹象和症状之间的共变的能力，或许对于他的研究发现和结论的最简单概括就是，被报告的似乎反映的真实共变，共变所远远少于基于理论或者基于语义的先入之见，而这些先入之见，是关于“应该”存在的关系的性质。尽管这些研究发现激动人心，充满争议，并且很大程度上与实践者直接相关，但通常认为先入之见对于观测到的联系的影响，从根本上来说很普通。

正如 L. 查普曼自己在他的第一篇论文中（1967）所指出的，伪相关并不局限于临床判断领域。大多数的迷信，本质上是关于某种行为或者事件与随后的积极或者消极后果之间的关系的信念，而这些信念缺乏经验的证据。类似地，种族的、道德的、地区的或者职业的成见，也是关于共变的信念，是被强烈坚持的、尤其抗拒非支持性数据的影响力的信念（比较

Adorno et al., 1950; Allport, 1954; P. Goldberg, 1968; J. M. Jones, 1972; Taynor & Deaux, 1973)。这种情况，也可以引用关于“内隐人格理论”(implicit personality theory) 的研究。大约半个世纪之前，桑代克（Thorndike）描述了所谓的成见效应（halo effect），由此感知者期望并且报告了所有积极的人格特征之间的联系。随后的研究者（如 Koltuv, 1962; Norman & Goldberg, 1966; Passini & Norman, 1966）极大地拓展了这项研究，探索关于人格的概念图式和信念，它们使得感知者倾向于报告不同特质之间或者同一特质的不同指标之间的一致关系，而它们之间的经验联系非常弱，甚至根本不存在。

因而，在共变评估领域，有大量的经验和逸事证据证明，预期与证据之间的角逐有可能是一场不平等的竞争（比较 Bruner, 1957a, 1957b;
216 Bruner et al., 1951)。直觉的科学家关于经验关系的先入之见，往往决定了他发现什么，他不能发现什么以及他看到的而实际上并不会被看到的东西。然而，关于理论优于数据的这种肤浅的归纳，可能使我们忽略了查普曼研究中一个重要的含糊之处——或者，至少是一个未解决的重要问题。特别地，我们能够确认与直觉共变评估有关的两个相互独立的问题。某种意义上，在那些研究以及其后的后续研究中（如 Golding & Rorer, 1972; Starr & Katkin, 1969)，这两个问题被混淆了。第一个问题，涉及人们在检测即时可得的数据显示出的共变时所面临的困难——也就是说，当他们不受关于正被讨论的经验关系的任何特定理论或者预期“妨碍”时，他们识别并且评估共变的能力。第二个问题，涉及被试的直觉或者理论引导他们假定存在强的相关关系的倾向，而这种假定，被最佳的“客观”证据所隐藏。

这两个问题之间的分离，意味着需要采取两种非常不同的任务，来研究被试的共变评估表现。第一种任务，本质上是一个“心理物理学”任务，它产生关于主观判断与客观测量之间的相关关系的证据。在这个任务中，只向被试出示了几组二元观察，而他们不能事先形成任何关于这些观察的先入理论，然后要求被试评估每一组中的关系的强度。然后研究者就能够尝试衡量被试的任务的难度（主要是通过记录与某些判断相关的变异程度），判断那些联系主观估计与客观测量的“心理测量”函数的性质。

第二种任务，处理的是另一极的情况，与这种纯粹“基于数据”的评估对立；它关注的是完全，或者几乎完全“基于理论”的评估。因而，被试的直觉或者理论能够联系的成对变量或者测量，将会被指定，但是研究者不会提供任何相关的二元数据。因此，如果被试在这种评估中运用了任何数据，那么这些数据一定是由被试的日常经验和记忆提供的；这些数据，也同样容易受到我们前面的讨论中提到过的一大堆“加工”错误和偏差的影响。为了进行评估和比较，实验者也必须掌握一些方法，来评估与这种直觉估计相关的精确性，或者错误的性质。也就是说，他必须掌握一些相关关系的“客观”尺度，以测量指定给被试的每一对变量。

二、基于数据与基于理论的共变评估的实验比较

最近，我们的一项研究讨论了这个问题，并且运用了刚刚概述过的基本策略。在基于数据的任务中，运用了三种不同类型的二元分布，在 217
下一部分我们会更具体地描述。至于基于理论的评估，实验者指定了成对的相关变量，但是没有给出任何实际的数据。为了方便比较基于数据与基于理论的评估，我们使用了一种被试内设计（within-subject design），在两种任务中，被试运用同一种主观等级量表（根据出示的顺序保持均衡）。

在每一种情况下，相关的共变评估任务使用的，都是连续变量而非离散变量（与 Chapman & Chapman，1967，1969 和 Jenkins & Ward，1965 的研究形成对比）。之所以这样设计，是为了更加准确地把握大多数日常评估任务的性质。[1]

被试与评估任务

一共有 64 名斯坦福大学的本科生，参加这项比较基于数据与基于理论的共变评估而设计的实验，他们中还没有人已经完成大学阶段的统计学课程。在两种类型的评估中，被试都使用一种简单的等级量表，来描述他们关于每一对变量之间的关系的方向和强度的主观印象。在使用这种量表时，被试首先估计问题中的关系是正还是负。然后，他们估计这一关系的强度，

并在一个百分制的等级量表上画“X”表示这种强度，量表两端的初始值分别是“完全相关”和“无关”。

（1）基于数据的共变估计。

实验的一个部分处理的共变估计，是基于实验者提供的二元观察资料集。运用了三组刺激物来产生相关的二元分布。对每一种类型的刺激物，设定一组二元分布，以代表两个变量之间不同的客观共变。被试被要求研究每一种分布，并且使用百分制主观等级量表估计分布所描述的关系。

我们预计，在这个任务中，被试估计的精确性，部分地依赖于他们在编码、处理和回忆数据时所面临的困难。为了检验这个假设，在被试进行共变估计之前，三种类型的刺激物对被试提出了明显不同的信息处理要求，
219 特别是与估计刺激强度和存储以及从记忆中提取信息相关的要求。因而，第一种类型给出的，是每组10个简单的数字对。第二种类型，给出的是图表，每张图表描绘了一组10个不同高度的人手持不同长度的手杖。最后一种类型的分布，是用录音磁带给出的，内容是一组10个人，每个人首先说出一些字母，这些字母在字母表上占据一定的顺序（以他们的姓氏的首字母为序），然后立即唱出不同长度的一段乐谱。

（2）基于理论的共变估计。

实验的另一部分（两个部分出示的顺序保持一致）处理的共变估计，是基于被试的先验预期或者理论，而非任何即时可得的二元数据。

指定成对的测量或者变量，然后要求被试首先估计每一对关系的方向，然后估计关系的强度，并且始终运用与基于数据的评估中所运用的相同的简单百分制主观等级量表。在这部分的实验中，一些变量对，处理的是个人特质的不同行为测量尺度，如哈桑等人（Hartshorne & May's，1928）关于道德行为的跨情境一致性的经典研究中所使用的测量诚实的两种尺度，其他一些处理的是个人态度、习惯或者偏好。但是，在每一种情况下，我们获得的主观共变估计，都应该能够与从以往的经验研究中挑选出的“客观”相关关系比较（表15—1给出了这些变量对以及相应的相关关系的一个完整列表）。

表 15—1　　指定给评估者的变量对和它们的客观相关系数 218

	变量描述	客观相关系数
A	学生自我评估自由主义 学生评估过去十年中商界领袖的表现	−0. 28[a]
B	学生自我评估理智主义 学生评估过去十年中美国总统的表现	−0. 19[a]
C	学生自我评估羞怯程度 学生旅游美国州的数目	−0. 12[a]
D	学生自我评估抱负 学生的身高	0. 01[a]
E	学生评估过去十年中大学校长的表现 学生每星期花在娱乐运动上的时间	0. 08[a]
F	学生自我评估理智主义 学生的家庭收入	0. 17[a]
G	根据谎报运动成绩测量的儿童不诚实程度 根据解谜中作弊的数量测量的儿童不诚实程度	0. 18[b]
H	学生的家庭收入 学生评估过去十年中商界领袖的表现	0. 28[a]
I	六年级学生“延迟满足”的能力 六年级学生抵御作弊诱惑的能力	0. 31[c]
J	学生自我评估责任心 由室友评估这些学生的责任心	0. 35[d]
K	学生自我评估理智主义 学生自我评估抱负	0. 37[a]
L	学生评估过去十年中国会的表现 学生评估过去十年中劳工领袖的表现	0. 40[a]
M	学生每星期花在娱乐运动上的时间 学生自我评估身体的健康	0. 52[a]
N	学生评估过去十年中美国总统的表现 学生评估过去十年中商界领袖的表现	0. 55[a]
O	自我评估政治保守主义 自我评估种族中心主义量表项目的组合	0. 57[e]
P	学生的身高 学生的体重	0. 79[a]

注：a. 相关系数得自对斯坦福大学学生的一项调查（N＝295）。
b. 相关系数得自 Hartshorne 和 May 的研究（1928）。
c. 相关系数得自 Mischel 和 Gilligan 的研究（1964）。
d. 相关系数得自 Bem 和 Allen 的研究（1974）。
e. 相关系数得自 Adorno 等的研究（1950）。

三、结果

1. 基于数据的共变估计

我们首先关注的事情，涉及被试针对即时可得的二元数据做出的共变估计。我们可以提出两个明确的问题：首先，在没有任何关于相关数据分布的“理论”的情况下，被试怎么能够容易地检测出各种强度的共变？其次，联系评估者的主观估计的均值与客观的共变测量的“心理物理学函数”的性质是什么？

对数据的考查表明，这种估计任务非常困难。每一组数据的标准偏差以及与全组估计相关的四分位差间距（interquartile range）都非常高（见图15—1）。特别值得注意的是，许多被试，在仅仅确认正相关关系的存在时，就面临困难，即使是强度相当大的相关关系。事实上，只有当客观的相关关系达到 +0.6 到 +0.7 的水平时，四分位差区间，才彻底排除负的相关关
220 系估计。三种类型的二元数据分布，在共变估计的不稳定性方面，似乎并不存在系统的差异，尽管与这三种类型相关的信息处理（随机或者系统误差的概率）在数量上存在明显差异。被试明显对于信息处理要求的增长不敏感，这一点，为了解被试的评估“策略”的本质，可能提供了一些线索；而被试的评估“策略”，就是一种概率，稍后我们在文中再来讨论。

图 15—1 也给出了与基于数据的评估的第二个问题相关的数据，即共变的客观与主观指标之间的“函数关系”问题。读者将会注意到，三种刺
221 激域的均值，在结果描述中是共同给出的。检验以及显著性检验，都没有显示出任何有效的或者连贯一致的趋势，能够区分出三种刺激域的结果。与三种独立领域中的任何一种得到的结果相比，这种共同分担的结果，是一个更加平滑、更容易理解的函数。为了方便读者，我们拟合图形中的各点，得到一条曲线。应该强调，这条曲线是在这之后作出的，它不是来源于任何“心理物理学理论”。

通过检验，很明显，尽管对于个体估计存在组内变异性（within-group variability），但是联系主观估计的均值与客观的相关关系（Pearson r）的函数却相当平滑。更加特别地，似乎存在一个联系两个变量的剧增函数（sharply accelerating function）。因此，心理学家通常关注的关系，即所测量

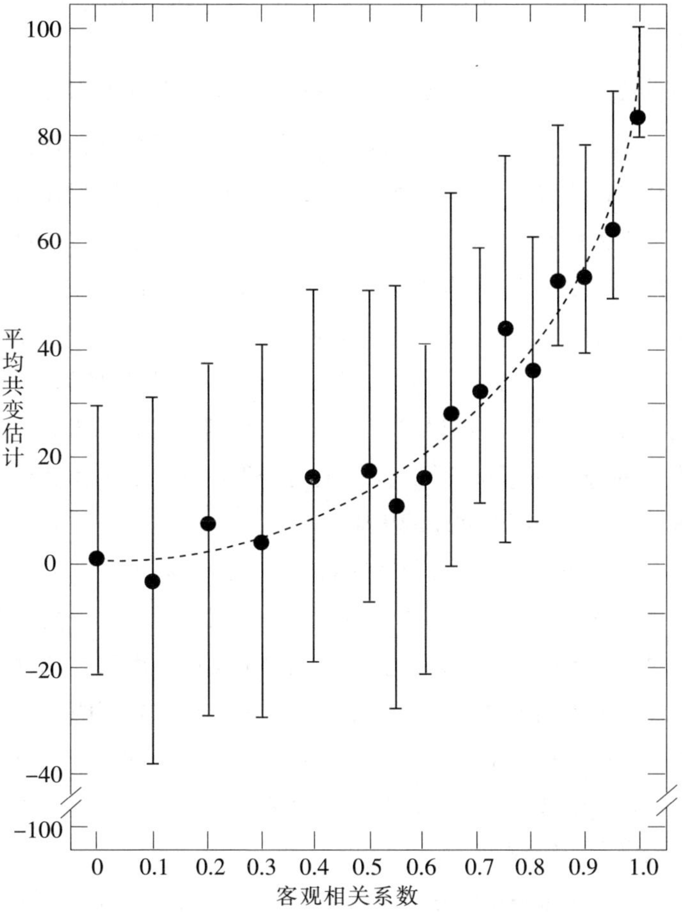

图 15—1　"基于数据的"共变估计的均值和四分位差间距

它是三种分布类型共同分担的结果，"心理物理学函数" $100(1-\sqrt{1-r^2})$ 以虚线表示。

的人格特质或者其他社会行为的跨情境一致性如（$r=0.2$ 到 0.4），几乎检测不到。得到的平均估计根据百分制量表在 4 到 8 之间。即使是这些心理学家认为非常强的关系（如 $r=0.6$ 到 0.8），得到的结果也是不太高的主观共变估计。如客观相关关系 0.7，得到的主观估计均值为 34——就百分制主观量表而言，是一个位于"相当弱"与"温和"之间的中间等级。只有当客观相关关系接近 0.85 的水平时，组平均值才达到主观量表的中间值，并且只有超过这一点，被试才一致地把这种关系评定为正的强关系。

对估计更加仔细的考查表明，相关性或者共变的主观等级并不是 r 甚至 r^2 的一个线性函数。相反，表达式 $1-\sqrt{1-r^2}$ 似乎准确地描述了共同给出的估计均值的模式。[读者可能会把这个表达式看作是“离间系数”，一种测量标准误差的减少量的尺度，标准误差的产生与根据对变量 X 以及 X 与 Y 之间的关系的了解预测变量 Y 有关（Huntsberger，1967）。] 事实上，实际的估计均值与这个表达式描述的均值之间的相似性，相当令人惊讶——准确地说，基于离间系数的函数解释了 95% 的均值间变差。但是，我们要赶紧提醒读者不应该误解这种巧妙拟合的意义。图 15—1 所描绘的拟合优度（the goodness of fit），仅仅适用于组估计；而个体估计，则表明被试面临区分不同程度的共变的困难。

显然，关于联系主观回答与客观共变测量的“心理物理学”函数的精确性质，现在做出任何结论都还为时过早。毫无疑问，任务的细节、情境甚至可能是评估者的总人数，都会导致函数的不同，而只有通过引入合适的参数，才能捕捉到这种差异。
222 但是，现在的结果，要证明人格评估小组成员频繁报告的那种类型的适度相关关系（比较 Mischel，1968，1969），可能不够，但足以给那些由于缺乏基于理论的先入之见而遭遇这种共变的普通人留下最微弱的印象。

值得进一步再次强调的是，尽管它们对被试提出了迥然不同的信息处理要求，三种不同的基于数据的共变估计任务得到的结果非常类似。因而，正如图 15—1 所证明的，被试参与的三种任务中的每一种，心理物理学函数都精确地反映了主观估计与客观测量之间的关系。被试的实际估计与函数预测的估计的均值之间的相关关系从乐谱/字母对的 $r=0.91$ 到数字对的 $r=0.98$ 不等。

2. 基于理论的估计

至此，我们已经给出证据证明，为了得到即使是稍微不等于零的主观估计，就需要相对强的客观相关关系（根据皮尔逊相关系数 r）。孤立地考虑，基于数据的评估的心理物理学函数只能证明，普通人的主观度量标准，相对于大多数正规统计学家所运用的来说，是一种谨慎的或者保守的标准。(当然，几乎没有人会怀疑，r^2 与 r 相比是更加合适的相关性指标，因为它更容易与预测效用相联系，或者是某个变量的值的不确定性的减少量，根据对其他相关的变量的了解。）简单地说，尽管与这种估计相连的变异性使我们几乎不再怀疑估计任务的难度和不确定性，但是我们获得的基于数据的估计，并不能证明直觉心理学家有任何系统的弱点。

记住这些研究发现以及可能的解释，现在我们可以转向关于表 15—1 中列举出的关系的主观共变估计的结果。我们应该记得，这些估计，是在不存在即时可得的数据的情况下做出的。根据推测，它们是仅仅根据评估者的非正式理论或者直觉做出的，没有任何数据，除了在日常经验中记录下并回忆起来的高度“处理过的”数据。图 15—2 所提供的，是这些结果的一幅直观图。很明显，任何一个函数——线性的或者其他的——都不能描绘出主观估计与客观测量之间的关系。然而，不可否认，有一种趋势使

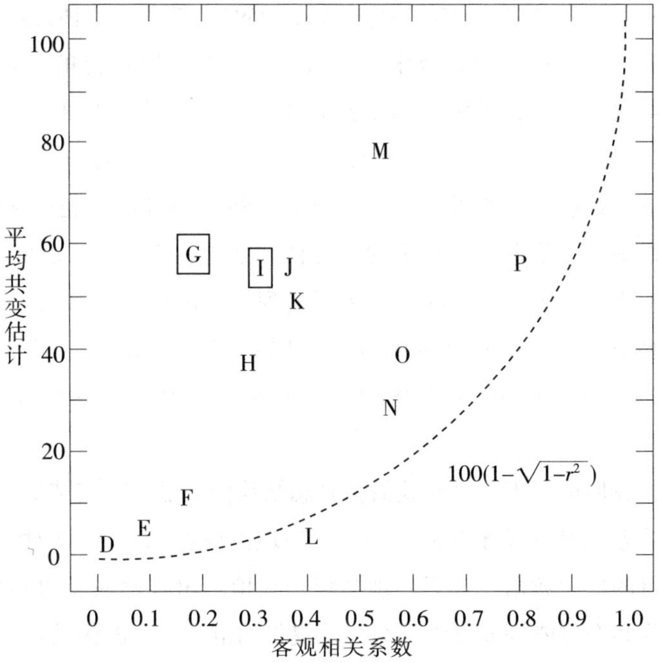

图 15—2　“基于理论的”共变估计的均值（具体变量凡例见表 15—1）

得被试基于理论的估计与客观证据之间表现出大致的对应。也就是说，正
223 的经验关系被估计为正；负的关系被估计为负；与相对弱的关系相比，相对强的经验关系，通常会被估计的强一些，等等。

但是，或许这些基于理论的估计最惊人的特征在于，一旦解除了即时可得的数据强加的限制，被试就变得不再谨慎或者保守。他们心甘情愿地冒险进入主观百分制量表的中部甚至上部，即使是在处理那些客观上仅仅适度相关的变量对时。图 15—2 提供的图形证明，使我们理解了这一点。同一相关水平的几个变量对，在基于数据的评估的情况下得到的主观估计均值，几乎等于零（如 $r=0.3$），而现在得到的估计，根据主观百分制量表，是 30、40 或者更高。

变量对的 G 和 I，值得特别强调，因为它们处理的基于理论的估计是关于行为的跨情境一致性，因此证明了一个目前受到特别关注的理论问题（比较 Alker，1972；Allport，1966；Bem & Allen，1974；Bem & Funder，1978；Bem & Lord，1979；Mischel，1968，1969）。关于这两种关系的主观估计所传达的信息，很明显，也十分惊人。当面对即时可得的客观数据时，这些数据给出的相关关系从 $r=0.2$ 到 $r=0.3$ 不等，被试给出的平均估计根
224 据百分制等级量表平均在 0 到 10 之间。现在，在不存在可以直接利用的数据的情况下，处理相关关系同样是从 $r=0.2$ 到 $r=0.3$ 的双变量域时，被试固有的人格理论，使得他们给出的共变估计平均在 50 到 60 之间。在没有“理论”或者先入之见的情况下，为了得到类似的估计，将会需要即时可得的二元数据给出什么程度的共变？如同我们在图 15—2 中所能够看到的，答案是只有在 $r=0.90$ 范围内的经验相关关系，才可能得到这样的估计。

因而，我们可以用一对经验概括来总结我们自己的研究结果。

（1）在没有任何关于它们的相关性的理论或者先入之见的情况下来检查即时可得的二元数据，直觉心理学家面临检测出各种强度的共变有重大困难，这些共变可能构成日常社会经验提供的范围广阔的函数关系的特征。特别地，对那些探求行为的跨情境一致性的心理测量学家来说，他们所研究的强度范围内的共变，可能一直没有被发现，或者被认为几乎不存在。

（2）当不存在任何客观的、即时可得的二元数据能够检查，但是可以运用先前的理论或者先入之见时，直觉的心理学家，倾向于期望和预测强度相当大的共变，它经常是强度远远大于以往的经验可能提供过的，或者未来的经验将会提供的。

综合来看，这些概括有助于突出目前基于数据的与基于理论的评估之间的对比。显然，我们持有的理论，使得我们期望并且预测比实际存在的关系更强的经验关系；除非我们已经期望去发现它们，否则，许多确实存在的这种经验关系，甚至是因果强度的关系，就可能一直埋没不被发现。

四、论理论的起源与生存

1. 共变评估策略

在概括各种评估任务的结果以外，开始思考可能构成这些结果的基础的判断过程和策略，这一点也很重要。再一次说明在基于数据的估计与基于理论的估计之间的区分具有决定性意义；而查普曼等人的开创性研究，也再次提供了一个有利的切入点。

（1）数据与理论的比较。

根据查普曼等人的研究，很明显，先入之见，胜过即时可得的数据提供的信息。但是，这种情况发生的方式并不那么明显。被试事实上“看到 225
了”他们所报告的关系吗？或者他们仅仅报告了他们所期望的数据中会存在的关系，而没有任何相应的主观印象？或者被试折中他们的主观感知和预期，赋予各自一定的权重？根据报告的结果给出一个明确的答案，是不可能的。尽管有明显的证据证明，被试至少确实重视他们对数据的直接感知，并且他们的感知也不是完全为他们的预期所决定。特别地，我们注意到，查普曼等人的报告反复揭露不存在的相关关系，最终确实减少了伪相关的报告。但是，也很明显，数据从来没有能够彻底击败被试的先入之见，因为即使扩展到负相关关系，也不能完全排除伪正相关关系的报告。

因而，关于共变评估的直觉策略的问题，就尖锐地突显出来。被试怎样判断手头拥有的资料中存在的关系的程度呢？他们的直觉理论或者先入之见提出具有代表性的一组二元观察，他们又是怎样判断其中“应该”存在什么程度的关系的呢？先入之见什么时候以及怎样转化成人们关于共变的主观经验呢？在开始思考这些问题的答案时，一开始就集中关注纯粹基于数据的与纯粹（或者至少是大部分）基于理论的评估，并且只有在那之后才转回到即时可得的数据与基于理论的预期相互冲突的情况，这种做法再次帮助了我们。

（2）基于数据的评估的策略。

关于基于数据的评估，可能最令我们吃惊的研究发现是涉及被试针对那些给出日常经验中可能会碰到的各种强度的共变的二元分布所做的回答，这些共变与非正式的社会理论有关——特别地，被试发现检测这种相关关系非常困难，并且平均而言，他们认为相关的共变非常接近于零。考虑到我们的被试可能运用的非正式共变评估策略，这些结果意味着什么呢？

在思考这个问题的时候，重要的是记住，个体评估者对于客观上弱的关系的估计通常不会接近于零。相反，他们给出一个相当大的估计范围，只有相关的这些估计的均值才接近于零点。再一次，很难准确地辨别出被试事实上“看到了”什么以及他们估计的是什么，不管他们看到了什么。联系平均估计值与实际的相关关系的“心理物理学”函数令人吃惊的平滑和连贯，使得我们相信，被试确实利用了与客观的相关关系密切相关的数
226 据特征。然而，他们的估计的变异总量表明，被利用的数据特征与客观的共变测量，仅仅是非常粗略的相关。

我们猜测，被试关于“相关性”的印象，并没有导致任何试图考虑有关的二元观察资料的全部样本的努力，一些参与任务的素朴评估者的内省，支持了我们的猜测。相反，被试可能依赖很少的特殊个案，可能是变量 X 或者变量 Y 的极端个案。因而他们可能仅仅观察与 X 的极值相关的 Y 的值的方向和 Y 的极值，反之亦然。影响注意力和记忆的因素，可能起一定的作用；因而描述的形象性和具体性，以及首因效应（primacy）和近因效应（recency），可能影响到被试会依赖哪些数据点。

照这样依赖于有限数目的特殊个案或者“检验”个案，特别是依赖极端数值，将会产生一定的结果，这些结果似乎与我们自己的研究发现高度一致：首先，设计刺激域（如数字对图画、对录音磁带）的操作，是为了

调节共变评估之前所必需的估计和记忆的强度，刺激域的操作本应该几乎不发挥作用，因为如果评估者仅仅依赖非常有限数目的特殊个案，那么这些额外的要求就无足轻重。其次，由于依赖于他们碰巧注意到的那些特殊个案，我们可以预期，处理弱相关关系的被试给出的估计值会是稍大于或者稍小于零，而不会等于零。与此相对，处理强相关关系的被试，应该给出相当一致并且相当极端的估计，因为高的正相关关系，使得与其他变量的极端值相关的变量的值的变动几乎不可能。我们的心理测量函数的形状，以及给出的最强经验相关关系的估计减少的变异性，都与假设依赖极端个案得到的这些结果一致，尽管这些证据远非结论性的。很明显，只有根据仔细操作极端个案或者其他比例不等的便利个案的数量的研究设计，才能得到更加明确的答案。

（3）基于理论的评估的策略。

当我们把注意力转向基于理论的评估时，将要提出的一个明显问题，涉及任何数据可能被利用的程度，除了纯粹的理论之外。当然，在一些个案中，可能根本没有参考过任何数据。如评估者可能仅仅依赖基于语义或者基于理论的直觉和预期；也就是说，在考虑每一个变量对中的两个变量之间的相关关系时，运用“代表性”标准（比较 Kahneman & Tversky, 1973, **4**）。可能没有读者会怀疑这种论点，即人们持有——或者至少能够容易地产生——这样起源的社会理论。实际上，任何普通人都能够如此迅 227
速地产生新的理论或者关于函数关系的预测，使得这些理论不能依赖于实际个案的生产和分析。

然而，我们并不怀疑一些基于理论的共变估计，可能会需要参考实际证据的可能性。但是，我们再次猜测，普通人更加可能依赖特别的检验个案——他们容易受到编码、存储和回忆过程中多种来源的显著偏差影响——而不是产生并且非正规地分析一些二元数据的总体样本。

因而一些关于特殊相关关系的理论或者信念，可能至少部分地基于数据。而其他的理论或者信念，可能基于对更为广泛的信念的演绎，而这些更为广泛的信念涉及世界、传统的民间智慧、语义联想，或者家庭、朋友以及大众媒介的劝说性交流。但是，很明显，无论它们起源于什么，这些信念有许多是错误的，并且在面对那些会使任何不受偏见影响的观察者——当然是任何拥有一个计算器、一本统计学导论课本和一些关于如何使用它们的传统知识的不受偏见影响的观察者——在产生重大疑问的证据的情况下，能够存活下来，甚至盛行一时。因此，我们愿意简单地论述一对相互关联的问题，以此结束本章。这对问题，是关于直觉理论与经验共变的日常经验之间的不一致，而经验共变“检验”了这些理论：首先，面对有明显说服力的逻辑或者证据方面的质疑，使得那些关于函数关系的错误的或者过分夸大了的信念能够存活下来的机制是什么？其次，怎样调和我们关于普通人的弱点的新兴观点与生物体表现出的明显的学习能力（特别是操作性条件作用和反应性条件作用），以及那么多日常信念和社会策略明显的精确性和恰当性？

在此我们只能简单地涉及这些问题，我们建议感兴趣的读者参考本书第 9 章以及其他书中更为详尽的讨论（如 Nisbett & Ross，1980）。

2. 理论持续的机制

关于经验关系如对特定个体的印象的理论，经常表现出一种面对经验质疑时的惊人存活能力。一组解释这种持续性的机制，源于这样一个简单的事实，即人之特征是根据他们的信念行动；这些行为，可能包括从简单的公开支持到人们在时间、精力、财富和声望方面的投资。这种行为承诺，使得行动者在面对新的证据时仅仅修正他的信念，也是极“不协调的”（Abelson et al.，1968；Festinger，1957，1964）。实际上，一个行动者的信念
228 或者预期，可以构成一种自我实现的预言，由此最初毫无根据的信念，会导致行动者的行动，并使得产生的结果或者数据最终合法化的信念（Merton，1948；Rosenhan，1973；Rosenthal & Jacobsen，1968；Snyder & Swann，1976；Snyder et al.，1977）。

罗斯和他的同事最近进行的研究，阐明了可能构成信念持续性现象基础的其他机制或者程序。这些机制包括，外行人倾向于同化被考虑的新信息，使之与先前信念保持一致，并且超越所同化的数据以发展因果解释，而这种解释能够说明为什么所假设的事态应该维持（见本书第 9 章和 Anderson et al.，1980；Jennings et al.，1980；Lord et al.，1979；Nisbett &

Ross，1980；Ross，1977；Ross et al.，1975；Ross et al.，1977）。

3. 共变检测、条件作用和其他日常生活中的成就

乍一看，我们关于普通人检测和评估共变的能力的黯淡观点，似乎与众多实验证据，甚至是基础更为广泛的日常经验相冲突，而这些证据和经验，已证明了经典的和操作性的条件作用。每一只曾经学习过逃离梭形盒的老鼠，每一个曾经觉察出在他的早餐麦片中添加糖的好处的孩子，每一位发现诚实并不总是最好的策略的恋人，每一位曾经对孩子的哭声表现出泌乳反射的妈妈，都证明生物体确实在环境的刺激中识别出共变。因此，查普曼等人和目前的其他研究者的研究，所处理的是一些非常有限的、异常类型的、普通人唯一不擅长的共变评估问题吗？尼斯比特和罗斯（1980）讨论了这个问题，他们认为，答案是否定的。他们声称，反而是条件作用现象构成了“例外”，正是本章始终描述的检测和评估共变的有限能力，体现了“规则”。

我们不能具体地评论相关的论点，但是尼斯比特和罗斯的论文的要旨是，经典的和操作性的条件性作用，通常是在严格限制的，包含刺激突出性和特殊性、最优的刺激间距与试验间距，以及缺乏非相关或者分散性刺激事件的环境中，获得的。但是，他们列举的两个额外因素值得特别强调。首先值得注意的是，当条件作用能够在条件刺激（conditioned stimulus，CS）与非条件刺激（unconditioned stimulus，UCS），或者反应与强化之间存在相对低的相关关系下维持时，那么它最初几乎总是在完全共变条件下获得的——也就是说，条件刺激或者反应后总是伴随着非条件刺激或者强化，并且后者绝不会在前者不存在的条件下出现。因而，获得一种条件反应的必要条件与这种反应的维持或者“持续”之间存在的不对称，在一定程度 229 上，也说明了本章探讨的基于数据与基于理论的共变评估之间的同一种不对称。也就是说，在维持期间，生物体可能继续期望，甚至可能感知到条件刺激与非条件刺激或者反应与强化之间有一种比被客观证明的更加强的共变。它可能信以为真地接受强化的试验，而把非强化的试验，归咎于环境的减弱、第三变量的影响，甚至是运气。

最后，或许也是最重要的是，不断增加的证据证明，操作性的和经典

的条件作用，都受益于在一些情况下甚至是必需的、要习得的偶然性与机体带到实验室的先前理论或者预期之间所存在的相当高的拟合。很明显，绝不是所有的条件刺激—非条件刺激或者反应—强化偶然性，都是同样可习得的。关于这一点，令人印象最为深刻的证明，可能是由加西亚和他的合作者给出的（如 Garcia et al.，1972）。这些研究者报告说，在一个单独试验中，老鼠能够学会避开伴随有肠胃不适的味道异常的食物，即使吃食与不适之间的间隔长达 12 小时；与此相对，在吃掉一种味道熟悉但是形状异常的食物几个小时之后开始不适的动物，并没有表现出这种回避学习现象。另一方面，当即时的疼痛取代延迟的不适作为非条件刺激时，得到了一种相反的结果模式；也就是说，当这种刺激伴随有即时的电击时，老鼠立即学会了避开形状异常但是味道没有异常的食物。如同尼斯比特和罗斯（1980）所概括的，老鼠的特性，可能拥有两种“理论”，这两种“理论”都非常适合它们的生态环境中实际的偶然性：（a）当伴随有延迟的（甚至是非常迟的）胃部疼痛时，应该考虑怀疑特殊的味觉刺激；（b）当伴随有立即的肉体疼痛时，应该考虑怀疑特殊的触觉或者空间刺激。

因而用更一般的话来说（比较 Testa，1974），结论就是机体——人和老鼠——可能发现这些共变，并且只有这些共变，才是他们自己的历史或者他们的种群的历史使他们发现的。当没有“理论”的指引时，共变检测变得非常困难，而且只有当有关的相关关系达到一致，并且/或者当根据这一因素，学习的条件最优时，共变检测才可能出现。实验室中长期闻名的赫尔式（Hullians）的和斯金纳式（Skinnerians）研究方法，解释的就是这个因素。

当然，有些时候，日常环境，是最适宜于学习的。因而，在我们的日常经验中，我们学习数不尽的开关、操作杆、按钮和其他器械的用途，以及令人迷惑的种种迹象、符号和信号的意义，因为相关的共变，是如此接近完美。或许同样重要的事实是，普通人和正规的科学家一样，能够经
230 常“检验”他开始怀有的新的假设。他们能够仔细制造出样本数据，与意外经验和偶然回忆提供的样本相比，它们更加适合于所讨论的推理任务。

实际上，我们对于我们的环境的控制，逐渐依赖于我们用相对正式推理的工具替代非正式工具的能力。我们的成功，反映了世世代代的普通男女的遗产，他们小心谨慎地观察并且记录下他们的发现，而最近的，则是数不尽的受到正规的实验和统计分析训练的科学家的研究发现。

我们感谢 Daniel Kahneman、Amos Tversky 和 Paul Slovic 富有建设性的评论和建议。我们也要感谢 Rita French 和 Julia Steinmetz 的坚定支持，他们是本章描述的一些研究的合作者。我们的研究，部分受到国家自然基金研究生奖学金对第一作者的支持，以及国家精神健康研究院第 MH-26736 号资金和国家自然基金第 BNS-78-01211 号资金对 Lee Ross 和 Mark Lepper 的支持。

本章的结构和内容显然归功于 L. Ross 和 R. E. Nisbett 早年对同一主题的论述，见《人类推理：社会判断的策略与弱点》（*Human Inference: Strategies and Shortcomings of Social Judgment*, Prentice-Hall, Inc., 1980）。

注释

[1] 我们的文献搜索显示，以前的研究者几乎没有运用过连续变量为特征的共变评估任务。那次搜索中所发现的一个例外，是一项很少被引用的研究（报告见 Erlick, 1966；Erlick & Mills, 1967），该项研究主要处理方差对于感知到的相关性的作用，几乎没有得到什么与目前问题相关的数据。

第16章　控制的错觉

兰格（Ellen J. Langer）

尽管大多数人都同意技能和运气之间有很多重
231 叠，但是对于两者之间的紧密关系，仍未得到完全的理解。大体而言，这两者间的区别是很明显的。在技能的情境下，行为和结果之间有着因果联系，所以在技能任务（skill tasks）中的成功，是可以控制的。另一方面，运气却是一种机会事件。要靠运气或是侥幸来获得成功的事件，很显然是无法控制的。我们目前所关心的问题，就是这种区别通常是否被人们意识到了。我们的立场是认为人们并没有意识到这一点。关于机会事件，人们虽然嘴上说得好听，但事实上他们的表现，却仿佛机会事件是可以控制的。如果这是正确的，那么确定在这种混淆中起作用的一些变量，将是非常有趣的。

关于人们把机会事件看成是可以控制的这一断言的观察资料，来自社会学家戈夫曼（Goffman，1967）和亨斯霖（Henslin，1967）。在拉斯韦加斯研究赌博的时候，戈夫曼发现那些运气不好的赌博者（dealers）经常会有失去工作的危险。亨斯霖则研究了掷骰子的游戏。研究表明，这些玩家很明显地表现出他们好像可以控制投掷行为的结果。如果他们想得低的分数，他们就会轻轻地投掷，如果他们想得高分，他们就会用力地投掷。他们相信努力和集中精力会有回报。打赌的时候，也会引发控制，比如说，人总是和那些看起来非常有控制力的人打赌。如果人们认为这些游戏是技能性的，那么这些行为就是非常理性的。

如果一个人想对机会事件实施控制，他就会在结果出来以前来施加他的影响。有学者（Strickl and et al.，1966）验证了这种说法。被试参加一个投骰子的游戏，在这里他们可以选择两种下赌注的方法，一种是在骰子 232
投出之前，另一种是在骰子投出以后但最终的结果还没有出来之前。他们发现，被试在投掷前下的赌注比投掷后下的要高，即他们会选择高风险。

前边的研究显示，人们通常不能很好地区分可控制的和不可控制的事件。然而，支配这种“虚假控制”行为的因素，还没有被系统地研究。一种可以确定这些因素的方法，就是研究技能型情境的特点。在技能型情境中，人们热衷于各种公开的或私密的行为，为了使成功的可能性最大化，他们会采取几种措施：选择适合此情境的物质；选择该做出什么样的反应，使自己熟悉这些材料和反应；花一些时间来思考该采用什么样的策略来应对即将到来的任务；在积极地投身到任务的同时，继续努力来提高成功的可能性。此外，技能型情境中也有一些因素，它们并非必然由个人所引发，但为了扩大成功的可能性。竞争就是这样的一种因素。

这些与技能有关的因素，也许是导致控制错觉（the illusion of control）的原因。控制错觉，是指个人对成功可能性的期望不恰当地高于客观可能性所保证的。下面的这些研究的设计，用来评估这些与技能有关的因素在引发控制错觉方面的效果。具体来说，我们将描述的这些研究，是用来验证下边这个假设的：在机会事件中，通过鼓励和允许参与者投身于他将会在技能型情境中采取的行为，一个人就增强了此种行为的技能倾向，也就是说这人引发出了控制错觉。这样，这个人就会把前边提到的任何关于技能型情境中因素——选择、刺激，或反应的相似性、消极或积极地参与、竞争——引入到偶然情境中去，在这种情境中，参与者对结果已经失去了控制力，并且引发出一些更适应技能型场景的行为。

对这个假设的一个有力的证明，就是将这些因素引入到一些情境中去，如抽彩票，在这种行为中，结果完全是由运气决定的。如果这些因素成功地在这些机械的场景中引发了控制错觉，当这些因素被引入到一些已经有了控制因素存在的场景中去的时候，它们就会更加显著……

一、实验一：竞争对控制错觉的影响

人们在评估他们的能力的时候总是会热衷于竞争，所以通常假定，在机会性事件中，引入与技能相关的因素，会带来可控性的错觉（an illusion of controllability）。在技能的较量中，一个人事实上掌握的可以导致胜利的
233 结果的控制能力，是作为他的对手的能力的一个函数来变化的。如果人们对机会事件的反应和他们对在由技能决定的场景中的竞争一样，那么控制错觉，也会作为对手的能力的一个函数来变化。

在下边的研究中，被试要和两种同谋进行竞争，一种是有吸引力并且自信的，另一种是笨拙的、紧张的。如果被试认为这个任务的结果是不可控制的，那么，除获胜的可能性之外的其他因素，就会在影响被试的打赌方面起到决定性的作用。在这种情况下，当被试和自信的同谋进行赌博的时候，他会倾向于下大的赌注，原因可能是因为被试认为同谋会下更大的赌注，而被试希望表现得和同谋一样；或者是因为这种冒险，在我们的社会中被认为是有价值的（Wallach & Wing, 1968）。当被试和一个笨拙的同谋赌博的时候，他可能也会下大的赌注，是为了表现得和他不同，或者也是因为这种冒险是有价值的。然而，他们有可能在跟笨拙的同谋赌博的时候下的赌注较少，因为他们认为这个同谋会下的赌注比较少，这样被试就可以少冒风险，但仍然有风险。在任何一种情形中，被试跟自信的同谋打赌时所下的赌注，总是比和笨拙的同谋赌博的时候下的赌注多。另一方面，如我们所预测的那样，竞争引发了一种技能定向，那么被试就会在成功的可能性的基础上来进行赌博。因为一个人的对手越没有竞争力，他获胜的可能性就越大，所以，与和那些有自信的同谋赌博相比，被试应该在和那

些笨拙的同谋赌博的时候下更多的赌注。

1. 方法

被试

被试是 36 名男性本科生，他们在耶鲁大学选修了心理学导论这门课程。他们是看到广告后来参加的，这个广告中许诺，如果来参加一个关于认知和心理反应之间关系的研究，可以提供学分并且有机会赢钱。他们被随机地分到两种不同的实验条件下，每一组 18 个人。

程序

当被试进入做实验的房间的时候，他发现已经有一个冒充被试的实验同谋等在那里。这个同谋也是一个本科男生，并且对实验的假设一无所知，他可以扮演自信或者是不自信的人。我们依次称之为自信条件组（dapper condition）和非自信条件组（schnook condition）。

自信条件组

在这种条件下，冒充被试的同谋，表现得自信并且非常开朗，穿着一件非常合体的运动服。他向被试介绍自己，并且指出屋里的一个指示，上边说实验者马上就会回来，要求被试在这段时间里填写一张问卷。为了使这个实验显得像一个心理学的实验，问卷上询问了关于饮食、家庭疾病等类似的问题。被试和同谋在这十分钟左右的时间里填写了问卷，并进行了交流。谈话是非结构性的，但是主要是关于体育运动的。在这个短暂的互动以后，同谋不经意地敲了一下墙（这堵墙把实验者和他们隔开了），以暗示实验者可以回到这个房间里来。

非自信条件组

在这种情景下，同谋显得非常的害羞，非常笨拙，并且总是紧张地抖 234
动。他穿了一件非常小的运动服。其他的方面都和自信条件组中保持一致。

在两种条件下，同谋都在实验者进来之前脱掉了衣服。在实验者为迟到表示歉意以后，她指导被试坐好，并且在她准备实验材料的时候不要交谈。通过这些方法，使得实验者好像对实验前期的一些安排并不知情。被试和同谋面对面坐在一张桌子的两侧。在实验者把遥测伏特计、酒精、纱布海绵、电机凝胶、录音机放在桌子上以后，她朗读了下边的实验指导语：

我们对一些运动反应和认知反应对生理反应的影响很有兴趣。具体来说，我们对皮表阻力作为有压力和没有压力的任务的函数的变化感兴趣。我们希望这个实验的设计可以使你们感兴趣，并且我也可以获得我想要的信息。你有机会赢得或者输掉一些钱，所以这会是有趣的——但是并不能保证当你离开这个房子的时候会获得多余的钱财。好，首先我要求你们做的就是把这些电极戴在手上，我希望你把它戴在那个你不用来写字的手上，你是左撇子还是右撇子？不要担心，不会受伤的。（实验者给两人戴上电极，插上了遥测伏特计，并拿出了一副纸牌。）第一个任务是纸牌游戏。规则就是你们每个人从这副牌里取出一张，谁取的牌比较大那么这一轮他就赢了。将会有四轮比赛，在每一轮开始之前，你要写下你愿意赌多少，每一轮你都可以从0～25美分之间任意选择。然后你把你写下的数字给我看，但是你们不要互相看。也不要看你选中的那张牌。这样你的赌注和结果就不会影响你下一轮的心理反应。我会把牌翻过来然后计算出你们赢的和输的数目，并在结束以后分别告诉你们每个人。这个比赛是在你们每个人和我之间进行，所以如果你赢了我就会付钱，如果你输了你就要付钱或者是时间（subject time）。你们愿意参加吗？（同谋马上回答说，“当然。”）好，那我们开始。当我说准备的时候，你们就写下你们的赌注，这样我就可以做基本观察。

实验者然后就指导被试记录下他们的赌注并且给她。这些赌注被记录下来，然后被试开始分别抽卡片，然后同时把牌给实验者看，实验者记录下这个结果，然后把卡片面朝下放在了旁边的一张桌子上。在每一步开始时，实验者都假装在记录皮表阻力的变化。这个过程被重复四次。

因变量和操作化监测

因变量就是每一轮中被试所下的赌注。

在纸牌的游戏结束后，被试被告知下一步的实验将要单独进行，所以一个被试要到另一个房间中去，那里将有另一个实验者指导他的下一步实验。而且他们还被告知，一旦这个实验结束，这个实验者就会告诉另一个实验者纸牌游戏的结果，这样债务就会被确定下来。实验者告诉同谋离开这个屋子，并且要他们互道再见，因为他们的合作结束了。然后每一个被 235
试被给予了一个篡改了的结果，这样他们每个人获得了两美元，无论他们前边的赌博如何。被试被要求数一罐软糖并确定它的数量，同时实验者测试他的皮表阻力的波动。然后被试要回答一份本质上来说是心理学的问卷。在他被问到另一个被试的存在是否影响了他的心理反应的时候，他被要求在六点量表（6-point scale）上给另一个被试打分，从1（并非非常地有能力）到6（非常地有能力）。其他的问题都是关于心理方面的。当这些测量结束以后，实验者感谢被试并且告诉他们如果他们想了解实验的结果和目的，他们可以在一个月以后打电话来向设计者询问。

2. 结果

在检验是否投入的钱数是同谋的竞争力的一个函数之前，一个很重要的问题，就是要确定在两种条件下同谋是否真的被认为是不一样的。当同谋被假定是衣冠楚楚的时候，他的能力的平均评定分数是4.8，当他伪装成一个非常笨拙的人的时候，他的能力的平均得分是3.17。两种情形之下几乎没有重合。均值之间的差异，是非常显著的（$t = 5.46$，$p < 0.005$）。所以，我们可以很肯定地说，与非自信条件组相比，在自信组条件下，被试认为他们是在同一个更有竞争力的对手竞争。

我们可以回想起来，被试在四轮比赛中可以投入从0～25美分中的任何数目。这四次的赌博，会被平均起来给每一个被试一个分数。在自信组条件下，被试的下赌的平均数是11.04美分，而在非自信组的条件下其平均数是16.25美分（$t = 2.39$，$p < 0.025$）。如果我们检验第一次的赌注，我们发现两组之间的差异更加明显，因为第一轮的赌注，是紧跟实验操纵的。第一次赌注的平均值，在自信组条件下是9.28美分，而在非自信组条件下是16.72美分（$t = 3.16$，$p < 0.005$）。

对实验操纵的概念性检验。为了证实我们的假设，即耶鲁的被试期待有吸引力的同谋比那些没有吸引力的同谋时会下更多的赌注，两份问卷被分给从耶鲁大学的本科生中随机抽出的样本。第一份问卷对任务和参与者进行了描述，让被试来回答他们认为谁更容易下多的赌注。16 个人中，有 12 个人认为有吸引力的被试会下更多的赌注（$x^2=4$，$p<0.05$）。第二份问卷描述了任务，然后问被试他们会在每一轮当中下多少赌注。回答问卷的所有 15 个被试，都认为他们会下最大的赌注（25 美分）。

二、实验二：选择对控制错觉的影响

236 再一次，我们假定，当一个机会情境很类似于一个技能情境的时候，即使成功与否完全取决于运气，人们的行为表现，好像他们可以控制那些不能控制的事件。彩票，提供了一个研究这种控制错觉的非常好的工具，因为，除了决定要不要买彩票之外，所有的结果，都受运气控制。如果一个人可能控制六合彩的结果，他就增加了他对彩票的选择性。对于这个人而言，这张彩票，比没有这种控制力的人的彩票更有价值。如果这张彩票确实具有较高的价值，那么这个人就可以向潜在的买主索要更高的价格。

在接下来的这个研究中，一个抽奖的方法，被用来评估选择（一个在技能场景中非常重要的因素）对于控制错觉的影响，我们预测如果给被试自己选择他们的奖券，他们会对奖券索要一个更高的价钱。

1. 方法

被试

两个位于长岛的工厂里的成年男女办公室人员，可以购买彩票，这两个公司分别是保险公司和制造业的工厂。[1]因为各种各样的抽签和运动的选择，对于这些公司来说并不陌生，对于这次彩票活动的合理性解释，就是多余的了。除了 4 位女性以外，所有其他的人都允许票证公司来替他们买彩票。我们随机地将被试分配到两种场景当中，一种是选择场景，有 24 名男性和 3 名女性，而在没有选择的情境之中，有 23 名男性和 3 名女性。

材料

彩票是标准的 4 ×2 英寸的（10.16cm ×5.08cm）的足球卡。在每一张卡上，有一个足球明星、他的名字和他的球队。卡片首先是按照球队名字的字母顺序排列的，然后是按照个人名字的字母顺序排列的。这里有两组互相匹配的卡片，每一组包括 227 张足球卡，每一个被试从一组中选出一张，而对应的另一组里的这一张被放入一个硬纸盒里，从中会产生获奖的卡片。

程序

这次抽奖，是在 1973 年的超级联赛之前的一个星期进行的，由保险公司的一个男性和制造业工厂中的一个女性来完成。这两个实验者，对于实验的假设都一无所知。他们分别处理他们各自代表的工厂中的员工的抽奖活动，他们负责问他们的同事是否愿意花一元钱购买彩票。被试被告知他们的彩票可以在他们的公司和另一个公司中买到（另一个公司的名字也提供了），并且赢者所获得的总金额是 50 美元，并且他们还被告知了抽签的日期。在同意了参加抽奖之后，第一个到达的被试，被给了一个卡片盒， 237
并且让他从中任意选择。被试要说出卡片的名字，这样实验者就可以从另一堆中找出相应的卡片，放在一个封闭的硬纸盒里。同时，实验者会记下被试的名字和他选的卡片的名字。第二个来到的被试也被同样的对待，只有一点不同：他在同意参加抽奖之后，他所拿的一张卡片是前面被试所选择的卡片的匹配卡片。这样，被试就被分到了两种条件之下，第一种就是选择性的，第二种就是非选择性的。在第一个公司买了彩票的第二天，同样的程序在另一个公司里实施。

因变量的测量

在抽签的那天早上，实验者向每一个从他那里买彩票的人进行了提议。他分别告诉他们每一个人说："另一个公司里有人也想买彩票，但是我已经不卖票了，所以他想让我问问你们愿意多少钱卖掉你们的彩票，对我来说你们卖多少钱是没有区别的，但是我该怎么跟他说呢?"所给出的量值，就构成了因变量的测量。如果被试说他不愿意卖，实验者就会不断地催促他直到最后他给出一个价钱，他会在记录中写下"不卖"，并且在旁边注明他最后愿意出的价钱。

2. 结果

诚如我们所预言，选择的介入，对于抽奖的价值有很大的影响。在选择情境中，被试卖出他的票的时候要价的平均值是 8.67 美元，而在非选择的情境中被试要价的平均值只有 1.96 美元（$t=4.33$，$p<0.005$）。虽然他们被询问的是你们愿意以多少钱卖出你们的票，而不是问你们是否愿意卖你们的票，15 个被试一开始就说他们不愿意卖。这其中，有 10 个被试在选择的情境中，5 个是在非选择的情境中（$p<0.10$）。然而前边所说的那种差异，并不仅仅是那些被试在被敦促以后所提供的数目的一个函数，因为他们给出的价位从 3 美元到全部的奖金额 53 美元，只有 3 个人给出了最后这个数字 53 美元。

在这个实验中，所获得的一个结果，是熟悉性对于控制错觉的影响，但是直到下一个实验才被具体证实。女性对于足球运动的熟悉程度不如男性。因此，她们不太容易一开始就参加到这个足球的抽奖活动中来，如果她们确实参加了，她们应该要的价钱更少一些。我们应该还记得有 4 个人拒绝参加这个抽奖，她们全是女性。在那 6 个参加了的女性当中，4 个人要了 1 美元，而两个人要了 2 美元。这样女性要价的平均数就是 1.33 美元，而男性为 5.89 美元（$t=2.14$，$p<0.05$）。

三、意义和应用

在我们所呈现的证据基础上，被试不能区分机会事件和技能事件，似
238 乎是因为他们对这两种事件的不同界定。客观的偶然性，并不是控制被试行为的关键变量。相反，一个事件是否被作为可以控制的事件来对待，主要取决于如下一些因素，如竞争、选择、熟悉程度和介入程度，这些可能和实际的偶然性没有任何关系。这种情况，在那些明显地被运气所控制的情形中（如抽彩票）也存在着。

为什么会这样？人们总是试图去控制他们的环境。在这种语境下，控制的重要性，已经被临床医学家和社会科学的研究者广泛地讨论过。无论它是被看成一种竞争的需要（White，1959），还是一种想去控制的本能（Hendrick，1943），或者是力争获得优越的地位（Adler，1930），或者是为个人的原因去争取（deCharms，1968），大多数社会科学家都认为人们有一种想掌握个人环境的动机。而一种完全的掌握，则包括“战胜一切不确定

性”的能力，也就是说要控制一切机会事件。一个问题越难，一个人在解决它以后就会获得更大的成就感。最大的满足和成就感，就来自于对似乎不可控制的事件的控制。

在控制的动机以外，对于可控制和不可控制的事件缺乏区分，还有一个原因。技能和机会因素在人们的经验中是紧密相关的，这是事实。也就是说，这里不仅存在一种不去区分的动机，而且在做出区分的过程中，确实存在着很大的困难。因为在每一个技能事件中，机会都会起到作用，而几乎在每一个机会事件中，技能也会起作用。前者是明显的，不需要进一步的解释。后者的例子，见诸在掷骰子中的良好的表现（比如知道偶然性），或者知道哪一个被操纵的老虎机会给出最高的回报……

本章原载《人格和社会心理学杂志》（*The Journal of Personality and Social psychology*，1975，32，311-328），有删节。允许重印。

注释

[1] 两个公司要匿名。

第17章 测验结果的随意性

查普曼和查普曼（Loren J. Chapman and Jean Chapman）

每一天，精神病学家和临床心理学家都必须要做
239 出一些重要的决定：

> 他的问题在哪里？他是否该到精神病医院救治？他有自杀倾向还是有杀人倾向？这个病人是可以出院还是要继续治疗？

为了有助于做出决定，临床医师总要用到心理测验。

根据桑伯格（Norman Sundberg）的调查，最常用的两种测验，就是罗夏墨迹测验（Rorschach inkblot test）和画人测验（Draw-a-Person test，简称DAP）。这两种测验都是投射测验（projective tests），其前提假设是，人们对模棱两可的、非结构性的情境（situation）进行反应时，会投射出他的一部分人格。举例来说，一个墨迹并没有一个客观形状，个人从中看出的任何东西，都可能反映出他的内在驱力、冲突和人

格。类似地，当人在白纸上画人像的时候，其作品也或多或少地映射出他自己。

一、自我

我们最近的研究表明，罗夏墨迹测验和画人测验，不仅仅在一个方面表现出它们是投射测验。在解释这些测验结果的时候，普通的临床医师，可能会把他自己的先见和假定（preconceptions and assumptions）投射到他对他的病人的描述中。

我们第一个研究是关于画人测验的。在这个测验中，临床医师给被试一支铅笔和一张白纸，让他在上边画个人像。马克娃（Karen Machover）在 1949 年发表了这个测验。她描述了尤其是那些有种种情绪问题的人画的画，并且解释如何把绘画中的一些特点当作理解他们人格特征的关键。比 240
如，她说，“妄想狂会画较大的眼睛”，而“无论男女，将头画得比较大的人，在其性别内部，往往有与之相称的更高的理智和社会权威”。

马克娃的测验手册，就何人会画什么，有许多大胆的概括，但是她很少给出支持性的数据。

二、部分（parts）

一些临床医师不愿意采纳马克娃的说法，他们用实验来验证她的论断。例如，有学者（Jules Holzberg & Murray Wexler），就试图确定妄想狂是不是一定会画一个突出的眼睛。他们比较了 18 位妄想型精神分裂症患者和 76 位实习护士的作品，但是没有发现这两组人画的眼睛有什么区别。

很多类似的研究，也检验了马克娃关于其他一些图画特征的预测，如头部、耳朵、唇、衣着、嘴，等等。但是 DAP 测验的说法从未被证实。少数实验者发现，善于自我调适的被试似乎画得更好，但是研究所得出的压倒性的结论却是，特定的绘画内容，并不是人格特征的有效指标。

三、迹象（sign）

应该指出，不能完全歧视这类研究。如果 50% 的同性恋者都用某种方式绘画，而只有25%的其他人用这种方式绘画，那么这种绘画方式仍可作为有效的诊断迹象，因为长远来看，它可能会给我们诊断同性恋提供信息。

多数的临床医师都了解那些否证画人测验的研究，但是成千上万的医师仍经常采用它，因为他们声称这些迹象（sign）在他们的临床实践中发挥了作用。一个临床心理学家说："在相信那些杂志上的文章之前，我首先相信我自己的感觉。"另一个人说道："我知道，在实验室里，妄想狂并不一定会画大眼睛，但是在我的办公室里他们确实会这样做。"

四、错觉

一些批评者认为临床医师是如此拘泥于他们的理论和传统，以致对事
241 实视而不见。然而我们认为这里有另一种解释。那些面对反面证据却仍然相信画人测验的临床医师，也许正体验伪相关（illusory correlation），这种现象是我们几年前在词语联想的研究中发现的。

我们发现那些高度互联的词语，似乎被认为比实际更多地同时出现。在这些实验中，被试坐在舒服的椅子里，我们把一些词语对（word-pairs）（如bacon-tiger）投射到他面前的一个大屏幕上。这些词语对每两秒钟变换一次。这对词语左边的单词总是从四个单词中选择：bacon、lion、blossoms、boat，每个词语出现的频率都和其他的词语一样（25%），只是他们总是出现在屏幕的左边。右侧的词语是eggs、tiger、notebook，也以相同的频率出现。

我们系统地安排了词语对，这样左边的词语同右边的每一个词语同时出现的频率都是一样的。举例来说，当bacon出现在左边的时候，有三分之一的时间在右边出现的是eggs，而tiger和notebook在右边出现的频率也分别为三分之一。但是，当我们后来讯问被试这些词语对的时候，他们说当bacon出现在左边的时候，右边有47%的时间出现的是eggs；而当左边出现的是lion的时候，右边出现最多的是tiger。虽然事实上这些词语对出现的频率是相同的，但被试却声称那些存在较强词语联想的词语对比其他词语对出现的频率更高。

认为两件事同时发生的频率比实际上多的这种倾向，我们称之为伪

相关。

学生声称有的词语对出现的频率比实际情况要高，而临床心理学家认为画人测验是有效的，但事实却证明是无效的。这两种现象之间，似乎有着本质的相似性。

五、描述

DAP 的迹象和解释，当然和马克娃 20 多年前所引介的已大不相同，所以我们关心的是现在的专业人士如何运用这个测验。我们给 110 个经常用测验来诊断的临床医师发了问卷。我们概要描述了六种类型的病人，并且要求每位临床医师告诉我们每种病人的绘画特征。这六种描述如下：（1）“他担心自己是否有男子汉气概”；（2）“他怀疑他人”；（3）“他担心自己的才智”；（4）“他担心由别人供养并被人照顾”；（5）“他有过性无能”；（6）“他非常担心人们说他的坏话”。我们让临床医师假定这六种人都是男人，并且他们在画一个男性。

我们收到了 44 份完成的问卷。很明显，就这六种人的绘画特征而言，这些医师的观点普遍一致。例如，大多数医师（91%）认为疑心重的人会 242
画出大的或者是奇怪的眼睛。82% 的医师认为那些担心自己智力的人会倾向于画一个大的或者是突出的头部，参看表 17—1。

表 17—1　报告伴随六种病症描述的各种绘画特征的临床医师和普通学生的比例 243

绘画的特征	担心自己的男子气概		怀疑他人		担心智力		担心被别人供养和照顾		性无能		担心人们说自己的坏话	
	C	S	C	S	C	S	C	S	C	S	C	S
1. 宽肩膀，肌肉发达	80	76	0	6	0	8	0	12	25	31	0	6
2. 眼睛反常	0	0	91	58	0	6	0	3	2	2	43	26
3. 头大或者强调头部	0	5	0	13	82	55	2	7	0	3	9	10
4. 强调嘴部	0	0	7	5	0	1	68	8	2	1	5	5
5. 细致描述性征部位	14	5	0	0	0	0	0	0	55	8	0	0
6. 耳朵反常	0	0	55	6	0	3	0	0	2	0	64	7
7. 面部表情反常	0	17	18	44	2	21	2	21	2	14	18	52
8. 女性化、孩子气	23	22	7	12	2	11	32	39	23	25	11	13
9. 头发与众不同	23	13	2	2	2	8	0	1	11	6	0	3
10. 详细的图形	20	8	2	6	34	13	0	3	7	3	2	6

续前表

绘画的特征	担心自己的男子气概		怀疑他人		担心智力		担心被别人供养和照顾		性无能		担心人们说自己的坏话	
	C	S	C	S	C	S	C	S	C	S	C	S
11. 被动的姿势	5	4	2	8	0	2	36	21	2	2	0	8
12. 衣服上的纽扣	0	0	0	0	0	0	23	1	0	0	0	0
13. 忽略性征部位	0	0	0	0	0	0	0	0	18	27	0	0
14. 阴茎状的鼻子、肢体	9	0	0	0	0	0	0	0	23	2	0	0
15. 肥胖	0	2	0	1	0	0	7	16	0	4	0	1

注：C=临床医师，S=学生，表中列举的特征是，至少就一种病症，有不少于15%的临床医师或学生提及，几乎每一种绘画特征，临床医师最频繁联想的病症与学生是相同的。

这种一致性并非完美，但发人深省。整体而言，这些临床医师，在每种类型的病人的作品中，能发现两三个共同点。

六、配对

大多数的临床医师都有哲学博士学位，从事心理治疗的平均年限为8.4年。但我们想知道那些几乎没有工作经验的人从画人测验的迹象中可以观察到什么。

为此，我们收集了45张男性的画像，其中35张是由附近一个州立医院中的精神病患者画的，其余的10张是由临床心理学的研究生画的。我们测量了每一张图片上头部、眼睛等部位的大小，而且对这些绘画的更为主观性的特征如男性特质和女性特质等，也有独立的评定。

我们给每个图片附了两个诊断陈述，这些陈述是从前边的六个陈述中挑选出的，比如，“画这幅图片的人（1）怀疑他人，（2）有过性无能。”这六个陈述，因此有15种不同的配对方式，这样三张不同的图片，就会有相同的陈述配对。

我们将这些陈述配对系统地分配到所有类型的图片上。如“他担心自己的才智”会同时出现在那些有大脑袋和小脑袋的图片上。

然后，我们筛选了一组大学生，选出108名学生。他们声称自己从来没有听说过“画人”测验，并且丝毫不了解这个测验是如何被阐释的。

我们对这些学生进行了分组测试。在每一次测试之前，我们简要地介绍了画人测验的基本原理。我们告诉被试，他们将看到一组图片，图片上配有对作者简单的描述。我们还说，画画的人中，多数有同样的问题，你们要仔细地检查这些图片，并且要找出那些有同样问题的人在绘画中所表现出来的共同点。然后，学生就根据事先安排好的随机顺序来看图片，每幅图片看 30 秒。

七、证据

虽然我们仔细地平衡图片和陈述，以避免它们之间产生客观的联系，但几乎每一个被试都报告说他们看出了其中的关联。学生们发现的这些关联，跟临床医师所报告的在每天的治疗实践中发现的关联，非常相似。当 244
然这里也有一些区别，但是学生们却试图用与临床医师同样的方式来解释每种类型的病人的典型绘画。而在临床心理学的研究生的绘画中，我们知道这些迹象是虚假的，因为数据并没有显示出来。

我们前边关于词语对的测验，也暗示了一种解释：回想一下我们的发现，那些有很强的关联性的词汇常常被认为是同时出现的。也许在画人测验背后，有同样的机制。我们做了一份单词联想的问卷，以确定一些症状（怀疑、才智、无能等）怎样和身体的某个部位（眼睛、头部、性器官、肌肉等）相关联。问卷采用如下的形式：“**怀疑**使你联想到**头部**的倾向性（1）很强，（2）强，（3）适度的，（4）微弱，（5）很微弱，（6）根本没有联系。”

我们把问卷给了 45 名没有参加过其他部分实验的学生。他们所报告的词语联想的结果，和那些普通学生在症状和绘画特征之间所发现的伪相关几乎一致。而且词语联想和从业医师所报告的相关性更为匹配。

八、付费

在接下来的实验中，我们连续三天对 56 个被试进行测试。我们想知道，如果多一些时间来看测验材料，他们是否可以意识到在症状和绘画之间并没有真相关。但结果是，这种相关在第三天和在第一天是一样的显著。我们开始意识到这种伪相关是如此有力。我们想知道什么条件可以让人克服这种伪相关。

我们逐个地测试了41个新被试，并且让他们看那些图片，时间不限。为了鼓励他们仔细研究，我们答应付给每个做出准确判断的学生20美元。

但这也不起作用。学生看出的伪相关和以前一样强。

最后，我们去除了所有的阻碍因素，并且给被试提供我们所能够想到的每一个可以检验他的看法的机会。我们把所有的图画给每一个被试，让他们自己来看。我们告诉他们可以按照任意的顺序来看，并且没有时间限制。他们可以把图片分类，并且进行直接比较。他们可以把所有的“容易怀疑别人的人”的绘画放到一起，然后研究它们的相似性。我们给每人草稿纸、铅笔和橡皮；我们再一次答应奖给判断最为准确的被试20美元，而且最后我们也给每个被试一份问卷，这样他们就可以知道要回答的问题了。

九、男子气概

245 在这种慷慨的条件下，关于大多数症状的伪相关，真的有了显著的下降，但并没有消失。例如，在通常条件下，有76%的学生会发现在担心自己的男子气概和画一个肌肉发达的人之间有关联；而在新的条件下，仍有45%的人声称这些并不存在的关联。伪相关异常有力，并且显著地对抗一切想改变它的企图。

学生们甚至宣称，当那些卡片被以相反的顺序安排的时候，他们发现了典型相关。如在一个研究中，我们把陈述“他担心他的才智”只放在那些头部比较小的绘画中；而把关于怀疑的陈述仅放在那些小眼睛的绘画上等。这在一定程度上有效地减少了伪相关，但并没有消除它。仍有16%的人认为那些担心自己的才智的人会画一个大脑袋，50%的人仍然相信在担心自己的男子气概和画一个肌肉发达的人之间存在关系——即使真实的情况恰好相反。

从我们的研究中，可以清晰地发现，对画人测验的临床解释，似乎带有很强的伪相关的成分。而临床医师对其病人的任何决策，也许是医师自身先见的投射。

十、墨迹

我们想知道在最为常用的罗夏墨迹测验中是否也存在伪相关，如果有，它们是否被看成是真相关，因为在罗夏墨迹中，很少有迹象被发现是某种人格特征的有效指标。

在罗夏测验 50 年的历史中，很多临床医师报告说，一些同性恋者确实比其他人更容易做出一些反应。在 1949 年，惠勒（William Wheeler）总结出了 20 种关于同性恋的罗夏迹象。其他研究者也曾经验证过惠勒所指出的这些迹象，但只有几个研究者发现在这 20 个迹象中只有 2 个是有效的。其中一个（第 7 号）是对第四个墨迹“一个人或者动物——扭曲的、恐怖的或者是危险的”的反应；另一个有效的迹象就是惠勒迹象第 8 号，是对第五张卡片上的不明人兽图的反应。

十一、迹象

为了研究临床医师实际上是如何运用罗夏测验来诊断同性恋的，我们对 76 位临床医师进行了问卷调查，让他们描述同性恋者从罗夏测验的 10 个墨迹中看出的两种典型对象。在完整地回答了问卷的临床医师中，有 32 个人表示他们曾看过罗夏关于同性恋的测验方案。他们描述了罗夏提出的 246
几种迹象，但是其中他们最经常提到的是（1）屁股或肛门，（2）生殖器，（3）女性化的衣着，（4）性别特征不明显的人，没有明确的男性或者女性特征，（5）既有男性特征又有女性特征的人。所有的这些都是惠勒提出却没有被证明的迹象。另一方面，只有两个临床医师提到了有效的迹象第 7 号——一个扭曲了的、恐怖的人，而没有一个人提到了另一个有效的迹象第 8 号——一个半人半兽图。

一些临床医师，似乎在罗夏测验中看到了并不存在的迹象，而没有看出实际存在的迹象。我们词汇联想的研究，可再次提供解释。这两个有效的迹象不是直觉性的：同性恋并不是轻易地就会使人想起咆哮的动物或者是半人半兽的杂种。但是同性恋确实和临床医师最经常的那五种迹象有高度的词汇关联性。某种程度上，人们会在直觉上合理地预期同性恋倾向于从墨迹中看到屁股、女性化的衣着或者是性别暧昧的形象。

十二、想法

为了客观地验证这些观念，我们研究了 34 个学生被试，让他们来评定“同性恋”这个词汇引发不同联想的强度。他们的评定，有共识性的在于：那些大众化的但无效的迹象，确实比那些生僻的却有效的迹象与同性恋一词有更高的词汇关联性。这意味着，临床医师所宣称的在罗夏测验中发现到的同性恋的迹象，也许只是反映了他们自己的假设和期待。

采用类似于验证画人测验中的设计方案，我们检验了这个论点。我们选了几张罗夏卡片，并在上边附上了一个反应内容——假想人从卡片上能看出的知觉图案。反应所指的区域，用圆圈圈住。

在一些墨迹上，给出了一个有效的同性恋的迹象（如“一个有着小胳膊的巨人”）；在另外一些墨迹上，给出的则是无效的迹象（如“一个女人的蕾丝文胸”）；而在另一些墨迹上，则是一些中性的迹象（如“一张西班牙地图”）。在这些回答的下边，又给出两句对回答者的个人描述。我们从可能的四种描述中穷尽了所有可能的排列：（1）“他对其他男人有性感觉”；（2）“他认为其他人在算计他”；（3）“他总是感到悲痛和沮丧”；（4）“他很自卑”。当然我们最感兴趣的还是第一个描述。

十三、混合

在画人测验研究中，我们系统地安排了症状描述和图片，这样在任何症状描述和图片中的迹象之间，就不会存在稳定的关系。

247 在学生看完了一系列的图片之后，我们讯问他们四种症状的病人会报告什么样的罗夏迹象。学生们报告说同性恋者会更多地看到屁股、生殖器等。总之，和临床医师报告说的那五种无效迹象是一致的。没有一个学生看出同性恋者和那两个有效迹象之间的关系。

在后来的设计有些变异的研究中，我们有意地在测验材料中引入负相关，这样，“他对其他男人有性感觉”这个陈述，就从不出现在那些容易让人想到女性服饰和屁股等的图片上。但这并没有减弱伪相关——学生们认为的相关强度仍然和以前一样。

十四、联结

这些研究表明，相信两个独立事件之间存在联系是多么的容易，尤其是当这两个事件之间有主观的词语联想的时候。在这些简洁的、结构性的任务中，我们的被试在症状和投射测验的迹象之间发现了大量的伪相关。当然，临床医师的工作要复杂得多。一个真正的病人的问题是多种多样和模糊不清的——很少有病人只有两种清晰确定的症状。而且真正的病人，在投射测验中会给出不同的反应，而不止是一个。也有可能，在临床实践中，一个临床医师所观察到的伪相关，会被他的同行的报告所强化，而他的这些同行本身也受到了伪相关的影响。这种共识会强化每一个人的错觉（illusions）。另一方面，我们的学生，在测验中却不被允许互相说话，所以每个人只能靠自己来发现伪相关。基于这些原因，很有可能我们的临床医师所面对的伪相关，会比我们的被试所报告的更为强烈。

十五、难度

很多人也许会因此轻易地认为临床心理学家是不合格的，或对事实反应迟钝；但是我们的本意并不在此。我们的数据，并不表明临床医师的无能，而是要表明他们工作的极端艰巨性。和所有其他人一样，临床医师也会受到同样的错觉的影响。类似地，在穆勒-莱尔（Müller-Lyer）的错觉测验中，几乎每一个人都会认为下边的这两条平行线的长度不同，但是没有人会因此认为一个木匠作对距离的判断是不称职的，仅仅因为他也有错觉。

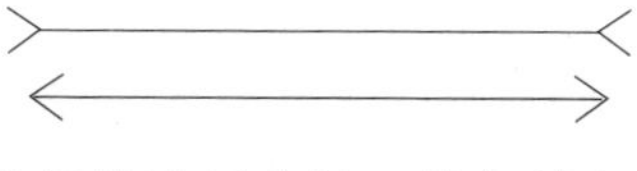

如果临床医师想对伪相关进行弥补，他们就必须意识到它的存在。理想意义上，临床医师应该首先体验这种伪相关。一种好的训练策略是，让
每一个临床心理学的研究生来观察我们所描述的这些测验。那么，他就会 248
仔细地检查他所体验的伪相关的范围和来源，这样，他才会有希望在未来的临床实践中学会避免这种错误。

这种经历也会提醒他，他的感觉也是会犯错误的，他的临床判断必须

要用客观的方法不断地进行检验，并且他的职业工作是所有心理学领域中最为复杂和艰难的工作之一。

本章原载《今日心理学》（*Psychology Today*, November 1971, pp. 18-22, 106-110）。允许重印。

第 18 章　临床医学中的概率推理：问题及机遇

艾迪（David M. Eddy）

在很大程度上，健康保健的质量和花费，是由医生的诊断来决定的，而医生最终的目标，是设计并执行一套治疗方案以改善病人的健康状况。大多数决定，都涉及很多因素、很大的不确定性，以及一些艰难的价值问题。 249

这一章将考察这些诊断决策中一个方面的问题，即运用概率推理来分析特定问题：是否该对一个有乳房肿块的妇女进行组织活检，而这肿块可能是恶性的。我们尤其应该了解医生是如何处理乳房 X 射线照片的，一种用来诊断乳腺癌的 X 射线。已有证据表明，医生并不是非常擅长处理不确定性，许多医生在概率推理中会犯一些严重的错误，并且这些错误影响到医疗质量。

一、问题

乳房组织活检（breast biopsy），并不是一个无足轻重的过程。其中最常用的（80%）一种，就是切除组织活检（excisional biopsy），可疑的肿块会被切除，病理学家会对它们进行显微镜检及组织学诊断。通常，病人被收入院，然后进行一系列术前检查。组织活检，通常都是在全麻下进行的（麻醉死亡率大约为每 10 000 人中有 2 人）。需要切一个小切口（1～2 英寸），然后像一个山核桃到李子那么大的组织被切除。
250 多数情况下（1/2），切除后的组织缺损是看不出来的；其他的情况下，会留下一个凹痕。在一些极个别的情况下（1/200），会出现感染，或需要引流疏通。花费大概有 700 美元。这个过程在门诊，并且局麻下即可完成。作为切除活检的一种替换方式，一些外科医生愿意用细针穿刺来获得他们需要的组织。这可以在门诊中完成，不会留疤痕也不会有后遗症，并且便宜得多。然而，对于一些医生来说，这种方式是不可靠的，因为一些恶性的组织，可能被遗漏。

影响是否需要进行组织活检的一个重要因素，就是概率，即这个乳房肿块是癌症的概率。为了推测这种概率，医生需要列出可能的疾病，同时评估每一种疾病会发生的可能的症状和体征的频率，并且按照这些信息来对比病人的表现，并评估她患每一种疾病的机会。如果癌症或其他的可以治疗的疾病的可能性很高，就要进行组织活检。为了帮助医生，一些教科书描述了一些非恶性的疾病和癌症之间的区别。比如，接下来的这一段就是描述一种良性的疾病——慢性囊性病（chronic cystic disease）。

“慢性囊性病，经常和乳腺癌相混淆。它经常发生在生育过的且乳房较小的妇女身上。它经常发生在外上象限，但是有时候也会在其他部位，并且最终累及整个乳房。通常会疼痛，尤其在经期前，并且通常伴随着月经的紊乱。大约 15% 的病例会出现较为严重的乳头渗液，但乳头本身无改变。病变弥散，边界不清，不与皮肤固定。多个腺体坚硬、圆形、欠光滑，若含有清澈液体可有透光性。慢性囊性病变中单个巨大腺体类似肿瘤，但多表面光滑且边界清楚。腋窝淋巴结通常无肿大，罕见的慢性囊性病会出现大的蓝色的囊肿。通常囊肿是多发的且较小。”[1]（del Regato，1970，pp. 860-861）

相似的描述也同样适用于纤维腺瘤、脂肪坏死、外伤和其他很多乳房的疾病，同样也适用于癌症。

这种概率性的信息，可以用来帮助医生分析病人乳房肿块的可能的病因。通过对可能的结果的评估（比如，正确诊断癌症，对良性的病变做多余的组织活检，或者是决定对非恶性的损坏不做活检），根据病人的症状和体征，医生可以确定他的病人是癌症的可能性，并因此选择如何行动。

二、乳房射线检查

其他一些诊断方法，也可以帮助医生来确定一个女人的乳房病变是恶 251
性的可能性。通常最常用的也是最重要的，就是乳房的射线检测（mammograghy）。这种检查的价值，基于恶性细胞对X射线的吸收不同于非恶性的细胞对它的吸收。通过研究乳房射线检查，放射医师可能会看出一些征象（signs）在不同的病变中的不同的频率，通过这些信息可以对有问题的病变组织进行判断。通常，乳房射线检查，对癌症来说，可以分成阳性和阴性。偶然情况下，扩展的分类被使用，比如有一种包含三种分类：恶性的、可疑的、良性的。

这种检测并不完美，因为一些恶性的病变，被错误地划分为良性的，而一些良性的被化分成恶性的。这样，一个因素对于医生来说就非常重要，那就是诊断的准确性。

1. 概率推理

让我们来精确地研究一下这个概念。诊断检查的目的，是给医生提供关于病人状况的信息。医生用这些信息来修改关于病人状况的评估，并且根据新的评估来选择治疗方案。这种行动可能会成为下一步临床检查的指导，或者，如果医生对病人的状况非常自信的话，就会根据方案对病人进行治疗了。关键的问题就在于，医生对病人的状况要有足够的把握，医生要不断收集新的证据来确定他的自信，即病人是有癌症还是没有。并且当这种确定变得非常肯定的时候（如病情恶化，或治疗后预后改变），就会采取行动。

我们可以将医生认为病人有癌症的主观概率和确定性程度联系在一起。因此，对病人进行诊断检查如乳房射线检查的重要性，在于这种检查有力量来改变医生的确定性，或者是他认为患者得了癌症的主观概率。

主观概率和确定性程度的概念，在医学术语里似乎有好多的形式。举例来说，一个作者写道：“因为大多数恶性病变都发生在较大年龄的妇女身上，所以当一个医师面对一个年龄较大的人的时候，癌症的怀疑指数（index of suspicion）就被过高地强调了。”（Gold，1969，p. 162）另一个作者写道，乳房射线检查可以降低进行活检检查的人数，“在很多情况下，当医生坚持认为该病属于良性的疾病，这是由乳房射线检查诊断来支持的。”
252 （Wolfe，1964，P. 253）第三个描述认为：“如果医生的主观印象已经给出了足够的理由怀疑是癌症，医生就会强烈地要求做组织活检，尽管乳房射线检查给出阴性的结果。”（Clark et al.，1965，p. 133）其他反映这个概念的表述包括，“信心水平”（Byrne，1974，p. 37）、“恶性诊断的印象”（impression of malignancy）（Wolfe，1967，p. 138）、“更为肯定的诊断”（Egan，1972，p. 392），等等。这些陈述是不够精确的，因为很少有医生会正式地了解主观概率和决策分析的概念。但是，还是有足够的证据证明，对于医生来说，确定性程度的概念，对他们来说是很自然的，而且他们经常用它来帮助选择该采取的行动。

2. 解释乳房射线检查的准确性

现在让我们来想象一个病人，有乳房肿块，并且医生认为是良性的。假设这种可能性是99%，你把这个句子解释为“医生认为可能（100 里有 99 个）是良性的”等。假设医生已经与很多类似的妇女接触过，她们在大部分主要的方面比如年龄、症状、家族史和查体发现等都和这个病人很类似。假设医生从他的经验中获知对这个群体的人来说，得癌症的几率只有 1%。如果缺乏其他的信息，医生会认为这种病人得癌症的主观概率只有 1%。

现在医生让这个病人去做了一个乳房射线检查，并且得到一个报告，放射科医生认为此人的病变是恶性的。这个信息是新的，并且下一步的行动，也取决于医生对于病人得癌症的可能性的一个重新的评估。如果医生求助于一些文献，他就会发现无数有帮助的陈述，比如：“乳房射线诊断的准确率大概有 90%”（Wolfe，1966，p. 214）；“一个乳腺包块的病人的乳房射线检查如果是癌症，通常是正确的”（Rosato，1973，p. 491）；“乳房射线检查正确论断乳房恶性病变的准确率为 80% ~ 85%”（Cohn，1972，p. 98）。如果还需要更多的细节，医生可以找到很多陈述，诸如“结果显示 475 例恶性病变中的 79.2% 都被正确地诊断出来了，1105 例良性病变中的 90.4% 也被正确地诊断出来了，总的准确率达到 87%”（Snyder，1966，p. 217）。

这样说来，通过你自己对于病人患有癌症的新的可能性的估计，你可能提高了自己的认识，认为医生的评估是有问题的。医生认为肿块可能（99%）是良性的，但是放射科医生却得出了阳性的检测报告，并且有我们刚给出的那些准确性数据。

贝叶斯公式可以用来估算概率。这个公式告诉我们： 253

$$P(ca \mid pos) = \frac{P(pos \mid ca)\,P(ca)}{P(pos \mid ca)\,P(ca) + P(pos \mid benign)\,P(benign)}$$

在这里，$P(ca \mid pos)$ 是指患者患有癌症的概率，假设通过 X 射线获得的诊断结果是阳性（后验概率）。

$P(pos \mid ca)$ 所代表的概率，是如果病人有癌症，并且放射科医生正确地诊断出来了（正确的阳性检查，或者说是灵敏度）。

$P(ca)$ 是患者患有癌症的概率（先验概率）。

$P(benign)$ 是指这个患者是良性的病变［$P(benign) = 1 - P(ca)$］的先验概率。

$P(pos \mid benign)$ 所代表的概率，是病人是良性病变，但是放射科医生错误地诊断为癌症（假阳性评估）。

表 18—1 总结了斯耐德的数字。方格中的每个部分，对应着确定的概率［如 $P(pos \mid ca) = 0.792$］。

表 18—1　　乳房射线检查在检测良性和恶性病变中的准确性

X 射线的结果	恶性病变	良性病变
	癌症	非癌症
阳性	0.792	0.096
阴性	0.208	0.904

资料来源：Snyder，1966。

用1%作为医生估计肿块可能是恶性的先验概率，然后加入我们后来获得的检查中的新信息，我们就可以得到：

$$P(\text{ca} \mid \text{pos}) = \frac{(0.792)(0.01)}{(0.792)(0.01) + (0.096)(0.99)} = 0.077$$

这样，医生就可以得出病人得病的可能性大概有8%。

3. 错误的概率推理

不幸的是，大多数医生（根据作者的非正式的调查，大概每100个人中就有95个）都误解了关于检查和评估的准确性的陈述，他们认为
254 P（ca | pos）有大约75%。其他的研究者，也得到了类似的结论（Casscells et al.，1978）。当被问到这个，那些犯错误的医生通常报告说，他们认为一个X射线检查为阳性的人患癌症的概率［P（ca | pos）］，和一个癌症患者其X光检查为阳性的概率［P（pos | ca）］是一样的。后一种概率，是在临床研究项目中检测出来的概率，并且为人所熟悉，但正是前一种概率，才是临床诊断的决定中所需要的。即使不是所有的，也是大部分的医生，似乎都混淆了这两者。

任何用来检测某一种疾病是否存在的检查，都具有两种准确性。回顾性准确性（retrospective accuracy），关注的是P（pos | ca）和P（neg | no ca）（no ca这个缩写指的是病人没有癌症。这是因为她的病是良性的，或者她根本就没有病）。这种准确性，在乳房射线检查中经常被提到，它经常在组织诊断已经做出以后，再回过头去看X光的诊断。让我们用预测性准确性（predictive accuracy）来描述P（ca | pos）和P（benign | neg），这种准确性对于临床医师来说很重要，他要根据X光检查来预测一个尚未被确诊的病人的病情。

（1）混淆回顾性准确性和预测性准确性。

一份关于乳房射线检查的医学文献评论揭示，在X光检测报告中，有一种强烈的将回顾性准确性和预测性准确性等同起来的倾向，即P（ca | pos）= P（pos | ca）。有很多理由让我们怀疑这种错误是存在的。首先，很多文献中的陈述的措辞，都明显地表明作者在报告他们的研究的时候将预测性准确性P（ca | pos）和回顾性准确性P（pos | ca）等同了起来。举例来说，在1964年的《放射学》（*Radiology*）杂志中有一篇文章说

道，“在 759 例关于 X 光的检验中，正确的有 674 例，或者说 89%”（vol. 84，p. 254）。《临床妇产科》（*Clinical Obstetrics and Gynecology*）杂志的一位投稿者在 1966 年说道：“通过对 500 名患者进行的病理检测，阿什发现乳房射线检查和病理发现之间的相关高达 90%”（vol. 9，p. 217），“X 光诊断和病理诊断的一致性达到 91.6%”（Egan，1972，p. 379）。所有的陈述都表明，如果病人得到了阳性的检测结果，那么检测就是正确的，并且病人有 90% 的可能性会患有癌症。这是不真实的。

其次，一些作者的错误表现得更明显。下边的这段论述，出现在《外科、妇科与产科》（*Surgery*，*Gynecology and Obstetrics*）杂志 1972 年的一期中，文章的标题是《乳房射线检查的恰当视角》，它试图去纠正在一些已经存在的文献中的混淆，“大约 1/5 被确诊为乳腺癌的妇女的乳房射线检查是阴性的。如果在阴性检测结果的基础上，我们就会延误对乳房肿块进行组织活检，然后，就有 1/5 的可能性延误了对恶性病变进行组织活检”（vol. 134，p. 98）。这个作者错误地认为 $P(\text{neg} \mid \text{ca}) = 0.2$，也就是说 255
$P(\text{ca} \mid \text{neg}) = 0.2$。他的错误更加严重，他做出结论说，“对有临床良性病变的乳房延缓进行乳房组织活检，以期望在乳房射线检查中获得良性结果，会耽误对我们女性乳房病症的根除”。这样的病人，得癌症的机会，依赖于前一种概率，但是少于 1/100。他的分析错误的比率增加了 20 多倍。

《外科学和妇产科研究》1970 年（vol. 131，pp. 93-98）出版了另一个研究小组的研究成果，他们计算了放射诊断和病理诊断之间的相关。他们的结果如下：他们选择的病人，都是已经有了确定的组织诊断，然后根据 X 光诊断结果将她们分成三组——良性的、癌症和怀疑为癌症的。在 X 诊断为良性的群体中，（在我们的术语中相当于阴性的）数据显示 84% 的人事实上是有良性的病变，而且他们强调说 X 光诊断为癌症的人中有 87.5% 的人的组织活检证实它们确为恶性病变。这样，$P(\text{ca} \mid \text{pos}) = 87.5\%$，$P(\text{benign} \mid \text{neg}) = 84\%$。但是作者把预测性准确性误认为是回顾性准确性了。他们认为，“根据乳房射线检查，对于有良性病变的人的诊断的正确率达到 84%，对有癌症的人检查的正确率高达 87.5%。”事实上，在这个研究里，阳性的正确率［$P(\text{pos} \mid \text{ca})$］是 66%，而阴性检查的正确率

[P（neg | benign）] 只有54%。

在1976年9月，一封给《国家观察者》（*National Observer*）编辑的信中，一个物理学家陈述了五个“观察和事实”（observations and facts）来支持他们的观点：“常规乳房射线检查并不能在最大限度上代表最大多数的妇女的利益。”以下是他的观察的第一部分。

> 报告显示的乳房射线检查的准确性在80%到90%之间，这要依据一些因素，比如病人的年龄，她是否有纤维囊性的疾病，X光射线检查的仪器，放射医师的经验，还有就是我们关于准确性的定义……即使我们认为准确率通常是85%（我可以肯定并不是每一个放射专家都会在他的实践中得出这样的数字），这就意味着有15%的妇女的X光检查以失败的解释而告终，或者更可能的是，她们的乳房射线检查不能够准确地反应她们的疾病。这就意味着，当她们确实患有癌症，当她们被告知她们的X光检查是正常的，她们就被给予了一种虚假的安全感。很难估计这将对这个群体造成的伤害，因为她们获得错误的信息比没有信息更加可怕。当被告知她的检查是正常的，并且一年之内不用再回来检查，这个患有乳腺癌的妇女可能会忽视掉她乳房中的肿块，而这个肿块很有可能让她马上就去看医生的。

这个作者的推理中有几个错误。首先，乳房射线检查，不能用一个简
256 单的数字来表示，假设作者认为真实的阳性和阴性比例都是85%。

其次，这一概率是在用乳房射线检查对已知症状和体征进行鉴别诊断时观察出来的。这一病变通常较筛查更为晚期，而作者所指的正是筛查。更为合理的估计是，在筛查中，真阴性和真阳性比例分别是60%和98%。

再次，即使用85%这个比例，我们发现在推理过程中还是有一些错误。考虑一下第二句话。不正确的解释有两种发生的途径：（1）病人有癌症，但是得出了阴性的检查结果，P（ca，neg）；（2）她得到了阳性的检测结果，但是她没有癌症，P（no ca，pos）[2]。根据初级概率论，我们可以知道：

$$P(\text{ca}, \text{neg}) = P(\text{neg} \mid \text{ca})\, P(\text{ca})$$

$P(\text{neg} \mid \text{ca})$ 是 $P(\text{pos} \mid \text{ca})$ 补数（complement），所以在这个例子里等于 0.15。我们不能确切地知道 $P(\text{ca})$，但是在透视检查中我们可以比较确定地认为是少于 0.005 的，这就是，每 1 000 个妇女中有少于 5 个人没有症状但是却可以用射线检查出来乳腺癌。

这样：

$$P(\text{ca}, \text{neg}) \leqslant (0.15)(0.005) = 0.000\,75$$

并且，

$$P(\text{no ca}, \text{pos}) = P(\text{pos} \mid \text{no ca})\, P(\text{no ca}) \geqslant (0.15)(0.995) = 0.149\,25$$

错误解释的全部可能性，是这两个数字即 $[P(\text{ca}, \text{neg}) + P(\text{no ca}, \text{pos})]$ 的和，正如作者说的，也就是 15%。但是这并不意味着“更可能的情况是，她们的乳房射线检查，不能检查出她们的疾病”。$P(\text{ca}, \text{neg}) = 0.000\,75$ 比 $P(\text{no ca}, \text{pos}) = 0.149\,25$ 小多了。几乎是 200 倍的差距。

另一个问题，是 85% 的准确性并不表示“有 15% 的妇女如果被告知 X 光检查结果正常就会被给予错误的安全感”。作者好像在试图估计 $P(\text{ca} \mid \text{neg})$。现在用贝叶斯的公式，

$$p(\text{neg} \mid \text{ca}) = \frac{P(\text{neg} \mid \text{ca})\, P(\text{ca})}{p(\text{neg} \mid \text{ca})\, P(\text{ca}) + P(\text{neg} \mid \text{no ca})\, P(\text{no ca})}$$

$$= \frac{(0.15)(0.005)}{(0.15)(0.005) + (0.85)(0.995)}$$

$$= 0.000\,89$$

也就是说，如果 10 000 没有症状的妇女进行透视的话，如果我们用作者对准确性的错误的估计来估计，8 458 个妇女会被检查出来没有问题。作 257
者认为会有 1 269 个妇女被给予了虚假的安全感。事实上，只有 9 个。这个数字被错误地高估了 150 倍。

最后，加上一句，“如果她们真的患有癌症”更加混淆了这句话的意思。一些短语“虚假的安全感”，“如果她们被告知她们的 X 光检查是正常的”，“如果她们已经患有癌症”，可以象征性地被理解为 $P(\text{ca} \mid \text{neg}, \text{ca})$。这种概率是 1 而不是 0.15。

（2）*P*（ca）的重要性。

除了将两种准确性混淆起来，许多作者似乎也不明白，作为一种持续的回顾性准确性的检测，这种检查结果（即预测准确性）对于医师的意义，就在于它依赖于患者接受乳房射线检测之前患有癌症的风险。就算我们假定，在所有的研究中，真实的阳性检查和阴性检查的比例，都是恒定不变的，对于检测结果——乳房射线检测的结果是阳性（或阴性）的病人患有癌症——的合适解释，将依赖于患者被选择出来的人群中癌症的发病程度，依赖于患者患有癌症的预检查概率（pretest probability）。当人们比较临床诊断（妇女有一些乳房病变的症状）和对没有症状的妇女进行临床筛查时，这就变得非常重要。

这种重要性可以由一个例子来体现。假设一个临床医师给一个乳房查体异常的妇女做乳房射线检查。在一项研究中（Wolfe，1964），这种妇女患有癌症的频率（frequency）大概有 8%。在这群人中做的一系列的乳房射线检查，真实的阳性结果有 92%，真实的阴性结果有 88%（Wolfe，
258 1964）。现在，让医师面对一个病人，他的这个病人在他的样本中是有代表性的［即 *P*（ca）=8%］。假设他要求进行乳房射线检查，而且从放射科医师那里获得了阳性的诊断结果。他要求作组织活检的决定，就应该建立在这种新的可能性上，即这个患者可能有癌症。这种可能性通过计算有 40%（见表 18—2），是否一份阴性的报告就可以排除癌症，癌症的微小的可能性是不是小于 1%？这种估计的逻辑可以见表 18—2。

表 18—2　1 000 个体检有问题的妇女患有癌症情况和 X 光检查的结果

	患有癌症的妇女	没有癌症的妇女	总数
X 光检查结果为阳性的妇女	74	110	184
X 光检查结果为阴性的妇女	6	810	816
总数	80	920	1 000

注：一个真阳性率 0.92［*P*（pos | ca）］表明，在 80 个患有癌症的妇女中，有 74 个人会有阳性的 X 光检查结果，6 个会有阴性的检查结果。在所有获得阳性检查结果的妇女里，74/184有癌症，或者说 *P*（ca | pos）=74/184 =40%。

资料来源：Wolfe 的数据（1964）。

现在，假设医师要求使用透视检查对一个没有症状并且查体阴性的妇女进行筛查。对这种妇女，可用乳房射线检查出癌症的几率是 0.10% （例如，Shapiro et al.，1967）。为了我们这个例子的目的，让我们假设放射科医师的回顾性准确性没有改变——即在这些样本中让他的真实的阳性比例依然有 92%，并且真实的阴性（对良性病变的诊断）比例有 88%。[3] 文献提供的资料，都是关于那些有癌症的妇女或者是有良性疾病的妇女的回顾性准确性。在一个研究中，有 60% 的妇女，根本就没有病（Wolfe，1965）。这样在这个例子里，

$$P(ca \mid pos) = [p(pos \mid ca)\,p(ca)] \div [p(pos \mid ca)\,p(ca) + p(pos \mid benign)\,p(benign) + p(pos \mid no\ disease)\,p(no\ disease)]$$

P（benign）、P（no disease）和 P（pos | no disease），在文献中所讨论的，不是很清楚。这是有益的，它引导我们怀疑在对这些问题的比较中，它们的重要性没有被充分地认识到。这个例子，我们可以用沃尔夫提供的数据（1965），并且假设 P（no disease）大约有 60%，P（benign）大概有 40%。我们要做出一个对乳房射线检查有力的假设，并且让 P（pos | no disease）等于 0%。

继续这个例子，假设放射医师认为这个没有症状的妇女的乳房射线检查的结果是阳性的。假设有一个阳性的诊断，这个病人患有癌症的可能性大概有 1/49，或者说是 2.0% （表 18—3）。在前一个例子里，有症状的妇女的 P（ca | pos）=40%。这样，根据被检查者的不同，一个有阳性检查结果的妇女患有癌症的可能性，会有 20 倍的差异。

表 18—3　　1 000 个没有症状的妇女患有癌症情况和 X 光检查的结果

	患有癌症的妇女	患有良性病变的妇女	没有癌症的妇女	总数
X 光检查结果为阳性的妇女	1	48	0	49
X 光检查结果为阴性的妇女	0	352	599	951
总数	1	400	599	1 000

这就给医疗推理提出了一个很重要的问题——当我们试图估计一个病人的症状和体征，医师如何在对大多数的病人中运用关于一个疾病的比例
259 的基本的信息？专家们似乎把这个问题搞糊涂了。一方面，医师们声称，一个病情的相对普遍性，不应该影响对一个特定的病人患有此种疾病的评估。这个概念有几种相对极端的表述，比如，“这个患者就是一个病例”，“统计数字就是给死人准备的”。在讨论具体的问题的时候，这种观点通常被含蓄地表述为，“年轻一些的妇女，显然有更少数量的恶性疾病，但是它并不会对每个个体的诊断产生影响”（Wolfe，1967，p. 138）。它也可以被清晰地表述，并且成为一个要被遵守的规定。举例来说，接下来的这句话，就出现在关于临床诊断的教科书里：“当一个病人向他的医生咨询他的未被诊断的疾病的时候，无论是医生还是病人，都不能知道这个病是不是罕见病，直到最终确诊。统计方法，只能被应用于几千人。个人或者有或者没有患上罕见的疾病；两种疾病的相对比例，跟医生最后做出诊断是完全没有关系的。”（DeGowin & DeGowin，1969，p. 6）

另一方面，这些陈述和医生的行为并不一致，他们还是试图运用这些诊断信息，尽管不够完美。我们来看一下这些流传在医学院校里的格言：“当你听到马蹄声，想到的是马而不是斑马”，“普通的事情就会最普通地发生”，“遵守萨顿的法则：哪有钱去哪”，如此等等。医生似乎很认可关于一种疾病的前一种可能性，但是正式的概率理论的课程却没有被很好地理解。没有正规的理论，医师们倾向于在概率推理中总是犯同样的错误，这些错误已经在其他的环境中被观察到了（Kahneman & Tversky，1973，**4**；Lyon & Slovic，1976）。

（3）含义：乳房射线检查和组织活检。

260 这些问题有非常重要的实践意义。例如，在刚才引用的两个例子里，两位作者就把其结论建立在了不正确的概率推理上。一个人错误地认为一个有乳腺增生的妇女，通过查体和X光检查都认为是良性的，仍然有20%的可能性会患有癌症，所以应该推荐进行组织活检。另一作者将他的根据透视做出的推荐，建立在一个粗略的错误估计的概率上，根据这个概率，妇女获得了虚假的安全感（举例来说，患有癌症但是通过乳房射线检查没

有查出来）。两个作者，通过正确的推理都可以得出同样的结论，但是他们没有。

（4）诊断信息的价值。

对于那些有症状的乳房疾病的妇女的乳房射线检查的价值，就在于它能够提供诊断信息，而这种信息会影响医师是否进行组织活检的决定。更具体地说，检查的结果，可能会改变医生对于一个患者患有癌症的可能性的估计。正如一个作者所说的：

> 乳房射线检查可以帮助医生区分恶性和良性的病变……一些病变，尤其是比较小的，可能会缺少让医生怀疑它值得做乳房组织活检的特征。正是这里的……乳房射线检查，可能会提供其他客观的证据。这样，在不确定的乳房病变中，乳房射线检查，就可以帮助医师决定是否要进行乳房的组织活检。（Clark & Robbins，1965，p. 125）

对于任何有用的诊断检查而言，它必须可以提供信息来潜在地改变关于这个病人的治疗决定——要求对一些可能不进行组织活检的患者进行组织活检，并且，我们应该期望对一些已经准备进行组织活检的妇女排除这种可能性。这个概念，是在统计决策理论中被正式地发展出来的，并且在一些研究场景中被用来分析一些医疗问题（如 Lusted et al.，1977）。

许多医师承认，X 光检查结果含有很多有用的信息可以用来帮助处理病人，但是准确地说，这些信息应该如何利用，并没有得到很好的说明。大多数作者给出的解释，都包含了很少的具体的方向。“乳房射线检查，不是被设计用来指导检查的步骤，而是在一些病例中可能提供一些更为精确的信息，这样，一些不必要的后遗症，因此可以被排除。”（Egan，1972，p. 392）“乳房射线检查，对于外科医生来说，在他们诊断和治疗乳房病变的时候，是一种有价值的辅助手段。”（Lyons，1975，p. 231）“乳房射线检查，可以用来帮助澄清被混淆了的可察觉的发现。”（Egan，1969，p. 146）它“是一种支持和辅助的角色……”（Block & Reynolds，1974，p. 589）这种支持的属性和程度，通常就有赖于医生的判断了。

（5）乳房射线检查和组织活检：实践。

261 乳房射线检查，在这些病例中的作用，似乎只是部分地被认识到了。为了明白这一点，让我们检查一下临床调查者所预测的乳房射线检查，对于做出对有问题的乳房进行组织活检诊断的影响。前边我们引用的陈述意味着，X 射线的使用，将会帮助我们选择出那些需要组织活检的病人，另一些相同数量的陈述，则表明乳房射线检查事实上不能发挥这种功能。“任何可见的病变，都需要进行切除该组织活检的证实，无论 X 射线检查的结果是怎么样的。”（Lesnick，1966，p. 2007）“尽管乳房射线检查具有权威性，但是它绝不是乳房组织活检的替代品。”（Egan，1969，p. 148）“这个步骤绝不能降低组织活检的重要性。事实上，常规的乳房射线检查，将会更加确定组织活检的重要性，因为 X 射线检查关于一个恶性病变的证据，需要组织活检来进行证实……它绝不能降低组织活检的重要性……组织活检，在确定 X 射线的发现的作用上，和它在对一个物理症状进行检查时，同样都是必要的。”（Gershon-Cohen & Borden，1964，pp. 2753，2754）“非常明显，乳房射线检查，不是外科手术的替补品。”（McClow & Williams，1973，p. 318）“让我们强调一下，乳房射线检查，并不是组织活检的替代品。”（McClow &Williams，1973，p. 618）

一个关于如何使用乳房 X 射线来选择病人进行组织活检的精确的策略，出现在 1966 年的《外科档案》（*Archives of Surgery*）（vol. 93，pp. 853-856）中。对其用法说明的仔细审查，揭示出这个检查的潜力只有一半被发挥出来了。使用乳房射线检查的方案，来“决定对于一个病人的治疗和最终诊断”，涉及三种类型的病人：

A 类：“这些病人乳房中有‘肿块物’或者‘显性的病变’，这些都是需要进行手术治疗的，应该马上给病人进行组织活检。乳房射线检查，在这里严格说来是一种补充……它可能会发现那些隐性的肿瘤。”（p. 854）

B 类：“病人有一些和乳房有关的症状，但是没有散在的包块或‘显性病变’……在这种类型中，外科医生和内科医生，可以从乳房射线检查中获得最大的受益，因为形态是确定的。”在这里，乳房射线检查，会进行证实和鼓励，“如果临床的印象是良性的，它通常不能劝阻他进行组织活检的决定”（p. 855）。

C 类：这类病人没有症状和任何迹象，也没有任何临床指征（indications）要进行组织活检，乳房射线检查，只能增加进行组织活检的可能性。

这样，作者就勾画了一个计划，它使所选择的病人乳房射线检查的信息空洞化，而这些病人的组织活检，本来可以避免。只是加上的那一点信息，是为了暗示组织活检是必需的。而那些可能排除进行组织活检的信息，则被忽视了。

（6）乳房射线检查和组织活检：潜能。

为了明白概率推理中的问题如何影响到现实的医疗保健的实施，让我 262 们来检验一下乳房射线检查在不同的诊断和选择病人进行组织活检中扮演的角色。正如前边所描述的，检查的目的，是为了改变决策者对于一个病人患有癌症的几率的主观评估。如果这种概率足够高（医生和病人一起决定的），组织活检就会被应用。我们把这种概率叫做组织活检阈限（biopsy threshold）[4]。现在来考虑一下检查对于两类病人治疗的重要性。

第一组包括这些病人，他们在病史和体格检查的基础上，临床医师认为他们明显有临床癌症。用弗里德曼（Friedman）等人的数据（1966），让这一组有癌症的先验概率（频率）为 90%。如果对这样的病人进行乳房射线检查，一个阳性的结果，会使癌症的概率［P（ca | pos）］增加到 95%；而一个阴性的结果，仍然会让病人有 71% 的概率患有癌症。这种高概率，是下列这些陈述的动机：“如果临床医师的主观印象给出了怀疑癌症的足够的证据，她就会非常愿意进行组织活检。”（Clark et al., 1965, p. 133）71% 的恶性几率，已经足够高到让任何病人要求进行组织活检了。

现在让我们来考虑第二组患者，他们有明显的包块，但并不是明显的癌症。在一项研究中，这种包块症状是癌症的概率，是 14%（Friedman et al., 1966）。在缺乏进一步信息的情况下，临床医师在这种病例中的策略，是对病变进行组织活检：“如果一个显性的肿块存在，它就应该被切除并且进行显微镜检。”（del Regato, 1970, p. 861）把这作为方针，让我们假设病人组织活检阈限是 10%。这就是说，以医生的知识背景来看，他的病人患有癌症的概率要高于 10%，然后病人和医生就会一致要求进行组织活

263 检。[5] 假如用 10% 作为组织活检的阈限，我们可以知道乳房射线检查在对 1 000 个妇女的治疗中的重要性。没有这种检查，所有的病人，都应该进行组织活检，其中 860 个是徒然的。这 1 000 个有显性病变的病人的可能的命运，在乳房射线检查被运用的时候，在图 18—1 中被表现出来。[6]

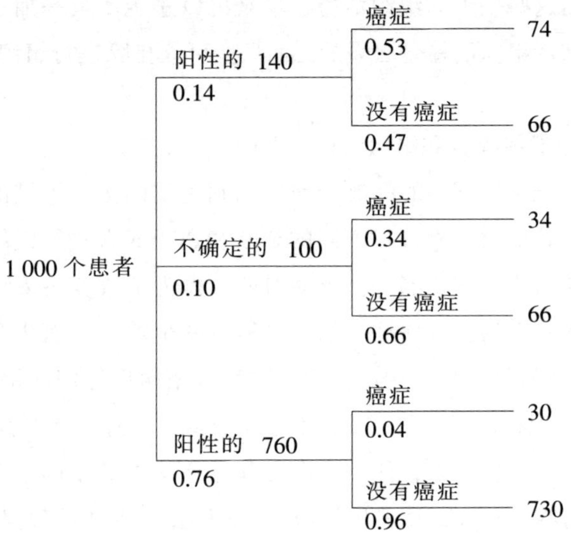

图 18—1　有显性病变的妇女患有癌症的可能性

有阳性乳房射线检查结果的病人，有 53% 的几率患有癌症，因为我们假定他们有组织活检的阈限是 10%，他们应该进行组织活检。因为那些乳房射线检查不确定的妇女有癌症的可能性是 34%，这些病人也需要进行乳房组织活检。那些有阴性的乳房射线检查的结果的病人，仍然有 4% 的可能性患有癌症，因为这个数字小于她们假定的阈限 10%，她们可能不希望进行组织活检，但是她们需要继续密切地随访。直接进行组织活检的数量，由 1 000 减少到 240。至少应该有 30 个组织活检要进行，因为在剩下的 760 个当中还有 30 个病人患有癌症。

这样，从乳房射线检查中，可以期望的收益（如将不必要的乳房组织活检的机会从 86% 减少到仅仅多于 13%），就可以和损失（如射线的损害
264 和大约 75 美元）进行比较，并且期望的存活率，会有所下降（有 3% 的机会使对恶性病变的诊断，可能会推迟一个月左右）。如果组织活检的阈限和

简单的概率理论在这里被运用的话，这组里很多乳房射线检查结果为阴性的病人，将会避免进行乳房的组织活检。在缺乏这类分析的情况下，“外科的共识意见，是将这组中的所有病人都进行组织活检，无论乳房射线检查的结果如何”（Friedman et al.，1966，p. 889）。

在这个例子中，乳房组织活检阈限的重要性，应该被进一步强调。如果医师和他的病人将阈限设在 1% ——也就是说，如果病人认为 1/100 患有癌症的几率就足以值得进行组织活检——那么乳房射线检查结果为阴性，就不能排除要进行组织活检的必要性（4% 患有癌症的几率，将会超出这个阈限）。乳房射线检查，可能会给医师带来一些新信息，但是这些信息不一定对做出组织活检的决定有什么作用。在这种情况下，运用乳房射线检查的作用，必须要在一些其他的基础上来认识。

（7）对临床实践的反思（the practice revisited）。

这种分析类型，帮助我们弄清楚乳房射线检查在对各种病变的鉴别诊断中的潜在的用途。它还帮助我们来评估以下的政策陈述：

“乳房射线检查，为明显的乳房结节的临床诊断提供很少的信息，而根据乳房自身的特点，就可决定是否需要组织活检。”（摘自 *Archives of Surgery*，1974，vol. 108，p. 589）在对那些有明显的组织包块的病人的研究中，组织活检，仅仅在临床基础上就可以被要求。而乳房射线检查的运用，将 265
这个群体分成了几个子群体，它们有癌症的几率从 53% 到 4% 。在后一种子群体中，组织活检就可以避免，进行组织活检的数量，就会减少 73%（从 1 000/1 000 到 270/1 000）。

“为了临床的目的，乳房射线检查，在它能提供治疗指导之前，必须提供近乎 100% 的准确性。”（摘自 *Archives of Surgery*，1974，vol. 108，p. 589）在类似上面所讨论的第二组的人群中，通过乳房射线检查来选择病人进行组织活检，是非常合理的。回忆一下，在那个例子中，所运用的真阳性的比率是 52% ，并且一个更准确的检查，将会更有价值。

“乳房射线检查，不是组织活检的替代物。”（摘自 *Oncology*，1969，vol. 23，p. 148）乳房射线检查和组织活检的目的，都是要为病人的状况提供信息。一些病人，在缺乏乳房射线检查的情况下，需要进行组织活检。

在这样的病人身上，一个阴性的乳房射线检查结果，可以排除组织活检，并且在这些例子中，乳房射线检查可以替代组织活检。

“在每一个进行组织活检的决定之前，都要进行乳房射线检查。”（摘自 *Oncology*，1969，vol. 23，p. 146）考虑一下临床上明显的癌症科。所有的癌症的概率，都会高于人们的组织活检的阈限，无论乳房射线检查的结果是什么样的。在这个例子中，对这种政策最好的辩护理由，在于临床上明显是良性的机会（否则病人就必须进行乳房切除），并且这里有一个隐藏的、不明显的恶性肿瘤。这个复合事件的概率，就是这两个事件的概率的一个产物，它们是非常小的（1/5 000）。

“对有临床良性病变的乳房延缓进行乳房组织活检，以期望在乳房射线检查中获得良性结果，会耽误对乳腺癌的根治。”（摘自 *Surgery*，*Gynecology and Obstetrics*，1972，vol. 134，p. 98）让我们认为临床检查良性的比例是5%。在阴性的乳房检查之后，这样的病人患有癌症的可能性大约是 1%，在 100 个进行组织活检的人当中，99 个将是徒劳的。那么对组织活检的推迟，究竟是倒退还是前进呢？另一个问题是，如果采取了这些政策，所有的这些临床良性的通过临床癌症科检查，都需要进行乳房组织活检，而无论检查的结果如何。这似乎与作者的陈述相违背，“当被正确使用的时候，乳房射线检查，对于医生要检查乳腺癌来说是一个出色的助手。”（摘自 *Surgery*，*Gynecology and Obstetrics*，1972，vol. 134，p. 98）

“在处理乳房的显性病变的时候，乳房射线检查绝对不可以替代组织活检，而且也不可以改变外科在检查这些疾病的时候的基本的方法，比如
266 ‘肿块就是肿块’必须进行组织活检，无论是通过切口还是穿刺。”（选自 *Archives of Surgery*，1966，vol. 93，p. 854）那些有显性的组织病变并且其组织活检阈限高于 5% 的病人，不会同意这种说法。

“这个谬误的出现，可能在于在一些值得怀疑的例子中的乳房射线检查。在进行了乳房检查和确诊之后，很关键的就是要决定是否进行乳房组织活检，如果不能进行乳房 X 射线检查的话。如果可以进行乳房组织活检，那么就做。如果你确信没有手术指征和体格检查，那么就进行乳房射线检查。只要一个人对自己说，尤其当他对他的病人说‘我并不是很确定这

个——让我们进行 X 光检查吧’，他就下意识地依靠乳房射线检查的阴性结果了，当他只应该依靠阳性检查结果的时候。这是一个心理陷阱，我们都有可能会陷进去，而且比很多通过乳房射线检查获得的假阳性的检查结果更加严重。”（Rhoads，1969，p. 1182）通过这种策略，是不可能避免任何一个简单的组织活检的。这是很遗憾的，因为正如前边的作者自己指出的那样，“很少有什么疾病需要进行如此多的外科检查，这些外科检查，通常是可以通过一些更好的诊断方法来避免而不是通过乳房本身”。

我们现在可以来欣赏一下下边这个故事，它出现在旧金山《年鉴》中（Kushner，1976）。一个女记者刚刚发现她的乳房里有肿块，并且描述了她向医生进行的咨询。

“我希望你可以进行干板乳房射线检查（xeromammogram）。这是一种进行乳房射线拍片检查的新方法。”

“它可以很准确吗？”

他耸耸肩，“很有可能就和其他的片子一样吧。你知道，”他警告说，“即使结果是阴性的——也就是说肿块不是恶性的——唯一可以确定的方法，就是将肿块切除并且将它放在显微镜下检查。”

这个妇女然后和她的丈夫讨论这个问题。

“医生怎么说？”

“他希望我进行干板乳房射线检查。然后，不论结果如何都要将肿块切除。”

“既然这样，为什么还要进行干板乳房射线检查呢？”

“那是必须做的吧，我猜测。我们的医生说它的正确率可以达到 85%……所以，首先我要安排进行一个热成像。如果它是阳性的或者是阴性的，并且如果它和乳房射线检查中 X 干板图片结果是一致的，那么按照统计学来说，在诊断 95% 的情况下是可靠的。”

总结一下，我们可以合理地质问，如果乳房射线检查的目的是为了帮助医生区分良性的还是恶性的乳腺疾病，并因此使一些病人免于一些更为广泛的并且是外伤性的程序如组织活检，那么我们就应该让这种检查发挥其功能。如果另一方面，医生总是坚持预先做出的进行组织活检的决定，
267 而不考虑乳房射线检查的结果，那么我们就不能说乳房射线检查的目的，是为了帮助医生来区分良性的和恶性的疾病，因为毫无疑问这样的区分，可以通过组织活检来完成。最后，如果这个检查的目的，是为了在乳房的其他部位发现隐藏的和临床上没有发现的癌症（远离那些明显的需要进行组织活检的肿块），我们可以清楚地意识到这样事情的几率是非常小的，并且这个检查的效果就等于普查（筛查）。

我的目的，不在于讨论具体的乳房射线检查和组织活检的政策——这样做需要更多的资料和更好的对病人的价值观的评估。其实，我们还没有发展出一种比较正规的概率推理的方法来处理这类问题。临床判断可能是错误的，目前的临床政策可能是不连贯的或者是不正确的。

三、讨论

这里所呈现的例证，是为了说明医疗决策的复杂性，并且展示了临床医师是如何来应对这些问题的一个方面——对概率的操纵。我们研究的例子，是一个相对简单的例子，它用简单的检查诊断来将病变分成两种类型，良性的或者是恶性的。有关这个问题的数据库，相对来讲，是比较完备的。多年来，检查的准确性及其诊断的价值，在很多机构中被研究和分析过。正如一个研究者所说的，“我认为没有任何医疗程序像乳房射线检查一样被如此多地检验再检验”（Egan，1971，p. 1555）。

这篇文章中所讨论的概率工具，已经有几个世纪的历史了。在过去的20年里，它们被更多地应用于医学问题中（比如，Lusted，1968），并且用系统的方法来处理不确定性，在医学院的课程中，在医疗杂志中和研究生教育的项目中，也不断增长。然而目前，这些技术的应用，还是非常零散的，并且还没有能够影响大多数从业者的思维。正如这个案例所证明的，医疗问题是非常复杂的，并且形式的概率推理的威力，提供了极大地提高医疗保健的质量和效率的可能性。

注释

[1] 在这里和接下来的引用中，都会有斜体字。

[2] *P*（A，B）是指事件 A 和 B 同时发生的联合概率。

[3] 这并不是一个很好的假设，因为准确性随着被检查者的改变而改变。举例来说，当我们以没有症状的妇女作为样本的时候，真实阳性的比例就低得多，因为癌症似乎小得多而且不容易发现。这个假设只是用来说明 *P*（ca）的重要性。

[4] 任何人，如果想要确认组织活检阈限的存在，就可以按照下边这样来推理。如果患有癌症的可能性是 30 万亿分之一，我们是否会同意没有人愿意进行组织活检？如果患有癌症的几率是 98/100，我们是否会同意事实上每个人都希望确诊并且进行治疗？如果是这样，在 30 万亿分之一和 98/100 之间的某个地方，每个人都有组织活检阈限。当然，如果一个妇女在肯定患有癌症的时候，拒绝组织活检和治疗，那么她就没有组织活检阈限。

[5] 组织活检阈限，是一个非常奇妙也非常重要的数字。转变它，将会对如下因素产生极大的杠杆作用：如，妇女进行组织活检的数量、无效的组织活检的频率、治疗需要的花费，还有病人的预后。因为风险的转移和为他人进行决策的事实，医生们通常将阈限设置得非常低。这个陈述“如果有一线希望这个病变是恶性的，就要进行组织活检”是非常典型的。“如果医师并不完全肯定病变是良性的，那么马上就要进行组织活检”（Allen，1965，p. 640）。有证据表明，妇女的阈限，通常比医生所设定的要高——虽然通常这里有很大的变化。

比如，我们可以检查一个非常大型的临床试验中的数据，在此，乳房射线检查和乳房的体格检查，是用来透视没有症状的妇女是否患有乳腺癌（Shapiro et al.，1971）。根据乳房病变是如何被检查出来的（比如，通过何种检查或者各种检查的组合），妇女所患的乳腺疾病是乳腺癌的概率，在 15% ~ 54% 之间浮动。在阳性检查的结果基础上，医生建议 545 个阴性检查结果的妇女进行组织活检。尽管这个群体中患有乳腺癌的可能性，只有 15%，有 31% 的妇女拒绝了进行组织活检的建议。妇女乳房物理检查为阴性但是乳房射线检查结果为阳性的几率是 20%，但是在这个群体中有 29% 的妇女拒绝了进行乳房组织活检。在两项检查都是阳性的妇女那里，患有癌症的可能性有 54%，但仅有 5% 的妇女，在被建议的情况下，还是拒绝进行乳房组织活检。这样，根据这些粗略的信息，似乎有 31% 的妇女的乳房组织活检阈值超过了 15%，29% 的妇女的阈值高于 20%，有 5% 的妇女的阈值高于 54%。

[6] 为了大致了解乳房射线检查在这些病人中的重要性（和有其他的表现和症状的病人），我们需要更多的信息，但是这些信息在文献中是找不到的。幸运的是，在一个研究中（Friedman et al.，1966），患有癌症的几率和乳房射线检查的回顾性准确性，被分别对三个群体进行陈述——那些有明显的癌症状的、有显性的组织包块的，和其他有乳房疾病的症状和体征的。所发表的数据是不完全的，并且关于在恶性和良性的病变中不确定的X光诊断的数据没有包括进来。我们使用了弗里德曼的研究中的可用的数据，并且在这个例子里，有下边的一些假设：（1）那些没有进行组织活检的病变，事实上是良性的；（2）没有进行组织活检的病变，被认为是阴性的；（3）一半没有被认为是阴性的良性病变，被认为是阳性的（另一半被认为是不能确诊的）；（4）一半没有被确诊为阳性的恶性的病变，被认为是阴性的。前两个假设，是对于乳房射线检查的准确性的最为乐观的解释。第三个和第四个假设非常重要，并且因为假阳性（或假阴性）比例趋近于0，阳性或阴性的X光的检验报告，在确定（或排除）癌症的时候，其作用就被提高了。同样的，因为假阳性和假阴性的比例提高了，检验就失去了预测的效果了。通过乳房本身的症状比通过病人的解说来解释弗里德曼的数据更难。但是，这个报告中有很多信息，并且把它们用到这个例子里，因为读者明白这些是一个例证，并不是形式的分析。对这些问题的形式分析需要更多的数据。在对第二组病人的估计中，所用数据的准确性计算如下：$P(\text{pos} \mid \text{ca}) = 0.52$，$P(\text{uncertain} \mid \text{ca}) = 0.24$，$P(\text{neg} \mid \text{ca}) = 0.24$，$P(\text{pos} \mid \text{benign}) = 0.75$，$P(\text{uncertain} \mid \text{benign}) = 0.75$，$P(\text{neg} \mid \text{benign}) = 0.85$。

本论文的写作，受凯瑟家庭基金会（The Henry J. Kaiser Family Foundation）的项目资助。

第 19 章　从经验中学习与决策中的次优规则

爱恩荷恩（Hillel J. Einhorn）

目前关于决策的研究，显然已经从使用规范模型（及其修正）描述选择的过程转向了从认知心理学和信息加工理论的一般框架中发展出来的启发式过程的强调（Payne，1980；Russo，1977；Simon，1978；Slovic et al.，1977；Tversky & Kahneman 1974，**1**，1980）。从强调人们表现得如何到强调人们如何表现，问题的转移无疑很重要（例如，Hogarth，1975）。但是，对于同时研究这两个问题的益处，没有比在启发式规则和策略的研究中更加明显的了。之所以如此，是因为启发式规则与规范规则之间的比较，使人们可以检验实际行为和理想行为之间的差异，而这又提出了一个问题，就是为什么这种差异会存在。在本章中，我们关注的是人们如何从经验中学习这两种规则。对于从经验中学习的关注，有许多问题，这些问题还没有得到充分的解决，例如，启发式是在什么条件下习得的？在经验中它们怎样被检验和保存？在什 268

么条件下，我们不能了解到偏差以及偏差的使用所导致的错误?

通过考虑以下几点，我们可以了解学习对于理解启发式和选择行为的重要性:

（1）人们预测一种特定的规则什么时候被运用的能力，通常不够完备（Wallsten，1980）。但是，关注一种规则怎样以及在什么条件下被习得，将269 会提高人们预测这种规则什么时候可能被使用的能力。例如，如果一种规则是在几乎没有时间做出选择的情境中被习得的，那么通过了解任务涉及的时间压力，就可以提高对这种规则的使用的预测。

（2）伴随（1）的一种情况是，通过设计一些任务包含或者模拟初始学习条件的情境，我们将可以影响人们的判断和决策。这一点对于帮助以及操纵人们都有很大意义（Fischhoff et al.，1978；1980）。

（3）关于学习的考虑，注意力主要集中在环境变量和任务结构上。因此，为了理解判断和决策行为，我们应该考虑诸如强化的数量和计划、试验的次数（等于经验的量）等变量（比较 Estes，1976）。尽管任务对于理解行为的重要性已经被不断地强调（Brunswik，1943；Castellan，1977；Cronbach，1975；Dewes，1975b；W. Edwards，1971；Einhorn & Hogarth，1978；Simon & Newell，1971），但是，心理学家似乎和其他人一样，容易犯罗斯（1977）所说的基本归因错误（在归因中低估环境因素的作用）。

（4）启发式理解中的一个主要变量是结果反馈（outcome feedback）。因为结果反馈是评估我们的决策和判断规则的质量的主要信息来源，因此关于任务变量如何作用于结果以及如何影响结果在记忆中的编码和储存方式，对于解释启发式如何被习得和使用变得非常关键。

（5）对于权衡关于选择行为的心理学解释和经济学解释的相对优点而言，学习领域是个关键。一些经济学家认为，尽管人们不会在所有的时候都“理性地”行动，但是人们将会通过与环境的互动学习最优规则。他们提出了一堆含混不清的关于平等、效率和进化概念的断言支持这种观点。因此，研究人们如何从经验中学习，对于澄清心理学和经济学的选择理论的相对优点，非常重要。

一、从经验中学习：如何学习？

显然，决策是行为导向的。为了满足基本的需求和欲望，人们必须选择采取哪一种行为。因此，对于任何有机体，了解哪一种程度的行为将会导致想要的或者不想要的结果，都是重要的。这意味着，从经验中学习，大部分必须包括行为—结果链的学习。而且，因为行为和结果在时间上是连续的，所以人们倾向于认为它们之间的联系，代表了原因和结果之间的关系（Michotte，1963）。因此，要发现因果关系这种强烈倾向，就可以看 270
作是采取行动满足基本需要这种必要性的结果。此外，正如卡尼曼和特沃斯基（1979b）指出的，学习因果关系，以及按照因果“图式”组织事件，使得人们能够给予他们的经验前后一致的解释。最后，行为—结果链的学习，对于理解人们如何了解他们的口味和效用非常重要。例如，假设一个孩子选择吃某一种蔬菜，尝到了一种令人不愉快的味道，因此学会将一种负效用与这种食物联系起来。注意，人们通常是根据体验的结果和习得的效用来进行选择。因此，行为—结果链的学习与效用学习是紧密联系在一起的。

尽管我们是通过采取行动从经验中学习的，但是最初人们是如何学习应该采取哪一种行为的呢？毫无疑问，大部分最初的习得，是通过试错法获得的。也就是说，人们随机地选择，然后观察结果（对比 Campbell，1960）。试错法让位于发展策略或者规则的过程，还不是很清楚（对比 Siegler，1979）。但是，人们可以推测，来自强化试错法的学习和归纳（刺激和反应）扮演了重要角色（Staddon & Simmelhag，1971）。在任何情况下，我们发展的规则，似乎都与学习某种行为导致何种结果直接相关。正如上文所描述的，从经验中学习，在本质上是归纳的，也就是说，人们经历一些特殊情况或者个案，然后发展出启发式，以提供某种一般的解决方法。就启发式而言，从经验中学习的归纳本质，有几点意义：

1. 规则的特殊性（specificity of rules）

如果学习是经由归纳特殊个案发生的，那么启发式规则就应该非常依赖于情境。现在许多证据都表明事实确实如此（Grether & Plott，1979；Lichtenstein & Slovic，1971；Simon & Hayes，1976；Tversky & Kahneman，

1980）。问题被表达或者展示的方式，或者对于所有人某个回答被提问的方式，似乎都对信息的处理和回答产生的方式产生了重要影响。西蒙等人（Simon & Hayes，1976）关于“问题同构体”（problem isomorphs）的研究，给出了一个这种特殊性的生动的例子。他们指出，结构上相同的问题（例如，可以用同样原则解决的问题）使用不同的表面措辞，结果完全改变了人们在记忆中再现这个问题的方式，因此也改变了解决问题的方法。这个结果的一个重要意义在于，为了使启发式模型更具有预测性，人们必须全力关注对任务的描述，而不是实验者所理解的问题结构。关于这一现象在行为预测中的重要性，下面的观察提供了一个非常合适的例子，通过观察人们把减税看作是一种收益还是较小的损失来预测人们的行为（Kahneman & Tversky，1979b）。

2. 规则的普遍性

如果启发式是通过归纳习得的规则，那么我们就必须根据相似性分类
271 任务，否则就会有多少种情境，就有多少种规则。既然后一种情况不能接受，因此对于任务而言，启发式必须具有一些普遍性。但是，这一结论，违背了我们上文所说的规则的情境依赖性和特殊性。如果我们考虑一下规则可能适用的任务范围，这个悖论就可以解决了。例如，考虑一下这个规则：“不要在肉食店里叫鱼。”虽然这样一种规则对于某种类型的餐馆普遍适用，但是与这个规则“通过它们的相似程度判断事件 B 产生于程序 A 的概率”相比，毫无疑问，它是更加特殊的（Tversky & Kahneman，1974，**1**）。显然，后一种启发式，具有更高程度的普遍性。事实上，很有可能，诸如代表性、便利性、初始化和调节这样的启发式，都是“元启发式”，也就是说，它们是一些关于如何产生规则的规则。因此，当遇到以前没有遇到过的问题（比如判断事件的概率），或者一些其特殊性使得它们看上去比较新奇的问题的时候，元启发式指导人们形成具体的规则解决问题。元启发式的观点，使得人们可以保留任何规则都必然包含的普遍性，它还同时考虑到情境、措辞、回答模式等的重要作用。为了详述这一点，可参考斯洛维奇等人（1976；也参见本书第 33 章）的研究。在研究中，他们要求人们判断因为意外原因死亡的相对概率。例如，哪一种可能性更高：被闪电

击死还是死于肺气肿？当面对这种问题时，有很多方法可以得到答案。可能被使用的一种规则是："想一想所有我认识的死于这两种原因的人，然后找出哪一种原因导致了更多的死亡。"就我自己而言，我会选择肺气肿（它确实有更高的可能性，尽管大多数人选择了死于闪电）。但是，我本来可以同样容易地形成另一种规则，而它会导致相反的答案；例如，"想一想所有我听说过的被闪电击死和死于肺气肿的例子（从报纸、电视等）。"如果这是我的规则，那么我会选择死于闪电的可能性更高。注意，在这两个例子里，我都使用了便利性启发式。很明显，一个问题被表述的方式，可能导致特定的规则，而它又导致了不同的结果。但是这些特殊的规则，可以被归类到一个更为普遍的策略，或者是元启发式之下（也参见 Einhorn et al.，1979）。

3. 启发式的强度

如果启发式是通过归纳习得的，那么学习的发生，就要经过许多次的试验和强化。正如将要讨论的，由于反馈发生的方式以及我们经由经验检验规则所使用的方法，因此即使是对于错误的规则，也可能出现积极的强化（Wason，1960）。此外，除了我们所经历的强化的数量很大以外，强化的范围和强度可能也很大。例如，遵循某种选择股票的规则获得了一笔数量可观的收入，这应该会产生非常大的强化效应。因此，与关于人类学习 272
的实验室研究不同，在那里，伦理的因素限制了大量的积极和消极强化，而我们自己的经验则没有这些限制。

二、从经验中学习：学得如何？

我们从经验中学习得如何的问题，把注意力集中在了比较启发式规则和最优规则上。因此，必须要问的是，最优规则是如何被习得的，在我们自己的经验中应用它们会有什么意义？最优规则，是通过演绎的方法习得的，例如贝叶斯定理、最优化等。事实上，许多可以被称作是正规的学习都具有演绎的性质，也就是说，我们学习的是科学规律、逻辑原理、数学和统计学规则等。这些规则，从本质上来说是抽象的，并且独立于情境。而且，当情境可能影响规则的形式时，人们经常被告知的是这个规则有效，

“其他事情相同”。当然，在我们的经验中，其他事情几乎没有相同过，这就使得经由归纳学习最优选择非常困难（最优规则的最初发现者或者发明者，克服了这些困难；但是，这些困难将他们和我们区分开来）。

就人们在特定的情境中应用最优方法面临的困难而言，演绎规则的抽象性质，具有重要的意义。这种困难，主要集中在要发现隐藏在繁多的细节中的任务结构。因此，当人们面对一个特定问题的时候，并且这个问题细节烦琐，而且许多细节可能是无关紧要或者千篇一律的，那么，对于细节的关注，就很可能会把注意力从问题的一般结构上转移开来。事实上，正是通过演绎习得的最优规则的抽象性质，阻碍了人们从记忆中检索最优规则（比较 Nisbett 等人，1976；并参考本书第 **7** 章）。因此，抽象规则，可能并不是很容易获得的。但是，这是在回避问题，因为重要的是了解**为什么**不能获得这些规则。

考虑一下行为—结果组合在记忆中可能的组织和存储方式，尤其要考虑一下这种信息更有可能根据内容还是任务结构被组织和存储。看起来，似乎根据主体而非结构组织行为—结果组合更加容易，也更加“自然”；例如，在学校的经历、与父母和异性的经验等，而不是贝叶斯式问题，选择情境、最优化问题等。人们很难注意到这个事实，即尽管结构相同，但是问题的内容可能不同（Einhorn et al.，1979；Kahneman & Tversky，1979b；Simon & Hayes，1976）。因此，我认为，很可能大多数人不是根据任务的结构组织他们的经验的。但是，这并不是说人们不可能被训练做到这一点。事实上，大部分专业训练就是这样的；例如，训练人们学会识别问题，把
273 它们归类到某一类问题中去，这类问题具有特殊的结构和（有些时候）已知的解决方法。因而，通过充分的训练人们“可以使用”最优规则。当然，这种太容易获得的规则也有危害。也就是说，因为某种结构的问题存在解决的方法，就把一些问题强行归类到这种结构中去，而这些结构对于这些问题可能是不合适的。当面对一个问题的时候，专业人士会根据他们经由训练发现的结构看待这个问题，这是不言而喻的。因此，尽管专业训练并不包含某种结构，但是这种训练通常会被限制在一个比较狭小的内容领域内。

对于组织和教授关于世界的公共知识的方法的思考，提供了进一步的证据，证据表明，需要根据内容而不是结构分类问题。例如，分门别类的教育、专业化的训练、图书馆和百科全书的信息分类等，都是根据内容而非结构组织信息的。尽管以这种方式组织信息有很大的优越性，但是同样也要付出代价。把在一种内容领域中发展出来的最优规则应用到结构相似的其他内容领域的问题上所遇到的困难，就是一种代价。但是，在个体学习者这个层次上，我们将要考虑的其他困难可能代价更为高昂。

尽管任务的结构很难识别，但是结果却是显而易见的；它们更明显，容易获得，并且通常很明确。对于理解启发式在经验中如何被维持而言，经由结果反馈考虑强化非常重要。而且，如果结果在很大程度上是任务结构的函数，并且决策者缺乏关于这种结构的知识，那么通过积极的反馈，那些不相关的甚至是糟糕的规则仍然有可能被强化（例如，动物学习中的“迷信行为”；见 Staddon & Simmelhag，1971）。

现在我们给出两个例子，在这两个例子中，不合乎标准的启发式可能导致良好的结果，并且人们可能没有意识到这种规则的低质量。考虑一个在超级市场购物的情境，在一堆果汁的前边，有如下的价格和整体质量标签（根据 Tversky，1969 的资料改编，见表 19—1）：

表 19—1　　不同品牌价格和整体质量标签

品牌	价格	质量
X	60 美分	高
Y	55 美分	中等
Z	50 美分	低

假设我使用下述规则在这三个牌子中进行选择：如果价格的差异在 5 美分之内，那么就选择质量好的那个牌子；如果价格差异大于 5 美分，那么就根据价格选择。这样一种简单的规则（它属于词典编纂学上的半序）导致：X > Y，Y > Z，但是 Z > X。因此，这个规则导致了选择的不可传递，显然这不符合逻辑。但是注意，当我选择了 X 放弃 Y 之后，我可能从余下 274
的集合中排除 Y，然后比较 X 和 Z。因此，最后我选择了 Z，品尝之后我发现它十分令人满意。于是我就会庆幸自己是一个多么优秀的购买者——我节省了钱，并且买到不错的产品。在这里要注意的重要一点就是，我没有

比较 Y 和 Z，因此我仍然没有意识到我的规则会导致选择的不可传递。我现在意识到的全部就是我做了一个明智的选择，麻烦既少，又不费力，而且结果令人满意。因而，积极的结果反馈，强化了一个不符合标准的规则，并且没有意识到有可能出错。

第二个例子是或然性的（比较 Schum，1980）。设想你是一名陆军上将，在一个政治环境比较紧张的地方，你担心你的敌人可能会入侵你的国家。此外，根据以往的经验可知，一旦敌人的部队在边境集结，入侵的概率是 0.75。但是，你不能直接得到关于敌军的情报，你必须依靠你的情报部门提供关于敌军行动的情报。结果证明，每一次你的情报部门报告说敌军正在集结，敌军就确实在那里。假设现在你从你的情报部门那里收到一份报告说敌军正在边境。那么入侵的概率是多少？更正式的表达是，让

H = 被入侵的假设

D = 敌军在边境集结

D^* = 关于敌军在边境集结的报告

问题中给出了 $p(H \mid D) = 0.75$，$p(D \mid D^*) = 1.0$，让你回答 $p(H \mid D^*)$ 是多少。如果你和大多数人一样，那么你可能会回答 0.75。但是，所提供的信息，对于以一种通常正确的方式回答这个问题来说，是不充分的。事实上，在上述问题中，很可能 $p(H \mid D^*) = 0$！因为大多数人认为这令人难以相信，考虑图 19—1，它使用维恩图（Venn diagram）阐明了这个问题。

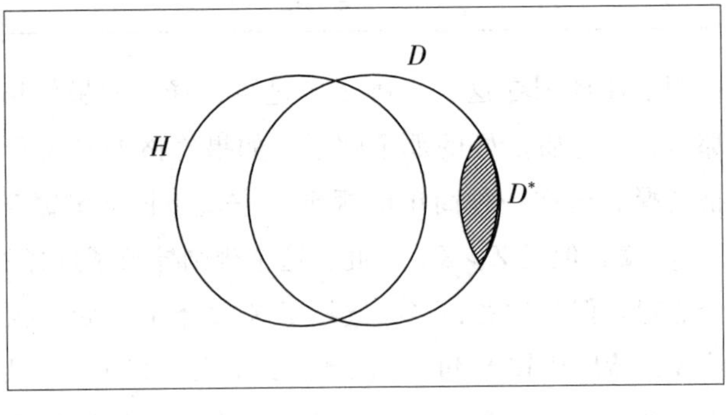

图 19—1　表示假设（H）、数据（D）和报告数据（D^*）之间关系的维恩图

注意，H 和 D^* 的交集为空，因此条件概率 $p(H|D^*)$ 等于零。之所以人们认为这个结果非常令人吃惊，是因为他们犯了一个这种形式的逻辑错误：如果 $D^* \rightarrow D$，那么 $D \rightarrow D^*$。尽管只要 D^* 存在 D 就会发生，但是反过来却不一定成立。事实上，看待这个问题的一种直觉方法，就是认为敌人特别狡猾，结果使得只有当他们不准备入侵时，你的情报部门才能发现他们的部队。但是，当他们计划入侵并且在边境集结的时候，他们隐藏起来，结果你的情报部门没有报告发现他们。

这个例子说明了在具体任务中应用最优规则（在这个例子中是形式逻辑的规则）的困难。虽然当这种逻辑错误以一种可识别的方式呈现出来时，几乎没有人会犯错误。但是，这个例子的重要性就在于指出问题的具体细节如何掩盖了它的真实结构，以致轻易地就违背了最优规则（对比 Tversky & Kahneman, 1980）。关于这个例子，我们还可以得出第二个结论。假设这 275
位将军犯了这种逻辑错误，估计战争的可能性为 0.75。然后他把他的部队派到边境上去，由此导致了敌军的入侵。因此，这位将军的错误推理被结果反馈强化了："毕竟，"他可能会说，"那些畜生确实是要入侵我们，这和我想的一样。"

这两个例子阐明了本章的基本观点：如果没有关于任务结构的知识，对于糟糕的启发式的修正而言，结果反馈可能是无关紧要的，甚至是有害的。并且，在缺乏对任务的了解的情况下，积极的结果反馈，可能会使我们意识不到我们的规则的拙劣，因为几乎没有什么动机鼓励我们质疑我们是怎样获得成功的。这种结果反馈对于启发式和策略不起修正作用的情况，被称作结果无关的学习结构（outcome-irrelevant learning structure, OILS）。这种结构可能比我们想得还要更加常见。在具体检验一个这种结构之前，考虑一下 OILS 框架内的概率判断，因为大多数关于启发式的研究，都直接关注这种类型的判断。假设你认为某个事件的概率是 0.70。让我们假设这个事件并没有发生。那么，关于你使用的产生这个判断的规则的质量，这个结果告诉了你什么？人们可能会认为任何单个的结果对于估计概率判断的"优度"（goodness）（即校准的程度）都是无关紧要的。因此，在一种重要意义上，直接的结果信息对于糟糕的启发式的修正，是无关紧要的。

只有当人们判断指定概率的事件时，记录下了相对结果频次的“总成绩”，人们才能从结果中获得有用的反馈。但是，就做出良好校准的判断而言，这很可能是一个必要条件而非充分条件。首先，在决定判断是否被校准之前，人们必须记录下多长时间段的总成绩？此外，为了说明判断是精确的（在被良好校准的意义上），多近才是“足够接近”？注意，这整个的结果评估模式就包括了强化，它因为时间过长而被耽搁了。因而，我们还不清楚这种反馈是否会有很大的自我修正作用。其次，为了了解概率估计规则的优度，我们的总成绩必须不仅包括人们的估计以及产生的结果，还必须包括人们推导这些估计的规则。例如，如果100次估计我给出的都是0.70，并且记录下结果，那么100次中有53次事件发生了，关于我使用的规则的质量，这一信息能够告诉我些什么呢？因为很可能在100种不同的情境中，使用了许多不同的规则估计概率，因此结果信息并不是很重要，而结果反馈也不是非常有用，除非人们知道它使用的规则，并且记录下了规则的使用情况（比较 Nisbett & Wilson，1977，关于我们是否意识到了我们自己的认知过程）。

276

我的意思并不是说，人们不可能学会做出良好校准的概率判断。如果人们在同一种情境下做出许多概率判断，如天气预报员和赛马优胜预测者所做的，并且可以立即得到结果反馈，那么这种情况下的结果，就不会是无关紧要的了，而反馈也可能是自我修正的。但是，对于我们中的大多数人来说，这种情况看来只是个例外，而非常态。

尽管概率判断通常出现的情况是结果无关的学习结构（OILS），但是非概率判断的情况又是怎样的呢？可以肯定，如果人们预测某件事情，那么他可以通过检查，确定这个预测是正确还是错误。因此，对于提供自我修正的反馈而言，结果似乎应该是重要的。本章余下的部分，就在一种普通的流行的任务结构情境下讨论这个问题，尽管这种任务的具体内容可能相当不同。

三、选择任务[1]

既然对于提供自我修正的反馈来说，结果信息似乎是重要的，并且是可以使用的，那么现在我们就考察一种非常普通的涉及非判断概率的任务。将要考虑的任务，是做出判断从而在给出的行为选项中进行选择。例如，假设一种情境有两种可能行为 A 和 B。用 x 代表总体评价性判断，它本身可能是各种类型和量的信息的函数。此外，令 x_c 为临界值，使得

$$\begin{aligned}&\text{如果 } x \geqslant x_c\text{，采取行为 } A\text{；}\\&\text{如果 } x < x_c\text{，采取行为 } B\text{。}\end{aligned} \qquad (1)$$

尽管非常简单，方程（1）适用于许多判断（决策）情境，例如：介绍工作、推销商品、入学选拔、贷款和信用的发放、安排补习计划、社会计划的筛选、期刊文章的验收、授予奖励等。在这些情况中，因为被选择 277 的行为不可能面向所有人，因此对于“应得的”等级的判断，通常决定了采取哪一种行为。

为了比较判断和标准，假定存在一种标准作为评估判断的精确性的基础，用 y 表示。虽然发现以及发展适当的标准面临巨大的实践困难，但是这里关注的焦点是理论上的：一种标准的概念对于这种分析是必需的。为了与判断的构造保持一致，进一步假定标准有一个临界值（y_c）使得 $y \geqslant y_c$ 和 $y < y_c$ 作为评估判断的结果的基础。因此，就对判断的了解而言，结果在记忆中的再现通常是采取类别的形式，即成功和失败（比较 Estes, 1976）。

注意这种任务的结构是判断（预测）导致差别行为，然后结果用作反馈决定预测的精确性，这一点非常重要。考虑 y 对于 x 的回归以及 x_c 和 y_c 的交叉产生的 4 个象限，我们可以看出这种结构的形式，如图 19—2 所示。用正向和负向命中表示正确的预测，用错误肯定（$y < y_c \mid x \geqslant x_c$）和错误否定（$y \geqslant y_c \mid x < x_c$）表示两种错误类型。为了估计 x 和 y 之间的关系（即 x 和 y 之间的相关关系 ρ_{xy}），我们必须得到每一个判断—结果组合的资料。首先假设随着时间（即按时间顺序），这种资料变得可以得到，然后考虑 278 在这种情况下获得 x 和 y 之间的关系要涉及的实验证据。关于根据 2×2 表格的信息判断 x 和 y 之间列联关系的能力的研究（Jenkins & Ward, 1965; Smedslund, 1963; 1966; Ward & Jenkins, 1965）表明，人们通常是根据正向命中的（使用图 19—2 的术语）频次来判断相关关系的强度，而忽略其

他 3 个单元的信息。这些结果非常重要，因为它们指出，甚至是在所有这些相关的结果信息都可以得到的情况下，人们也不会使用它们。这意味着在那些具有结果相关的学习结构的实验室研究中，人们把它们转化成了与结果无关的学习结构。怎样才能解释这种现象呢？

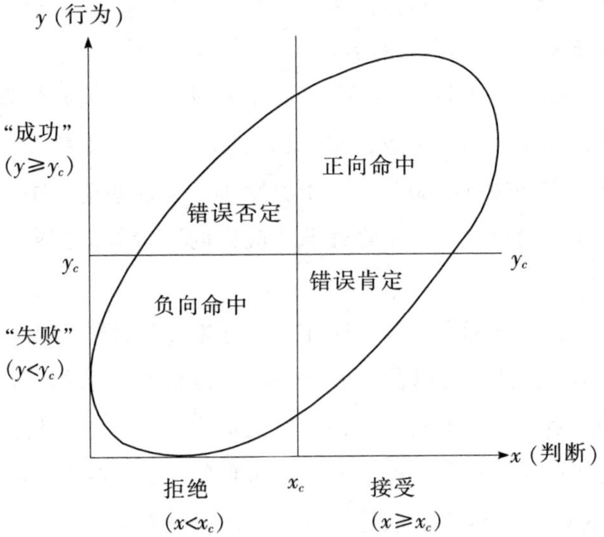

图 19—2　根据判断决定接受或者拒绝时的行为—结果组合

这里给出的解释是，因为我们在现实世界任务中的经验表明，我们发展出的规则和方法似乎“作用”得相当好。但是，这些规则可能非常糟糕，并且我们深刻认识到这些规则的不能胜任。由于不管我们的预测能力如何，都可能出现积极的结果反馈，而不是因为我们的预测能力，因此我们经常会意识不到。为了证明这一点，可参考瓦森（Wason，1980）的研究。在这个研究中，他向被试出示一个 3 个数字组成的数列，例如：2，4，6。他要求被试找出这 3 个数字符合的规则（例如 3 个数字是递增的）。为了发现这个规则，允许被试给出一些组的 3 个数字，然后研究人员根据是否符合这个规则分类这些数字。当被试认为他们已经发现了这个规则的时候，他们可以随时停止。完成这个任务的正确方法应该是寻找否定性的证据，而不是累积更多的肯定性证据。例如，如果人们认为这个规则与偶数有关，那么他只有试验一个包含奇数的数列才能检验这个规则（也就是说，累积大量符合偶数数列的例子并不能推导出这个规则）。事实是 29 名被试中只有 6 人认为他们第一次就发现了正确的规则，这说明了简单枚举归纳法的危害。正如瓦森（1980）指出的，完成这个任务的方法，必须包括“一种试图证伪假设的自我意愿，*检验那些通常可以确信的直觉观念*”（p. 139，斜体是作者添加的）。

瓦森的实验没有涉及行为，因此寻找否定性的证据是可能的，强调这一点很重要。但是，当行为是基于判断的时候，根据否定性的证据学习就变得更加困难了。考虑一下人们可能怎样错误地学习了一种错误的判断规则，然后集中关注这样一种假设情况，一位经理了解他预测求职者的“潜力”的能力。这里关键的因素，是行为（例如，录用/不录用）需要根据判断来决定。在接下来的日子里，这位经理只能考察被录用的那些求职者的表现来判断有多少是“成功的”。如果有很多是成功的，这很有可能，那么这些例子就证明了规则。实际上，这里重要的问题，是我们很难去证伪这个规则，即使这个规则可能是错误的。检验这个规则的一种可能方法，279
是录用一小组他判断为潜力低的求职者，然后观察他们的成功率。如果他们的成功率与那些他判断为潜力高的组一样，那么这个规则就被证明是错误的。但是，系统地寻找否定性证据的情况很少见，而且可能会遭到实用和伦理方面的反对。也就是说，人们不得不放弃选择一些他们认为最值得考虑的行为，选择一些他们认为最不值得的行为。因此，实用的和/或者伦理的因素，可能阻止人们甚至是去考虑收集可能的否定性资料。注意，不使用否定性证据检验假设这种倾向，是基于判断采取行动这种任务结构的一个直接后果。瓦森（1980）指出，“在现实生活中，没有什么权威宣布基于推理的判断：推理只能根据证据被检验”（p. 139）。结果，大量的积极反馈，可能导致一种无效的规则被强化。

尽管人们可能不会寻找未被采取的行为导致的结果，但是人们仍然有可能通过检查正向命中和错误肯定的数目来衡量预测的精确性。因此，虽然这种信息对于精确地估计预测与结果之间的关系而言是不完整的，但是这种信息是大多数人可以得到的。因此考虑影响这些变量的因素就很重要了。

四、影响正向命中和错误肯定的因素

再次考虑图 19—2，注意影响正向命中率和错误肯定比率的 3 个因素：x_c 和 y_c 的位置和椭圆的“倾斜”（它是 x 和 y 的相关关系）。例如，如果 x_c 向右移，同时保持 y_c 和 ρ_{xy} 不变，那么就有一个点不再属于错误肯定。当然，错误否定方面也会有相应地增加。但是，如果人们没有关于这些情况的资料（大多数情况都是如此），那么人们的成功经验，就可能使他们十分确信他们的判断质量很高。因此，当采取所选择的行为的标准被提高时（增加 x_c），概率 p（$x \geqslant x_c$）（也称作选择比率，Φ）就被降低了，这导致了高的正向命中率和低的错误肯定比率。第二个因素 y_c 显然影响结果，因为 y_c 的水平定义了成功和失败。注意，当 y_c 被降低时，概率 p（$y \geqslant y_c$）（也称作基率，br）被提高，人们的成功经验增多，无论判断能力如何；也就是说，如果一个人随机地指派给人们各种行为，他就会得到一个等于 p（$y \geqslant y_c$）的成功率。因此，为了判断一个人的预测能力，我们应该比较
280 正向命中率和 p（$y \geqslant y_c$），并且根据成功数目的边际增长估计判断能力。第三个因素 ρ_{xy} 以一种非常直接简单的方式影响结果；也就是说，ρ_{xy} 越大，正向命中率就越大。

这 3 个因素对于正向命中率的作用已经广为所知。例如，泰勒等人（Taylor & Russell，1939）已经指出，对于指定的 ρ_{xy} 和基率，人们可以通过减低选择比率（Φ）增加正向命中率，也就是说，给予所选择的行为更小的百分比（假设 $\rho_{xy} \geqslant 0$）。因而，即使 ρ_{xy} 很低，也有可能得到一个高的正向命中率，依赖于 Φ 和 br 的值。泰勒等人（1939）提供了一些表格，给出 ρ_{xy}、Φ 和 br 的大部分值对应的正向命中率。对这些表格的检查表明，判断与标准之间的低相关关系，并不与高的正向命中率不相容。

除了已经提到的这 3 个因素，还必须考虑第 4 个因素。设想下述的实验，我们可以说明这个因素。假设针对一些人做出一系列判断。对于那些被判断为大于 x_c 的人，随机指派给其中的一半人行为 A，另一半人行为 B。类似地，对于被判断为小于 x_c 的人进行同样的处理。在稍晚一些时候，测

量表现，然后计算每个单元中 $y \geqslant y_c$ 的人的比例（每个人被指派数字 0 或者 1，表明他或者她是低于还是高于 y 的临界值——高于 y_c 的比例就作为该单元的平均值）。这是一个 2×2 因子设计，一个因子是“判断”，另一个因子是“行为的类型”。注意，因为在决策之前不能直接观测到标准（实际上，如果可能的话，就没有必要判断了），所以接受行为 A 和 B 的人，也应该接受不同的实验处理。如果这个实验成功，那么人们就可以检测判断的主效应（它测量了判断的精确性）；行为的主效应，也就是说是否接受 A 或者 B 本身导致了表现上的不同；以及判断与行为之间的相互作用。注意，这个实验的优点，在于它使得人们能够分清判断的精确性和行为的处理效应。但是，这样一个实验几乎没有成功过，即使是在概念上，尤其是对于实验设计中没有接受充分训练的人。因此，判断精确性，几乎总是与应该归于行为的可能的处理效应混淆在一起。此外，就前面的讨论而言，这个实验允许人们考察否定性的证据。因此，与大多数现实的判断任务相反，这个实验使得人们能够证伪关于判断精确性的假设，以及估计应该归于行为的任何处理效应。

图 19—3 给出了处理效应的一个例子。图中由点组成的椭圆，就是图 19—2 中的椭圆，它代表了判断与结果之间的“真实”关系。阴影部分代表可以观测到的结果，因此只给出了 $x \geqslant x_c$ 的值。处理效应的出现，是因 281
为所有那些被指派了行为 A 的结果（即表现）被增加了一个常量，结果正向命中的数目，大于不存在处理效应的情况下应该观测到的数目。从一种心理学的角度来看，图 19—3 的关键在于判断者的反馈的性质被污染了，正向命中的数目被扩大，而错误肯定的数目被减少。

为了量化上述讨论的 4 种因素对于正向命中率的作用，爱恩荷恩等人（Einhorn & Hogarth，1978）进行了一个模拟实验，实验使用一种因子设计来改变处理效应、选择比率、基率和预测能力的水平。因变量是正向命中率。模拟实验的结果可以总结如下：（a）一般来说，正向命中率大于 0.50。当处理效应存在时，正向命中率可能很高，即使是在 $\rho_{xy} = 0$ 时。（b）当 $\Phi < br$ 时，正向命中率特别高。此外，当 ρ_{xy} 的值低的时候，正向命中率对于处理效应很敏感。这意味着在高选择性的情境中，糟糕的预测能

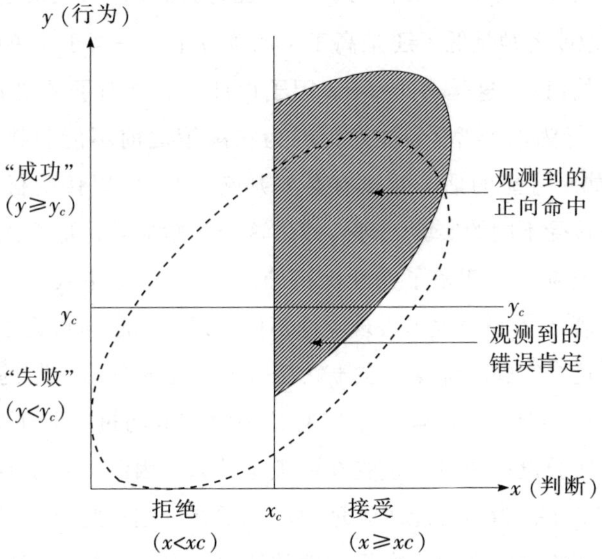

图 19—3　实验处理对观测到的正向命中率的作用效果

力最有可能被积极的结果反馈强化。(c) 当 $\Phi > br$ 时，正向命中率最低。但是，在这些情境中，弱的处理效应，对于正向命中率的提高有实质性的作用。

模拟实验的结果证明，当预测能力很差时，可能存在结果反馈，并且
282 由于不能充分地理解任务结构，人们通常很少意识到这一点。因此，尽管人们可能认为非概率判断是在一种结果相关的学习结构中做出的，但是如果判断的做出是为了决定行为，那么，结果信息对于提供自我修正的反馈可能就是无关紧要的了。

五、结论[2]

本章的基本主题一直是，如果没有关于任务结构的知识，那么对于提供关于糟糕的启发式的自我修正的反馈而言，结果信息可能是无关紧要的。由于我们采取归纳的方法从经验中学习，因此我们很难获得关于任务结构的知识（比较 Hammond，1978，关于伽利略和亚里士多德的思维模式的比较）。这些结论提出了两个问题，我们需要简单地讨论一下。

可能会出现这种情况，即使拥有关于任务结构的知识，但是人们所选择的行为方式排除了学习的可能。例如，考虑一个繁忙的餐厅中的一位侍者。由于他没有时间向每一位顾客提供优质的服务，因此他会预测哪一位顾客可能给较多或者较少的小费。然后根据这个预测提供不同质量的服务。如果服务的质量对于小费的数量存在处理效应，那么结果就会“证明”最初的预测。注意，如果他意识到任务的结构，那么这位侍者可以进行一个实验区分服务质量的处理效应和他的预测。也就是说，他可以向那些他判断为会给较多小费的顾客提供糟糕的服务，向那些他判断为会给很少小费的顾客提供优质的服务。但是注意，这位侍者必须自愿冒可能损失收入（如果他的判断正确会得到的收入）的风险了解他的判断的质量。后一种资料可能有长期收益，因为它可能激励人们尝试做出更好的预测，或者如果这不可能的话，鼓励人们使用随机提供优质或者糟糕服务的策略，因而减少更多的精神损失。对于组织性的决策，了解他们的预测的精确性可能获得的长期收益是巨大的。例如，如果选择面试并不能预测表现（独立于处理效应），那么为什么还要在它们上面花费金钱和时间呢？因此，我们需要更加全面地研究短期行为策略和长期学习策略的成本和收益。

第二个问题可以通过下面的问题提出：如果人们学习并且继续使用糟糕的规则，那么这不违背适者生存的进化观念吗？我是这样理解这个问题的，它的意思是说，与那些使用更好规则（它们更加适合）的人相比，那些使用糟糕的规则的人应该更难存活下来。但是，使用更好的规则，距离使用最优的规则仍然相差很远。最“适合”的概念，涉及的是一种相对次序，而最优则意味着某种绝对的等级。因此，次优规则在经验中被保存下 283
来这一事实，并不违背达尔文的理论。或许最简明的表述方式是引用伊拉斯谟（Erasmus）的话：“在瞎子的世界中，独眼龙就是国王。”[3]

本章是收录在 T. S. Wallsten 主编的《选择与决策行为中的认知过程》(*Cognitive Processes in Choice and Decision Behavior.* Hillsdale, N. J.: Lawrence Erlbaum Assoc., Inc., 1980）一书中的一篇论文的节选。允许重印。

本研究得到了伊利诺伊大学精神健康与发展性障碍学院的资助。研发编号 No. 740-02。我要感谢 Robin Hogarth 对本章初稿的评论意见。

注释

[1] 这一节的大部分选自 Einhorn & Hogarth (1978)。

[2] 我要感谢 J. E. R. Staddon 提出的在本节讨论的观点。

[3] 引言的内容是为了指出相对于人们面对的环境，相对优势更加重要。绝对没有任何诋毁盲人的意图或者想法。汤姆·沃斯顿（Tom Wallsten）曾经给出下述评论："在瞎子的世界里，独眼龙只有闭上他的眼睛才能活下来，因为这个世界的环境会被安排成依赖其他感官。"尽管这个评论非常有趣，但是我不同意，因为除了眼睛的优势以外，独眼龙仍然保留了他的其他感官。

第六部分

过分的信心

第 20 章　在个案研究的判断中的过分信心

奥斯坎普（Stuart Oskamp）

随着有关另一个人的个案材料的积累，心理学家逐渐感到对此人已非常了解，这在临床诊断中是非常普遍的现象。因此，在信息的收集过程中，心理学家迟早会带着足够的信心进行临床诊断，描述被诊断者的主要动力机制，甚至可能会冒险去预测他未来的行为。尽管心理学家的结论可能依然是试探性的，但从第一次接触个案至写出报告的期间内，他的信心的增长，往往是十分明显的。 287

本研究欲考察信心的增长是否因为结论的准确度的相应增长而被合理化。尽管心理学家对结论的信心，通常被称为科学探求的重要主题（Meehl, 1957），但科学家对其进行的集中研究，还是不充分的。另外，在对它的研究中，常常会出现非常令人惊讶的发现。比如，戈登伯格（Goldberg, 1959）和奥斯坎普（Oskamp, 1962）的研究就表明，富有经验的心理学家的诊断信心，要低于欠缺经验的心理学家的信心。同样的研究以及其他的许多研究也表明，职业心理学家相比于未受过训练的人，并不会是更好的人际问题的判断者，有时甚至会表现更差（Taft，1955）。

另外一个极少被研究的要素，是判断者的信心水平和准确度水平之间的关系，它可以作为判断者的专业能力的一个很好的指标。比如，这项衡量指标可以表明判断者在做出他的决定中是过分自信还是不够自信。在这
288 一可被称为信心合理度（appropriateness of confidence）的衡量指标上，研究者发现，富有经验的判断者要远远优于欠缺经验的判断者（Oskamp，1962）。

大量的研究（Hamlin，1954；Hathaway，1956；Kostlan，1954；Soskin，1954；Winch & More，1956）都考察了不同数量的刺激信息对临床判断的影响。本实验对该因素进行了考察，我们给每位判断者四组数量逐渐增加的信息作为他们判断的基础，由此模拟心理学家分析一个典型个案时信息的逐渐积累的过程。

本研究的假设如下：

（1）在信息收集过程的一个较早的时点之后，预测准确度，就达到了它的一个顶值（ceiling）。

（2）不过，随着更多信息的获得，对自己的判断的信心继续稳定地上升。

（3）因此，在信息收集过程结束时，大多数判断者对他们的判断都是过分自信的。

一、程序

由于要尽可能地模拟通常的临床情境，我们挑选了一个真实的个案作为呈现给判断者的信息。最终被选中的个案之所以入选，是因为它信息比较详尽，描述了许多日常相关事件，而且它牵涉到的是一位相对正常的人（一位适应失调的青年的个案，他没有接受过精神治疗）。它是有关克德（Joseph Kidd）的个案，被记载在怀特（White，1952）的《成长中的生命》（*Lives in Progress*）一书中。[1]

该个案的历史背景资料，被汇总和组织为按年代排序的几组信息，它们在四个连续的阶段中被呈现给判断者。为检验预测准确度的“心理学几率”（psychological chance）水平，阶段 1 仅包括了下面一些简要的人口统计信息（Patterson，1955）：

克德（化名），今年 29 岁。他是白人，未婚，是二战中的老兵。他大学毕业，现在在一家花卉装饰工作室做业务助理。

阶段 2 加入了 1.5 页的不空行的打印资料，是关于克德直到 12 岁期间的童年生活的。阶段 3（2 页）覆盖了他的高中和大学生活，阶段 4（1.3 页）覆盖了他的服役生涯和随后直到 29 岁期间的活动。

1. 个案研究测试

为拥有一个决定判断者准确度的基础，我们使用了与苏斯肯（Soskin，1954）类似的方法，即设计一份个案研究的多项选择的测试。问题涉及克德的日常行为模式、态度、兴趣和对真实生活事件的典型反应。表 20—1 给出了一部分这些问题的例子。 289

表 20—1　　个案研究测试中的问题样本

5. 在大学期间，当克德处于一个熟悉和友好的社交场合中，他通常：
a. 力图引导群体，并将他的意愿施加其上。
b. 独坐一隅，脱离群体。
c. 丝毫不介意他人如何对他做出反应。
d. 在群体中扮演积极的角色，但是是以安静和谦谨的方式。
e. 搞噱头，哗众取宠。◎

10. 在他服役后期，作为一名军官和分遣队指挥，克德对施加惩罚的态度是：
a. 他深受其困扰，因为他更愿意和其他人站在同一位置上，而不是凌驾其上。◎
b. 他对此很讨厌，因为他对该做什么无法做出决定。
c. 他尽可能地避免惩罚，因为他认为，无论人们干了什么，去惩罚人们都是错误的。
d. 他很高兴，因为这给他一个机会去控制局面，并受人尊敬。
e. 他在教训他人当中获得一种虐待狂似的愉悦，这可以弥补他曾经受到的惩罚。

15. 克德现在对他母亲的态度是一种：
a. 对她的观念的尊重和爱。
b. 对她的缺点出于挚爱的宽容。

续前表

c. 兼有尊重和愤恨。◎
d. 反感她和她的所有观念。
e. 孝敬，但是情感上一般。

20. 在与他人的谈话中，克德：
a. 更愿意让他们谈他们的工作或者经历。◎
b. 喜欢在大多数时间内谈论他所熟悉的主题。
c. 更愿意与他们讨论宗教或者他们的生命哲学。
d. 喜欢吹嘘他的军队生涯或者大学时期的风采。
e. 将他的谈话主要局限在体育、性和粗俗的笑话上。

25. 克德对他作为业务助理的生活的态度，可以由他最近__________的决定表现出来。
a. 至少在最近几年内待在现有的职位上
b. 通过在附近的一个镇上增开一家商店来扩大业务
c. 离开该职务，开一家自己的花店
d. 在与他目前所从事的相似领域中，向数家大型公司提交应聘资料
e. 追求自我，寻找另一种工作◎

注：◎ 为正确答案。

只有在该个案中存在非常客观的标准信息，即客观的数据或者可被充分证明的结论的时候，我们才会设计出问题。每个问题中的其余四项错误的替代答案，是由心理学的研究生通过有关项目的句子一一完成测验而得
290 到的。这些问题的设计，以这样的方式进行，即基于公布的个案材料，它们显然是错误的，但它们又是令人信服和具有“诱惑性”的替代答案。没有哪个问题的答案，包含在汇总的个案材料中；相反，我们预期被试会遵循临床诊断中的一般程序（McArthur，1954），从得到的材料中形成克德的人格图（personality picture），然后根据人格图来预测他的态度和典型行为。

2. 判断者

判断者是从三组有不同水平的心理学经验的小组中抽取的：（1）由加州州立医院聘请的 8 位临床心理学家，他们都有数年的临床经验，其中 5 位有博士学位[2]；（2）18 位心理学的研究生[3]；以及（3）6 位人格课程上的本科高年级学生。没有一位判断者以任何方式了解本研究的假设。

判断者以小组的形式参加实验，它们的规模由 4 到 9 不等，但每位判

断者都以自己的节奏处理他手头的材料。在阅读完每一阶段的个案材料后，判断者完成个案研究测试中的 25 道问题，然后阅读下一阶段的材料。除了回答问题之外，判断者还要写明他对每一问题回答正确的信心。

3. 信心判断

我们使用亚当斯（Adams，1957）设计的量表进行信心判断，它用预期的正确判断的比例来定义信心。因为每道测试问题有 5 个备选答案，量表起始于 20%（代表了信心完全是几率水平上的），直至 100%（代表的是对回答正确的绝对肯定）。除了提供一个可被清晰理解的信心的主观含义之外，该量表的最大优点在于，它可以让研究者在准确度水平和信心水平之间进行直接的比较。因此，比如说，如果一位判断者有 28% 的问题回答正确，而平均的信心水平为 43%，则他可以被明白无误地称为过分自信。

二、结果

这项判断任务，被证明是非常困难的，至少就提供的个案材料的数量来说是这样的。没有一位判断者达到 50% 的准确度，最终的平均准确度低 291
于 28%，而几率为 20%（一个非显著的差异）。不过，这一低水平的准确度，为我们研究的假设提供了更为鲜明的检验。

尽管我们没有形成对三个组的相对表现的假设，我们仍进行了一项初步的分析，比较三组判断者的分数。这些结果明显表明，三组判断者在准确度、信心或者改变答案的总数量上没有显著的差异。阶段 4 的信心分数与先前的研究是一致的（Goldberg，1959；Oskamp，1962），它们都表明，更富经验的判断者，比欠缺经验的判断者，更缺乏信心；但在本研究中，这些结果是不显著的。

我们在表 20—2 中给出了本研究的主要结果，其中连续的竖列是判断者连续收到更多数量的信息时的平均分数。由于已经有先前的统计检验，所有 32 位被试的结果都汇总在这个表中。

表 20—2 的第一行表明，在该个案的四个阶段中的准确度的波动是十分显著的。不过，邓肯多重域检验（Duncan multiple-range test）（Edwards，1960，p. 136）说明，这一显著性主要是由于第二阶段中的准确度的下降。

比较阶段 1 的准确度和阶段 4 的准确度，说明不存在显著的变化（$t=1.13$，$df=31$）。因此，有关准确度的顶值的第一个假设，不仅得到了支持，而且在实验中，随着信息的增加，根本就没有出现准确度的显著增加。

表 20—2　　32 位判断者在个案研究测试的 25 道问题中的表现

衡量指标	平均分数				F	p
	阶段 1	阶段 2	阶段 3	阶段 4		
准确度（%）	26.0	23.0	28.4	27.8	5.02	0.01
信心（%）	33.2	39.2	46.0	52.8	36.06	0.001
改变答案的数量	—	13.2	11.4	8.1	21.56	0.001

假设 2 在表 20—2 的第二行中得到检验。我们在那里发现，与预期的一样，信心出现了惊人的十分显著的增长，它从阶段 1 的 33% 增长至阶段 4 的 53%。

最后，假设 3 的结果通过比较表中的第一行和第二行得到说明。在阶段 1，过分信心的平均数量是 7 点；在阶段 4 是 25 点，这一差异在远远超过 0.001 的显著性水平上是显著的（$t=5.14$，$df=31$）。

有时候，小组的均值是显著的，但却是误导性的，这是因为它们掩盖
292 了那些违背预期的单个被试的判断。本研究不存在这个状况，这可以由下面的单个判断者的数据清楚地说明。在 32 位判断者中，有 14 位的准确度从阶段 1 到阶段 4 有增加，有 6 位是保持一样的，还有 12 位有所下降——这完全是一个随机的结果。与之相反，除两位判断者之外，所有其他的判断者的信心都有增加，而且大多数是显著的增加。[4] 在阶段 1，差不多半数的判断者（32 位中的 13 位）不是过分自信的；到了阶段 4，仅仅只有两位仍然是不够自信的——一个高度显著的变化（$x^2=9.1$，$p<0.01$）。

本研究的另外一个有趣的结果，是在表 20—2 中的最后一行，它是判断者在个案的每一阶段改变答案的问题的平均数量。这一衡量表明，随着更多信息的获得，改变答案的数量显著下降。这一发现说明，从最初的零碎的信息起，判断者就常常非常牢固地形成了刻板印象式的结论，而在随后不断获取新的信息时也不愿改变他们的结论。不管怎样，最后阶段的信息看来主要是确认了先前的印象，而不是使他们修补克德的整个人格图。

三、讨论

我们必须要避免对这些发现进行随意的概括化。在本研究中，有三个主要的因素，很可能会制约这些结果的普遍性。（a）该个案可能与大多数心理学家在工作中所习惯的个案，是不相似的。（b）测试的问题所体现的行为的类别，可能不是心理学家所习惯于预测的。（c）判断者可能不是心理判断的决定者的好的代表。为应答这些可能的异议，我们必须要指出，选择该个案、测试问题和临床诊断者，都是本着尽可能接近实际心理学实践的意图。

即便这些可能的异议是真实存在的，我们仍然可以获得一些明确的结论。无论这个问题是否看起来奇怪，或者说个案材料是非典型的，判断者的信心分值表明，他们对自己逐渐增长的对个案的理解变得自信。当他们获得更多的信息时，他们的信心就会飙升。另外，他们对自己判断的确定性，与判断的实际正确率完全不成比例。

因此，尽管这一结果并不是对所有心理学家以及所有判断的类型都成
立，但我们可以清楚地得出结论，心理学家在他个案分析过程中不断增长 293
的信心，并不是确切地标志了他的结论的准确度在不断增加。所谓的临床确认，它基于临床医生对信心的个人感受，并不是诊断或者预期人类行为的临床判断的有效性的充分证据。

本章原载《咨询心理学杂志》（*The Journal of Consulting Psychology*, 1965，29，261-265），允许重印。

注释

［1］使用该个案的缺点在于，少数判断者记得曾经在他们培训过程的某一时候读过这份材料，但除一位判断者外，其他人都报告说早期的接触对本研究中的判断没有任何帮助。因为他们的准确度的分数证实了这一印象，所以他们的结果仍然保留在数据分析中。

［2］还有一位临床心理学家参加了测试，但由于他未能理解和遵循说明，其结果不得不被舍弃。没有任何学生发生这一问题。

［3］约有半数的研究生有一定的临床或者咨询经验，还有一两位很可能有等

同于临床心理学家的心理学经验水平。

［4］两位信心下降的判断者中的一位，是位本科生，他随后说，他的信心一般来说应当是会增加的，但因为他刚刚参加了一项计算机的研究项目，其间计算机反复给出了错误的结果，以至于他甚至完全丧失了对电脑的信心。

第21章 关于概率评估训练的进展报告

阿尔波特等（Marc Alpert and Howard Raiffa）

关于不确定状况下的决策（decision under uncertainty）的规范分析，通常要求决策者和他们的专家顾问估计一些变量的判断概率分布（judgmental probability distribution），而这些变量的值是他们所不知道的。本章所讨论的一些经验研究发现涉及下列问题：未经训练的个体完成这种估计任务的水平如何？他们表现出某种经常性的偏差了吗？怎样校准评估者？怎样把他们训练成为更优秀的评估者？ 294

本章仅讨论关于不确定变量的估计，可以认为这种变量是在一个可能值的连续统上取值。因此我们只研究一元密度函数和它们的累积分布函数。可以使用几种不同的程序估计连续一元随机变量的概率分布，但是我们将只考虑一种特殊程序，它是我们以及我们的同事在日常实践中所经常使用的，被称作直接分位数估计法（direct fractile assessment）。

一、直接分位数估计的程序

假设 x^* 是某个变量的客观真实值，假定评估者不知道 x^*。评估者的第 k 个 x^* 判断分位数是 x_k（k 的取值区间从 0 到 1），因此他赋予事件 $\{x^* \leqslant x_k\}$ 的判断概率是 k；用符号表示是 $P\{x^* \leqslant x_k\} = k$。数值 $x_{0.50}$、$x_{0.25}$、$x_{0.75}$ 分别被称作判断为中位数、下分位数和上分位数。为了确定 $x_{0.50}$，被试必须给出一个值，使得他认为 x^* 落在 $x_{0.50}$ 之下和 $x_{0.50}$ 之上的可能性正好相同。因而 $x_{0.50}$ 把连续统分为两个等判断概率区间。下分位数 $x_{0.25}$ 把区间
295 $(-\infty, x_{0.50})$ 分为两个等判断概率区间，上分位数 $x_{0.75}$ 把区间 $(x_{0.50}, +\infty)$ 分为两个等概率判断区间。对于每一个不确定变量，我们的实验要求被试估计它们的中位数和四分位数。连贯性（consistency）［或者是一些作者更喜欢说的“一致性”（coherency）］要求被试相信（a）

$$(-\infty, x_{0.25}), (x_{0.25}, x_{0.50}), (x_{0.50}, x_{0.75}), (x_{0.75}, +\infty)$$

四个区间中的每一个区间包含 x^* 的真实值的可能性正好相同，和（b）与区间 $(x_{0.25}, x_{0.75})$ 不包含 x^* 的真实值的可能性相同。因此，我们应把区间 $(x_{0.25}, x_{0.75})$ 称为四分位差（interquartile range）。参加我们训练练习的被试，都被教会核查这种连贯性要求，并且在不符合连贯性的情况下，被指导重新评估他们的分位数估计以符合连贯性。

除了判断中位数和两个四分位数之外，还要求被试估计他们的分布的低端和高端的各种分位数。更多内容见下文。一旦评估者确定了他的累积左偏判断概率分布，那么他就能够运用直观方法，不借助仪器“修整”他的曲线的其余部分。但是在本章中我们将只关注直接估计的 (x_k, k) 点，而不是整条曲线。

二、外部效度的概率

对于每一位指定的被试，如果我们所知道的只有他对一个不确定变量的概率分布，那么说他的分布是“错误的”对于我们毫无意义。我们可能希望被试对于该变量能够知道得更多，但是他的概率分布正好表明了他知道什么——或者不知道什么。例如，我们不能说他的分布“太高耸”、“太

低平”或者“太偏右”。但是，与这种情况相反，假设我们的被试给出了1 000个不同的不确定变量的1 000种分布。如果每一个实际真实值或者落在他相应的0.01分位数之下，或者落在他的0.99分位数之上，那么我们就可以说他没有被外部校准，他的分布倾向于太高耸。或者，与此相反，如果碰巧他的每一个四分位差估计区间都包含真实值，那么这表明他的分布倾向于太低平。即使这些都是极端情况，但是它们证明，讨论一组概率分布的外在效度是可能的，并且至关重要。

三、练习的目标和被试组的构成

让我们简单介绍一下我们所做的事情。通过使用一系列问卷，我们要 296
求大量被试（大约1 000名）在估计时记录他们关于几个未知变量的判断分位数。然后我们比较他们的估计值和真实值，确定了一些持续存在的偏差，研究了修正他们的判断输入数据的形式程序，告知每位被试小组的回答以及他自己的回答的质量。最后，我们提供一些方法使得每位被试能够注意到他自己过去的特有反应，因而使他能够修正他的下一组估计。

在1968至1969学年期间，我们进行了4次独立但是相关的练习。为了区分它们，我们现在列举如下：

第1组：选修不确定性下的计划模型课程的哈佛大学MBA项目二年级学生，共139人。

第2组：包括哈佛大学MBA项目一年级的全体学生，共800人。

第3组：来自哈佛大学商学院高级管理项目的“志愿者”，共67人。

第4组：选修哈佛大学文理学院开设的决策分析课程的学生，共60人。这些学生来自于哈佛大学和麻省理工学院的各个院系：经济学、统计学、工程学、数学、法学、政府管理、设计专业、社会关系、操作研究。

在参加这个训练练习之前，这四个组的所有被试都曾学习过基础的决策分析：决策树的构造和分析，先验和后验概率分布，效用（或者偏好）

理论和信息价值。

第 1 组作为先导研究（pilot study）。要求每个学生独立评估 20 个不确定变量的分布。这一组被试，我们调整了关于尾部概率的指示；后文会讨论这一点。所有 20 个估计都在一个部分内完成，中间没有任何反馈。

对第 2、3 和 4 组的处理完全相同。在第一部分，每位被试估计给出的 10 个不确定变量。然后被试被简单地告知小组的总体表现以及他们自己的表现。然后进行第二回合的 10 个不同的不确定变量。

第 1 组与第 2、3、4 组在他们第一回合中的表现惊人地相似。第 2、3、
297 4 组在他们的第二回合，即简报与反馈之后部分中的表现，再次惊人地相似；但是他们在第一与第二回合之间的明显进步值得注意。由于所有组在行为上的相似性，因此我们的讨论将把注意力集中在最大一组的具体表现上。

四、练习与反馈前的结果

在此，我们复制了分发给 MBA 一年级班（第 2 组）半数学生的指导语。这一半学生得到的表我们称之为表 B，另一半学生得到表 A，表 A 与表 B 内容相同，但是使用不同的不确定变量。

1. 指导语：表 B

这个练习的目的，是为了了解你作为一个个体和班级作为一个整体评估不确定变量（uq）的概率分布的水平。下面我们将给出 10 个不确定变量，然后要求你估计每个不确定变量的中位数、0.25 分位数、0.75 分位数和极值（为了方便你，下面给出了这些术语的简单定义）。由于使用的不确定变量的类型，你有机会比较你的估计和真实值，因而你能够发现在某些类型的问题上，你的分布是否倾向于“太高耸”、“太低平”、或者偏高、或者偏低。之后将使用其他不确定变量要求你重复这个练习。你必须独立回答这个练习中的问题，不得参考任何来源的资料，尽管对于一些问题一定的简单计算是允许的。我们对你的知识非常感兴趣，无论它多么不明确或者你感到多么不舒服。

分位数的定义……（省略）

下面是 10 个变量，但愿它们对你来说是不确定变量。你要在提供的每张答题纸上填写你关于它们的估计。根据你现有的知识尽可能地回答每个问题，但是不要查阅其他资料或者与其他人讨论，即使在交上答案以后。我们希望你在明天上课之前交一份答题纸的复印件，保留另一份，这样你就拥有一份你的答案记录（学生使用他们保留的复印件为自己计分。后文会描述）。

一些变量的量值，需要根据一年级学生对下列问题的回答确定：

2. 问题

A. 波旁威士忌和苏格兰威士忌，你更喜欢哪一种？

B. 你支持在校的所有研究生无论专业都应实行兵役延期这一草案吗？

C. 如果有一次胜负机会各半的赌博，你可能会输掉 50 美元或者赢得 100 美元，你会接受吗？

3. 不确定量值列表

（1）除了那些不喝酒的学生之外，回答喜欢波旁威士忌的一年级学生的百分比。

（2）回答支持在校所有研究生无论专业都应实行兵役延期的一年 298
级学生的百分比。

（3）回答愿意接受上述问题 C 中的赌博的一年级学生的百分比。

（4）1968 年 6 月，盖洛普民意测验调查了一个有代表性的成年美国人样本，他们认为如果在中东地区爆发全面战争，美国应该出兵帮助以色列。对此发表意见的被调查对象的百分比。

（5）1968 年 3 月，盖洛普民意测验调查了一个有代表性的成年美国人样本，他们认为应该允许公立学校教师加入工会。对此发表意见的被调查对象的百分比。

（6）1968 年波士顿及周边地区的黄页电话号码簿中列出的“内科

医生和外科医生”的数目。

(7) 哈佛商学院目前选修博士课程的学生的总数。

(8) 1965年美国生产的鸡蛋的总数，以百万计。

(9) 1967年美国进口的外国汽车的数目，以千计。

(10) 1967财政年度巴拿马运河征收的通行税，以百万美元计。

[新的一页]

表B（本页需要保留）

部分____

学号____

问题A、B和C，每一题请选择一个答案：

A. 饮料　　波旁威士忌____ (1)　　苏格兰威士忌____ (2)　从不饮酒____ (3)

B. 延期兵役　　支持____ (1)　　反对____ (2)

C. 胜负各半的赌博　　接受____ (1)　　拒绝____ (2)

请估计下列10个变量中每个变量的所有5种值。注意最高的数值在每一行的右边（答案中可以使用小数。但是在需要使用百分比时，答案例如97.2%必须是97.2的形式，而不是0.972）。

不确定变量	分位数
1. 波旁威士忌（%）	(0.01) (0.25) (0.50) (0.75) (0.99)

4. 反馈备忘录

大约在学生完成表B一个星期之后，发给学生下面的备忘录。这个备忘录也在发给学生要完成的表A之前在班上讨论。

这个备忘录的目的是：

(1) 描述完成表B的学生的总体表现；

(2) 指出回答中存在的系统偏差；

(3) 使你在再次使用表 A 重复这个练习之前能够校准你自己。

当你回忆每个问题时，你估计了 5 个分位数：0.01、0.25、0.50、0.75、0.99。这些分位数把整个区间分成 6 个类别： 299

类别 1：0.01 分位数之下的所有数值。

类别 2：0.01 分位数到 0.25 分位数之间的所有数值。

类别 3：0.25 分位数到 0.50 分位数之间的所有数值。

类别 4：0.50 分位数到 0.75 分位数之间的所有数值。

类别 5：0.75 分位数到 0.99 分位数之间的所有数值。

类别 6：0. 99 分位数之上的所有数值。

对于 10 个问题中的任何一个问题，一旦你指定了你的 5 个分位数（或者说，一旦你指定了 6 个类别），就可以指出实际的真实值落在哪一个类别。例如，对于波旁—苏格兰威士忌问题，学生约翰·杜给出下列的分位数：

估计：(0.01) /5　(0.25) /15　(0.50) /30　(0.75) /40　(0.99) /45

喜欢波旁威士忌的实际百分比结果是 42.5；因此在这个问题上，杜先生的答案落在类别 5 上。

在我们进一步讨论班级在这个练习中的表现如何优秀（或者拙劣）之前，现在请检查你的答题纸，对于每个问题，标出你的 6 个类别中哪一个类别包含了真实值。

表 21—1 中我们列出了真实答案。

表 21—1　**表 B 中问题的答案**

题号	标题	真实答案
1	波旁威士忌（%）	42.5
2	兵役延期（%）	65.5
3	胜负机会各半的赌博（%）	55.2
4	以色列（%）	10.4
5	教师工会（%）	63.5
6	列出的医生	2 600
7	博士课程学生	235
8	生产的鸡蛋（百万）	64 588
9	进口的汽车（千）	697
10	运河税收（百万美元）	82.3

5. 四分位差区间的分析

让我们首先考虑表 21—2 的第 3 栏和第 4 栏。对于任何一个问题，你应该选择你的 0. 25、0. 50、0. 75 分位数，这样就你而言，真实答案落在 0. 25 到 0. 75（也就是类别 3 和 4）这个范围之内和落在这个范围之外的可能性正好相同。那么我们会（数学）期望在总数 1 000 个（100 × 10）问题中有 500 个回答会落在类别 3 和 4 中。我们只得到了 334 个这样的回答，这还不是太糟糕。这种不一致很可能是一种统计偏差，但是我们表示怀疑。例如，几个星期以前，让一个二年级 MBA 的大班填答了类似的问卷——他们回答 20 个而不是 10 个问题——结果他们的回答有 33% 落在类别 3 和 4 中。无论如何，我们并不是想暗示 33% 是一个“普遍的半常量”（universal semi-constant），但是它是一个相当令人吃惊的巧合，需要加以密切注意
300 [那些首先完成表 A 的学生相应的百分比是 33%；AMP 组（第 3 组）得到的数值也是 33%，但是艺术与科学研究院的学生（第 4 组）记录的回答是 36%]。

表 21—2　　被试对表 B 的回答按类别的分布

题号	标题	低于 0. 01	0. 01 到 0. 25	0. 25 到 0. 50	0. 50 到 0. 75	0. 75 到 0. 99	高于 0. 99	总计
1	波旁威士忌	3	16	20	40	11	10	100
2	兵役延期	15	12	35	19	10	9	100
3	胜负机会各半的赌博	11	8	28	29	13	11	100
4	以色列	51	41	6	1	1	0	100
5	教师工会	1	1	13	28	29	28	100
6	列出的医生	24	14	12	13	10	27	100
7	博士课程学生	1	3	11	9	15	61	100
8	生产的鸡蛋	9	2	13	10	8	58	100
9	进口的汽车	25	15	18	9	7	26	100
10	运河税收	18	8	8	12	16	38	100
	总计	158	120	164	170	120	268	1 000
	期望频次	10	240	250	250	240	10	1 000

作为总体，0. 25 到 0. 75 分位数区间过于高耸。多数真实值，落在四分位差区间（0. 25 到 0. 75 范围）之内和之外的可能性本应相同，但事实上，落在四分位差区间之外的是落在之内的两倍。但是，我们还不能提议说，“延长你的四分位差区间”，因为从一个问题到另一个问题，从一个个体到另一个个体存在许多变动因素。

让我们比较一下问题 1 和问题 10。对于问题 1，你可能觉得你对于你的同学的饮酒偏好相当了解——至少与关于运河税收你所知道的相比非常多。因此，你可能觉得与真实的运河税收相比，你的四分位差区间包含真实的波旁威士忌比例的（事先的）可能性更大。但是这是你应该寻找的方法吗？如果你事先找到了这种方法，那么你本应该延长你的运河税收四分位差区间。当你做表 A 的时候，一定要保证，无论你的资料状况如何，你相信：

（1）对于任何一个问题，真实值落在你的四分位差区间之外和之内的可能性正好相同；并且

（2）对于一个你了解很多的问题和一个你了解得很少的问题，真实值落在你的四分位差区间之内的可能性正好相同。

（在他们完成第一回合的估计之前而不是之后，文理学院的学生无聊地讨论了关于问题 1 和问题 10 的最后一点。这可能解释了 33% 与 36% 之间的不一致。当我们考虑尾部概率时，我们会发现更加戏剧性的变化。）

你们中的一些人的分布确实太高耸了。例如，100 个被调查对象中只有 13 个人，他们的 10 个四分位差区间包含了 0 或者 1 个真实值。每个个体，假设他的四分位差分数（interquartile score）是真实值落在他的四分位差区间之内的次数。分数接近于 0 意味着他的分布“太高耸”；分数接近于 10 意味着他的分布“太低平”；分数靠近 5 意味着他的分布“恰好合适”。 301
表 21—3 给出了分数的分布。假设任何一个四分位差区间都有 0. 33 的概率包含真实值，并且各个问题之间这种二分回答是独立的。在表格的第 3 栏，我们给出了这种简化假设情况下，会给出任何指定的四分位差分数的被调查对象的期望人数。确保你得到了你的四分位差分数。

表 21—3　　表 B 四分位差分数的分布

四分位差分数	实际人数	期望人数（$p=0.33$）
0	3	1.9
1	10	9.0
2	22	19.9
3	20	26.1
4	23	22.5
5	11	13.3
6	9	5.5
7	2	1.5
8	0	0.3
9	0	0.0
10	0	0.0
总计	100	100.0

6. 极值分析

你可能指定了你的 0.01 和 0.99 分位数，因此你会“惊奇地”发现一个非常低的答案（类别 1 的回答）和一个非常高的答案（类别 6 的回答）。我们本来“期望” 1 000 个问题中一共会有 20 次惊奇，10 次在左边，10 次在右边（见表 21—2）。结果一共有 426 次惊奇！这不应该是使你感到惊奇，而是让你震惊！然而，你可以感到一些安慰，因为你还没有像我们前面提到过的二年级班（第 1 组）那么糟糕。就和你一样，大约 35 名学生被要求列出关于 20 个问题的 0.01 和 0.99 分位数。他们记录下的是 46% 的惊奇——比你们的 42% 稍微糟糕一些。另外 35 名学生被要求记录 0.001 和 0.999 分位数，他们记录下的不是“期望的” 0.2% 的惊奇，而是 40% 。还有 35 名学生被指示根据相当含糊的术语列出“最小值”和“最大值”——我们确实不知道这意味着什么——结果他们记录下的是 47% 的惊奇。最后 35 名学生被指示给出“惊人的低”和“惊人的高”的数值，他们记录下的是 38% 的惊奇。显然，“惊人的低”低于“最小的”。

看在上帝的分上，延长那些端点分位数吧！对你自己诚实一点吧！承认你不知道的东西！

让我们看看问题 6。波士顿及周边地区黄页电话号码簿列出 2 600 名医生。你们中的一半人会对这个结果感到惊奇。这一半人中，一半人吃惊于结果的低，一半人吃惊于结果的高。你们中有 58% 的人吃惊地发现生产的鸡蛋的数目大得超出想象——但是你们中仍然有 9% 的人吃惊地发现生产的鸡蛋的数目小得超乎想象。 302

让我们为每个人定义一个惊奇指数（surprise index），表示他记录的类别 1 或者类别 6 回答的次数（每 10 次中）。平均而言，对于这许多不同的、独立的问题，每 50 次你应该会有一次惊奇。惊奇指数 0 或者 1 是我们愿意看到的，如果惊奇指数达到 3 或者更大，就值得注意了。表 21—4 给出了惊奇指数的分布。假设每个问题有 0.43 的概率得到令人惊奇的结果，问题与问题之间独立，在表格的第 3 栏，我们给出了这种简化假设情况下，会记录下指定的惊奇指数的被调查对象的期望人数。10 个问题中至少有一半的问题，45 个人得到惊奇的结果。

表 21—4　　表 B 的惊奇指数分布

惊奇指数	实际人数	期望人数（$p=0.43$）
0	1	0.4
1	9	2.7
2	15	9.3
3	13	18.7
4	17	24.6
5	15	22.3
6	16	14.0
7	4	6.0
8	9	1.7
9	1	0.3
10	0	0.0
总计	100	100.0

至于典型的不确定变量，我们设想你们中的大多数人愿意评估一条单峰的密度曲线（或者等于一个 S 形的左偏累积分布），这条密度曲线的最高点（或者 S 形累积曲线最陡峭的部分）出现在你的 0.25 到 0.75 分位数区间中的某一处。我们设想，由于疏忽，你们中的许多人记录下的是双峰曲线。如果你的类别 2 区间[1]的长度小于类别 3 区间，并且你的类别 5 区间的长度小于类别 4 区间，就会是这种情况。下列的一组分位数估计就是一个适例。

303 在上述例子中，0.98 概率区间（从 0.01 到 0.99 分位数）与 0.50 概率区间（从 0.25 到 0.75 分位数）的长度的比率是（45－5）/（40－15）或者 1.6。对于单峰曲线来说，这是一个非常小的数值。例如，正态钟形曲线的这个比率大约是 3.5。比率 2.25 到 4.5 可以作为一个粗略的标准——但是标准应该不时改变。记住：延长那些分布！

五、反馈后的结果

在班上讨论反馈备忘录之后，我们改换表格重复这个练习。在分析了回答之后，我们分发下面的备忘录：

分位数：	0.01		0.25		0.50		0.75		0.99
估计：	5		15		30		40		45
区间长度：		10		15		10		5	

备忘录 2

现在，你们每个人按照下述的顺序参加：

a.（第 1 回合）：你被给予两种表格（A 或者 B）中的一种，然后你给出 10 个不确定变量的分位数估计。

b.（反馈）：接着给出你这 10 个四分位数的真实值，然后要求你根据两种因素计算你的分数：（1）你的答案有多少落在你的四分位差区间之内，（2）你的答案有多少落在你的 0.01 和 0.99 范围之外。你也被告知班级的总体表现：落在四分位差区间之外的答案大约是落在之内的两倍，并且惊奇结果的数目非常令人震惊——大约 40% 的答案落在 0.01 和 0.99 范围之外。

c.（第 2 回合）：接下来你被给予其他的表格，然后要求你估计分位数。

304 现在，我们已经计算了你（c）部分的答案，准备评论你的总体表现。但是首先我们给出了不确定变量的真实值，使得你可以校准你自己（备忘录中出示的一个图表给出这些资料）。

班级作为一个整体表现如何呢？反馈部分有帮助吗？它起了一点作用，但是没有我们期望的那么多。你们的分布大多数太高耸。表 21—5 概括了这些结果。

表 21—5　　　　第 1 回合与第 2 回合结果的比较

	表 A		表 B	
	第 1 回合	第 2 回合	第 1 回合	第 2 回合
落在四分位差区间内的值（%）	32.9	40.3	33.4	46.4
落在 0.01 至 0.99 区间外的值（%）	38.8	24.9	42.6	22.2

如果我们总计表 A 和表 B，那么真实值落在四分位差区间之内的次数的百分比从 33% 跃升到 43% 。变化的方向很好，但是我们仍然差一些才能达到我们本来想要的 50% 。真实值落在极端值（也就是 0.01 和 0.99 范围）之外的次数的百分比从令人震惊的 41% 下降到令人郁闷的 23% 。这距离我们的目标 2% 还有遥远的距离。还必须考虑那些尾部值。我们需要另外一个反馈部分和另外一个回合的练习；但是很不幸，这在操作上不可行。我们建议以其他组开始试验，以得到更加现实的尾部概率估计。

[为了比较，表 21—6 给出了 AMP（第 3 组）和文理学院的学生（第 4 组）的前—后表现。]

表 21—6　　　　第 1 回合与第 2 回合结果的比较

	第 3 组		第 4 组	
	第 1 回合	第 2 回合	第 1 回合	第 2 回合
落在四分位差区间内的值（%）	33.4	44.8	35.6	42.5
落在 0.01 至 0.99 区间外的值（%）	35.6	22.8	20.8	8.7

六、关于极端尾值的更多讨论

在先导研究（第 1 组）中，为了了解它对于回答的统计分布的作用，我们调整了关于极端尾值的指示。但是要求我们的所有被试给出他们的判断中位数和两个四分位数。表 21—7 和表 21—8 总结了我们的结果，我们将依次解释。

表 21—7　　对“较低”和“较高”的不同解释的惊奇比例

对“较低”的解释	对“较高”的解释	样本规模	惊奇比例
0.01 分位数	0.99 分位数	44	0.46
0.001 分位数	0.999 分位值	25	0.40
最小值	最大值	35	0.47
惊人的低	惊人的高	35	0.38

表 21—8　　问题 10 的“较高”评估的分布

获胜队伍得分	对“较高”的解释			
	0.99	0.999	最大值	惊人的高
<29	8	1	6	2
29～35	15	6	7	6
36～42	10	5	7	11
43～49	2	6	5	4
50～56	7	3	8	7
57～63	2	0	2	4
64～70	0	4	0	1
总计	44	25	35	35

139 名被试中 44 人被要求给出 0.01 和 0.99 分位数，这一小组记录得到 46%（不是 2%）的惊奇；25 人被要求给出 0.001 和 0.999 分位数，这一小组记录得到 40%（不是 0.2%）。35 名被试被要求给出一个“最小值”和一个“最大值”，并且当一些被试要求说明清楚这些术语意味着什么时，我们用一些含糊的意见搪塞他们，例如，“它们确实意义不明确，但是无论如何试着回答问题”。剩下的 35 名被试，我们给予同样模棱两可的建议，要求他们给出“惊人的低”和“惊人的高”的数值。这最后两组分别记录
305 得到 47% 和 38%。不同的指示有一些作用，但是如同你所看到的，作用不是非常大。

另一种检验这四种极值指示的作用的方法是仔细考查表 21—8，它给出了对下述变量的“较高”值的回答的分布：下一届哈佛—达特茅斯橄榄球赛获胜队伍的得分（在比赛前一个星期回答）。例如，被要求给出一个 0.999 分位数的 25 个人中，有 1 个人记录的分数低于 29，6 个人记录的分数在 29 到 35 之间，5 个人在 36 到 42 之间，等等。看起来，似乎意义不明

确的术语“最大值”被解释为一个0.99分位数，而术语“惊人的高”被解释为一个0.999分位数。

至于第2、3和4组，我们没有重复这些关于极端值的指示；相反，我们始终要求这些被试给出0.01和0.99分位数。

本章最初作为一篇未发表的报告于1969年分发。在收录入本书之前特别进行修改。

注释

[1] 假设l_i代表类别1的长度。如果l_2和l_5每一个都小于$(l_3+l_4)/2$，那么我们就得到了双峰分布。

第22章　概率的校准：从当前的状况（1977）到1980

利希坦斯坦等（Sarah Lichtenstein，Baruch Fischhoff，and Lawrence D. Phillips）

306　根据主观主义的观点（der Finetti，1937/1974），概率是对某个命题的信任程度。它表达了一种纯粹的内部状态，不存在什么“现实中的”“正确”、“错误”或者“客观的”概率，能够与人们的信任程度比较。但是在很多情况下，我们可以赋予命题一个概率，证明命题的真或假。今天，我们估计命题“明天会下雨”的概率。明天观察雨量计，我们便可以确定是否降过雨。只要可能，这种证明就可以用来判断概率估计的恰当性。

温克勒和默菲（1968b）已经确定了两种类型的概率估计“优度”：规范优度（normative goodness）和实质优度（substantive goodness）。前者反映了估计中所包含的评估者的真实信念以及与概率理论的公理的符合程度；而后者反映了估计中所包含的该领域的知识量。本章所评论的文献，涉及的是优度的另一个方面，称作校准（calibration）。

如果一个人估计某个命题为真的概率是 0.7，但是后来发现这个命题为假，那么就其本身而言，我们并不能否定该估计。但是，如果对 10 000 个命题的估计均为 0.7，结果发现只有 25 个命题为真，那么这些估计就是有问题的了。它们所缺乏的性质就是校准。校准也被称作现实性（Brown & Shuford，1973）、外部效度（Brown & Shuford，1973）、信心的现实性（Adams & Adams，1961）、信心的合适度（Oskamp，1962）、次级效度（Murphy & Winkler，1971）和信度（Murphy，1973）。形式上，如果赋予所有命题一个指定的概率，而从长期来看，命题为真的比例等于所赋予的概率， 307
那么就可以说判断者被校准了。通过观察他们的概率估计，证明相关的命题，然后观察每个反应类别的正确比例，我们就可以经验地评价判断者的校准。

本章第一部分回顾的实验文献是关于评估者的校准，他们针对离散命题给出概率判断。第二部分则考虑所估计的非确定数值型变量的概率密度函数的校准。虽然校准本质上是一种个人属性，但是为了确保稳定的校准估计所需要的大量数据，这里回顾的大多数研究所描述的，都是成组的评估者数据。

一、离散命题（Discrete propositions）

根据所提供的选项的数目，离散命题可以分为：

无选项型："什么是苦艾酒？"评估者给出一个答案，然后给出他认为这个答案正确的概率。概率回答的范围在 0 到 1 之间，这是合适的。

单选项型："苦艾酒是一种珍贵的石头。这种说法为真的概率是多少？"同样地，相关的概率尺度的范围是 0 到 1。

二选项型："苦艾酒是（a）一种珍贵的石头；（b）一种液体。"当使用半距方法（half-range method）时，评估者首先选择一个更有可能的选项，然后给出该选项为真的概率（≥0.5）。当使用全距方法（full-range method）时，被试给出他认为事先指定的选项为真的概率

（0 到 1）。

三或多选项型：“苦艾酒是（a）一种珍贵的石头；（b）一种液体；（c）加勒比海上的一个小岛；（d）……”可以使用这个任务的两种变种：（1）评估者选择一个最有可能的选项，给出该选项正确的概率，对于 k 个选项，要求回答大于等于 $1/k$，或者（2）评估者给所有选项分配概率，概率在 0 到 1 之间。

就所有这些变种而言，可以使用校准曲线来描述校准。这种曲线是这样得到的：

（1）收集大量的概率估计，对实验者而言，正确答案已知或者在短期内可知。

（2）通常在一定范围内（例如，所有在 0.60 和 0.69 之间的估计被分在同一个类别下）分组相似的估计。

308 （3）计算每个类别内的正确比例（例如，命题为真或者选项正确的题目的比例）。

（4）对于每个类别，以平均回答为横轴、正确比例为纵轴作图。

如果所有点都落在标识线上，就表明是完美校准。

对于半距任务，不良校准的估计有两种，或者是过度自信的（overconfident），即正确比例小于估计概率，因此校准曲线落在标识线下方，或者是信心不足的（underconfident），即正确比例大于估计概率，进而校准曲线位于标识线上方。

对于无选项或者单选项的全距任务，过度自信可能有两种含义。评估者对于答案的真实性过度自信；这种过度自信表现为校准曲线总是落在标识线之下。要么就是评估者对于他们辨别命题真假的能力过度自信。这种过度自信表现为校准曲线总是处于标识线上下各 0.5 的区域之内。

现在已经提出了几种数值型的校准测量方法。默菲（Murphy，1973）探讨了有 k 个选项题目的一般情况，以布利尔分数（Brier Score，1950）为起点，它是一种测量总体优度或者概率估计的一般方法，其数值越小越好。对于 N 道题目，布利尔分数（Brier Score）为：

$$B = \frac{1}{N}\sum_{i=1}^{N}(r_i - c_i)(r_i - c_i)'$$

其中，r_i 是关于题目 i 的 k 个选项的估计概率的向量，r_i = （r_{1i}，…，r_{ki}），c_i 是相关的输出向量，c_i = （c_{1i}，…，c_{ji}，…，c_{ki}），当选项为真时，$c_{ji}=1$，否则 $c_{ji}=0$。上标符号（′）表示其前括号中的向量被转置为列向量。默菲指出，Brier 分数能够被拆分为三个可以相加的部分。因此把 N 个回答向量排序为 T 个子集，使得子集 t 中的所有回答向量 r_t 都相等。令 n_t 为子集 t 中回答的数目，令 $\bar{c}_t$ 为子集 t 的正确比例向量：

$$\bar{c}_t = (\bar{c}_{1t},\cdots,\bar{c}_{jt},\cdots,\bar{c}_{kt}),\text{其中 } \bar{c}_{jt} = \sum_{t=1}^{n_t} c_{jt}/n_t$$

令 $\bar{c}$ 为所有回答的正确比例向量，

$$\bar{c} = (\bar{c}_1,\cdots,\bar{c}_j,\cdots,\bar{c}_k),\text{其中 } \bar{c}_j = \frac{1}{N}\sum_{i=1}^{N} c_{ji}$$

最后，令 u 为单位向量，一个行向量，它的 k 个元素都等于 1。 309

这样，默菲把 Brier 分数分解为：

$$B = \bar{c}(u - \bar{c})' + \frac{1}{N}\sum_{t=1}^{T} n_t(r_t - \bar{c}_t)(r_t - \bar{c}_t)' - \frac{1}{N}\sum_{t=1}^{T} n_t(\bar{c}_t - \bar{c})(\bar{c}_t - \bar{c})'$$

第一项并非概率估计的函数；相反，它反映了 k 个选项中真实事件的相对频次。例如，假设所有待估的题目都只有两个相同的选项（下雨，不下雨）。那么公式的第一项就是 N 个题目（或者天）中下雨的基率函数。如果总是（或者从不）下雨，这一项就等于零。它的最大值（$k-1$）/k 表明下雨这一事件出现的最大不确定性。第二项是校准的一个测量尺度，它是某个类别中的回答数与该类别的正确比例之差的平方的加权平均数。第三项称作解答项，它反映了评估者把一系列事件排序到子类之中的能力，子类的正确比例与总体正确比例不同。

默菲的分解设计是为了对相同的事件集（例如，下雨和不下雨）进行重复预测。当不同题目的选项没有共同意义时（例如，在多项选择题测试中），第一项所指的就是正确答案出现的频率，它出现在第一、第二等选项中的频率相等。

如果每个题目只有一个回答被计分，那么默菲的公式（Murphy，1972）化简为：

$$B' = \bar{c}(1-\bar{c}) + \frac{1}{N}\sum_{t=1}^{T} n_t (r_t - \bar{c}_t)^2 - \frac{1}{N}\sum_{t=1}^{T} n_t(\bar{c}_t - \bar{c})^2$$

其中 $\bar{c}$ 是总体正确比例，$\bar{c}_t$ 是子类 t 的正确比例。当被计分的回答是大于或者等于 0.5 的回答时（如同二选项半距任务），第一项反映了被试选择正确选项的能力，因而可以称作知识。和前面一样，第二项测量校准，第三项是解答项。

亚当斯等人（Adams & Adams，1961）以及奥斯坎普（Oskamp，1962）提出了类似的校准测量方法。不过没有一种校准测量方法区分出过度自信与信心不足。这些测量方法的抽样性质至今不明。

1. 气象学研究

1906 年，西澳大利亚的官方天文学家库克提议，在每个天气预报后面
310 附上一个数字，这个数字“近似地表达了预报员自己赋予这些预报的概率度或者权数”（Cooke，1906b，p. 274）。他报告了（Cooke，1906a，1906b）根据 1 951 个预报得出的结果。那些他分配了最高程度的概率的预报（“几乎可以确定会被证明”）中，98.5% 是正确的。至于中等程度的概率（“常规可能性”），93.8% 是正确的，而最低程度的概率（“怀疑的”），78.7% 是正确的。

1951 年，威廉姆斯（Williams）要求 8 名盐湖城气象局的专业预报员使用 0、0.2、0.4、0.6、0.8 和 1.0 这 6 个数字中的一个估计 1 095 个 12 小时天气预报的降水概率。对于可能性区间的大部分，降水天数的比例低于分配的概率。这可能反映了公开声明中一种相当自然的回避责任的形式。人们更可能去批评一则使他们在下雨天没有带伞的天气预报，而不是使他们在晴空万里的天气携伞外出的天气预报。

默菲等人（1974）的研究再现了类似的结果。他们的预报员在得到电脑天气预测系统（PEATMOS）的输出结果之前和之后两次估计第二天降水概率。7 188 个估计（PEATMOS 之前和之后）与威廉姆斯观察到的一样，表现出对下雨概率的过度估计。

桑德斯（Sanders，1958）收集了 12 635 个预测，他使用 0、0.1、…、

0.9、1.0 这 11 种回答估计一系列二分事件：风向、风速、狂风、温度、云量、最大飞行高度、能见度、降水事件、降水类型和雷暴。这些数据显示，天气预报员的概率估计倾向于超过实际出现的天气事件的比例。[1] 罗特（Root，1962）报告了一种对称模式的校准，是关于 4 138 个降水预报的。相对于观测频次，当降水的可能性本来就低时，预报员给出的估计概率过低；当降水的可能性本来就高时，预报员给出的估计概率过高。

温克勒（Winkler）和默菲记录了美国康涅狄格州首府哈特福德地区全年降水预报的校准曲线。每个预报或者是 6 小时或者是 12 小时的天气预报，并且都是提前 5 到 44 个小时预报。不幸的是，我们不清楚预报员的预测是否包括“微量降雨”（少于 0.01 英寸）这种情况。这些数据被分析了两次。一次我们假设“降水”包括微量降雨，一次假设没有包括。是否包括微量降雨和预报时段一样，对校准有实质性的作用。包括微量降雨的 6 小时预报和不包括微量降雨的 12 小时预报，表现出完美的校准。包括微量降雨的 12 小时预报的校准曲线，位于标识线上方；不包括微量降雨的 6 小时预报的校准曲线，完全位于标识线下方。预报提前期的不同对校准没有影响。

自 1965 年以来，国家气象服务局的预报员就一直使用概率术语发布他 311
们关于降水事件的预报。已经发表了对这个庞大数据库的一些部分进行的校准研究（Murphy & Winkler，1977a；美国气象局，1969）。这些年校准不断改善。图 22—1 给出了截至 1976 年 6 月的四年中，芝加哥地区24 859个降水预报的校准结果。图 22—1 表现出非常优秀的校准；默菲（1980）认为近几年的数据甚至更好！他把这种优越表现归功于预报员这些年所掌握的概率估计经验以及这些数据收集自真实的现场工作表现。

2. 早期实验室研究

1957 年，亚当斯描述了使用 11－分（11－point）自信量表的被试的校准：被试“被指导在特定的信心水平上，就某件事的预期正确性，以回答百分比的形式表达他的信心水平……在信心水平 p 上给出的回答中，大约 p% 应该是正确的”。（pp. 432-433）

在亚当斯的任务中，使用视觉记忆测试镜向 10 名被试依次出示 40 个

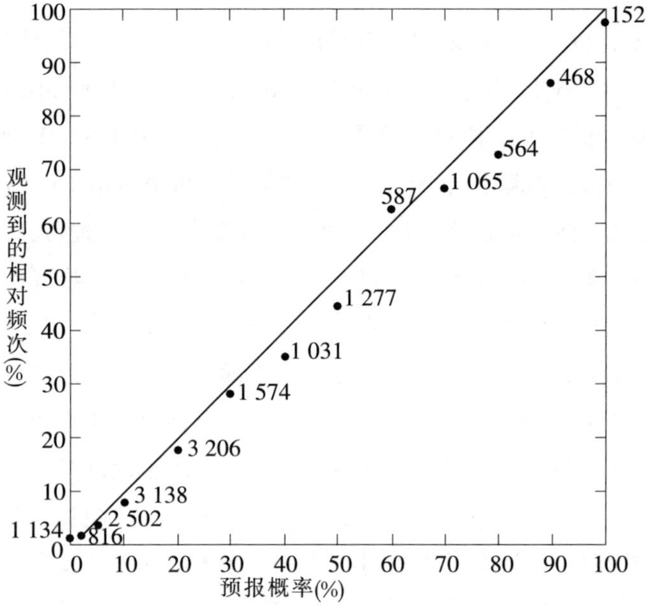

图 22—1　降水预报的校准数据，每个点给出了预报数值

资料来源：Murphy & Winkler，1977a。

单词，每个单词出示 10 次，每一次出示的亮度逐渐增加。每一次出示之后，被试写下他们自认为所见到的内容，给出一个置信判断。结果得到的校准曲线表明，正确的比例远远超过基于全部回答量表（除了为 100
312 的回答）的信心等级。在解释这些数据时，必须注意：因为每个单词被出示了 10 次，所以这些回答之间相互依赖很严重。这种相互依赖对校准会产生什么影响，仍不清楚。当他们知晓同一个单词会重复出现几次时，被试可能会选择“收回”先前给出的表述，不愿意给出一个高的回答。

随后的几年中，亚当斯等人（1958）报告了一个训练实验，使用同样的回答量表，但是使用全新的三选项单回答任务：每一节 156 对单词，要求被试回答每一对单词是同义词、反义词，还是无关。一共 5 节，每一节之后被试会被给出校准记录和校准曲线，14 名实验被试的平均校准分数（基于绝对差值 $|r_t - \bar{c}_t|$ ）从第一节到最后一节下降了 48% 。6 名控制组被试只有关于他们未被评分的回答记录的反馈，因此他们的差值

分数平均上升了36%。

亚当斯等人（1961）讨论了校准的很多方面（使用“信心现实性”这个术语），预先完成了其他人在近年内所做的这些工作，提供了很多数据，包括那些自认为是耶稣基督的精神分裂症患者的过度自信校准曲线。在无意义音节学习任务中，他们发现，初试存在很严重的自负，在16次试验之后有所改善。他们也简单描述了训练实验的转移现象：第一天，被试判断蓝点和红点组成的矩阵中蓝点所占的比例，共108次。第二天和第四天，被试判断250个常识性陈述的真伪。第三天，他们在被蒙上眼睛之后提起重物。第五天他们判断成对单词（同义词、反义词，或者无关词），共256次。8名实验组被试，在前4天的每一天之后被给出校准反馈，第五天他们的平均绝对差值分数显著地低于8名控制组被试（没有反馈），这证明了训练的转移。最后，亚当斯等人发现，对于56名参加基础心理学课程期末考试（多项选择题型）的被试，不良校准与对失败的惧怕正相关（$r=0.36$）。而知识和过度自信，都与对失败的惧怕无关。

奥斯坎普（1962）向被试出示了作为刺激物的200份明尼苏达多项人格测验（MMPI）的人格剖面图。[2]其中一半是来自因精神原因而进入老兵管理（VA）医院的病人；另一半来自因纯粹的药物原因进入该院的病人。对于每一份人格剖面图，被试的任务是判断该病人是属于精神疾病还是药物所致的疾病，并给出他们认为决策正确的概率。根据一种精 313
确推导的分类系统，每一份人格剖面图被独立地归到以下三类：严重（61份）、中等程度（88份）和轻微（51份），该分类系统对严重、中等程度和轻微的正确识别率分别为57%、69%和92%。

所有200份人格剖面图由3组被试加以判断：28名心理学专业的本科生、23名在医院工作的临床心理学实习医生和21位经验丰富的临床心理学家。这28名经验不足的被试，后来被分为两个匹配组，再给他们同样的200份人格剖面图。在第二回合期间，一半人被训练提高精确性，其余的被训练改善校准。

奥斯坎普使用三个指标测量被试的表现：准确性（正确百分比）、自信水平（平均概率回答）和信心合适度（一个校准分）：

$$\frac{1}{N}\sum_{t} n_t \mid r_t - \bar{c}_t \mid$$

所有 3 个组都倾向于过度自信，尤其是第一节中本科生的表现（准确率 70%，自信水平 0.78）。但是，对于轻微程度的人格剖面图，所有 3 个组都显得信心不足（准确率 87%，自信水平 0.83）。

参加提高精确性训练的被试，他们的精确性从 67% 提高到 73%，信心水平达到 0.78，作为训练的结果，信心水平没有变化。[3]参加改善校准水平的被试，他们的信心水平由 0.78 降到 0.74，精确性接近 68%，保持不变。和根据这些变化得出的预期一样，两个组的校准分数都有所提高。

信号检测研究

在早期的信号检测研究中，研究人员观察使用信心评定等级而非是—否反应的概率，以求减少判定稳定的接收器操作特性曲线（ROC）所需要的数据量。在 1 200 次试验中，有学者（Swets et al.，1961）要求 4 名监听人员给出他们接收到信号加噪音而不是只有噪音时的信心水平。尽管 4 个人中有 3 个人被精确地校准，但是 4 条校准曲线却大相径庭。一名被试表现出指派非常小的概率的严重倾向（例如，被试使用回答类别“0.05 ~ 0.19”描述一个出现时间超过 70% 的信号）。

克拉克（Clarke，1960）使用耳机向被试出示 5 个不同单词中的一个，混有噪音。被试选择他们认为自己所听到的单词，然后通过指示 5
314 个类别中的一个评估他们的信心水平，这 5 个类别根据一个划分为 5 个部分的概率量表定义。75 个单词，12 次练习测试，在每次测试之后，被试为他们自己的结果打分，并记录下每一个评级类别中正确识别的百分比，因而使得被试在下一次测试中能够改变他们的策略。克拉克发现，当数据在 5 个刺激单词中平均以后，所有 5 个被试似乎都被良好校准，但是对每个单词的分析表明，对于简单的单词，被试倾向于过度自信，而对于相对困难的单词则信心不足。

泊拉克等人（Pollack and Decker，1958）使用文字定义的 6 分等级自信量表，取值从“我听到的信息绝对正确”到“我听到的信息绝对错误”。使用这个等级量表，虽然不能确定个体是不是被良好校准，但是却可以让我们发现校准是如何随着外部条件变化的。简单单词的校准曲线，一般位于困难单词的上方，无论信号—噪音比（signal-to-noise）如何，并且无论单词难易，高信号—噪音比的校准曲线，位于低信号—噪音比的上方。

在大多数的这些研究中，校准都是次要的兴趣所在；重要的问题是，信心等级是否可以得到与是—非程序一样的ROC曲线。直到1966年，格林等人（Green & Swets）才得出结论，一般来说，等级量表与是—非程序得到几乎相同的ROC曲线。从那以后，对校准的研究，就在信号检测方面的文献中消失了。

3. 近期实验室研究

过度自信

在近期研究中，最具普遍性的研究发现就是，对于中等程度或者极难的常识性题目，人们显得过于自信。图22—2给出了一些典型结果，他们表现出过度的自信。哈扎德等人（Hazard & Peterson，1973）要求40名在国防情报学校学习的军事人员使用概率或者几率回答50道二选项常识性题目（例如，“1970年，哪个杂志的发行量更大，《花花公子》还是《时代周刊》?”）。利希坦斯坦（Lichtenstein，未发表）发现了类似结果，她的研究使用相同的题目，但是只使用概率回答，她的被试是19名俄勒冈研究院的雇员。而另外两位学者（Phillips & Wright，1977），使用不同题目对英国本科学生进行的研究，也得到类似结果。

其他众多使用常识性题目的研究，也都发现了同样的自负现象（Fischhoff et al.，1977；Koria et al.，1980；Lichtenstein & Fischhoff，1977，1980a，1980b；Nickerson & McGoldrick，1965）。堪布理奇等人（Cambridge & Shreckengost，1978）对中央情报局分析人员的研究，也发现了自负现象。费希荷夫等人（1980）使用一系列不可能或者几乎不可能达成的任务［例如，预测6弗隆（6-furlong）赛马的获胜者，诊断溃疡的恶化 315
程度］进行研究，发现了严重的自负现象。而皮茨（Pitz，1974）使用全距方法也发现了自负现象。

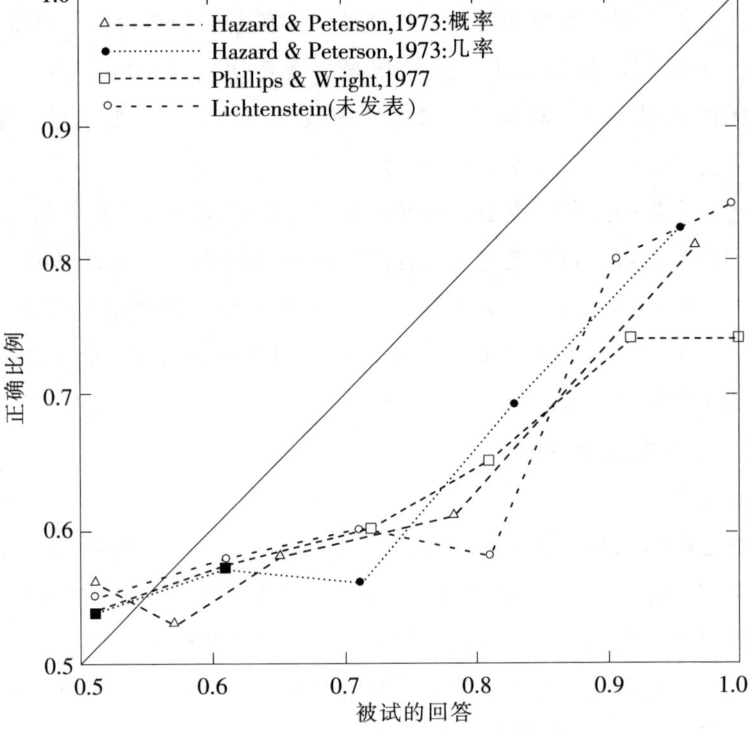

图 22—2　半距常识性题目的校准

费希荷夫等人（1977）把注意力集中在确定性表述的恰当性上。他们使用了多种方法（无选项、单选项，以及使用半距和全距法的二选项问题）发现，回答为 1.0 的题目中，只有 72% 到 83% 是正确的。在全距任务中，被指派了另一个极端（即为 0 的）回答的题目，有 20% 到 30% 的时候正确。使用几率回答并不能校正自负现象。被指派几率 1 000 : 1 的回答，只有 81% 到 88% 是正确的；而对于几率 1 000 000 : 1 的，只有 90% 到 96% 的机会选择到正确选项。被试并不抗拒使用极端的几率；在一个实验中，几乎有四分之一的回答大于或者等于 1 000 : 1。进一步的分析表明，极端自负并不局限于少数被试或者少数题目。

难度效应

难度大的任务，自负现象最极端（Clarke，1960；Nickerson &

McGoldrick，1965；Pitz，1974）。对于本质上不可能的任务（区分欧洲人和美国人的书法、亚洲和欧洲儿童的绘画作品以及股票价格的起落），校准曲线根本就不会上升；对于所有的估计概率，选择到正确选项的比例接近 0.5（Lichtenstein & Fischhoff，1977）。在这些任务中，被试并不抗拒使用高的概率，所有回答的 70% 到 80% 都大于 0.5。 316

随着任务变得简单，自负也下降。在书法识别中，利希坦斯坦等人（1977）允许一组被试在做出概率估计之前，先去学习一组正确标识的刺激样本。这一经历使得任务变得更简单（有 71% 正确，而没有参加学习的小组只有 51%），并且学习组只有轻微程度的自负现象。利希坦斯坦他们（1977）对根据常识性二选项半距任务得到的两大组数据进行事后分析，研究难度对于校准的影响。他们区分了简单问题（那些大多数被试选择了正确选项的题目）和困难问题，有学识的（那些选择了大多数正确选项的被试）和学识不佳的被试。他们发现，当正确率上升时，自负相应地减低。实际上，最有学识的被试，在回答最简单的问题时表现出信心不足（例如，当回答概率为 0.80 时，正确率为 90%）。根据前面被试的表现，选择困难或者容易的题目分配给新的两组被试，在他们身上重复得到这一发现。图 22—3给出了作为结果的校准曲线和事后分析得到的相应校准曲线。

在刚刚引用的研究中，难度是根据被试的表现定义的（Clarke，1960；Lichtenstein & Fischhoff，1977）。最近，受奥斯坎普（1962）的启发，利希坦斯坦等人（1980a）开发出一个由 500 道二选项常识性题目构成的问题集，这些题目的难度是独立界定的。题目分为三种类型：两个城市、州或者国家（例如，洛杉矶和迈阿密），哪一个人口更多？两个城市到第三个城市的距离，哪一个更远（例如，“墨尔本到罗马的距离比到东京更远吗?”）以及哪个历史事件最先发生（例如，大宪章的制定和穆罕默德的诞生）。因而每个题目把难度与两个数字（人口、距离或者距今的时间）联系起来。两个数字中较大的和较小的比率被作为难度的尺度：250 道有最大比率的题目被指定为简单的，其他的被指定为困难的。这种事先分类相当成功，35 名被试简单题目的正确率是 81%，困难题目是 58%。这些结果也表明，被试在困难题目上自负，在简单题目上信心不足。

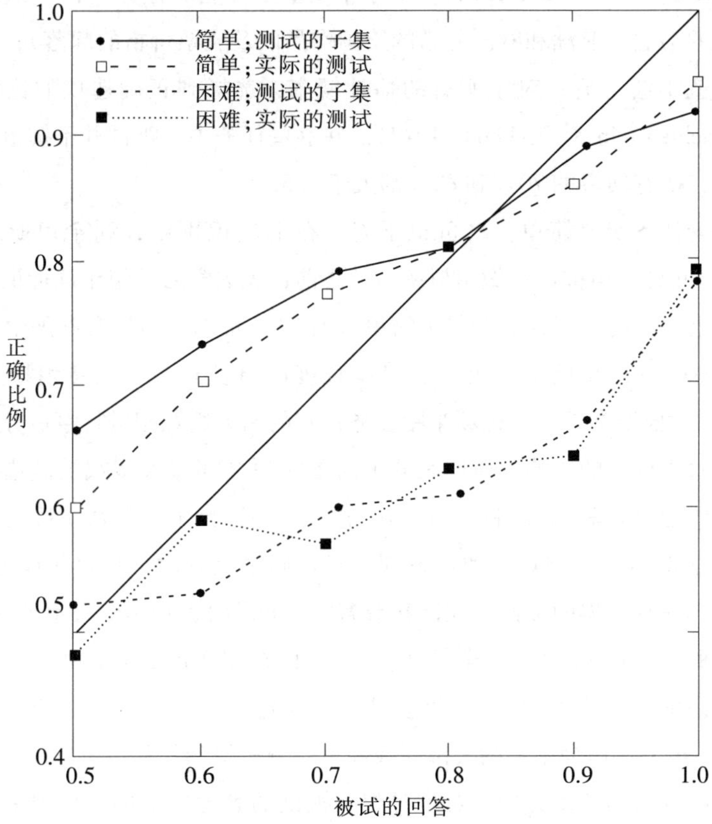

图 22—3　困难、简单测试的校准与一个困难、简单测试子集的校准

这种难—易效应，似乎源自于评估者难以正确估计任务到底有多难
317 或者多简单。菲利普斯等人（未发表）发现，对于所有被试，正确率和使用 11 - 分等级量表给出的刚刚完成的题目的评级之间不存在相关。但是对于不同难度的任务，被试确实给出不同的回答分布；利希坦斯坦等人（1977）发现，在 16 组不同的数据中，正确率和平均回答之间的相关关系为 0. 91。但是回答分布之间的差别比预期的要小：对于这 16 组数据，正确比例的变化范围是 0. 43 到 0. 92，而平均回答的变化范围只是 0. 65 到 0. 86。

法瑞尔等人（Ferrell & McGoey，1980）最近开发出一个研究难—易效应的离散概率估计校准模型。模型基于信号检测理论，它假设评估者把他们的主观不确定性转化为一个决策变量 X，使用分界值（cutoff values）$\{x_i\}$ 可以拆分 X。不论何时 X 位于 x_{i-1} 和 x_i 之间，评估者给出一个概率 r_i。 318
他们假设，如果没有关于校准表现的反馈，当任务难度变化时，评估者不会改变分界组的值 $\{x_i\}$。这一假设使得我们预期，对于困难题目，人们会自负，而简单题目人们会信心不足。假设当难度变化时，分界值保持不变，把利希坦斯坦等人的大部分数据应用这一模型，结果表明我们很好地拟合了校准曲线和回答分布。因而，难—易效应，可以看作是人们没有能力改变从对确定性的主观感受到概率回答的转化过程中所涉及的分界值。

基率效应

单选项判断（真—假）任务，可以根据问题集中真实陈述的比例加以分类。对于一组特定的题目，为了被良好校准，必须把这种基率信息考虑在内。法瑞尔等人（Ferrell & McGoey，1980）的信号检测模型假设校准会受到两个因素的独立影响：（a）真实陈述的比例，（b）被试辨别真假陈述的能力。假设分界值保持不变，模型预测与可辨别性的变化（同时保持真实陈述的比例不变）相反，真实陈述的比例的变化（同时保持可辨别性不变）会对校准产生完全不同的作用。法瑞尔等人给出数据支持他们的模型。3 门工程学课程的学生估计他们的测验回答会被评分老师判定为正确的概率。事后分析，把被试分为 4 组（高或者低正确回答百分比，以及高或者低的可辨别性），显示出模型所预测的差别。费希荷夫等人收集的未发表数据，也支持这一模型，如图 22—4 所示。4 组被试回答 25 道常识性题目（例如，“埃涅阿斯纪是荷马写的”），这些题目的正确陈述的比例不同：0.08、0.20、0.50 和 0.71。4 个组给出了截然不同的校准曲线，与法瑞尔等人预测的基率变化而可辨别性不变这种情况下得到的曲线形状，大致一致。

个体差异

基于两个原因，我们很难得出绝对的结论说一个人比另一个人被更好地校准。首先，为了得到稳定的校准测量方法，至少需要几百个回答记录。

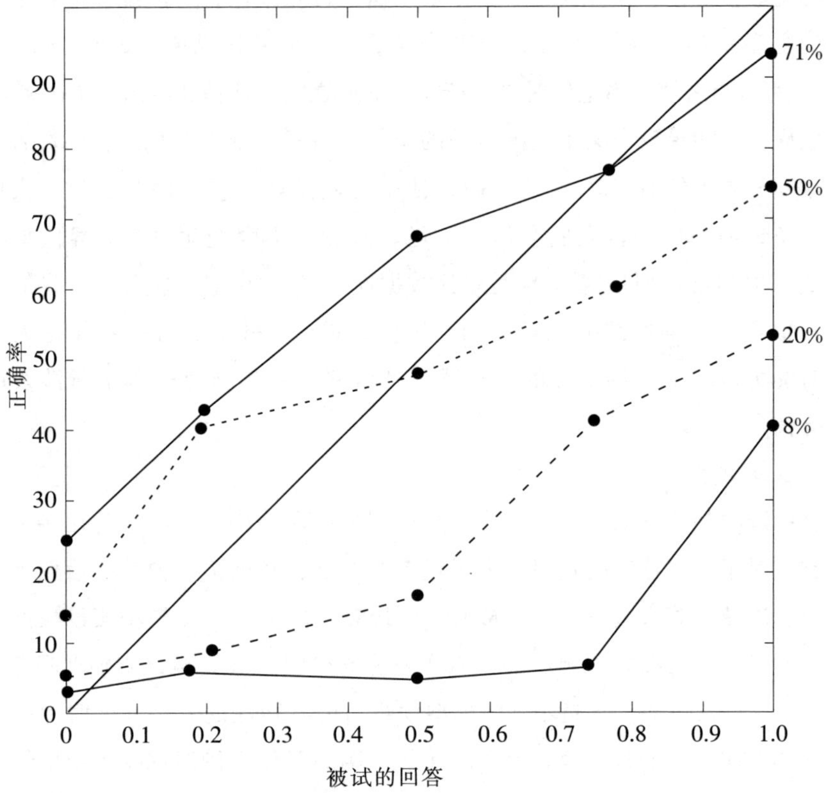

图 22—4　真实陈述的比例的变化对校准的作用

资料来源：Fischhoff & Lichtenstein 未发表。

其次，校准似乎十分依赖于任务本身，尤其是任务的难度。实际上，利希坦斯坦等人（1980a）已经证明，很可能对于每一个人存在一种“理想”
319 测试（即存在一个测试，它的难度使得被试既不会过度自信，也不会信心不足，因而根据这个测试被试可以被最佳校准），但是“理想”测试的难度因人而异。因此，即使一个人比另一个人更好地被校准，但是对于困难一点或者容易一点的题目，相反的情况也可能出现。

当难度被控制以后，不同被试组之间的比较，通常还是会表现出一些差异。心理学专业的研究生理应比普通被试（回答校报上刊登的一则广告的本科生）更有智慧，但结果在校准方面没有差异（Lichtenstein & Fischhoff, 1977）。我们也没有发现男性和女性之间在校准或者自负上存在差异。

怀特等人（Wright & Phillips, 1976）研究了几种人格测量（独裁主义、保守主义、教条主义和不能忍受含糊性）、不确定性的文字表述（例如，以书面形式简单回答45道问题时所使用的某些单词——如不可能——的次数）和几种校准测量方法之间的相关关系。他们发现，在6种人格量表和7种校准测量方法之间存在的唯一的相关关系，是独裁主义量表情况下得到的适度相关（0.41和0.34）。对确定回答（即回答为1.0）的校准与对不确定回答的校准（即回答小于1.0）之间不存在相关。文字表述的不确定性测量与任何数值型校准测量方法之间不存在相关。因此作者得出结论，就人格测量而言，对于个体差异，概率思维方式既不是一个单独的影响因 320
素，也不存在强相关关系。

怀特等（1978）还研究了校准中的跨文化差异。图22—2给出了他们所选择的英国样本的校准。他们的其他样本来自香港、印度尼西亚和马来西亚的学生。亚洲被试组给出的校准曲线，从本质上看是平坦的。作者猜测，宿命论倾向的亚洲哲学也许能解释这种差异。

校正的努力

通过使用明显打击被试自信心的指导语，费希荷夫等人（1980）希望能够在区分亚洲、欧洲儿童绘画作品的任务中消除自负：

> 所有绘画作品都来自于Rhoda Kellogg博士的儿童艺术作品选，他是不同国家、文化的儿童在绘画方面非常相似这一理论的主要支持者……记住，做出这种类型区分几乎是不可能的。尽力而为。但是如果在极端情况下，对于所有这些作品的来源你完全没有把握，那么请不要犹豫，每一个都回答0.5好了。(p. 792)

这些种指导语使得平均回答下降了大约0.05，但是仍然没有消除实质性的自负。

动机的增强会改善校准吗？有学者（Sieber, 1974）针对一组与课程相关的四选项问题，比较了两组学生的校准。其中一组被告知，这个测试将作为他们的期中考试。另一组则被告知这个测试不是期中考试，但是会用作期中考试前的训练。两组在选择的正确选项的数目上没有差别，但是设想中动机理应更强的一组，即他们的表现将决定他们的成绩的一组，校准更为糟糕（更强的自负）。

通过提供他们的校准的反馈来训练评估者，表现出混合的结果。正如前面所提到的，亚当斯等人（1958）发现，在经过 5 节训练之后，校准有了适度的改善，并且在其后的研究中，得到一些关于训练的一般性结论。有学者（Choo，1976）使用 75 道二选项常识性问题，训练只有一节，结果发现校准几乎没有改善，也没有任何一般性结论。

利希坦斯坦等人（1980b）训练两组被试，训练是 2 节或者 10 节，由 200 道二选项常识性问题组成，在每一节之后，给出充分的、个性化的校准反馈。他们发现，校准有相当可观的改善，所有的改善都出现在第一节和第二节之间。具有不同难度水平、情境和回答模式（四选项而非二选
321 项）的任务，得到温和的一般性结论。但是，分位数估计任务（fractile assessment task）（后面部分会介绍），或者欧洲人和美洲人书法作品的区分任务，却没有任何改善。

另一种改善校准的方法是重构任务，它以一种方式打击被试的自负。在一项研究（Koriat et al.，1980）中，被试先以通常方式回答 30 道二选项常识性问题，然后再做 10 道附加题。对于这 10 道题中的每一题，他们首先要写出支持或者反驳 2 个可能选项中任一选项的所有理由，然后和通常一样做出选择，并给出概率估计。这个过程显著地改善了他们的校准。另一项研究帮助我们确定这一技术中起作用的因素。在按通常方式回答了最初给出的 30 道题目之后，再给被试 30 道题目。对于每道附加题，他们首先选出自己偏好的选项，然后写出（a）一个支持所选答案的原因，（b）一个反驳所选答案的原因，或者（c）一个支持和一个反驳的原因。然后他们估计所选答案正确的概率。只有被要求写出反驳原因的一组，校准有显著改善。这一结果和根据第一项研究的数据所做的相关分析得出的结论证明，对于自负，一种部分有效的校正方法，就是找出为什么人们会做出错

误选择的原因。

专家

选修大学某门课程的学生，至少在与其课程相关的问题方面，可以暂时看作是专家。有人（Sieber，1974）报告了参加期中模考的学生（即该组学生被告知他们所参加的测试并非期中考试）的优秀校准。他们的回答为1.0的有超过98%正确，而回答为0的只有0.5%正确。皮茨（1974）要求他的学生预测他们这门课的成绩；这些学生也被良好地校准。

对于难度相同但是不在其专业领域之内的问题，这些学生还会被良好地校准吗？利希坦斯坦等人（1977）要求心理学专业的研究生回答50道二选项常识性问题以及50道和心理学相关的题目［例如，“Ishihara测验是（a）一种能力测验，（b）一种社会焦虑测验”］。这两小组题目难度相同，并且两个任务的校准也相似。

另外两个学者（Christensen-Szalanski & Bushyhead，1981）报告了9位医生估计1 531名因咳嗽而就医的病人患肺炎的可能性。他们的校准非常差，校准曲线上升得如此缓慢，以至于对于最高程度自信（接近0.88）而言，实际患有肺炎的病人的比例也低于0.20。关于头骨骨折和肺炎的诊断研究（Lusted，1977），以及关于头骨骨折的诊断研究（Thornbury，1979），报告了类似的结果。对医生的田野研究的结果，与天气预报员的 322
降水预测表现出的完美校准完全不同。我们推测有几种因素可能有利于天气预报员。首先，他们已经有多年使用概率语言进行预报的经历。其次，他们的任务是重复性的；需要回答的问题（天会下雨吗）总是相同的。与此相反，一个临床医生总是要不停地考虑各种各样的可能性（是头骨骨折吗？他是链球菌感染吗？他需要进一步的入院治疗吗？）。最后，天气预报员的结果反馈，是良好定义的，并且可以很快得到。而这对于医生来说并不总是如此，病人没有回来复诊，或者另请高明，或者是难以确诊。

那些能够建立赛马胜率的估算方法，或者干脆去赌一赌运气的人，也可以看作是专家。对于同注分彩赌博法（the pari-mutual or totalizator method）（或者赛马赌金计算法），最终的几率决定于下在每匹马身上的赌注，这使得一种类型组校准曲线的计算成为可能。这些曲线（Fabricand，1965；Hoerl & Fallin，1974）表现出优秀的校准，以及人们在风险大的赌注上压更多的赌金这一轻微的倾向。但是，这些数据仅仅在推理上与概率估计相关。另一学者杜威（Dowie，1976）报告的校准结果更为重要，他研究了英国体育报刊上每天更新的价格预测。这些预测由一个人以几率的形式给出，预测指定的一场比赛中所有马匹获胜的几率；在所研究的这一年中，大约有8个人进行这种预测。对29 307匹赛马的预测的校准表明：对于大于0.4的概率，有轻微的信心不足，而对于小于0.4的概率（占总体数据的98%），得到完美的校准。

校准研究的迅速发展，导致一种新型专家的成长：校准专家，他们对于人们在估计概率时常犯的各种错误了如指掌。利希坦斯坦等人比较了8名校准专家、12名素朴被试和15名受过良好校准训练的人。结果是，正规的校准专家，不仅克服了素朴被试所易犯的典型的过度自信，而且有明显的过度补偿，这是他们信心不足的结果。与其他两组相比，专家对于题目的难度要稍微敏感一些。

未来事件

怀特等人（1979）推测，对未来事件的校准，可能与常识性问题的校准有所不同。若真如此，这就会限制我们根据常识性问题研究的结论推断预测未来事件。不幸的是，他们的常识性问题的难度要比未来事件更难，这可能解释了后者的完美校准。

费希荷夫等人（1975）要求150名以色列学生估计15个那时—未来
323 （then - future）事件的概率，其中包括尼克松总统备受关注的中苏之行的可能结果（例如，“尼克松总统将与毛泽东至少会晤一次”）。结果得到的校准曲线，与标识线相当接近。但是，费希荷夫和利希坦斯坦（未发表）最近发现，和具有可比性难度的常识性问题一样，未来事件的校准表现出严重的自负。菲利普斯等人（未发表）得到3组问题的校准曲线：常识性、未来事件和过去事件（例如，“过去30天内坠毁的一架喷气式飞机，有超过100人遇难”）。所有3条曲线都表现出过度自信。未来事件和过去事件的校准相同，都稍稍好于常识性题目的校准。3 组问题的难度水平不能解释这种现象。

杜威（Dowie）及其同事现在正在英国开放大学收集几百名选修风险方面课程的学生的校准数据，他们使用与课程相关的问题、常识问题和未来事件问题。学生们被给予有关校准概念的一般性介绍，还会在实验中得到关于他们的表现和校准的反馈。初步结果（Dowie，1980）表明，被试有中等程度的自负。常识问题的校准最好，而与课程相关的问题的校准最差，不过这种差异的显著性和原因都还有待研究。

二、连续命题：不确定变量

1. 分位数法

关于不确定连续变量的值的不确定性（例如，喜欢苏格兰威士忌胜于波旁威士忌的学生的比例是多少？从英国到澳大利亚的最短距离是多少?），可以用包含该变量的所有可能取值的概率密度函数表示。但是，通常不会要求评估者给出完整的函数。相反，最常使用的是引出程序（elicitation procedure），它是分位数法的一个变种。在这种方法中，评估者给出一些不确定变量的值，这些值与几个事先指定的分布的分位数相对应。例如，对于中位数或者 0.50 分位数，评估者给出一个值，使得真实值落在这个值之上或者之下的可能性相等；0.01 分位数的值，使得真实值有 1/100 的概率小于这个值。通常要估计 3 或 5 个分位数，包括中位数。在这种方法的一个变种三分位数法（tertile method）中，评估者给出两个值（0.33 和 0.67 分位数），使得整个概率区间被分成相等的三个概率部分。

通常报告两种校准测量方法。四分位差指数（the interquartile index）， 324
是指真实值落在四分位差区间之内的题目所占的百分比（即在 0.25 到 0.75 分位数之间）。从长期来看，被完美校准的个体的四分位差指数为 50。惊奇指数（the surprise index），是指落在两端的估计分位数之外的真实值的百分比。当两端的估计分位数为 0.01 和 0.99 时，完美校准的个体的惊奇指数为 2。较大的惊奇指数，表明评估者的置信区间太狭窄，以至于不能容纳足够的真实值，因而表现为自负（或者过度准确）（Pitz，1974）。信心不足，表现为四分位差指数大于50，以及较低的惊奇指数；不过目前还没有文献报告过这样的数据。

阿尔泼特等人（Alpert & Raiffa，1961，**21**）的论文推动了关于概率密度函数的校准的研究。他们的被试是熟悉决策分析的哈佛商学院的学生。第一组，所有被试估计5个分位数，其中3个是0.25、0.50和0.75。但是，4个小组的两端的分位数各不相同：0.01和0.99（A组）；0.001和0.999（B组）；“最小可能值”和“最大可能值”（C组）；“惊人的低”和“惊人的高”（D组）。表22—1给出了这4个小组的四分位差指数和惊奇指数。由于为数众多的惊奇值，阿尔泼特等人又使用了3个附加组（2、3和4组），这3个组在估计了10个不确定变量之后，得到了以充分的结果报告和解释形式给出的反馈，和一个结束语“延长你两端的分位数!”然后，被试回答10个新的不确定变量。表22—1给出了反馈前和反馈后的结果。被试虽有改善，但是仍然表现出相当可观自负。

表22—1　　连续变量校准情况总结：真实值落在四分位差
325 **区间内和端点分位数之外的比例**

	N	观测到的四分位差指数[a]	意外指数	
			观测值	理想值
Alpert & Raiffa（1969）				
组1—A（0.01、0.99）	800		46	2
组1—B（0.001、0.999）	500		40	0.2
组1—C（“最小值”及“最大值”）	700		47	?
组1—D（“惊人的高/低”）	700		38	?
第2、3、4组训练前	2 270	34	34	2
训练后	2 270	44	19	2
Hession & McCarthy（1974）	2 035	25	47	2
Selvidge（1975）				
5个分位数	400	56	10	2
7个分位数（包括0.1、0.9）	520	50	7	2
Mokowitz & Bullers（1978）				
比例				
3个分位数	120	—	27	2
5个分位数	145	32	42	2
道-琼斯				

续前表

	N	观测到的四分位差指数[a]	意外指数	
			观测值	理想值
3 个分位数	210	—	38	2
5 个分位数	210	20	64	2
Pickhardt & Wallace（1974）				
组 1				
第 1 回合	?	39	32	2
第 5 回合	?	49	20	2
组 2				
第 1 回合	?	30	46	2
第 6 回合	?	45	24	2
T. A. Brown（1973）	414	29	42	2
Lichtenstein & Fischhoff（1980b）				
测试前	924	32	41	2
测试后	924	37	40	2
Seaver, von Winterfeldt, & Edwards（1978）				
分位数	160	42	34	2
几率—分位数	160	53	24	2
概率	180	57	5	2
几率	180	47	5	2
对数几率	140	31	20	2
Schaefer & Borcherding（1973）				
第 1 天，分位数	396	23	39	2
第 4 天，分位数	396	38	12	2
第 1 天，假设样本	396	16	50	2
第 4 天，假设样本	396	48	6	2
Larson & Reenan（1979）				
“合理地确定”	450	—	42	?
Pratt（1975）				
“惊人的高/低”	175	37	5	?

续前表

	N	观测到的四分位差指数[a]	意外指数	
			观测值	理想值
Murphy & Winkler（1974）				
端点是 0.125 & 0.875	132	45	27	25
Murphy & Winkler（1977b）				
端点是 0.125 & 0.875	432	54	21	25
Staël von Holstein（1971a）	1 269	27	30	2

注：N = 被评估的分布的总数。

a：除了 Brown（1973）以外，所有实验中，落在四分位差区间之内的事件的理想比例是 50%，Brown 得出了 0.30 和 0.70 分位数。因此理想比例是 40%。

另外的研究（Hession & McCarthy，1974）所收集的数据，可以和阿尔泼特等人的第一个实验比较，他们使用 55 个不确定变量，36 名研究生作为被试。他们的指导语鼓励被试确保 0.25 和 0.75 分位数之间的区域确实包含一半的概率。“后来与单个被试的讨论使我们明白：在大多数情况下，这种一致性核查导致重新调节（readjustment），减小最初估计的四分位差区间”（p.7）——因而，事情变得更糟了！这种指导性的强调（阿尔泼特没有使用），或许可以解释为什么他们（Hession & McCarthy）的被试被如此糟糕地校准，如表 22—1 所示。

他们（Hession & McCarthy）也对其被试进行了许多个体差异测量：权威主义、教条主义、僵化性（rigidity）、皮提格的范畴外延量表（Pettigrew's Category-width scale）和智力。被试的测验分数，与他们的四分位差指数、惊奇指数之间的相关相当低，尽管权威主义量表与四分位差指
326 数的相关为 -0.31，与惊奇指数的相关为 +0.47（N = 28）。这与怀特等人（Wright & Phillips，1976）的发现一致，权威主义量表与校准之间存在适度的相关。

塞尔威奇（Selvidge，1975）扩展了阿尔泼特等人的工作，首先要求被试回答 4 个有关他们自己的问题（例如，“你是更喜欢苏格兰威士忌而不是波旁威士忌吗?”），他们的回答决定了这些组内生成比例（group-generated propotions）的真实答案（例如，回答喜欢苏格兰威士忌胜于波旁威士忌的被试的比例是多少?）。一组给出 5 个分位数，0.01、0.25、0.5、0.75 和

0.99。另一组给出这5个分位数，但是加上0.1和0.9两个分位数。如表22—1所示，7-分位数组表现得稍微好一些。而5-分位数组的结果，与阿尔泼特等人的结果不像看上去的那么不同。阿尔泼特等人的实验中有3个不确定变量，是与塞尔威奇的问题类似的组内生成比例。对于这3道题目，阿尔泼特等人发现57%在四分位差区间内，以及20%的惊奇指数。最后，对于其中的一道题目，5-分位数组一半的被试，被要求首先给出0.25、0.5和0.75，然后再给出0.01和0.99；而另一半被试，被要求首先估计两端的分位数值。塞尔威奇发现前一种顺序的惊奇（8%），少于后一种顺序（16%）。

又有两个学者（Moskowitz & Bullers, 1978）也使用了组内生成比例，但是他们比塞尔威奇发现更多的惊奇。其中一个组给出塞尔威奇使用的相同的5个分位数（顺序为0.5、0.25、0.75、0.01和0.99）。另一组只要求3个估计（分布的众数值，0.01和0.99分位数）。在进行估计之前，3-分 327
位数组接受了一次关于一些典型的参照事件的讲座和讨论（例如，“考虑一种彩票，有100人参加，你赢得奖金的可能性是1/100”），这种设计是为了使被试更好地了解概率为0.01的意义。如表22—1所示，3-分位数组比5-分位数组相比，惊奇更少。在另一个使用同样的2种方法的实验中，这两个学者（Moskowitz & Bullers）要求44名贸易专业的本科生估计1977年、1974年、1965年、1960年和1950年道-琼斯工业指数的平均值。每名被试分别在参加3人一组的讨论之前和之后给出估计。由于没有发现任何源于讨论的系统性差异，这些数据被包含在表22—1之中。同样地，3-分位数组（他们接受了什么是概率为0.01的讲座）与5-分位数组相比，惊奇更少。而5-分位数组的表现是最糟糕的。

皮克哈德等人（Pickhard & Wallace, 1974）重复了阿尔泼特等人的实验，并加入一些变动因素，结果发现，几个组在反馈前，惊奇指数为38%到48%，反馈之后也不小于30%。两个变动因素，即是否使用课程成绩学分作为良好校准的奖励和是否使用评分规则反馈，它们对惊奇的数目没有影响。皮克哈德等人还研究了扩展训练的效应：分别为18和30人的两组被试（不确定变量的数值没有报告）回答5节和6节题目，每一节之后给出校准反馈。如表 22—1 所示，发现了一定的改善。

最后，皮克哈德等人（1974）研究了在被称为 PROSIM 的生产模拟游戏情境下，知识的增加对校准的作用。在一个模拟的 17“天”生产计划期间，32 名研究生被试每人做出 51 个估计。每个估计关于一个从现在开始的 1、2 或者 3“天”后将发生的事件。估计时间越接近事件时间，被试对该事件了解得越多。随着这种信息的增加，自负下降：提前 3 天，惊奇为 32%；提前 2 天，惊奇为 24%；提前 1 天，惊奇为 7%。在模拟的 17“天”中，没有观察到任何改善。

布朗（Brown，1973）要求 31 名被试估计 14 个不确定变量的 7 个分位数（0.01、0.10、0.30、0.50、0.70、0.90 和 0.99）。因为每个问题都附有充分的历史数据（例如，对于“1970 年 12 月的消费价格指数是多少”的问题，被试被给出 1962 年 3 月和 1970 年 6 月每个季度的消费价格指数），所以结果令人特别郁闷，结果如表 22—1 所示。对于其中的 11 个问题，如果被试以历史最小值作为 0.01 分位数，历史最大值作为 0.99 分位
328 数，那么他们应该根本不会感到惊奇。其他 3 个问题，也表现出严格的增长或者衰退的发展趋势，并且真实值与任何一个对历史趋势的简单近似都非常接近。被试一定是严重依赖他们自己的有误的知识给出分布，他们给出的分布如此紧凑，结果导致 42% 的惊奇。

利希坦斯坦（1980b）使用 12 名被试，77 个不确定变量，在被试接受关于二选项离散问题校准的充分训练之前和之后，得到 5 个分位数（0.01、0.25、0.5、0.75 和 0.99）。如表 22—1 所示，被试对不确定变量的校准，没有显著性的改善。

2. 其他方法

西福等（Seaver et al.，1978）研究了 5 种不同的回答或反应模式对校准的作用。2 个组使用分位数法，或者是 5 个分位数（0.01、0.25、0.5、0.75 和 0.99），或者是与这些分位数相当的几率（1∶99，1∶3，1∶1，3∶1 和 99∶1）。其他 3 个组使用概率、几率或者基于对数几率量表的几率回答单选项问题，每个问题指定了不确定变量的一个特定值（例如，“1973 年，加拿大人口超过 2 500 万的概率是多少?”）。每个不确定变量被给出 5 个这

样的指定值，研究人员根据这些回答估计四分位差指数和惊奇指数。对于每一种方法，7 到 9 个学生回答 20 个不确定变量。如表 22—1 所示，与那些使用分位数法的组相比，给出概率回答和几率回答的组的惊奇指数明显要好。这种情况的发生，是否应归因于实验人员选择的数值所传递的信息，仍不明确。对数几率回答模式的表现也不好。

夏福等人（Schaefer & Borcherding, 1973）要求 22 名学生估计 4 节中每一节的 18 个组内发生比。每名被试使用两种估计技术：（a）分位数法（0.01、0.125、0.25、0.5、0.75、0.875、0.99），（b）假设样本法。在后一种方法中，被试给出假设样本的样本容量 n 和其中成功的样本数 r，该假设样本最准确地反映了评估者对不确定变量的了解（例如，我确定真实值的比例与我在观测到 n 个样本中 r 个成功情况下得到的一样）。较大的 n 值，表明对于比例的真实值更有把握。比例 r/n 反映了概率密度函数的平均值。被试在这种方法上遇到很大的困难，尽管指导语中包括了这种方法所隐含的 β 分布的例子。每一节之后，被试得到充分的反馈，反馈的重点是他们自己以及所在组的校准。表 22—1 给出了第一节和最后一节的结果。两种方法都有所改善。结果表明，与分位数法相比，假设样本法一开始表现较差（50% 的惊奇，并且只有 16% 落在四分位差区间之内），但是结束 329
时表现较好（6% 的惊奇，并且 48% 落在四分位差区间之内）。

巴克莱（Barclay & Peterson, 1973）比较了三分位数法（即分位数为 0.33 和 0.67）和“分点法”，在“分点法”中，被试被要求给出不确定变量的众数值，然后再给出两个值，一个大于、一个小于众数，每一个出现的可能性是众数值的一半（也就是说，概率密度函数值等于众数值一半的点）。他们使用 10 个年鉴方面的问题作为不确定变量，70 名国防情报大学的学生作被试内设计中的被试，发现对于三分位数法，29%（而非 33%）的真实答案落在中间区域内。对于分点法，只有 39% 落在两个半概率点之间，而对于大多数分布，接近 75% 的密度落在这两个点之间。

皮茨（Pitz, 1974）报告了使用三分位数法得到的几种结果。他发现，对于估计 23 个国家的人口的 19 名被试，只有 16% 的真实值落在分布的中间 1/3 区域内。在另一个实验中，他根据问题的深度和他假设的被试应该有的知识量改变题目。对于国家的人口问题（知识量低），23% 的真实值，落在中间 1/3 区域之内；对于著名建筑的高度（知识量中等），27% 落在这一范围之内；对于知名人物的年龄（知识量高），47% 落在这一范围之内，最后一种情况高于预期的 33% 。在另一项研究中，他要求 6 名被试估计三分位数，并且在几天之后要求他们根据自己的三分位数值选择赌注。他发现，被试严重倾向于选择包含中间区域的赌注，这与他们过于紧凑的区间本应引导他们选择的目标恰好相反。

拉尔森等人（Larson & Reenom, 1979）的被试，首先给出其对真实答案的最佳猜测（即众数），然后再给出两个值，使得他们能够“合理地确定”这两个数定义的区间包含正确答案。42% 的真实值落在这个区域之外。请注意，这一惊奇指数与阿尔泼特等人那些被给予文字表述“最小/最大”（47% ）和“惊人的高/惊人的低”（38% ）的被试的惊奇指数接近。

3. 有专家参与的真实任务

普拉特（Pratt, 1975）要求 1 位专家预测一年多内 175 部电影和当地影院上映的 2 部影片的上座率。专家估计了中位数、四分位数、“惊人的高”和“惊人的低”4 项指标值。如表 22—1 所示，四分位差区间倾向于太小。即使在实验过程中，专家得到了结果反馈，但是也只有在开始几天里，有证据表明校准随着时间有所改善。

330 有 3 个实验使用天气预报员作为被试。在 2 个实验中，默菲等人（Murphy & Winkler, 1974, 1976b）要求天气预报员给出明天的最高气温的 5 个分位数（0.125、0.25、0.5、0.75、0.875）。如表 22—1 所示，结果表现出完美的校准。与阿尔泼特等人的被试的惊奇指数大多数落在分布两端的 2% 范围内相比，这些被试落在分布两端的 25% 范围之内的惊奇更少。默菲等人发现，2 个实验中使用分位数法的 5 个被试，比之其他 4 个使用固定宽度法的被试，更好地校准。对于固定宽度法，预报员首先估计温度的中位数（即他们认为有 0.5 的概率气温会超过这个值）。然后他们给出在气温会落在中位数 ±5F 和 ±9F 范围之内的概率。这些预报员是自负的；与落在这个区间之内的气温相关的概率相比，倾向于过高。分位数法相对于固定宽度法的这种优越性，与西福等人的研究发现相反，他们发现定值法更有优势，这也许是因为默菲等人所使用的固定区间（5F和±9F）不能提供信息。

荷斯坦（Staël Von Holstein，1971a）使用3种定值任务：（a）明天和后天的平均气温（把整个回答区间分成8类），（b）从今天起的4至5天的平均气温（分为8类），（c）今后5天下雨天数之和（分为4类）。根据每一组回答（相加和为1的4个或8个概率），他估计隐含的累积密度函数。然后，他综合了由28名被试给出的1 269个函数。根据文章中给出群累积密度函数（group cumulative density function），我们可以估计出惊奇指数和四分位差指数（见表22—1）。与其他天气预报员相反，这些被试被相当糟糕地校准，也许因为他们对于这种任务还不熟悉。

4. 小结：不确定变量的校准

根据使用分位数法估计不确定变量的研究，有压倒性的证据证明，人们的概率分布倾向于过于紧凑。对于两端的分位数的估计尤其容易产生偏差。训练使得校准有所改善。专家的表现则时好（Murphy & Winkler，1974，1977b）时坏（Pratt，1975；Staël Von Holstein，1971a）。有一些证据表明，对于连续命题，难度与校准相关。皮茨（1974）、拉尔森等人（1979）发现了这个效应；而皮克哈德等人（1974）发现在他们的模拟游戏中，提前1天比提前3天更有利于减少惊奇，这一发现很重要。几项研究（例如，Barclay & Peterson，1973；Murphy & Winkler，1974）发现，估计分布的散布程度，与估计的中位数和真实答案之差的绝对值之间，存在相 331
关，这表明被试对于他们的所知和未知有着部分的敏感。这一研究发现，与离散命题情况下正确率和平均回答之间的相关关系相似。

三、讨论

1. 为什么要被良好校准？

为什么概率评估者应该关心是否被良好地校准？有学者（Von Winterfeldt & Edwards，1973）指出，对于现实生活中绝大多数带有连续性决策选项（例如，投资X美元）的决策问题，相当大的决策失误，只会使预期收益发生相对很小的变化。但是，有几种考虑反驳这种可靠的观点。首先，在二选项决策情境中，奖惩函数在关键部分可能会非常陡峭。假设你的医生必须判断你患有疾病 *A*，因此应该接受疗法 *A* 的概率，和你患有疾病 *B* 应该接受疗法 *B* 的概率。假设效用情况是这样的，如果你患有疾病 *A* 的概率大于等于0.4，那么疗法 *A* 更好；反之疗法 *B* 更好。如果医生估计你患有疾病 *A* 的概率 p（*A*）=0.45，但是校准很差，使得适宜的概率是0.25，那么医生就会选用疗法 *A* 而非 *B*，因此你就会损失很大一部分效用。有人（Fryback，1974）给出了正好是这种类型的现实生活中的效用函数。

此外，当奖惩之物非常大，误差也非常大的时候，或者当这种误差被复合的时候，预期损失就会更加严重。例如，在反应堆安全研究中（美国核能管理委员会，1975），“在分析的每个层次上，假设失败率数据的对数正态分布（the log-normal distribution）是根据0.05和0.95分位数范围定义的。”（Weatherwax，1975，p.31）这里所回顾的研究指出，基于0.05和0.95这两个分位数估计建立起来的分布可能有严重偏差。如果在一个分析的几个层次上都做出这种估计，由于每个估计分布都过于狭窄，那么误差就不会相互抵消，而是被复合。而且由于核电厂失败的成本巨大，这种误差所产生的预期损失也就是天文数字了。

如果说良好的校准很重要，那么怎样才能得到呢？考克斯（Cox，1958）建议，通过使用一个模型拟合一组答案已知的问题的估计，我们可以从外部重新校准人们的估计。从那以后，模型就被用来校正或者调节评估者给出的回答。外部重新校准面临重大的技术性困难。当引出建模需要的估计时，我们一定要注意切不可给予评估者比他们通常所接受到的更多
332 的反馈，以免在测量时他们改变自身的校准。正如萨威奇（Savage，1971）所指出的，“借助经验你可能发现，你的专家可能在某些方面乐观或者悲观，因此缓和了他的判断。但是，他应该这样猜测你吗？你和他可能同在一部通向毁灭的扶梯上。”（p.796）此外，由于研究已经指出，所观测到的错误校准的类型依赖于任务的难度，我们也不得不去相信，我们的未来事件会符合重新校准所使用的事件的难度。

关于外部重新校准，理论方面的反对意见可能比实践方面更加严厉。一般来说，重新校准程序产生的数字，不会遵从概率理论的公理［例如，

与互斥完备事件相关的数字之和并不总是等于 1，而且对于独立事件，$P(A) \cdot P(B) = P(A, B)$ 也不总是为真]；因此，这些新的数字不能被称为概率。

一种更为有效的方法，就是训练评估者使得他们被良好地校准。在什么条件下我们可以认为评估者能够达到这个目标呢？当外在的或者隐含的奖励都不足以激发评估者在他们的估计中诚实表现的时候，我们就不应该期望他们会被良好地校准。作为一个极端的例子，一个评估者被威胁，如果任何一件他估计为概率小于 0.25 的事件出现，他就会被斩首，那么对于概率为 0.20 的估计，他就完全有理由认为他不会被良好地校准。尽管这个例子看起来很荒谬，但是更为微妙的压力，诸如“避免被人看成是傻瓜”或者“讨好老板”，也可能为不良校准提供很强的动机。对痴心妄想或者拒绝接受这两种情况的任何奖励，也都能够使估计产生偏差。

在每次估计之后给出结果反馈，是训练成功的最有效的条件。戴伟德（Dawid，in press）已经指出，在这种条件下，诚实的、坚定的主观主义评估者会期望被良好地校准，无论要被估计的题目之间是否相互依赖。与此相反，有人（Kadane，1980）则指出，在没有一次次的实验反馈的情况下，只要并且只有所有要被估计的题目之间相互独立，诚实的、坚定的主观主义者才会期望被良好地校准。这一理论严格限制了一些情境，在这些情境中，我们可以合理地期望评估者通过学习会被良好地校准。即使训练能够在只使用评估者认为是相互独立的题目的前提下进行，我们仍然有理由怀疑现实任务的独立性，而评估者会把他们的训练应用到这些任务上。重要的未来事件之间可能相互依赖，这或者是因为它们会受到共同因素的影响，或者是因为评估者利用共同的知识积累评估所有事件。在这种条件下，我们不会希望或者期望被良好地校准。

人们的偏差作为任务难度的函数变化，这种可能性为缺少即时反馈情况下的校准制造了进一步的障碍。未来任务的难度可能是无法预期的，这 333
也使得训练变得没有效果。

2. 作为认知心理学的校准

校准方面的实验也可以被用来研究人们如何思考。即使每个研究的即时的实践意义仍有局限，但是它们仍然可以帮助我们深入了解人们是如何发展并表达他们对于确定性和不确定性的感受。但是，这里所评论的大部分文献的一个吸引人的方面是，“笨拙的经验主义”（dust-bowl empiricism）。心理学的理论很缺乏，不论是作为研究的启动因素，还是对结果的解释。

并非所有的作者都避免理论上的讨论。斯洛维奇（Slovic，1977a）以及特沃斯基和卡尼曼（1974，**1**）认为：由于信息处理能力有限，人们总是采用简单化规则或者判断启发式（heuristics）。尽管一般来说这很有用，但是这些判断启发式也可能会导致严重的系统误差。例如，当估计不确定变量时，人们倾向于给出过度紧凑的分布，这可能反映了一种被称作“初始化和调节”的启发式策略。当被问及一个不确定变量时，人们很自然地首先想到一个点估计，例如中位数。然后这个值作为一个初始点。为了给出0.25或者0.75分位数点，被试在初始点附近浮动。但是这种初始点具有如此强的支配力，以至于此后的调节很难起到作用；因此，分位数点总是离得非常近，导致自负。

皮茨（1974）也接受人类信息处理能力和工作记忆能力均受到限制的这种观点。他建议人们序列性地解决一个复杂的问题，一次只完成一个部分。为了减少认知约束，人们会忽略他们前面部分的任务的解决过程中的不确定性，以便减轻后面部分的工作中计算的复杂性。这可能导致过于紧凑的分布和自负。皮茨还提出一条估计不确定性的方法，就是了解他们有多少种不同的方法能够获得答案，也就是说，他们能够建构多少种不同的解答序列。如果可以找到很多，人们就会认清自己面临的不确定性；如果只找到很少一些，他们就做不到这一点。建构不同的可选框架的知识基础越丰富，自负倾向就越弱。

菲利普斯等人（1977）提出一种3-阶段序列模型。他们的模型区分了善于运用概率思想考虑不确定性的人和那些以黑—白对立模式做出回答的人。他们还研究了文化和个体方面的差异（Wright & Phillips，1976；Wright et al.，1978），取得了部分成功，他们试图识别出这种类型信息的处理过程中存在的独特认识类型。

而科利亚特等（Koriat et al.，1980）也采取了一种信息处理的方法。他们讨论了概率估计的3个阶段。第一阶段从记忆中寻找相关证据。下一阶段估计这些证据从而得到一种确定感或者怀疑。最后，人们把这种关于确定性的感觉转化为一个数字。科利亚特等人使用的操作设计是为了改变前两个阶段，通过迫使人们寻找和留意相反的证据，因此减轻了他们的自负。 334

另一方面，法瑞尔等人（1980）的模型纯粹处理第三阶段，把关于确定性的感觉转化为数值型回答。通过假定不使用反馈，人们就不能够改变他们的转化策略，或者是因为题目的难度，或者是因为事件变化的基率，模型给出了较强的预测，这些预测得到了校准数据的支持。

概率估计的结构和过程理论，现在正在开始；我们希望这种理论的进一步发展，会有助于把这一相当专业化的领域整合到更为广阔的认知心理学研究中去。

本章原载H. Jungermann和G. de Zeeuw所编的《人类事务中的决策制定和变迁》（*Decision Making and Change in Human Affairs*. Dordrecht-Holland：D. Reidel，1977），论文有修改。允许重印。

注释

［1］Raiffa（1969）的研究，使我们注意参考Cooke（1960）、Williams（1951）和Sanders（1981）的研究。

［2］MMPI（明尼苏达多项人格测验）是一种在精神病诊断中广泛使用的人格测验。测验得到的13项分数制成的一幅曲线图就是一个人格剖面图。

［3］MMPI爱好者可能注意到，这种最小训练的使用，使得本科生表现出与最优秀的专家或者与最优秀的精确预测系统一样高的准确性。

第 23 章　致那些注定要研究过去的人：事后诸葛亮的启发式和偏差

费希荷夫（Baruch Fischhoff）

本森（Benson，1972）确认了 4 种研究过去的理
335 由：为了消遣；为了创造群体（或者国家）认同；为了展现人类可能性的极限；为了发展关于我们这个世界的系统的知识，这些知识将可能最终提高我们预测和控制的能力。在一个有意识的层面上，至少我们这些行为科学家将自身限定在最后一个动机上。在这一追求的过程中，我们进行个案研究、项目评估和文献评论。我们甚至进行实验以创造人为的历史，然后对其进行事后的剖析。

在我们回顾过去的过程中，似乎产生了三个基本的问题：(a）是否存在这样一些可资利用的模式，它们将使我们在将来变得更为明智？(b）是否有这样的愚蠢的实例，我们可借其确认并避免错误？(c）如果我们不研究过去，我们是否会真的重蹈覆辙而受人谴责？也就是说，通过回顾过去，我们真的可以学到什么东西吗？

无论我们提出的是什么问题，人们通常假定，过去乐于展现它所拥有的答案。在后知之明或事后诸葛亮（hindsight）和前瞻之见中，后者更显得是一种棘手的视角。人们可以解释和理解任何旧事逸闻，只要他付诸合理的努力。然而，预测，众所周知地要远为复杂。本章通过具体分析一些典型的探求过去的尝试来考察这一推定。也许最一般的结论是，当我们试图获取过去的秘密时，我们应该对过去更为敬重。过去非常轻易地给人以消遣、提升和扩充，但只有用心良苦地奉承，它才会给人启迪。

一、寻找智慧 336

尽管过去从不在细节上重复自己，但它通常被认为包含着重复的成分。人们做出同样的决定，面临同样的挑战，遭受同样的不幸，它们如此之多，以至行为科学家相信他们可从中发现反复出现的模式。这种信念，促使心理测量学家去研究第一流的临床医生的诊断秘密，去研究寻找反常行为之间的相关关系的临床医生，猎求价格上涨前兆的经纪人和寻思爆发革命条件的独裁者。他们的研究，往往有着与多元回归或多元相关类似的逻辑。一系列相关的个案被收集，每位成员都在多种维度上被予以特征化。最后对得到的矩阵进行周密彻底的研究，意图获取重要的相关关系来帮助我们预测未来……

正式的模型

比如说，《每日赛马通讯》（*Daily Racing Form*），给最早的预测赛马胜负的人提供大约100页的在一场比赛中的每匹赛马的信息。具有数据处理才能的人，可能会借助计算机的记忆，存入一定数量的通信的内容，试图得到一个在不同维度上的分数的加权总值作为预测速度的公式。比如：

$$\tilde{Y} = b_1x_1 + b_2x_2 + b_3x_3 \qquad (1)$$

这里 $\tilde{Y}$ 是我们对马的速度的最优估计，x_1 是在以前的比赛中的胜率，x_2 是赛手的胜率，x_3 是马在本场比赛中所要承受的重量。假定使用的是标准分值[1]，权重（b_i）表示的是不同要素的重要性。如果 $b_1 = 2b_2$，则既定的马的胜率的变化对速度预测的影响，是相同的赛手胜率变化的影响的两倍，这是因为过去的表现，已证明速度对 x_1 的敏感程度是 x_2 的两倍。

听起来简单，但前面有一千个陷阱。其中一个，就是预测量 x_i 之间是相关的这一情况，它在获胜的马能够吸引获胜的赛手（或与之相反）时，可能会（事实上确实会）发生。在这种多重共线性（multicollinearity）的情况下，每一变量对过去的表现，都有一定的独立解释能力，它们两者又具有一定的共同解释能力。当确定权重时，这一共同的解释能力，必须在两者之间进行分割。一般而言，这一分割，将使研究者无法对 b_i 的精确性做出明确的说明。因此，回归方程，无法被视为可以体现不同要素的重要性的赛马理论。

337 一个更为适度的理论目标，基于要素在多大程度上增加了我们对 y 的理解，来简单地确定哪个要素是重要的，哪个要素是不重要的。这里的逻辑，是逐步回归（stepwise regression）；只要额外的变量，能够某种程度地增加方程的总体预测（或解释）能力，它们就会被加入方程中。但即便是这样的最低要求的策略，也会遭遇多重共线性的纠缠。如果某一要素的诸多方面（比如饲养的不同方面）都被考虑，则它们的共同的解释能力，会被分割为非常小的部分，以至没有一个方面会成为“重大”的变量。

当然，只要公式足够帮助他们一定程度上战胜随机概率，上面这些微妙的差别，对预测马赛胜负的人就相对没有重要性。但是，我们这些科学家，希望从我们的技术中获得智慧的同时也获得效力。放弃对权重的解释，对我们来说是非常困难的。回归程序不仅仅表达了，而且以一种机械和重复的形式产生了理解（或者至少是结果）。这样，尽管它们存在局限，但科学家仍然对它们孜孜以求是不足为奇的。在对它们的追求中，其中资料保存最为完备的一种，是在对临床判断的研究中。临床判断的做出，可能是一位放射学家要将溃疡的 X 光分为“良性”和“恶性”的，或者是一位人事官员要从一组候选者中选出最佳人选，或者是急救中心的咨询员判断威胁要自杀的来电者中谁是比较严重的。在上面这些例子中，诊断涉及的，是在一组线索或者特征的基础上做出判断。在这些例子中，当判断是重复的，而且所有个案都可以用相同的线索予以描述刻画的时候，我们可能以统计的方式对判断者的决策进行模型建构（建模）。人们可以收集一组专家已经做出总结判断的个案（如良性的、严重的），然后得到回归方程，如方程（1），它的权重，将表现出判断者对每一要素所赋予的重要性。

20 多年的这种政策—主导的研究（policy-capturing studies），始终产生出这样一组令人不安的结论：（a）使用线索的加权总和的简单线性模型，在预测判断者的判断上是非常成功的，虽然说（b）判断者声称他们使用的是远远要复杂的策略（L. R. Goldberg，1968b，1970；Slovic & Lichtenstein，1971）。一种被普遍提及的复杂判断形式，被称为完型判断（configural judgment），其中，一种线索的诊断含义，取决于其他线索的含义（比如，“这种声音的音调，让我觉得‘不是自杀型的’，除非说电话是在早晨的前几个小时打进来的”）。

研究者在后续的研究中，找到了测量的和报告的判断程序有冲突的两个理由，它们每一个，都对“抓住”过去判断中的智慧的回归模型，有负面的含义。其中之一，已被人们日益认识到，即这类公式要求一个人所要储存的庞杂的信息，超过任何一个人的计算能力，除非他是白痴天才（idiot savant）。一位试图采用复杂策略的判断者，显然不能保持很好的一致性。事实上，当存在大量的线索或者在线索和被预测的变量之间存在特殊的关 338
系时，要学习和使用即便是非完形的、加权总和的判断程序，也是很困难的（Slovic，1974）。

第二个认识，源于对临床判断的研究，即简单的线性模型，是非常强大的预测手段（见本书第 28 章）。一个能够体现出人们做出判断时会在意什么变量的实质理论，可以完全满足想很好地预测他们行为的人的需要。如果有些迹象（sign）鼓励一种判断或诊断，而另一些迹象阻碍它，则只要简单地计算一下鼓励和阻碍的迹象的数目，就可以对个体的行为提供非常好的估计。然而，结果却是比那些华而不实的模型更为适度的理论（Fischhoff et al.，in press）。因此，虽然过去似乎就放在那儿等待着我们去理解，但标准的统计程序，并不总能告诉我们所想要知道的。如果使用不细心，它们可能会误导我们，让我们比起初更不明智。我们总是被诱惑着完全去信奉那些高度复杂的理论，却没有意识到，它们的能力是源于非常简单的隐含概念，而不是它们抓住了什么过去的精髓。

二、寻找蠢事

1. 关注失败

在历史事件中寻找智慧，需要一种信念——相信存在这样的反复出现的模式，它们等待我们去发现。而在历史人物的行为中寻找智慧的人，需要某种不同的信念——相信我们的先辈知道一些我们不知道的东西。第一个信念扎根于哲学，它有别于那些将历史学视为社会科学而不是对独一无二的事件进行的特例研究（ideographic study）。第二个信念是基于宽容和谦卑。它使那些希望站在先人的肩膀上而看得更远的人，有别于那些满足于眼下视野的人。诸如“那些不研究过去的人是会被诅咒而重复它的人”的格言，意味着有关我们先辈智慧的信念，相对较少。

积极寻找蠢事（folly），当然不是没有可取之处。不仅仅是那些没有做对事情的人，需要经常做出解释，而且此类解释，对从他们的经历中进行学习，也是至关紧要的。通过分析事情为什么会出错，我们希望在将来把它们办得更好。去寻求需要进行解释的不幸，是丝毫不难的。人们的眼球、记者和历史学家，都被混乱和无序吸引着。没有发生事故的驾驶或者是没有战争、压制或者地震的领土，对他们来说，都太平淡了。

339 尽管它有合理的目的，但关注失败，很可能会因为创造出厄运泛滥的扭曲的世界而误导我们。事件所觉知的可能性，部分取决于它们能被想象或者被回忆的容易程度（Tversky & Kahneman，1973，**11**）。因此，喋喋不休地探讨失败，将过分地强化他们所感知的失败在过去（可能还有将来）的发生频率。

它也很可能促成对我们先辈的功业进行有失均衡的评估。我们每个人身上的喜好搜集和传播丑闻的部分，总是被欺诈社会福利的故事或者对某一特定的环境危害的“过度管制”（例如，就业人员安全与健康管理委员会对工作场所的马桶座圈设置的声名狼藉的标准）吸引着。然而，我们却倾向于忘记，任何错误但凡不是十恶不赦的决策体系，都会产生这两类错误。在每一个囤积非法所得的欺诈者的身后，都伴随着一个、数个或者是一部分的被欺骗者，他们的权利，被同一不完备的体系所拒绝。事实上，这两种错误的比率，是以某种非直觉的方式联系在一起的，它取决于判断的准确度和可供使用的总资源，也就是说，合格的贫困人口的比例或者需要处理的危害的数量（Einhorn, 1978）。在我们气势汹汹地批判福利系统容忍欺诈者之前，我们必须考虑，如果给定职责的错误和遗漏的错误的比率，是否并没有太少的此类骇人听闻的故事。

总而言之，当我们孤立地去考察基于比例而得到的决策和判断时，我们很有可能会被误导。

2. 问题是什么？

我们还有这样一些情境，当较小情境下的错误放置在较大的情境中考虑时，人们将要换种目光对其评价。比如说，我们被告知，一旦存在不一致的证据，科学理论就应该接受灭亡的命运，而让别的科学理论从身上碾过去。因此，对那些不顾被“证伪”而依然坚持其理论的科学家的愚蠢行径，我们总是急于去谴责。然而，库恩论证道，这些局部的蠢事与寻求科学知识的更为全局的智慧是一致的。事实上，其他人（如 Feyerabend, 1975；Lakatos, 1970）已经高度评价了学科的自由放任在增进理解中的作用，并对严格恪守某一受人青睐的研究方法来获取智慧的可能性表示质疑。他们认为，顽固地拒绝去看相反的证据或者是摒弃显然被驳斥了的理论，对科学的发展通常都是必要的。

在平托车（Pinto）这个案例中，向福特汽车公司索取 1.25 万亿美元的金额，使得公司在燃料水槽的设计上节省几美元的决定，显得像件蠢事。但是，根据纯粹经济的计算，一笔有保证的节约——比如说是 1 000 万辆平托车的每一辆都节约 15 美元——这就使得即使面临几宗大的诉讼风险，也是更为合理的赌博。根据诉讼书（appeal），这宗广为人知的案子判决的金额下降到 600 万美元，因此按照严格的经济计算，福特公司是赚了钱的，尽管情况是越来越糟。福特公司的错误在于，考虑了一个 340
较大的情境（它可以节约费用的车辆的数目），而没有考虑另外的情境（这一决定的非经济的后果）。福特公司似乎没有考虑到它对福特作为有安全意识的汽车制造者的形象的负面公众影响，以及对使用了的平托车的价格的影响（尽管这一价格是由 Pinto 的所有者而不是生产者承担的）。

如果说责备（reprobation）是这一游戏的名字，则错误还是错误。但是，如果人们想要从他人的经历中学习到东西，判断出他们试图要解决的问题是很重要的。通过仔细的考察，许多明显的错误，被证明是对错误问题的巧妙解决方式。比如说，如果要对福特进行批判的话，福特必须对其战术上的聪明和战略上的愚蠢（或者是将组织的利益置于社会公益之上）感到负罪。

这一区分不仅仅对评估过去是重要的，而且对了解在将来应该采取什么样的正确措施也是重要的。通常来说，战术上的错误，相比策略上的误解，要更容易纠正。一旦我们合理地勾勒出一种情形，那里就会有一本"书"，它记录了在试误过程中累积起来的惯常性智慧，或至少是以最佳方式包含了我们掌握信息的公式（Hexter，1971）。比如说，棒球总教练可能会知道，在一场实力相当的比赛里，为了无人出局而第一垒有跑垒员的局面时，让击球员击出牺牲打，对比赛很有帮助；或者是根据所需的统计学计算出如何"跟着比率跑"。但是，如果真正要解决的问题是要维持士气（跑垒员在盗垒中有机会领先）或者是有利于球市的（球迷想看一些更丰富多彩的东西），这些指南是没有帮助的，或者是误导性的。对国际关系中的突然袭击的研究表明，被袭击的国家往往根据他们自己的一本"书"做了很好的准备，但他们搞错了竞技场（Ben Zvi，1976；Lanir，1978）。也就是说，他们阅读的是一本错误的书；他们阅读得越好，他们面临灭顶之灾就越快。

战略问题引起困难的一个原因是，人们必须对它予以分析性的"彻底思考"，而且是在没有累积经验的帮助之下。第二个制约是，在决策群体内或者说决策圈内，往往广泛共享着一些误解。一个人只有完成了"书"中的"问题集"后，人们才会在决策问题上向他咨询。为那些意图避免意外的组织反复提供的经验有：（a）设立几个独立的分析部门，这样可以对同一个问题提供多元的和独立的视角，或者是（b）指定一位成员，扮演"恶魔的倡导者"的角色，他提出一些不受人欢迎的观点（Janis，1972）。在实际生活中，因为共享的误解将使一个组的观点与另一组的观点类似，这只会造成冗余而不会带来多元视角，这样的话，第一种策略就会失败（Chan，1979）。第二种策略也可能失败，这是因为"倡导者"或者是迫于群体的压力，或者是把他们不受欢迎的观点看得太认真而被排斥出去——即使这些“极端”的观点，并没有严重挑战群体的先入之见。 341

没能对战术决策和战略决策进行区分，也会导致本不该有的智慧的幻觉。银行和保险公司通常被认为在决策过程中极端理性和老练。但仔细察看就会发现，这一声誉，主要来自高度重复的战术决策，在这些决策中，它们是不太可能会失误的。家庭信贷和人寿保险政策的制定，是建立在对大量试误经验中得到的统计表格进行的保守表述基础上的。那些闯入更具投机性的决策领地中——它们需要分析性的战略决策——的机构表明，它们并不比我们当中的其他人更聪明。在 20 世纪 60 年代对房地产（real estate）信托的不明智投资中，商业银行损失了大笔钱。在 20 世纪 70 年代中，它们所有决策中的微不足道的一部分，使美国经济与第三世界的一些只有半偿还能力的国家的未来连在了一起，它向这些国家提供了大笔贷款（超过 600 亿美元）（尽管这一联系有长期的人道价值，但这并不是银行必然要解决的问题）。保险公司对伤病保险经济中的变化做出的缓慢和错误的反应，以及处理许多非常规的风险中的近乎危险的、非分析性的做法，让我们这些人在和那些洋洋自得的机构进行比较时，不会感到太愚蠢。

3. 后知之明：往回考虑？

如果我们知道发生了什么，或者一个人以前一直要解决的问题是什么，我们就处于一个可以挖掘我们的后知之明来解释和评价他（她）的行为的位置。然而，通过仔细考察，知道事情的来龙去脉的优势，可能被吹捧过高了（Fischhoff, 1975）。在后知之明中，人们始终夸大了在前瞻之见中本该预料到的东西。他们不仅将已经发生的视为是不可避免的，他们也认为在这些事件发生之前，就已经显得“相对不可避免”了。人们相信，其他人本来应该比现实当中对事件有更好的预测。他们甚至记错了他们自己的预测，因而在后知之明中夸大了他们在前瞻之见中就知晓的东西（Fischhoff & Beyth, 1975）。

正如一位历史学家（Georges Florovsky, 1969）所描述的：

> 决定论的倾向，在回顾方法本身中就有所暗含。在回顾中，我们

似乎察觉出一种事件的逻辑，这一逻辑按照一种被声称具有内在必然性的可识别的模式，以规则的或者是线性的方式将这些事件一一展开。因此，我们得到这样一个印象，即它确实不可能以其他方式发生。(p. 369)

342 对这种将报告了的结果视为本来就是相对不可避免的倾向，一个合适的名字就是蠕动决定论（creeping determinism）；而与之相对的则是哲学决定论，其有意识的信念是，存在的就是合理的。

一个推定的倾向，就是遥控（telescope）历史进程的速率，夸大那些"不可避免"的变化累积的速度（Fischer，1970）。比如说，人们也许能够指出大庄园主消亡的历史时刻，但却没有意识到，他们是在250年中慢慢消失的。另一个倾向，是在回忆中将人们想得要更像现在的他们自己，而不是他们本来的面目（Yarrow et al.，1970）。第三个倾向，可以在一位历史学家（Barraclough，1972）对法西斯主义的意识形态根基的历史编纂法的批判中看到。从第三帝国往回看，人们可以将它的根源追溯到许多作者的著作中，而他们的著作是不可能谋划过法西斯主义的。第四个是揣测一个历史情境中的参与者会非常清楚地意识到它的历史重要性（《珍贵的日记，百年大战从今日始》，Fischer，1970）。第五个倾向，是判别性实验（critical experiment）的神话，它毫不含糊地解决了两种理论之间的矛盾，或者确立起其中一种理论的有效性。事实上，"判别性实验被视为关键，只是数十年后的事情。理论并不会放弃，因为一定的异常和偏差总是被允许的。的确，打败由天才的和富有想象力的科学家支撑的研究计划是非常困难的。"（Lakatos，1970，pp. 157-158）

在短期内，没能忽略自己对结果有了解这一点，将带来实质性的利益。让自己相信，或者让别人相信，我们知晓事情的一切发展——这是只有在对结果有了解的情况下才能达到的，也就是说，我们拥有如后知之明一般的前瞻之见，这是多么令人愉悦的事情啊。然而，在长期内，未察觉的蠕动决定论，将严重损害我们判断过去及从中学习的能力。

试想这样一些决策者，他们被事情的突发性转变弄了个措手不及，于是试图通过重新构造出他们在事件发生前的心智状态，来查明他们在哪里出错了。如果在回顾中，事件明显很可能发生，他们也别无他法，只能责备自己当初没有采取行动，而这种行动是他们的知识本来应该让他们去执行的。人们会说，他们给事件本身业已造成的伤害又添加了一笔屈辱。当一位带着后知之明的旁观者给出事后的忠告时，他们的不幸，就成为自身能力不济和愚蠢的代名词，甚至更糟。

在信息不完全和不能确定的情况下，偶尔的意外和相应的失败是不可避免的。去谴责在一个错误的体系中犯了错误的决策者，而矢口否认体系的错误并投身于改造这个体系的行动当中，这既是不公平的，也是自拆墙脚的举动。按照另一位历史学家（Wohlstetter，1962）的说法，美国在珍珠港袭击中吸取的教训应该是，我们必须“接受不确定性的事实，并学会在其中生存。因为没有什么魔力能够提供确定性，我们的计划必须不借助它也能实施”（p. 401）。

当我们试图理解过去的事件时，我们是在间接地检测那些我们用来表 343
达和预期周遭世界的假设或者规则。如果我们在后知之明中系统地低估了过去曾经和正在给我们带来的意外的话，我们是将这些假设置于非常弱的假设之下，也因而不会去改变它们。因此，恰恰是那些让我们觉得我们对过去已非常理解的有关结果的知识，阻碍着我们从过去中汲取营养。

避免这种偏差，需要对它的产生所涉及的心理过程有所了解。当我们获得有关结果的知识时，我们似乎很快将其纳入我们对事件已经有了的了解中，从而弄清它的意义。进行这一重新表述后，已被报告的结果，多少就显得是被重新表述的情形中不可避免的发展结果。这样，“弄清”我们被告知的过去的“含义”是如此自然，以致我们可能没有意识到结果的知识已经对我们产生了影响。即使我们知道它对我们产生了影响，我们也不知道这个影响具体是什么。在我们重新构建我们前瞻之见时的心智状态时，我们依然固着在后知之明的视角里，而把报告的结果看得非常可能发生。

因此，仅仅告诫人们后知之明的偏差的危害，是没有多大用处的（Fischhoff，1977b）。一个更为有效的办法，是迫使他对报告的结果的不可避免性提出质疑，也就是说，要让他相信，结果有可能以别的方式出现。

对你用来解释结果不可避免的理由的有效性提出质疑，这可能是个很好的起点（Koriat et al.，1980；Slovic & Fischhoff，1977）。由于即使这一非常规的步骤也不是完全充分的，所以我们需要进一步地从过去事件的原初形态中寻觅到它周遭中的不确定性。是否有信息的手抄本，在 12 月 7 日上午 7 点前到达珍珠港的指挥官手里？在你处理沃尔瑟姆工业这一股票前，是否有一本笔记本记载着你考虑了的股票？有没有日记记下了张伯伦在 1939 年对希特勒的印象？一个有趣的特例就是，在弗里曼（Douglas Freeman）撰写的有关李（Robert E. Lee）的权威性传记中，当他在写任何一个既定时期时，他都坚决不去了解随后发生的事情（Commager，1965）。虽然这是令人钦佩的，但这一策略，需要一些与人们对那些在 Appomattox 投降的人的普遍知识相关的天真的假设。

三、寻找一切

1. 为什么寻找？

对过去的研究秉承着这样的信念，即如果我们在其中寻找，我们就可
344 以发现一些可被表述的模式。大量研究表明，这一信念是根深蒂固的。人们似乎具有非凡的在哪怕是随机产生的数据中寻找到一些秩序或含义的能力。最为熟悉的一个例子就是赌徒谬误。我们总有这种感觉，当抛掷一枚均质硬币时，如果连续 4 次都是“头像”，则接下来的应该是“背面”（Lindman & Edwards，1961）。因此，在我们的脑海里，即使是随机的过程，也会受制于有序的内部特征。卡尼曼和特沃斯基（1972b，**3**）的研究已表明，6 个二元事件存在 32 种可能的序列，但只有 1 个真正看起来像是“随机”的。

尽管赌徒谬论通常是在引人入胜但却是琐碎的例子的语境中被引用，但在更为严肃地对历史事件的解释的尝试中也能发现。譬如，在非常巧妙地说明最高法院的空缺多多少少是以一种随机（按照泊松过程）的方式——在任何给定年内，至少有一个空缺的概率是 0.39——出现后，莫里森（Morrison，1977）声称：

> 从他在白宫中的第五个年头后不久，罗斯福总统就于1937年2月宣布了扩充最高法院的计划。同时，1937年也是他对最高法院首次做出任命的一年。他在1937年有这样一个机会是丝毫不奇怪的，因为他连续五年不任命一位或是多位法官的概率仅仅是0.08，或者说是1/12的机会。换句话说，当罗斯福决定通过增加额外的席位来改变最高法院时，在当年他能够以传统的方式任命一位或多位法官的几率已经是11比1了。(pp. 143-144)

然而，如果空缺确实是随机出现的话，则这一推导就是错误的。它假设制造空缺的概率过程是和抛掷硬币一样，是有记忆和公正意识的，它好像知道，进入罗斯福当政的第五个年头，它“欠了”FDR① 一个空缺席位。然而，在1937年1月1日，过去的四年已成为历史，而该年至少有一个空缺的概率还是0.39（Fischhoff，1978）。

费乐（Feller，1968）提供了下面一则逸闻，它的赌注更高：闪电战中的伦敦人，花了大量心血来破解德国人的轰炸模式，并发展出非常完备的关于德国人的轰炸目标（以及什么时候轰炸）的理论。然而，当伦敦被分割为相邻的地理区域小块时，每一区域的轰炸次数的频率分布，基本上是泊松分布的一个完美近似。凯茨（Kates，1962）也提到，自然灾害构成了另外一类重大事件，在这些事件中，（被威胁的）普通老百姓看到了秩序，而专家看到的则是随机性。

固守这样的信念的一个秘密在于，我们没有占有完全充分的记录来迫使我们自己直面不规则性。历史学家承认，缺少的证据有利于他们的解释，他们有诸如此类的评论：“维多利亚时代的历史将不再会有人写。我们对它了解得太多了。众所周知，无知是历史学家的第一需要——无知以至高的 345
艺术亦即无法企及的不动声色的完美方式，进行简化和疏清，拣选和删除。”（Strachey，1918，序言）

即使当记录是可被利用而且不可绕开时，我们也似乎有着对任何我们

① 罗斯福的英文缩写。——译者注

见到的东西进行解释或者是提供因果阐释的非凡能力。当事件是由具有直觉特征的概率过程产生的时候，随机变异，对我们来说甚至不是一个可能的假设。比如说，因为表现糟糕而受到惩罚的运动员倾向于在下一次表现时有所提高，这一事实正符合我们的奖励和惩罚的天真理论。这一唾手可得的解释，蒙蔽了我们的双眼，让我们没有看到，提高是由于向那些运动员的平均表现回归造成的这一可能性（Furby，1973；Kahneman & Tversky，1973，**4**）。

法玛（Fama，1965）强有力地论证说，对股票市场波动的最好理解是，它反映了一个随机游走（random walk）的过程。然而，随机游走相比于与之在形式上相关联的二元过程，有着更加非直觉的特征（Carlsson，1972）。因此，我们会发现，市场分析员对任何一个价格的变化都能给出解释，无论是有目的还是没目的的。有些解释，如图23—1给出的，是不一致的[2]；另外一些解释，似乎否认了任何随机组成部分的可能性，比如说，那个最后的可以胡说八道的要素——“技术性调整”。

我们给出的解释，其解释力的徒有其名，在与回归分析的类比中就可以表现出来。给定一组事件和足够大或者说足够丰富的可能的解释因素，你可以得到你想要的任何严格度（degree of tightness）的“马后炮”解释。按照回归的说法，通过扩大自变量的数目，我们总能找到与自变量有任何你想要的相关关系的这样一组预测指标（predictor）。你为过度拟合（overfitting）付出的代价，当然就是解释力的降低，你得到的规则，应用到新的个案样本上时将会失效。方法论中针对过度拟合而给出的不断的和有力的告诫表明，在相关关系上的矫枉过正，是非常难以对付的偏差，即便对受过广泛的专业训练的人士也是如此（参见Fischhoff & Slovic，1980）。

一个过度拟合的理论，就犹如一套被如此精确地裁剪的衣服，它只在某一个人以某一种特定的姿势站立时才合身，它不适合于其他任何人，甚至不适合于将来的这个人，乃至不适合于现在这个人，只要他的姿态发生一定的改变（比如说，他呼出了一口气，然后露出了大肚子）。一位历史学家在解释布尔什维克为什么会取得胜利时，构建了一个可以对现有的所有线索给出说明的滴水不漏的理论，但如果苏联公布出一些被封存的档案，

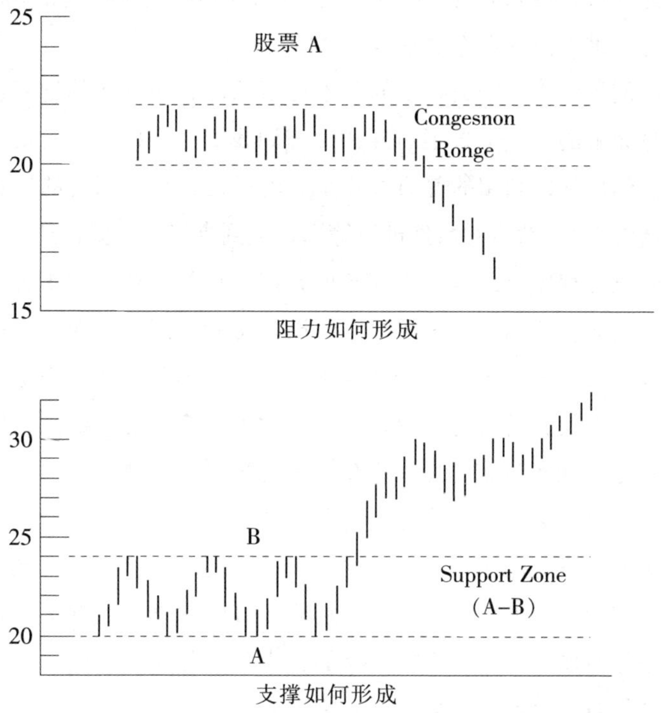

图 23—1　两例用于识别股市价格的变动前兆的线索：阻力的形成与支撑的形成

但是，有人或许会争论说，在它们各自的结尾处的巨幅变动之前，这两种模式基本是一样的，如此看来，这种波动模式既不能作出预测，也无法解释这些数据中的任何东西。

而且这些档案说明孟什维克相比于人们过去的想象是更为危险的敌对力量时，这位历史学家就处于一个非常沮丧的境地。投资分析员为过度拟合付出的代价是，在长时期内，他的预测能力并不会好于市场中的普通人（Dreman，1979）——尽管愤世嫉俗的人会说，他们实际上就是靠不断地产生希望（还有佣金）来吃饭的。[3] 346

过度拟合的产生是由于人们对偶尔的波动加以利用。如果计量是充分完备的，两个在某一变量上有差别的事件，也基本上会在任何其他变量上也有所差别。因此，人们可以在这两个变量之间计算出非零（在这个情况中将是完美的）的相关系数，从而获得一个“有趣的”实质理论。由我们给出的可能的解释概念而构成的 n 维空间中，在其中进行任意的 m 次观察，这一过程与二维事件的操作过程是一样的。

在这些例子中，数据是固定的和不可否认的，而可能的解释组成的集合却相对是无限的；一个人不断寻找，直到找到一个恰好中意的解释。另外一种对偶然性加以利用的普遍方式是，解释的集合是固定的（通常集中
347 在一个候选者上），然后对数据进行筛选，直到支持的证据找到为止。虽然这种比较明显的程序形式是广为人知的，但其他的一些形式更为微妙甚至有些隐晦。比如说，你做一个实验，但没有得到预想的结果。你在思考过程中，注意到在实验程序的一个部分中，你没有消除操作变量的影响。你纠正过来了；但是还是没有结果，只是又发现一个问题。最后，你（或者你的被试）把它纠正过来，然后得到了预想的效应。现在，对第 n 次的样本（它的结果是显著的）或者是所有的样本进行统计检验是合理的吗？如果你第一次就正确地操作了实验，这些问题可能就不会产生。或者是这样一种情况，作为一名毒物学者，你“确信”接触化学物 X 对人的健康是有害的，于是你对加工含该物质的作物的工人和不加工该作物的工人患膀胱癌的情况进行对比，但没有结果。于是你又尝试了肠癌、肺气肿和晕眩等，最后终于发现在皮肤癌上存在显著的差异。这一差异是有意义的吗？当然，检验这些解释或者理论是通过在新的样本上进行复制实验。但不幸的是，这一步骤很少被采用，而且由于技术和伦理的因素经常是不可能的（Turkey，1977）。

甚至在理论固定、数据也固定的情况下，相关的困扰也会产生。有学者（Diaconis, 1978）发现，在超感知觉（ESP）的结果中，对惊奇的分量进行估量，是很难的事情，即便是在适度控制的情境中获得的少有的个案中，因为被寻找的事件的定义始终在变化。“神学士成功的一个关键要素在于，他事先不给出明确的将被视为惊奇的结果。与某一些结果相符合的几率要显著地小于任何事先明确指出的特定的一种结果的几率。”（p. 132）[4]

有学者（Tufte & Sun，1975）发现，是否存在领导者选区（bellwether precincts）取决于定义该事件所允许的创造性和灵活性（是什么政府？在什么选举中？怎样好才算好？始终被遗漏的选区包括进去了吗?）。它们通

常被认为是存在的，这是因为我们有一种不同寻常的能力，可以在哪怕是彻底的噪声（noise）中发现信号（signal）。

2. 我们寻找够了吗？

考虑到我们几乎确信能够在研究过去当中发现一些可被表述的东西，我们接下来的问题就是，“我们理解它了吗？”我们前面描述的后知之明的研究表明，我们不仅很快地去发现秩序，而且倾向于认为，我们始终都以某种方式了解它，或者说，如果我们被及时地询问，我们能够预测结果。事实上，轻易地低估我们被告知的东西中的信息量，使下面这个问题有点令人惊讶，即我们是否向过去或者其他渠道询问许多问题。这一倾向因为 348
下面的一些倾向而愈趋严重：（a）没有意识到我们了解的或者是被告知的有多么少，这让我们不知道在寻找奇怪的答案时该问什么问题（Fischhoff et al.，1977，1978）；（b）要从哪怕是少量的不可靠的数据中获取影响深远的结论（Kahneman & Tversky，1973，**4**；Tversky & Kahneman，1971，**2**）。

浅尝辄止的品性，也受到将历史写成好故事的规范的怂恿，它要求对所有相关的细节都予以清楚地解释，将事件在结局之前把围绕它的所有不确定性，以及作者感到的任何混乱，都统统埋掉（Gallie，1964；Nowell-Smith，1970）。这些策略当中的一个秘密，如坦尼（Tawney，1961）所揭露的那样：“历史学家为某一存在着的秩序披上不可避免的面纱，其做法是把已经取得胜利的力量放置在显著的位置上，而把耗尽了的力量置于后台。”[5]（p. 177）

尽管在直觉上这是非常吸引人的目标，但构建连贯的叙事，将把读者置于一些有趣的偏差悬崖边。一个完成了的叙事，是由一系列的某种各自独立的连接组成的，其中每一个都是被很好地构筑了的。叙事的真实性取决于这些连接的真实性。一般而言，连接越多，每个连接中的细节就越多，故事作为一个整体的真实可能性就越小。然而，斯洛维奇等人（Slovic et al.，1976）发现，对事件的描述添加细节，显著地强化了主题的一致性，从而会增加该事件被感知的发生可能性。而巴-希勒尔（Bar-Hillel，1973）则发现，人们一贯地夸大了一系列事件组合的发生可能性。比如说，她的被试要在两种情形中做出选择，一种情形是7个独立的事件且每个事件的发生概率均为0.90，如果该事件发生，被试将获得奖品；另一情形是一枚均质硬币抛掷出“头像”时，被试将获得同样的奖品，她的被试普遍选择前者。组合事件的概率小于0.50，而单一事件的概率是0.50。换句话说，不确定性似乎是以一种过慢的速度积累着。

如果序列包括的是一个少量的弱的或者是不太可能的连接时，那将会发生什么呢？最弱的连接的概率，为整个叙事的概率设定了一个上限。然而，连贯性的判断，则是具补偿性的，它让强连接的连贯性“平滑掉”弱连接的不连贯性。这一效应被律师加以利用，他们在总结陈词的开始一段时间内，就把弱连接掩盖下去，而以一阵令人信服、难以辩驳的论证结束。

有人（Coles, 1973）提供了一个令人异常兴奋的例子，其中，故事的
349 整体连贯性，掩盖了他的连接的不可能性：这就是弗洛伊德在心理历史学上最为认真的一次尝试，是他写的达·芬奇的传记。在几年的时间内，弗洛伊德都在寻找理解达·芬奇的秘密，后者的童年和青年时期几乎是无人知晓的。后来，他发现达·芬奇的一个参照，它是关于达·芬奇在摇篮时一只秃鹫碰到他的嘴唇这一反复出现的回忆。弗洛伊德注意到在埃及象形文字中“秃鹫”和“母亲”相等及附属的一些证据，然后他开始发展出一套令人叹为观止的连贯的对达·芬奇的分析。然而，当编辑在整理弗洛伊德的著作的定稿时，他发现弗洛伊德使用的达·芬奇文选的德文翻译本（原文是意大利文）有一个错误，是风筝而不是秃鹫碰到了他的嘴唇。尽管弗洛伊德的分析的关键被破坏了，但这位编辑认为留下的大厦足够牢固而可以独自挺立。正如有学者（Hexter, 1971）观察到的，“书写好的历史是比较罕见的，这部分是由于书写坏的历史是非常简单的。”（p. 59）

四、结论

除了知道理解过去比我们通常认为的要更为艰深这一事实之外，在对过去的研究中，我们还能学到什么呢？

1. 厚今说（presentism）

不可避免地，我们都是我们现在的个人视角的俘虏。我们知道生活在

过去的人们所不知道的东西。我们使用的分析类别（如封建主义、百年大战）只有在回顾中才有意义（E. A. R. Brown，1974）。当我们对过去进行解释时，我们会去证明自己的观点，而过去从来就不是充分明晰，以至可以避免我们自己的意识形态视角的入侵（Degler，1976）。历史学家确实是"在每一代的死者身上把玩着新的把戏"（Becker，1935）。

我们还没有已被验证有效的针对厚今说的解药。在对过去进行事后揣测中如何避免后知之明的偏差的讨论中，我们可以得到一些局部的药方。其他的一些药方，几乎在任何致力于培养历史学家的文本中都可以找到。最为普遍的几点可能是下面这些：（a）尽可能地了解我们自己和现在；"最了解他自己处境的历史学家，也是最能超越这一情境的历史学家"（Benedetto Croce，引自 Carr，1961，p. 44）；（b）对我们的先辈尽量要仁慈；"历史学家不是法官，更不是一位判决死刑的法官"（Knowles，引自 Marwick，1970，p. 101）。

2. 方法决定论（methodism）

除了我们自己的时代所设下的不可逃离的牢笼外，我们也自愿地戴上眼罩，严格遵从着单一的科学方法，从而进一步束缚了我们的视角。即便这种科学方法的使用是非常明智的，但也没有任何一种方法足够解决我们 350
关于过去的诸多问题。每一种方法都告诉了我们一些东西，但也在某种程度上误导了我们。当我们不知道如何得到一个问题的正确答案时，另一种认识论就是亟须的：尽可能使用广泛的技术或者视角，每一种视角都能让我们避免某类错误。这意味着一种学科间的合作和互相尊重，它不同于大多数混合两种方法的尝试中所碰到的情形。搭配或者搭配不当，如心理历史学，往往是那些对他们所选定的领地中的陷阱不敏感的倡导者所尝试的（Fischhoff，in press-b）。有学者（Hexter，1971）将进行此类冒险的历史学家描述为"自命不凡地跳上即将沉没的船只上的老鼠"。

3. 学习

回到本森（1972）所说的，如果我们想让过去服务于未来，我们就不能孤立地看待它。我们用来解释过去的规则，必须也是我们用来预测未来的规则。在积累我们的经验的时候，我们必须仔细留意所有与我们的假设相关的检验。这种措施，第一是要收集所有将被系统地予以统计分析的记录。第二是要铭记在我们自己的决定之前的深思熟虑，要意识到现在很快就会变成过去，而保存良好的记录，将是后知之明的偏差的最好解药。第三，做出的预测必须是可以被评估的。从三里岛核事故中，我们吸取的一个令人不安的教训是，我们尚未完全清楚，这一表面上可被诊断的事件，让我们知道了多少核反应堆安全的研究——它试图评估核能的风险——的有效性［美国核监察委员会（U. S. Nuclear Regulatory Commission），1975］。第四，我们对自己感觉到的信心的合理性要有更好的认识，因为对现有知识的信心控制着我们对新信息和表述的寻求（Fischhoff et al.，1977）。因此，我们要规划我们的生活来促进学习。

4. 含糊性

最后，我们提出的许多问题可能是没有答案的。有些问题本身，就是被错误地构造出的。其他的问题，用现有的或者可能的工具是无法解答的。虽然我们都想尽可能地了解“职业人士是怎么处理的”，但现实地说，没有一种统计方法可以以理想的准确度对专家的判断方式进行模型化。我们的理论，通常是“如此的复杂，以致没有哪个单一的数量工作（quantitative work）可以检验它的有效性”（O'Leary et al.，1974，p. 228）。当我们想在一个变量上对小组进行比较，而它们在其他变量上也各不一样时，我们没有在逻辑上合理的程序让它们在那个讨厌的变量上相等（Meehl，
351 1970）。当我们对一组固定的数据尝试了诸多的可能的解释后，我们没有牢靠的方法去了解我们用了多少自由度，我们在多大程度上利用了偶然性（Campbell，1975）。当我们使用多种方法时，它们所产生的知识从来都无法很好地融合在一起。最后，我们也许要采纳 Trevelyan 的哲学观点：“对历史的数次不完美的阅读，总胜过于从不阅读。”（引自 Marwick，1970，p. 57）

本章是《致那些为避免重蹈覆辙而研究过去的人：对历史性判断的反思》一文的改编，原文出自 R. A. Shweder 和 D. W. Fiske 主编的《行为科学方法论的新方向：行为研究中的错误判断》（New Directions for Methodology of Behavioral Science: Fallible Judgment in Behavioral Research. San Francisco: Jossey-Bass, 1980)。允许重印。

注释

［1］为使某一特定的变量的分数标准化，我们可以从每一分数中减去所有分数的均值，然后除以标准差。得到的结果是一组均值为 0、标准差为 1 的分数。

［2］我最感兴趣的一个反差是，当市场在一个利好经济消息之后上涨时，它被说成是对该消息做出的反应；如果市场下跌了，又可以说好消息的影响已大打折扣来对此做出解释。

［3］一位朋友曾经在当地的一位经纪人那里参加了一门如何阅读图表的课程。每一节都会讲授 10～12 个新的线索。当课程结束时，讲完 5 节和 57 个线索，讲授者还远远没有传授完他的东西。

［4］Diaconis 继续说："使分析更为复杂的是，通常同时进行着数个这样的定义不完备的实验，它们之间相互作用。年轻的表演者首先让他的观众变得兴奋起来。他频繁的完全错误的猜测带来的只是同情，而不是怀疑；而且对大多数观看者来说，他们似乎只会去确证神学士具有不同寻常的能力的真实性。"

［5］这种策略，主观地强化了等级秩序的力量和稳定性，而降低了那些改变秩序的外观上的能力（apparent capacity），这既会影响精神也会影响心智（Markovic, 1970）。

第七部分

多阶段评估

第 24 章　序列选择中复合概率的估计

科恩等（John Cohen，E. I. Chesnick，and D. Haran）

经常发生这样的情境，其中包括几个或多或少相互独立的阶段，而一个成功的结果（outcome），依赖于在每一个阶段都能够独立地做出一个正确的选择。一个例子是在旅途的各个阶段选择交通方式。类似的困境，出现在职业、管理、政治和军事生活中，也通常出现在通信网络中。几次选择的时间顺序，并不总是一个关键的因素。并且，由于从一个阶段到另一个阶段，正确选择的概率可能会发生变化，那么情境作为一个整体，可能具有一种随机性质（a stochastic character）。 355

我们将描述一个实验，它模拟了这种情境的一般类型，显然，对于一个成功的结果，它需要对概率作乘法运算。关于在一个 $m \times n$ 的队列中，或者一个划分为同心区域的显示屏上定位的偏好研究指出，在主观上，队列或者同心区域中的单元（cells）与目标所在的位置并不是等概率的（Cohen et al.，1969）。似乎，被试并不是随机地猜测未知的目标位置，相反，他们寻找策略的特点，是“推测”实验者藏匿目标的地方，或者在他们期望目标会出现的地方寻找目标。其他的实验（Cohen & Hansel，1958）暗示，当面对涉及复合概率（compound probability）的情境时，许多人倾向于把不同阶段的概率相加，而不是相乘。

相应地，我们可以预测，对于一个 $m \times n$ 的队列，其中 m 行的每一行中有一个未知的目标，那么，被试会夸大他自己正确猜测出全部目标的概率，如果按照目标定位的复合概率 n^{-m} 来判定。我们的实验设计，就是为了检验这一预测，并且阐释这种情境将产生的现象。

356 实验的装置是一块板子，上面设置了 m 行，每一行有 n 个小盒子，m 和 n 各自取值2、3、4、5和8。所有的小盒子都是空的，除了每一行中有一个小盒子盛有一张票之外。因此，独立阶段的数目是从2到8，相应地，在每一阶段正确猜测出的概率是从 2^{-1} 到 2^{-3}。

被试是50名14岁~15岁的中学男生，他们的智力可以假定为至少与成年人的平均水平相当。告知被试，为了获得奖品，他必须猜出每一行中票的正确位置，每一行只允许猜测一次。他的任务，等同于从一组彩票中抽一次而中奖的机会。

一共有14种抽奖方式。其中10种抽奖方式中，每一种包括100张彩票（tickets），根据特定的抽奖方式中含有的获奖彩票的数目，抽中一张获奖彩票的概率分别为0.01、0.1、0.2、0.3、…、0.9。剩下的4种抽奖方式分别包括500、1 000、5 000和10 000张彩票，抽中一张获奖彩票的概率分别为0.002、0.001、0.000 2和0.000 1。

行数和小盒子数的取值范围容许25种不同的情境。利用随机化的拉丁方阵，50名被试每人被随机地指派其中的5种情境，这样，10名被试可以判断全部的 $m \times n$ 种情境。

定位目标实际所需要的信息量是 $m\log_2 n$ 比特（bits），其中 m 是行的数目，行，我们现在称之为“阶段”；而 n 是小盒子的数目，我们称之为“选项”（alternatives）。对于被试选择的抽奖方式，我们把抽中一张获奖彩票的概率，看作是对被试获奖的心理学概率（psychological probability）Ψ

的一个间接估计。

表24—1给出的结果表明，如复合概率p所判定的，所有的Ψ值都被高估了，因而证实了我们的预测。表24—2中Ψ对p的比率指出了高估的量值（magnitude of overestimate），它表明，一种忽略阶段的数目而重视每一阶段的选项数目的明显倾向，干扰了实事求是的估计。方差分析显示，与剩余方差相比，阶段间和选项间的方差，都很显著（$p<0.01$）。 357

表24—1　　基于抽奖方式选择的心理概率（Ψ）

每一阶段中	队列中阶段的数目					
选项的数目	2	3	4	5	8	*M*
2	0.45	0.51	0.36	0.38	0.37	0.41
3	0.41	0.21	0.21	0.21	0.17	0.24
4	0.31	0.23	0.21	0.12	0.11	0.19
5	0.30	0.22	0.17	0.18	0.08	0.19
8	0.07	0.16	0.11	0.13	0.05	0.11
M	0.31	0.27	0.21	0.20	0.16	

注：表中数字代表10次观察的平均值。

表24—2　　心理概率与复合概率的比率Ψ/p

每一阶段选	队列中阶段的数目				
项的数目	2	3	4	5	8
2	1.8	4.0	5.7	12.2	95.0
3	3.8	5.9	17.8	53.2	10^3
4	4.9	14.8	54.0	118.0	7×10^3
5	7.5	27.8	106.0	563.0	3×10^4
8	4.3	82.4	465.0	4×10^3	9×10^5

如果我们以相对高估的值的对数$\log_{10}\Psi/p$为纵轴，以定位目标所需要的信息量$m\log_2 n$（以“比特”计）为横轴作图，如图24—1，那么这种差分效应（differential effect）就会变得明显。关系是线性的，由下面的方程给出：

$$\log_{10}\Psi/p=0.26m\log_2 n-0.31 \tag{1}$$

方程可以改写为：

$$\Psi/p=e^{(0.86m\log_e n-0.72)} \tag{2}$$

根据方程我们得到，如果我们使阶段的数目为常数，那么Ψ/p与每一

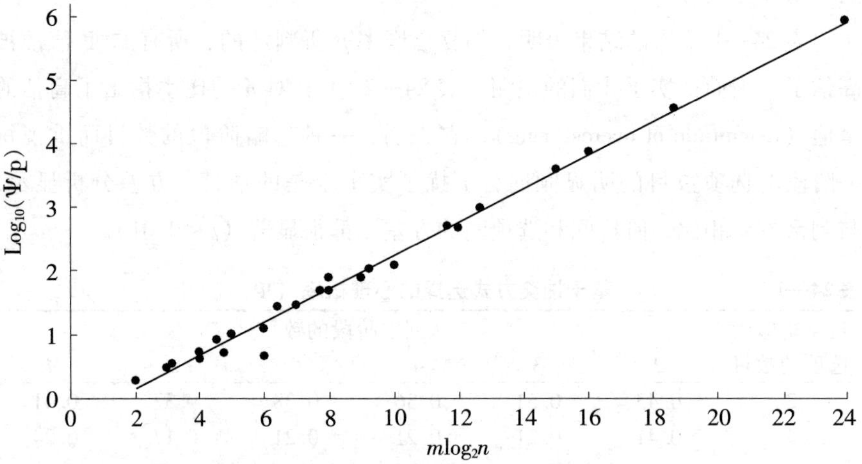

图 24—1　纵轴为相对高估值的对数［$\log_{10}$（Ψ/p）］，横轴为信息的数目（$m\log_2 n$）

p = 复合概率；m = 阶段数；n = 选项数。

个阶段选项的数目的乘方成正比，而如果我们使选项的数目为常数，那么 Ψ/p 随阶段的数目成指数变化。

给定 m 和 n，我们可以预测 Ψ 的均值，因为

$$p = n^{-m} \tag{3}$$

把 m 个阶段中各个阶段正确猜测出的概率相乘就得到了复合概率 p，每一阶段正确猜测出的概率都等于 $1/n$。

因此，从（2）

$$\Psi = e^{-0.72} n^{-0.14m}$$

$$(e^{-0.72} = 0.49) \tag{4}$$

因此，总的来说，对 Ψ/p 的相对高估，是由于对倍乘系数（multiplicative factor）m——阶段的数目——的主观弱化（subjective attenuation）。在我们的实验条件下，这种弱化是阶段数目的 6/7。这使得我们推断，复合概率中的倍乘元素，绝不是“原始的”或者直觉的，这可以帮助解释人们在统计学的学习中所遇到的特殊困难。

358 我们的解释，得到了类似实验的支持，这些实验使用的被试年龄有的 9 岁多，有的 10 岁多。实验中，除了对 Ψ 的相对估计严重偏高之外，没有

发现任何伴随 m 和 n 的值变化的趋势，这也证明倍乘元素不是原始的。

我们使用的方法涉及对 Ψ 的间接估计。通过要求被试在不同类型的队列中间进行选择，能够得到更加直接的估计。但是，那时，选择的效用可能成为一个重要的因素。

这个实验阐明了在各种多阶段选择情境中的一种明显倾向，决策者错误地判断了他自己成功的可能性，因此采取了一种不合适的策略，对此他以后会感到后悔。

在这方面，值得注意的历史事实是，尽管可能性的观念引起了古希腊最敏锐的思想家的极大兴趣，尤其是在斯多噶学派的哲学中，但他们从来没有掌握过组合分析的方法（combinatorial analysis），这种方法的发展必须要等到 16 世纪。很明显，亚里士多德自己对于可能性的概念只有很少的兴趣。无论他以及其他人可能了解多少主体的直觉，长期确立的思考习惯还是淹没了它。

这个实验所揭示的相对高估复合概率的现象，可能是决策与选择领域内一个相当普遍的现象。如果是这样，那么值得特别指明。我们建议把它命名为“心理概率的惯性效应”（inertial Ψ effect）。

本章发表于《自然》（*Nature*，1971，32，414-416）。允许重印。

第 25 章　人类信息处理中的保守主义

爱德华兹（Ward Edwards）

359 大量研究表明，对于不准确的信息（fallible information），人类是一个保守的处理者。这些实验比较了人类行为和贝叶斯定理的结果。贝叶斯定理是关于如何根据新信息修正意见（也就是说，概率）的形式上最优的规则（the formally optimal rule）。结果表明，意见的变化非常有规律，通常与贝叶斯定理计算出的数值成比例。但是这并不够。一种方便的、基本接近于资料的估计指出，为了使被试改变意见，一般需要 2 至 5 个观察资料来完成只需一个观察资料的工作。许多实验致力于解释这种现象。它们表明，保守性现象的一个主要原因——可能这个原因就是主要的——在于人类整合资料的能力不足（misaggregation of the data）。也就是说，人们准确地感知（perceive）每一条资料，充分意识到（aware of）每一条资料的判断意义，但是，在修正他们的意见时，人们却不能把每一条资料的判断意义和其他资料的判断意义有效地结合起来……

概率量化了不确定性。根据和我们一样的贝叶斯学者（Bayesians）的观点，概率仅仅是0至1之间的一个数字，它代表关于某个陈述，一个某种程度上理想化的人（a somewhat idealized person）相信其为真的程度。之所以说某种程度上是理想化的，原因在于，他关于两个互斥事件的概率的和，必须等于他关于其中任一事件发生的概率。概率的这种叠加性质（additivity property），对于逻辑推论的要求如此严格，以至于现实中几乎没有人能够完全遵守它的所有推论。由于这种概率主要是描述持有意见的人，而非意见所指向的事件，所以被称为个人概率（personal probability）。

贝叶斯定理，是这种叠加性质的一个一般推论，为所有的概率学者认可，不会引起争议，无论是贝叶斯学者还是其他概率学者。它的一种文字表达方式如下。如果 $P(H_A \mid D)$ 是资料 D 被观察到之后假设 A 的后验概 360
率，$P(H_A)$ 是资料 D 被观察到之前假设 A 的先验概率，如果假设 A 为真，资料 D 被观察到的概率是 $P(D \mid H_A)$，$P(D)$ 是资料 D 的非条件概率，那么，

$$P(H_A \mid D) = \frac{P(D \mid H_A)\,P(H_A)}{P(D)} \tag{1}$$

$P(D)$ 最好被看作是一个标准化的常量（Normalizing constant），用来使所有假设的后验概率相加为1，这些互斥的假设穷尽了一切可能性。如果必须计算，可以依据下面的公式：

$$P(D) = \sum_i P(D \mid H_i)\,P(H_i)$$

但是更经常的是消去而不是计算 $P(D)$。一种简便的方法是把贝叶斯定理转换成几率可能性比率的形式（odds-likelihood ratio form）。考虑另一个假设 H_B，它与假设 A 互斥，根据使你改变你关于假设 A 的意见的相同资料，修正你关于假设 B 的意见。贝叶斯定理表示为：

$$P(H_B \mid D) = \frac{P(D \mid H_B)\,P(H_B)}{P(D)} \tag{2}$$

现在，用方程2去除方程1；结果是：

$$\frac{P(H_A \mid D)}{P(H_B \mid D)} = \frac{P(D \mid H_A)}{P(D \mid H_B)} \cdot \frac{P(H_A)}{P(H_B)}$$

或者 $\Omega_1 = L \cdot \Omega_0$ (3)

其中，Ω_1 表示支持假设 A 而非假设 B 的后验几率，Ω_0 是先验几率，而 L 是一个为统计学者所熟悉的量——可能性比率。方程 3 和方程 1 一样，是贝叶斯定理的一种合适的表达方式，并且方程 3 经常是更有效的，尤其是对于包含两个假设的实验。贝叶斯统计学者认为，贝叶斯定理，是关于如何根据证据修正意见的形式上最优的规则。而根据证据修正意见，恰恰是统计推论的一个组成部分，因此，统计推论，就应该以贝叶斯定理为基础构造。由此，许多方面与经典的统计学实践发生分歧。就实验心理学家而言，一个基本的阐述可以参见爱德华兹等（1963）。但是，我们不是统计学家，今天，无论如何，我们中没有谁愿意去戴统计学家这顶高帽。相反，
361 作为心理学家，我们感兴趣的是比较贝叶斯定理所确定的理想行为和事实上的人类行为。

为了使你了解下面的内容，让我们以你为被试做一个实验。有一个书包，里面有 1 000 张扑克牌。我以两个这样的书包开始，一个书包有 700 张红色和 300 张蓝色扑克牌，另一个书包有 300 张红色和 700 张蓝色扑克牌。我抛掷一枚均匀的硬币来决定使用哪一个书包。因此，如果你的意见和我一样，那么这时，你认为是红色牌居多的书包的概率是 0.5。现在，你有放回地随机抽样。12 次抽样，你得到 8 张红色牌和 4 张蓝色牌。现在，根据你所知道的一切，这个书包是红色牌居多的书包的概率是多少？很明显，概率大于 0.5。但是，请不要继续阅读下去，直到你给出你的估计值。

如果你是一个典型被试（typical subject），那么，你的估计值会落在 0.7 至 0.8 的范围内——尽管在前面的段落中，我们反复陈述人类是保守的信息处理者，这可能会影响你的回答，使答案偏高。然而，如果我们进行适当的计算，答案将是 0.97。事实上，如果不是先前接触了保守性现象这一研究发现，那么人们几乎不可能给出如此之高的估计，即使他相当熟悉贝叶斯定理。

大约在 1960 年，海斯（William L. Hays）、一位名叫菲利普斯（Lawrence D. Phillips）的研究生和我，对发现人类行为和贝叶斯定理确定的行为之间的不一致很感兴趣。我们并没有想到前面的段落所描述的简单例子；

相反，我们确信，为了得到非贝叶斯似的行为（non-Bayesian behavior），我们需要使用一种相当复杂的情境。因此，我们使用了一种假想的计算机化雷达系统。有 12 种可能的观察，4 种可能的假设，因此被试必须理解和使用一个包括 48 种不同的 P（D | H）值的展示（display）。被试在两种条件下工作。在一种条件下，被试看到一个单个的刺激，出现在雷达显示屏某个部分的一个光点；然后根据这个资料，调节 4 个控制杆直到他认为的后验概率估计值水平，如此被试修正自己关于 4 个假设的先验概率，然后再把控制杆重置为零状态，等待下一个刺激出现。第二个刺激由原来的光点和一个新的光点组成，被试调节他的控制杆来报告两个光点的累积影响。如此，直至累积到 15 个光点。在第二种条件下，刺激被打乱，因此实际上，每一个新的刺激，被试都要重新开始。令实验者吃惊的是，实验证实了贝叶斯定理的预测：实验条件的差异，并不会对行为产生影响。此外，还有一种实验条件，在这种条件下，每一个新的光点都是单独展示的。但是，从一个刺激转到下一个刺激时，允许被试保留他们的估计，而不是在每一次估计之后使控制杆重置为零。再一次，实验条件的变化对行为影响很小。

菲利普斯—海斯—爱德华兹（Phillips-Hays-Edwards）实验，可以确定 362
的发现有三个。首先，被试极度保守；其次，面对第一个光点时，被试最不保守，光点越多，被试变得越保守；最后，在概率估计的值不受限制时，被试的概率估计之和通常大于 1，并且当被试逐步通过按规则顺序出现的相继刺激时，总和也随之增加。显然，被试发现，确定一个刺激支持哪一种假设，因此增加该假设的概率，要比决定为了增加受支持的假设的概率，应该削减那些假设的概率更加容易。

我们拖延了很久才发表最初这个关于保守性现象的实验。尽管到 1962 年就已经完成了资料，然而，菲利普斯—海斯—爱德华兹的这篇论文，直到 1966 年才出版（Phillips et al.，1966）。

研究所发现的保守性现象的强度和一致性使我们震惊。看来，试验更加简单的任务，是合适的。因此，菲利普斯和我进行了一次正式研究前的预先测试或前测，性质上类似于前面你所接受的书包和扑克牌的例子，尽管信心不足。让我们吃惊的是，实验非常成功。目前，大多数的比较人类行为和贝叶斯定理的研究，都能够追溯到这个前测以及随后的实验。

如果书包中红色牌的比例是 p，那么，在 n 次抽样中，得到特定顺序的 r 张红色牌和（$n-r$）张蓝色牌的概率是 $p^r(1-p)^{n-r}$。因此，在一个典型的书包和扑克牌实验中，如果假设 H_A 代表红色牌的比例为 p_A，假设 H_B 代表红色牌的比例为 p_B，那么可能性比率就是

$$L=\frac{p_A^r\,(1-p_A)^{n-r}}{p_B^r\,(1-p_B)^{n-r}} \tag{4}$$

注意：虽然方程 4 的推导，考虑了抽样过程中红色和蓝色牌的实际顺序，然而，对于任何顺序的 r 张红色和（$n-r$）张蓝色牌，我们同样能够推导出方程 4。二项系数（the binominal coefficient）代表在 n 次抽样中得到 r 张红色牌的不同方法的数目，它在分子和分母中都出现了，因此可以从可能性比率中约去。方程 4 是贝叶斯统计学可能性原理的一个例证（见 Edwards et al., 1963），实际上，它表明，一个贝叶斯统计学者仅仅需要考虑他实际所做的观察的概率，而不用考虑其他他可能做但没有做的观察的概率。这一原理对贝叶斯定理的所有统计的和非统计的应用具有决定性的影响；它是贝叶斯思想中最重要的技术工具。

在 $p_A=1-p_B$（对称二项式情况）这种特殊情况中，可能性比率简化为

$$L=\left(\frac{p_A}{1-p_A}\right)^{2r-n} \tag{5}$$

注意：$2r-n=r-(n-r)$ 是抽样中红色牌和蓝色牌数量的差数；在这种对称情况中，仅仅是差异而非观察的总数，才与推理有关。统计学传
363 统上用成功数减去失败数或者 $s-f$ 表示这个差数；$s-f$ 是书包和扑克牌实验中的常规（usual）自变量。为了理解常规因变量的逻辑根据，我们把方程 5 代入到方程 3 中，然后取对数，整理各项，结果是：

$$\log L=(2r-n)\log\frac{p_A}{1-p_A}=\log\Omega_1-\log\Omega_0$$

用后验几率的对数减去先验几率的对数，能够推断出对数可能性比率。如果被试完全按照贝叶斯定理思维思考，那么对数可能性比率应该与自变量 $s-f$ 成比例。因此，以被试的推断对数可能性比例为纵轴，$s-f$ 为横轴作图是合适的，被试的推断对数可能性比例可以根据他的后验几率（反过

来，如果被试估计的是概率，可以根据后验概率计算出后验几率）计算得到。

在密歇根实验室进行的大多数书包和扑克牌实验使用的，是一种由 48 个编号的位置组成的显示屏，每一个位置包括一个按钮、一束红光、一束绿光。当某个位置的按钮被按下时，一种光束出现并持续。被试被告知这等同于从书包中有放回地抽出一张相应颜色的扑克牌。被试也被告知，控制光束的程序是按照书包抽样的程序设计的。实际上，大多数实验都相当仔细地设计光束的控制程序，因此，用光束的显示顺序代表书包实验是合适的，特别是在每个实验中，对于使用的 p_A 值和样本规模 n 的所有取值，规模为 n 的样本经常支持错误假设。

菲利普斯和我（1966）使用 20 张扑克牌的序列研究 p_A 的作用效果，p_A 的值取 0. 55、0. 7 和 0. 85。被试把 100 张白色木制圆盘分配到两个木盆中，以此来估计后验概率。图 25—1 给出了实验的典型结果，p_A 值为 0. 7 与各种先验概率的情况。图 25—1 所阐明的 3 个研究发现，所有被试都存在。首先，推断的对数可能性比率与 $s-f$ 大致成比例；其次，先验概率被适当地使用，也就是说，连接各个数据点的最佳拟合线通过原点；最后，被试是保守的，因为最佳拟合线比代表贝叶斯式最优行为的直线，更加平缓。推断的对数可能性比例与 $s-f$（或者，等同于贝叶斯对数可能性比率）之间的近似线性这一发现暗示，还存在另外一个因变量：通过被试的估计值点的最佳拟合线的斜率与贝叶斯线的斜率的比率。皮特森等（Peterson et al. , 1965），把这一比率命名为精确性比率；他们还发现，精确性比率大致上等于 $s-f$。

图 25—2 给出了菲利普斯—爱德华兹资料三种 p_A 值下的精确性比率。364
资料的判断价值最低时，与贝叶斯定理相比，被试更为极端。（戴尔得到同样的发现，见 W. Edwards，1965）。但是，当资料的判断价值达到适当的高度时，被试变得保守，精确性比率恰好等于 $s-f$。注意当判断价值增加时，保守性也增强了。这是此类实验的一个共同发现；任何增加单个观察（一张牌或者几张牌）的判断价值的程序，也同时增强了保守性（见 Peterson et al. , 1965）。

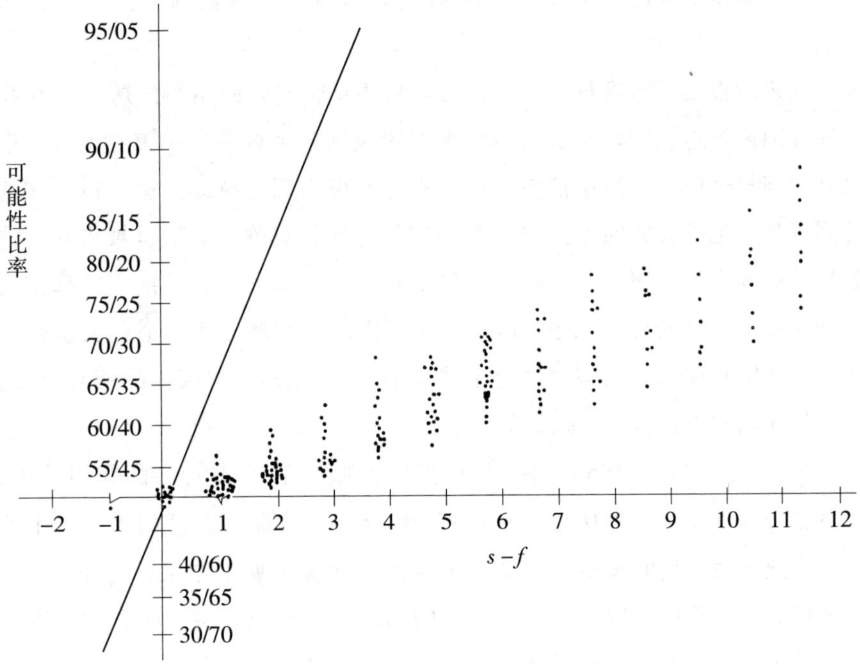

图 25—1　$p_A = 0.7$ 时，一位被试的估计表示为推断的对数可能性比率与样本中成功数和失败数之差的函数

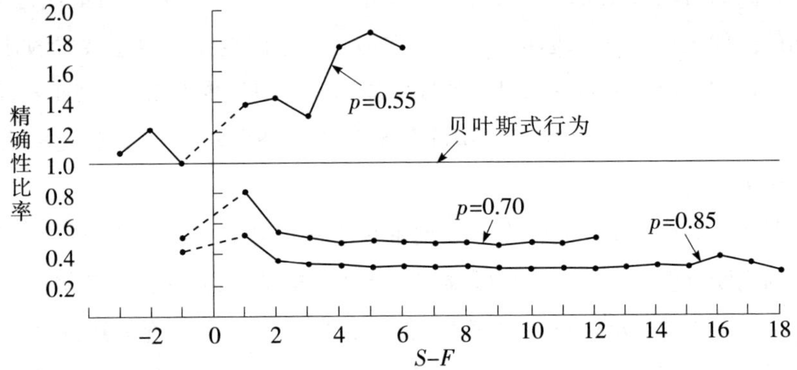

图 25—2　三种 p_A 取值时各种样本构成的精确性比率

得到这些结果之后，菲利普斯和我推测保守性现象的一个原因，可能是被试知道概率的数值大小有范围，他们注意到证据的数量可能持续上升，因此压低他们的估计。如果是这样，那么一个显然的解决方法，就是使用一种没有范围限定的反应模式，如几率。因此，我们进行了一个有 4 个实验组的研究。和以前一样，控制组的被试把 100 张圆盘分配到两个木盆中，以此估计概率值。口头几率组仅仅给出几率的口头估计；由于我们总是把几率定为等于或者大于 1 的数值，因此给出几率的口头陈述时，总是同时说明该几率支持哪一种假设。使用对数尺度衡量几率组的被试，沿着一个几率标度盘移动指针，从而给出他们的估计值。几率标度包括 4 种对数循 365
环，因此能够估计从 1∶1 到 10 000∶1 的所有几率值。第四个组也使用一种对数尺度装置衡量几率，但是标度盘上的刻度对应的数字是概率，而不是几率（因此是 0.5 而不是 1∶1，是 0.67 而不是 2∶1，是 0.80 而不是 4∶1，等等）。我们称之为对数几率尺度的概率组。研究发现所有组都很保守。概率组最保守，对数几率尺度的概率组次之，两个几率组大致相当，其中对数尺度的几率组较为保守一些。

这一研究发现，仅仅强调了在贝叶斯研究过程中变得越来越清楚的一个事实。关于不确定性，概率是一种相当拙劣的度量标准，除了在必须重新分配或者其他必须直接使用叠加性质的情况下。几率或者对数几率是更好的度量标准。对于没有参加过实验的对象，几率最具有直觉性质，能够非常容易地与简单操作（如赌注的选择）联系起来。博彩行业以几率而不是概率为基础来组织其所有的陈述和展示（statements and displays）这一事实，既是对几率巨大的直觉性价值的认可，也可能是其原因。在不确定性的所有常用的度量标准中，对数几率的独特性质，就在于这种度量体系中，证据是累计性的。如果使用对数几率度量意见，那么每一条证据所导致的意见变化的总量，就独立于该意见的初始值。这种精美的性质，使得对数几率特别适用于贝叶斯式实验。

运用贝叶斯定理的一种简单修正，能够更充分地拟合菲利普斯—爱德华兹的资料：

$$\Omega_1 = L^c \Omega_0$$

常数 c 是精确性比率，它是使用贝叶斯定理处理可能性比率之前，每一个可能性比率自乘的指数。不幸的是，它依赖于一些重要的自变量，包括资 366

料的判断性和反应的度量标准。尽管如此，这样简单的一个描述性模型能够拟合地如此之好，这一事实我们还是必须根据关于保守性的某种理论来解释。

……概率信息处理系统，或者 *PIP*……是一种关于如何设计人—机系统的理念，该系统必须处理信息以推论事情所处的状态。这种信息必须得到处理的情况的一些例子包括医疗诊断、军事指挥（其中，一个指挥官可能需要断定他是否正被敌人进攻，如果是，敌人的计划是什么）和商业管理（例如，企业家要决定是否制造一种新产品）。*PIP* 的理念过于复杂，以至于不能在此详细地解释。关于它的一个最新说明可以参见爱德华兹等（1965）或者爱德华兹（1966）。它的核心观点认为处理判断性信息的任务可以分解为两类子任务。判断每一条资料对每条假设或者每对假设的判断性影响，构成第一类子任务。对于成为许多现实的判断情境的特征的口头的、定性类型的资料和假设而言，这似乎是人们必须完成的任务，越熟练越好。但是，第二类子任务是要累积所有资料与假设之间这种独立的判断性影响，从而说明根据目前所有可资利用的资料，所有这些假设怎么成立。如果是以 $P(D|H)$ 值或者可能性比率的形式来判断每一条资料的判断性影响，那么使用贝叶斯定理，这种累积任务很容易机械化操作。[在大多数情境中，尽管不是全部，出于形式的原因，显然判断可能性比率比判断 $P(D|H)$ 值更可取。]

大约有 15 个合作者，他们和我很想弄清楚 *PIP* 是否起作用。因此我们精心设计了一个虚拟的 1975 年的世界。在这个世界中，我们列出 6 条被试将要考虑的假设，指定 3 个资料来源（弹道导弹预警系统、侦察卫星系统、情报系统）提供与这些假设有关的资料，并且设计了 4 种信息处理系统来处理这些资料。这四种系统分别命名为 *PIP*、*POP*、*PEP* 和 *PUP*。在 *PIP* 中，每一条资料，被试需要估计 5 种可能性比率。6 条假设中的一条是“和平将继续获胜”，其他的 5 条假设是关于各种可能的战争的假设；每一条战争假设与和平假设配对，这 5 对假设指定了将要估计的 5 种可能性比率。其他 3 种信息处理系统与 *PIP* 共同之处在于被试估计后验几率，或者概率，或者类似的后验量度；这样，在 *PIP* 中，计算机使用贝叶斯定理累积资料，而在所有其他3种系统中，被试不得不依靠自己来累积资料。为了帮助他们完成任务，在*POP*、*PEP*和*PUP*中，当被试考虑第（$n+1$）条资料时，他们可以使用估计完第n条资料后他们得到的估计值，这样他们 367
只需要修正那些受第（$n+1$）条资料影响的估计。

一共有18个场景，每一个场景有60条资料。所有的资料都是以短文的形式给出，除了来自弹道导弹预警系统的资料。34名被试接受全面的训练，熟悉这个世界的特征，假设，3个资料来源和将要操作的每一种信息处理系统。

显然，*PIP*最佳，*POP*其次，因此我只给出它们两种之间的比较（*PUP*再次，*PEP*最差，关于这种信息处理是如何进行的，*PEP*是目前我们能够达到的极限）。图25—3给出的是*PIP*和*POP*中，每个场景的第60条信息给出之后，支持每一种战争假设与和平假设比较的最终几率。关于这个图，需要注意的最重要两点是：从定性的方面来看，两个组非常一致（它们之间的相关系数是0.895），但是从定量的方面来看，它们不一致。*PIP*对资料比*POP*更加敏感；同一个场景，*PIP*非常肯定和平或者某种战争状况，而*POP*却更不确定。换句话说，*PIP*比*POP*更不保守——可能因为在*POP*中，被试必须累积资料，而在*PIP*中，被试分别判断每一条资料的判断性影响，而由贝叶斯定理来完成累积工作。

还要注意的是，图25—3中纵轴与横轴的坐标都是取了对数的。如果把比率的差异转换成为几率，*PIP*和*POP*之间的重要差异就会变得明显了。例如，根据回归直线计算，如果某个场景，*PIP*以99∶1的比率支持某种战争对和平的假设，那么，支持同样的战争对和平的假设，*POP*给出的比率是4∶1。 368

无论如何，误解假设不能够解释*PIP*和*POP*之间的这种不一致。*PIP*中，被试分别估计每一条资料的判断性影响；而*POP*中，被试必须依靠自己来累积——并且相当保守。既然不存在任何资料—生产程序的模型可以使用，那么就不可能判断出正确的后验几率是多少。但是很明显，*PIP*和*POP*之间的差异的一个原因在于累积过程的差异。

实验的一个合作者菲利普斯关注这一事实：不存在任何资料—生产程

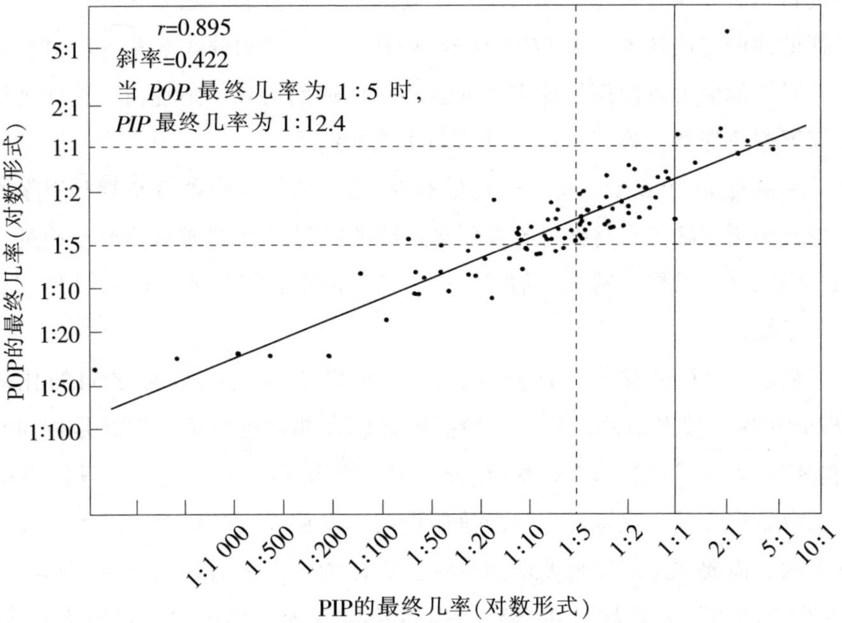

图 25—3　*POP* 与 *PIP* 支持战争假设的最终几率，以对数形式表示

序的模型可以使用，因此就不能够确定是 *PIP* 还是 *POP* 更加接近于正确。所以在他的博士论文中，他在一种情境下比较 *PIP* 和 *POP*，在这种情境中可以使用一种资料—生产程序的模型，因此对于每一条资料，要求估计可能性比率是有意义的，结果 *POP* 程序得到了保守的估计。他的被试是密歇
369 根大学学生报纸的编辑。他选取每名编辑一学期的社论文章，数出每篇社论中每个单词开头两个字母和结尾两个字母，这样，他为每名编辑准备了两个书包，一个装满开头双字母，一个装满结尾双字母。在 *PIP* 任务中，他取出一定的双字母，然后让每名编辑（只对他自己的书包）估计可能性比率，以该双字母是取自开头双字母书包的假设作分子，以取自结尾双字母书包的假设作分母。在 *POP* 任务中，他准备了一个双字母序列，是从一个书包中抽取出来的，然后当编辑完成了这个序列时，让他估计这个序列是从开头双字母书包，而不是从结尾双字母书包中抽取出来的后验几率。大部分注意力放在编辑的初始训练上，两次收集可能性比率的估计值，一次在后验估计之前，一次在之后。

在资料的分析中，出现了一个问题，因为无论是 *PIP* 中还是 *POP* 中，所有的判断都倾向于支持开头双字母的书包。这可能是因为这样做更容易，例如，想起以 *re* 开头的单词要比想起以 *re* 结尾的单词更加容易，尽管 *re* 作为单词的结尾要比作为开头更加常见；我们习惯于用单词的开头而不是结尾来标记单词，例如当我们在字典中查找它们时。然而，修正这种偏差是有可能的。图 25—4 给出了修正后的结果。根据实际的双字母总数计算得到的真实几率最极端。其次是根据第二组可能性比率估计值计算得到的几率，然后是根据第一组可能性几率估计值计算得到的几率，直接估计得到的后验几率最接近中间，因此也是最保守的。如果我们相信这些数据（我确实相信），那么，尽管与 *POP* 相比，*PIP* 已经相当不保守了，然而它还是

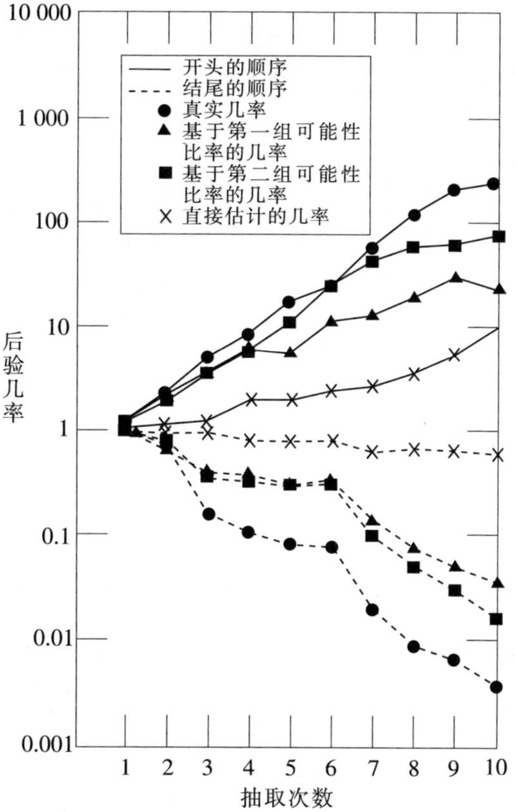

图 25—4　所有被试支持开头双字母书包的后验几率中位数，它是取次数的函数

太保守了——但是，*PIP* 的估计是随着实践而改善的。

本章节选自 B. Kleinmuntz 主编的《人类判断的形式表征》（*Formal Representation of Human Judgment*. New York：John Wiley and Sons，Inc.，1968）。允许重印。

第 26 章　多阶段推理中的最佳推测假设

盖提斯等（Charles F. Gettys，Chinton Kelly III，and Cameron R. Peterson）

多阶段推理（multistage inference），包括一系列的单阶段推理（Single-stage inference），其中，前一阶段的输出成为后一阶段的输入。在单阶段推理中，人们从数据资料（data）或者明确观察到的证据（evidence）中推理出一组假设（hypotheses）。多阶段推理的第一阶段，以同样明确的资料或者证据开始，然而，下一阶段的输入是前一阶段的输出，因此，下一阶段的推理，就是基于事件的概率（probabilities of events），而不是一个特定真实事件的确定知识（Gettys & Willke，1969）。 370

例如，假设你想预测一场大型游园会成功或者失败。如果因为下雨人们拥挤在室内，那么游园会成功举行的可能性就很小。你所拥有的资料，就是天边出现的乌云。推理的第一阶段，是乌云和游园会期间是否下雨的关系。假设你估计下雨的概率是 0. 70。这一估计将成为你下一阶段推理的输入。如果你确切地知道将会下雨，那么你可以推断游园会成功的概率。但是，由于你不能完全地确定天会下雨；你拥有的资料表明下雨的概率是0.70，那么你怎样继续你的推理呢？

修正后的贝叶斯定理（Modified Bayes Theorem，MBT），为这种多阶段推理提供了一种最优模型（optimal model）（Dodson，1961；Gettys & Willke，1969）。许多研究表明，在多阶段推理任务中，人们的直觉性表现（intuitive performance），使根据资料推断出来的结果相对于MBT模型的预计结果，具有更多的确定性。例如，在一个几率评估（odds estimate）任务中，被试估计的几率，显著性大于MBT模型计算出来的结果。这个结果是相当令人惊奇的，因为证据显示，在单阶推理中，人类行为几乎总是保守的，也就是说，人们的推断相对于资料可保证的结果，总是更少确定性
371 （例如，爱德华兹，1966）。当然，悖论在于，多阶段推理是系列的单阶段推理。如果在单阶段推理中，人们的推断相对于资料保证的结果更少确定性，那么在多阶段情境中，我们可能预期随着推理的每一阶段的进展，被试会变得越来越保守，因为其推断与最优之间的偏差，在每个阶段上，会逐渐累积。事实上，情况正好相反。在两阶段推理结束的时候，被试比最优模型（MBT）所保证的更为确信。这意味着在两个单一阶段的“交汇处”，某种过程发生了，它们的效果如此强烈，以至于单阶段推理中的任何保守主义倾向都被克服了。

单阶段推理的任务，总是基于确切的已知资料。然而，尽管一个多阶段推理的任务，开始于确定资料，但是后继的推理阶段，处理的却是不确定资料。在多阶段推理中，几个模型已被构造出来，用以解释如何处理资料的概率，而不是解释确定资料会产生过分确定性的情况。“as-if”模型，是具有预测过分确定性的性能的一种非最优模型（non-optimal model）（Gettys & Willke，1969；Howel et al.，1971）。这个模型设计的情境是：人们可以选择收集更多的资料，如果他们感到这是必要的话。模型假定，在推理的第一阶段，资料的收集持续到决策者对于事件的状态有了充足的确定性。一旦他的确定性超出了某种阈值，那么他将开始进入下一个阶段的推理，其行动好像（as-if）他已经完全有把握确定下一阶段推理所需的输

入。让我们回到游园会的例子。在看到乌云之后，决策者有可能会得到当前的天气预报资料。假设天气预报警告将有一场暴风雨，那么现在他对可能下雨的确定性，就会超出他的阈值，他将进入到下一个阶段的推理，其行动就好像他确定会下雨一样。因此，推理的第二阶段的结果，将是他基于下雨的 as-if 假设所做出的游园会失败或者成功的概率估计。现在，因为通过做出 as-if 假设，他忽略了可能不下雨的概率，所以他对于失败的概率的估计，将会超过真实（veridical）失败的概率。事实上，如果他的 as-if 假设不正确，即没有下雨，那么游园会很有可能成功。而最优模型，在分配成功或者失败概率时，都考虑了下雨和不下雨两种情况。而 as-if 模型仅仅考虑了下雨的概率，因为这个原因，导致了游园会将会失败的过分确定性。

那么，如果一个人对于推理的第二阶段所需要的输入的确定性没有达到 as-if 假设所要求的阈值，并且他也没有希望通过更多的资料来提高确定性，他的行为会怎样呢？一个与先前的研究所发现的过度确定性现象一致的可能假设是：首先，他将作出一个最多是推测的 as-if 假设。这个模 372
型——我们称之为“最佳推测模型”（the Best-Guess model）——在实行中是一个合格的 as-if 模型，共享了 as-if 模型的理念：在推理的第二阶段，由于几乎仅专注于最可能事件，决策者忽略了或者倾向于忽略其他较不可能事件的含义。就前面的例子来说，如果你拥有的唯一信息就是天际的乌云，你可能不会愿意做出一个不合要求（unqualified）的 as-if 假设；但是，你可能首先假定天将会下雨，基于这个假定，你得出游园会成功的主观几率。那么，因为你没有完全确定天将会下雨，考虑到这种情况，你可能降低你的主观几率。主要是因为你明显的没有考虑不下雨的含义，这些主观几率，很有可能和根据 MBT 模型计算出来的结果不同。

斯奈泊等（Snapper & Fryback，1971）在一个关于资料信度的实验中，报告了与上述解释一致的实验结果。然而，他们的研究设计，并不是直接检验最佳推测模型（Best-Guess model）。而这正是现在这个实验的目的。

一、方法

实验的目标，要求构造至少三个层次（three levels of variables）的变量，其中，中介变量包含两个以上的可能事件（event）；它还要求操纵最有可能的中介事件之外的所有其他可能事件的概率分布——这一操纵，作为较低层次（the lower level）事件发生的结果，对于较高层次（the upper level）可能事件的最优概率修正的量值（magnitude of optimal probability revision）产生影响。

三个层次的变量，因此采取下列形式。较高层次的变量，分别由标签为Ⅰ和Ⅱ的袋子（bag）组成。每个袋子作为一个容器，里面装满了小一点的容器，这些小一点的容器代表中介水平的事件。具体说，每个袋子装有18个小罐（can）（35mm，胶卷盒），每个罐子分别标为字母A、B、C或者D。最后，每一个罐子装有100张小的有色磁盘（small coloured disc）；每一张磁盘分别是红色、绿色、黄色或者蓝色。

表26—1给出每个容器的构成状况。表的A部分描述了袋子中的罐子的构成情况，B部分描述了罐子中磁盘的构成情况。例如，在袋子Ⅰ中有8个标签为A的罐子，而在袋子Ⅱ中仅有一个标签为A的罐子。如表的B部分显示的，罐子A中有80张磁盘，罐子B有1张，罐子C有1张，罐子D有18张。

表26—1　　书包和罐子内部构成的数值表示

罐子的标签	A. 书包的构成	
	书包Ⅰ	书包Ⅱ
A	8	1
B	3	6
C	6	3
D	1	8

磁盘颜色	B. 罐子的构成			
	罐A	罐B	罐C	罐D
红	80	1	1	18
绿	1	80	18	1
黄	18	1	80	1
蓝	1	18	1	80

实验按照下述程序进行。从两个袋子中随机挑出一个袋子，再从这个袋子中随机挑出一个罐子，最后从这个罐子中随机取出一张磁盘。因此，

抽取出一张红色的磁盘就为支持罐子 A 提供了证据，同样地也提供了支持袋子 I 的证据。注意这仅仅是一个可以直接观察到的最低层次（bottom-level）的可能事件——一张磁盘。这一观察仅仅提供了有关中间层次的可能事件——罐子——的部分证据，同样地也提供了有关较高层次的可能事件 373
被选择的部分证据。因而，推理的第一阶段是磁盘颜色（红、黄、蓝、绿）和罐子标签的字母（A、B、C、D）之间的关系，第二阶段是罐子的字母和袋子标签的数字（Ⅰ、Ⅱ）之间的关系。

在一个层次上，最可能事件为真的行动策略，将会在下一个较高的层次上导致可能事件的概率分布极端化。因此，这一策略和下述经验结果是相一致的：在多阶段推理任务中，人们会过分修正较高层次的概率。

而从最佳猜测策略，我们可以推出另一个可检验的假设。在任何中间层次上，最可能事件为真的行动策略，会使人忽略了这一层次上所有其他可能事件的概率分布。因此，在较高层次上他所做出的概率修正，就会忽视除中间层次上最可能事件之外的所有概率分布的变异。这个实验的设计，就是为了检验这一假设。

1. 实验设计

我们构造了表 26—1 中所显示的 3 种类型的推理任务。表 26—1 中 A 部分显示的频次，在所有三个任务中都被使用。表 26—1 的 B 部分显示的矩阵，只在一个任务中被使用；在其他两个任务中，矩阵中的数值 80 分别被换成 70 或者 90。相应地，数值 18 分别被换成 28 或者 8。为了以后讨论的方便，这三个任务分别指定为 70－28 任务、80－18 任务和 90－8 任务。在所有三个任务中，给定从罐子中抽出的一张磁盘的颜色，让被试来估计袋子的几率。

2. 被试 374

25 个被试，是来自于密歇根大学（University of Michigan）的学生。在此之前，他们参加了另外一个持续约两个小时的多阶段推理实验。在这个实验中，被试依照所要求的反应模式进行训练，并在一个多阶段推理任务中进行了系列的几率估计。然而，没有涉及最优模式，也没有使用任何类型的反馈。

3. 指导语

因为被试参加过先前的实验，指导语很简短。向被试解释了任务细节后，要求他们去设想这样一种情况：根据抛掷一枚好硬币的标准随机挑选一只袋子，再随机地从这个袋子中取出一个罐子，接着从这个罐子中随机地取出一张磁盘。然后，要求被试推测事实上是根据这种随机程序抽取出来的一张特定磁盘的颜色，并且基于这张磁盘的颜色来估计袋子的几率。

4. 程序

依照上述指导，在 3 个任务中，让被试估计袋子的几率。用表 26—1 中的矩阵，来告知被试罐子和磁盘之间的相对频次。所有的任务，按照随机的顺序呈现给被试组，每组 4 到 6 人。在每一个任务中，4 种可能的颜
375 色，按照随机的顺序采用。在进入到下一个任务之前，基于所有可能呈现的颜色，被试来估计袋子的几率。当被试完成 12 次（每个任务 4 种颜色，共 3 个任务）估计后，三个任务按照不同的随机顺序重复一遍。一共有 24 次判断，在每个任务中，每种颜色采用 2 次。

二、结果与讨论

对数据的检查，显示了被试的几率反应（odds responses）有一种极端的双峰分布（an extreme bimodality）现象。对一些被试而言，蓝色与红色之间理论上的差别，以及黄色与绿色之间的差别，在他们的几率估计中，没有产生任何差别。而其他一些被试，基于蓝色的几率估计，比基于红色的几率估计，更为极端；基于黄色的比基于绿色的，也更为极端。至少在顺序意义上，后面的这些被试的反应，与 MBT 模型是一致的。一些被试似乎没有觉知到蓝—红之间和黄—绿之间的差别，而其他被试，至少就他们能够依照正确的方向做出反应而言，他们觉知到了这些差别。考虑到这些，我们把所有那些基于蓝色的几率评估，至少有一次其评估的几率比红色情况大致少 2%，或者对黄色情况的评估比绿色情况时大致少 2% 的被试归类为“有意识的被试”（aware Ss）。这些被试至少有点意识，因为在一次或更多次的判断中，对于蓝—红和黄—绿的几率评估，他们与 MBT 模型所指示的方向是同向变化的。根据这种保守的标准，25 个被试中的 10 个被归类

为“有意识的被试”。

对于较不可能事件的概率变化，其他 15 个“非觉知”的被试，并没有不同反应。他们完全地忽略了可能性较小的罐子的含义，他们的反应，同最佳推测模型的极端形式是一致的。图 26—1 给出“非觉知的”被试的几率反应的中位数。因为几率评估所偏好的袋子，在形式上是不相关的，所以数据被绘制成绝对对数几率表。在图形上方，对于 3 个层次的数据的不确定性，对红色和蓝色反应的几率对数中位数，用实线连接；在图形下方，类似地，是对黄色和绿色反应的数据。图 26—1 还显示了 MBT 模型的预测值（图形中的主对角线）、as-if 模型的预测值（两条水平线）和极端形式的最佳推测模型的预测值——在图形中标记为模型Ⅰ（ModelⅠ）。

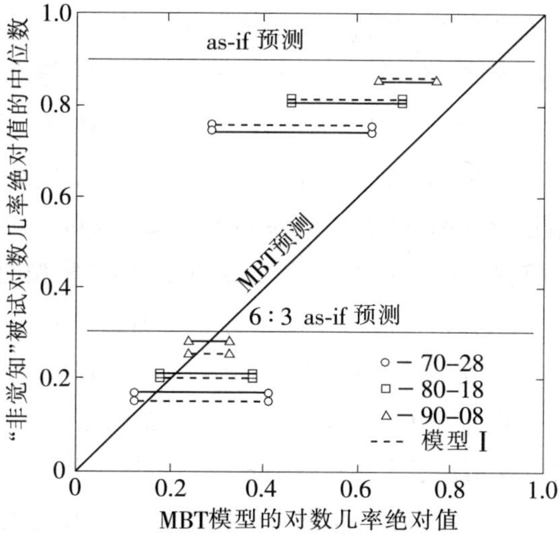

图 26—1　最优模型、as-if 模型和 MBT 模型对“非觉知”被试行为的预测

用最可能事件的概率乘以在这一事件为真的条件下得到的后验几率（posterior odds），我们可以得到模型Ⅰ的预测值。例如，假设在 80－18 类型的任务中，一张红色的磁盘被抽选出来，那么支持罐子 A 的概率是 0.8，并且如果磁盘确实是从罐子 A 中取出的，那么袋子的几率是 8∶1。在关于罐子类型的临界确定值（the threshold certainty for can type）被超过的条件下，对于蓝色和红色磁盘的情况，as-if 模型预测的几率是 8∶1，黄色和绿

色磁盘的情况是 6∶3。对于 MBT 模型，根据下面的后验几率的公式，我们
376 可以计算出在红色磁盘情况时，最优的几率是 2.86∶1（Gettys & Willke，1969）：

$$\frac{P\ (B\,\mathrm{I}\mid \text{color})}{P\ (B\,\mathrm{II}\mid \text{color})}=\frac{P\ (B\,\mathrm{I})}{P\ (B\,\mathrm{II})}\times\frac{\sum_{i}P\ (\text{color}\mid \text{can}_i)\ P\ (\text{can}_i\mid B\,\mathrm{I}_{\mathrm{I}})}{\sum_{i}P\ (\text{color}\mid \text{can}_i)\ P\ (\text{can}_i\mid B\,\mathrm{II})} \qquad (1)$$

公式中字母 B 代表袋子，根据类似于表 26—1 中显示的条件概率，可以计算出其他几个数值。

显然，图 26—1 中的资料既不与 as-if 模型，也不和 MBT 模型的预测值相吻合。对于图形上方的蓝色—红色的情况，as-if 模型的预测的几率的值是 8∶1，而被试则没有那么极端，类似地，在图形的下方，相对于 as-if 模型的预测值 6∶3，被试也较少有极端性。然而，最佳推测模型的极端形式（即模型Ⅰ）与图形中的中位数非常吻合。图 26—1 中的水平的虚线代表模型Ⅰ的预测值。在所有的任务中，对于图 26—1 的下方的黄色磁盘的情况，模型Ⅰ的预测值正与 MBT 对角线（are to the right of the MBT diagonal）吻合。因此，as-if 模型和模型Ⅰ并不必然地做出比 MBT 模型的几率估计值更为极端的预测值。例如，在 80－8 的任务中，当罐子 C 成为最可能事件（$P=0.80$）而罐子 A 是较不可能事件（$P=0.18$）时候，这种情况发生。如果最可能事件（即罐子 C）为真的话，它分配给袋子Ⅰ的几率是6∶3，而较不可能事件分配给袋子Ⅰ的几率是 8∶1。在这个例子中，相对于 MBT 模型，任何忽略了较不可能事件情况下的比率 8∶1 的模型的预测都将是保守的。

如果假定在严重偏离于他们对于确定性的主观感受时，被试将不会采用一个非最优模型，那么，可能最重要的结果是被试使用模型Ⅰ，因为对于模型Ⅰ他们没有发现任何错误。模型Ⅰ决定他们的几率估计的量值，但是在另外的情形中，他们可能会使用其他的复合的规则（combination rule）。更为重要的是，模型Ⅰ的预测值确实和数据吻合这一事实暗示：被试倾向于专注最可能的选项，而忽略了较不可能选项的推论。

在图 26—2 中显示的是 10 个“有觉知的被试”的资料。和图 26—1 中

一样，图形描绘了 as-if 模型和 MBT 模型的预测值，但是因为模型Ⅰ的预测值明显的和资料不符合，所以省略了模型Ⅰ。

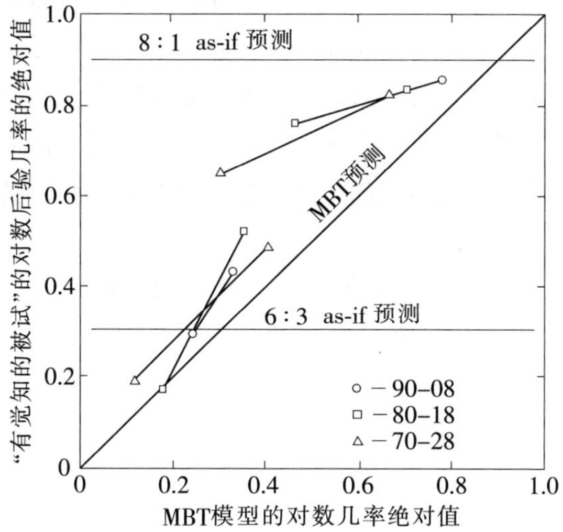

图 26—2　"有觉知的被试"的表现与 MBT 和 as-if 模型的预测比较

一般地说，"有觉知的被试"似乎和 MBT 模型一样对相同的变量做出反应，但是它对于 MBT 模型的数量吻合程度（quantitative fit）较差。如同在先前的研究中所发现的，与 MBT 模型相比，被试的特征具有更大的确定性。对于蓝色和红色磁盘的情况，和 MBT 模型一样，被试比 as-if 模型所暗示的具有更少的确定性；也和在 MBT 模型中一样，他们对于黄色磁盘情况的判断超过 as-if 模型的预测。当然，这种情况的出现是因为最可能事件具有的几率是 6∶3，而较不可能事件的几率是 8∶1。如果被试觉知到多阶推理情形中的细微差异的话，他们将会认识到几率必然大于 6∶3。对于这种 377
一般状态的唯一例外是 80－18 任务中黄色和绿色磁盘的情况。在黄色磁盘的情况下，当最可能事件的概率减少时，基于这一事件的后验几率应该随之增加，而在绿色磁盘情况下，当最可能事件的概率增加时，基于这一事件的几率应该随之减少。但是，在 80∶18 条件下被试的反应并不遵循这种模式。一般地说，"有觉知的被试"似乎使用的是一种复合的规则，既有些像 MBT 模型，但是相对于 MBT 模型又稍稍过度。

显然，在多阶段推理中，“非觉知的被试”的反应，支持最佳推测倾向的假设。很明显，可能因为情境的复杂性，在推理的后续阶段中，一些被试倾向于唯一地关注最可能事件。正如单阶段推理中的保守性，多阶段推理中的最佳推测效应，似乎也是人类处理复杂信息普遍性无能的另一例证。既然大部分的人类信息处理，在本质上是多阶段的和或然性的，那么为了运用贝叶斯定理，下一个合适的步骤，就是去发现种种方式，以防止人们出错：即仅注意最有可能的中介事件，而忽视所有其他事件。

本章原载《组织行为和人类绩效》杂志（*Organizational Behavior and Human Performance*, 1973, 10: 364-373）。允许重印。

第 27 章　根据回忆信息推论个人特征

特罗普（Yaacov Trope）

社会诊断，经常是以对他人行为不精确的回忆为基础的。我们经常需要推断他人的个人特质，甚至在我们不能够确定自己是否记得他人真实行为的时候。在这种情况之下，我们不得不根据不确定的行为证据进行归因。目前的这个研究，在于探讨人们是否以及怎样把这种不确定性的源材料（source of uncertainty）纳入到他们对他人的诊断中去…… 378

一、一个根据回忆的行为进行推论的贝叶斯模型

在目前这个研究中，被试根据他们自己对于行动者行为不可靠的提取，推断行动者拥有某种特质的概率。为了检验研究假设即这些主观的概率会不合理地偏高，并且对于可靠性不够敏感，我们把它们与最优概率作比较。最优概率根据贝叶斯模型推导出来，多步骤概率推论的研究者发展了这个模型（见 Peterson，

1973）。以一个从实际行为 B_j 到某种个人特质 A_i 的单步骤推论开始，贝叶斯定理有如下熟悉形式：

$$P(A_i/B_j) = P(A_i)\ P(B_j/A_i)\ P(B_j) \quad (1)$$

这里 $P(A_i/B_j)$ 是给定 B_j 时 A_i 的后验概率；$P(A_i)$ 是 A_i 的先验概率；$P(B_j)$ 是 B_j 的总概率；$P(B_j/A_i)$ 是给定 A_i 时 B_j 的条件概率。后一
379 种概率代表关于行动者的特质，行为所具有的诊断价值（diagnostic value）。从行动者可能选择的每一种替代行为能够推导出后验概率 $P(A_i/B_j)$。然而，观察者并不知道实际上选择了哪一种行为，他们只能够根据他们回忆的行为 B^* 推断行为的概率。关于这个推论步骤，贝叶斯定理表示为：

$$P(B_j/B^*) = P(B_j)\ P(B^*/B_j)\ P(B^*) \quad (2)$$

这里，$P(B_j/B^*)$ 是在行为 B^* 被回忆起时，实际的行为 B_j 的后验概率；$P(B_j)$ 是 B_j 的先验概率；$P(B^*)$ 是回忆的行为 B^* 的总概率；$P(B^*/B_j)$ 是在行动者的实际行为是 B_j 的条件下，回忆行为 B^* 的条件概率。概率 $P(B^*/B^j)$ 反映了可靠性（reliability）——回忆起一实际发生的行为的概率越高，则可靠性越高。

经由方程 2 推导得到每种行为的后验概率 $P(B_j/B^*)$，以此作为权数，贝叶斯二步骤推论模型把 $P(A_i/B_j)$ 值纳入到一个加权平均数中，每一种行为的 $P(A_i/B_j)$ 值可以根据方程 1 推导得到。因而，在给定某种回忆的行为时，能够用下面的公式表示某种特质的后验概率：

$$P(A_i/B^*) = \sum_j P(A_i/B_j)\ P(B_j/B^*) \quad (3)$$

方程 3 量化地表达了前面讨论过的规范因素（normative consideration）。特别地，既然 $P(A_i/B_j)$ 是 $P(B_j/A_i)$（诊断性）的一个递增函数，$P(B_j/B^*)$ 是 $P(B^*/B_j)$（可靠性）的一个递增函数，那么 $P(A_i/B^*)$ 应该伴随着可靠性和诊断性的增长而增长，一个变量的作用依赖于另一个变量的水平（level）。用安德森（Anderson，1974）的信息整合理论的话来说，就是对于特质的概率的诊断，每一种回忆的行为都有一定的影响力。反过来，我们假定这种影响力是某一行为的诊断性以及对该行为的回忆的可靠性的一个乘法函数。方程 3 确定的整合规则既能够应用于最优的单步骤推论［即分别从方程 1 和方程 2 获得的 $P(A_i/B_j)$ 和 $P(B_j/B^*)$ 的值］，也

能够应用于主观的单步骤推论［即对于 P（A_i/B_j）和 P（B_j/B^*），被试自己的估计］。在前一种情况中，单步骤推论以及对推论的整合都是最优的（即贝叶斯式的），而在后一种情况下，只有整合过程是最优的。目前的这个研究用观察概率与这两种预测概率作比较。被试推断学生被研究生院录取的情况以及学生的政治态度。前一个推论基于被试对学生的成绩的回忆，而后一个推论以被试对学生的行为的回忆为基础。

二、实验 1 380

1. 方法

（1）概要。

首先，向被试出示学生一门本科课程的成绩；之后，被试必须回忆每个学生的成绩，并且估计每个学生被工商管理研究生院录取的概率。这个任务包括两个推论步骤：（a）从所提取的成绩 G^* 到学生的实际成绩 G；（b）从实际成绩到学生是否被研究生院录取 A。改变（vary）工商管理学院录取成绩的诊断价值，我们可以控制下一个推论步骤中的不确定性（uncertainty）。低诊断性的成绩，是人类学导论课程的期末成绩，而经济学导论课程的期末成绩，则是具有高诊断性的成绩。变动成绩要被识记的学生数目，来操纵记忆信度。

（2）程序。

告知被试某一年，工商管理学院的申请者中 50% 会被录取。因而，被录取或者被拒绝的先验概率 P（A_y）和 P（A_n）都是 0.50。告知被试，他们要估计一些随机挑选出来的学生被录取的概率，并且这些诊断基于给定的一门本科课程成绩是低于 75（G_l）还是高于 75（G_h）。成绩按 0 ~ 100 的标准度量。

（3）诊断价值的操纵。

两种概率分布（用条形图给出）显示出成绩与录取的关系。一个条形图显示了被录取的学生的比例（proportions），他们的成绩为 G_l 或者 G_h。这些比例代表条件概率 P（G_l/A_y）和 P（G_h/A_y）。另一个条形图显示了被拒绝的学生的比例，即 P（G_l/A_n）和 P（G_h/A_n）。高诊断性成绩（经济学课程）的条形图显示了以下比例：P（G_l/A_n） = P（G_h/A_y） = 0.85 和 P

$(G_l/A_y) = P(G_h/A_n) = 0.15$。低诊断性成绩（人类学课程）的条形图显示了如下比例：

$P(G_l/A_n) = P(G_h/A_y) = 0.55$ 和

$P(G_l/A_y) = P(G_h/A_n) = 0.45$。每个被试诊断两种学生样本：一个样本中给出的是高诊断性的成绩，另一个给出的是低诊断性的成绩。对于所有的被试，样本出示的顺序保持平衡。

（4）信度的操纵。

广泛的预先测试或前测（pretest）指出，变动其成绩必须被识记的学生数目，能让我们获得不同的信度水平。告知被试，样本中有一半的学生得到低成绩，另一半得到高成绩，并且会给出一张得到高成绩的学生的名单。为了使这张刺激名单（stimulus list）中各项目之间的差异最小化，用两位数的身份号码代表这些学生。用磁带录音机给出这些号码，以听得见的声音，每秒 1 个的速度。每个刺激名单结束时，给出一个高音。两秒钟之后，磁带录音机给出一个测试名单（test list）。测试名单包括 8 个两位数的身份号码，其中有 4 个在刺激名单中出现过（即 G_h 号码），4 个没有在
381 刺激名单中出现过（即 G_l 号码）。测试名单中出现的 4 个 G_h 号码，是从刺激名单的全部系列位置中取出的。每个测试名单中，G_h 和 G_l 号码的顺序是随机决定的。测试号码以每 10 秒钟 1 个的速度给出。在间隔期间内，被试必须指出该学生的成绩更有可能是 G_h 还是 G_l，并且估计该学生被研究生院录取的概率，$P(A_y/G^*)$ 和被拒绝的概率，$P(A_n/G^*)$。前测显示，做出这些判断，10 秒钟的间隔是足够的。

使用三种名单长度：4 个项目的名单，7 个项目的名单和 14 个项目的名单。前测的数据表明，正确回忆的百分比的范围是从最长名单的大约 60%（低可靠性条件），到中长名单的大约 75%（中等可靠性条件），到最短名单的大约 90%（高可靠性条件）。每名被试对应一个高诊断性的名单和一个低诊断性的名单。这些名单中，号码的组合对比诊断性保持平衡。三种可靠性条件，每一种分配 20 名被试。

（5）完全可靠性条件。

在这种单步骤推论的情况中，一组 46 名被试根据确切知道的成绩，推

断被录取和被拒绝的概率 $P(A_y/G)$ 和 $P(A_n/G)$。被试得到一个小册子，上面显示了条形图（即诊断性信息）和学生的成绩。阅读完一个学生的成绩后，被试简单地说明他们的概率判断。每名被试对应一个有低诊断性成绩的学生和一个有高诊断性成绩的学生。对于一半的被试，学生的成绩低，而另一半，成绩高。

（6）被试。

一共 106 名被试（42 名男性和 64 名女性），他们是耶路撒冷希伯来大学心理学导论课程的学生，他们独立地参加实验。参加实验是课程要求完成的部分任务。

2. 结果与讨论

正确回忆低成绩 $P(G_l^*/G_l)$ 和高成绩 $P(G_h^*/G_h)$ 的比例，作为每个被试的可靠性的量度。$P(G_l^*/G_l)$ 和 $P(G_h^*/G_h)$ 的均值表明，在低可靠性（14 个项目的名单）条件下，被试的表现近似于运气（near chance）（均值分别为 $M=0.54$ 和 0.60），在高可靠性（4 个项目的名单）条件下，表现出色（excellence）（均值分别为 $M=0.93$ 和 0.89），在中等可靠性（7 个项目的名单）条件下，表现中等（intermediate）（均值分别为 $M=0.73$ 和 0.77）。对这些比例的方差分析（可靠性 × 诊断性）显示，可靠性的主效应（main effect）是高度显著的，$P(G_l^*/G_l)$ 和 $P(G_h^*/G_h)$ 的 F 检验分别为，$F(2, 57)=37.06$，$p<0.001$ 和 $F(2, 57)=20.17$，$p<0.001$。没有其他的变差来源（source of variation）显著。

完全可靠性条件下的数据显示，在从确切知道的成绩到录取的概率 $P(A/G)$ 这一单步骤推论过程中，对诊断性的控制具有明显作用。与根据低诊断性的成绩（均值分别为 $M=0.57$ 和 0.55）进行的推断相比，从高诊断性的成绩（均值分别为 $M=0.81$ 和 0.78），被试推断的 $P(A_n/G_l)$ 和 $P(A_y/G_h)$ 更高；对 $P(A_n/G_l)$ 和 $P(A_y/G_h)$，差异都是显著的，t 检验分 382
别为 $t(22)=8.08$，$p<0.001$ 和 $t(22)=8.59$，$p<0.001$。

现在，我们来考虑给定回忆成绩时，录取的最优后验概率 $P(A/G^*)$。根据方程 3，对于每名被试，给定回忆成绩的情况下，实际成绩的概率 $P(G/G^*)$ 和给定实际成绩的情况下，录取的概率 $P(A/G)$ 二者结合决定了最优后验概率。经由方程 2，每名被试的 P（G/G^*）值根据他自己对回忆行为的可靠性 P（G^*/G）计算。P（A/G）的值是完全可靠性条件下得到的诊断的均值。因而，在给定回忆成绩的情况下，录取的最优后验概率 P（A/G^*）基于一个主观的单步骤推论——从实际成绩到录取的概率——和一个最优的单步骤推论（方程 2）——从回忆成绩到实际的成绩。图 27—1 中左边部分的虚线代表了根据回忆，学生的成绩为低的情况下，该学生被拒绝的最优概率 P（A_n/G_l^*）的均值；图 27—1 右边部分的虚线代表了，根据回忆，学生的成绩为高的情况下，该学生被录取的最优概率 P（A_y/G_h^*）的均值。[1] 显然，贝叶斯模型预测，这些概率将伴随着可靠性和诊断性的增加而增加，当诊断性高时，可靠性的作用比诊断性低的时候更
383 加显著。

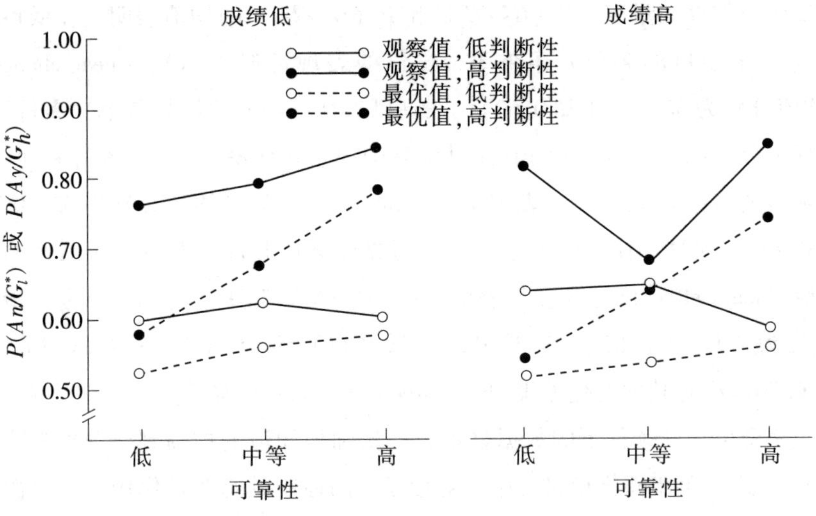

图 27—1 P（A_h/G_l^*）与 P（A_y/G_h^*）的观察值和最优值，

作为可靠性和判断性的函数（实验 1）

每个被试需要确定两个观察值：第一个是他估计的一些学生的 P（A_n/G_l^*）的一个平均值，根据他的记忆，这些学生的成绩为低；第二个是 P（A_y/G_h^*）的一个平均值，根据他的记忆，这些学生的成绩为高。图 27—1 中的实线表明，这些观察概率在性质上和数量上都偏离最优概率。

真实成绩的诊断价值是唯一对观察值 $P\ (A_n/G_l^*)$ 和 $P\ (A_y/G_h^*)$ 具有持续作用的因素，F 检验分别为 $F\ (1,\ 57)\ =96.97$，$p<0.001$ 和 $F\ (1,\ 57)\ =114.82$，$p<0.001$。真实的录取成绩的诊断价值越高，后验概率越极端。真实成绩被回忆出的可靠性对于推论只有非常弱而且不稳定的作用（$F<1$）。甚至于对每一种诊断性层次，可靠性的两个极端层次上的推论都没有显著的差异。换句话说，当正确回忆的比率处于近似运气的水平时，推论并不比处于几乎完美水平时候的推论更不极端。被试的推论也不能显示出贝叶斯模型所预测的诊断性×可靠性的交互作用。当可靠性减少时，真实成绩的诊断性的作用并没有减弱。这些变量的交互作用也在关于学生个体的推论的层次上得到检验。规范地来说（Normatively），与成绩具有低诊断价值的情况相比，当成绩具有高诊断价值时，对于不同学生的成绩，被试在信心方面的变化（variation in confidence）会对关于学生录取情况的推论产生更大的作用。因此，对高诊断性名单中的学生所作的推论，应该比对低诊断性名单中的学生所作的推论更不稳定。计算每名被试对应的两个名单中每一个名单包括的8名学生的 $P\ (A/G^*)$ 的方差。与贝叶斯模型相反，这些方差没有显著的差异，t 检验为 $t\ (59)\ =1.63$。

图27—1也表明，观察概率比最优概率更加极端。对于 $P\ (A_n/G_l^*)$ 和 $P\ (A_y/G_h^*)$，观察概率与最优概率之间的总体差异高度显著，F 检验分别为 $F\ (1,\ 57)\ =33.38$，$p<0.001$ 和 $F\ (1,\ 57)\ =84.67$，$p<0.001$。最后，对于6种条件中的每一种，计算所有被试观察概率和最优概率之间的相关系数。这些相关关系非常弱，并且不稳定，其中有5个相关关系是正的，7个是负的。有2个相关关系显著，但是为负［在低可靠性—高诊断性条件下，对于 $P\ (A_n/G_l^*)$ 和 $P\ (A_y/G_h^*)$，相关系数分别为 $r=-0.50$，$p<0.05$ 和 $r=-0.55$，$p<0.01$］。

这些结果证明，被试不能把可靠性因素整合到他们的概率推论之中。看来，被试仅仅根据真实成绩的诊断价值进行推论。在实验条件下推论得到的概率，稍稍低于在完全可靠性条件下推论得到的概率，这表明被试并 384
没有完全采取一种"as-if"策略（即在进行推论时，真实成绩好像是确切地知道一样）。但是，信心方面的减少是非常小的，并且没有伴随可靠性一致变化。结果，与贝叶斯概率相比，被试的推论是极端的，并且未经保证。注意，对于从真实成绩到录取的概率 $P(A/G)$ 的单步骤推论，情况并不是这样。在完全可靠性条件下推论得到的概率和根据贝叶斯式单步骤推论模型（方程1）推导出来的最优概率非常接近。这个结果证明，在二步骤推论情况中，非最优性（或者过度自信）是因为引入了额外的不确定性来源—对真实成绩的记忆的不完善……

三、实验4

1. 方法

在这个实验中，被试推断男学生支持（A_p）或者反对（A_n）归还阿拉伯人西岸地区（1967年战争中被以色列占领的地区）的概率。投票赞成工党（一个相对鸽派的政党）或者利库德集团（一个相对鹰派的政党）作为具有高诊断性的信息。学生的头发长度，长对短，作为具有低诊断性的信息。前测显示，短头发和投票支持利库德集团（B_n）意味着对归还西岸地区持否定的态度，而长头发和投票支持工党（B_p）意味着一种肯定的态度。前测也表明，学生的投票行为比他的头发长度更有诊断价值。

再现记忆的任务以及设计和程序的其他方面都与实验1相同。3种可靠性条件中的每一种分配20名被试。

一个有57名被试的附加组被分配到完全可靠性条件。在这种情况下，被试确切地知道学生的头发长度或者他投票支持的党派。每名被试根据短头发、长头发，支持利库德集团和支持工党来推断学生的态度概率。

一共117名被试（51名男生和66名女生）参加了实验4，他们是耶路撒冷希伯来大学心理学导论课程的学生。

2. 结果与讨论

可靠性控制对于正确回忆 B_n（即短头发或者投票支持利库德集团）和 B_p（即长头发或者投票支持工党）的比率有强大作用，F 检测分别为 $F(2, 57)=55.45$，$p<0.001$ 和 $F(2, 57)=22.04$，$p<0.001$。对于低、中等和高可靠性条件，概率 $P(B_n^*/B_n)$ 的均值分别为0.53、0.76和0.96；概率 $P(B_p^*/B_p)$ 相应的均值分别为0.61、0.82和0.91。诊断性以

及它与可靠性的交互作用的影响都不显著。

和预期的一样，被试在完全可靠性条件下推断的概率 P（A/B）值表明，投票行为的主观诊断价值大大高于头发长度的诊断价值。因而，与根 385
据学生留短发（$M=0.52$）推断得到的概率值相比，根据学生投票支持利库德集团（$M=0.78$）这一事实推断得到的态度概率 P（A_n/B_n）更加极端，t 检验为 $t(56)=13.61$，$p<0.001$；类似地，与根据学生留长发（$M=0.53$）推断得到的概率值相比，根据学生投票支持工党（$M=0.75$）这一事实推断得到的态度概率 P（A_p/B_p）更加极端，t 检验为 $t(56)=9.89$，$p<0.001$。

图 27—2 显示了最优概率和观察概率。根据 P（B/B^*）的值［经由方程 2，根据被试回忆学生行为的可靠性 P（B^*/B）计算］和完全可靠性条件下得到的 P（A/B）的均值，经由方程 3，推导出每个被试的最优概率。可以看到，行为的诊断性是引导态度概率推论的唯一因素，对 P（A_n/B_n^*）和 P（A_p/B_p^*），F 检验分别为 $F(1, 57)=68.94$，$p<0.001$ 和 $F(1, 57)=90.40$，$p<0.001$。[2] 与贝叶斯模型相背，可靠性以及它与诊断性的 386
交互作用的主要作用都不显著。此外，高诊断性名单中，观察概率的方差并不大于低诊断性名单的方差，t 检验为 $t(59)=0.59$。和在先前的实验中一样，观察概率比最优概率更加极端，对 P（A_n/B_n^*）和 P（A_p/B_p^*），F 检验分别为 $F(1, 57)=5.68$，$p<0.05$ 和 $F(1, 57)=27.63$，$p<0.001$。最后，在各种条件下，所有被试的观察概率与最优概率之间的 12 个相关关系中，8 个是正的，但是只有 2 个显著：在高诊断性—高可靠性条件下，对 P（A_n/B_n^*），$r=0.436$，$p<0.05$；在低诊断性—高可靠性条件下，对 P（A_p/B_p^*），$r=0.402$，$p<0.05$。

就我们研究发现的概括性而言，实验 4 提供了额外的支持。它表明，在先前的实验中观察到的偏差，对于根据回忆行为进行的态度推论也有影响。行动者的实际行为的诊断性，是推论的唯一决定因素，甚至在诊断性不得不基于被试自己的信念而没有任何外部的精确证据时。

四、一般讨论

我们的被试根据他们自己并不可靠的记忆做出的推论，系统地违背了

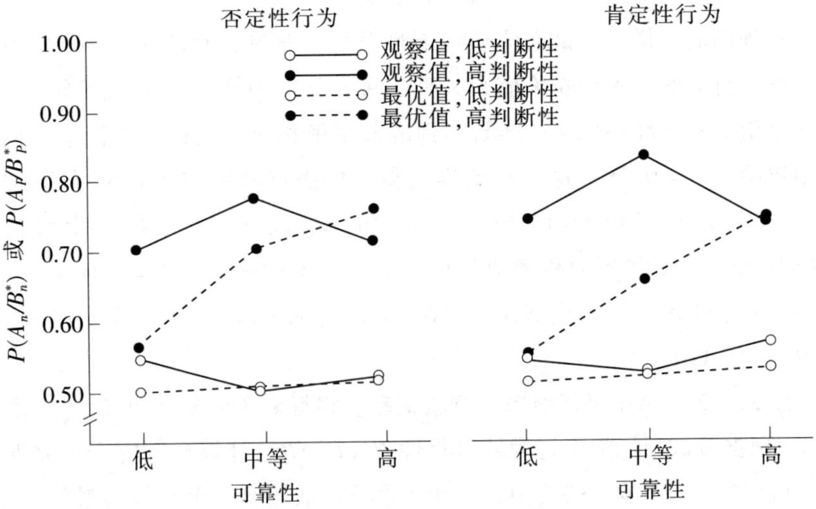

图 27—2　P（A_n/B_n^*）与 P（A_y/G_p^*）的观察值和最优值，作为可靠性和判断性的函数（实验 4）

概率推论的规范准则。被试倾向于完全依赖信息的诊断性，尽管觉知到自己的记忆并不可靠，他们仍然对可靠性不敏感。事实上，根据正确回忆的信息做出的推论（例如，根据回忆，被试认为学生的成绩低，并且成绩在事实上低的情况下的推论）与根据错误回忆的信息做出的推论（例如，根据回忆，被试认为成绩低，而事实上成绩高的情况下的推论）之间的比较表明，全部 4 个实验中的差异不显著（insignificant），可以忽略不计。也就是说，后一种概率推论和前一种一样极端。这些结果与这种观点一致，它认为人们倾向于运用一些简单的启发式规则，从而减低任务的复杂性。对信息的可靠性的忽略，可能反映人们使用了一种诊断启发式策略即代表性启发式策略（Kahneman & Tversky，1973，**4**）。例如，被试回忆行动者投票所支持的政党，根据投票支持该政党这一行动代表持有某种态度的行动者刻板印象（stereotype）的程度，推断该行动者支持归还阿拉伯人西岸地区的概率。与一个留长发的行动者相比，一个投票支持鸽派政党的行动者更多地体现了这种刻板印象的特征（在前 3 个实验中，经济学课程的高成绩，比人类学课程的高成绩更多地代表了那些被工商管理学院录取的学生的特征）。因此，在前一种情况中，可以更加确定地推断出对归还该地区持积极的态度。人们的记忆的精确性并不影响这些概率，因为它并不影响人们判断回忆行为所具有的代表性。 387

在这方面，一个报告的可靠性，与样本规模和基率（base rate）之类的因素是可比较的。作为证据的基础的样本规模，以及需要推断的特质的基率，并不影响证据本身与特质之间的相似性。因此，代表性概念暗示，在进行推论时，人们不考虑这些因素，研究也已经表明这一点（Nisbett & Borgida，1975；Tversky & Kahneman，1974，**1**）。基于这个概念，人们可能会期望，在那些可靠性会影响到报告的代表性的情况中，能够考虑到可靠性因素。因而，使用比目前研究中所运用的简单的、二元性事件细节更为丰富的行为描述，微弱的记忆可能会影响回忆信息的明晰性、完备性和形象性。这种模糊的信息可能更少代表了该种特质，因此，会产生更具回归倾向或者更加温和的概率诊断……

本章节选自《人格和社会心理学杂志》（*The Journal of Personality and Social Psychology*，1978，36，93-106）。允许重印。

注释

[1] 经由方程 1 推导出最优概率 P（A/G），据此计算出最优概率 P（A/G^*）的另一组值。我们不再单独讨论这些概率，因为它们与从主观估计的 P（A/G）中推导出的最优概率 P（A/G^*）的值非常接近。

[2] 应该注意，这些结果不能归于诊断性是作为被试内（within-subjects）变量，而可靠性是作为被试间（between-subjects）变量。关于第一个名单中的学生的推论，在每一种可靠性条件下，有一半的被试，学生行为的诊断价值低，而另一半诊断价值高。对这些推论作方差分析，在分析中，诊断性当然是一个被试间因素。分析得到，诊断性的作用高度显著，可靠性以及诊断性 × 可靠性的作用不显著。对前面 3 个实验的数据的分析得到了类似的结果。

第八部分

校正程序

第28章 决策中非常规线性模型的优美之处

道斯（Robyn M. Dawes）

米尔（Paul Meehl，1954）的《临床预测与统计预测：理论分析与证据评论》一书25年前发表。该书回顾了一些研究，这些研究表明，根据数值型的预测变量（例如，研究生入学考试的成绩、平均绩点、推荐信的等级）去预测心理数值型的标准变量（例如，刚刚获得哲学博士学位的研究生的能力等级），与那些被认为是擅长这种预测的人的临床直觉相比，常规线性模型表现得更好。本章的目的是为了评论证据，以表明甚至是非常规线性模型也可能优于临床预测。 391

常规线性模型，是指在模型中，赋予预测变量某种权数，从而使预测与标准之间的关系最优化。简单回归分析，是常规线性模型最普通的例子；它加权预测变量以使得加权后的混合式与实际标准之间的相关最大化。判别函数分析，是另一个常规线性模型的例子；预测变量权数的赋予，使结果得到的线性混合式能最大地显明两个或者更多组之间的差异。另一个例子是脊状（ridge）回归分析（Darlington，1978；Marquardt & Snee，1975），它试图分配权数从而使得线性混合式与一组新数据的兴趣标准之间相关最大。

因而，有许多种类型的常规线性模型，它们在多种情境中被使用。一个例子（Dawes，1971）涉及的是教员预测研究生的能力等级。1969 年春 392 天，俄勒冈（Oregon）大学心理学系评定该系 1964 年秋至 1967 年秋之间入学的所有研究生，他们没有因为非学术的原因（例如，精神病或者结婚）而中途退学；各位教员仅仅评定他们为等级相当不错的学生。评定使用下面的等级尺度：5，杰出；4，中上；3，平均；2，中下；1，由于学习困难而被迫退出。这种完全等级构成了一个心理学上令人感兴趣的标准，因为系里教员的主观印象，是一个学生离开研究生院之后能获得（如果有的话）工作的主要决定因素。样本一共 111 名学生。评定每个学生的教员数目从 1 到 20 不等，平均数值为 5.67，中位数为 5。评定等级是可靠的。为了判定信度，对等级进行过一次单向（one-way）方差分析，其中每个学生的评定被视作一次处理；结果得到的处理间的方差比（n^2）为 0.67，它在 0.001 水平之上都显著。这些能力评定，也通过常规线性模型被预测；而这个常规线性模型，则基于学生的研究生入学考试（GRE）成绩，学生的本科平均绩点（GPA）和学生本科院校的可选择性的测量。[1]能力评定等级与预测变量之间的交叉—可靠性多元相关（the cross-validated multiple correlation）为 0.38。与米尔的结果一致，这些后来的能力评定等级与选择学生的招生委员会给出的平均等级之间的相关关系为 0.19[2]；也就是说，它解释了四分之一那么多的方差。这个例子，是这一领域心理学研究发现的典型，因为：(a) 与模型的预测的相关关系高于与临床判断的相关关系，(b) 两种相关关系都低。这些特征，被心理学家用来解释这一发现：它意味着，尽管模型的低相关表明线性模型作为一种方法是不完善的，但是判断者比之更低的相关关系，却仅仅表明使用了错误的判断者。

非常规线性模型，是指模型中权数的选择根据一些非最优的方法。权数，可以选择为等同的，也可以根据预测者的直觉来选择，或者随机地选择。但是，非常规模型可能具有重要的效用（utility）。例如，当对前一个例子中标准化的 GREs、GPAs 和选择性指数平均加权时，结果得到的线形混合式与后来的教员评定等级之间的相关系数为 0.48。线性混合式的相关关系，不仅高于与入学委员会的临床判断的相关关系（0.19），而且也高于对分半样本的权数所进行的交叉—可靠性检验的相关关系。 393

一个可能更令人感兴趣——至少是对一般大众而言——的非常规模型的例子，是由一位物理学家促成的，那时他和我一起在一个研究小组研究预测系统。后来有一次，当他和他的妻子及我在酒吧时，他说我的论文可能会令我的同事有点兴趣，但是在心理学系研究生院的成功并不能引起更广泛的兴趣："例如，你能不能运用你的一个非常规线性模型预测我和我的妻子相处的情况呢?"他问道。我意识到我能够——或者说可能。那时，俄勒冈大学心理学系正在从事性方面的研究，其中大多数是行为主义导向的，因此当该研究的被试做爱时、争吵时、当他们进行社交活动（例如，与姻亲）时等，他们都处在监控之下。这些被试也主观评价他们的婚姻或者夫妻生活的幸福程度。我立刻想到一个非常规线形模型来预测对婚姻幸福的自我评价：用做爱的频率减去争吵的频率。正好我的同事荷华德（John Howard）在堪萨斯城（Kansas City）密苏里（Missouri）大学读本科时，曾经收集过这类与夫妻生活有关的数据，那时他与亚历山大（Alexander）一起工作（1971）。确定夫妻间关于做爱和争吵的判断的可靠性之后，亚历山大从 42 对夫妇的每一对中，找到一个合作者来监控这些事件，她允许我们分析她的资料，得到下列结果："在 30 对婚姻幸福的夫妇中（如同监控合作者报告的），只有两对夫妇争吵的频率多于他们做爱，所有 12 对婚姻不幸福的夫妻都争吵得更频繁。"（Howard & Dawes，1976，p. 478）后来，我们在俄勒冈大学重复了这一发现。这一次 27 位监控者根据一种7 - 项目量表评定幸福等级，从"非常不幸福"到"非常幸福"，有一个中性的中间指标。做爱与争吵的频率之差和这些婚姻幸福程度的等级评定之间的相关关系为 0.40（$p<0.05$）；没有一个变量单独显著。爱德华兹等（1977）在密苏里，邵登（Thornton，1977a）在得克萨斯（Texas），也重复得到了这一发现。后者发现，在 28 对新婚夫妇中，做爱—争吵的差异与对婚姻幸福的自我评定之间的相关关系为 0.81（$p<0.01$）。这一相关关系如此高的原

因可能在于邵登是在被试监控他们的做爱和争吵之后，而不是之前得到关于婚姻幸福的等级评价；事实上，一位被试意识到她争吵超过做爱之后，就会决定离婚（Thornton，1977b）。这些研究的结论是，如果我们的爱超过我们的恨，我们就是幸福的；如果我们的恨超过我们的爱，我们就是不幸的。结论并不深奥，无论是在心理学还是在统计学上。关键在于，这样一个非常粗糙的非常规线性模型，预测了一个非常重要的变量：对婚姻幸福的判断。

自从米尔（1954）的著作发表以来，大部分（事实上是全部）的文
394 献，支持他关于常规模型和直觉的临床判断的一般结论。有学者（Sawyer，1966）评论了这方面的大量研究，其中的一些研究范围非常广泛（见 L. R. Goldberg，1965）。但是，在他的书发表10年之后，米尔（1965）得出结论，仅有一个简单的案例表明临床判断优于常规线性模型，并且这一结论，立刻受到他人（Goldberg，1968a）的质疑，后者发现，甚至这一案例也没有表明临床判断的优越性。霍尔特（Holt，1970）评论了几项研究的细节。他甚至提出，与理解不同，预测可能并不是临床判断的一个非常重要的部分。但是对文献的搜索，并不能发现任何一项研究，当二者都是基于同样的可编码输入变量时，临床判断曾经被证明优于统计预测。并且，尽管大多数非实证主义者会同意理解并不等同于预测，但是很少有人会同意理解并不需要一些预测能力。

为什么呢？因为人们——尤其是某个领域的专家——更擅长于选择和编码信息，而不是整合信息。

但是，人是重要的。统计模型可能以最优的方式整合信息，但是选择变量的总是个体的人（判断者、临床医生、被试）。并且，了解预测变量与兴趣标准之间的方向关系，或者能够以这样一种方式编码变量从而使得变量之间具有明确的方向关系的，也是人类判断者。也恰恰是在那种预测变量有效并且它们与标准之间存在条件性单调关系的情境中，常规线性模型才充分地起作用。[3]

在决定“寻找什么”之类的事情时，线性模型并不能取代专家，但是恰恰是这种关于在做出决定时应该寻找什么的知识，是人所拥有的特殊的

专家知识。甚至在其复杂程度有如决定下一步棋的走法的判断中，也是以一种合适的方式编码棋盘从而“看到”合适走法的能力，区分了大师、专家和新手（deGroot，1965；Simon & Chose，1973）。人胜出，不是因为整合信息的能力（Slovic，1972b）。其次，棋艺大师考虑的步数，并不比专家更多；他只是知道去考虑哪一步。爱恩荷恩（Einhorn）的一项研究，可能最出色地说明了知道去寻找什么与整合信息能力之间的区别。专家医生编码
霍奇金氏病（Hodgkin's disease）病人的活组织检查，然后对病情的严重程 395
度做出一个总体评定。总体评定，并没有预测 193 个病人的存活时间，他们全部死了。评定与存活时间的相关关系，实际上全部为 0，一些相关关系甚至方向错误。但是，医生编码的变量，当被运用到一个多元回归模型中时，确实预测了存活时间。

总体上说，常规线性模型工作的原理非常简单。人们擅长于挑选出正确的预测变量，擅长于以某种方式对它们编码，从而使它们与标准之间存在条件性单调关系。但人们拙于整合来自多个方面且不可比较的来源的信息。当预测与标准之间存在一种条件性单调关系时，常规线性模型优于这种整合。

例如，考虑这个问题，比较一个 GRE 成绩 750、本科平均绩点（GPA）为 3.3 和另一个 GRE 成绩 680、本科平均绩点为 3.7 的研究生申请人。大多数判断者会同意，这些能力指标和先前成绩应该以某种补偿方式结合起来考虑，但是问题是怎么进行补偿。许多尝试这件工作的判断者，对 GREs 和平均绩点的分布特征了解很少，而大多数人，也根本不了解许多研究的知识，而这些研究，主要关注这些分数作为研究生学业成功的预测指标的有效性。此外，如果不具备这些知识，这些数字本身是不可比的。有希望的申请人，其 GREs 范围是从 500 到 800，而平均绩点是从 3.0 到 4.0。在这种情况下，一种统计的加权方案会优于人类判断者，这奇怪吗？

现在来假设，在某些情境下，不可能构造一种常规线性模型。我们之所以不能这样做的一个原因，是我们的样本规模不足。例如在多元回归中，权数 b 是出名地不稳定；权数 b——最优权数——要能在交叉 - 可靠性检验中优于简单的单位权数，观察资料与预测指标的比率，应该达到 15 比 1 甚至是 20 比 1。许多学者（Schmit，1971；Goldberg，1972；Claudy，1972），

利用计算机模型理论上证明了这一要求，而爱恩荷恩等（Einhorn & Hogarth，1975；Srinivisan，1977），则采取分析方法处理了这一问题。一般的解决方法，依赖于大量参数，如总体中的多元相关和预测变量之间的共变模式。但是，应用含义很明显。而在一些情境中，如果没有“合适”（decent）的观察资料与预测指标的比率，标准回归分析，就不能用。

另一种不能运用常规线性模型的情境，不存在可测量的标准变量。但是，我们可能知道重要的预测变量会是什么，并且如果我们能够测量标准的话，我们可能知道变量与标准之间关系的方向。例如，当决定哪些学生
396 可进研究生院的时候，我们希望预测一些未来的长期变量，它们可以被称作“职业的自我实现”。我们知道，使用这个概念，我们所指的意思是什么，但是仍然没有有效的、精确的定义。即使我们有一个定义，也不可能用目前学生的记录进行这项研究。因为至少要在学生已经完成他们的博士学习之后20年，这个变量才能被评估。但是，我们确实知道这一标准与智力、过去的成绩和超过同学的能力之间很可能存在有明确的关系。在我们的申请人档案中，GRE成绩评估了第一个变量；本科平均绩点成绩评估了第二个变量；推荐信评估了第三个变量。那么，为了评估我们的申请人的潜力，我们能不希望构造关于这些变量的某种类型的线性组合吗？考虑到我们不能够进行标准的回归分析，当我们评估我们的申请人时，难道除了对这些变量进行毫无帮助的直觉整合，就没有其他办法了吗？

构造非常规线性模型的一种可能方法，是通过使用自助法（bootstrapping）（Dawes & Corrigan，1974；L. R. Goldberg，1970）。其过程，是先构造一个专家关于结果标准的判断的常规线性模型，然后用这个线性模型来替代判断。有人（Hammond，1955；Hoffman，1960）指出，在心理学的文献中，这种线性模型能够精确地预测专家的判断。32年前，罗斯福的前任副总统（Henry Wallace）华莱士就已经这样做了。在1923年一篇关于农业的文章中，他建议使用线性模型来分析“玉米专家脑子里在想些什么”。在他的一篇颇有影响力的文章中，霍夫曼把线性模型的使用称作是对判断者的同质异晶描述（paramorphic），这个词语的意思是指，判断者的心理过程，并不包括计算输入变量的一种隐含的或者外在的加权平均值，但是能

够通过这样一种加权来模拟他的心理过程。在预测变量与标准变量之间存在条件性单调关系的情境中，同质异晶描述已经非常成功（评论见 Dawes & Corrigon，1974；Slovic & Lichtenstein，1971）。

自助法模型，利用了根据判断者推导出的权数；因为这些权数，不是源于预测指标和标准变量本身之间的关系，所以结果产生的线性模型是非常规的。然而，这些同质异晶描述的表现，始终优于它们由之导出的判断者（至少是在根据预测值和实际值之间的相关关系评估有效性时）。结果已经表明，自助法具有普遍性。例如，在维京斯等人（Wiggins & Kohen，1971）主持的一项研究中，伊利诺伊（Illinois）大学心理系的研究生，被呈现描述伊利诺伊大学心理学系其他（真实的）研究生的 10 种背景（background）、能力（aptitude）和人格（personality）指标，他们被要求预测这些研究生第一年的平均绩点。在预测实际的平均绩点方面，每位伊利诺伊大学判断者的线性模型，都要优于判断者自己的表现。在维京斯等 397
（引用见 Dawes & Corrigon, 1974）合作主持的一项研究中，这一结果得到了验证。而戈登伯格（Goldberg, 1970）也证明了这一结果：29 位临床心理学判断者中有 26 位根据明尼苏达多项人格测验（MMPI）的剖面图预测神经症或者精神病的诊断。道斯（1971）在俄勒冈大学评估研究生申请人时也发现了这一结果。关于自助法的效果，我所知道的一个曾经发表的例外，是利比（Libby）主持的一项研究（1976）。他的被试是 16 名来自较小银行（资产在 300 万美元到 5 600 万美元之间）的贷款部门的职员和 27 名来自大银行（资产在 6 亿美元到 44 亿美元之间）贷款部门的职员。他们要判断在公布他们的财务报表之后的 3 年内，60 家公司中的哪 30 家公司会倒闭。贷款部门的职员要求根据 5 种财务比率（例如，现期资产与总资产的比率）做出判断。平均而言，贷款部门的职员，正确归类了 44. 4 家企业（74%），它们或者有偿付能力或者将来破产；但是平均而言，贷款部门的职员的同质异晶描述，只能正确归类 43. 3 家企业（72%）。结果证明这一差别在统计上显著。因此，利比得出结论：这是一个自助法不起作用的案例——可能是因为他的判断者是受过高度训练的专家，他们试图预测一个高度可靠的标准。但是，戈登伯格（1976）指出，许多比率分布属于严重偏斜分布，因此，他重新分析了利比的数据，在构造贷款职员的模型前先标准化比率。利比发现，他的研究中 77% 的职员表现优于他们的同质异晶描述，但是戈登伯格使用调节过的预测变量发现相反的情况；72% 的模型表现优于它们所推导出的判断者。[4]

为什么自助法会起作用呢？有些学者（Bowman，1967；Goldberg，1970；Dawes，1971）坚持认为，自助法成功的原因，在于线性模型从其他可变行为（例如，受情境效应或者外部变量影响的判断）中提取出潜在的策略（在隐含的权数中）。

对于自助法的效能的信念，是基于判断者的线性模型的有效性与判断者判断自身的有效性的综合。从逻辑上来说，这仅仅是两种可能的比较中的一种。另一种是判断者的线性模型的有效性与一般线性模型的有效性的比较；也就是说，为了证明自助法起作用是因为线性模型在剔除了不可靠
398 因素的同时吸取了判断者有效的专家知识的精髓，那么必须证明，根据分析判断者的行为得到的权数优于可能用其他方法得到的权数，例如随机方法。因为判断者模型和随机方法得到的模型二者都是完全可靠的，所以随机模型与判断者模型之间的比较，使得对于判断者的潜在线性描述，或者说策略的评估成为可能。如果随机模型的表现同样令人满意，那么判断者就不是在“遵循某些有效的原理，而是拙劣地遵循它们”（Dawes，1971，p. 182），至少不是比其他任何在正确的方向上加权变量的原理更加有效的原理。

表 28—1 给出了道斯等总结的 5 项研究，它比较了通过各种方法获得的有效性（也就是相关系数）。在第一项研究中，一批 861 名精神病人在各个医院进行明尼苏达多项人格测验（MMPI）；之后，根据更加详尽的信息，把他们归类为神经症患者或者精神病患者。明尼苏达多项人格测验的剖面图包括 11 项得分，每一种代表了调查对象回答问题的方式与患有明确界定的精神病理学类型病人的类似程度。因而每一名病人与一组 11 项分数相连，而问题是预测以后的诊断，病人是属于精神病（编码为 1）还是神经症（编码为 0）。29 名“富有不同经验、受过不同训练的”临床心理学家（Goldberg，1970，p. 425）被要求根据一个 11 级的选择式正态分布（a 11-step forced-normal distribution）进行预测。接下来的两项研究，涉及的是伊

利诺伊大学心理系的 90 名一年级研究生，要根据 10 种预测学术成果的变量来评估他们。这些变量，包括能力测验成绩、大学平均绩点、各种同龄人评定的等级（例如，外向性）和各种自我评定（例如，责任心）。计算所有这些学生第一年的平均绩点。而问题是根据这 10 种变量预测他们第一年的 GPA。第二项研究，是由伊利诺伊大学的 80 名（其他专业的）研究生进行预测。第三项研究，则是由俄勒冈大学的 41 名研究生进行预测。第四项研究的细节，已经在前面叙述过了；它是一项关于预测以后的能力评定等级的研究，在俄勒冈进行。而在最后一项研究（Yntema & Torgerson，1961）中，给被试出示一些椭圆，实验者根据椭圆的大小、离心率和灰度为椭圆赋值，使用的公式是 $ij + kj + ik$，其中 i、j 和 k 指刚刚提到的三种维度的数值。在这个实验中，被试被要求估计每个椭圆的值，并且在每一回合结束时给出结果反馈。问题是根据椭圆的大小、离心率和灰度预测每个椭圆的真实值（即实验者赋予的数值）。

表 28—1　　预测与标准值之间的相关 399

案例	判断者的平均效度	判断者模型的平均效度	随机模型的平均效度	平均加权模型的效度	回归分析的交叉效度	最优线性模型的效度
预测神经症患者或精神病患者	0.28	0.31	0.30	0.34	0.46	0.46
伊利诺伊大学学生 GPA 的预测	0.33	0.50	0.51	0.60	0.57	0.69
俄勒冈大学学生 GPA 的预测	0.37	0.43	0.51	0.60	0.57	0.69
预测俄勒冈大学学生日后的能力等级	0.19	0.25	0.39	0.48	0.38	0.54
Yntema 和 Torgerson（1961）的实验	0.84	0.89	0.84	0.97	—	0.97

注：GPA = 平均绩点。

表28—1的第一栏，给出了这些研究中判断者的平均效度，第二栏给出了这些判断者的同质异晶描述的平均效度。在所有个案中，自助法都起
400 作用。但是那时，同事和我构造的是随机线性模型，也就是说，在模型中，除了符号，权数是随机选择的，然后应用于标准化的变量。[5]

> 每个变量的符码（sign），根据一种先验的基础来决定，因此变量与标准之间存在正关系。然后，根据一个单位方差的正态分布随机选择一个常规偏差，这个偏差的绝对值用来作为该变量的一个权数。每个案例构造10 000个这种模型。（Dawes & Corrigon，1974，p. 102）

平均而言，这些随机线性模型的表现，大约与判断者的同质异晶模型一样令人满意。表的第三栏，预测了这些平均值。第四栏给出的平均加权模型，甚至表现得更好。平均加权模型之所以必然会优于平均随机模型，有一个数学方面的原因。[6]而最后两栏，给出了标准回归模型的交叉—有效性检验的效度和最优线性模型的效度。

当根据矩形分布选择权数时，得到了本质上一样的结果。为什么？因为线性模型的强检验性克服了对于最优加权的偏离。换句话说，至少在这些研究中，自助法的研究发现，仅仅是重新证实了先前的研究发现，即常规线性模型优于人类判断——根据判断者的行为推导出的权数几乎接近于最优权数，从而模型的结果也高度相似。解决获得最优权数问题的一个方法是——用温特菲尔特（Von Winterfeldt）和爱德华兹（1973）的话来说——使用“固定最大值”（flat maximum）。接近于最优水平的权数，产生与最优的第二位权数（beta weights）几乎同样的结果。因为专家判断者至少了解变量的方向，所以他或她的判断得出的权数几乎是最优的（但是注意，在所有个案中，平均加权模型优于基于判断者行为的模型）。

401 40年前，威尔克斯（Wilks，1938）首次指出，不同的线性组合之间，存在相互高度相关。他仅仅考虑了在预测因素之间存在正相关关系的情境。这一结果看来是普遍成立的，只要这些相互的相关关系不是负的；例如，X+2Y和2X+Y之间的相关关系为0.80，当X和Y之间不存在相关关系

时。最近，许多学者（如 Green，1977；Wainer，1976；Wainer & Thissen，1976；Edwards，1978；Gardiner & Edwards，1975）调查研究了结果对与系数的变化（假设不涉及符码的变化）相对不敏感的方式。

道斯等人（1974，p. 105）得出结论："全部的诀窍在于知道寻找哪些变量，然后知道怎样相加。"下述研究充分地证明了这一原则，该研究是在道斯等人的文章发表之后进行的。在这项研究中，哈蒙德等人（Hammond & Adelman，1976），既调查也影响了丹佛（Denver）城警方应该使用哪一种类型的子弹的决定，这一决定，与上述讨论的大多数决定相比，具有更明显的社会影响。下面引自哈蒙德等人的文章：

> 1974 年，丹佛警察局（Denver Police Department，DPD）和全国的其他警局，决定更改它们的手枪弹药。警方提供的主要理由是说，传统的圆形弹头的子弹，不能提供充分的"阻挡力量"（也就是说伤残对方因而不能向警员或者其他人回击的能力）。DPD 主管人员（和其他警方主管人员一样）建议用一种尖端凹陷的子弹代替传统的子弹。他们认为这种子弹在撞击时会变平，因而减少了穿透力，增强了阻挡效果，因此减少了潜在的跳弹。警方提议的子弹更改，遭到了美国民权联合会、少数族群和其他群体的抗议。反对改变子弹的人声称，新子弹和非法的达姆弹一样，它们导致比圆形弹头子弹更大的伤害，因此应该被禁止使用。和惯常一样，对这个问题的判断，私下里形成，然后予以热情地、顽固地公开辩护，并召开了公众听证会。双方都求助于弹道专家寻求科学的资料和支持。（p. 392）

争论聚焦于评价特殊子弹的性能，混淆了子弹的物理效力与其对社会政策的意义；也就是说，支持者不是去区分什么是子弹应该达到的（社会政策问题）这一问题和特殊子弹的弹道性能问题，他们仅仅为赞成这一种或者另一种子弹争论不休。因而，如同哈蒙德等人指出的，社会政策的制定者，漫不经心地扮演了（差劲的）弹道专家的角色，或者相反。哈蒙德等人所做的，是从政策制定者那里发现主要的政策维度，然后他们让弹道

专家根据这个维度评价各种子弹。结果证明，这些维度，被证明是阻挡效
402 果（身体被击中的人不能回击的概率）、严重伤害的概率和伤及旁观者的概率。当弹道专家根据这些维度对各种子弹做出评价之后，结果表明，最后两种维度几乎完全被混淆了。但是它们没有完全与第一种混淆。子弹并不会沿着一个混淆了有效力和致死性的单一维度变化。严重伤害和伤及旁观者的概率，与子弹的穿透力高度相关，然而子弹有效地阻止对方还击的可能性，与子弹着体时伤口的范围高度相关。既然政策制定者不同意指定给三个维度的权数，哈蒙德等人建议赋予它们相等的权数。结合平均加权与弹道专家的（独立的）判断，哈蒙德等人发现有一种子弹，它与 DPD 那时使用的标准子弹相比既拥有较大的阻挡效力，也较不易于造成伤残（也比较不易于伤及旁观者）（Hammond & Adelman，1976，p. 395）。这种子弹，也比 DPD 先前推荐的子弹更不容易导致伤害。“市议会和所有其他相关团体都接受了这种子弹。现在 DPD 正在使用这种子弹。”（Hammond & Adelman，1976，p. 395）。[7]再一次，“全部的诀窍，在于决定寻找哪些变量，然后知道怎样相加”（Hammond & Adelman，1974，p. 105）。

这样的话，为什么人们没有更经常地这样做呢？我知道有 4 所大学（伊利诺伊大学、纽约大学、俄勒冈大学、加州大学圣巴巴拉分校——可能还有更多）使用线性模型选择申请人，但是甚至是它们也是把线性模型用作一种最初的甄别设备，在对超过分数线的申请人进行最后选择时，也还是使用临床判断代替线性模型。戈登伯格（1965）根据明尼苏达多项人格测验（MMPI）的剖面图用以诊断神经症和精神病的精确方案，也已经证明，在试图完成这种任务方面，它优于临床判断者（根据我和戈登伯格所知，还没有研究者得到判断者表现得更好的情况）。然而，我使用该方案的一次经历（在安亚伯老兵管理医院）是，它因为犯了明显的错误（一个有趣的原因，最后详细讨论）而被停止。1970 年，根据一个基于明确定义的指标、院系资产和需要的拟线性分数系统，我建议我们在俄勒冈大学的研究委员会，按比例削减给予系里的国家科学基金和国防教育法案委员会基金；我被告知说“你不能系统化人类的判断”。仅仅在 6 个月之后，当我们
403 的委员会意识到在直觉判断基础削减基金而面临的政治上和伦理上的困境

之后，这一系统才被采用，等等。

在过去的3年里，我不断撰写和讨论在主要的社会决策中使用线性模型的效用（和伦理上的优越性，根据我的观点）。不同的读者和听众反复提出许多相同的反对意见。我愿意归类这些反对意见并给出回答，以此结束本章。

反对使用线性模型的意见

这些反对意见，可以归入3种一般的类别或范畴：技术的、心理的和伦理的。我将按顺序讨论每种类别。

1. 技术的

技术方面最常见的反对意见，是关于相关系数的使用。例如，莱姆斯等（Remus & Jenicke, 1978）写道：

> 很明显，道斯等人选择相关系数来确立随机的单位规则的效用，这是不合适的（原文如此，为什么不合适呢?）。在道斯等人引用的实验中，同样需要一个标准函数。毫无疑问，存在一个成本函数，它在于错误地分类精神病和神经症，或者是允许勉强合格的学生进入研究生院的同时而拒绝了合格的学生。(p. 221)

首先考虑研究生入学的例子。大多数学校有 k 个空缺位置和 N 位申请人。问题是从 N 中选出最优秀的 k 个人（反过来，他们也愿意选择该学校）。还有比使用一种合适的等级更好的方法吗？没有。莱姆斯等人写作时，好像问题不是关于相对的选择，而是一个绝对选择的问题。然而大多数的社会选择，涉及的是从一组选项中选择更好的或者最好的：更好的学生、最好的子弹、可能的最好的飞机场地址等。很明显，因为相关系数非常好地反映了等级，它适宜于评估这种选择。

神经症—精神病问题，更加微妙，甚至更加不支持他们的论点。“毫无疑问”，他们说，“存在一个成本函数”，但是他们没有指明任何候选的方法。意思很明显：如果他们能够发现，那么临床判断会被证明是优于线性模型的。为什么？就他们而言，由于缺乏这样的发现，他们的论点根本毫无疑义。但是，这种毫无根据的论点，却非常能够激发人们的兴趣（例如，对于失败的将军或者失败的足球教练而言，他们知道他们的计划“确切无疑地”会有效，“如果……”——然而实际上，无论如何他们的计划注定失败）。

技术方面第二个相关的反对意见，是关于判断者的平均相关系数与线性模型的平均相关系数的比较。可能由于取平均，一些实际上非常出色的
404 判断者的表现被掩盖了。数据表明不是那样的。例如，在戈登伯格（1970）的研究中，29 名受过训练的临床医生中只有 5 人表现得比单位加权模型好，而没有任何人的表现优于常规模型。在维京斯等人（1971）的研究中，没有一个判断者比单位加权模型出色。我们在俄勒冈重复得到了这个结果。在利比（1976）的研究中，在预测破产时，43 名判断者中只有 9 人表现得比资产—可靠性比率更好（有 3 个人表现得与比率一样好）。如果承认临床医生应该能够预测神经症或者精神病症状，研究生应该能够预测研究生的成功，银行贷款职员应该能够预测破产，他们的问题就变为这样的问题：很可能在这些研究中所使用的专家，并不是合适的专家。而这又是毫无根据的论证：如果使用其他的专家，那么结果就会不同。但是，再一次，没有出现这种专家。再一次，合适的答案，是询问为什么这些假设的其他人应该会有所不同的理由（如同一所大学的副校长所告诉我的，“你的研究仅仅证明你使用的专家不行；毫无疑问，我们可以找到更好的专家，可以做得更好”——显然，不是从心理学系找到的）。

技术方面的最后一个反对意见，是关于标准变量的性质。无可否认，它们是短期变量，不那么深刻（例如，平均绩点或症状）；否则，大多数研究就不可能进行。那么，问题就提出来了。如果是要预测一种真正长时段的、重要的标准，是否研究会有所不同。答案是，结果当然可能不同，但是我们没有任何理由假定它们会不同。首先，一般来说，久远的将来比最近的将来更加不可预测，原因很简单，更多的不可预见的、外部的因素，或者自我强化的因素，会影响单个的结果（注意，我们不是在讨论累计的结果。例如在中西部地区，一个非常寒冷的冬天，通常会持续超过三个

月）。既然临床预测本来就劣于线性模型，那么，除非线性预测随着时间会变得比临床预测更差，否则该假设不会成立。没有什么先验的理由，相信预测中会出现这种差别退化，也从没有人曾经向我证明过。当然，没有任何证据。再一次，反对意见仅仅是毫无根据的论点。

特别引起人们兴趣的事实是，那些认为不同的标准、不同的判断者、不同的变量，或者不同的时间框架会导致不同的结果的人士，他们制造这种个案已经有 25 年了。然而，他们失败了。

2. 心理的

抵制使用线性模型的一种心理的原因，在于我们关于临床预测的选择性记忆。我们对临床预测的信念，因为成功的临床预测的例证的便利性（Tversky & Kahneman，1974），而被加强了——尤其是那些例外与一些方案 105
的例证："我知道，曾经有人仅仅……他……"（例如，"我听说有一个智力测验只有 130 的人得到了心理学的高级学位"）。如同尼斯比特等人（1976，**7**）所指出的，比起基于大量案例的更加有效的统计汇编，这种单个案例对于判断具有更大的影响力。而对于临床心理学家，一种预防根据这种例子而拒绝精确预测的方法，是仔细记录他们自己对自己病人的预测——不受事后认识支配的预期记录。这种记录，能够使所有成功或者失败的预测案例发挥同样的影响力。另外，它们能够运用于另外一项临床与统计相比较的研究，这项研究使用可能是最优秀的判断者——临床医生他或者她自己。

此外，在一些情境中，对积极或者消极结果的预测，存在自我实现效应。由于在这种情境中的选择（Einhorn & Hogarth，1978），有效判断的错觉会被强化。例如，招生部的官员，他们断定某位申请人特别适合一个研究生项目，当那位申请人表现优秀时，他们可能会觉得自己的判断尽了责任，尽管申请人的成功，很大程度上是因为该项目的积极效应（与此相反，在一组经过挑选的申请人中，对选择的线性模型的评估，是通过这个模型预测申请人表现的情况来进行的）。或者一位侍者，他认为桌边的某个人很吝啬，他可能没有平时那么殷勤，结果只得到很少的小费，因而使他的临床判断免除了责任。[8]

第二种抵制使用线性模型的心理原因，源于它们所公认的低效度。在此，有一种隐含的（与外在的相对）毫无根据的论点，因为它既没有提出评估程序方面的改变，也没有提出改变判断者或者标准。这些隐含的假设是，这些具有心理学兴趣的标准，事实上，是高度可预测的，因此可以得出；如果一种预测方法（线性模型）表现得并不太好，那么另一种方法可能会做得更好（或合情合理），然后就被转换成为相信另一种方法会做得更好（这并不是一个合情合理的推论）——除非这种方法能被发现。一位考虑研究生入学的教务主任，最好地表达了这种反对意见，他写道，“线性组合式与未来的能力等级的相关关系只有 0.4，而招生委员会的判断的相关系数是 0.2。0 的 2 倍还是 0。” 1976 年，我回答如下（Dawes，1976，pp. 6-7）：

> 作为回答，我仅仅指出方差的 16% 比 14% 更好。然而，对于我，这个论点的最迷人之处在于隐含的假设，方差的其余 84% 是可以预测的，并且我们能够以某种方式预测它。
>
> 406 现在我们正在处理什么？我们正在处理一群 20 岁左右的（全部都那么聪明机智）人的人格和智识特征……到底为什么我们如此确定我们能够做出这种预测？无疑，不必每晚阅读传道书（Ecclesiastes）才能理解运气的作用。此外，很明显，在职业发展中，存在积极的反馈效应，它会夸大门槛现象。例如，一旦某些人被认为足够“出色”，他们就会被邀请到杰出的机构，他们有最杰出的同事互相影响——因此优点被强化了。同样的问题也出现在那些没有完全达到这样一个门槛的人身上。所有这些因素，不仅抑制了对成功的长期预测，而且对这种有关成功的预测研究，也必然被限制在那些可被接受的预测问题上，这些问题，有范围的限制，并且其预测指标间，有负的方差结构。（Dawes，1975）

最后，职业的成功还存在各种类型的非智力因素，所有这些因素，在允许进入研究生院学习之前是不可能被评估的。例如，成功地构造一种令人满意的或者振奋人心的性关系，尚未显现的毒品或者酒精上瘾的遗传倾向，不幸地加入了一个破产的研究团队，诸如此类。

从智力方面来说，值得注意的是，我们能够预测甚至 16% 的方差。但是我相信，我自己的情感反应也代表了我的那些同事。他们单纯地假定，未来因此是更可预测的。我希望它是可以预测的，尤其是当我想预测的未来的某个方面，对我而言是很重要的时候。我认为，这种欲望就转换为一种隐含的假定，未来事实上是高度可预测的，那么逻辑上将会得到；如果某种东西不是一个非常好的预测指标，其他的什么可能会做得更好（尽管认为它必然会如此，从来都是错误的）。

因为已确切地证明我们的预测只能达到可怜的程度（通常是一个低的相关系数），统计预测，就因此直截了当地用事实打击我们：生活并不是可以预测的。与此相反，非系统的临床预测（或者“后测”）许诺给我们一个安慰的幻象：生活事实上是可以预测的，并且我们能够预测它。

3. 伦理的

去年，当我在洛杉矶复兴博览会时，我无意中听到一位年轻的女性抱怨“非常不公平”，因为加州大学圣巴巴拉分校心理系仅仅根据分数，甚至没有给她一次面试的机会就拒绝了她。“他们怎么可能知道我到底如何呢？”回答是他们不能。即使有一次面试，他们也不能做到（Kelly，1954）。然而，许多人坚持认为，不经过面试就做出一个至关重要的社会选择，很没有人性。我认为，人们是否被公平地对待的问题，更多地是与他们是否 407
被非人性地对待有关，而不在于这种对待是不是面对面的问题（一些最糟糕的医生花费了大量的时间与他们的病人交谈，却从来不去阅读任何的医学期刊，很少或者根本不做任何测试，最后只能在葬礼上哀悼病人）。就申请人来说，平均绩点代表了他 3 年半的表现。（无疑，并不是所有的教授都对他或者她的独特的创造力类型有偏见）。GRE 是一种更加精心设计的测试。实际上，我们相信比起仅仅使用这两个数字，一次 10 分钟的文件评估或者一次半小时的面试能让我们把这份工作做得更好或者更公平吗？这种认知上的自负（Dawes，1976，p. 7）是不道德的，尤其是考虑到没有任何证据表明我们能够比线性方程做得更好（如果要合乎伦理，那么进行例外的选择也必须极端地仔细，因为如果我们根据他或者她拥有的某些特殊潜力就允许他或者她以低的成绩入学，那么我们就自动地拒绝了一些成绩更高的人，他们很可能具有同样惊人的潜力，如果我们不辞辛劳去评价它的话）。

无论我们多么希望本章所回顾的种种研究的这个或者那个方面发生改变，无论我们发现它们的结果在心理上会是多么令人不情愿或者令人讨厌，无论“把人还原成仅仅是数字”让我们在伦理上感到多么不舒服，事实依然是，我们的客户是人，他们应该得到最好的对待。如果这意味着——如同目前显现的那样——选择、诊断和预测，应该仅仅根据一些代表了重要特质的价值的数字的叠加，而不是其他任何东西，那么，就那样吧。否则就是欺骗我们所服务的所有人。

本章原刊于 *American Psychologist*，1979，34，571-582。允许重印。

注释

[1] 这个指标，是基于卡斯等人（Cass & Birnbaum，1968）在《美国大学比较指南》一书最后给出的可选择性等级。可选择性的类别，根据下列规则被赋予数字数值：最具选择力的，6；高度值得选择的，5；非常值得选择的（+），4；非常值得选择的，3；值得选择，2；不值一提，1。

[2]不幸的是，111 名同学中只有 23 人能够用在这个比较中，因为招生委员会使用的等级尺度，年年发生细微的变化。

[3]当所测量的变量其较高值能够预测标准的较高值时，关系是条件性单调的。这一条件是两种更加根本的测量条件的综合：（1）独立性，即每个变量与标准之间的关系独立于剩余变量的值；（2）单调性，即序数关系是一种单调关系（见 Krants，1972；Krantz et al.，1971）。为了使线性模型起作用，真实关系并不需要是线性的；它们仅仅必须与线性模型接近。“为了计算两个变量之间的相关系数，它们之间的关系必须是线性的。”在一本统计学导论课本中发现的这种建议，是不正确的。最为重要的是，总有可能计算某些东西。

[4]应该指出，一个常规线性模型既优于贷款部门的职员，也优于他们的同质异晶描述。使用同样的任务，有人（Beaver，1966；Deacon，1972）发现，线性模型

预测以 78% 的精确性通过交叉—有效性检验。但是我必须指出，整体而言，最简单的可能非常规模型表现最出色。在利比所研究的个案中，资产与可靠性比率（!）正确归类了其中的 48（80%）家企业。

[5]不幸的是，道斯等人没有具体清楚地说明这些变量首先必须被标准化，并且结果是一个标准化的因变量。如果没有先进行标准化，对不可比的变量的等同或者随机加权——例如，GRE 分数或者 GPA——就会毫无意义。

[6]考虑一组标准化的变量 S_1，X_2，…，X_m，每一个都与标准化变量 Y 正相关。Xs 的平均值与 Y 的相关关系等于 Xs 的总和与 Y 的相关关系。这一总和与 Y 的协方差等于

$$\left(\frac{1}{n}\right)\sum_i y_i(x_{i1} + x_{i2} + \cdots + x_{im})$$
$$= \left(\frac{1}{n}\right)\sum_i y_i x_{i1} + \left(\frac{1}{n}\right)\sum y_i x_{i2} + \cdots + \left(\frac{1}{n}\right)\sum y_i x_{im}$$
$$= r_1 + r_2 + \cdots r_m(\text{相关系数之和})$$

y 的方差等于 1，Xs 的总和的方差是 $M + M(M-1)\bar{r}$，此处 $\bar{r}$ 是各 Xs 之间的平均交互相关关系。因此，Xs 的平均值与 Y 的相关等于 $\left(\sum r_i\right)\Big/(M + M(M-1)\bar{r})^{1/2}$；它大于 $\left(\sum r_i\right)\Big/(M + M^2 - M)^{1/2} = r_i$ 的平均值。因为每一个随机模型都与标准正相关，所以平均值的相关关系 —— 它是单位加权模型 —— 高于相关关系的平均值。

[7]应该指出，仅有 8 种子弹达到帕雷托最优（Pareto frontier）。也就是说，仅有 8 种子弹在阻挡效力和伤害概率两方面都不低于某些其他的特殊子弹（或者在一个变量上低，而在另一个变量上相等）。因此，不管是任何加权规则，都会是在这 8 种子弹中进行选择。

[8]这个例子由爱恩荷恩（1979）提供。

第 29 章　虚构数字的生命力

辛格（Max Singer）

408 一般认定，纽约市的海洛因吸食者，每年偷窃的财产价值大约 20 亿美元到 50 亿美元，并且在所有的财产犯罪案件中，瘾君子占了大约一半。如兰德（RAND）之类的组织、赛弥尔（Howard Samuels）这样的政治人物，甚至美国的司法部长，也使用关于瘾君子犯罪的这种估计。半数的财产犯罪是由瘾君子犯下的，这个估计最初来自于一个警察官员，而它被如此频繁地使用，以致这一估计，现在已经成为公共知识的一部分。

通常以类似下述的方式，估计瘾君子所偷窃的财产的数额：

有 100 000 名瘾君子，平均每人每天花费 30.00 美元维持毒瘾，这意味着为了支付他们的海洛因，这些瘾君子，每年必须获得约 11 亿美元（100 000 × 365 × 30.00 美元）。因为瘾君子必须在黑市上以仅仅 1/4 的价格出售他所偷窃的财产，或者更低，所以为了支付他们的海洛因，他们每年必须偷窃大约40亿美元到50亿美元。

这些计算，或多或少能够做得更加细致一些。可以考虑这样的情况：一些依靠非法手段谋生的瘾君子的典型特征是，在监狱中度过他们人生的1/4以上，这会减少犯罪数量的1/4。《纽约时报》最近报道了莱利（William“Donkey”Reilly）的死讯。74岁的他，是一个超级瘾君子，吸毒上瘾已经54年了，他在监狱中度过了其中的30年。瘾君子偷窃的东西中，有一些是现金，不必到黑市交易。海洛因费用的大部分，是通过从事海洛因交易，而不是从社会中偷窃来支付的，并且另外一大部分是通过卖淫活动来偿付，包括依靠卖淫为生的男性瘾君子。但是，无论你怎样仔细地削减，如果人们在尝试估计瘾君子所偷窃的财产价值时，假定存在100 000名瘾君子，并且估计他们为了维持生活以及毒资，必须偷窃的最小数额（在对他 409
们的合法收入给予了慷慨的估计之后），那么，对于纽约市，人们会给出的一个数值是，每年10亿美元左右。

但是，如果你从另一方面去入手这个问题，会发生什么呢？假设我们问："有多少财产是被瘾君子或者其他人偷窃的呢？"瘾君子的偷窃，必定小于总的偷窃。在纽约市，任意一年被偷窃的财产的价值是多少呢？当我第一次提问时，多少让我感到吃惊的是，这是一个很难回答的问题，即使是近似的回答。没有人有过任何估计，即使是具有最微弱可信度的估计，并且这个问题，似乎也没有被经常提问过。官方报道纽约市的偷窃数额是每年大约3亿美元，其中约1亿是汽车被盗（一种很少由瘾君子从事的犯罪）的价值。但是，很明显，有非常大量的犯罪没有被报告。例如，正常情况下，商店偷窃是不会向警方报告的（许多因偷窃损失的财产，也没有报告给保险公司，保险行业对总的偷窃也没有一个很好的估计）。

然而，事实证明，如果人们仅仅询问一个问题，如"在纽约市，去年瘾君子偷窃了价值10亿美元的财产，可能吗?"那么，估计被盗财产的数额是相对容易的。很明显，瘾君子偷窃最常用的两种方式，是商店偷窃和入室盗窃（shoplifting and burglary）。瘾君子们商店偷窃的财产的价值会是多少呢？在纽约，全部零售一年的订购量是150亿美元，这包括机车、地毯、钻戒和其他一些通常是商店偷窃者不能偷窃的物品。零售企业存货损失的一个合理数字是2%，这个数字包括了管理贪污、职员偷窃、运输部门和卡车等（特别地，百货商店报告，最近一些年，商店偷窃大幅增长，但是，它们属于最容易受损失的零售企业，因此不足以使总的比率大大超过2%）。实际上，人们一般同意，零售企业超过一半的财产损失，是由雇员造成的，剩下的损失，才是由于外来的商店偷窃者。但是，让我们认为，商店偷窃者偷窃了纽约全部零售财产的1%——这大概是一年1.5亿美元。

入室盗窃的情况如何呢？纽约市大约有250万住户。假设平均来说，每年有1/5的住户被抢劫或者被盗（robbed or burglarized）。这考虑到了在一些地区，入室盗窃非常普通，以及一些住户一年被盗超过一次。这意味着每年有500 000起入室盗窃。每一起案件损失的财产的价值，平均可能是在200美元左右。当然，一些案件中，损失了更多的财产，但是这种情况是非常少见的，并且经常是那些非瘾君子的职业窃贼所为。如果我们使用
410 数值200美元×500 000起，那么我们可以得到，在纽约，一年中人们家庭被偷窃的财产为1亿美元。

显然，这些估计的数值，没有一个是不能违背的，或者是被证实有根据的。你可以做出你自己的估计。此处的估计有一个特点：如果它们有1/10的可能是错误的，那么这会非常令人吃惊；如果它们有1/2的可能是错误的，那么这对于结论无足轻重（对于估计者，这是一个很好的位置）。

很明显，并非所有的瘾君子偷窃，都是从店铺或者从人们家中偷窃财产。一种最可怕的瘾君子犯罪类型，是行凶抢劫或者其他形式的抢劫，从纽约市民那里夺走财产。我们也可以估计这种情况。假设平均而言，每一年10个人中，有1个被行凶抢劫或者抢劫，那么将会有800 000起这种劫案。如果平均一起导致损失100美元财产（这非常不可能），那么一年内，这种形式的偷窃将取走800万美元。

所以，我们可以看到，如果认为瘾君子犯下了所有的商店偷窃、所有的入户偷窃和所有的抢劫，那么在纽约，瘾君子一年内所偷窃的全部财产，总额达到约3.30亿美元。你可以加进去所有你想要的“附加因素”（fudge factors），增加瘾君子犯下的所有其他各种各样的罪行，但是无论如何，我

们很难为这种估计找到一个根据，即瘾君子一年的偷窃超过 5 亿美元。2.5 亿美元看来是个更好的估计，尽管可能仍然高了。毕竟，肯定有一些贼不是瘾君子。

因而，我相信我们已经证明了，虽然实际的数字仅是 1/10，但是人们普遍假定，在纽约，瘾君子们一年偷窃了 20 亿美元到 50 亿美元。关于这一点，5 分钟的思考就可以证明。[1]那么是多少？价值 2.5 亿美元的财产仍然是很大一笔财产，超过了每年花费在戒毒以及其他阻止、控制吸毒的项目上的金钱总数。并且，瘾君子所偷窃的财产的价值，仅仅是他们给社会造成的全部成本中的一小部分，更大的成本在于恐惧、改变居住环境、预防成本以及其他针对偷窃及其危害的回应和再回应措施。

估计瘾君子所偷窃的财产的价值，这个练习的一个目的，是为了澄清人们对于数字的态度。人们感觉有许多的瘾君子犯罪，并且 20 亿美元是一个很大的数字，所以他们倾向于相信瘾君子偷窃的财产价值 20 亿美元，但 411
是 2.5 亿美元也是一个很大的数字，如果我们的洞察力（our sense of perspective）没有因为每天关注联邦的支出而扭曲，那么多数人会满足于接受一年 2.5 亿美元是很多的偷窃。

同样地，这个练习还提醒我们：甚至是负责任的官员、负责任的报纸和负责任的研究团体，偶尔也会得到一些事实上没有任何现实根据的数字，并且审察后把它们作为绝对正确的数据。这个经验提醒我们，人们不能够因为一个估计已经被各种各样应该知道自己在说什么的人物广泛使用，就假定这个估计可能更加正确。

但是，几乎不可能存在如人们所相信的那么多的瘾君子偷窃，这一事实还有更加重要的内涵（implication）。这个意义就是，很可能并不存在如许多人所相信的那么多瘾君子。以零售方式购买海洛因需要支付的钱财大部分来自于偷窃，而大部分的瘾君子是以零售方式购买海洛因。因此，偷窃的数额从根本上限制了瘾君子的数量，尽管是不精确的（Hudson Institute 的一项研究得到的估计是，在消费掉的海洛因中，接近一半数量的海洛因由这样一些人使用的，他们并不以零售方式购买，也不是用偷窃到的财产来支付，而是用他们在分配体系中所提供的“服务”）。[2]但是，尽管从事交易的人（较低等级的）消费了近半数的海洛因，然而他们仅仅占了瘾君子全部数量的约 1/6 或者 1/7，他们是那些能够支付得起大量毒瘾的人。

关于纽约市的瘾君子的数量，最流行的、非正式的估计是 100 000 +（通常强调 +）。华盛顿的联邦花名册列出约 30 000 名瘾君子在纽约，纽约市卫生部的花名册列出了约 70 000 名瘾君子的姓名。尽管不是所有在名单上的瘾君子，都仍然在吸毒——他们中的许多人已经死了，或者在狱中——多数人相信还有很多瘾君子，他们没有出现在任何的花名册上。认为纽约市有 100 000 名瘾君子这个估计非常保守，这很普通。1970 年初，邓森-盖宝（Judianne Denson-Gerber）博士的估计被广泛引用，她估计到那一年夏天为止，会有超过 100 000 名的青少年瘾君子（Teenage Addicts）。很明显，还有很多瘾君子，他们 20 岁或者年龄更大。[3]

412 在本章中讨论瘾君子的数目时，我们是在谈论当"瘾君子"一词被使用时，人们所想到的那类人。[4]一个更好的术语可能是"街头瘾君子"，一个通常每天服用海洛因的人。他是那种人，外形和行为都像一个瘾君子的标准形象。在此，我们排除了那些在医学职业上经常使用海洛因或其他的麻醉剂或者对它们上瘾的人，偶尔使用海洛因的学生，上瘾但是不必偷窃也不经常光顾通常的瘾君子聚会场所的有钱人，等等。当我们论及"吸毒问题"时，包括这些案例不是很重要；毫无疑问，尽管在不同程度上它们是问题，但是它们是一种和典型的街头瘾君子造成的问题非常不同的类型。

瘾君子偷窃的财产数额证明，纽约市街头瘾君子的数目更可能是 70 000，而不是 100 000，并且几乎可以确定，不可能是被经常使用的数字 200 000。其他几种估计街头瘾君子数目的简单方法得到了近似的结论。

与瘾君子人群接触的经验使观察者们估计，平均每一位街头瘾君子在监狱中度过他们一生的 1/4 到 1/3（这方面的一些研究者，如 Edward Preble 和 John J. Casey, Jr. 认为平均超过 40%）。这将意味着，在任何时刻，1/4 到 1/3 的瘾君子是在监狱中，因此，通过用 3 或者 4 来乘在监狱中的瘾君子数目，能够估计出瘾君子的总数。当然，在狱中的瘾君子的数目，也不是一个已知的数值（并且，事实上，如上面我们已经指出的，甚至不是一个非常精确的概念）。然而，人们能够合理地估计在狱中的瘾君子的数目（为此，我们可以包括在各种志愿治疗中心的瘾君子）。这个数字是14 000～17 000，这与纽约市街头瘾君子总数为70 000的估计相当一致。

估计纽约市街头瘾君子总数的另一种方法，是使用人口统计资料，而关于瘾君子人群的资料是可以得到的。例如，我们能够合理地确定，在纽约市，街头瘾君子人群中约25%是波多黎各人（Puerto Rican），约50%是黑人。我们知道，大约5/6的街头瘾君子是男性，并且50%的街头瘾君子年龄在16岁到25岁之间。这意味着，瘾君子总数中的20%是年龄在16岁到25岁之间的黑人男性。如果有70 000名瘾君子，那么这意味着大概有 413
14 000名年龄在16到25岁之间的黑人男性是瘾君子。但是，在纽约，年龄在16到25岁之间的黑人只有140 000——一半可能住在贫民区。这意味着，如果这个城市有70 000名瘾君子，那么10个黑人年轻人中就有1个是瘾君子。如果有100 000名瘾君子，差不多6个人中有1个，如果有200 000名瘾君子，那么3个人中有1个。你可以自己断定，这些对年轻黑人男性群体的各种程度的洞察中哪一种最可信，但是相当清楚，200 000名瘾君子这个数字是难以置信的。类似地，总数70 000名街头瘾君子将意味着大概7 000名年轻的波多黎各男人是瘾君子，而在纽约市，年龄在16到25岁之间的波多黎各男孩的总数是大约70 000。

从任何方面来看，上文的分析都不是为了贬低海洛因吸食问题的重要性。海洛因是个可怕的灾难（curse）。当你想象一下牵涉其中的个人悲剧，70 000名瘾君子是一个非常庞大的数目。如果你必须靠工作来维持生活，25亿美元是一笔非常庞大的财富，它们从市民那里被偷走，经过瘾君子和收赃者之手到了那些输入和分销海洛因，那些收受贿赂或者为海洛因行业提供其他服务的人的口袋中。

这篇文章的主要目的，可以说是为了阐明，在界定一个问题的时候，通过认真对待数字，了解它们的意义，在各种意义之间以及根据常识（例如城市中人口或者住户的数目）权衡各种意义，对人们能够有多大程度的帮助？当普通人以及负责任的官员与各种类型的专家打交道时，这方面的细微努力，就能够给予他们很大的帮助。

本章原载于 *The Public Interest*，1971，23，3-9。允许重印。

注释：

［1］虚构数字在犯罪领域可能比在大多数领域中更加神秘，更具有生命力。20世纪50年代早期，凯福夫（Kefauver）委员会公布了一个估计值，在美国，赌博每年“取”走200亿美元。事实上，这个数字是随便挑出来的。一个成员说：“关于花费的钱财，我们一无所知。加利福尼亚犯罪委员会说是120亿美元，Virgil Peterson of Chicago 说是300亿美元，我们选择200亿美元作为二者的平衡。”

在1971年1月13日的《纽约客》（*New Yorker*）上，爱泼斯坦（Edward Jay Epstein）给出了一个不同寻常的例子——宣称28名黑豹党人被警察所杀的精细纪录，这个例子表明虚构数字的生命力的强大（结果证明是19名黑豹党人被杀，其中有10人被警察所杀，而这其中又有8名看来可能是在他们先动手的情况下被杀的）。

［2］在后来一项对 St. Luke 医院的81名瘾君子——他们平均34岁——的研究中得到了类似的数据。这些瘾君子在一年内消费的海洛因中，超过一半是通过销售海洛因来支付的。顺便提一句，在前一年中，这81名瘾君子偷窃的财产平均价值9 000美元。

［3］在最近的其他估计者中，我们可能注意到一个马克思主义者尤里克（Sol Yurick），他给出了我们“500 000名吸毒者”（*Monthly Review*，December 1970），还有克尔森（William R. Corson），他在1970年12月的《阁楼》（*Penthouse*）上坚决主张，“今天，至少有2 500 000名黑人美国人依赖海洛因”。

［4］关于“瘾君子”一词，有一种有趣的反常现象。如果缺乏一个关于“瘾君子”的定义，大多数人会说，“瘾君子”是一个经常服用海洛因（或者一些类似的毒品）的人，如果不能得到他通常的剂量，他会出现不舒服或者痛苦等停止服药的症状。但是，对于大部分一般被认为是“瘾君子人口”的人，这个定义都是不适用的。事实上，它也不适用于多数被证明是瘾君子的人。一个已经戒毒或者被关在监狱中而远离毒品大约一个星期的瘾君子，不适用“瘾君子”的标准定义。他不再因为没有服用海洛因而出现任何身体症状。可以肯定，“驴子”莱利，会符合

大多数人关于瘾君子的看法。但是在作为一个“瘾君子”的 54 年中，有 30 年他是待在监狱中的。可以肯定，待在狱中的大部分时间里，他没有吸食海洛因，而在狱中的时间超过了他“瘾君子”生涯的一半（尽管在狱中，一定数量的海洛因是可以得到的）。

第30章　直觉预测：偏差和校正程序

卡尼曼和特沃斯基（Daniel Kahneman and Amos Tversky）

一、引言

任何有意义的预测活动，都包含大量的判断、直觉以及训练有素的猜想。事实上，专家的观点，是诸多技术的、政治的和社会的预测依据。甚至在一些通过数学模型或者模拟而获得的预测中，观点和直觉仍然扮演着重要的角色。在这些模型中，直觉判断渗透进所考虑的变量的选择，这些变量所负荷的影响因子以及这些变量所假定的初始值。鉴于直觉在所有这些预测中的关键作用，有必要对限制专家进行精确判断的因素进行分析，并且发展出一套旨在改进判断质量的程序。

二、单一的和分布的资料

专家通常被要求对不确定的数值提供最好的推断、估计或预测，如某一天的道-琼斯指数、某种产品在未来的销售状况或者一次选举的结果。预测者可资利用的信息分为两类：即单一性的和分布性的。单一信息或个案数据，由有待考察的特定案例的证据所构成。而分布信息或者基率资料（base-rate data），则包括在类似情景中有关结果分布的知识。例如，在预测一本新小说的销售量时，有关书作者、写作风格以及情节的资料，就是单一信息；而有关各种小说销 415
售量的资料，则是分布信息。类似地，在预测一个病人的寿命时，单一信息包括他的年龄、健康状况、个人病史；而分布性信息，则由相关的人口统计信息所组成。单一性信息，描述那些借以使此问题与其他问题相区别的特定属性。而分布性信息则刻画出以往观察到的结果在同类案例中的发生状况。在这里，分布性数据的概念，不能等同于贝叶斯先验概率分布的概念。前者定义的是数据的性质，而后者则是定义信息获得的序列。

可获得的相关的分布性信息总是稀缺的，从这个意义上来说，许多预测问题，从本质上来说都是独一无二的。例如，预测 2000 年对于核能的需求量，或是人们发现治疗白血病的有效手段的日期。在诸如此类的问题上，专家只能依赖单一性信息。然而，有证据显示，即便当分布性信息是可以获得的时候，人们对于这些信息仍然不够敏感。事实上，最近的研究显示，人们主要还是依赖单一性信息，甚至当这些信息不充分、不可靠时也是这样，而对于分布性信息则往往重视不够（Kahneman & Tversky，1973，**4**；Tversky & Kahneman，第 10 章）。

计划制定的语境，就提供了许多实例，它们表明在过去经验中的不同结果的分布状况是被忽略的。例如，科学家和作家总是倾向于低估完成一项任务所必需的时间，甚至当他们拥有相当多的过去教训来引导他们做出正确的计划时也是如此。类似的谬误，也曾见于对工程师错误估计修理发电站的完成期限的记载中（Kidd，1970）。尽管这种计划失误有时候归结于主观动机的因素，比方说，心怀某种希望的想法，甚至当对时间和花费的低估会遭到事实上的惩罚时，它仍然会频繁地发生。

计划失误，是由于倾向于忽略分布性数据并且采取（或许可以被定义为）预测的内隐方式的结果。这种方式下，人们关注的是特定问题的组成要素，而不是在类似案例中结果的分布状况。在计划评估时，内隐方式往往容易造成估计不足。举个例子，一座建筑只能在没有材料运输的延误、没有罢工、没有不正常的天气状况等情况下，才能按时完工。尽管这些阻碍不太可能发生，但它们中间只要有一个发生，后果都将是严重的。然而在人们的直觉中，这种综合性的考虑是很不充分的（Bar-Hillel，1973）。试图用加上一个可变（slippage）因素来抵消这一误差，是远远不够的，因为调整值将会与作为参照值（anchor）的初始值，太过接近（Tversky & Kahneman，1974，**1**）。而把一个特定的问题视为类别中的个体的外向方式，将
416 有助于克服这种错误。以这种路径，人们不会试图去神化那个可能使计划失败的特定方式。相反，他会把手边的问题与相类似项目完成时间的分布状况联系起来。它表明通过考察外部性问题，诸如此类项目通常需要多长时间，而不仅仅是内部性问题，比如在操作某个特定问题时的具体因素和困难是什么，可能会获得更多的合理的估计。

特定因素会增强主要依赖单一信息而忽视分布信息的倾向，只要这些因素能提高有关问题可感知的独特性。分布性数据的重要性，可能由于对特定案例的细致了解或是高度卷入而被掩盖。专家被要求回答问题的形式，也影响了一个问题的被感知到的唯一性。例如，开发一个新产品需要多少钱的问题引出的内在方法是，整个花费被分解为不同的组成部分。与此相对应的，关于实际花销可能超过目前预算的比率的问题，倾向于去考虑在开发类似项目时花费状况的分布。这样，改变分析单位，比方说从成本转换到超出预算的花费，就可以改变思考问题的方式。

这种普遍的低估或者无视分布性信息的倾向，或许就是直觉预测的主要错误。考虑分布性信息固然不能确保预测的准确性。但它确实提供了防范措施，以免人们进行完全不真实的预测。因而分析者应该尽可能地将预测的问题纳入这样的框架，即，更便利地利用一切可能获得的分布性信息。

三、回归与直觉预测

在大多数预测问题中，专家都同时掌握特定案例的单一性信息和涉及类似案例的结果的分布性信息。类似的例子，如预测学生成绩的教练，评

估一场交易的赢利能力的银行家，一个估计教科书销量的出版商，或是预测经济增长的某项指标的经济学家。

在这些情况下人们怎样进行预测呢？心理学的研究（Kahneman & Tversky，1973，**4**；Ross，1977）表明，直觉预测通常遵循一个简单的匹配原则：人们会选择一个预测值，使得这个案例在诸种结果分布中的位置与它在人们对不同结果的印象分布的位置相匹配。下面的例子形象地说明了这个规则。一个编辑评论一部小说的手稿，并留下了非常良好的印象。他说："这本书读起来像是一本最畅销的书。在近些年内出版的类似读物中，我敢说只有 1/20 的书比这本书给我留下更为深刻的印象。"如果当时，这位编 417
辑被要求对这部小说的销量做一个评估的话，他极有可能会预言此书会位于销量最佳的 5% 的图书之列。

有充分的证据表明，人们通常通过把预测与印象相匹配来进行预测。然而，这种预测法则是不合理的，因为它没能把不确定因素考虑在内。我们上例中的编辑无疑也会承认图书的销量是极难预测的。在这样一种高度不确定的情况下，对于一本图书销量的最好预测，应该是介乎个人的主观印象和同类图书的平均销售量之间的某处取值。

统计预测的一个基本原则，也是运用直觉最少的一个原则就是，预测的极值（extremeness），必须由对可预测性因素的考虑来调节。比方说，试想，那个出版商从以往的经验中得知，图书的销量与他的最初印象关系甚微。无论是给他留下良好印象的书稿还是他不喜欢的书稿，都同样地可以卖得很好或是很糟糕。在这种可预测性为零的情况下，出版者对于销量的最好的假定，应该是所有的图书都是一样的——比如，相关类别的均值——而不去计较他对这本书的个人印象。在间接的情况下，当然这种情况是更为普遍的，预测应该是回归的，也就是说，它应当落在类别平均值和最能表征个人对手边这个案例的印象的数值之间。可预测性越低，预测与类别均值就应当越近。直觉预测，是典型的非回归性的：人们往往在可靠性和预测的有效性程度都很低的信息的基础之上做出极端的预测……

四、预测的校正程序

怎样引导专家去做正确的回归预测呢？怎样能够让他遵循统计预测的原则去使用可以获得的单一性和分布性信息呢？在这一部分将提出一个为了达到这些目标而设计的五步骤程序。

1. 步骤1：选择一个参照类别

这一阶段的目标，是辨识一个类别，使之作为手中案例的有意义的参考，并且这个类别的结果的分布应该是已知的，或者能够有把握作出合理的估定。

比如，在预测一本书的销量或者一部影片的毛收入时，参考类别的
418 选择是简单明了的。在这些情况下，因为书的销售量或是收入的分布是已知的，要定义书籍或是电影的合适的参照类别是相对比较容易的。

在一些预测的问题中，例如对开发一个小说类产品成本或面市时间的预测。由于不同种类的差异如此巨大，以至于他们之间很难做出有意义的比较，因而很难甄别参照类别。然而，如前所述，这个问题，有时候可以通过重新定义预测量而加以克服。比如，比较在不同的科技领域中开发项目时，也许以超出成本（overruns）的百分比做比较，要比比较绝对的花费更容易。相比而言，预测超出成本，突出那些在许多不同的项目中都是相同的计划中现实方面的决定因素。因此，在后一种形式中，定义参照类别，要比前者来得容易一些。

通常，专家会为特定的问题想出好几个参照类别，而从中做出一个选择是必要的。例如，在对一本书的销量做预测时，其参考类别，可以是同一作者的其他图书、同一主题的图书、同一大类的图书如精装本等。选择一个参考类别，往往需要在相互冲突的标准之间作出平衡。这样，最有包容性的类别可以容括对于结果分布的最佳估计，但它也可能因为异质性太强而妨碍了与手中的图书的可比性。另一方面，同作者的图书这一类别，可以为比较提供一个最天然的基础，但有待考察的这本书，却有可能落在以往观测到的结果的范围之外。在此例中，同一主题的图书这一参考类别，将会是最恰当的。

2. 步骤 2：对参考群体的分布进行评估

对一些问题而言，比方说卖书，其结果分布的统计值是可获得的。而另外的一些问题，其相关的分布估计，必须建立于各种渠道的信息之上。特别是，专家应该提供对类别均值的估计，以及一些反映结果分布范围的其他估计值。问题样本，诸如此类书籍的平均销售量是多少？这类书籍中，售量超过 15 000 本的比例有多大？

许多预测性问题的特点，是缺乏直接的相关分布的数据。在远期预测中更是如此。在这类预测中，相关分布往往是关于遥远的未来才会发生的结果。如考虑这样的预测：2000 年，英国在世界个人城市运输市场中的所占份额。也许将这个问题改换成如下的提法会更有用："2000 年，英国在世界各种高科技领域市场上所占份额的可能分布是怎样的？相比其他的科 419
技状况，你如何预测运输系统这个特定的领域？"需要引起注意的是，在这个问题中，结果的分布是未知的。但是，所需分布的估计，可基于英国目前在世界各种科技市场上所占份额的分布值，并通过英国在世界市场上位置的长期变化趋势的估计对其进行调节。

3. 步骤 3：直觉估计

专家对于某个问题的部分信息，通过参考类别的结果分布来进行归整。除此之外，专家通常会拥有相当数量的关于特定案例的单一性信息。这些信息将它与同类别的其他成员相区别。专家此时应当被要求在这些单一性信息的基础之上做出直觉式估计。如上文所述。这种直觉式估计，很可能是非回归性的。这个程序的接下来两步的目的，就在于纠正这个错误以获取更加充分的估计。

4. 步骤 4：可预测性的评估

专家现在应该来评估，在此案例中，可获得的这类信息，在多大程度上保证了预测结果的正确性。在线性预测的背景下，对可预测性的适当测量是在预测值与结果值之间的积矩（product-moment）相关。在那些过去的预测及结果的记录尚在的情况下，所需的值可以从这些记录中推知。如果这些数据是缺失的，人们就只能依靠对可预测性的主观评估。一个统计经验丰富的专家或许能够以他的经验直接估计出 ρ 值。当统计经验缺失的时候，分析者就应当求助于一些非直接的程序。

其中的一个程序，要求专家来比较他所关注变量的可预测性和其他变量的可预测性。例如，某位专家，可能有相当的自信相信自己预测书籍销量的能力，要超过运动解说员对足球赛中得分状况的预测能力，但认为自己不如一个天气预报员对两天后的气温的预测能力。一个技巧熟练并且勤奋的分析员，可以建立起一个粗略的可预测性的量表。这个量表，基于一系列现象的预测及结果之间的数学关系，这些现象的范围，涵盖了高度可预测的现象如温度，到高度不可预测的现象如股票价格。果真如此，（统计）分析员，可要求专家在这个量表中对目标量进行定位，并由此提供出一个估计数值。

另外一种对可预测性进行评估的方法，包含如下类似的问题：如果你要考察你们即将要出版的两部小说，你有多少次在预测哪两本将会卖得更
420 多时结果是正确的？关于预测和结果之间的序列相关性的估计，可以通过如下的步骤获得：如果 ρ 是结果被正确预测的案例占整个被预测案例的比例，则 $\tau=2\rho-1$ 提供了一个预测准确性的指标。其范围从 0（预测处于随机水平）到 1（预测的完美无缺）。在许多情况下，τ 可以视为 ρ 的粗略估计。

对可预测性进行估计并不容易，而且他们需要认真的检验。专家往往事后才发现错误（Fischhoff，1975）。这样就导致对结果的可预测性给予过高估计。专家也容易犯便利性偏差（availability bias），并且会回想那些在头脑中留下深刻印象和引起震惊而后来才被证实的碎片。

5. 步骤 5：对直觉估计的校正

要对非回归性（nonregressiveness）进行校正，直觉估计应当向参考类别的平均值方向进行调整。如果直觉估计是非回归性的，则在相当一般的情况下，直觉估计与类别均值之间的差距，应该用因素 ρ 来削减。这里的 ρ 是积矩相关系数。这个程序提供了一个人们希望减少的非回归性错误的估计量。

例如，假设专家对给定图书销售量的直觉估计是 12 000 册，并且平均而言此类书的销量是 4 000 册。进一步假设专家相信他能够有 80% 的把握

正确地预测这些书未来的销量。在这个案例中，$\tau = 1.6 - 1 = 0.6$，销量的回归估计，就等于 4 000 + 0.6（12 000 − 4 000） = 8 800。

在直觉估计相对比较极端，而可预测性中等或者偏低的情况下，这种修正的效果是很明显的。计算的基本原理，应当认真地对专家做出说明，以便他能够决定是否坚持他原有的假设，或是采用计算出来的估计，还是修正他的评估值取得某个中间值。

上文概述的程序，对于在分析者与专家互动过程中产生的反对意见，是开放的。首先，专家可能会对认为他最初的直觉估计是非回归性的假设提出质疑。幸运的是，这个假设可通过如下途径加以证实：（1）要求专家对给他留下强烈印象的案例，例如书稿，在参考类别中所占的比例进行估计。（2）让他对于实际结果超过了他的直觉预测的案例在参照类别中所占的比例进行估计。例如，前例中销售量超过 12 000 册的图书。如果这两个比例大致上相等，则这个预测就应该是非回归性的。 421

一个更为普遍的反对意见，或许会对“预测应该是回归的”这一基本的观念提出质疑。专家也许会正确地指出，目前的程序通常会产生出保守的不会太偏离群体均值的预测，并且不太可能预测出一个外在于以往所有观察值的异常值。对于这一攻击的回答是，一个会犯错误的预测者，保留正确的预测一些异常值的机会，仅仅以错误地认定许多其他的案例也是以异常值为代价。非回归预测，是过度的预测：它们与真实概率的相关表现在，高的预测就是过度估计，而低的预测就是估计不足。在大多数情况下，这种错误的代价是高昂的，而且应当被排除……

五、结论性评语

这里所陈述的路径，基于下列的一些关于预测的基本主张。第一，大多数的预测和预报，都包含有不可或缺的直觉因素。第二，知识丰富的人的直觉预测，有很多有用的信息。第三，这些直觉预测，通常以一种可预测的方式有偏差地表示出来。这样，问题就不在于是否去在表面价值上接受或拒绝直觉假设，而是这些结果如何被修正或是改进。

对人们判断的分析表明，直觉带来的许多偏差，源于人们对特定类型的信息的轻视。例如，结果发生的基率频率和他们的可预测性。本章中陈述的校正误差的策略，试图从专家的有关信息中引出通常会被他们忽视的信息，并帮助他将这些信息与他的直觉印象以一种符合统计预测的基本规律的方式整合在一起……

本章原载于《公共利益》（*The Public Interest*, 1971, 23: 3 – 9）。允许重印。

第31章　去偏差过程

费希荷夫（Baruch Fischhoff）

一旦在实验室条件下观测到某种行为现象，那么着手研究它在统计检验上的强弱（robust）是合适的。一种流行的并且富有成效的提问策略，就是所谓的解构性检验（destructive testing）——一种源自工程学的技术。我们提出一种实验设计，使其受到一些条件的影响而达到并且超出它的可行性极限。处于控制之下的解构（destruction），可以使我们明白我们应该相信什么以及它起作用的原理。具体到一种行为现象，同样的逻辑，使我们的研究可以控制观测的条件以及必须被唤起或者控制的心理过程，以消除这种现象。当这种现象是判断偏差（judgmental bias）时，解构性检验，也就成为某种形式的去偏差或消除偏差（debiasing）的努力。解构性检验指出了实验设计的缺陷；一旦消除了偏差，其结果就是判断的改进（improved judgment）。 422

关于启发式和偏差（heuristics and bias）的研究本身，就可以看作是解构性检验的一种应用。它所检验的前期假设是，人类是能干的直觉统计学家。因果观测证明，一般来说，人们的判断“足够好”，使得他们的一生不会因为做出这一判断而陷入太大的麻烦之中。早期研究（Peterson & Beach，1967）支持这一观点，并且指出，近似地，人类可以被描述为诚实的观测者和规范的判断者。本书所述及的后续研究，通过考察人们的明显成功（apparent success）的局限性，来检验这种近似（approximation）的准确性。更好的判断可以使人们更富有、更健康吗？他们所取得的成功，可以归功于一种宽松的环境，而不需要假定某种明智的行为吗？悲剧性的错误，提供了洞察人们的决策过程的
423 本质和质量的重要机会。所幸这种悲剧性错误少得可怜，以至于我们所掌握的极少的数据不可能清理出那些把人引入歧途的因素。判断研究（judgment research）使用了解构性检验策略，以得到刻意设计的情境中的有偏判断（biased judgment）。理论家们希望得到一种失败和成功的模式，这种模式本身几乎不需要什么合理的解释。因此，关于偏差的研究，澄清了智慧的来源及其局限，就像关于消除偏差的研究，澄清了明显的愚蠢行为一样。这两者对于判断研究都是至关重要的。

尽管一些判断研究，主要是为了证明一些或许是人为制造出来的条件下可能出现的某种偏差，但是也有许多其他研究，致力于采取预先措施消除偏差。其中一些明显属于消除偏差的研究，它们希望在实验室中证明有效的程序，同样可以改善实际生活中的表现。其他研究有着更多的理论层面的目标，它们试图弄清楚引发次优判断的情境。本章的核心内容是评论一些研究，这些研究可以看作是减轻两种相似的偏差——后知之明（hindsight）和过分的信心（overconfidence）——的努力。本章以如下信念看待成功和失败：（a）失败有助于澄清问题的严重程度以及人们对纠正或者预防措施的需要；（b）研究的总体模式，是揭示心理维度的关键所在，而这种心理维度，对于现实生活情境的界定以及预防这种情境下偏差行为的扩展十分重要。

本章的评论，力求穷尽相关的研究，其选择遵循以下三个标准：

（1）只考虑同行匿名审稿（peer review）杂志中的研究。因此，质量控制的责任被外化。

(2) 逸闻趣事性质的证据（只有很少的例外）不予考虑。尽管这种报告是有关某些类型的消除偏差努力（例如，专家的使用）的主要资料，但是，它们受一些解释和选择上的偏差的影响，超出本章的讨论范围（见第 23 章）。

(3) 一些经验性质的证据将被考虑。那些还没有被检验过的证明，以及不可能被检验的理论论证（例如，关于实验的生态学效度），排除在外。

在进行文献评论之前，我们会先提供一个关于消除偏差的努力的框架，界定可能的研究思路以及隐含的假定。当应用于各种判断偏差时，这样一个框架可能揭示出一些复发性模式。

一、消除偏差的方法

一旦问题出现，自然首先寻找导致问题的原因。根据它们本身对于问题原因的隐含指控，可以非常清楚地对消除偏差的程序进行分类。最重要 424
的一个区分，在于偏差是源于判断者，还是任务，或者是二者之间的不匹配。偏差是意味着实验设计人为的不合格和解释的不明确，还是明确的判断错误的个案，或者是需要但却错误运用认知技能而导致的不幸结果？正如表 31—1 中加以总结和下面将要加以描述的，这些类别中的每一个都可以根据所谓的问题深度进一步细分。难度到底起到什么根本性的作用？需要技术或者结构的改变吗？由于因果类型的不同，用于发展消除偏差的技术的策略也就截然不同。

表 31—1　根据隐含的假定消除偏见的方法

假定	策略
错误的任务	
不公平的任务	提高奖励
	澄清指导语/刺激
	阻止事后预测
	使用更好的回答模式
	少问一些问题

续前表

假定	策略
被误解的任务	证明备择目标 证明语义的不一致 证明任务不可能 证明区分被忽视
错误的判断者	
可完善的判断者	警告问题 描述问题 提供个人化的反馈 充分训练
不可救药的判断者	替换人员 重新校准他们的回答 基于错误制订计划
判断者与任务之间的不匹配	
重构	让知道的东西显现出来 寻找不一致的信息 分解问题 考虑替代情境 提供替代方式
教育	依赖真正的专家 从小训练

1. 错误的任务

（1）不公平的任务。

实验者对他们自己以及其他人的工作提出了一些标准。只有通过（评
425 论者和编辑的）信度审查，使得他们相信研究已经排除了比较明显的人为因素的影响，他们的研究才会被发表。但是，由于我们不能控制所有条件，也不可能让所有人满意，不论是初始研究还是系列研究，因此当试图推翻某种效应时，对一般人为的方法论上的人为因素的确定，就成了首先工作。在这些主张中，可以举出如下几种：（a）被试不在乎实验——因此应该提高良好表现的奖励；（b）实验任务使被试感到迷惑——因此需要使用更加细致的指导语以及更加熟悉的刺激；（c）被试并不相信实验者所宣称的实验的性质，或者被试所理解的奖惩结构与实验者所想要的不同——因此要

让被试相信，他们对答案的选择才是实验者的兴趣所在；（d）被试不能表达出他们所知道的东西——因此应该使用更加熟悉的或者更加容易适应的回答模式；（e）被试被询问了太多的问题，以至于他们形成一种固定的回答模式——因此应该少问一些问题（或者干脆把研究的旨趣设定为研究固定回答）。

处理这种问题本身就可以使研究更具有科学性。但是这种努力通常缺乏理论内容。由于它的目标是创造更好的实验环境，因此，关于人为因素的研究，可能甚至不能提供什么情境方面的资料，使得我们可以有把握地推广观测到的结果。“成功的”人为因素研究提供的主要是反面的资料，质疑某种效应是不是在“公平”的实验条件之下观测到的。至于当提出问题时，现实生活是不是同样的“公平”，则是另一个问题了。

（2）被误解的任务。

关于人为因素的研究本身，就隐含了对实验操作不当的批评。最初的研究人员本应该了解得更多，更加仔细。但是，这种指控，对于第二种类型的任务缺陷就不十分合适了：实验者不能理解被试的行为逻辑或者概念结构。重新阐述任务以澄清被试究竟在做些什么，这种方法已经被启发式—偏差研究路径的批评者和支持者所使用。使用这种方法，研究者可以试着指出存在于显然的偏差行为中的智慧，这种方法包括：（a）证明某些备择目标是以牺牲所研究任务中的最优性得到的（例如，通过做出错误的诊断来了解一个系统的属性）；（b）证明被试对关键术语的定义与实验者所持有的或者假定的不同；（c）证明除非决定做出其他假设，否则被试就不能完成任务，而这些假设只有在非常偶然的情况下才会与实验者给出的假设一致；（d）证明被试做出了一个合理的区分，而实验者却没有意识到。

要真正有所作为，这种任务的重新阐述，就应当有经验证据的支持，
而不只是简单地说一句“被试可能是这样想的”。最坏的情况是，这种宣 426
称可以有其特色，使得弄虚作假成为不可能；实际上，相互矛盾的说法，可以用来解释消除不同的偏差。最好的情况是，它们可以做出强有力的关于认知表征的理论陈述（Fischhoff，in press-a）。

2. 错误的判断者

（1）可完善的判断者。

如果任务已经被改进，但是偏差依然存在，那么问题就在于被试了。为了排除多余的行为，研究人员可能会采取一种递进设计（escalation design），每一步都反映了实验者不断增加的对于轻易完善人类表现的悲观情绪：（a）警告可能存在偏差，但却不指明偏差的性质（这一策略不同于通过暗示潜在的错误是系统性的，因此被试需要指导而不只是公平的机会来鼓励被试更加努力工作）；（b）描述典型观测下的偏差的方向（或许还有偏差的程度）；（c）提供一份反馈信息，使警告的含义个人化；（d）提供一个充分的训练计划，包括反馈、指导以及其他任何让被试从认知上掌握任务的东西。

通过假设这种解决方案不会自动出现，或者不会仅仅因为仔细地修改问题的措辞就会出现，这样一步一步地就可以找出判断者的缺点，而非任务的不足。尽管具有重大的实践意义，但是训练练习仍然可能限制了理论上的影响力。试图发现什么起作用的因素的努力，可能创造出一系列作用因素不明的操作策略。可能还需要更多的系统性实验来确定这些因素。最终的目标在于理解被训练计划创造出的人为经验与现实生活所提供的、自然而然形成的经验如何不同。为什么一种技术可以消除偏差，而另一种则不行呢？

（2）不可救药的判断者。

有时候，自以为是的训练者可能认定成功是不可能的，或者只有迫使被试采取最优反应才可以得到。由于实质上是给予被试正确答案，或者是制造出某种不可避免的需求特征，“成功”既失去了理论上的意义，也缺乏实践意义。人们会按别人所说的去做，这已经不是什么新鲜事；如果他们不得不时刻被告知该如何回答，那么谁还会需要这样的被试呢？

有三种可能的选择：（a）用一些更高级的回答装置取代人；（b）重新校准不可靠的判断为更加合理的值，假设误差的总量和方向可以预期；（c）当人们根据这些判断计划行动时，承认判断的不准确。已经在上述三种方法中的任何一种上放弃对人的信任的决策者和决策分析人员，仍然有可能通过估计那些不能消除的偏差的大小、范围以及弹性，帮助我们理解人们的判断。但是，因为改善判断并不是这些校正行为的意图，所以我们 427 在此只粗略地介绍。

3. 判断者与任务之间的不匹配

（1）重构。

或许最为温和的心理学视角，是不单纯地指责判断者或者任务。相反，假设问题已经被合格地提出，并且被试拥有所必需的技能，但是不知为何，这些技能并没有被使用。秉承人类工程学的理念，这种研究方法认为，合适的观测单位应该是一个一个的被试—任务（person-task）系统。成功正是因为可以使这二者尽可能地相容。正如一架机械上完好无损的飞机需要良好的仪器设计才可以飞行一样，诚实的（即不是误导的）判断任务，也只有当它被重构成为一种使得被试能够有效地使用现有的认知技能形式时，才是可以处理的。

尽管这种认知工程学倾向于根据具体的任务采取策略，但是仍然有一些策略是共通的：（a）迫使被试把他们所知道的东西表达出来，而不是让他们留在脑袋里；（b）鼓励被试寻找不一致的证据，而非收集支持所选答案的证据细节；（c）向被试提供把重大问题分解为更加熟悉的、更加容易处理的组成部分的方法；（d）建议被试考虑他们可能经历过的所有情境，使得他们可以更好地理解面对的特定情境；（e）提供其他表述问题的方式（例如，使用不同的术语、具体化以及给出类比）。

（2）教育。

被试—任务“系统”研究方法的一个变种认为，人们可以完成这个任务，但不是现有的这些被试。可以使用其他人选：（a）专家，他们除了拥有实质性的知识，还掌握了在不确定性条件下处理信息的能力；（b）“新生代”，他们从小就受概率思维的熏陶。从某种意义上说，这种观点认为，即使从原则上讲人不是不可救药的，但是目前的大多数人做不到这一点。教育与训练（前一个类别）的区别，就在于前者培养通用的能力，而后者只培训特定的技能。

二、后知之明的偏差：一个消除偏差努力的实例

任何负责任的工作的一个重要方面，就是从经验中学习。一旦我们了解了某件事情是怎样出现的，我们就会试着去了解它为什么会发生以及评价我们——或者其他人——的相应计划。尽管这种从结果中得到的知识被认为赋予我们的判断以后知之明的智慧，但是它的优点可能还是被夸大了。
428 在后知之明中，人们总是会夸大那些本应该事先预料到的事情。他们不仅倾向于把已经发生的视为不可避免的，而且倾向于把它视为在发生之前就已经看起来是“相对不可避免的”。人们相信其他人本应该可以比实际情况更好地预期某一事件。他们甚至不记得他们自己的预期，以至于在事后夸大他们事前所做的预测（Fischhoff，1975）。尽管相信我们始终知道那些只有在后知之明中我们才可能知道的东西会令人高兴，但是这种信条，几乎不能提供什么来帮助我们公正地评价意外与失败在什么程度上是不可避免的。单纯地指责在难免出错的系统中犯错误的决策者，而不承认这种错误的不可避免性以及改进系统，这既不公平，也是在自欺欺人。通过鼓励我们夸大我们的知识范围，这种偏差使得我们对于自己的预测能力过度自信。一个没有感觉到任何意外的过去，可能意味着一个充满意外的未来。

对这种偏差的研究，已经包括了对前一部分提到过的大多数可能的消除偏差策略的研究。但是几乎没有什么技术成功地减轻了后知之明偏差；更没有人曾经消除过这种偏差。这些技术列在表 31—2 中，下面将会加以讨论。

1. 错误的任务

（1）不公平的任务。

在最初一个证明后知之明偏差的实验中，被试阅读一段描述一个历史事件的文字，然后估计如果没有被告知真实结果，他们会赋予每一个可能结果的概率。无论被报告的结果是真是假（即是否和历史事实一致），他们相信，与那些没有被告知结果的被试相比，他们赋予结果的概率更高。这一研究被列入消除偏差的各种努力之中，因为通过把注意力放到一些小故事上，它回应了一个方法论上的批评，即“提出了太多问题”，而这一

批评可能影响到后续的研究。其他一些问题较少的研究，并没有涉及消除后知之明偏差的问题，包括斯洛维奇等人的研究（Slovic & Fischhoff, 1977），他们要求被试分析几项科学实验的可能结果的概率；米希尔等人的研究（Mitchell & Kalb, in press），要求一些护士估计出院后发病的概率；和其他学者的研究（Pennington et al., 1980），他们要求一些妇女估计每个人在一次怀孕测试中结果呈阳性的概率。

其他一些试图证明后知之明偏差的人为来源的努力都失败了，它们包括：使用“惊奇”判断等级量表代替概率估计（Slovic & Fischhoff, 1977）；使用更具有同质性的问题使得被试能够更加全面地唤起一类知识，而不是使用涉及多个领域内容的常识性问题，结果没有一个领域得到深入的思考（Fischhoff & Beyth, 1975）；恳请被试更加努力地工作（Fischhoff, 1977b）； 429
试图消除被试对实验性质的疑问（Wood, 1978）；使用当代事件让判断者先予考虑，然后给出他们的事后估计（Fischhoff & Beyth, 1975）。

（2）被误解的任务。

后知之明偏差的一个可能吸引人的地方，在于它把人们描述为他们始终知道将会发生什么，而这可能令人相当高兴。人们要为这种不应有的自吹自擂付出代价，只要（a）人们的先知之明（foresight）导致了事后看来很愚蠢的行为，或者（b）系统性地夸大人们的所知导致人们在现有的知识水平上自负，这很可能导致行为的反复无常，或者不能寻找到所需要的信息。由于这种长期后果在典型实验中并不重要，我们可能会担心被试被引诱着给自己涂上光辉的色彩。尽管大多数实验已经被用来证明被试能够重构事前性质的知识，而不是检验知识有多大的扩展余地，但是夸大的诱惑仍然存在。如果真是如此，应该反思被试和研究人员对任务解释的差异。一种旨在消除这种可能性的巧妙处理，需要被试首先回答问题，然后记住自己的答案，而他们的记忆的敏感性正是问题所在（Fischhoff, 1977b; Fischhoff & Beyth, 1975; Pennington et al., 1980; Wood, 1978）。另一种巧妙处理，要求被试在事后估计他们的同伴的事前回答，假设他们没有理由要夸大其他被试的知识范围（Fischhoff, 1975; Wood, 1978）。这两种处理没有一种被证明是成功的。被试记得他们自己曾经比实际情形中更有见识。就夸大其他人事前原本（或者应该）知道多少而言，他们是毫不留情的“事后诸葛亮”。

2. 错误的判断者

学会避免囿于自己当前的视角而产生偏差，构成了历史学家的训练的一个——或许是唯一一个——核心所在（见本书第23章）。但是这种努力尚未见成功的先例。历史学家对于第一手资料的强调，以及他们化石似的对过去的观念的记录，可能反映了这样一种感觉，即人们的思想是不可救药的，需要某种类型的文件训练。尽管使用了极不严格的程序，但是这项
430 关于训练的实验研究，并没有给出任何理由使我们可以保持乐观：费希荷夫（1977b）向被试明确描述了这种偏差，要求他们在判断中避免它——但毫无用处。

3. 判断者与任务之间的不匹配

（1）重构。

为了使这些任务与判断者运用的认知技能和倾向更加相容，我们采用了三种策略重构后知之明的任务（hindsight tasks）。其中的一种策略，是及时地把被试和对事件的报道分隔开来，希望能够减轻报道对于被试的感知的支配趋势（Fischhoff & Beyth，1975；Wood，1978）；这种策略并不见效。第二种策略，是被试估计被报道的事件再次发生，而不是首先发生的概率，以希望在这种前瞻性的视角中，不确定性可以更加容易地被利用（Mitchell & Kalb，in press；Slovic & Fischhoff，1977）；这种策略也以失败告终。最后一种策略，要求被试简要说明他们如何解释出现了事实上并未发生的结果（Slovic & Fischhoff，1977）。这种相反证据的使用，显然减轻了被报道的事件在判断上的必然性。显然，被试的记忆或者想象中有这种相互矛盾的证据可以利用，但是如果没有重构问题，这些证据就不可能被真正使用。

（2）教育。

几乎没有什么实验证据证明，职业教育带来的对于某一主题的深入了解，可以减少后知之明的偏差。有学者（Detmer et al.，1978）在外科医生（专家医生和住院医生）的判断中发现了后知之明的偏差，在实验中，这些医生评估一段涉及可能性腹部动脉瘤溃散的影片。而另一些学者（Arkes et al.，1981）在医生关于一名酒保的急性膝痛病症的临床描述中，也发现了这种偏差。同样，米希尔他们（Mitchell & Kalb，in press）在护士对属下行为结果的评估中也发现了这种偏差。如果对自己生活中的事件进行判断的人可以被看作是实质上的专家的话，那么彭宁顿等（Pennington et al.，1980）关于判断自己怀孕测试的结果的妇女的研究，也就可以看作是又一个证明专家偏差的实例。甚至对于更为严格意义上的专家，伍德（Wood，1978）发现，当涉及常识性问题时，那些富于学识的专家被试并不会比普通人更少受偏差影响。关于专家沦为后知之明的偏差的受害者的逸闻趣事，在本书第23章中已简要地述及，它们包括因果观测和广泛的研究，如有人（Wohlstetter，1962）把由国会珍珠港事件调查委员会成员组成的情绪高昂的39名专家的努力，描述成一大堆后知之明的偏差的集合。

4. 小结

尽管后知之明的偏差是一个较少被研究的判断问题，但它也已经有了 431
足够的研究可以给出一些检验性的一般结论：后知之明的偏差是一种统计检验上相当强并且广泛存在的现象。若想减轻这种偏差，需要对人类的认知过程有一定程度的了解以及一些假设。其中一个假设是，人们处理后知之明的偏差的通常方式，并不是最有效地使用他们的知识或者推理上的技巧。利用相互矛盾的证据，似乎可以部分地解决这一问题，帮助他们更好地运用自己的心智（Slovic & Fischhoff，1977）。

但是，在认可这一解决方案之前，还有许多经验问题需要加以说明：（a）还需要什么步骤才可以消除而非减轻这种偏差？（b）这种程序对于结构不那么明显的任务适用吗？（c）处理很少一些示范性任务的实践足够改变其他任务中的行为吗？在这些任务中没有给出具体的指导。如果消除偏差的程序，增加了人们对于他们的判断能力的信心，而不是提升这种能力本身，那么，这种程序的使用，很可能会陷入更多的麻烦，以至于不值得被采用。

三、过分的信心：消除偏差的努力

“不确定状况下的决策”，意味着知识的不完备。因此，这种决策制定的一个重要组成部分，就是估计所有可以利用的知识的质量。尽管统计方法可以指导这种估计，但是在一些或者其他情况下，判断需要估计人们赋予他们关于事件状态的最优猜测的信心水平。因为通过引致过度的或者不充分的警告，信心过度或者信心不足的估计，可以导致不良的决策，所以判断研究长期以来的一个兴趣所在，就是识别对信心产生不适当作用的各种因素。就其引导人们夸大他们所掌握的知识的完备性而言，从结果中得到的知识，是其中的一个因素。尽管人们怀疑结果知识是否使得人们对于他们的所知过度自信，但是可以相信，人们受到特有的某种类型自卑倾向的影响，而后知之明的偏差，则有效地抵消了这种自卑倾向。澄清这种可能性，需要有关评估置信判断的绝对有效性的研究。

由于难以估计任何单一置信判断的绝对有效性，因此这一领域中的大多数研究，着眼于成组判断的质量或者校准。每一个判断，代表了被试认为某件事实的陈述正确的主观概率（见本书第 22 章）。比如说对于完美校准的个体，估计为 0. 70 就对应着有 70% 的时候陈述是正确的。

显然，过分的信心，是最常观测到的结果。一项典型研究的结果可能
432 是：0. 75 的概率对应着仅为 60% 的“正确率”（hit rate），而关于确定性（$p=1.00$）的陈述，只有 85% 的时候是正确的。当人们估计他们对于数值型变量的量值的了解情况时［例如，“我有 98% 的把握认为莱恩县（Lane County）注册共和党投票人数在 12 000 到 30 000 之间”］，人们发现，真实答案落在他们的 98% 置信区间之外的情况，竟然达到了 20% 到 40% ，而这并不是非常不同寻常的事情。这种结果，对于那些必须依赖置信估计以及那些（直接或者间接的）把问题归咎于夸大其所知的人而言，都是令人烦恼的。试图证伪、质疑、支持或者限制关于过分的信心现象的大量研究发现，可根据如下的消除偏差的努力的视角来进行分类。几篇全面评论这方面的文献的文章的出现，极大地支持了对现有研究进行的二次分析，尽管它们之中，有一些评论，其目的并不在于此。它们包括下面的这些研究：Henrion，1980；Hogarth，1975；Lichtenstein et al.，**22**；Wallsten & Budescu，1980。这种二次分析之所以变得复杂，正是因为被引用的许多研究并非为此目的而进行的。因此，我们不能总是简单地把它们划入一个单一的消除

偏差的类别。这种温和的不匹配，可能反映了目前的分类表的局限（由于不甚明确的区分）或者研究的局限（由于混淆了各种消除偏差的处理技巧）。

1. 错误的任务

（1）不公平的任务。

过分的信心的现象的实践意义，在于它引发了技术层面大量消除自负的努力，其中绝大多数已经被证明无效。它们中很多技术涉及"回答模式"的处理，例如比较信心的概率和几率表达（Ludke et al.，1977），或者改变创建主观概率分布时的估计置信区间（Selvidge，1980）。在基于一些实质性的理论免除了创造和证明他们的实验操纵的必要性之后，采取"工程学"研究方法的实验者，频繁地表现出他们在乐于尝试的实验程序方面的创造性。但是，理论的缺乏，也使得解释和推广他们的成功和失败变得更加困难。例如，西福等（Seaver et al.，1978）发现，当使用"定值"方法（即实验者选择数值，被试估计它们的概率）而非"固定概率"方法（即实验者给出概率而被试给出相应的数值）推导置信区间时，可以观测到更少的过分的信心。这一成功可能反映了定值方法与被试的心理过程之间存在某种类型的更大的兼容性，或者反映了实验者选择的定值所传递的 433
信息。特沃斯基和卡尼曼（1974，**1**）的研究，基于所假设的初始化—调适判断启发式，得到了类似的结果，尽管他们在研究中也向被试提供了定值。

除了对置信的正确回答模式进行相当深入的研究之外，表 31—1 的上部，还列出了其他一些零散的试图消除另一种威胁任务公平性的因素的研究。例如，许多校准研究，为了得到统计上可靠的个体结果，需要大量的回答，而如果每名被试使用少于 10 个，甚至只有 1 个问题的研究，就没有观测到过分的信心的现象，那么回答数目的多少，可能就是值得关注的问题了（如 Hynes & Vanmarcke，1976；Lichtenstein & Fischhoff，1977）。一些研究中使用的指导语简短精练，而如果使用了冗长烦琐到似乎会令被试无法忍受的指导语的研究，没有发现类似的结果，那么指导语的长度可能就是问题的所在了（例如，本书第 21 章；Lichtenstein & Fischhoff，1980b）。这种详尽无遗甚至有些迂腐的指导语，似乎可以看作是一种缓解被试任何试图猜测实验者的意图的方法。至于所使用的刺激的明确性，当多样的常识性问题组被换成同质的问题（例如，Fischhoff & Slovic, 1980；Oskamp, 1962）或者非言语的“知觉”问题（例如 Dawes, 1980；Lichtenstein & Fischhoff, 1980b）时，没有发现过分的信心有任何变化。

当奖励被提高并且判断者对“现实”（即不是仅对实验）情况进行判断时，我们就可以放心地相信过分的信心现象将会消失。但是不幸的是，被用于研究这一假设的研究策略，很可能面临解释上的困难。一种明显的方法，是监测执行习惯任务的专家们的信心表达。但是，评估专家表达的标准很可能与校准冲突，这种可能性击毁了上述方法的合理性；也就是说，很有可能会奖励谨慎流露出的过度自信或者夸张的过分小心。例如，当医生过高估计了某种病症时（例如，Christensen-Szalanski & Bushyhead, 1981；Lusted, 1977)，这很可能是因为他们无法确定自己到底了解多少或者是因为担心治疗失当，或者是贪图患者额外检查可能多付的金钱报酬，或者是其他与当前目标不相干的考虑。由于这些复杂因素，本节所列举的置于表31—2底部的专家研究专用于此，而不是作为提高奖励的努力。

表 31—2　去误差的经验

434

策略	关于事后偏见的研究	关于过分信心的研究
错误的任务		
不公平的任务		
提高奖励	4	1，30
澄清指导语/刺激	6	3，10，13，14，21
阻止事后预测	11	13，21
使用更好的回答模式	9	13，14，20，22，23，32，34，35?，36，40?
少问一些问题	3，7，8，9	16
被误解的任务*		
证明备择目标	3，4，6，8，9	14
证明语义的不一致	—	3，14，19，30?
证明任务不可能	—	13
证明区分被忽视	—	15?
错误的判断者		
可完善的判断者		
警告问题	—	13
描述问题	4	3

续前表

策略	关于事后偏见的研究	关于过分信心的研究
提供个人化的反馈	—	21
充分训练	5?	1，2，4，17，21，26，27，**31**，34
不可救药的判断者		
替换人员	—	—
重新校准他们的回答	—	2，**5**，24
基于错误制订计划	—	—
判断者与任务之间的不匹配		
重构		
让知道的东西显现出来	—	18
寻找不一致的信息	9	18
分解问题	6，11	—
考虑替代情境	—	—
提供替代方式	7，9	35?
教育		
依赖真正的专家	1，2，7，8，10，11	11，**16**，20，24，29，33，38，39/8，9，23，28，31，32[a]
从小训练	—	6，7

注：黑体字表明实验操作被证明至少部分成功，而仍有待经验检验或者证据不明显的研究以问号标记。

a：斜线前的条目表示研究使用的专家没有接受过校准训练；斜线后的条目表示研究使用可变的难度层次。

研究凡例：

事后偏见

1. Arkes，Wortmann，Saville，& Harkness（1981）
2. Detmer，Fryback，& Gassner（1978）
3. Fischhoff（1975）
4. Fischhoff（1977b）
5. Fischhoff（1980）
6. Fischhoff & Beyth（1975）
7. Mitchell & Kalb（in press）（付印）
8. Pennington，Rutter，McKenna，& Morley（1980）
9. Slovic & Fischhoff（1977）
10. Wohlstetter（1962）
11. G. Wood（1978）

过分的信心

1. Adams & Adams（1958）
2. Adams & Adams（1961）
3. Alpert & Raiffa（1969，21）
4. Armelius（1979）
5. Becker & Greenberg（1978）
6. Beyth-Marom & Dekel（in press）（付印）
7. Cavanaugh & Borkowski（1980）
8. Clarke（1960）
9. Cocozza & Steadman（1978）
10. Dawes（1980）
11. Dowie（1976）
12. Ferrell & McGoey（1980）
13. Fischhoff & Slovic（1980）
14. Fischhoff，Slovic，& Lichtenstein（1977）
15. Howell & Burnett（1978）
16. Hynes & Vanmarcke（1976）
17. King，Zechmeister，& Shaughnessy（in press）（付印）
18. Koriat，Lichtenstein，& Fischhoff（1980）
19. Larson & Reenan（1979）
20. Lichtenstein & Fischhoff（1977）
21. Lichtenstein & Fischhoff（1980b）
22. Lichtenstein，Fischhoff，& Phillips（Chap. 22）
23. Ludke，Stauss，& Gustafson（1977）
24. Moore（1977）
25. Morris（1974）
26. Murphy & Winkler（1974）
27. Murphy & Winkler（1977a）
28. Nickerson & McGoldrick（1965）
29. Oskamp（1962）
30. Phillips & Wright（1977）
31. Pickhardt & Wallace（1974）
32. Pitz（1974）
33. Root（1962）
34. Schaefer & Borcherding（1973）
35. Seaver，von Winterfeldt，& Edwards（1978）
36. Selvidge（1980）
37. Sieber（1974）
38. Staël von Holstein（1971a）
39. Staël von Holstein（1972）
40. Tversky & Kahneman（1974）

另一种提高奖励的方式，是对一些本身就很重要的研究附加置信估计，而这些估计不具有任何行为上的暗示。有人（Sieber，1974）根据学生自己的测试答案推导他们的信心水平，做到了这一点。结果（现在广为人知）

发现了过分的信心现象，这可能是因为校准对于涉及的奖励的不敏感，也可能是因为这种方法本身就不能有效提高奖励。理论上完美的奖励控制策略，是根据适当的评分规则奖励被试，同时惩罚不坦诚地表达不确定性的 435
被试。但是，这种规则相当不对称，也就是说过度地惩罚了过分的信心，而较轻地惩罚了信心不足。因此，那些掌握了规则要领但是又对其详细情况不感兴趣的被试，可能把评分规则理解为是在迂回地指导他们绝不要表现出较高的信心水平。在这种情况下，人们可能是机械地减低他们的信心水平，而没有提高他们的理解能力。总之，或许让被试努力工作的最好方法，就是训练研究人员的基本技巧，以提高任务的内在吸引力和被试的参与精神。

（2）被误解的任务。

无论如何仔细地向被试描述一个任务，仍然可能存在这样的一些疑问，即被试是否确实了解了任务并且接受实验者预期的奖励结构。检验一种设计是否可行的一个基本策略，就是在一个新的任务中，使用这些回答并且保持原有的奖励结构，看一看被试是否忠于他们自己已经做出的回答。费 436
希荷夫等人（1977）采用了上述策略，他们询问被试是否愿意参加一场基于他们刚刚做出的置信估计的赌局。在这场赌局中，如果被试是诚恳地或者倾向于低估他们自己的信心水平就会受到奖励，而如果他们夸大了自己的所知，则会受到惩罚，无论什么原因。例如，谨慎地夸大其词可能会作为替代的目标，从而他们表现得比真实情况下更具有学识。这样的被试，更加愿意参与赌局，而不顾他们和其他地方被观测到的被试一样自负。

另一种主张被试对任务的理解与实验者不同的观点，来源于这样一个观测结果，即“确定性的程度经常被用于日常话语之中（就像提及温度一样），但是这种程度很少用数字的方式表达出来，而且也很难有机会去确定它们的有效性。……人们不能恰当地估计 0.80 的概率，这并不更令人吃惊，正如人们很难评价蜡烛的亮度和华氏温度一样。”（Fischhoff et al., 1977, p. 553）对这种可能性的一种反应，就是把注意力限定在概率的极端取值上，相信“大多数人更容易接受我 100% 地确定某个表述为真这种表述，也更容易评价这种表述的恰当性”（Fischhoff et al., 1977, p. 553）。另一种反应，是给数值型的概率贴上一个文字标签以使它们更容易被理解（见本书第21章；Lichenstein & Reenam，1979）。不过没有一种处理技巧，被证明是明显有效的。一种更为深入的关于实验者与被试之间的语义学分歧的观点主张，“不确定性”这一术语本身可能有多种解释，并且并不是所有这些解释，对每一个人都有意义（Howell & Burnett，1978；Phillips & Wright，1977）。基于这种思想的消除偏差的经验努力，可能被证明是卓有成效的。

对于一些任务，被试根本毫无所知。在这种情况下，我们可以观察到一些最极端的过分的信心现象。尽管一般来说，实验者不会指点被试应当抱有什么水平的信心，但是仍然有可能存在一个隐含的假设，即被试认为“实验者不会给我一个不可能完成的任务”。如果被试真的这么想，那么想要他们抱有适当的信心水平就是不可能的了。费希荷夫等人（Fischhoff & Slovic，1980）使用一系列任务检验了这种可能性，这些任务的内容（例如，诊断溃疡、预测不知名的股票的价格）以及指导语的设计，都是为了使任务不论是看起来还是本质上都是不可能完成的。但是，只有当被试被提醒“很有可能不能做出这种类型的区分。试着尽最大努力完成任务。但是在极端情况下，如果你感到（对于自己的答案）完全没有把握，那么请别犹豫，每一个都回答0.5（表明这是猜测）好了”（p.752）时，过分的信心才被减轻（但是也只是部分地）。任何更强一些的指导语，都可能具有研究者自身的需求特征的嫌疑。

2. 错误的判断者

（1）可完善的个体。

437 适当地修改解释性假设，则使前一节中最后提到的研究，在本节中将变得抢眼起来。让被试相信他们可以把每一个回答仅仅看作一种猜测，这种做法可以看作是一种消除任何残留的对于任务的误解的方法，或者是朝向纠正那些理解了任务但却不了解其自身的被试迈出了一步。这种方法有一个隐含的警告，即不接受给出的猜测性答案，可能成为一个问题。阿尔泼特等人（见本书第21章）的指导语，就把这种警告明显化了。在这项研究中，为了避免过分的信心，他们指导被试延长他们的主观概率分布的双尾。这种巧妙处理的部分成功，是否反映了人们对于命令的理解力和敏感性，仍不清楚。但这种模棱两可，可能解释了采用这种方法的研究为何如此之少。

随着“实验者效应”成为审慎的训练研究中的常见现象，对于要求特征的担心逐渐消失。正如表31—2所指出的，人们已经进行了一系列训练方面的努力，并且取得了极好的成绩——尽管人们可能会担心，学术期刊缺乏对于反面结论研究的热情，可能会削减人们对于失败的可能性的关注。为了获得某种效应，训练者们甘愿做任何事情，这可能使训练努力变成相当复杂的技术处理，而起作用的因素在某种程度上变得不再重要。就学习而言，一些更为必要的条件似乎是：得到大样本回答的反馈，被告知自己的表现（并且不只是关于一般性的问题），有机会讨论人们的主观不确定性感受与数值型概率回答之间的关系。让他们感到吃惊的是，利希坦斯坦和费希荷夫（1980b）发现，加上精细的个性化的反馈，一个回合的训练就可能像一系列的试验那样有效。就狭义上的掌握一种特定的任务（例如，学习实验者所要求的回答分布）或者获得更为通用的技能而言，这些成功，在多大程度上反映了训练的效果，仍不清楚。

（2）不可救药的个体。

对训练研究的不耐烦或者对训练研究的普遍性的怀疑，使得许多研究人员认为，错误的置信估计是不可避免的，因此他们把注意力集中在帮助决策者处理这些估计上。一些人建议用专家小组替代个人，专家的估计可以同方向相加或者机械地整合（例如，Bechker & Greenberg，1978；Morris，1974）。其他人则要求自由地使用敏感性分析，分析决策分析中随时出现的置信估计（例如，Jennergren & Keeney，in press）。还有一些人提出使用校正因子重新校准估计，而修正因子则表明信心评估应该是他们当前的信心水平的函数（Lichtenstein & Fischhoff，1977）。例如，过分的信心现象的普遍存在可能意味着，当某个人宣称确定性时，我们可以认为它的正确率为 438
85%。不幸的是，就这一策略而言，当人们被错误地校准时，他们的自负程度依赖于他们面对的特定任务的难度（Lichtenstein & Fischhoff，1977）。因此，只有在了解手头任务的难度，并且能够观测到类似难度的任务中被试的（过度）信心水平，或者至少能够推测出观测到的和预期的过分信心之间的关系时，才能决定所需要的校准总量（Ferrell & McGoey，1980）。

3. 判断者与任务之间的不匹配

（1）重构。

关于校准的研究，和判断研究领域的其他主题一样，仍然相对隔绝于认知研究的主流，它从心理学文献中借鉴的更多是方法论而不是理念。无论这种联系上的缺乏是否反映了判断问题研究者本身的褊狭固执，或者是当前的认知过程模型对信心的不充分表征，它很可能已经妨碍了减轻过分信心的方法的发展。过程模型不仅应当提出更有效力的处理技巧，而且应该指出工程学的方法为什么起作用或者不起作用（以及它们的效应可以推广的范围）。当前关于目击证人的证词、可知感（feeling of knowing）和元记忆的研究，最终可能为我们提供这二者的契合点（例如，Gruneberg et al.,1978）。

一种帮助人们以一种与置信估计的要求更为兼容的方式使用他们现有的认知技能的方法，可能是要求被试列出为什么他们选择的答案可能错误的原因，从而减少过分的信心，这是一些学者的贡献（Koriat et al.，1980）。列出为什么某人可能正确的原因，或者给出一个支持和一个反驳某人所选答案的原因，并没有产生什么效果，这也表明，关键的因素并不仅仅是更加努力工作或者诚实坦率，而是要让被试表达出他们的记忆，而这与通常的置信估计任务不同。如果没有明确提示“请想一想为什么你可能是错的”，那么人们似乎不会对他们最初的答案持批评态度，更不会去想证明这些答案。或许类似地，有人（Markman，1979）发现，除非被告知要去寻找，否则他那些 9 到 12 岁的被试不会发现文本材料中的前后不一致。

尽管在实践而非心理学领域取得了进步，但是西福等（Seaver et al.，1978）的定值技术（fixed-value technique），可以看作是另一种重构被试处理任务的方式。与“传统的”固定概率法把注意力集中于被试对正确答案
439 的最优猜测相比，定值法围绕一组假定为错误的数值而组织一个人的知识，这可能导致对于“人们知道什么”这一问题更为全面的评价。

（2）教育。

过分信心的消除，是不是专家在其专业领域中所接受的实质性教育的

间接结果呢？探索这一问题的一种明显方法，就是考察真实任务表现中自信的表达。但是正如前面所提到的，由于现实压力可能限制专家的自由表达，这一方法被复杂化了。例如，人们可以在那些没有充分证明有效性的情况下就做出自信的判断的专业中［例如，预测股票价格的走势（Dreman，1979；Slovic，1972c）；诊断精神病的危险程度（Cocozza & Steadman，1978）］发现过分信心现象的证据。当然，如果作为他们所激起的信心的函数，咨询（并付费）这种专家，那么他们可能会被诱惑而歪曲他们的所知。

毫无疑问，确保诚实的最大努力，是关于天气预报员的研究，他们的训练要求对良好的校准经常给予明确的奖励。他们的表现非常出色（例如，Murphy & Winkler，1974，1977a）。这种成功是否应归功于校准训练，或者是作为他们的一般职业教育的副产品，至今仍不清楚。其他一些研究中也使用了专家，但是专家没有接受过校准训练。对这些研究的评论证明，这种训练而非实质性的教育，才是起作用的因素。有关心理学系研究生（Lichtenstein & Fischhoff，1977）、银行家（Staël von Holstein，1972）、临床心理医生（Oskamp，1962）、行政官员（Moore，1977）、文职工程技术人员（Hynes & Vanmarcke，1976）以及未受训练的职业天气预报员（Root，1962；Staël von Holstein，1971a）的实验研究，分别根据被试所在的专业领域出题，并且排除了现实世界的压力，结果都发现了过分信心的现象。

杜威（Dowie，1976）在报纸上赛马预测栏目的撰稿人身上发现了良好的校准。尽管这些专家既没有采用什么明确的支付函数，也没有得到任何正规的反馈，但是人们可能仍然怀疑他们是自我服务，并时刻关注自己的表现，有良好的校准就自我奖励。也许我们从小就应该被训练学会这种类型的自我监控。最近有一些提议（例如，Beyth-Marom & Dekel，in press；Cavanaugh & Borkowski，1980）主张判断应该成为学校课程的一部分，就体现了这种观点。这些提议的前景如何还有待检验。

最后，有一种相当狭义形式的专家知识，被证明是最有力的消除过分信心的方法（也是最无趣的）。被试的平均信心水平的变动，相对于他们面临的任务的难度的变动更缓慢，这一事实反映了人们对于他们的所知不敏感（Lichtenstein & Fischhoff, 1977）。正确答案比例与平均信心水平构成的典型配对是：0.51，0.65；0.62，0.74；0.80，0.78 和 0.92，0.86。当
440 准确率的变动范围为 0.41 时，信心水平的变动只有 0.23。与这些概括性的统计数据一致，校准曲线在某种意义上同样不佳（或者说非常平坦）；但是，他们的过分信心程度的变化却非常显著。前两对数值代表了信心过分，第三对体现了适当的总体信心水平，而第四对则说明信心不足。这些例子，来自于利希坦斯坦等人（Lichtenstein & Fischhoff, 1977）的研究，但是其他的研究（Clarke, 1960；Nickerson & McGoldrick, 1965；Pickhardt & Wallace, 1974；Pitz, 1974），也揭示了同样的模式。实际上，对不同条件下的过分信心的任何比较，都必须考虑所使用的任务的难度。从这方面来看，文献中过分信心现象的普遍性，部分反映了一种没有给予被试非常简单的问题（或许是自然的）的趋势。

4. 小结

我们已经采取了各种各样的方法从各种人群那里获取置信估计，这些估计几乎总是表现出人们对于他们的所知非常不敏感。尽管并不需要关闭方法论操纵的大门，但是迄今为止，这些技巧都被证明是相对无效的，并且它们的结论也难以推广。它们所做到的事情就是证明，相对来说，过分信心能够抵抗多种思维形式（除了任务的难度水平的变化）。更多地依赖心理学理论似乎是得到更加有效的、可预计的处理技巧的关键。校准训练的有效性证明，仔细分析这种训练而非专业化教育提供了什么独特的经验，既可以指导我们消除偏差，又能丰富我们的心理学理论。

四、讨论

假设此处所评论的这些研究都已经得到准确的描述，并且穷尽了（或者至少在相当程度上代表了）相关的研究，那么它们所传递的总体信息，似乎可以让认知心理学家们相当放心了。后知之明和过分信心这两种偏差，都已经被证明在统计检验上是相当强的，它们抗拒那种把它们解释为人为因素，并且通过机械的处理技巧（例如，使被试更加努力工作）就能消除它们的努力。有效地消除偏差的方法，通常需要改变任务的心理学性质

（以及被试处理任务的方法）。在这种情况下，我们必须至少部分地相信心理学理论。例如，一个关于人们在估计信心水平之前如何提取记忆信息的假设，指导了有些学者（Koriat et al.，1980）对提取过程的操纵。即使是“把所有一切都丢给被试”的训练方案，也是基于经过良好检验的、可以 441
广泛应用的基本学习理论。

本章的总结，还需要涉及几个概念上的限制（caveat）（除了它所接受的方法论上的限制）。第一个限制，关于人为的和心理学的处理技巧之间的区别，它可能比这里已经指出的更加模糊。例如，当根植于非正式的指导语不会推导出“真实的行为”这样一种观点时，劝说被试更加努力的工作，就是一种人为的处理技巧。但是，如果研究者能够提出一种关于不同的指导语如何影响判断过程的实质性假设，那么这种人为的因素，就会成为一种主效应，在有或者没有明显的劝说情景下，它能够独立地预测现实世界的行为。

第二个概念上的限制在于，质疑偏差的性质，可以反映出一种有限的、无效的心理学研究视角。继续前一段中的例子，生活中既有偶然的情况，也有努力工作的情况；其中哪一个都不比另一个在本质上更加“真实”。类似地，关于偶然和努力工作两种情况的实验室实验的相对效度，依赖于它们的结果能够外推到现实世界中的情境。每一种情况都有其位置。理解实验室和现实世界之间的匹配，需要描述这两种情况的良好判断。例如，努力工作的情况并不必然等于重要的情况。对于某些重要问题，人们可能并不努力工作，除非他们既意识到一个判断对于问题的结果的核心重要性，又意识到该判断可能出错的潜在必然性。

利用消除偏差的研究以揭示观测偏差的边界条件，引出了第三个概念上的限制。在本章中，总结表格和讨论隐含地赋予了各种研究同样的重要性，这些研究之所以被选中，可能是根据某种关于每一项研究的可靠性的观念（即由它们的研究能力和深广程度等标准来定）。这种对统计上显著的和不显著的结果的记录程序，从方法论上来说就是不可靠的。当人们怀疑是否对所有可能的研究充分抽样了的时候，这在概念层面上就已成问题。在这种情况下，这些收集的数据构成了概念上相互依赖的观察，并且需要赋予相同的权重。任何关于人类如何行为的总结，都需要仔细指明行为情境的子集，因为研究就是从这一子集中抽样的。例如，一些批评家指责关于判断启发式的早期研究是在“自寻烦恼”，因为这些研究需要寻找（掌握）人们反常行为的情境。如果这种说法正确，那么就不必把每一种对有偏行为的论证都看作是人类总体判断能力的不利因素；它们的重要性，受到这些实验所研究（或者过度解读的）的情境类型的限制。由于集中关注偏差估计的边界条件，大部分近期研究，都受到它们自身的抽样偏差的影
442 响。在推广它们的结论时，需要考虑到这一点。

进一步的讨论

类似的模式是否会出现在其他类别的偏差中，这需要类比的文献评论。表 31—3 给出了偏差领域的特征描述，其中可以寻找到反复出现的模式。表 31—3 也区分了本书所描述的偏差和困扰心理学家的其他偏差。

这些文献评论始终不能摆脱的一个元问题是，人到底有多优秀？他们是认知上的残疾者还是博学家呢？一个简单的答案，就需要回答无数关于生命的本质和人类经验与实验室情境之间的总体相似性的问题。现有的文献评论得出了一个令人困惑的结论，即人类判断技能的宝库是半空半满的。他们能够娴熟地应付现实生活，但是他们又会笨拙地犯下一些可以预见的重大错误；他们足够聪明，可以设计出许多应用广泛并且简便易行的启发式有效地帮助他们，但是他们又不够聪明，以至于不能意识到这些启发式的局限。因此，只有在具体的判断任务情境中，才能对人的能力做出比较明确的评价。

表 31—3　　话语域：偏差和去偏差努力

1. 推理得以获得的隐含过程是概率性的。也就是说，判断是在不确定性的条件下进行的，而偏差就源于决定论的心智和概率性的环境之间的遭遇。
2. 问题源于证据的整合而非证据的发现。尽管刺激是完备的并且是尽可能明确的，但它们还是很少显示任务是如何被结构化的。而被试的工作，就是解释和利用被提供的这些片段信息。
3. 偏差是非实体性的。认知过程的操作，在给定信息结构的任何内容领域中，都应该是类似的。这就使错误不能归咎于由于有意欺骗而导致的错误信息（misinformation）和“错误观念”（misconceptions）。

续前表

4. 有些规范理论有助于合适判断。这条标准规则，就使问题脱离偏好王国（如不一致的态度），在其中，没有什么反应可看成是最优的。
5. 没有提供或允许计算的辅助（不用纸笔）。这种对直觉判断的关注，排除了种种辅助工具如计算器、统计参考书或互动计算机。
6. 对次优行为显然没有明显的诱导。也就是说，偏差就其本质是认知性的，而非动机性的。偏差研究的“核心”，当然在于人没有理由去进行次优行动，而错误则意味着他们仅仅是不知道更好的方案。

这种关于“人”的总体判断（或者说是借口），反映了大多数判断研究的一个共同特征——缺乏对个体差别的关注。尽管这种对群体效应的偏爱可能只是一种研究口味上的差别，但是由于主张判断研究中的主效应如此重要并且研究得如此不充分，因此关于个体差异的研究应该被暂时搁置，其结果可能从理论上合法化了这种偏好。而关于特征已知的群体的研究提供的洞察力相当贫乏，这也从经验上支持了这种说法。特别令人吃惊的是，对于已经知道的最为重要的群体——那些在专业领域内进行判断的专家——进行的实验室研究中，也缺乏对差异性的关注。道斯等（Dawes，1976；Eddy，Chap. 18；Fischer，1970）和其他人所收集的逸闻趣事以及个案研究证据也表明，充分的训练和高额的奖励并不能确保判断的优秀。尽管如此，我们仍然需要进一步的研究，这既是因为很多人顽固地相信专家会做得更好，也是因为有效使用专家判断在应用层面上的重要性。 443

对于充分利用专家以避免偏差这一直接的实践目标，了解专家是否比普通人更优秀，或者至少他们比普通人更能意识到自己的判断的局限，这就足够了。至于消除所有的判断偏差这一最终的实践目标，最重要的是了解专家可以做到什么程度以及他们为什么不能做得更好。下面列出了有助于学习的一般条件。对于其中的每一条，依据其所处的环境，我们可以看一看专家在哪些方面可能占有优势，或者处于劣势：

(1) 练习大量的同质性任务。专家应该有过这样的经验。他们可以利用这种经验磨炼自己的判断技巧，或者发展出一套针对特定情境的习惯性解决办法，从而使自己从分析（和思考）需要之中解放出来。

(2) 有明确标准的事件。尽管专家经常被要求给出相当明确的判断，但是这些判断的对象一般是某个极其复杂的（自然、社会或者生物）系统的组成部分，因此很难评估判断者自身对对象的了解程度。不准确的判断，可能被归咎于不可预测的偶然性；而准确的判断，很可能是因为错误的原因。

(3) 特定任务的强化。从原则上说，专家为其表现付出代价。但是，即使在他们的判断意见可以被识别出来的时候，他们也可能因为其他理由受到奖励（例如，他们带来好消息了吗？他们打乱了计划吗？事情结果会变好吗?）。

(4) 明确承认对学习的需要。参加教授专业知识的培训，无疑是一种谦虚的表现。然而，在这个过程以及接下来的职业生涯的每一个
444 阶段中，对于那些表现优秀以及流露出竞争能力的人，特定的优势会不断积累。

这些都是有关学习的纯粹操作性原理，是在假设不了解潜在的认知过程的情况下操纵行为的原则。澄清和利用这些认知过程，是消除偏差研究的一个主要的理论和实践任务，尤其考虑到这种操作在某种程度上优于更为机械的努力。尽管对于从基础研究到实地应用这一长段道路，关于偏差和消除偏差的研究，已经走完了相当一部分，但是它还没有在任何一端扎下根。现在看来，要想到达一端需要同时到达另一端。好的实践需要更好的关于人们的思想如何起作用的理论。而好的理论，也需要更好的实践来澄清和把握人们的思想真正起作用的条件。

感谢 Ruth Beyth-Marom、Don MacGregor 和 Paul Slovic 对于本章初稿的建设性意见。本项研究得到了海军研究室的资助，项目号 N00014 – 80 – C – 0150，Perceptronics，Inc. 。

第32章　改善归纳推理

尼斯比特等（Richard E. Nisbett，David H. Krantz，
Christopher Jepson，and Geoffrey T. Fong）

本章，我们讨论改善人们日常生活中的推理的可能性。尼斯比特和罗斯（1980）提出，以推理格言的形式，使普通人能够运用科学家的推理工具，可能改善推理，如“这是一个经验问题”，或者“你总是能够为例外情况辩解”。关于一些最重要的非正式推理指南，我们会涉及“统计启发式”，如“把证据作为一个样本考虑，然后考虑一下样本规模”。我们相信，扎根于统计学和概率理论的知识，以具体问题中运用启发式策略的经验为依据，可以证明，这种粗略的推理指南，对于减少日常生活中的推理错误具有很大价值。 445

系统地考察这种方案能够做到的事情以及在哪里可能会遇到困难，是可能的。我们相信，目前，有三个此类的困难；我们也相信，就拓展关于人们怎样推理以及他们应该怎样推理的知识而言，解决每一个问题的努力都会有所助益。

（1）给定一个模棱两可的推理，确定它事实上是错误的可能非常困难。在卡尼曼和特沃斯基的大部分研究中，作为规定推理（prescribed inference）基础的概率模型，是标准的统计模型，而把它应用于所述事件是不会引起争议的。然而，当同一性质的社会心理学研究展开时，越来越清楚的是，对于事件，准确地知道哪一种模型是正确的，因而知道需要哪一种推理程序，这是非常困难的。

446 （2）甚至在能够相当地确信错误已经发生的时候，想知道错误是怎样发生的也是非常困难的。很难知道，错误是应归于错误的推理，也就是说，拙劣的推理程序，还是由于错误的模型，即对于该事件性质的错误的先验信念。

（3）甚至当我们能够相当确信合适的模型的时候，我们可能仍然缺乏清楚有效的推理指南。目前，我们并不清楚如何把一些最根本的统计考虑转换为日常生活中的推理指南。这在考虑样本偏差因素的情况中，尤其明显。人们易于忽视证据被偏差影响的可能性，但是，远不明确的是，对于大多数现实世界的问题，哪一种“统计启发式”才适宜使用。

一、归纳推理中的模型和启发式

让我们通过分析一个相对缺乏上述困难的案例，开始我们关于错误的归纳推理的讨论。本书中的许多案例可以满足要求，但是卡尼曼和特沃斯基（1972b，3）的产房问题（the maternity-ward problem）尤其明确，并且帮助我们给出一些定义。被试被要求判断，是大医院还是小医院在一年中拥有更多这样的天数，该天出生的婴儿中，超过60%是男孩。多数被试选择了“大约一样”；其他的人，一半选择了“大医院”，一半选择“小医院”。换句话说，作为一个群体，被试相信，这种男婴出生比超过60%的异常天数在大医院和小医院出现的可能性，是相同的。

根据这个实验以及许多其他实验，卡尼曼等人进行理论概括，导致这种结果的主导的判断模式是代表性启发式（representativeness heuristic）的运用。一个被试使用这种启发式策略，就会集中注意异常结果（60%）与假定的典型结果（在这个案例中是大约50%）之间的不一致。既然近似的程度或者“代表性”不受医院的规模影响，那么被试就会断定，异常结果对于大小医院的可能性是一样的。

然而，处理这个问题的正确方法是，给定任何一天，人们把一所医院该天实际的“男”和“女”出生结果这个子集，看作是类似于 50—50 总体的一个随机样本。然后依据二项公式或者大数定理，样本的规模越大，一个异常的样本百分比越不可能。根据这样运用的一种概率模型，人们得出结论，大医院有 60% 或者更多男婴出生的天数的可能性更小。

在这个例子中，直觉启发式（代表性启发式）所指导的推理，与运用数学模型的推理相对比。我们做了一个规范判断，批评直觉的结论，认为它是错误的，因为根据一个我们相信是新生婴儿性别恰当代表的模型，得 447
到了不同的结论。在此，根据模型作出规范判断，我们的程序阐明了一种一般性原则：直觉推理的合理性，必须根据该事件的潜在模型的恰当性予以证明。

数学模型仅仅是模型的一种，而且，是人类推理中很少被使用的模型：它需要数学的训练和充足的时间思考。但是，我们将用模型这个术语指代任何对于现实的某些方面的部分代表。我们包括了物理模型（例如，一个根据原型按比例缩制的飞机模型）、数学模型（例如，描述飞机机翼上方空气流的方程）和更为普遍的直觉的概念模型。这些模型，是人们对飞机或者气流或者新生婴儿性别的决定程序或者现实的任何其他方面的心智表征（mental representation）。对于这些模型，一个极其重要的区分就是那些纯粹决定性的模型（即它们没有包括对不可预测性的任何描述）和那些概率性的模型（即它们假定，在给定的一般信息条件下，事件并不是完全可以预测的）之间的区分。概率模型可以是物理模型（掷骰子或者从壶中抽取弹子）或者数学模型（随机变量），但是它们经常是更不确定的。例如，田径运动会上，某个观看跳远比赛的人可能相信，下一个选手会跳到大约 8 米远，但是跳得稍远或者稍近一些不是稀奇的，甚至 7.5 米或者 8.5 米也是可能的。这个人对于跳远的心智表征，是一种直觉的概率模型，它包括一个心智上的“典型距离”和一种类型的“误差分布”，“误差分布”产生了对于典型的偏离。

一个人的事件模型的性质，对于将要使用的推理工具的选择至关重要，这些工具包括各种启发式策略。启发式，是任何一种转换信息从而解决问题或者形成判断的指导原则。上面我们谈到了代表性启发式，但是实际上，它包括两种不同的启发式：一种用来构建模型（根据代表性启发式策略，潜在的模型应该与观察资料的结构特征密切吻合），一种用来判断结果的可能性（如果某个结果的结构更类似于假定的潜在模型的结构，那么这种结果就更可能）。统计的启发式鼓励人们根据资料的性质考虑信息，如可靠性和有效性，使用概率性的概念操作信息，如基率（base rate）。如果对于一种特殊类型的事件，人们有一个潜在的概率模型，那么当考虑那些事件时，人们就可以运用统计的启发式策略。

让我们更具体一点，看看在产房问题中，这些模型和启发式策略概念是如何运用的。对于产房问题，一种完全令人满意的解决方法是使用一个数学模型，一个从 50—50 总体中随机抽样的模型。大多数的被试，可能使用一种更为简单的新生婴儿性别模型——该模型指定了一个 50—50 的划分，但是没有包含任何关于抽样过程的随机性与可能的抽样误差之间的关
448 系。毫无疑问，大多数被试，确实了解一些样本规模与抽样误差之间的关系，但是这些知识并没有被纳入到他们为解决该问题而确立的心智的直觉模型中。相反，被试使用代表性启发式策略，补充简单的 50—50 模型，而这引导他们得出结论：60% 的男婴出生比不太可能，但是对于大、小医院，可能性是等同的。最后注意，至少从定性的方面来说，被试不必像统计学家一样解决这个问题，如果对于观察到的性别比例，他们的模型中包含有直觉的抽样概念，那么他们可能已经注意到了一种统计的启发式策略。在这个案例中，需要的启发式策略，是大样本比小样本更可能包含有代表性或者典型结构这样一种观念。

简单地说，推理是以模型为基础的。依据他的模型，一个人可以运用各种算法或者启发式策略。一个数学家可能从一个数学模型演绎得到定量的推论；一个使用直觉的抽样模型的人，可能成功地使用了一种统计的启发式策略；而一个使用过于简单的模型的人，可能使用了代表性启发式策略，并且至少是在这个问题中，他被误导了。

二、概率模型在日常推理中的应用

概率模型或者统计的启发式策略运用的失败，并不仅仅在回答产房问题之类的难题中导致错误，它也影响到日常生活情境中人们的推理，尤其是在社会领域。罗斯（1977）提出，人们会犯基本归因错误：他们倾向于把他人的行为更多地归咎于个人品性，而忽略了情境因素或者多变的环境对行为的影响。我们将给出两个关于这种错误的例子，并且指出考虑概率模型，如何帮助我们限定并且纠正这种类型的错误。

尼斯比特等（1975）指出，被试经常不能利用“共识”信息：对于一个特定个体的行为，甚至当他们被告知在同样的情境下大多数人也会有同样行为的时候，他们仍然推断是特质、个人品性的原因。例如，在一个研究中，被试认为“Greg R.”是一个缺乏感情、残忍的人，因为他没有去帮助一个他认为正被抢劫的“受害者”。对于实验组和控制组的被试，给予 Greg R. 这样一种否定评价的倾向是同样高的。实验组的被试，被给予了共识信息，即在同样的情境中大多数人不会去帮助受害者；而控制组的被试，没有被给予这种共识信息，因此相信大多数人会帮助受害者。

人们怎样才能利用共识信息缓和他们关于个人特质或者品性的推论呢？ 449
在我们看来，一些强调行为的情境决定因素的社会科学家，运用一种直觉的（有时候甚至是形式的）概率模型，在该模型中，某些情境使得几乎所有人都会采取某种特定的行为，而一些个体几乎在所有情境中都会采取该种行为。在这种模型提供的结构中，共识信息，很容易被解释为特定情境属于高概率类型的证据。因此，该种行为的出现，就不是给定个体在所有情境中都会采取该种行为的有效证据。

我们认为，这种类型的概率模型很好地描述了社会行为，它们为批判那些不能利用共识信息的推理提供了根据。在尼斯比特他们的研究中，被试可能完全依赖代表性启发式策略，构建一个与资料匹配的目标个体的模型：Greg R. 是残忍的，缺乏感情，因为他的行为看起来是残忍的并且缺乏感情。

在这个例子中，和在产房问题的例子中一样，并不存在太多的引诱，以至于不能为被试的推理辩护。一种社会行为的纯粹特质模型，没有情境对概率的影响，不是非常合理的，被试自己最有可能承认这点。但是，我们的第二个认为是基本归因错误的例子，导致了更多的争论。

假设一个重要的管理职位的候选人，由于以前雇主的强烈推荐，得到一个面试机会。面试从一个团体午餐会开始，在午餐会上，候选人表现得紧张不安。之后，几位参加午餐会的人认为，候选人缺乏该工作必需的人际交往能力。

一个社会心理学家可能会说，雇主关于“人际交往能力”的推理意义不明。关于冒犯行为的情境解释（包括午餐面试场景的要求），或者一种概率性的解释（他今天有点失常），可能是合理的。事实上，考虑到以前雇主的推荐，这种解释，看来比根据候选人的能力的解释更加合理。但是，雇主可能会回答说，任何不能在午餐会面试情境中表现得一贯泰然自若的人，非常可能在其他需要同等自信的相关工作情境中失败。

这种论点很难成功。雇主们根据一个模型来证明他们的推理，而该模型要求一种情境中的失败和其他情境中的失败之间存在一种高的统计相关，这些情境在某些方面与第一种情境类似，尽管不是在其他方面。很难知道最初的推理所潜在的实际认知机制是否包括了这样一种模型的使用，或者
450 相反，仅仅依靠代表性启发式策略（考查候选人午餐会上的行为与一个刻板的理想候选人在午餐会上的典型行为之间的符合程度）。并且，也很难确切地知道雇主们提出的模型是错误的。社会心理学家根据经验知道，当进行经验检验时，这种相关关系通常是非常弱的。但是，这种特定的相关关系，并没有被直接检验，要检验它，运用现有的心理学技术，将会涉及众多细致的、成本过分高昂的研究。

这些例子，阐明了归纳推理可能发生错误的两种不同方式，它们也指明了可能需要的两种不同类型的规范建议或者训练：（a）有时候，推理的程序是错误的。有时候人们可能同意（至少基于反思）哪一种模型是合理的，但是可能在实践中，使用了其他更加简单的模型和相应简易的启发式策略。规范建议，强调避免过度简化以及代表性启发式策略过于简易的运用。训练的目标，包括教授具有广泛使用价值的模型，如二项抽样模型，

教授这些模型的具体应用，强调那些有时候能够替代根据模型的严格演绎推理的统计启发式策略。（b）有时候，对于给定的模型，推理是正确的，但是模型可能有问题，或者甚至可以证明是错误的。规范建议，强调已知的事实（例如，关于某种类型的行为相关关系为弱），而根据这些事实，某个特定的模型看来更可取。

分析也指明了规范建议的可用性方面，存在两种非常严重的空白。在一些情况下，我们可能缺乏形成适当模型所需要的知识。在其他一些情况下，我们可能缺乏足够简单和可用的统计启发式策略。共识信息的例子，说明了目前社会科学的模型中存在的缺口。我们可以批评那些根本不能利用共识信息的被试，但是假设被试回答说，“是的，你是对的。情境因素至关重要；现在告诉我们，根据大多数人会以同样的方式行为这一事实，我们应该在多大程度上修改我们关于 Greg R. 是缺乏感情的看法?”回答这个问题需要一个特质/情境交互作用的理论，而目前，人格与社会心理学家还没有提供这样一种理论。

我们缺乏某些基本的统计的启发式策略，对这一事实的论证需要独立的一段。

三、针对样本偏差调节推理：统计启发式的需要

在推理过程中，考虑到样本规模的正确程序，已经得到了很好的发展，因为许多统计理论致力于这种类型的问题。作为其部分结果，我们预期，教授人们要更多注意日常生活提出的推理问题中的样本规模因素，不会存
在很大的困难。但是，当我们考虑样本偏差问题时，事情就很不一样了。 451
很不幸，因为正如尼斯比特和罗斯（1980）已经论证的，看来推理错误更有可能来自于样本偏差而非小样本规模。

在讨论为了解决样本偏差，人们尝试开发启发式策略中所遭遇到的问题时，区分一个观察样本的两种主要类型的信息，将是有所帮助的：关于抽样程序的信息和关于共变特征的典型性的信息。对于第一种类型的信息，即与程序相关的，我们相当粗略地区分出偶然样本（haphazard sample）、统计样本（statistical）和例证样本（illustrative）。这些术语，立刻将我们拉

离了理论统计学的领域——它仅仅关注这些范畴中的一个——把我们推入偶然观察与观测事实的沟通（communication）这一领域中去。

偶然样本，是以任何可能的或者最便利的方法从所有可能的观察中选出的。大多数的推理以偶然样本为基础，不仅是在日常生活中，甚至是在细致的科学工作中。例如，在卡尼曼等人的研究中，所使用的被试之所以被观察，因为他们是当时能够得到的。统计样本，涉及一个已知的概率结构，用来从一些可能观察的总体中选择观察资料，它们是唯一一种可以进行严格的统计计算的样本。在民意测验或者质量控制测验中，普遍使用这种类型的样本。然而，通过构造一个合理的总体以及一个能够满足实际抽样程序的概率抽样模型，一个聪明的统计建模者，可以把一个偶然样本转换成为一个统计样本。最后，例证样本是一种用来提升一个基于大量数据的报告的正确性或者形象性的沟通工具（communication device）。电视报告和杂志文章，有时候使用生动的单个案例来说明猜想的总体特征。但是，甚至是在科学领域中，许多资料描述，也是例证性的。例如，在电生理学中，一些结论是根据对大量神经元的不完全观察得到的，对它们的说明，经常是使用那些来自更好地展示典型特征的神经元的记录样本。

关于样本，另一种类型的信息，是关于共变特征的典型性。这种信息，涉及多个变量而不仅仅是主要的兴趣变量的量值，它可能与主要的兴趣变量相关，并且使其与已知的总体值比较可以评估样本的典型性。考虑一个日常生活的例子，其中主要的兴趣变量是收入，但是每个个体的年龄和性别也都被记录了。假设我们想知道，以写诗作为业余爱好的群体和弹奏乐器的群体，哪一个群体的收入更高。碰巧我们有一个朋友杰克，50 岁，他有很多朋友（多数是中年人）写作诗歌；我们还有一个朋友珍，25 岁，她
452 有很多朋友，大部分是年轻女性，她们演奏乐器。这些诗人的收入分布，远远高于音乐家的收入分布。所有人都会同意，对于所讨论的这两个群体，这不能证明什么：在与收入（在当下）高度相关的变量的水平上，它们是总体的非典型样本。很明显，在多大程度上样本的特征是非典型的，以及对于预测目标变量的值，这些特征的有用程度，非常重要。卡尼曼和特沃斯基的许多实验，使用以色列高中学生作为被试。然而我们和他们还是根

据结果作了更广泛的推论，因为尽管大多数成年人既不是以色列人也不在高中就读，但是，我们认为这些特征与他们的研究中的目标变量即使有相关关系，也是弱相关。应该注意的是，甚至在一个仔细构造的统计样本中，也必须考虑非典型性：如果一项对注册民主党人收入的调查使用一个小规模的随机样本，样本中白人中年男性占多数，那么我们不会认为这种标准类型的推理有效，尽管它是以随机抽样为基础。

为了调节非典型性，一个统计建模者，可能试图更加精确地构造目标变量和共变因素之间的关系，并利用这种关系来校正推理。例如，人们可能猜测或者估计出年龄、性别和收入之间的关系，然后比较调节后的诗人和音乐家的收入。这种调节需要经验、反思，并且经常需要定量的资料和足够大的样本（对模型检测和参数估计而言）。

我们已经注意到，有时候可以使用精密的模型来处理偶然抽样或者非典型样本，但是期望不是专家的普通人采取同样的方法来解决样本偏差，这是不合理的。那么，外行人使用哪种直觉程序修正样本偏差呢？我们能够提供哪些源于统计学家的拇指法则的建议，来改善他们的推理呢？

人们如何针对样本偏差进行调节，哈密尔等（Hamill et al.，1980）的两项研究，着手处理这个问题。总体的结论是人们根本不调节：根据偶然样本与根据相对的典型样本做出的推理中，人们没有表现出系统的差异，甚至对于特别指明为非典型的（可以说是反例证性的）样本，他们也得到了同样类型的推论。

如果读者想认真考虑一下人们应该使用哪种统计启发式策略，那么这些研究的一些细节，可能是有价值的。在一项研究中，被试观看一位据称是狱警的人的采访录像，一半被试观看到的狱警显得很仁慈，而另一半，狱警显得非常残酷。一些被试被引导而相信，给出的这个案例说明了更大规模的狱警样本；而其他被试被告诉这个样本是反例证性的，他们被明确地告知，被采访的狱警是作为一个最极端的例子挑选出来的（对于那些观看到仁慈的狱警的被试，是一个最人道的狱警；而对于那些观看到残酷的 453
狱警的被试，是一个最不人道的狱警）。第三组没有提供任何有关例证性的任何信息，实际上，所呈现的是一个样本规模为 1 的偶然样本。在另一项研究中，被试阅读一篇杂志文章，文章生动地刻画了一位福利救济领取者的消极形象。一些被试被引导相信，关于人们依赖福利的时间长度，他们所阅读的个案是非常典型的：他们被告知（错误地），和大多数中年的福利救济领取者一样，他们读到的这位妇女作为成人的大部分时间依靠救济度日。关于这方面的特征，其他的被试被告知这个妇女的非典型性的真实情况：大多数福利救济领取者，只有几年是依赖救济生活的。

根据各种量度评估被试对一般的狱警（在第一项研究中）和一般的福利救济领取者（在第二项研究中）的态度。比起观看残酷狱警的小组，观看仁慈狱警的小组，对狱警的态度更加积极。这表明，人们是根据单个的案例推理一般的狱警。阅读了杂志文章的被试，对于福利救济领取者的态度比控制组更加消极，这再一次表明，人们是根据关于一位领取者的文章推理一般的福利救济领取者。

在狱警研究中，被告知该狱警是典型情况的被试，与那些没有得到任何抽样程序信息的被试根据录像做出的推理之间，并没有系统的差异。甚至那些相信该狱警是非典型的被试，也和其他组一样朝同一方向推理。事实上，他们与其他组之间的差异，在统计上是不可靠的。同样地，在福利救济领取者研究中，“典型”组与“非典型”组做出类似的推理。事实上，在他们的平均态度分数方面观察到的差异，可以忽略不计。

对于我们后面的规范分析，重要的是考虑怎样才能根据认知过程解释这些结果。如果假定被试根据过去的经验和信息形成了明确的关于福利领取者或者狱警的先验态度，那么结果相当令人吃惊。对于那些被提供了一个例证性或者典型性案例的被试，一种对他们关于该总体的先验态度的强烈的影响，可能是合情合理的，因为他们很有可能相信对于更大的群体，这个案例是个典型；但是，对于“偶然”组的被试，不存在这种辩护。并且，为什么那些被提供了一个非例证性或者非典型案例的被试应该完全依照样本指示的方向推理，而不是坚持他们原来的态度，或者甚至可能是沿着与提供的案例相反的方向推理呢？

当前关于态度形成和态度变化的理论，提供了一些试验性的解释（Bem，1967；Nisbett & Ross，1980；Nisbett & Wilson，1977）。我们可以推测，在回答关于他们的态度的问题时，被试根本不是从记忆中检索态度。相反，他们是根据手边的材料构建态度，包括他们当前对于客体的情感反应，他们关于客体的语义联想，观察客体最近的行为。大部分的构建过程，是快速的，没有被意识到的。一个生动的个案，可能引起对于它所代表的整个类别的客体的情感反应，尽管存在对典型性的补偿保证，但却是苍白无力的（似乎情感反应可能“逃离认知的牢笼”。无论多少保证，即使伤害过我们的巴黎出租车司机是个例外，也不可能恢复我们从前对于巴黎出租车司机的放心态度）。生动的个案，也可能作为一种从记忆中恢复类似信息的刺激。因而，被试可能因为仁慈的狱警而不自觉地回想起“霍根的英雄”中和善的纳粹警卫，或者在夏日重新放映的童年影片中由安迪·葛里费兹扮演的善良的南方治安官。当被试开始构建他们对于一般狱警的态度时，他们可能提醒自己不要忘记刚刚看到的只是偶然的或者非例证性的证据，他们甚至很可能成功地做到这一点，但是毫无用处。情感反应以及受到现在的偏差影响的记忆内容，足够导致一种与控制组被试完全不同的表现态度（expressed attitude）。 454

记住上述被试是如何被观察个案所影响，让我们转向规范问题：根据关于抽样程序以及相对于重要的共变特征而言的样本的典型性的有关知识，人们应该怎样调节他们的推理？形式理论和应用统计学的实践，提供给我们的，要比表面看到的还要少，更少于我们所需要的。

一条精明而讲究实际，富于坚定的科学特色的规则指出，除非根据合适的随机抽样，不应该作出关于一个总体的任何结论，否则就违背了统计程序的假定，并且也不可能知道多大程度上应该相信该结论。根据这条严格的规则，那些没有得到任何关于抽样程序或者录像中的狱警的典型性信息的被试，应该中止所有的推理，因而他们对于狱警的态度应该与他们看到的狱警是仁慈的还是残酷的完全一致。

根据三种不同的理由，可以拒绝这条规则：认识的、实用主义的和逻辑的。

（1）第一个论据来自于哥德曼（Goldman）的观察：“认识上的建议或者规则，必须能够被遵循”（1978，p. 513）。我们关于态度构建的可能机制的讨论证明，就人们的日常认知而言，“中止推理”是一条不太可能的规则。一条更加具体、指明如何去除联想式记忆的内容偏差以及如何补偿
455 情感反应的规则，可能是所需要的。

（2）即使我们能够应用高度禁止性的规则，它也会产生令人遗憾的作用，妨碍我们学习大部分确实是我们学习得到的东西，不论是在日常生活中还是在科学中。在获取大学教务信息或者高速路上的交通状况时，人们几乎不能摆脱他的偶然样本，亲历的或者间接遇到的。本章引用的那些关于人类推理的科学研究所使用的被试、材料和环境，都不是经过统计抽样得到的，而是方便使用或者易于构造的。

（3）最后，随机性并不是抽样过程的一种可以直接观察或者不需证明的性质：它是数学模型的一个性质，数学模型可能也可能没有有效地描述现实世界的过程。一个偶然样本，可能在效果上是“随机的”，因为我们相信某些模型是对这个世界的有效描述，并且，正如我们所指出的，一个聪明的统计建模者，能够用适当的数学公式容纳这种直觉的洞察力。

我们怎样解决与共变特征的典型性相关的问题呢？表面上看来，可能值得一试的是制定一条规则：对于那些可以想象得到的重要特征，如果样本与目标总体存在实质的差异，那么禁止从中作一般性的推论。根据这条规则，就某个重要特征（依赖福利的时间长度）而言，被试知道关于福利的样本个案的非典型性之后，应该中止关于一般的福利个案的其他特征的所有推理。但是，这条规则与随机性规则一样，受到同种类型的批评。认识方面的批评完全相同：一个正确的规则，必须考虑在日常推理中所使用的实际认知机制，必须能够被遵循。实用主义方面的批评，类似于对前一规则作出的批评。在大多数科学研究中，人们可以发现，样本的一些特征是非典型性的，并且被认为是相关的。人们在多大程度上相信一个宣称这些特征非常重要的模型，这至关重要。最后，即使我们知道，或者强烈地怀疑一种非典型的共变特征很重要，我们仍然可能在一个模型中容纳它的重要作用，或者引入合适的修正。在业余音乐家和诗人收入的例子中，我们能够尝试粗略地估计年龄和性别的作用，然后比较两个群体调节后的均值。当然，在那个例子中，我们能够得到任何可靠程度的推理，这几乎都

是不可想象的。但是，这主要是因为我们缺少一个关于年龄和性别对收入的作用的有效模型。

可能存在能够运用的、更宽松并且更少强制性的原则吗？我们可以尝试，例如，“知识是试验性的”。就其本身而言，它完全正确，但是它太过含糊以至于没有太大的用处。我们需要更加具体的统计启发式策略。在多大程度上，我们应该相信从偶然样本中得出的一般性结论？根据非典型样 456
本，人们能够得到什么类型的试验性推论？在某种程度上，这些问题，是向统计学家和哲学家提出的。存在一种普遍的模型建构方法，使这些模型能够作为直觉推理的统计启发式策略的来源吗？但是，如同哥德曼（1978）极力主张的，我们关于态度形成的机制以及影响推理的无意识过程的讨论表明，认识论的原则，必须通过可用性和有效性的检验。并且，在此我们还面临另外一个问题。我们想要修正的推理程序，有一部分是自动的和无意识的（Bem & Mcconnell，1970；Goethals & Reckman，1973；Nisbett & Wilson，1977）。以什么代价战胜自动性呢？去理解指导、故事、动机诸如此类的东西，需要每一个清醒的时刻都进行大量的推理。对于自动性，可以合理地怀疑能够发现与知觉几乎同样程度的这些功能。有效的统计启发式策略应该是可以学会的，能达到容易运用甚至自动地使用的程度。

四、概率模型能够在日常推理中运用吗？

我们设想了一个方案，其中，概率模型和统计启发式策略，最终被纳入到多数人的日常推理中。我们已经讨论了这个方案的两个主要困难：无法知道哪一种模型是正确的；在一些重要的领域缺乏便于使用的统计启发式策略。第三个问题，涉及人们在日常思考中纳入概率模型和启发式策略的能力。这个问题同样困难，当然，它在逻辑上是最先的。尽管存在这些困难，我们仍然有理由保持乐观，并且一些问题本身可能有助于一种类型的实验研究，我们会在后面概述。

保持乐观的一个理由是，人类的推理能力伴随新的文化创造而改变。看来，推理方面的真正进步，只是在最近的历史时期内才发生的。现代的概率概念的历史，刚刚超过 300 年（Hacking，1975）。在大约 1 660 年之前，几乎任何意义上的概率概念，都是用于理解随机装置产生的事件，如骰子和纸牌。而今天，事实上每一个受过教育的人，都会在一些领域内运用基本的统计推理，例如运动和天气，而他们对于如骰子和纸牌之类的随机装置的统计意义的理解，也完全不同于前现代的概念（Hacking 甚至说，任何具有现代的概率概念的人在古代玩骰子，都能在很短的时间内赢得整个高卢地区）。

除了纯粹的统计概念之外，许多普遍的归纳原则和准则，也是相当晚近时代的产物。相关关系不足以确立因果关系这一观念，在休谟之前还没
457 有出现过，并且直到边沁（1824/1952）的《政治谬误手册》一书才得到明确的和全面的说明。直到密尔（1843/1974）的《逻辑体系》发表，一种对“相似性准则”（Nisbett & Ross，1980）作为原因—结果关系推理基础的普遍控诉才出现。事实上，直到 18 世纪末，物理学家们还在遵循完全相反的规则，他们习惯于根据“印迹学说”（doctrine of signatures）推理。这个学说认为，我们能够期望每一种天然药剂明显的外在性质，指明它自身可以医治的疾病，因而坚硬的、砾石般的物体，对于治疗胆结石是有用的，而黄色的物体对战胜黄疸病有帮助，诸如此类。幸运的是，物理学家证明他们能够抛弃这种归纳启发式策略，支持其他更优越的策略。

保持乐观的第二个理由是，有时候，有效的推理可能比错误的推理更迅速、更简单。我们已经指出，错误，有时候源于过度简化以及正确的模型可能很复杂。但是，反过来也同样正确。错误可能是由于过于复杂的因果推理，而缺乏一种有效的、简单的解决问题的方法，可能导致人们创造几种复杂的拙劣的方法。在我们当前的一个实验中，我们进行关于体育的电话访谈，我们在访谈中包括了一些适合于概率回答的问题。我们经常得到一些简单的、迅速的（并且依我们的观点是正确的）概率回答。其他的被访谈者，不是根据一种概率的方法考虑问题，他们犹犹豫豫地给出几个冗长的决定论式的解释，这些解释看来甚至不能使被访谈者自己相信是正确的。

历史和逸事方面的证据，都反映了一个同样的潜在观点。即使是迅速的、自动的人类推理过程，也是基于反复学习获得的概念和模型。因此，

人类的推理以及偏爱的论证形式的变化，不仅仅是个体成熟的作用，也是语言、文化和教育方面的变迁的作用。

最近，我们开始一项研究计划，考查人们怎样推理以及他们怎样学习推理那些我们认为应该运用一种概率观点解决的问题。我们使用各种不同结构的问题，以及内容上或多或少易于引起概率性思考的问题。在此，甚至是试图对结果作初步的报告也是不合适的，但是，为了指出我们认为值得探索的问题，我们使用的材料可能有所帮助。为了说明这些材料，我们给出下面的问题。

大学的选择

戴维是东海岸一所中学的高年级学生，他正准备读大学。在中学阶段，他取得了优异的成绩，而且他被允许享有两个最高选择：一所小型的文学院和一所常春藤盟校的大学。两所学校在声誉上不相上下，458
并且费用也相当。两所学校都位于迷人的东岸城市，离他的家乡距离相同。戴维有几个好朋友在文学院读书，也有几个好朋友在常春藤盟校就读。他们和他一样成绩优异，兴趣也与他相近。他在文学院的朋友都对他说，他们非常喜欢那个地方，发现那里非常促人上进。而在常春藤盟校的朋友则抱怨在人际、社会背景和教育背景方面的不适。开始戴维认为他会去文学院，然而他决定某天亲自去看看这两所学校。他对自己在私立文学院看到的很不满意：他遇见的几个人看起来都很冷淡、很令人讨厌；与他短暂交谈的一位教授看来粗鲁无礼，对他也不感兴趣；他也不喜欢对校园的感觉。他确实很满意自己在常春藤盟校的见闻：他遇见的几个人很有活力、热情而且令人愉快；他碰到了两个不同的教授，他们对他表示了个人的欣赏；对于校园，他离开时留下了非常愉快的印象。

戴维应该选择哪一所学校呢，为什么？试着分析双方的论据，并解释哪一方的论据更有力？

这个问题特别困难，因为它包括两个不同的概率成分：（a）一个基率论据，大致是说戴维不可能根据分布的尾端进行判断（从他的朋友的意见，他能够猜出对于文学院，他的典型反应是非常肯定的，而且变异性低）；(b) 一个样本规模/样本偏差论据，关于他某一天的见闻的适当性。根据预先研究或先导研究（pilot work），我们猜测，每一个概率成分都会受到一堆常识信念的阻碍，也就是说，每个个体的喜爱和厌恶情况都是独一无二的，仅能根据该个体的经验和人格加以预测，并且个体的情感，无论在开始是多么不可思议，但至少是可以信赖的，只需要很少的关于客体的信息就足够导致一种喜爱和厌恶情感的公开表达，这为未来的反应提供了值得信赖的向导。大多数对该问题的随意回答反映了这种信念（如，“他是为自己选择，而不是他的朋友”）。但不是全部如此。这里有一个本科生给出的回答，他没有学习过任何概率或者统计：

> 我想他应该去文学院。他在那儿的负面经验是因为和那个学校短暂的、非常肤浅的接触。他的朋友已经在那儿一段时间了（推测起来），他们所有人都和他非常类似，他们熟悉那个地方，并且喜欢那儿，而关于常春藤盟校的相反陈述也是真的。但是，他可能会跟从他自己对这两个地方的感觉来证明。经常，这种直觉是一种更高级的感觉能力，我们不能加以分析，他这样做可能是对的。尽管如此，我认为我提到的第一个选择更加可靠，因为他的经验太局限于这两个学校。

459 我们认为这个回答是一个非常令人满意的统计式回答，当然，尽管它不是用概率模型的语言来表述的。

在开始这些研究时，我们猜测，在大多数情况下，统计学家能够有效地运用一种形式的概率模型，在日常生活中也存在类似的情况，经常有一些聪明的外行人直觉地运用类似的概率思维。例如，早些时候我们注意到，通常人们不能构造出这种模型，在模型中，一个个体的行为被视为情境变量和人格变量的共同作用，一些情境使得大多数个体采取该种行为。然而我们认为，当行为在检测中表现良好时，人们确实使用了一些和那种模型类似的东西。在我们的文化中，“容易检测”（easy test）的概念广为人知，并且被广泛使用，它认为大多数人有可能表现良好。我们推测在日常推理中，为解决其他类型的问题，可能也使用了其他类型的概率模型。我们的实验试图证明这一点，人们确实能够有效地解决一些问题，虽然在其他具有类似形式结构的问题上失败了，因为对于后一种类型的问题，他们的潜在模型缺乏一个概率成分。

如果这个推测被证实，我们就被引向大量我们可能尝试用实验来回答的问题，在多大程度上，一个有效的概率推理，应该归因于应用了某种类型抽象或者形式的模型？为什么在一些类型的具体问题中，可以容易地运用形式模型，而在其他问题中却很难？如果成功的推理不是因为运用内容随意的形式模型，那么应该怎样使用理论术语来描述它？其他的问题，涉及模型建构和规则使用方面的个体差异。在多大程度上，概率推理的使用属于一种稳定的个人特征？它与智力相关吗？它与教育背景有关吗？

最后，还有一组重要的问题，涉及概率模型的可教授问题。基本的问题，已经在我们的研究中得到回答：通过传统的统计学课程和更加迅速的方法，人们能够学会以更加具有概率性的方式回答至少是上述类型的“文字问题”。至于哪一种教授方法更有效，需要教授的最佳归纳原理和方法是什么？这些重要的问题，我们仅仅是开始提出，它在很大程度上有待于日常生活中的实际判断。我们希望我们会得到多方面的帮助。

本章以及其中报告的一些研究的写作部分由国家科学基金 BNS 79-14094 资助。感谢 Lee Ross、Saul Sternberg 和 Paul Thagard 对于本章初稿的意见。

第九部分

风险知觉

第33章　事实对恐惧：理解可觉知的风险

斯洛维奇等（Paul Slovic，Baruch Fischhoff，and Sarah Lichtenstein）

人们会对他们所感知到的风险作出反应。如果他们的感知就是错误的，那么有关个人、公众以及环境保护上所作出的努力，就很可能受到误导。对于一些如机动车事故那样的风险来说，已经有大量的统计数据可以被采用。但对另外一些我们熟悉的活动，如抽烟、酗酒等，对其风险的估计，需要进行复杂的流行病学研究以及实验研究。然而，即使统计数据很充足，这样的一些“硬性”事实，对于我们形成应对措施的作用，也是极其有限的。在很多时候，人们作判断时需要解释这些事实，并判断它们的相关性。 463

而且还有其他一些新的风险，例如与DNA重组研究或核能相关的风险。正由于它们是新的，所以对其风险的估计必须建立在像错误树（fault trees）（见图33—1）这样复杂的理论分析之上，而不是以直接的体验为基础。不过，尽管这种理论分析有一个客观的表象，但其中仍然包含着很大的个人判断成分。一个人必然会依赖于他通过接受教育而产生的直觉，去判断所分析的问题的结构，考虑其结果，以及分析错误树的各种分支的重要性。一旦这些分析得以完成，将被传达给那些实际处理风险的人，他们中间包括企业家、环保主义者、政府调节员、立法者以及选举人。如果这些人不理解或者不相信传达给他们的这些数据，那么就可能产生不信任、冲突以及无效的风险处理。

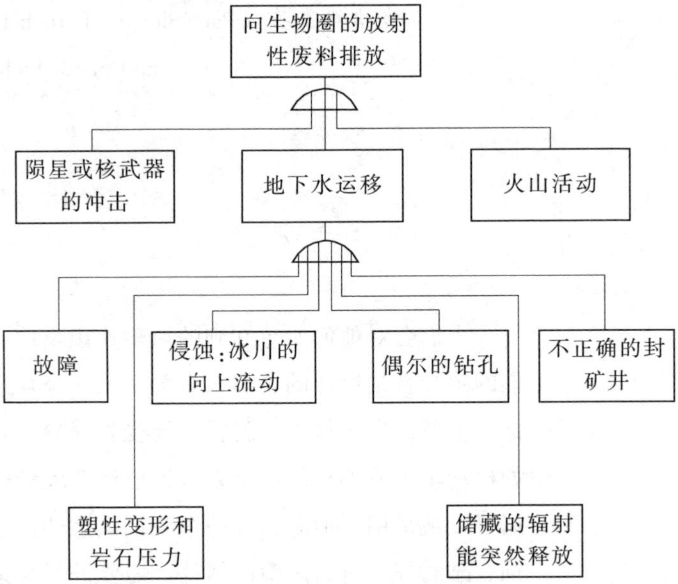

图 33—1　该错误树表示掩埋在盐积层下的核废料会意外泄露放射性物质的各种途径

位于底部两行的每种可能的初始事件都会导致地下水对放射能的传送。这种传送会逐渐导致放射性物质泄漏到生物圈。另外如图中的第二行所示，巨大的陨石、核武器或者火山爆发都能直接导致放射性物质的泄漏，而不需要地下水的帮助。

本章要探索的是危机估计过程中的一些心理因素。其中最基本的前提
464 是公众和专家都是这个过程中必然的参与者，其估计从本质上讲是主观的，而且理解这种判断的局限性，对于进行有效的决策是非常关键的。

一、风险感知中的判断偏差

当人们普遍被要求对风险进行评估的时候，他们很少握有统计证据。大多数情况下，他们必须依据记忆中所听到或看到的关于要考察风险的情况去进行推论。心理学研究，已经识别出人们在此种情况下会采用的一些非常普遍的推论规则，这些研究中的很大一部分，在本书前面已经讲述过。这些被称为启发式的判断规则，被用于简化极困难的脑力任务。虽然它们在一些情境下很有效，但在其他多种情境下，如金融分析（Slovic，1972c）以及自然灾害管理（Slovic et al.，1974）等，它们会导致较大的并且是持续 465
性的偏差，这对于决策制定将产生严重的影响。

1. 便利性

与风险感知特别相关的一个启发式，被称作便利性（availability）（Tversky & Kahneman，1973，**11**）。如果某件事非常容易想象或者易于被回忆起，人们就会依据这个启发式，判断这件事是很有可能的或者其发生是很频繁的。因为经常发生的事件通常比稀有事件更容易被想象和回忆，便利性就经常成为一个适当的提示。然而，便利性经常受到许多与发生频率无关的因素的影响。例如，一个最近发生的灾难或者一部生动的电影，比如《大白鲨》（*Jaws*）或《中国综合征》（*The China Syndrome*），都能严重歪曲危机判断。

便利性偏差，有助于解释人们关于某种自然灾难的错误感知和错误的决断。如在讨论受洪水困扰的平原的居民时，凯茨（Kates，1962）写道：

> 对人们采用先进的洪水灾害信息的能力的一个主要限制，在于他们对经验的基本依赖。生活在为洪水困扰的平原的居民，在很大程度上受制于其自身体验……最近经历过的一次洪水，似乎让管理者们认为他们自己应该为关注的损失规模设置一个上限。（p. 140）

凯茨认为在改善洪水控制中的许多困难，都应该归因于“个人不能对从未发生过的洪水形成明确的概念”（Kates，1962，p. 92）。他观察到人们对洪水发生可能性的预测，严重地受到刚过去的体验的调节，他们把将来视作刚结束的过去的一面镜子，从而将自己的推断局限于一些已被简化的概念。同样地，在一场地震发生之后，对地震保险的购买将会大幅度上升，而当对这场灾难的记忆逐渐淡化，其购买则会直线下降（Steinbrugge et al.，1969）。

便利性启发式的一个相当重要的意义在于，对一个发生概率较低的风险的讨论，可以增加它的易记忆性和可想象性，并由此提高它的可感知的风险性，而不管这种讨论中的证据表明的是什么。比如，在 DNA 重组研究中的领头人物，很快就后悔自己曾将重组创造的生物所带来的污染这样一个还算遥远的风险，带到了公众的注意范围内。罗森伯格（Rosenberg，1978）将揭示这种假定的风险之后的反应概括如下：

> 起初，反应仅仅是对此研究中的科学家们所展现的社会责任感的某种称赞……然而，逐渐地并且是可以预料地，争论开始升温。各种推测层出不穷，整个场面越来越让人恐慌，而且得知此风险的公众范围也越来越大。许多关于此问题的讨论，完全忽略掉了这个风险首先只是假设的这样一个事实，并且假想在 DNA 重组实验室里装满了各种
> 466 狂暴的动物。最终，那些因为自我约束而使整个过程进入骚动状态的科学家们，受到了严重中伤。(p. 29)

（1）对致命事件的频率判断。

便利性偏差得到了一些研究的例证，在这些研究中，大学生以及妇女选举人联盟的成员，对 41 个死亡原因的发生频率进行了判断（Lichtenstein et al.，1978）。在其中一项研究中，研究者首先告诉这些人在美国的某一个死亡原因（机动车事故）所造成的每年的死亡数量（50 000），然后要求他们估计其余 40 个死亡原因的发生频率。在另一个研究中，参加者被要求判断两个死亡原因中哪一个的发生频率更高。在这两个研究中，从全局的意义上看，被试的判断都是基本准确的：人们通常知道哪一个是最常发生以及最少发生的致命事件。然而，在这种全局性的图景中，人们仍会犯严重的判断错误，其中的许多错误，显然反映了便利性的影响。

图 33—2 比较的是被试所判断的每年的死亡人数和公众健康统计资料所发布的数字。如果其频率判断是准确的，那么它们将与统计的比率相等，所有的数据点都将落在图中的线上。尽管更易发生的风险，通常会唤起更高的频率估计，但这些点显然散落在一条曲线的周围，它们时 467 而位于代表准确判断的直线之上，时而又位于其下。大体而言，被试对那些较少有的死亡原因，进行了过高的估计，而对那些常见的死亡原因则估计不足。

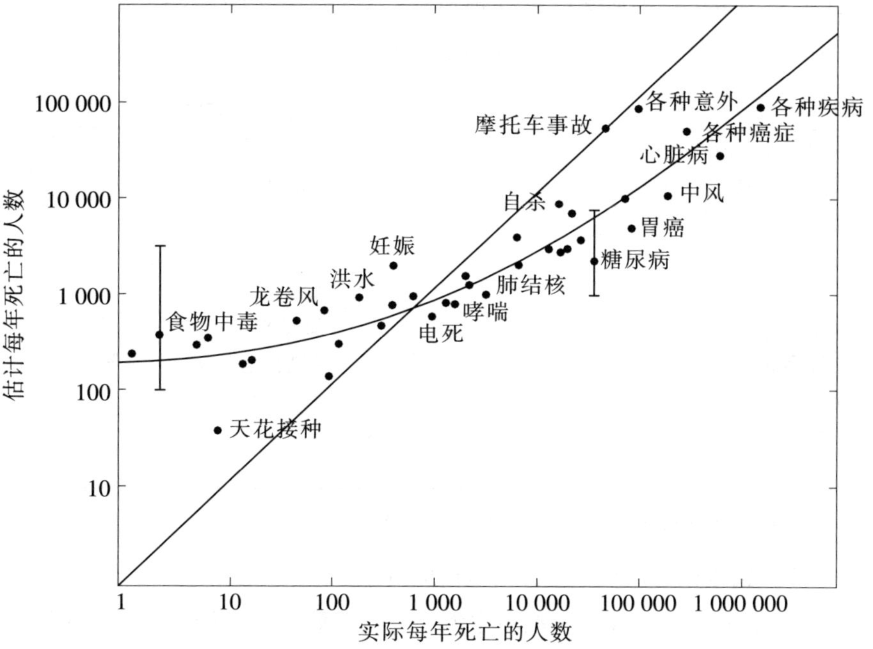

图 33—2　41 种死亡原因所造成的实际死亡人数与估计的频次之间的关系

如果估计频次与实际的值相等的话，所有的数据将会落在中间的直线上。用曲线拟合的那些点表示许多人的回答的平均值。图中的垂直线段两端分别表示 1/4 和 3/4 的受调查者对食物中毒、糖尿病以及各种意外所引发的死亡人数的估计值，两线段本身反映出受调查者之间回答的差异度。在对其他 37 种死亡原因的估计中也存在着类似的差异。

除开这些一般性的偏差，相当多特殊的偏差也很明显。比如，交通事故被认为是和疾病一样，导致了同样多的死亡，然而疾病实际上夺走了 16

倍于此的生命。谋杀被错误地判断为比糖尿病和胃癌死亡的发生更为频繁。谋杀还被认为与因中风导致的死亡一样经常发生，而后者实际上导致的是11倍于前者的死亡数。因食物中毒、龙卷风和妊娠（包括分娩以及流产）所造成的死亡频率，也同样被极大地过度估计。表33—1列出了在我们的各种研究中其频率被过低估计的一些致命事件。与我们对于便利性的考虑相一致，那些被过高估计的死亡原因，是引人注目的或者耸人听闻的，而那些被过低估计的原因，则倾向于是一些不引人注意的事件，它们只是在某个时候引发了一例命案，而通常是处于一种非致命的状态。

表33—1　　死亡频率判断中的偏差

被高估最多的	被低估最多的
各种意外事故	天花接种
摩托车事故	糖尿病
妊娠，生产和流产	胃癌
龙卷风	闪电
洪水	中风
食物中毒	肺结核
各种癌症	哮喘
火灾	肺气肿
毒虫叮咬	
自杀	

资料来源：Slovic，Fischhoff，& Lichtenstein（1979）。

（2）偏差性的报纸报道和偏差性的判断。

便利性启发式，突出了经验作为一个风险感知的决定因素的重要作用。如果某人的体验是偏差性的，那么它的感知也很可能是不准确的。不幸的是，人们所接触到的许多信息所提供的，都是关于灾难世界的一个歪曲的图景。我们来看一下作家巴赫（Richard Bach）对于一对首次乘坐飞机的夫妇所显示出的恐惧的观察：

> 当地面在风以及飞机引擎所引发的气流中渐渐倾斜并且在我们下面变得越来越小时，我观察到威斯康星与他的女伴，注意他们的变化。尽管他们在欢笑，他们对飞机仍充满了恐惧。他们对于飞行的知识，

仅仅来源于报纸的标题，其中多是撞机、坠毁和事故死亡的消息。他们从未读到过哪怕一篇对于一架小型飞机起飞、飞过气流并且重新安 468 全降落的报道。他们只能够相信尽管所有这些报纸都在进行灾难报道，但安全飞行应该是可能的，因此他们依靠此种信念，拿 3 美元以及自己的生命作为赌注。(Bach，1973，p. 37)

在关于上述研究的一个追踪研究中，有学者（Combs & Slovic，1979）考察了美国海岸对面的两份报纸关于死亡原因的报道。各种关于报纸报道的指标，在一年期间的交替月份，对两份报纸进行了记录。结果显示这两份报纸在关于生命威胁事件的报道中都存在着类似的偏差。例如，表 33—2 的检查显示出，许多在统计上发生频率很高的死亡原因（如糖尿病、肺气肿、各种形式的癌症），在研究进行的这段时间内，却很少为任一家报纸所报道。除此之外，那些暴力的、经常是灾难性的事件如龙卷风、火灾、溺死、谋杀和机动车事故等，比那些不怎么引人注目但具有同样的（或者更高的）统计频率的死亡原因，得到更多的报道。比如，疾病造成的死亡人数是交通事故的 16 倍，但是关于交通事故的报道文章，却是关于疾病的文章的 3 倍，记录了几乎 7 倍于后者的死亡人数。在那些最常发生的事件中，与实际的频率相比，谋杀是被最大量地加以报道的一类。尽管疾病夺走了 100 倍于谋杀的生命，但关于谋杀的报道文章，却是关于疾病死亡报道的 3 倍。而且，关于谋杀的文章的篇幅，几乎要比关于疾病和交通事故死亡的文章长 2 倍。

表 33—2　俄勒冈州尤金市和马萨诸塞州新贝德福德市两地关于 41 种死因的报纸报道数以及统计上的频次

死因	统计上每 2.05×10^8 名美国居民的死亡比率	被试的估计	报道的死亡		报道的事件		文章	
			R-G	S-T	R-G	S-T	R-G	S-T
1. 天花	0	57	0	0	0	0	0	0
2. 维生素中毒	1	102	0	0	0	0	0	0
3. 食物中毒	2	183	0	0	0	0	0	0
4. 麻疹	5	168	0	0	0	0	0	0
5. 烟火	6	160	0	0	0	0	0	0

续前表

死因	统计每 2.05×10^8 名美国居民的死亡比率	被试的估计	报道的死亡		报道的事件		文章	
			R-G	S-T	R-G	S-T	R-G	S-T
6. 天花接种	8	23	0	0	0	0	0	0
7. 剧烈咳嗽	15	93	0	0	0	0	0	0
8. 小儿麻痹症	17	97	0	0	0	0	0	0
9. 毒虫叮咬	48	350	0	0	0	0	0	0
10. 龙卷风	90	564	36	25	10	6	14	7
11. 闪电	107	91	1	0	1	0	1	0
12. 无毒动物	129	174	4	2	4	2	4	2
13. 洪水	205	736	4	10	2	2	2	2
14. 严寒	334	314	0	0	0	0	0	0
15. 梅毒	410	492	0	0	0	0	0	0
169 16. 妊娠，生产和流产	451	1 344	0	0	0	0	0	0
17. 传染性肝炎	677	545	0	0	0	0	0	0
18. 阑尾炎	902	605	0	0	0	0	0	0
19. 电击	1 025	766	5	0	5	0	6	0
20. 撞车	1 517	689	0	1	0	1	0	1
21. 哮喘	1 886	506	1	0	1	0	1	0
22. 枪击	2 255	1 345	8	1	8	1	9	1
23. 中毒	2 563	1 013	3	3	1	1	1	1
24. 肺结核	3 690	658	0	0	0	0	0	0
25. 火灾	7 380	3 336	94	46	33	9	38	10
26. 溺死	7 380	1 684	47	60	44	24	45	37
27. 白血病	14 555	2 496	1	0	1	0	1	0
28. 摔死	17 425	2 675	15	7	15	6	16	9
29. 谋杀	18 860	5 582	278	208	167	122	329	199
30. 肺气肿	21 730	2 848	1	0	1	0	1	0
31. 自杀	24 600	4 679	29	19	28	18	36	20
32. 乳腺癌	31 160	2 964	0	0	0	0	0	0
33. 糖尿病	38 950	1 476	0	1	0	1	0	1
34. 摩托车事故	55 350	41 161	298	83	245	69	180	73
35. 肺癌	75 850	9 764	3	2	3	2	4	2
36. 胃癌	95 120	3 283	0	1	0	1	0	1
37. 各种意外	112 750	88 879	715	596	421	152	374	177

续前表

死因	统计每 2.05×10^8 名美国居民的死亡比率	被试的估计	报道的死亡		报道的事件		文章	
			R-G	S-T	R-G	S-T	R-G	S-T
38. 中风	209 100	7 109	12	4	12	4	13	4
39. 各种癌症	328 000	45 609	25	12	25	12	26	15
40. 心脏病	738 000	23 599	49	30	45	25	46	25
41. 各种疾病	1 740 450	88 838	111	87	100	76	104	78
报道总数（第 10、11、13、29、31、37 和 41 个死亡原因）			1 174	945	729	376	860	483
相关系数（R-G vs S-T）			$r=0.97$		$r=0.94$		$r=0.98$	

注：R-G = *Register Guard*；S-T = *Standard Times*。

资料来源：Combs & Slovic（1979）。

而且，在报纸报道中的偏差与人们判断中的偏差非常类似。人们所判断的死亡频率与报纸所报道的死亡数量的相关性达到了 0.70。而这种高相关，并不是由于判断的以及报道的死亡与统计频率具有共同的联系。如果我们将统计频率处理为一个常量，对于这两份报纸而言，人们的判断与报道的死亡数之间的偏相关分别为 0.89 和 0.85。虽然我们试图从这种相关中推导出媒体的报道会使人们的危机感知偏差化，但实际情况是人们关于什么是重要的观点也会影响到媒体的报道。新闻业著作中充满了大量的关于两个方向上的影响的实例（Brucker，1973）。

（3）它不会发生在我身上。

考虑到人们既不是关于所考察危机的专家，也没能接触到有代表性的关于风险信息的样本，人们对于死亡原因的判断，应该是有如所期待的那样好。对令人误解的信息样本的正确感知，应该被看成是另一个明显的判断偏差的基础，这个偏差即是人们有将自己视作是个人对灾难具有免疫力的偏好。大多数的个人，都相信他们自己会比那些普通的司机技术更好 470（Näätänen & Summala，1975；Svenson，1981），比一般人更可能活过 80 岁（Weinstein，1980），而且与一般人相比更不可能被自己所使用的产品伤害到（Rethans，1979），如此等等。虽然这样的一种感知显然并不现实，但从每个个体的体验这个角度来看，风险就显得非常之小。比如汽车驾驶，尽管一个蹩脚的司机开得很快，车距很小，等等，但他跌跌撞撞地前进却没有遇到什么灾祸。这种个人的经验证明给他们的，便是他们超人的技能以及安全感。而且，个人的经历经由新闻媒介展示给他们的是，当事故发生时，事故是发生在其他人的身上。由于这种令人误解的经验，人们在拒绝采取如系安全带这样的保护措施时，便可能会觉得非常合理（Slovic, Fishhoff & Lichtenstein，1978）。

（4）眼不见，心不烦。

在许多情境下，觉察不到“便利性”信息的局限性，会使人们受到误导，进入一种自我满足的状态。在由费希荷夫等人（Fischhoff et al.，1978）所做的一项研究中，三组大学生被试，被要求对一个显示汽车发动时的风险的错误树的完整性进行评估。其中一个组看到的是完整的错误树。另外两个组的被试看到的则是被不同地修剪过的错误树。一种形式是去掉了启动、点火和恶作剧损坏这几个枝节；另一种形式则是除去了对电池、燃料以及其他引擎问题的详细说明。

实验中对于此任务的说明如下（括号中的数字，是提供给那些只看到修剪过的错误树的被试）：

每一天，在全美国有数百万的司机在进行这样的操作，即钻进一辆汽车，把钥匙插进点火开关里面，然后试图去发动引擎。很多时候，引擎无法发动起来，于是整个行程就被延误了。我们希望你们思考一下与此相关的各种问题，它们严重到足以导致一辆汽车不能被发动起来，从而使驾驶者的行程至少被延误1分钟。

导致汽车引擎无法发动的有6个（3个）主要缺陷。这些主要的原因类别很可能无法包含所有的可能情况，因为我们加进了第7个（第4个）类别，它包括所有其他的问题。

请回答下面的问题：

请估计，在每100次因“发动失败”引起的行程延误中，由这7种（4种）因素各自引发的有多少次。将你的估计写在下面所命名的各种因素旁边的空白线上。你的估计必须加起来总和为100。

如果那些只看到修剪后的错误树的被试能够正确地觉察到哪些被遗漏了的话，他们归因于“其他”类的问题所占的比例，就应该等同于那些看到整个错误树的被试归因于被修剪掉的原因类和“其他”类的问题所占有的比例之和。表 33—3 的结果显示，那些被试没有看到的原因，完全处于被试的考虑之外。比如，在浏览修剪过的错误树的第一组中，“其他”项本应该上升到原来的 6 倍（从 0.078 到 0.468），以反映那些在图中被删掉的发动、点火问题以及恶作剧损坏所导致的失败所占的比例。然而，“其 472
他”项仅仅是翻了一倍，而被提到过的整个错误树体系的重要性都被大大提升。另一个研究不仅复制了上述的这样一个结果，而且显示出相对于那些看到整个错误树的被试而言，观察修剪后的错误树的被试，认为发动失败（出于所有的原因）更不可能出现。

表 33—3　看到未经删减以及有所删减的错误树的被试对发动失败的归因

组	n	几种发动失败原因所占比例						
		电池	发动系统	燃料系统	点火系统	引擎	损坏	其他
未经删减的错误树	93	0.264	0.195	0.193	0.144	0.076	0.051	0.078
有所删减的错误树 1	29	0.432	—	0.309	—	0.116	—	0.140[a]
有所删减的错误树 2	26	—	0.357	—	0.343	—	0.073	0.227[b]

注：表中的横线表示该种原因被删掉了。

a：应为 0.468。

b：应为 0.611。

资料来源：Fischhoff，Slovic and Lichtenstein（1978）。

2. 过分的信心（overconfidence）

（1）确定自己所知。

启发式的一个相当有害的方面在于，人们对以它为基础的判断持有高度信心。在另一个死亡原因研究的后继研究中，研究者要求被试指出自己在两个致命事件中的哪一个发生更为频繁的选择中，正确的比率是多少（Fischhoff，Slovic & Lichtenstein，1977）。表 33—4 显示的是，对应于每一个最常用的比率类型，正确回答所占的百分比。在实验 1 中，当被试给出的比率为 1∶1、1.5∶1、2∶1 和 3∶1 的时候，他们的回答得到了相当好的校正。也就是说他们的正确回答所占的百分比，接近于与这些比率相应的正确百分比。然而，当比率从 3∶1 上升到 100∶1 的时候，正确率仅有少量的提高或者几乎不变。在给定比率为100∶1时，只有73%的回答是正确的（而不是99.1%）。在比率为1 000∶1的时候，正确率“跳跃”至81%，并在比率为10 000∶1的时候进一步上升至87%。而在给定比率为1 000 000∶1或更高的时候，正确率为90%；那么其适当的信心度应该是9∶1的比率。有12%的回答没有列入表33—4，是因为它们处于最普通的几个比率类型之间，显示出的是同样的过度的信心形式。总的来讲，即使是在最高的比率水平上，被试也经常会出错。而且，他们给出了许多非常极端的比率回答。他们半数以上的判断超过了50∶1。且几乎有1/4的回答高于100∶1。

表33—4　　一些主要比率类型中正确回答的比例

比率	相应的正确率[a]	致使事件						常识问题		
		实验1[b]			实验2[b]			实验3[b]		
	（%）	N	%N	正确率	N	%N	正确率	N	%N	正确率
1∶1	50	644	9	53	339	8	54	861	19	53
1.5∶1	60	68	1	57	108	2.5	59	210	5	56
2∶1	67	575	8	64	434	10	65	455	1	63
3∶1	75	189	2	71	252	6	65	157	3.5	76
5∶1	83	250	4	70	322	8	71	194	4	76
10∶1	91	1 167	17	66	390	9	76	376	8	74
20∶1	95	126	2	72	163	4	81	66	1.5	85
50∶1	98	258	4	68	227	5	74	69	1.5	83
100∶1	99	1 180	17	73	319	8	87	376	8	80
1 000∶1	99.9	862	13	81	219	5	84	334	7	88
10 000∶1	100	459	7	87	138	3	92	263	6	89
100 000∶1	100	163	2	85	23	0.5	96	134	3	92
1 000 000∶1	100	157	2	90	47	1	96	360	8	94
总数		6 098	88		2 981	70		3 855	75	
总的正确率				71.0			72.5			73.1

注：%N表示落入每个主要比率类型中的比率判断的比例。有66个被试参加实验1，40个被试参加实验2，42个被试参加实验3。

a：表示适用于那些已受到很好校正的被试。

b：实验1，2，3在最初的报告中是表示为实验2，3，4。

资料来源：Fischhoff，Slovic and Lichtenstein（1977）。

第二个实验，力图通过给被试更多的指导以改进他们在实验中的表现。
473 这个实验过程以一个20分钟的讲座开始，该讲座对概率和比率这两个概率进行了细致的解释。也讨论了将某人不确定的感觉用数字比率判断的形式表达出来的精妙之处，而且着重强调了当一个人对正确答案非常不确定的时候如何使用小比率（介于 1∶1 和 2∶1 之间）。研究者还给出一个图表，提供了各种比率与相应的概率之间的联系。最后，他们还给被试讲解了校准（calibration）的概念（参看本书第 22 章），并要求他们用一种会导致他们被较好地得以校准的方式进行比率判断。虽然由此被试的表现有某种程度的改进，但他们仍然表现出了一种毫无根据的确定性（见表 33—4）。他们对大约 1/3 的选项都给出了等于或者大于 50∶1 的比率。与这些比率相关的回答中，只有 83% 是正确的。

在第三个实验中，被试们在回答一些常识性的问题［如：下面哪一本杂志在 1970 年的发行量最大？（a）《花花公子》（b）《时代周刊》］时，仍然表现出了与之前在回答有关致命事件问题时的同样的过度的信心（见表 33—4）。费希荷夫等人在此研究后作了一个附加的研究，试图通过询问被试是否愿意打下述的这个赌，投注于他们之前的比率估计，来检测被试 474
对于自己估计的信任程度。

“琐碎问题快速决断游戏”介绍

> 现在实验已经结束了。你们过一会儿就能够得到 2.50 美元的回报。但是在你们拿到这笔钱并且离开之前，我希望你们能考虑一下是否愿意和我们玩一个游戏，它有可能增加你们的报酬。这个游戏的规则是这样的：
>
> （1）请看你们的答案表。找出你们估计你们回答正确的比率为 50∶1 或更高的那些问题。然后将这样的问题的数目写在这里。
>
> （2）我会告诉你们那些你估计正确比率为 50∶1 或更高的问题的答案。我们来数一下这些问题中，你有多少个是回答错误的。由于在那样一个如此高的确定率下出错是非常让人惊讶的，因此我们将这些错误的回答称为“你的惊奇”（your surprises）。
>
> （3）我面前有一袋筹码扑克。袋子里面有 100 个白色的筹码和 2 个红色的筹码。如果我伸手进去，随机抽取一个筹码，那么我将选到

一个白色筹码的比率是100∶2或者50∶1，此比率跟你回答正确的比率是一样的。

(4) 每一次你给出一个比率为50∶1或更高的回答时，我将从袋子里面抽取一个筹码（如果你想的话，也可以来替我抽取）。在我再一次抽取之前，我会将这个筹码放回去，因此比率是不会改变的。我抽到筹码为红色的概率为1/51。由于抽到红色几乎是不可能的，所以每次我抽到红色时也可以被称为“我的惊奇”（my surprise）。

(5) 在你每次因自己在正确比率为50∶1或更高的问题前出错而感到惊讶之余，请付给我1美元（在某些情况下上涨为2.50美元）。而在我抽到红色筹码时，也会付给你1美元。

(6) 如果你的回答被良好校准，那么这个游戏对于你是非常有利的。因为平均而言，在我51次的抽取中，就会有一次输掉1美元给你。但是由于你的比率有时候是高于50∶1的，因此你有望输的机会更小。

(7) 你愿意玩这个游戏吗？

打这个赌，对那些其回答被较好地校准、对自己的回答信心度略有不足的被试，是很有利的，而对于那些信心过度的被试而言则非常不利。在我们的研究中，大部分被试都愿意加入这个游戏。由于他们的信心毫不合理，因此他们在游戏中损失了许多钱（我们在实验结束后退还他们了）。

尽管此种毫无根据的确定性的心理学基础非常复杂，但显然其中的一个关键因素在于，人们没有意识到自己的知识往往是建立在一个通常相当脆弱的假设之上。比如，在实验1中，30%的被试对于谋杀比自杀更常发生这个错误的断言给出了比50∶1更高的比率。谋杀事件通常更易于被回

475 忆，被试有可能是受此误导，而没有意识到易记忆性在这样的推论中并不是一个有效的推论基础。

(2) 高度精确（hyperprecision）。

过分的信心，也会以其他的方式表现出来。一个典型的对错误率这样的不确定量进行估计的任务，实际上就是设置一个较高和较低的界限，从而使正确值有98%的机会落入其间。在由不同人群参加的实验中，被试们

作了许多不同的判断，这些判断显示，并不是只有 2% 的真实值落在 98% 的确定域之外，20%～50% 的判断值都未进入确定域（本书第 21～22 章）。因此人们所认为的自己估计这种值的准确度，要高于他们实际展现出来的。特沃斯基和卡尼曼（1974，**1**），把这种高度精确性归功于对初始化和调适启发式（anchoring and adjustment heuristic）的依赖。

过度自信的专家。不幸的是，专家们一旦被迫放弃他们的数据，而依赖自己的判断，就会跟普通人一样倾向于过度自信。费希荷夫等人在 1978 年对专业的汽车机械师重复了前述的错误树研究，这些机械师平均都有 15 年的修理经验。结果发现这些专家几乎跟普通人一样感觉不到错误树中的被删除部分（见表 33—5）。有人（Hynes & Vanmarcke，1976）让 7 名"国际知名"的地球技术工程师预测能够引起一个土质地基倒塌的堤坝的高度，并围绕这个估计确定一个足以有 50% 的机会将正确的倒塌高度包含其中的置信范围。结果这些人所设定的置信范围中，没有一个实际上包含了正确的倒塌高度。图 33—3 显示的是他们的估计结果。

表 33—5　　专家对汽车无法发动错误树中的遗漏的不敏感性

组	n	几类发动失败原因所占比例						
		电池	发动系统	燃料系统	点火系统	引擎	损伤	其他
未经删减的错误树普通被试	93	0.264	0.195	0.193	0.144	0.076	0.051	0.078
未经删减的错误树专家	13	0.410	0.108	0.096	0.248	0.051	0.025	0.060
经过删减的错误树专家	16	0.483	—	0.229	—	0.073	—	0.215[a]

注：a：应该是 0.441。

资料来源：Fischhoff，Slovic，& Lichtenstein（1978）。

一个耗资数百万美元的由美国核能管理委员会在 1975 年进行的反应堆安全研究，是为了评定在一个核反应堆中其活性区熔解的概率。它们采用了在本书第 21 章和第 22 章中所讲的设定置信范围的方式，以营造出高度
的过分的信心。实际上，"刘易斯委员会"在总结他们对反应堆安全研究 476
的审查时提到，尽管这个研究取得了很大的进展，但"我们相信误差范围被低估了。只是不知道被低估了多少。产生这种结果的原因包括数据库不
充分、统计处理太差以及在整个计算过程中对于偏差的不一致的宣传" 477
（美国核能管理委员会，1978，p. vi）。

在许多其他的技术风险估计中，将会发现过分的信心的另一些具体证

据（Fischhoff，1977a）。下面列出的是一些致使专家忽略或错误判断灾难来源的基本原因。

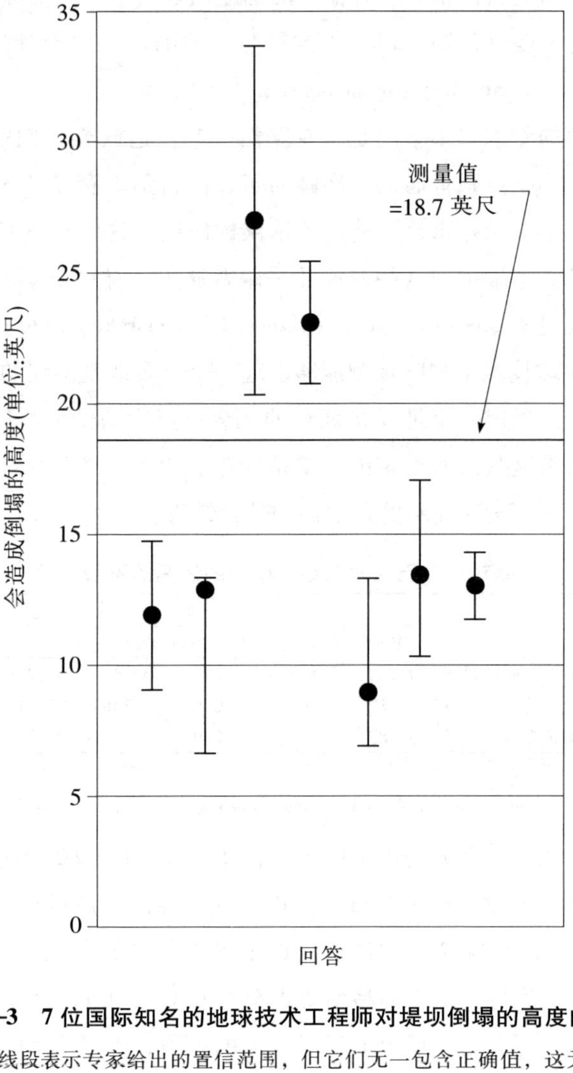

图 33—3　7 位国际知名的地球技术工程师对堤坝倒塌的高度的估计

图中的竖直线段表示专家给出的置信范围，但它们无一包含正确值，这无疑是专家们在判断中过度自信的一个例证。

未考虑人为失误影响技术体系的方式

例子：在三英里岛（Three Mile Island）上的研究者们，由于训练不足以及在控制间设计上的失误，以致多次错误判断反应堆出现的问题，并采取了不恰当的措施（Sheridan，1980；总统调查团，1979）。

对当前的科学知识有过分的信心

例子：DDT的使用，在科学家们考虑其产生副作用的可能性之前，就已经非常广泛并且无法控制了，而正是它的这些副作用，使得它在今天看来成为一个混乱的、不可逆转的恩赐（blessing）（Dunlap，1978）。

未认识技术系统如何作为一个整体在运作

例子：DC—10在早期的几次飞行中都失败了，因为它的设计者没有意识到货舱的减压会破坏重要的控制系统（Hohenemser，1975）。

对慢性的、累积性的效应反应迟钝

例子：尽管很久以前人们就已经认识到煤矿事故是运营矿物燃料厂的成本之一，但酸雨对生态系统的影响，却是很晚才被发现的。

未预料到人们对于安全措施的反应

例子：水库和防洪堤所提供的不完全的保护，使人们产生一种虚幻的安全感，并促进了受洪水威胁的平原地区的发展。因此，尽管洪水减少了，但每一次洪水所造成的破坏增大了很多，使得平均每年所损失的美元数目大大超过堤坝修筑以前的水平（Burton et al.，1978）。

未预计到"共态破坏"（common mode）能同时损坏本应独立存在的系统

例子：位于阿拉巴马布朗斯渡口（Browns Ferry）的反应堆的多重安全系统，是由一些电缆控制的，而它们没有在空间上分开，因此在一场大火中，五个紧急活性区冷却系统全被破坏掉了（美国众议院，1975；Jennergren & Keeney，in press）。

1976年发生的泰顿（Teton）水库倒塌事件，提供了另一个有关专家的过分信心的悲惨例证。政府执行委员会将这场惨案的发生，归因于工程师们毫无根据的自信，因为他们自己完全确信已经解决了在修建过程中出现的许多严重问题（政府执行委员会，1976）。甚至当水库首次蓄水时就出现 477

478 了大约 1/300 的塌陷时，他们也没有计算新水库的倒塌概率。

二、提醒人们风险的存在

清楚地预测风险是非常困难的，但不幸的是，这又非常必要。辐射风险、药物副作用、职业病、食品污染、有毒的化学制剂以及机械故障等风险，日益充盈于我们的报纸和我们日常的思索中。由于对这些风险的处理对于个人以及整个社会的福祉都非常重要，因此目前人们坚持自己在决策制定过程中扮演一种积极角色的权利。结果，风险性较高的企业的发起人和管理者，面临着越来越大的压力，得去告知人们可能面对的风险（见图 33—4）。例如，在最近几年：

图 33—4　S. Harris 绘，引自《纽约客》杂志，1979

食品及药物管理局，向患者颁布了关于数量日益增长的处方药品的信息。

住房及城市发展局，开始要求出售建于 1950 年前的房屋的售房者向买者介绍房屋中含铅涂料的使用情况。

被提议的联邦产品质量责任法，越来越注重让消费者及工人充分了解他们可能遇到的风险。

白宫要求卫生、教育和社会福利部部长制定一项关于辐射接触对健康的影响的公众信息系统。

尽管这些意图是非常好的，但要建立一个有效的信息系统应该是相当困难的。因为那意味着要找到一些令人信服的解释复杂的并且是技术性的资料的方式，这些资料通常为不确定性所遮蔽。在完成这项工作的过程中，不仅所分配到的时间经常是非常有限的，而且提供给人们的信息必然要对抗接受者对所讨论的风险及其后果的先入之见（也许是误解）。比如，在某些情况下，误导性的个人经验，有可能引出一种虚幻的安全感，而在另外一些情形中，仅仅是对可能的不利结果所进行的讨论，也会提升它们表面的威胁性。而且，如罗斯等人（本书第 9 章）已经证明的，在面对对立的证据时，人们的信念通常是缓慢地发生改变，显示出非凡的持久性。下面我们简要回顾一下信息系统必然会面对的其他一些挑战。

1. 表达形式非常重要

风险得以表述的确切方式，对人们的感知和行为能产生显著的影响。比如，某种活动能够将一个人每年的死亡几率从 1/10 000 提高到 1.3/10 000，如果我们换一种表达方式，将其描述成它能导致每年的死亡风险增长 30%，那么它就可能被视为更具风险性。下面介绍一个说明字面表达形式的影响的例子。 479

（1）错误树。

错误树的设计者，肯定要作许多随意的决定，以判断如何组织并且表现那些不同的故障原因。一个与此显然无多大差别的决定，是我们应提供多少细节描述。费希荷夫等人（1978）发现对于不同的详细程度，人们所获得的感知是相同的。仅仅提到错误树的一个分支，能让人们正确地估计若它被详细地描述时，会显得十分麻烦。但是合并分支（比如将发动系统和点火系统合并到一个范围更广的类别里面），或者分裂分支［如将点火
480 系统分成点火系统（螺旋管故障和火花塞失效）和配电系统（配电器和配线故障）］就会产生差异。一组给定的问题，若被表达为两部分而不是以一个整体来表述，那么其被误解的几率会上升 30% 以上。

（2）坐椅安全带。

表述形式的重要性的第二个例子，来自于一个关于汽车坐椅安全带使用态度的研究（Slovic et al.，1978）。依据前面的研究，遭遇不幸的概率对于激发保护措施的采用，具有非常重要的作用（Slovic et al.，1977），因此斯洛维奇等人认为人们不愿主动地系安全带，是由于他们在个别的一次开车路途中遇到致命性事故的概率相当小。由于每 350 万人在路途中，才会遇到一例致命性事故，每 10 万人中，才会有一人遭遇致残性损伤，因此拒绝使用安全带，应该被视作是非常合理的。然而，如果我们从多次旅行的角度来考虑在这许多次旅行中出现一次事故的实际概率，就会发现不系安全带是不太明智的。在 50 余年的驾车生涯中（大约有 40 000 次旅行），遇到致命性事故的几率上升至 0.01，而受到至少一次致残性损伤的概率为 0.33。斯洛维奇等人在一次飞行员研究中，要求一部分被试从一生的角度来考虑是否使用安全带，另一部分被试则从一次次单独旅行的角度来判断，结果发现前者对安全带（以及气囊）的使用更持欢迎态度。不过，由前述的长时期角度出发所导出的对于安全带使用的赞同态度，是否会得以保持并且转换成实际行为，还需要作进一步研究。

（3）伪确定性（pseudocertainty）。

按照“预期理论”（prospect theory）（Kahneman & Tversky，1979b），仅仅是具有可能性的结果与那些确定能实现的结果相比，其影响力是不够的。因此，能将受伤害的概率从大约 0.01 减小到 0 的保护措施，会被给予更高的评价，尽管另一项保护措施能将遭受同样伤害的概率从 0.02 降低到 0.01。

特沃斯基和卡尼曼（1981）认为，保护措施在人们头脑中的印象很容

易被调整，使得其能够预防风险的外在确定性也随之发生改变。例如，一项适用于火灾但并不适用于洪水的保险政策，既能被描述成对于特定的风险即火灾具有完全的防护作用，也能被解释为可以减小财产损失的全部可能性。期望理论认为，用前一个角度（标示为“伪确定性”）来看，这项政策会更具吸引力，因为它提供了一个对于有限的几个问题的绝对保护。

我们用一个特别的保护措施——接种疫苗来检验这个推测。我们设计了两种“种痘问卷”。卷 1（可能的保护）先告诉被试，某疾病可能会危害到 20% 的人口，如果接种某种疫苗，那么其接受者中的一半就会对此疾病 481
产生免疫，然后询问被试是否会自愿接种这种疫苗。而在卷 2（伪确定性）中，研究者告诉被试，这种疾病有两个类别，它们之间互相排斥并且发生概率相等，其中每一种都会使 10% 的人口受感染；我们的疫苗能完全抵御其中的一种疾病，但对另外一种却没有丝毫作用。这项研究中的被试，都是由一个发布在俄勒冈大学的学生报纸上的广告招募而来的。其中一半的被试拿到的是卷 1，另一半填写的是卷 2。在阅读问卷的说明之后，他们要对自己在问卷所述情境下接种疫苗的可能性进行评定，其评定的等级从 1（几乎一定不会接种该疫苗）上升到 7（几乎一定会接种疫苗）。

尽管这两份问卷都暗示着该疫苗能够将某人总的患病风险从 20% 降低到 10%，我们还是预计相对于阅读卷 1（可能的保护）的被试，回答卷 2（伪确定性）的被试会更希望接种该疫苗。其实验结果证实了我们这种推测：回答问卷 2 的被试中，有 57% 的人指出他们会接种疫苗，而回答问卷 1 的被试中，只有 40% 的人作此回答。

伪确定性效应，突出了减小风险和消除风险之间的比较。如特沃斯基和卡尼曼已经指出的，这种区分，在任何规范性的基础上，都很难证明其合理。而且，对确定性进行操作化，似乎对于其他保护形式（如医疗、保险、洪水和地震防护措施）的设计和描述，具有重要的意义。

（4）初始化（anchoring）。

最常见的一种表述假象，是我们的判断倾向于停留在最初展示给我们的信息上（Poulton，1968；Tversky & Kahneman，1974，**1**）。在图 33—2 所介绍的实验后，利希坦斯坦等人（1978）对原有条件进行了一定修改，他们让第二组被试估计在美国40种不同原因中的每一种所导致的死亡频率。不过，他们事先告诉被试，不再是每年有大约50 000人死于机动车事故，而是告诉他们每年有大约1 000人被电死。尽管这两个数据都是准确的，但因后者提供的是一个较小的数字，而使被试减少了对于最大频率的估计。这种对最初数字的初始化，使得这两组被试的估计，在某些项目上相差了差不多5倍。

费希荷夫等人（1980）在实验中让被试判断几种潜在的死亡原因的致命性时，对四组被试采用的是形式不同但实际上等价的询问方式（例如，相对于每一个垂死的受害人而言，有多少人幸存下来了？在每100 000个受害人中，有多少人最后死亡了？）。表33—6用一种普通形式展示了这些被

表33—6　用不同的回答模式，不同的数学方法对死亡可能性的估计

疾病	100 000名受灾祸者的死亡率				
	估计的死亡率	估计的死亡数	估计的存活数	估计的存活数	实际的死亡率
流行性感冒	393	6	26	511	1
腮腺炎	44	0.114	19	4	12
哮喘	155	12	14	599	33
性病	91	63	8	111	50
高血压	535	89	17	538	76
支气管炎	162	19	43	2 111	85
怀孕	67	24	13	787	250
糖尿病	487	101	52	5 666	800
肺结核	852	1 783	188	8 520	1 535
车祸	6 195	3 272	31	6 813	2 500
中风	11 011	4 648	181	24 758	11 765
心脏病发作	13 011	3 666	131	27 477	16 250
癌症	10 889	10 475	160	21 749	37 500

注：4个实验组按照下列指令：（a）估计死亡率：在1 000个受灾祸者中，有多少人死亡？

（b）估计死亡数：X人受灾祸，有多少人死亡？

（c）估计存活率：在受灾祸者中，存活下来的和死亡的人数的比率？

（d）估计存活数：Y人死了，受灾祸但是没死亡的有多少人？

对问题（b）、（c）、（d）的回答被转换成每100 000人中的死亡数以利于比较。

资料来源：Fischhoff & Mac Gregor，1980。

试所作的判断，显示出了提问时的措词对于被试表现出的风险感知的更强的影响力。比如，当人们直接估计流感所导致的死亡率时（第一列），他们的平均答案是每100 000例中会有393人死亡。若告诉他们平均一年里有 482 80 000 000人感染流感，让他们估计其中死亡的人数（第二列），被试的平均回答是有4 800人会死亡，若用死亡率来转换，这仅仅表示每100 000例中有6人死亡。在问题中作的小小的一点改变，就使被试估计的比率改变了60多倍。同样的差异，也出现在其他的问题和其他的风险种类中。

（5）其他的效应。

在有关冒险行为的文献中，记载了大量其他的格式效应（format effect）。例如，我们已经发现人们在和同伴一起时对赌博的评价明显不同于他们单独所作的判断（Grether & Plott，1979；Lichtenstein & Slovic，1971；1973）。费希荷夫等人的研究（Fischhoff et al.，1980；Hershey & Schoemaker，1980；Schoemaker & Kunreuther，1979）都指出，如果将是否购买保险这个问题重新表述为在进行一场赌博和接受少量钱财损失之间进行 483 的选择，那么被试的决定通常是与先前相反的。同样的一种风险，若以幸存生命数的方式来描述，而不是以其造成的生命损失来界定，那么人们对它的评价将是完全不同的（Tversky & Kahneman，1981）。一些其他的表述格式及内容的影响效应，可以在大量研究中看到（Fischhoff et al.，1980；Kahneman & Tversky，1979b；Slovic et al.，in press-b；Tversky & Kahneman，1981）。

在表述风险的方式上的细微差别能严重影响到该风险如何被感知，而这意味着那些负责建立信息系统的人有相当大的调控人们的感知的能力。而且，由于这些效应现在还没有被广泛了解，因此人们在作如何组织他们的认识这样随意的决定时，就会毫无觉察地调整他们自己的感知。

2. 风险的交叉比较具有误导性

最普遍采用的一种深化人们的认识的方式，是将对许多种风险所进行的定量风险估计全部展示出来。在分析这些数据时所获得的精确性，或许对于个人的以及社会的决策制定非常有用。威尔森（Wilson，1979）观察到："我们都力图从数量上测量我们所面对的风险……因此我们可以对各种风险进行比较并且判断哪些可以接受或者哪些必须戒绝。"（p. 43）另一位学者（Lord Rothschild，1979）补充说：“在你还没有将威胁到你的风险与那些现在没有但可能会影响你的风险进行比较之前，是没有必要陷入对生命风险的恐慌的。”

有意思的是，这些告诫得到了人们的重视，各种风险被精心制作成表格甚至是“风险目录”，在其中列出了一系列生命风险致死或致残的不同指标。而且，索比（Sowby）在1965年提供了大量关于每一小时的外出的风险性的数据，比如，它显示摩托车一小时的骑行与一个75岁老人再存活一小时同样风险。威尔森在1979年设计了一张活动表格（如乘坐喷气机飞行1 000英里，在煤矿工作3小时），其中的每一项被预计能使一个人每年的死亡几率上升百万分之一。威尔森宣称“这些比较能帮助我估计风险，而且我猜测它们也能帮助其他人完成这项工作。不过这种比较最重要的作用，在于帮助整个国家制定决策以改善我们的健康状况，并减少我们的事故发生率”（p. 45）。类似地，科恩等人在1979年，按照所预计的各种风险对预期寿命的减少数目对这些风险进行了排序，并设想“这些顺序（此表中的顺序）应近似社会对它们的考虑次序。然而，我们可以看到一些非常重要的问题，没有受到足够的重视……而一些在此表中接近最末端的风险类别，尤其是那些涉及辐射的风险，却受到了过多的关注”（p. 720）。

184 正确地讲，对风险进行比较并不是一个决策制定过程。比如，在摩托车骑行和高龄的风险比较中，并不需要我们进行任何特别的推论（Fischhoff et al.，1981）。而且，即使这种风险的交叉比较能作为对人的直觉的一种辅助，它还是具有许多内在的局限性。比如，虽然一些人在获悉仅仅是一架商务客机的起飞或者降落就能使某人的预期寿命平均减少15分钟后觉得豁然开朗了，但另一些人却觉得自己被这些信息完全弄糊涂了。在飞机降落的时候，某人或许会过早地死亡（几乎是确定无疑地要提早15分钟以上），又或许不会。对许多人来讲，这种平均值并不足以表现这些风险的特性。实际上，有学者（McNeil et al.，1978）发现，面临肺癌手术未知结果的病人，对手术过程中即将发生的死亡可能性和他对预期寿命的影响，都同样担心。

另一个局限在于，这种概括性的统计表，会掩盖关于各种风险的许多重要特征。若因这种概括性而导致对于事实的不确定或不一致，那么对点估计（point estimates）的介绍，就会引发过度的信心。由于人们非常关心灾难性事故发生的可能性（Slovic et al.，1980），因此有必要提供一些关于最大伤害产生可能性及其数量的指标。还有一些在统计简表中被忽略，但仍会影响到人们对于风险的态度的特征，其中包括自愿性，可控性，熟悉性，后果产生的即时性，对于后代的威胁性，减少风险的容易性，以及对那些遭遇风险的人给予救济的公平性（Slovic et al.）。虽然一些失误如遗漏不确定范围（uncertainty bands），很容易得以纠正，但确定如何衡量灾难潜在性、公平性和其他一些重要的特征，仍需要作进一步的研究。

3. 小结

无论是采用警戒标、包装上的插图或是大量的媒体节目，给人们提供关于风险的信息，对于帮助他们应对现代生活中的风险及不确定性这一更大问题而言，仅仅是很小的一部分。我们认为我们的学校应该承担一部分责任。公立学校的课程，应该包含一些经过专门设计的内容，以告诉人们他们所生活的世界是具有或然性的，而不是宿命论的，并且帮助他们学会一些应对这个世界的判断技巧和决断策略（Beyth-Marom & Dekel，in press）。这些策略，对于在一个充满不确定性信息的环境中生存，是非常必要的，就如同几何学和三角学在处理物质实体世界中一样重要。

三、核能：风险感知的一个个案研究

核能曾引起了极大的争论，或许再没有其他任何领域能让人们感知到如此显著的风险性或者如此高的风险性。在本节中，我们将依据刚介绍过的研究来考察这些争论。 485

1. 一般问题

即使是在三英里岛的事故发生之前，核工业也一直处于一种不利的公众舆论之中。大规模的而且是持久性的反对运动，曾导致了美国新核电站的审批和修建延期，损失惨重，并且在欧洲一些国家，此运动还引起了政治上的动乱。

三英里岛的反应堆事故，又激发了反核能浪潮可预见的、迅速的升温。

任何对核能在国家能源前景中的作用的设想，都必须把这些反对派的意见纳入考虑之列，并预见其将来的变化。近年来研究中的一条线索显示，在反对使用核能的公众心目中所形成的对于潜在的核事故的印象，完全不同于由许多技术专家所提出的估计。我们将描绘出这些印象，并且推测它的来源、持久性以及其中暗含的意义。

2. 基本的感知

对那些反对核能的人所作的问卷调查显示，他们认为核能所带来的益处是非常少的，但它的风险性则是难以接受地高（Fischhoff et al.，1978）。关于核能的益处，这些人并不认为它是满足基本能源需求的一个重要环节（Pokorny，1977）；相反，许多人把它视作是对其他能源的补充，而这些能源目前自身就很充足（或者只要稍节约就足够了）。而在核能的风险性这一方面，与其他科技活动相比，核能引发了更强的恐惧感（Fischhoff et al.，1978）。一些人将人们的这种反应归因于他们对于辐射所产生的无形的并且是无法消除的污染的恐惧，因为这种污染将可能导致癌症和遗传缺陷。然而，虽然用作医疗诊断的 X 射线，也是一种能引起同样危害的放射技术，但人们对它却不那么恐惧，相反，还常常低估射线的风险性（Slovic et al.，1979）。造成这种感知差异的原因在于，人们经常将核能与核武器联系在一起。由于核能发展于这样一个暴力性的起源，就总是被视作一个有着不可控的、致命性的和潜在毁灭性风险的技术，而这些特征，却与诊断用的 X 射线沾不上边。

那些反对使用核能的人，在描述他们脑海中对核事故及其后果的印象时，显示出他们有一个基本的预测，即在他们的一生中很可能会遇到一次
486 严重的核反应堆事故，它会造成成千上万的甚至是上百万的人死亡（Slovic et al.，1979；Slovic et al.，1979）。而且，这样一次事故，还可能会引起一大片地域的无法挽回的环境破坏。这些预测与核工业对此的看法俨然不同，核能行业认为，即使在一次严重的事故中许多危害性事件也是不太可能发生的，而且就算发生了，它们拥有的若干安全系统也会限制其造成的破坏。

上述二者之间的“感知差异”所产生的必然后果，是大众的怀疑和不信任态度，他们认为核能的危害要远远大于专家的估计（Kasper，1979；

Starr & Whipple，1980）。而专家们又反过来置疑公众的理性，并谴责他们的“感情主义”阻碍着技术的进步。结果导致两者之间敌意的，有时候还是非常激烈的对抗。

对这种感知差异的认识，使得一些技术专家呼吁必须教导公众了解核能“真正的”风险性。一个大众观点分析（Pokorny，1977）是这样来解释这个问题的：

> 阻碍人们对核能问题作出成熟、正确的判断的最大障碍，在于他们对相关的知识和事实缺乏基本了解。在目前这种态度背景中，恐怖故事、疑惑和不理性经常会占上风。只有通过对核能知识和事实的耐心讲解，才能使人们明白正确的选择是……（p. 12）

我的个人观点是这种试图缩小感知差异的尝试，面临着一些基本的障碍。这些障碍主要来自关于此问题的两个关键点，一个是技术上的，另一个是心理上的。

3. 技术障碍

实际上，从技术上讲，几乎没有关于严重核反应堆事故发生可能性的任何“铁定证据”。这项技术是如此的新颖，其事故可能性也是那样微乎其微，以至于根本不可能在经验观察的基础上进行准确的风险估计。相反，这些估计，只能来源于复杂的数学模型以及主观的判断。

进行风险估计的困难，已使许多评论家开始置疑它的有效性（Bryan，1974；Fischhoff，1977a；Primack，1975）。一个主要的质疑，是认为那些引发事故的重要事件或途径有可能被遗漏掉，从而使风险估计偏低。在反应堆设计的安全性评估中，所存在的另一个问题是，我们很难对“共态破坏”作正确估计，那些设计来支持另一个体系的表面上独立的系统，却可能因为同一个未预料到的共态原因而崩溃。核评论家荷德伦（John Holdren）对估计罕有的核灾祸的有效性提出怀疑，他的这个质疑，比较简洁地概括了我们所面临的技术问题：

487 在每一个反应堆使用年中，在从万分之一到百万分之一的范围内估计其事故可能性是否具有切实的可能性？围绕这个问题专家群体出现了分歧。我是站在怀疑派一边的，认为基本上不可能有令人信服的理论证据来支持如此小的数字估计。我持这种观点的原因非常简单：核能系统是如此复杂，在其安全分析中纳入严重错误的几率非常大，致使那些计算出来的微小的事故发生概率变得毫无意义。（Holdren，1976，p. 21）

4. 心理障碍

公众对于核能的恐惧，并不能被视作毫不理性的。他们也了解核能的问题仍处于争论中，而且一些专家在过去有的做法是错误的，比如他们用射线直接照射肿胀的扁桃体或者允许人们近距离地观看原子弹爆炸（A-bomb）实验。人们有可能质疑的，是人们思考问题的基本方式（比如依赖于便利性启发式）而导致他们的认识发生一定程度的曲解。核能风险肯定是便利性偏差的一个主要表现，因为大量的媒体都在对此进行报道，而且它还与核战争所带来的清晰的、可想见的风险联系在一起。

如前面所提到的，便利性启发式，意味着对核事故的任何讨论都将增加它们的可想象性，从而放大人们感知到的风险性。一位工程师指出，辐射有可能意外泄漏的各种途径，几乎都是不可能的，因此将核工业垃圾倾倒在盐床上很安全（见图 33—1）。但这种说法并没有让听众放心，反而可能导致他们产生这样的想法："我才不相信真是那样呢，许多事情都可能出现意外。"由此，对易记忆性和易想象性的依赖，往往会模糊将来可能的事情和现在可能的事情之间的区分。如一个核能支持者所感慨的，"当常人谈论可能发生的事情时，他们有时候甚至懒于提'可能'两个字"（B. L. Cohen，1974，p. 36）。另一个分析，也详细阐释了存在于对"最差"方案的误解中的类似问题：

由于在一些分析中人们只能指出一些不良后果可能以略大于 0 的概率水平发生，因此说这些分析中的假设是异乎寻常的或者不可能的

> 通常没有任何差别。反对已处于计划中的某基地的修建的人，只需要发挥他们的想象力，虚构出一系列能导致某些不良结果的情况就可以将这个计划取消掉，即使他们自己也承认那些情况是非常不可能出现的。在这样一种普遍盛行的氛围中，设计一特定的核基地就变得……充满风险……（J. J. Cohen，1972，p. 55）

5. 结论

虽然上述的讨论，指出了支持核能使用和反对核能使用的人之间产生感知差异的一些可能原因，但它并没有明确地指出究竟其中哪一方对核能各种危害的评价是最准确的。易记忆性和易想象性效应，不仅能强化大众的恐惧心理，也同样能导致专家不易觉察到系统可能崩溃的方式。由于永远无法精确地知道实际的风险，新的信息也常常以一种与我们先前的信念相符的方式被解释，这种感知差异将继续伴随我们很长时间。因此，对一些人而言，三英里岛“证实”了发生灾难性的原子反应核熔化的可能性，而对另一些人来讲，它支持了他们对于多种安全体系和防泄露系统的可靠性的信任。 488

四、究竟谁来决定？

本章所介绍的研究，告诉我们人们在对风险作判断时很容易出错。它还显示出其出错的程度通常很高，但人们却以极大的信心坚持这种错误估计。由于即便是那些见闻广博的普通人也很难准确地判断风险，因此有人试探性地提出公众应该远离社会的风险估计和决策制定过程。但这种观点，显然是在几个方面被误导了。首先，一些比较详尽的研究发现人们对许多东西具有很好的感知力，尽管他们的观察角度通常与技术专家迥异。在误解发生得比较多的情境中，人们的错误通常都根源于他们偏差化的经验，而这可以由教育来弥补。一些情况下，人们强烈的恐惧感，以及他们对于专家解释的抵制，是由于他们敏感于潜在的灾难性事故，并了解到专家不赞同关于此类事故的发生可能性和危害强度，但却因此在过去犯下了许多严重的错误。即使是在一些比较麻烦的问题上，如关于核能问题的争论等，若能有一种信任的气氛，并意识到无论是专家还是普通外行人都能有所贡献的话，将会促进信息的交流，并进而深化我们的认识。

而且，在许多情况下（即使不是所有的情况都如此），有效的风险处理都需要很多普通人的合作。这些人必须同意不使用某些东西，并且接受其他东西的替代品；必须明智地投票选择合适的投票方式，支持那些将适合成为风险管理代理人的议员；还必须遵守安全规则并合理地利用法律体系。即便那些专家确实比普通人能更好地判断风险，赋予他们独有的进行风险管理的特权，将意味着用短期的功效代替了建立一个见识广博的公民群体所必需的长期努力。

我们所讨论到的这些研究结果，对非专家人士形成了一系列的挑战：要进一步扩展见识，不要信赖那些未经调查或未得到证实的判断，了解可能会使风险判断发生偏差的各种因素，并对新的信息保持更大的接纳度；简而言之，就是要认识到自己可以进一步接受教导的潜力。

而对于专家和政策制定者而言，这些发现则提出了一个更难对付的挑
489 战：要认识到并承认自己的认知局限，要尝试着培养公众而不是仅靠宣传，要意识到公众焦虑的合理性，并采用一些可以让这些焦虑在社会决策过程中得以表达，但又不会进一步激化的措施。

这是一篇论文的修改稿，它原载 R. Schwing 和 W. A Albers, Jr. 主编的《社会风险评估：怎样才足够安全?》（*Societal Risk Assessment*：*How Safe is Safe Enough*? New York：Plenum Press，1980）允许重印。

本研究为国家科学基金会的“技术评估和风险分析”项目的子项目。该项目的资助号码是 PRA79－11934，承担者为克拉克大学，而此分项目的承担者为感知功效学公司（Perceptronics，Inc.）。

第十部分

附　录

第34章　论统计直觉的研究

卡尼曼和特沃斯基（Daniel Kahneman and Amos Tversky）

近年来，许多有关判断和归纳性推理的文献，都把注意力集中在与各种脑力任务有关的错误、偏差和谬误之上（如 Einhorn & Hogarth，1981；Hammond et al.，1980；Nisbett & Ross，1980；Shweder，1980；Slavic et al.，1977；Tversky & Kahneman，1974，**1**）。这种对错误研究的强调，是判断研究的显著特征，但绝不仅限于此领域：如我们会通过错觉去理解正常感知所采用的原则，通过研究遗忘来了解人的记忆。不过，推理错误在两个显著方面与其他认知错误明显不同：一是它会稍稍令人感到困惑，二是它们看起来似乎是可以避免的。我们通常不会因为我们容易感受到垂直线—水平线（vertical-horizontal）的错觉或者不能记住多于8位的一串数字而觉得不安。与之相反，推理失误却常常让我们烦躁——这有可能是因为在我们事后进行反省时，会发现先前没有找到的答案是如此明显，也可能是由于我们所犯的错误在我们知道它是 493

个失误后，仍对我们保持着相当大的吸引力。目前许多关于判断的研究，都集中关注具有其中一个或另一个特征的问题。

对判断错误的揭示，是通过将人们的回答和某个既定事实（如那两条线的长度是相等的）进行比较，或者与一公认的数学、逻辑或统计规则相比照。但是，并不是每一个看起来与一确定事实或公认规则相抵触的回答，都是一个判断错误。这种抵触，也有可能是来源于被试对问题的错误理解，或者源于研究者对被试回答的误解。因此，在将某特定回答描述成是一个判断错误时，就纳入了一些关于实验者和被试之间的交流的假定（我们将在稍后讨论这个问题）。研究判断的学者，必须避免对被试的回答作过于狭
194 窄的解释，这会导致将合理的回答视为错误，同样也必须避免过于宽泛的解释，因为这会将所有的回答都合理化。

虽然判断错误仅仅是一种研究某些认知过程的方法，但这种方法已经成为研究内容的一个重要部分。当越来越多的证据显示那些有才智的人也会违背基本的逻辑或统计规则时，对于所谓的有关判断和决策制定的理性模型的合理性的怀疑也就与日俱增。在第二次世界大战后的 20 年里，一些对实际行为的描述性研究，主要依据的是标准模型：主观期望的效用理论（subjective expected utility theory）用于风险选择分析，信念改变研究中采用贝叶斯运算，信号鉴别理论则用在心理生理学的任务研究中。对这些情境以及相对较少的一些实验结果所作的理论分析，都认为人非常能干，几乎是最佳的决策者。在这样一个大的背景下，观察到人们对于基本的逻辑和统计推理的违背，就非常令人惊讶；而这种惊讶，促生了另一种被某些作者批评为不合理的消极的对人的智商的看法（L. J. Cohen，1979，1981；Edwards，1975；Einhorn & Hogarth，1981）。

有三个原因致使人们在推理研究中把注意力集中在系统性错误和推论性偏差上。其一，这些错误使我们智力上的许多局限得以暴露，并提供了一些有助于改善我们的思维能力的方法。其二，错误和偏差，通常能揭示我们的心理过程和启发过程，而这些过程是主导我们的判断和推论的。其三，这些错误和谬误，通过指出哪些统计或逻辑规则是非直觉性的或者说反直觉性的，而帮助我们绘制人类的直觉之图。

直觉和直觉的这两个词，常用的有三种意义。一是如果有一个判断是通过不规范的和非系统的推理模式得出来的，也就是没有采用分析的方法或审慎的计算的话，它就会被称为是直觉的判断。比如，许多心理学家按照一种直觉的程序决定其样本的规模，但却采用分析程序去验证其研究结果的统计显著性。二是如果一个正规的规则或者一个天然的事实与我们日常的关于世界的模型一致的话，就会被称为是直觉的。因此，在一次彩票抽奖活动中，赢得奖金的概率会伴随着彩票数目的减少而减小，在直觉上是显然的，但是若认为有超出一般的机会在 23 人中找出两个生日相同的人，则是反直觉的。三是当我们在日常行为中采用一些规则或者程序时，这些规则和程序就被称为我们的直觉库中的一部分。例如，语法规则，对于一个以该语言为母语的说话者而言，就是其直觉的一部分；而平面几何的一部分（尽管不是全部）规则，也被结合到了我们的空间推理之中。

本章所要关注的，是试图描绘人们对于机会和不确定性的直觉时所产生的一些方法论上和概念上的问题。我们先讨论一些对统计直觉的不同测试；然后我们转向一个对判断研究中采用问卷—回答范式的批评；接下来 495
我们讨论一下一些统计规则中的非直觉特征，并以此结束本章。

一、统计直觉测试

不确定状况下的判断中出现的错误和偏差，是我们描绘人们的统计直觉界限的主要资料来源。在这种情况下，在应用错误和理解错误之间作一个区分是有好处的。若有证据显示人们知道并且承认某个规则，但并没有采用它，那么这个特定问题中的失误，就被称作是应用错误。而如果人们并没有意识到他们所违背的规则的合理性，那么这种情况下犯的错误，就被称为是理解错误。

对于应用错误，一个最具有说服力的表现，就是当一个人本能地或者因受到一丝触动而抱住自己的头，然后大声惊呼："我怎么能忘记这个呢?"这个时候，他就是犯了应用错误。虽然许多读者都记得这样的经历，但仅仅依靠这种情绪表达作为证明是不够的，我们还需要设计其他的程序，来证明人们对那些自己违背了的规则是理解的。

对于某个规则的理解，能用两种方法来检测，一是启发被试，二是让他们要么认可关于某个普遍规则的陈述，要么支持某个赞成或反对一特定结论的论点。将这些方法结合使用就有了四种程序，我们现在将对此进行讨论并举例说明。

我们先来看一个不太正式的例子，其中人们对于某规则的理解是由他们接受或者支持某观点来确证的。我们中的一人给许多壁球选手提出了下面这个问题。

> 你们都知道，一次壁球比赛可以采取 9 分制，也可以采取 15 分制。假定比赛的其他规则保持不变，如果选手 A 要比选手 B 更优秀，那么哪一种计分制可以让 A 有更大的取胜机会？

虽然我们所有的被调查者都具有一定的统计知识，但他们中的大部分人，都认为采用这两种计分方式并不会造成任何差别。于是我们让他们考虑一下另一个观点，即认为越优秀的运动员越喜欢较长时间的比赛，因为相对于小样本而言，大样本中通常不太可能出现比较反常的结果。之后，除开少数几个例外，被试们马上接受了这个观点并承认他们先前的回答是一个错误。显然，被调查者对于样本规模对抽样误差的影响是有一些了解的，只是他们没能把壁球比赛的进行时间长短转换为样本规模的一种。一旦这种联系得以建立，正确的结论就变得非常令人信服，这说明先前的回答是一个应用错误，而不是理解错误。

一个更系统的判断错误类型的尝试，来自于对一种被称作结合或联结效应（conjunction effect）（见本书第 6 章）的现象的研究。概率理论中最
496 基本的法则也许就是结合规则了，它认为某种结合（A & B）发生的概率，不可能大于 A 或 B 单独发生的概率。但是，就像下面这个例子所显示的，在我们所设计的许多测试中，大多数被试，即使是非常精通统计的那些人，都认为事件共同发生的可能性要大于其中任一单独事件。

为了导出结合效应，我们让被试看一段对下面这类人格的描述：

琳达今年31岁，单身，非常坦率，也非常活泼。她主修哲学。作为一个学生，她对歧视和社会公正问题相当关注，并且参加了反核游行。

我们所提问题的一个版本，是让被试判断下面两种对琳达的陈述中哪一个更具可能性：（A）琳达是一个银行出纳员；（B）琳达是一个在女权主义运动中相当活跃的银行出纳员。在我们从一群对统计一无所知的大学生中抽取的大样本中，有86%的人认为第二个陈述更可能是真实的。在另一个从心理学研究生中抽取的样本中，只有50%的人犯这个错误。然而，当这两个判断陈述被置于8个关于琳达的比较陈述序列中时，缺乏统计知识的被试和精于此道的被试之间的上述这种差别就消失了。两组被试中都有80%以上的人显示出了结合效应。在另一个被试间（between-subject）实验设计中，对两个判断陈述作的是间接比较，但还是得出了类似的结果（见本书第6章）。

我们采用了规则支持（rule-endorsement）和论点支持（argument-endorsement）程序，来考察人们是否理解并接受结合规则。首先，我们让一群无统计知识的大学生看几个类似规则的陈述，并要求他们判断其正确或者错误。“事件X的概率总是大于事件X和Y的概率”这一判断得到了81%的被试的赞同。与之相比，仅有6%的被试支持“如果事件A比事件B更有可能发生，那么它们不可能同时发生。”这一陈述。这个结果显示被试对于结合规则还是有一定理解的，虽然并不是每个人都支持它，但那有可能是由于其抽象的和不熟悉的表达方式造成的。

我们也采用了一个论点支持程序，即先让被试看一段对琳达的描述以及（A）和（B）两个陈述，然后要求他们回答下面哪一个观点是正确的：

（1）A要比B更具可能性，因为琳达既是银行出纳员又是一个活跃的女权主义者的几率，必然要小于她是一个银行出纳员的概率。

（2）B比A更可能，因为与她仅仅是一个银行出纳员相比，琳达更像是一个在女权主义运动中非常活跃的银行出纳员。

支持结合规则的观点（1）得到了83%的心理学研究生的赞同，但只有43%的无统计知识的大学生同意其说法。之后与被试们的广泛讨论也证497 实了这一结果。精通统计的被试立即认识到了结合原则的合理性。而缺乏统计知识的被试，则没有受到那些非常正规的论点的太大影响，而且许多人一直坚持他们最初的回答，尽管那与结合原则不相符合。

让我们非常惊奇的是，那些缺乏统计知识的被试，对于结合原则并没有一个可靠的把握；当它以抽象的方式表达的时候，他们会支持它，但若它与一个非常鲜明的对于某代表事物的印象相冲突的时候，他们就不再认同它。相反，受过统计训练的被试，能意识到这个规则的合理性，并且能够在一个相当明朗的问题中应用到它。但是，对于同一问题的另一个不太明显的表达，他们这帮精通统计的人也难以避免犯结合效应的错误。依据这项实验，可看出结合效应是一个应用错误，至少对那些受过更多统计训练的被试来讲是如此。关于此问题的进一步讨论请看第6章。

为了考察不同统计知识水平的被试所具有的统计直觉，尼斯比特等（见本书第32章）采用了一个启发程序（elicitation procedure），即由某个简短故事里的许多特征推出一些结论和推断，然后让被试对这些结论作出判断并证明自己的观点。研究者发现，在对基本统计原理的理解上，被试间存在着巨大的个体差异，而这种差异与他们所接受的统计训练水平是有密切联系的。统计直觉无疑会受到智力、经验以及教育水平的影响。与其他知识领域一样，对于该领域的专家而言是直觉性的事物，但对初学者来讲就常常是非直觉性的（参考 Larkin et al.，1980）。然而，即使是对那些统计理论专业的学生来说，一些统计结果（如同生日的情况或者在掷硬币游戏中头像的变化）仍然是反直觉的（Feller，1968，p. 85）。而且，有许多证据显示，缺乏统计知识的被试，通常所犯的那些错误（如赌徒谬误）也能在精通统计知识的被试那里发现，只是通常出现在一些较复杂的问题中（Tversky & Kahneman，1971，**2**）。

在著名的利用四卡片问题（Wason，1966）考察逻辑直觉的研究中，也用到了启发式（Evans & Wason，1976；Wason & Evans，1975）。在这个问题的标准版中，实验者给被试出示了四张卡片，分别写着A、T、4和7，然后让他们选择哪些卡片应该被翻转过来，以检验其是否符合“如果一张卡片的其中一面是元音字母，那么它的另一面就必是一偶数”的规则。正确的结果应该是将写有 A 和 7 的卡片翻转，因为若第一张卡片是奇数或者第二张卡片上是元音字母都会违背这个规则。大多数被试都选择翻看表面写有 A 和 4 的卡片，这显然犯了明显的逻辑推理错误。瓦森等人继续用这同一问题的不同版本进行了实验，并让被试对他们所做的是否查看每一张卡片的隐藏面的判断给出理由或者论证。研究者认为，被试在证明他们的 498
回答时，给出的仅仅是一种合理化的论证，而不是对那些实际引导他们作决定的规则的陈述。

其他的研究（Wason，1969；Wason & Johnson-Laird，1970），公布了一些其他的有关人们未能理解证明（verification）规则的证据。为了给人们提供一些“药方”，这些研究者给被试出示了他们的判断的结果，并让他们注意到其回答的不一致性。但是这个举措，对于被试在其后同样的任务中的表现，并没有多大的影响。总而言之，研究结果认为，人们在完成证明任务中的困难所反映出的是他们理解上的错误，而不是应用错误。

我们已经仔细讨论过的这些例子，既采用了对规则或论点的支持程序，也利用了启发被试提出观点来证实他们的某个回答的程序。我们没有谈到另一个程序，即让被试直接讲出相关的规则，因为这样一个实验通常包含着一个不很合理的期望：我们希望相信人们能理解一些他们不能正确表达的规则。

为了确定一个应用错误，编好的程序，需要将人们对某特定问题的回答与他们对相关规则或论点的判断进行比较（McClelland & Rohrbaugh，1978；Slovic & Tversky，1974）。不过也可以采用其他的研究设计，去确立一个应用错误。比如，哈密尔等（Hamill et al.，1980）做过一个实验，他们让被试观看了一段采访录像，其采访对象据称是一个监狱守卫。有一半的被试被告知，这个守卫的看法（非常人道或非常残忍）代表了所有监狱管理人员的观点，而另一半被试则被告知，这个守卫的看法不具有代表性，而且他要么比他的同事仁慈很多，要么残忍很多。之后实验者让被试估计监狱管理人员在许多问题上的代表性意见。这个研究的结果非常让人惊讶，对于被试的普遍化推理而言，不具有代表性的守卫所表达的观点，与该群体中典型代表的观点，具有同样的影响力。在这类判断中显然出现了问题，虽然我们不可能认定任何一个判断都是错误的，而且也不可能有这么多被试会意识到他们没有受到有关守卫代表性的信息的影响（Nisbett & Wilson，1977）。通过这个研究，以及另一个被试间设计的研究，我们有理由认为如果群体间的比较产生出了一个多数人都会认为是站不住脚的结果，那么这里面毕然包含了一个应用错误。

我们已经将应用错误界定为人们的反应（回答）违背了某个合理的规则，而这个规则是人们理解并且接受的。然而，通常我们很难判断一个错误的类别，因为对理解和接受某个规则的不同检验，可能会得出不同的结果。而且，同样的一个规则，在这个问题环境下可能会遭到违背，而在另
499 一个问题中则不会。上述证明任务的实验，就是一个鲜明的例子：那些没有正确地验证“如果一张卡片的一面是元音字母，那么另一面就必是一偶数”这一规则的被试，在证明另一个形式上相同的规则：“如果一封信是密封的，那么它上面贴的必是一张 5 美分的邮票”时，却没有丝毫的困难（见 Johnson-Laird et al.，1972；Johnson-Laird & Wason，1977；Wason & Shapiro，1971）。

这些研究结果，说明了在推理研究中存在着的一种典型情况，即人们似乎并不拥有有效地证明包含“如果—陈述”（if-statement）的普遍规则，否则他们就能够解决前面的卡片问题了。不过，他们对于正确的规则也不是毫无感知，要不然他们在处理邮票问题时就不会成功。严格来讲，如果掌握某个规则就意味着人们通常会遵守它的话，认为人们并不拥有正确的直觉是正确的。然而，从另一个方面来讲，这种说法又是令人误解的，因为它可能暗示着人们的直觉缺陷，比我们实际上观察到的更为普遍。

之前的代表性研究所得出的一些结论，似乎也有与之类似的困境。这些研究显示出，许多成年人对于大数定理、对于贝叶斯推论中基率的作用或者回归预测的原理，并不具有普遍有效的直觉。但是事实并非如此简单：对与这些规则相关的任何问题，人们并不都会给出错误回答，或者在任何

特定背景中，这些规则都无法引起人们的关注。

让这些形式上等同的问题变得易于或难于解决的因素，似乎跟这些问题所唤起的思维模式或图式有关（Rumelhart，1979）。例如，要看出“非Q”与“P 意味着 Q”的含义的相关性，采用性质—控制（quality-control）图式（他们忘记了给这封密封了的信贴上邮票吗?）显然要比采用证实（confirmation）图式（否定结论就意味着对其前提的否定吗?）更容易。由此看出实际的推理过程，似乎是受模式限制或者受内容限制的，因此对不同的问题会采用不同的推理过程或者推理规则（Hayes & Simon，1977）。由此，人们的推理过程，仅仅用一些与内容无关的形式规则来描述，是远不够的。

还有另一种可能，即通过一系列极具直觉性的步骤很可能得出一些非常意想不到的结论，而这就让我们勾勒人们的统计或逻辑直觉的任务变得更加复杂了。苏格拉底正是通过采用这种多重直觉步骤的方法，非常成功地让他那些还很单纯的弟子相信，他们一直都懂得那些原理，而他只是让他们自己觉察到这一点而已。通过一系列的直觉步骤得出的结论，能被视为是直觉性的吗？布莱恩（Braine，1978）在演绎推理的框架下讨论了这个问题，他建议用即时性来检验：如果某个陈述的真理性能立即受到人们的关注，而且只需一步就能证明它，那么这个陈述就是直觉性的。

苏格拉底所暗示的问题，并没有明确地在不确定性判断的框架中研究过，而且在对直觉作直接检测与精心设计出谜一般的问题来检验，以及通过苏格拉底式的引导来验证之间，并不存在什么标准来作严格区分。*500*
例如，我们可以想象苏格拉底会如何启发他的学生对下面的问题给出正确的回答：

> 哪一家医院——不论是大医院还是小医院——将会有更多这样的天数记录，即该天所有新生婴儿的 60% 是男孩?

对于斯坦福的大学生来说，这是一个很难的问题（Kahneman & Tversky，1972b，p. 441，**3**），但是通过一系列很简单的步骤，就能引导学生得出正确的回答。这些步骤可能是下面这样的：

> "你不赞同将某天在某个医院出生的婴儿视作一个样本吗？"
>
> "非常正确。那你对从大样本或小样本中得出的结果具有同样的信心吗？"
>
> "好的。难道你不赞成对于那种更不容易出现错误的样本，你的信心更大吗？"
>
> "当然你一直都知道这一点。现在你能否告诉我你认为在一群婴儿中男婴所占的比例达到多少才最接近标准的现实？"
>
> "我再次表示赞同。那么，难道这不意味着若在某天出生的婴儿有60%都是男孩，就是对这个标准的严重偏离？"
>
> "那么，如果你非常信任某个样本，你难道不希望这个样本揭示的是事实而不是错误吗？"如此等等。

苏格拉底所采用的这套程序不太合理，会引导被试作出实验者所期望的回答，不过要达到上述同样的目的，还有许多更巧妙的方法可以采用。费希荷夫等人在1979年所作的实验显示出，当被试面临一连串的问题，且这些问题只在一些关键的变量上有所变化时，他们就会关注到基率以及证据的可靠性。虽然这些研究者即使在一个被试内（within-subjects）设计中也没有发现样本规模的影响，但其他研究（Evans & Dusoir，1977；Bar-Hillel，1979），通过更明晰的表达和更显著的样本结果，观察到了其影响。

一系列并行的问题所给出的暗示，会让被试对那些实际上与正确答案无关的变量给予关注：费希荷夫等人（Fischhoff & Bar-Hillel，1980a）证明了这一点，他们发现如果某个基率信息是在一组问题中唯一有区别的变量，那么被试就会注意到这毫不相关的基率。实际上，被试倾向于相信若某数据存在着系统变化，那它的任何信息都与正确答案有关。被试内设计，在心理学研究的一些领域中，总会产生显著的解释问题（Poulton，1975）。而在直觉研究中，它们容易引出实验者所希望检验的效果。

二、论问题——回答范式的局限

在前面一节里，我们指出被试内设计和苏格拉底的暗示，都可能唤起 501
我们所要研究的直觉。实际上，问题绝非如此简单。大多数关于不确定判断和归纳推理的研究，都是采用一种对话的范式来进行的，实验者提供给被试一些信息，然后要求他们以口头或书面的方式回答问题或是进行价值评估。在这一节我们要讨论这种问题——回答范式的一些困境和局限。

研究中所采用的让一些漫不经心的被试填写简短问卷的方式经常受到批评，批评者认为这些被试如果更认真地对待实验情境，他们的回答将会完全不同。然而，有证据显示，最初通过假设性问题而形成的人们在推理和选择上的错误，在引入真实的动机之后，并不会完全消失（Grether, 1979；Grether & Plott，1979；Lichtenstein & Slovic，1971，1973；Tversky & Kahneman，1981）。在人们能够预测他们在一个更现实的环境中会如何回答，以及他们没有要撒谎掩饰自己真实回答的动机的时候，使用这种假设性问题是恰当的。这也并不是说报酬和动机不会影响人们的判断。我们仍然坚持即使存在某种回报，推理和选择错误依然不会消失。无论是日常的报纸还是对以前政治和军事决策的研究，都无法支持某些人的乐观看法，即理性总是占上风的，即便其风险很高（Janis，1972；Janis & Mann，1977；Jervis，1975）。

关于问题—回答范式的一个更深的顾虑，也许在于我们不能很肯定地假定，被试获得某种信息，然后回答问题的"实验性对话"，能够使被试得出的判断与他们在和周围环境的日常互动中所进行的推断无差异。虽然日常生活中的许多判断，也是针对一些很明确的问题，但大多数问题比较隐晦。而且，对话实验，在许多方面都不同于日常的社会互动。

在解释被试的回答时，实验者试图假定：（ⅰ）这些问题只是引导被试公开表达那些在他们脑海中自然出现的思想；（ⅱ）所有被试可以得到的信息，都包括在实验提供的资料中了。从被试的角度来看，情形完全不同。首先，实验者所问的问题，在该实验所意欲模拟的实验情境中，并不会自然发生。其次，被试通常关注许多实验者从来没有想过要问的问题，

如：“这个问题有正确答案吗？实验者希望我找到正确答案吗？真有一个可
502 能正确的明显答案吗？问题中是否提供了一些关于实验者所期望的答案的提示？是什么让实验者决定选择我拿到的这份资料？在这份资料里面，是否有一些只是用来误导我们的无关信息，或者它们都与答案相关呢？”实验者所看到的公开的单个答案，其实在一定程度上取决于被试对这一连串隐含问题的回答。而且实验中提供的信息，只是被试在作出隐秘的以及公开的回答时所利用的信息源中的一个（Orne，1973）。

继格雷斯1967年的詹姆斯（William James）的讲座（Grice，1975）之后，哲学、语言学和语言心理学领域的大量文献，都在关注合作原则对于话语意义的影响（可参考Clerk & Clark，1977）。利用这一原则，谈话中的倾听者，有理由假定说话者总是力图让自己成为“可提供资讯的、诚实的、切题的以及表达清楚的”对话者（Clark & Clark，1977，p. 560）。格雷斯列出了一个合作的讲话人通常会遵循的几条准则。比如，数量准则，它限制说话人讲述那些听者已经知道或者能够轻易从上下文或其他信息中推断出来的事情。正是按照这一准则，“约翰试图打扫房子”这句陈述所传达的意思，是这个企图并没有完成：因为听者能够设想如果该企图已经实现的话，说话人会用“约翰打扫了房子”这个简单的句子来表达。

被试们是带着差不多一生的谈话经历来参加实验的。他们通常都期待遇到一个合作的实验者，虽然这种期盼常常是错误的。这种关于合作性的假设，对被试对于实验中提供的信息的理解，有着许多非常微妙的影响。特别是，它使实验者对“不相关”信息影响的研究变得相当困难。因为引入不相关信息违背了对话原则，被试们习惯于在实验信息中寻求相关性。如泰勒等（Taylor & Crocker，1979a）谈到，被试对某个人的印象，会受到一些对每个人来讲都是真实的陈述的影响。比如，有一个陈述是“马克在他的教授面前很害羞。”但被试推断马克通常并不害羞，因为他们相信一个合作的实验者不会将一个完全是多余的陈述加入到人格描述中。在其他一些关于不相关或无价值信息的影响的研究中，也产生了同样的问题（如，Kahneman & Tversky，1973，**4**；Nisbett，Zukier，& Lemley，1981）。

乐伏特斯等人（Loftus & Palmer, 1974）的研究，提供了一个对嵌入在问题中的先在假设作用的例证。这个研究显示，某事故的目击者在被问到"这辆车撞碎另一辆车时的速度是多少?"时，比他们遇到"这辆车撞到另一辆车时的速度是多少?"这个问题时，对该车速度的估计要高。问题中撞碎这个词的使用暗示着，提问者如果确是真诚的并且合作的话，就会相信那辆车是跑得飞快的。

我们能将对这样一种推论的规范分析，分成两个独立的问题。(ⅰ)目击者会受到包含了关于汽车速度的个人观点的问题的影响吗？(ⅱ)目击者在构想一个公开的估计时会受到问题的影响吗？如果问题中传达了新信 503
息的话，对于问题（ⅰ）的回答必然是肯定的。而对问题（ⅱ）的回答则不是那么明确。一方面，在回答某问题时，重复问题中所包含的信息显然是不恰当的。另一方面，一个合作的证人，在回答有关数量的问题时，理应给出最合理的估计。那么如果这个估计已受到了问题的影响，这个目击者会怎么做呢？他的回答会是"在你问我之前，我本认为……"吗？不管这个例子的正规价值是什么，它至少给出证据，显示人们通常不能将过去的观点与现在的意见分离开来，或者不能估计到那些影响他们观点的因素的分量到底有多大（Fischhoff，1977b；Goethals & Rechman，1973；Nisbett & Wilson，1977；Ross & Lepper，1980）。

我们对初始化的研究（Tversky & Kahneman，1974，**1**），为细微提示的强大作用，提供了进一步的例证。在一个研究中，我们要求一组被试估计土耳其的人口数超过500万的概率，让另一组被试估计土耳其的人口数不足6 500万的概率。之后，我们让这两组被试记下他们对土耳其的人口数的最佳估计；被分别提供了一个高标准和一个低标准的这两组被试，各自的平均估计是1 700万和3 500万。这些回答可以用下面这个假设来合理化，即在概率问题中出现的数值，不会离正确值太远。

我们已经指出过暗示效应在有的时候能被证明是合理的，因为在暗示和信息之间并没有明确的界限。但是，重要的是我们应指出人们并不会接受暗示，因为这样做是不正确的。首先，他们通常并不知道自己受到暗示的影响（Loftus，1979；Nisbett & Wilson，1977）。其次，即使在被试并不能合理地相信提供给他们的标准能够传递信息的时候，同样的暗示效应也会发生。在那些被要求通过在一个随意选出来的值上上下调整而得出一个数量估计的被试身上，初始化效应得到了显著的体现（Tversky & Kahneman，1974，**1**）。并不是任何的暗示性在困惑他们，而是他们明显不能排除那些并不具有价值的信息在捣鬼。

当被试被要求在一个答案列表中选择一个作为他们的答案，或者对一组限定的选择对象根据其概率作出排列时，实验者对选择类型的选择，将提供给他们一些信息。乐伏特斯在1979年已经发现在询问被试每周头痛次数的时候，在给出的供选数量等级是1～5、5～10、10～15等的情况下，被试选择的次数，将多于他们在其供选数量等级为1～3、3～5、5～7等时的选择。在这个例子中，数量等级，必然会影响到怎样才被称为头痛这样一个界定。即
504 使不可能进行这种再解释，被试也一定会在他们的数量估计中，选择某个选择范围的中间值，并形成一个主观的概率分布，其中每一个选择类别，都被赋予一个并不算小的概率（Olson，1976；Parducci，1965）。

费希荷夫等人在1978年发现，在问卷中隐含着的提示，也会对其回答产生影响。他们让一些对汽车一无所知的被试和一些熟练的汽车机修工，对能导致汽车发动失败的各种故障进行概率估计。结果发现，对“所有其他问题”这一选项的概率估计，与整个选择列表的完整性并无关系，而且在某个主要因素（如整个电气系统）从列表中删除之后，它也几乎没有什么增长。

即使是细微的和间接的线索，也会对被试的回答有所影响。在最近的一项研究中，我们给被试提供了下面的信息：“A先生是高加索人，33岁。他的体重为190磅。”然后我们让一组被试猜测A先生的身高，而让另一组被试在先猜他的腰围尺寸后再猜测他的身高。第一组被试的平均估计值，大大高于第二组，大约高出1英寸。我们推测，先猜腰围的被试相比于那些只猜测其身高的被试，会更多地将A先生的体重归功于其腰围大小。

我们认为，在判断研究中采用对话的方式，值得作更细致的考虑，而不是像过去的研究，也包括我们自己的研究所认为的那样简单。我们不能总是假定，人们亲身观察某个事实后得出的推论，会或者应该与他们通过

被告知该事实而得出的推论相同，因为调节人们之间的交流的谈话规则，并不适用于由观察真实事实得来的信息。在问问题的时候，很难避免给出有关正确答案的（有用的或者误导性的）线索，而且也难以避免在其中传达关于所期待答案的某些信息。对证据解释的一个常见相关问题的讨论，可参阅巴-希勒尔等人（Bar-Hillel & Falk，1980）的研究。

毫无疑问，我们已经提到过的偏差性因素，极有可能在高度不确定的情境下，具有较大的影响力。如果被试对实验者谈话态度的理解与他们关于某问题的正确答案的可靠认识相冲突的话，这种理解就不会有太大影响。然而，在进行大多数判断研究的中间地带（gray area），谈话背景的变化，将影响到推理过程以至其被试的回答。

三、判断错误：积极的和消极的分析

在判断错误的积极解释和消极解释之间做出区分，通常是很有用的。一个积极的分析，聚焦于那些导致某个特定错误回答的因素；而消极分析，则试图解释为什么没能作出正确回答。比如，针对一个孩子在皮亚杰的守 505
恒任务中的错误，积极的分析是试图识别出那些决定这个孩子的回答的因素，如相对高度或两个容器的表面积等；而对这同一问题的消极分析，则会注意使这个孩子难以获知并理解容量守恒的那些障碍。在不确定判断研究中，积极分析关注的，是人们用以进行判断、估计和预测的启发式。而消极分析，则关心人们在理解和运用基本推理规则中的困难。对于理解错误，消极分析把注意力集中在一些妨碍人们独自发现相关规则或接受有关其问题的简单解释的障碍上。对一个应用错误的消极分析，力图找出编码的困难的方式，它使人们已知并接受的一些规则的相关性得以掩盖。

对于一系列不同问题的判断，有时会违背许多常用规则，在同样的一个启发式能够对此都进行解释的情况下，对该错误进行积极分析通常是最有用的。相应地，当人们在不同问题中一直违背某个规则，但这些错误又不能只归因于某一个启发式的时候，消极分析最具有启发性。因此，如果每天对日常事件的观察已经提供了足够的机会，让人们学习那些判断规则，那么是应该问一问人们为什么会认识不到这些规则。而且也该思考一下如果人们无法被那些简单而且正确的论据说服的话，他们为什么还要拒绝遵从规则呢。许多学者都讨论过人们在日常经验中了解统计规则的困难，比较著名的有下列的这些研究（Einhornt & Hogarth，1978；L. R. Goldberg，1968b；Nisbett & Ross，1980）。这种认识上的失败，通常可归结于没能完成必需的对相关事例的编码，或者是缺乏对错误判断的正确反馈。而拒绝接纳规则的理由，通常是认为其规则具有反直觉的性质。为了举例说明这一点，我们现在来分析一下人们拒绝采用回归预测规则的原因。

对直觉预测的研究提供了大量的证据，它们证明人们在预测中存在着一种普通的倾向，即他们的预测太过极端或者回归率不足（要想回顾最近的文献请看第15章）。在早期的文章中，我们对这种现象进行了一种积极的分析，以作为一个例子说明代表性启发式的作用（Kahneman & Tversky，1973，**4**；1979a，**30**）。然而，我们将看到，有理由对这些现象作某种消极的分析，以提供一个更加全面的认识。

人们常把正确的规则视作非直觉的甚至是反直觉的，对于这种理解性错误，进行一种消极的分析是很有意义的。很多基础统计学的老师，经常会发现他们的学生认为回归这个概念难以理解和运用，即使日常的经验都
506 在告诉他们那些极端的预测，大多数时候都太极端了。比如，体育比赛评论员和老师会经常遇到那种向平凡状态回归的例子：异常的成功通常带来的都是失望，而失败却往往导致进步。

而且，当一个标准变量实际上对预测值呈线性回归，而且该标准变量的条件分布（对预测值的每一个固定值而言）是对称的话，回归预测的规则，就能被下面这个引人注目的论点所证明：我们有理由对所有拥有同一个预测值的个案作出完全相同的预测，也有理由选择这样的一个预测来保证对于所有预测值为Y的个案，其标准变量值的平均值和中值都等于Y。然而，这一规则与人们所拥有的其他一些直觉相抵触，我们将在下面讨论其中的一部分。

（1）“一个最佳的预测规则，即使不能保证，至少也应该能对所有的案例作出非常准确的预测。”回归预测的原理，与这个表面上看来非常合理的要求是相违背的。回归预测提出的一系列预测值，比实际相应的标准值

的偏差更小，因此排除了得到相当精确的预测的可能性。实际上，回归规则允许每一组相关预测值都存在误差：我们绝不会发现一个儿子的身高能准确地从他父亲的身高推测出来，而且从他的身高也能准确地推测出他父亲的身高，除非他们两人的身高都处于整个身高分布的平均值上。如果相信一个允许出现误差的预测规则是最佳的，似乎不太合理。

（2）“观察值与在此基础上作出的预测值的关系应该是对称的。”我们似乎有理由期待如果 B 是从关于 A 的信息中推测而来的，那么在已知 B 的情况下，推测 A 也是正确的。回归预测，当然不支持这种对称性，因为这两个反方向的由一个变量推测另一个变量的预测遵从的不是同一个回归等式。在比较回归预测值与标准变量的实际值时，我们会发现相关的非对称性。在回归预测中，若对某特定值 Y 进行预测，那么所有案例的平均标准值将是 Y，从这个意义上讲，回归预测对所有的案例是公平的。然而，如果我们看一下标准值为 Y 的所有案例，会发现它们的预测值的平均值处于 Y 和组平均值之间。这种不对称性对那些聪明但缺乏统计知识的人来讲，是令人费解并且反直觉的。

就像在同一个总体中进行重复抽样或者采用同一测试的不同种对等形式的情况一样，其得到的最初观察值和标准值产生自同一过程，且无法区
分先后，在这种情况下，回归预测的不对称性，显得尤其麻烦。在此种情 507
况下，唯一满足对称性的预测模式，就是恒等法则（identity rule），即推测第二种形式下的值与最初的观测值是相等的。回归预测的原理，引入了一种毫无理由的区分：两个值都来自同一个总体，一旦知道了其中某个值，如何可能推测到有关这两个值的差别的迹象？

（3）“任何系统的结果必然有一个原因。”在最初的观察值和相应的标准值之间确实存在着区别，我们可以从任何一个散点图（scatterplot）中发现这一点。然而，它似乎是一个没有原因的结果。例如，在测验—再测验的情况下，若了解到第一次的值比较高，那么就会得出第二次的值会降低的预测，但第一次的观察值并不一定导致第二次的值低。出现这种无原因的结果，显然是违背有效的直觉的。实际上，对任何回归的例子，尽管人们偶尔会在这上面出错，都可能给出一个因果解释，这样一个事实严重阻

碍了人们对回归的理解。例如，对于那些熟练的操作，从最初的测验向下一次测验的回归，通常都归因于第一次失败后的努力奋斗，或者归因于最初的成功带来的过分的信心。人们很难认识到操作者即使对于结果一无所知，其操作也会出现这种回归，这仅仅是由于他的操作存在无法排除的不可靠性。第一次操作向第二次操作的回归，通常也是让你惊讶的，因为无法对它给出一个简单的因果解释。

我们已经勾勒出了一个对人们在理解和运用回归预测概念中的困难的消极分析。我们假定人们对于统计预测存在着很强的直觉，一些统计上正确的规则，往往被人们视作是反直觉的，仅仅因为它们与人们现有的直觉相抵触。照这种观点，人们所采用的“规则”代表着一些重要的信念，它们不仅仅是一些理性化的解释，还对人们理解正确的规则起到了很大的阻碍作用。而且，这些信念通常是相互矛盾的，因此也是无法实现的。比如，我们不可能建立起一个关于父亲和（第一个）儿子的身高的非衰退性的联合分布，以使父亲的平均身高成为其儿子的身高的无偏估计值，而且儿子的身高也可以作为父亲身高的无偏估计值。

总而言之，我们已经提出对不确定性判断中存在的一些错误和偏差应该采用双重分析：积极的分析用于解释人们依据启发式选择某个特定错误回答的行为，消极的分析则用于说明人们为什么不了解正确的规则。尽管这两种分析并不是互相抵触的，但它们倾向于强调所研究现象的不同方面。试图结合积极和消极解释的努力，应该可以加深对于归纳性推理的理论分析。

四、总结

在本章中，我们提到了在不确定性判断领域内存在的三组方法上和概
508 念上的问题。其一，我们在应用性错误和理解性错误之间进行了区分，并讨论了研究统计直觉的不同方法。其二，我们反观了判断研究中所采用的问题—回答范式的一些局限，并探讨了隐性暗示、苏格拉底式提示以及对话规则的影响。其三，我们讨论了对判断错误进行积极和消极解释的作用。

本章中所引发的一些思考，使我们对不确定性判断的经验和理论分析

更加复杂化了；它们也提出了一些将来研究的新方向。我们希望通过加深对统计直觉研究中的概念上和方法上的问题的理解，使我们能进一步理解人们归纳推理的复杂性、它的微妙之处以及局限性。

本章原载《认知》（*Cognition*，1982，11：123-141）。允许重印。

第35章　不确定性的变式

卡尼曼和特沃斯基（Daniel Kahneman and Amos Tversky）

509 在哲学、统计学和决策理论中，对不确定性（uncertainty）的分析，通常都只按照单一维度的概率或信念程度来处理所有形式的不确定性。近年来，对不确定状况下的判断的心理学研究，也基本承袭了这一传统，把注意力集中在直觉判断与标准概率逻辑的对应性上（Einhorn & Hogarth，1981；Nisbett & Ross，1980；Slovic，Fischhoff，& Lichtenstein，1977；本书第34章）。然而，关于不确定性的一种全面的心理学视角，揭示出许多不同的过程与经历，它们既涵盖了一些基本的机制，如单个神经元对重复性刺激的适应性，也包含了一些诸如评价科学假设之类的复杂活动。

在本章中，我们的概述，将延伸到有关不确定状况下的判断的心理学分析所通常考虑的观察范围之外。我们会讨论到对不确定性的两种反应水平。首先，我们将描述一些感知中存在的预期和意外的基本过程，它们能被视作人们进行主观概率判断的先兆。然后，我们将转向一种现象学的考察，其中我们会区分不确定性的内在和外在特征，并概述人们在评估不确定性时可能采用的 4 种判断模式。

一、概率的基本形式

不确定性，是一个所有生命形式都必须准备去面对的事实。在生物复杂性的一切层级上，都存在着对于迹象或刺激的意义或是行动的可能结果的不确定性。在所有层次上，都必须在不确定性被化解之前做出行动，并且必须在高水平的对最有可能发生事件的特定准备状态与当未预料事件发 510
生时能做出恰当反应的基本能力之间，达到一种平衡。鉴于目前的处理都是将重点放在信念而非行动上，我们将不讨论低级生物组织根据强化的概率来分配它们的反应精力的令人惊叹的过程（Herrnsteinn，1970）。在这一部分，我们主要关注感知的不确定性。

1. 感知的预期

在事件发生之前，我们总存有期望或预期（expectations）；而在事件发生之后，则可能产生惊奇（surprise）。对惊奇的研究，主要是采用心理生理学的方法，并通过数种指向反应的指标以及与事件相关的潜能的 P300 成分（component）来进行测量（Duncan-Johnson & Donchin，1977；Dochin，Ritter，& McCallum，1978）。而在许多语境中，则有大量的方法，被用于对期望的研究。

我们关于感知预期的讨论，将依图 35—1 所示的图式展开，其中区分

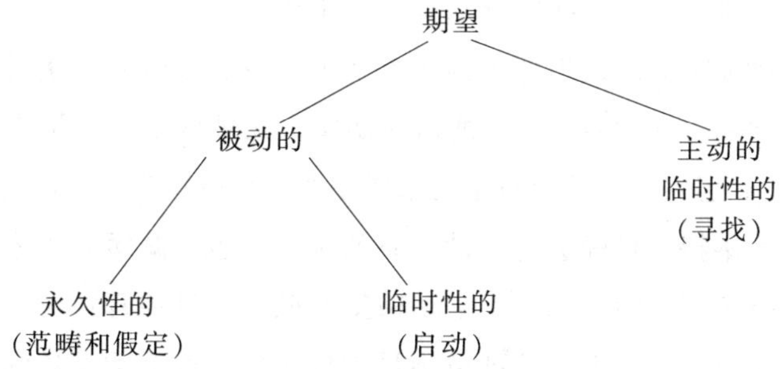

图 35—1　感知的期望

了3种主要的期望类型。第一个主要的区分，是将主动的和被动的期望区别开来：主动的期望会占据我们的意识，并利用到少量的注意力；相比较而言，被动的期望是自动且毫不费力的，我们与其说它是一种行动，还不如说是一种品性（disposition）（Posner，1978）。

一些期望是相对持久的。对于特质之间共变性的长期期望，使得我们用于对经验进行组织和编码的感知范畴得以界定。对于物体的特定期望，例如，房间和窗户可能是矩形的，就作为永久性的假设来帮助我们确定对于模糊刺激的解释（Ittelson & Kilpatrick，1951）。经过长时间的累积，相对于另一些事情而言，我们会变得对某些事情更有准备，正如实验中单词的过去频次对于单词再认（recognition）阈限所具有的强大影响一样（Broadbent，1967；Morton，1969）。事实上，期望有时会产生虚幻的经历，使得人们无法将它与现实区分开来，就像音位复原效应（phonemic restoration effect）所表现的一样。因此，有关单词“legislature”中的“s”的所有感知信息，都可以从这个单词的录音中抹掉，并代之以一声咳嗽或是某种其他的自然声音。而听此录音的被试，完全相信他们听到了虚构的音位（Warren，1970）。

被动的和临时性的期望，调节了背景对于再认的巨大影响（Foss & Blank，1980），以及启动效应的一些变式（Posner，1978）。如在某试验的警示标志中引入一个字母，会加速被试在速度匹配任务中对这个字母的反应，即使这个附加信息是被如此有意地加以安排，使得这一警示标志并不传达任何关于此目标的有效信息。波斯纳（Posner，1978）证明了两种期望
511 的一些重要区别，这两种期望分别是由并不包含某种信息的警示标志所建立起来的被动期望，以及当那个标志事实上能够，尽管不完美地，预测目标时所建立起的主动期望。一个被动的期望，在被确定时会带来益处（如更快的反应），但它不会妨碍对于尚未成型的目标的反应。相比而言，一个能引起被试对某特定目标进行主动准备的标示，也会减缓对于未预期目标的反应。用概率理论的话来讲，主动期望遵循了互补原理：对于特定事件的高度准备是以对其他事件的准备不足为代价的。而被动准备则符合一种非互补性的无成本的利益模式。

被动期望可能会与有意识的期望相冲突，并且有证据表明，被动过程对模糊刺激的解释有更大的影响力。有学者（Epstein & Rock，1960）利用由左视和右视的剪影相结合从而形成的一个可置换的图形背景结构图像，检验两种类型的期望的相互竞争。合成图像的观察者，只能看到其中一个与正常轮廓相符的剪影。他们在建构了两个可加入这一形式的剪影之后，在数次试验中有规律地交替展示这些剪影，从而制造出一种有意识的期望，即任何一个必然伴随着另一个出现。然后实验者第一次将合成的图像展现给被试，并记录下他们在其中看到的头部剪影。根据启动效应（priming effect），观察者通常看到的是前面的测试中出现的剪影，而非他们有意识地期望出现的那一个。

在一个已发表的关于不同水平的期望之间的冲突的相关研究中，大脑电位检查（electroen-cephalogram，EEG）中的 P300 成分，是其主要的因变量。P300 值是 EEG 中的正向偏移，它在观察者认为是显著的或与任务相关的任何刺激得以呈现之后的 300 兆秒内出现。许多审慎的研究都显示出， 512
在事件的先验概率和它们所引起的 P300 偏差值之间，有着紧密的联系（Donchin，Ritter，& McCallum，1978）。当一个被试面对一个伯努利（Bernoulli）序列时，与低频率事件相比，经常重复出现的事件引出的 P300 值更小。而且，同样事件的重复出现，往往伴随着 P300 值的直线下降，它表明人们主观认定的会继续重复的概率在增长。与此相对的是，根据我们熟悉的赌徒谬误，对重复的有意识的期望，长期而言是持续下降的。显然，一个观察者有可能在准备或“启动”某件事的同时，却在有意识地预期另一件事，而且当有意识地预期的事件发生时，他们会显现出惊奇的心理学迹象。因此，我们可以认为个体可能在同一时间对同一事件有着互相冲突的概率判断。这些观察，意味着人的意识似乎是一个科层结构（Dennett，1979），其中不同的部分接纳不同的数据，赋予不同的权重，并由此对同一情境产生不同的看法。

2. 作为打赌的感知

在毕生的视觉经历中发展起来的期望，对于感知有着深远的影响，同时它们又明显地难以影响到有意识的知识或意向。对这些事实的最著名的展示，是由有关感知的相互影响主义（transactionalist）的学者所发展出来的（Ittelson & Killpatrick，1951；Kilpatrick，1961）。观察著名的扭曲房间和旋转窗户的人，往往被导向一种与他们的日常知识和对该错觉中的物体的特定了解相冲突的视觉经历。这样，当他的朋友沿着扭曲房间的墙壁行走的时候，会被认为其在改变大小，或被看成巨人或被视为侏儒，而且透过旋转的窗户，一张餐巾纸或许会变成薄薄一小片。之所以会产生如此令人惊异的效果，是因为我们有一个主导的假设，即都认为房间和窗子是矩形的。尽管观察者们非常清楚这一假设并不适用于当前的情况，但这种认识对有意识的感知无法产生任何实际的影响。在以往的岁月中已经建立起的对于现实的模式，不可能应某个特殊情况之需而改变。这些观察又一次证实：对于同一事件，观察者能够同时持有相互冲突的观点。

我们曾经提到过，感知的期望决定了我们在一个模糊的刺激中能“看出”什么。事实上，相互影响主义者们曾将感知解释为与现实打赌（Kilpatrick，1961）。这种感知选择的一个有意义的方面，在于对所选解释的高度信奉。我们的经验中，不包含任何有关刺激的模糊性的印记，即使在感知的解释会如 Necker 立方体一样随时间而波动的时候，它们也力图在任一
513 特定时刻保持确定性。在感知中，对不确定性和模糊性的抑制表明，我们或许在生理上就被安排为要按照感知的最佳博弈来行动，就好像这场赌博没有犯错的风险似的。有意识的感知经历与思维之间的最显著差别在于，后者可以表现出怀疑或不确定性，而前者在正常情况下是不能的。

尽管对不确定性的抑制使得感知博弈与对于不确定事件的有意识判断区别开来了，但这两个层次上的对不确定性的处理，在其他一些方面是相同的。相互影响主义研究的两个引人注目的观察，揭示出似乎适用于有意识信念的一些假设。第一个观察是，重构的环境图像倾向于具有连贯性，并反映出景物或刺激的特征中所包含的自然约束和倚赖条件。因此，当一个物品被放置在其尺寸和距离都被模糊化的环境中时，被人们挑中的感知解释，将选择与按正常方式获得的视觉尺寸相关的尺寸和距离：如果感觉某物品很大，那么它同时也会看上去比那些显得比较小的物品离我们更远。

第二个观察是，感知的建构似乎是一个层级化的过程，其中关于景象

的整体特征的判断，约束并主导着对其中所包含物体的判断。扭曲的房间提供了最好的例子。被试所看见的并不是两种极端观点的中和：一个扭曲房间中有正常大小的人，或是一个正常房间中却有奇怪大小的人。后一种观点压倒了前一种观点，就如同房间的形状在有人在其中行走之前就被计算好一样。是否类似的规则也同样会在如建构未来事件的情节这样的任务中发生作用，是一个非常值得研究的问题。

二、不确定性的现象学

前面的章节力图说明控制感知期望的规则与概率规则是明显不同的。本节将会把这一分析扩展至在主观的概率判断中可能表现出的怀疑和不确定的经历。正如我们将会看到的，在自然语言中，概率的概念可表示好几种不同的意识状态，而对这些状态来讲，标准的概率积分规则，可能已经不能同样适用了。

要理解期望的复杂性，先考虑它们其中的一个表现：当期望未实现时我们会体验到惊讶。设想将一枚硬币抛 40 次，你会期望有多少次是“头像”朝上的？如果你假定硬币是均质的，你将认为更有可能出现 20-20 的结果，而不是其他，然而如果真出现这个结果，你所表现出的惊讶将会超过你在面对 22 枚正面和 18 枚背面的结果时的表现。这两件事的“正确的”主观概率，是由对它们的相对可能性所作的慎重判断所决定的，还是依据 514
它们所引起的自然的惊讶反应呢？

一个可能的解释是，这个例子展示了概率判断的两种路径之间的冲突：对最有可能的结果是 20-20 的判断缘于对机会规则的认识，但是类似 22-18 或 17-23 这样的结果在另一层面上更具可能性，这时概率取决于代表性。一个稍稍不平等的结果，体现了硬币的均质性和抛掷的随机性，而一个完全公正的结果却无法代表这些。依照这种观点，对于期望的更大的心理现实，是建立在体现于惊讶反应中的代表性基础上的。

一个稍稍不同的将注意力集中于对可能结果进行的编码上的解释是可能的。正如我们将看到的，在谈话中将事件 X 的定义延伸为“X 或与此相似的事件”通常是很恰当的。如果对事件的自发编码遵循着类似的规则，诸如 22-18 或 17-23 这样的结果将会被自发编码为“大致平均的分配”，而 20-20 的结果将被赋予一个特殊的编码，即“完全平均的分配”。一个试图判断事件发生的相对可能性的人，将会考虑如何清楚地陈述结果，并指出 20-20 比 22-18 更有可能发生。但是否出现惊讶的反应可能取决于对事件的自然编码。22-18 的结果相对而言将不会令人觉得意外，因为它被编码为一个大致平均的结果，而且事实上它要比完全平均的结果更有可能发生。

给事件编码所扮演的角色，在对不确定主张的解释中有所体现，这种主张包括“我估计……”或有时候表达成“我认为……”不确定的主张是一类言语行动，这类行为是以特定的真实状态和对有效性的检验为特征的。比如，我们可以看一下下面这个预测：“我认为在 6 个月内黄金价格将比今天的价格上扬 50%。”从字面上看，这是一个分数估计，而且其被证实的
515 概率非常小。然而，人们不会试图对这个预测进行字面理解。分数估计通常被理解为一种相对性的陈述，或是一个对结果可能落入其间的范围的陈述，比如，“我认为黄金价格上扬的幅度将更接近 50%，而不是 X% 或者 Y%。”我们认为演说者和倾听者通常都会认同 X 和 Y 所暗含的意义。例如，如果在接下来的 6 个月中黄金的价格实际上扬了 53%，尽管上文中提到的预言者的预言并不是绝对正确，但人们还是会认为他已经预言得非常准确了。因此，做出一个数字性预测的人，通常诉诸一个范围而非一个点。言说者也同样会赞同这样的主张，即实际值高于或者低于这个估计值都是同样可能的，除非该预测的性质使此种现象不可能发生。因此，一个说“我认为在未来 6 个月中黄金价格会上扬 50%”的人，如果同时认为实际价格更有可能高于而非低于估计值，却不表达出来，通常就会被认为是在有意误导人们。

显然，与预测相关的真实状态，并不要求一个变量的预测值（或预测区间）被视作高度可能的，而需要它比用作比较的值（或区间）的可能性更大。例如，如果一个声称“我认为比利将在下届奥运会上赢得跳高金牌”的人，宁愿在该事件不发生而不是发生上下赌注，他并不会被人们看做骗子，然而，他不许再进行“杰克获胜的可能性更大”这样的补充。因此，自然语言赋予了最佳估计一个极具特权的角色，并且对所偏爱的估计

的认同，也传达了有关与之相比较的其他值的信息。提及某个喜爱的运动员，意味着将把他与其他单个运动员相比，而并不是和可能获胜者的间断分布（disjunction）作比较。这个规则所带来的一个结果是，如果某事件的补充事件被自然编码为一个间断分布（disjunction）的话，有时候是可能对某个被视为比其补充事件更不可能发生的事件进行“预测”的。

一个相关的限制，应用在对信心的表达上。一个有关信心的陈述，表达了某人对自己已经赞同的预测、估计或推论的不确定性。因此，询问“你有多大的信心认为自己是正确的?”是很自然的，而询问“你有多大信心认为自己的推测是错误的?”就不太正常了。信心是我们对自己“认为”会发生的事件的主观概率判断或信任程度。

普通语言同样提供了大量的表达方式，以描述那些可能发生，但我们不必然“认为”它们会发生的事件。因此，人们可以评估候选者获胜的机会，估计不同活动的风险性，在足球赛上下注，并理解气象播报员对下雨可能性的预报。现在我们跟随图 35—2 所示的框架转向一个更详细的对这类陈述中可能表达出的不确定状态的分析。接下来的章节，我们将讨论图表中的两个层次，即对不确定性的归因和不确定性的变式。

1. 对不确定性的归因

图 35—2 所示的主要区分所代表的，是不确定性可以被归因的两种场所：外部世界或我们的知识水平。比如，我们会将与抛掷一枚硬币、从一副牌中抽出一串纸牌、足球比赛的结果以及海伦火山的活动状况等事件相

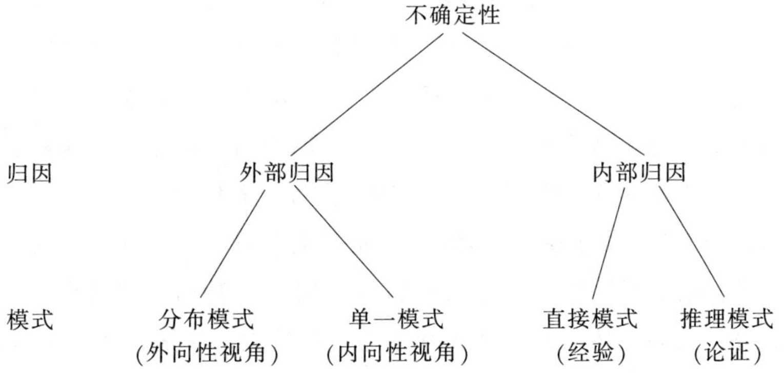

图 35—2　不确定性的变式

关的不确定性，归因到真实世界中存在着的因果关系体系。这些因果关系体系，具有制造不同事件的品性，我们通过评估相互竞争的各种品性的相对强度来判断这些事件发生的可能性。相比而言，“我认为勃朗峰（Mont
516 Blanc）是欧洲最高的山”或者“我希望我能正确拼出她的名字”这样的陈述，反映出的是某人思想中的不确定性，而不是那座山或者那个女孩的模糊性（Howell & Burnett 在 1978 年，就已经用内在不确定性和外在不确定性这两个词来分别表示人们能够或者不能够控制的事情了）。

我们对个体无知与外部不确定性之间的区分，与更为广泛的有关经验的内在归因和外在归因之间的差异紧密相关。例如，我们通常将颜色、大小、质地归结为客观物体的外部属性，而将痛苦、情感和记忆归结到具有该体验的主体身上，而不是那些导出这些情绪的客体。

对不确定性的归因，有时候可以从一个简单的语言测试中推导出来：用“这个的概率是……”这样的陈述，来描述对不确定性的评估合适吗？或者我们应该说“我认为的概率是……”贝叶斯派的观点认为，所有的概率都是主观和个人的，与之相对，自然语言却标明了不确定性的内部和外部之分。因此，我们可以说“对下一年内沙特阿拉伯王国会进行政权更替的可能性的最好评估”，但是若说“对尼罗河是世界上最长河流的可能性的最佳评估”就不合理了。对可能性的最佳评估，是属于公众领域内的，至于私人领域中的无知就不算了。

这项测试，并不总能区分这种不确定性到底是外部的还是内部的。例如，一个人可能说 Marlown 写《哈姆雷特》的可能性，尽管他说的这种可能性，更多的是来自于他的无知而不是 Marlown 有多大可能性写剧本。在这个例子中，公众知识体系的存在，可以证明使用“可能性”这种字眼是适当的，它能减少但不是排除关于《哈姆雷特》著作权的不确定性。当然并不是每个人都需要了解这种知识，但是这种估计的可能性，涉及从现有可获得的证据中可得出的合理的或共识性的推论。然而，在尼罗河这个例
517 子中，公共的知识体系，显然包含了正确的答案，无知只能是个人的问题了。

在众多因素中，将某事件的不确定性归因为事物的性质还是个人的无知，

得取决于时间。对于过去事件的不确定性很可能是一种无知，尤其是当事件的真实性已人尽皆知的时候；而对未来事件的不确定性，更自然地应归因于相关体系的各种性质。事实上，人们已经注意到对于硬币抛掷结果的不同态度，取决于这枚硬币是否已经被抛掷（Rothbart & Snyder，1970）。

2. 不确定性的变式

根据评估可能性时我们所需考虑的数据的性质，图 35—2 的第二层次，将不确定性区分为四种原型变式（prototypical variants）。外部不确定性，可以通过以下两种方式来评估：（1）分布模式。在这种模式中，需要研究的案例，可以看成是一系列相似案例中的一件，因为其中所有结果出现的相对频次都是已知的，或者是能被评估的。（2）单一模式。在这种模式中，可能性的评估只能通过手头特定事件的倾向性来评估。接下来，我们通过一个真实的故事来阐释上述两种评估可能性的模式。

一个参与高中课程发展项目的团队，所有的考虑，都面临着不确定性，目前正处于计划制定阶段。他们现在遇到的问题是，完成第一版教科书需要多长时间。参与讨论的每一个参加者，都要求尽可能现实地估计所需的时间；所得出的 7 个评估结果从 18 个月到 3 年不等。然后，团队领导者，转而问其中一个从事教育工作并在课程发展问题上有着丰富经验的参与者如下的问题："其他那些试图编写教科书，并且在之前从未有过相关课程研究的全新领域内开设新课程的团队，有些什么经验？他们从与我们现在阶段相似的地方开始，完成一本教科书需要多长时间？"所给出的答案中令人沮丧的含义，使所有参与者，包括给出答案本身的专家都感到惊讶："我所能想到的大多数团队失败了，并且从没有完成一本教科书。而对于那些成功的团队，完成的时间处于 5 年到 9 年这个时间范围内，中位值为 7 年。"

随后进一步的调查显示：通过构建计划和设想情节，并且为未知的突发事件留出一定的安全空间，所有的参与者都是按照单一模式提出他们最初的评估。由于初始化效应（Tversky & Kahneman，1974，**1**），在目前的计划中加入一定的安全空间，这样得出的评估往往是非常乐观的。但是上述故事中一个值得注意的方面是，决策者并没有同时利用那些彼此相关的分布信息，尽管一个专家从其个人知识中提取这些信息是完全可能的，而且 518

其他参与者还能非常准确地评估这些信息。

上述例子揭示出如何应用单一的和分布的推理模式对连续性变量——完成项目所需时间——进行预测。在该例子中，分布信息包括了有关不同完成时间的相对频次的知识。当然，一个类似的推理过程，也可以用来对离散型结果，例如项目失败的可能性进行评估。这个结果在相关类别中出现的相对频次，就构成了对可能性进行分布模式评估的基础，而对于某特定事件，在单一模式分析中运用到的其他信息，则会导出某种关于该事件会成功或者失败的倾向的印象。还有很多的事例，我们都可以运用单一模式或者分配模式解决同样的问题。

比较下面的例子：

(1)“如果明天早上你给约翰打电话，可能会发现他在家。他说过他喜欢在家工作。”

(2)“如果明天早上你给约翰打电话，可能会发现他在家。我给他打电话时他通常都在那里。”

陈述(1)只允许唯一的一种约翰会在家的可能性判断。而陈述(2)中既包含分布模式又包含了单一模式的估计。有关约翰早晨在家的相对频率，提供了一个明天依然会发现他在那里的可能性的自然估计，但是这个陈述同样赋予约翰一种早上在家的倾向性，如陈述(1)中所述。

我们曾推测(Kahneman & Tversky，1979a，**30**)，人们通常更喜欢单一模式，通过这种方式，人们采用一种有关能直接导出结果的因果体系的“内向性视角”，而不是那种将当前事件同某个抽样图式联系起来的“外向性视角”。上述课程计划的例子，表明人们对单一模式的偏爱。它同样说明了另外一种我们设想为极为普遍的结果：较之单一模式，判断的分布模式，更有可能导出精确的数值估计以及合理的概率评估。

通过下面几个例子，我们来看内部不确定性的不同评估模式之间的区别：

（3）"我相信纽约在罗马北面，但是不太肯定。"

（4）"我想她的名字叫多利斯，但我不太确定。"

这些陈述所表达出的不确定性，很显然是内部的：陈述（部分地）反映了个人的无知，而不是外部事物的特征。谈到纽约在罗马北面（顺便提及，并非如此）或是将琳达记作多利斯这两种倾向，显然都是很牵强的。

两种陈述，在所基于的证据的本质上存在差异。陈述（3）反映出一种对证据和论点反复筛选与权衡的过程（如纽约比罗马冷得多；罗马位于意大利中部，等等）。陈述（4）具有完全不同的特点。它所表达出的信心 519
建立于一种对两事件相关强度的内省式判断之上。正如我们对单词拼写的检查经常通过判断"它是否看起来正确"这一方式来完成一样，此时的信心，依赖于一种未加分析的经验。在心理物理学和有关记忆的研究中，与判断相联系的确信度与精确度密切相关：人们在判断正确时通常会比其犯错时更加自信，尽管他们对自己判断正确的可能性的估计，常常存在偏差（参见本书第 22 章）。

与外部不确定性类似，与某一给定问题相关的内部不确定性，有时可以通过推理和内省两种模式来评估。例如，关于某影星年龄的问题，我们既可以通过内省的方式寻找一个听起来比较熟悉的答案，也可以运用推理的方式从其他的知识中推导出答案。

我们并不是想说任何不确定性的经验，都可以落实到图 35—2 中的 4 种原型变式内。毫无疑问，这里还存在许多混合型的以及不确定的例子。我们已经知道，在一个给定的问题中，不确定性可以归因于外在事物的特征、个人的无知或者这两者的结合，并且可以通过单一模式、分布模式或者这两种模式的结合来进行评估。我们采取任何一种处理方式的目的，就是要突出不确定性经验的变异中的一些重要维度，而非提供一种详尽的并且相互排斥的经验分类。若要试图对各种测量主观概率的实验操作进行分类，可以参见豪厄尔等人的这本著作（Howell & Burnett，1978）。

3. 讨论

尽管概率的术语，能被用于表达任何形式的不确定性，但概率理论的原则，并不同等适用于所有的不确定性的变式。当采用分布或者频率模式对外在不确定性进行估计的时候，这些原则，最有可能被直觉判断所采纳和满足。比如，在我们参考气象统计数据以预测明年 4 月 12 号下雨的概率时，主观概率的互补性（complementarity）是非常明显的：过去相应所有 4 月份的日子，显然都可区分成下雨的日子和不下雨的日子。

而在其他变式中，互补性并不这么明显。若不确定性是依照倾向性、论据或确定性来评估的话，即使我们很确定地知道其中的一个选项是正确的，也很难发现这些概率能够互补并整合成一个整体。例如，人们会质疑为什么对纽约在罗马的北部这个论断的信念程度以及对纽约在罗马的南面
520 这一论断的信念程度之和，会等同于对其他任何一组互相补充的陈述的信念程度。事实上，一些作者（如 L. J. Cohen，1977；Shafer，1976）认为互补性不应该适用于信念程度。具体而言，萨福（Shafer）指出，既存在两个互相排斥的并且绝无其他可能的假设都能得到坚实的支持的情况，也存在着两种假设都缺乏足够支持的情况，由此他反对信念互补论。类似的有关互补论的性的问题，也出现在对信心的表现和对相互冲突的倾向的评估中。

不确定性的变式，可能在它们被评估的信心上也存在差异。设想一个图钉被抛掷了 4 次，其中有两次钉帽朝下，两次钉针朝下。根据这些数据，大多数的观察者会把下次抛掷图钉时钉帽朝下的概率确定为 0.5。他们同样会认为抛掷硬币时“正面”朝上的概率为 0.5，但他们在对硬币的判断中会比在对图钉的判断中表现得更有信心。正如此例所示，对同样的倾向判断，人们有可能赋予其不同程度的信心度。有关概率的信心度是非常重要的，因为它控制着人们如何做决定。有证据表明（Ellsberg，1961；Raiffa，1961），人们更愿意在概率已知的事件上下赌注，比如抛掷硬币，而不愿下注于那些与外部的不确定性和个人的无知相关联的事件，比如抛掷图钉。

在这个领域的不同思想派别所发展起来的关于概率的概念和我们曾讨论过的不确定的模式之间，有着天然的联系。因此，对概率所作的频次的或客观的解释，就将这一概念局限于由抽样过程产生的外部不确定性。相比较而言，贝叶斯学派或个人学派（personal school）将所有的不确定性均

视为无知。在贝叶斯学派那里，偏好是信念的基础，而概率就产生自在各个赌注间存在的偏好。然而，从一个心理学的观点来看，这种赌注式的启发式似乎不太现实。由于存在着单个来讲都极具说服力，但彼此又互不相容的各个学派，而且当学派之间互相冲突时，又没有各方都认同的解决规范冲突的标准，这个领域中的论争往往会被激化。通过提供不同观点、不同诉求的各种学派对直觉的充分描述，心理学的分析可能会对规范的讨论有所助益。

本章原载《认知》（*Cognition*，1982，11：143-157）。允许重印。

参考文献

（文献末尾括号中的数字为该文献在本书中的章序）

Abelson, R. P. Modes of resolution of belief dilemmas. *Journal of Conflict Resolution*, 1959, *3*, 343-352. (8)

Abelson, R. P., Aronson, E., McGuire, W. J., Newcomb, T. M., Rosenberg, M. J., & Tannenbaum, P. H. (Eds.). *Theories of cognitive consistency: A sourcebook*. Chicago: Rand-McNally, 1968. (15)

Adams, J. K. A confidence scale defined in terms of expected percentages. *American Journal of Psychology*, 1957, *70*, 432-436. (20, 22)

Adams, J. K., & Adams, P. A. Realism of confidence judgments. *Psychological Review*, 1961, *68*, 33-45. (22, 31)

Adams, P. A., & Adams, J. K. Training in confidence judgments. *American Journal of Psychology*, 1958, *71*, 747-751. (22, 31)

Adler, A. Individual psychology. In C. Murchinson (Ed.), *Psychologies of 1930*. Worcester, Mass.: Clark University Press, 1930. (16)

Adorno, T., Frenkel-Brunswik, E., Levinson, D., & Sanford, N. *The authoritarian personality*, New York: Harper, 1950. (15)

Ajzen, I. Intuitive theories of events and the effects of base-rate information on prediction. *Journal of Personality and Social Psychology*, 1977, *35*, 303-314. (10)

Alberoni, F. Contribution to the study of subjective probability, Part I. *Journal of General Psychology*, 1962, *66*, 241-264. (3)

Alexander, S. A. H. *Sex, arguments, and social engagements in marital and premarital relations.* Unpublished master's thesis, University of Missouri, Kansas City, 1971. (28)

Alker, H. A. Is personality situationally specific or intrapsychically consistent? *Journal of Personality*, 1972, *40*, 1-16. (15)

Allen, J. G. Breast surgery, principles and practice. In C. A. Moyer (Ed.), *Surgery: Principles and Practice.* Philadelphia: Lippincott, 1965. (18)

Allport, G. W. *The nature of prejudice.* Reading, Mass.: Addison-Wesley, 1954. (15)

Allport, G. W. Traits revisited. *American Psychologist*, 1966, *21*, 1-10. (15)

Alpert, W., & Raiffa, H. A progress report on the training of probability assessors. Unpublished manuscript, 1969. (1, 22, 33)

Anderson, C. A., Lepper, M. R., & Ross, L. The perseverance of social theories: The role of explanation in the persistence of discredited information. *Journal of Personality and Social Psychology*, 1980, *39*, 1037-1049. (9, 15)

Anderson, N. H. Information integration theory: A brief survey. In D. H. Krantz, R. C. Atkinson, R. D. Luce, and P. Suppes (Eds.), *Contemporary Developments in Mathematical Psychology* (Vol. 2). San Francisco: Freeman, 1974. (27)

Arkes, H. R., Wortmann, R. C., Saville, P. D., & Harkness, A. R. Hindsight bias among physicians weighing the likelihood of diagnoses. *Journal of*

Applied Psychology, 1981, *66*, 252-254. (31)

Armelius, K. Task predictability and performance as determinants of confidence in multiple-cue judgments. *Scandinavian Journal of Psychology*, 1979, *20*, 19-25. (31)

Ashmore, R. D., & Collins, B. E. Studies in forced compliance X: Attitude change and commitment to maintain publicly a counter-attitudinal position. *Psychological Reports*, 1968, *22*, 1229-1234. (9)

Bach, R. Nothing by chance. *The American Way*, 1973, *6*, 32-38. (33)

Bacon, F. *The new organon and related writings*. New York: Liberal Arts Press, 1960. (Originally published in 1620.) (9)

Barclay, S., & Peterson, C. R. *Two methods for assessing probability distributions* (Tech. Rep. 73-1). McLean, Va.: Decisions and Designs, Inc., 1973. (22)

Bar-Hillel, M. On the subjective probability of compound events. *Organizational Behavior and Human Performance*, 1973, *9*, 396-406. (1, 23, 30)

Bar-Hillel, M. Similarity and probability. *Organizational Behavior and Human Performance*, 1974, *11*, 277-282. (5)

Bar-Hillel, M. The role of sample size in sample evaluation. *Organizational Behavior and Human Performance*, 1979, *24*, 245-257. (5, 34)

Bar-Hillel, M. The base-rate fallacy in probability judgments. *Acta Psychologica*, 1980, *44*, 211-233. (10, 34) (a)

Bar-Hillel, M. What features make samples seem representative? *Journal of Experimental Psychology: Human Perception and Performance*, 1980, *6*, 578-589. (5, 6) (b)

Bar-Hillel, M., & Falk, R. *Some teasers concerning conditional probabilities*. Unpublished manuscript, 1980. (34)

Bar-Hillel, M., & Fischhoff, B. When do base rates affect predictions? *Journal of Personality and Social Psychology*, 1981, *41*, 671-680. (10)

Barraclough, G. Mandarins and Nazis. *New York Review of Books*, 1972, *19*, 37-

42. (23)

Bartlett, F. C. *Remembering*. Cambridge: Cambridge University Press, 1932. (12)

Beaver, W. H. Financial ratios as predictors of failure. In *Empirical research in accounting: Selected studies*. Chicago: University of Chicago, Graduate School of Business, Institute of Professional Accounting, 1966. (28)

Becker, B. W., & Greenberg, M. G. Probability estimates by respondents: Does weighting improve accuracy? *Journal of Marketing Research*, 1978, *15*, 482-486. (31)

Becker, C. Everyman his own historian. *American Historical Review*, 1935, *40*, 221-236. (23)

Beckman, L. Effects of students' performance on teachers' and observers' attribu tions of causality. *Journal of Educational Psychology*, 1970, *61*, 75-82. (9)

Bem, D. J. Self-perception: An alternative interpretation of cognitive dissonance phenomena. *Psychological Review*, 1967, *74*, 183-200. (7, 32)

Bem, D. J., & Allen, A. On predicting some of the people some of the time: The search for cross-situational consistencies in behavior. *Psychological Review*, 1974, *81*, 506-520. (15)

Bem, D. J., & Funder, D. C. Predicting more of the people more of the time: Assessing the personality of situations. *Psychological Review*, 1978, *85*, 485-501. (15)

Bem, D. J., & Lord, C. G. Template matching: A proposal for probing the ecological validity of experimental settings in social psychology. *Journal of Personality and Social Psychology*, 1979, *37*, 833-846. (15)

Bem, D. J., & McConnell, H. K. Testing the self-perception explanation of dissonance phenomena: On the salience of premanipulation attitudes. *Journal of Personality and Social Psychology*, 1970, *14*, 23-31. (32)

Benson, L. *Toward the scientific study of history: Selected essays*. Philadelphia; Lippincott, 1972. (23)

Bentham, J. *Handbook of political fallacies*. Baltimore: Johns Hopkins Press,

1952. (Originally published in 1824.) (32)

Ben Zvi, A. Hindsight and foresight: A conceptual framework for the analysis of surprise attacks. *World Politics*, 1976, *28* , 381-395. (23)

Beyth, R. *Man as an intuitive statistician: On erroneous intuitions concerning the description and prediction of events*. Unpublished master's thesis. The Hebrew University, Jerusalem, 1972. (In Hebrew) (4)

Beyth-Marom, R. , & Dekel, S. *Thinking under uncertainty: A textbook for junior high school students.* In press. (In Hebrew) (31, 33)

Bierbrauer, G. *Effect of set, perspective, and temporal factors in attribution.* Unpublished doctoral dissertation, Stanford University, 1973. (9)

Block, M. A. , & Reynolds, W. How vital is mammography in the diagnosis and management of breast carcinoma? *Archives of Surgery*, 1974, *108* , *588-591. (18)*

Borgida, E. Scientific deduction-Evidence is not necessarily informative: A reply to Wells and Harvey. *Journal of Personality and Social Psychology*, *1978*, *36*, *477-482*. (*10*)

Borgida, E. , & Brekke, N. The base-rate fallacy in attribution and prediction. In J. H. Harvey, W. J. Ickes, and R. F. Kidd (Eds.), *New Directions in Attribution Research* (Vol. 3). Hillsdale, N. J. : Erlbaum, 1981. (10)

Borgida, E. , & Nisbett, R. The differential impact of abstract vs. concrete information on decisions. *Journal of Applied Social Psychology*, 1977, *7* , 258-271. (7)

Bousfield, W. A. , & Sedgewick, C. H. An analysis of sequences of restricted associative responses. *Journal of General Psychology*, 1944, *30* , 149-165. (11)

Bowman, E. H. Consistency and optimality in managerial decision making. *Management Science*, 1963, *9* , 310-321. (28)

Bradley, G. W. Self-serving biases in the attribution process: A reexamination of the fact or fiction question. *Journal of Personality and Social Psychology*, 1978, *36* , 56-71. (9)

Braine, M. D. S. On the relation between the natural logic of reasoning and standard logic. *Psychological Review*, 1978, *85*, 1-21. (34)

Bransford, J. D., & Franks, J. J. The abstraction of linguistic ideas. *Cognitive Psychology*, 1971, *2*, 331-350. (6)

Brier, G. W. Verification of forecasts expressed in terms of probability. *Monthly Weather Review*, 1950, *75*, 1-3. (22)

Broadbent, D. E. Word-frequency effect and response bias. *Psychological Review*, 1967, *74*, 1-15. (35)

Broadbent, D. E. *Decision and Stress*. London: Academic Press, 1971. (35)

Brown, E. A. R. The tyranny of a construct: Feudalism and historians of medieval Europe. *American Historical Review*, 1974, *79*, 1063-1088. (23)

Brown, T. A. *An experiment in probabilistic forecasting* (Report R-944-ARPA). Santa Monica: The RAND Corp., 1973. (22)

Brown, T. A., & Shuford, E. H. *Quantifying uncertainty into numerical probabilities for the reporting of intelligence* (Report R-1185-ARPA). Santa Monica: The RAND Corp., 1973. (22)

Brucker, H. *Communication is power: Unchanging values in a changing journalism.* New York: Oxford University Press, 1973. (33)

Bruner, J. S. Going beyond the information given. In H. Gruber, et al. (Eds.), *Contemporary approaches to cognition.* Cambridge, Mass.: Harvard University Press, 1957. (15) (a)

Bruner, J. S. On perceptual readiness. *Psychological Review*, 1957, *64*, 123-152. (15) (b)

Bruner, J. S. The act of discovery. *Harvard Educational Review*, 1961, *31*, 21-32. (12)

Bruner, J. S., Postman, L., & Rodrigues, J. Expectations and the perception of color. *American Journal of Psychology*, 1951, *64*, 216-227. (15)

Bruner, J. S., & Potter, M. C. Interference in visual recognition. *Science*, 1964, *144*, 424-425. (11)

Brunswik, E. Organismic achievement and environmental probability. *Psychological Review*, 1943, *50*, 255-272. (19)

Bryan, W. B. Testimony before the Subcommittee on State Energy Policy, Committee on Planning, Land Use, and Energy, California State Assembly, February 1, 1974. (33)

Burton, I., Kates, R. W., & White, G. F. *The environment as hazard*. New York: Oxford University Press, 1978. (33)

Byrne, R. R. Correlation of thermography, xero-mammography and biopsy in a community hospital. *Wisconsin Medical Journal*, 1974, *73*, 35-37. (18)

Cambridge, R. M., & Shreckengost, R. C. *Are you sure? The subjective probability assessment test*. Unpublished manuscript. Langley, Va.: Office of Training, Central Intelligence Agency, 1978. (22)

Campbell, D. T. Blind variation and selective retention in creative thought as in other knowledge processes. *Psychological Review*, 1960, *67*, 380-400. (19)

Campbell, D. T. Reforms as experiments. *American Psychologist*, 1969, *24*, 409-429. (4)

Campbell, D. T. "Degrees of freedom" and the case study. *Comparative Political Studies*, 1975, *8*, 178-193. (23)

Carlsson, G. Random walk effects in behavioral data. *Behavioral Science*, 1972, *17*, 430-437. (23)

Carr, E. H. *What is history?* London: Macmillan, 1961. (23)

Carver, R. P. A critical review of mathagenic behaviors and the effect of questions upon the retention of prose materials. *Journal of Reading Behavior*, 1972, *4*, 93-119. (12)

Cass, J., & Birnbaum, M. *Comparative guide to American colleges*. New York: Harper & Row, 1968. (28)

Casscells, W., Schoenberger, A., & Grayboys, T. Interpretation by physicians of clinical laboratory results. *New England Journal of Medicine*, 1978, *299*, 999-1000. (10, 18)

Castellan, N. J., Jr. Decision making with multiple probabilistic cues. In N. J. Castellan, D. P. Pisoni, & G. R. Potts (Eds.), *Cognitive Theory*, 2. Hillsdale, N. J.: Erlbaum, 1977. (19)

Cavanaugh, J. C., & Borkowski, J. G. Searching for meta-memory-memory connections. *Developmental Psychology*, 1980, *16*, 441-453. (31)

Chah, S. The intelligence of stupidity: Understanding failures in strategic warning. *American Political Science Review*, 1979, *73*, 171-180. (23)

Chapman, L. J. Illusory correlation in observational report. *Journal of Verbal Learning and Verbal Behavior*, 1967, *6*, 151-155. (15)

Chapman, L. J., & Chapman, J. P. Genesis of popular but erroneous psychodiagnostic observations. *Journal of Abnormal Psychology*, 1967, *73*, 193-204. (15)

Chapman, L. J., & Chapman, J. P. Illusory correlation as an obstacle to the use of valid psychodiagnostic signs. *Journal of Abnormal Psychology*, 1969, *74*, 271-280. (1, 15, 17)

Choo, G. T. G. Training and generalization in assessing probabilities for discrete events (Tech. Rep. 76-5). Uxbridge, England: Brunel Institute of Organizational and Social Studies, 1976. (22)

Christensen-Szalanski, J. J. J., & Bushyhead, J. B. Physicians' use of probabilistic information in a real clinical setting. *Journal of Experimental Psychology: Human Perception and Performance*, 1981, *7*, 928-935. (22, 31)

Clark, H. H., & Clark, E. V. *Psychology and Language*. New York: Harcourt Brace Jovanovich, 1977. (34)

Clark, R. L., Copeland, M. M., Egan, R. L., Gallagher, H. S., Geller, H., Lindsay, J. P., Robbins, L. C., & White, E. C. Reproducibility of the technic of mammography (Egan) for cancer of the breast. *American Journal of Surgery*, 1965, *109*, 127-133. (18)

Clark, R. L., & Robbins, L. C. Mammography (Egan) in cancer of the breast. *The American Journal of Surgery*, 1965, *109*, 125-126. (18)

Clarke, F. R. Confidence ratings, second-choice responses, and confusion matrices in intelligibility tests. *Journal of the Acoustical Society of America*, 1960, *32*, 35-46. (22, 31)

Claudy, J. G. A comparison of five variable weighting procedures. *Educational and Psychological Measurement*, 1972, *32*, 311-322. (28)

Cocozza, J. J., & Steadman, H. J. Prediction in psychiatry: An example of misplaced confidence in experts. *Social Problems*, 1978, *25*, 265-276. (31)

Cohen, B., & Lee, I. A catalog of risks. *Health Physics*, 1979, *36*, 707-722. (33)

Cohen, B. L. Perspectives on the nuclear debate. *Bulletin of the Atomic Scientists*, 1974, *30*, 25-39. (33)

Cohen, J. The statistical power of abnormal-social psychological research. *Journal of Abnormal and Social Psychology*, 1962, *65*, 145-153. (2, 3)

Cohen, J. *Statistical power analysis in the behavioral sciences*. New York: Academic Press, 1969. (2)

Cohen, J., Boyle, L. E., & Chesnick, E. I. Patterns of preference in locating targets. *Occupational Psychology*, 1969, *43*, 129-144. (24)

Cohen, J., Chesnick, E. I., & Haran, D. A confirmation of the inertial-ψ effect in sequential choice and decision. *British Journal of Psychology*, 1972, *63*, 41-46. (1)

Cohen, J., & Hansel, C. E. M. *Risk and gambling*. New York: Philosophical Library, 1956. (3)

Cohen, J., & Hansel, C. E. M. The nature of decisions in gambling. *Acta Psychologica*, 1958, *13*, 357-370. (24)

Cohen, J. J. A case for benefit-risk analysis. In H. J. Otway (Ed.), *Risk vs. benefit: Solution or dream* (Report LA-4860-MS). Los Alamos Scientific Laboratory, February 1972. (Available from the National Technical Information Service.) (33)

Cohen, L. J. *The probable and the provable*. Oxford: Clarendon Press, 1977. (35)

Cohen, L. J. On the psychology of prediction: Whose is the fallacy? *Cognition*, 1979, *7*, 385-407. (34)

Cohen, L. J. Can human irrationality be experimentally demonstrated? *The Behavioral and Brain Sciences*, 1981, *4*, 317-331. (34)

Cohn, H. E. Mammography in its proper perspective. *Surgery*, *Gynecology and Obstetrics*, 1972, *134*, 97-98. (18)

Coles, R. Shrinking history. *New York Review of Books*, *Part I*, February 22, 1973, pp. *20*, 15-21; *Part II*, March 8, 1973, pp. *20*, 25-29. (23)

Collins, B. E., & Hoyt, M. F. Personal responsibility for consequences: An integration and extension of the forced-compliance literature. *Journal of Experimental Social Psychology*, 1972, *8*, 558-593. (9)

Combs, B., & Slovic, P. Causes of death: Biased newspaper coverage and biased judgments. *Journalism Quarterly*, 1979, *56*, 837-843, 849. (33)

Commager, H. S. *The nature and study of history*. Columbus, Ohio: Merrill, 1965. (23)

Committee on Government Operations. *Teton Dam Disaster*. Washington, D. C.: U. S. Government Printing Office, 1976. (33)

Cooke, W. E. Forecasts and verifications in Western Australia. *Monthly Weather Review*, 1906, *34*, 23-24. (22) (a)

Cooke, W. E. Weighting forecasts. *Monthly Weather Review*, 1906, *34*, 274-475. (22) (b)

Cox, D. R. Two further applications of a model for binary regression. *Biometrica*, 1958, *45*, 562-565. (22)

Cronbach, L. J. Beyond the two disciplines of scientific psychology. *American Psychologist*, 1975, *30*, 116-127. (19)

Crouse, T. *The bays on the bus*. New York: Random House, 1974. (7)

D'Andrade, R. G. Trait psychology and componential analysis. *American Anthropologist*, 1965, *67*, 215-228. (13)

Darley, J. M., & Latané, B. Bystander intervention in emergencies: Diffusion in responsibility. *Journal of Personality and Social Psychology*, 1968, *8*, 377-383. (7, 10)

Darlington, R. B. Reduced-variance regression. *Psychological Bulletin*, 1978, *85*, 1238-1255. (28)

Davis, W. L., & Davis, D. E. Internal-external control and attribution of responsibility for success and failure. *Journal of Personality*, 1972, *40*, 123-136. (9)

Dawes, R. M. A case study of graduate admissions: Application of three principles of human decision making. *American Psychologist*, 1971, *26*, 180-188. (28)

Dawes, R. M. Graduate admissions criteria and future success. *Science*, 1975, *187*, 721-723. (28) (a)

Dawes, R. M. The mind, the model, and the task. In F. Restle, R. M. Shiffrin, N. J. Castellan, H. R. Lindman & D. F. Pisoni (Eds.), *Cognitive theory*, Hillsdale, N. J.: Erlbaum, 1975. (19) (b)

Dawes, R. M. Shallow Psychology. In J. S. Carroll & J. W. Payne (Eds.), *Cognition and social behavior*. Hillsdale, N. J.: Erlbaum, 1976. (13, 28, 31)

Dawes, R. M. Confidence in intellectual judgments vs. confidence in perceptual judgments. In E. D. Lantermann & H. Feger (Eds.), *Similarity and Choice: Papers in honor of Clyde Coombs*. Bern: Hans Huber, 1980. (31)

Dawes, R. M., & Corrigan, B. Linear models in decision making. *Psychological Bulletin*, 1974, *81*, 95-106. (28)

Dawid, A. P. The well-calibrated Bayesian. *Journal of the American Statistical Association*, in press. (22)

Deacon, E. B. A discriminant analysis of predictors of business failure. *Journal of Accounting Research*, 1972, *10*, 167-179. (28)

DeCharms, R. C. *Personal causation: The internal affective determinants of behavior*. New York: Academic Press, 1968. (12, 16)

Deci, E. Effects of externally mediated rewards on intrinsic motivation. *Journal of Personality and Social Psychology*, 1971, *18*, 105-115. (9)

De Finetti, B. La prevision: Ses lois logiques, ses sources subjectives. *Annales de l'Institut Henri Poincaré*, 1937, *7*, 1-68. English translation in H. E. Kyburg, Jr., & H. E. Smokier (Eds.), *Studies in subjective probability*. New York: Wiley, 1964. (22)

De Finetti, B. Probability: Interpretations. In D. E. Sills (Ed.), *International Encyclopedia of the Social Sciences* (Vol. 12). New York: Macmillan, 1968. pp. 496-504. (1)

Degler, C. N. Why historians change their minds. *Pacific Historical Review*, 1976, *48*, 167-189. (23)

DeGowin, E., & DeGowin, R. *Bedside diagnostic examination* (2nd ed.). New York: Macmillan, 1969. (18)

DeGroot, A. D. *Het denken van den schaker* [Thought and choice in chess]. The Hague, The Netherlands: Mouton, 1965. (28)

Del Regato, J. A. Diagnosis, treatment and prognosis. In L. V. Ackerman (Ed.), *Cancer* (4th Ed.) St. Louis: Mosby, 1970. (18)

DeLuca, J. T. A statistical comparison study of patients undergoing breast biopsy at a community hospital over a 16-year period. *Radiology*, 1974, *112*, 315-318. (18)

Dennett, D. C. *Brainstorms*. Hassocks, England: Harvester, 1979. (35)

DeSmet, A. A., Fryback, D. G., & Thornbury, J. R. A second look at the utility of radiographic skull examination for trauma. *American Journal of Radiology*, 1979, *132*, 95-99. (22)

Detmer, D. E., Fryback, D. G., & Gassner, K. Heuristics and biases in medical decision-making. *Journal of Medical Education*, 1978, *53*, 682-683. (31)

Diaconis, P. Statistical problems in ESP research. *Science*, 1978, *201*, 131-136. (23)

Dodson, J. D. *Simulation system design for a TEAS simulation research facility.* (Tech. Rep. No. AFCRL-1112, PRC R-194). Los Angeles: Planning Research Corporation, November, 1961. (26)

Donchin, E., Ritter, W., & McCallum, W. C. Cognitive psychophysiology: The endogenous components of the ERP. In E. Callaway, P. Teuting, & S. H. Koslow (Eds.), *Event-related brain potentials in man.* New York: Academic Press, 1978. (35)

Dowie, J. On the efficiency and equity of betting markets. *Economica*, 1976, *43*, 139-150. (22, 31)

Dowie, J. Personal communication. November 1980. (22)

Dreman, D. *Contrarian investment strategy.* New York: Random House, 1979. (23, 31)

Duncan-Johnson, C. C., & Donchin, E. On quantifying surprise: The variation of event-related potentials with subjective probability. *Psychophysiology*, 1977, *14*, 456-467. (35)

Dunlap, T. R. Science as a guide in regulating technology: The case of DDT in the United States. *Social Studies of Science*, 1978, *8*, 265-285. (33)

Duval, S., & Hensley, V. Extensions of objective self-awareness theory: The focus of attention-causal attribution hypothesis. In J. H. Harvey, W. L. Ickes, & R. F. Kidd (Eds.), *New directions in attribution research* (Vol. 1). Hillsdale, N. J.: Erlbaum, 1976. (9)

Duval, S., & Wicklund, R. A. *A theory of objective self-awareness.* New York: Academic Press, 1972. (9)

Edwards, A. E. *Experimental design in psychological research.* New York: Holt, Rinehart & Winston, 1960. (20)

Edwards, D. D., & Edwards, J. S. Marriage: Direct and continuous measurement. *Bulletin of the Psychonomic Society*, 1977, *10*, 187-188. (28)

Edwards, W. Optimal strategies for seeking information: Models for statistics, choice reaction times, and human information processing. *Journal of Mathematical Psychology*, 1965, *2*, 312-329. (25)

Edwards, W. *Nonconservative probabilistic information processing systems.* (Report ESD-TR-66-404). U. S. Air Force, AF Systems Command. Electronic

Systems Division, Decision Sciences Laboratory, 1966. (25, 26)

Edwards, W. Conservatism in human information processing. In B. Kleinmuntz (Ed.), *Formal representation of human judgment*. New York: Wiley, 1968, 17-52. (1, 2, 3, 8)

Edwards, W. Bayesian and regression models of human information processing - a myopic perspective. *Organizational Behavior and Human Performance*, 1971, *6*, 639-648. (19)

Edwards, W. Comment. *Journal of the American Statistical Association*, 1975, *70*, 291-293. (34)

Edwards, W. Technology for director dubious: Evaluation and decision in public contexts. In K. R. Hammond (Ed.), *Judgment and decision in public policy formation*. Boulder, Colo.: Westview Press, 1978. (28)

Edwards, W., Lindman, H., & Phillips, L. D. Emerging technologies for making decisions. *New directions in psychology* (Vol. 2). New York: Holt, Rinehart & Winston, 1965. (25)

Edwards, W., Lindman, H., & Savage, L. J. Bayesian statistical inference for psychological research. *Psychological Review*, 1963, *70*, 193-242. (25)

Egan, R. L. Fundamentals of mammographic diagnoses of benign and malignant diseases. *Oncology*, 1969, *23*, 126-148, (18)

Egan, R. L. Contributions of mammography in the detection of early breast cancer. *Cancer*, 1971, *28*, 1555-1557. (18)

Egan, R. L. Mammography (2nd Ed.). Springfield, Ill.: Charles C. Thomas, 1972. (18)

Einhorn, H. J. Expert measurement and mechanical combination. *Organizational Behavior and Human Performance*, 1972, *7*, 86-106. (28)

Einhorn, H. J. Decision errors and fallible judgment: Implications for social policy. In K. R. Hammond (Ed.), *Judgment and decision in public policy formation*. Denver, Colo.: Westview Press, 1978. (23)

Einhorn, H. J. Personal communication, January 1979. (28)

Einhorn, H. J., & Hogarth, R. M. Unit weighting schemas for decision making. *Organizational Behavior and Human Performance*, 1975, *13*, 171-192. (28)

Einhorn, H. J., & Hogarth, R. M. Confidence in judgment: Persistence in the illusion of validity. *Psychological Review*, 1978, *85*, 395-416. (9, 19, 28, 34)

Einhorn, H. J., & Hogarth, R. M. Behavioral decision theory: Processes of judgment and choice. *Annual Review of Psychology*, 1981, *32*, 53-88. (34, 35)

Einhorn, H. J., Kleinmuntz, D. N., & Kleinmuntz, B. Linear regression and process tracing models of judgment. *Psychological Review*, 1979, *86*, 465-485. (19)

Ellis, R. J., & Holmes, J. G. *Focus of attention in social interaction: The impact on self evaluations*. Unpublished manuscript. Ontario, Canada: University of Waterloo, 1979. (9)

Ellsberg, D. Risk, ambiguity, and the Savage axioms. *Quarterly Journal of Economics*, 1961, *75*, 643-699. (35)

Epstein, W., & Rock, I. Perceptual set as an artifact of recency. *American Journal of Psychology*, 1960, *73*, 214-228. (35)

Erlick, D. E. Human estimates of statistical relatedness. *Psychonomic Science*, 1966, *5*, 365-366. (15)

Erlick, D. E., & Mills, R. G. Perceptual quantification of conditional dependency. *Journal of Experimental Psychology*, 1967, *73*, 9-14. (15)

Estes, W. K. Probability learning. In A. W. Melton (Ed.), *Categories of human learning*. New York: Academic Press, 1964. (2, 3)

Estes, W. K. The cognitive side of probability learning. *Psychological Review*, 1976, *83*, 37-64. (19)

Evans, J. St. B. T., & Dusoir, A. E. Proportionality and sample size as factors in intuitive statistical judgment. *Acta Psychologica*, 1977, *41*, 129-137. (34)

Evans, J. St. B. T., & Wason, P. C. Rationalization in a reasoning task. *British Journal of Psychology*, 1976, *67*, 486-497. (34)

Fabricand, B. P. *Horse sense*. New York: David McKay, 1965. (22)

Fama, E. F. Random walks in stock market prices. *Financial Analysts Journal*, 1965, *21*, 55-60. (23)

Feather, N. T. Attribution of responsibility and valence of success and failure in relation to initial confidence and task performance. *Journal of Personality and Social Psychology*, 1969, *13*, 129-144. (9)

Feller, W. *An introduction to probability theory and its applications* (3rd ed., Vol. 1). New York: Wiley, 1968. (3, 23, 34)

Ferrell, W. R., & McGoey, P. J. A model of calibration for subjective probabilities. *Organizational Behavior and Human Performance*, 1980, *26*, 32-53. (22, 31)

Festinger, L. *A theory of cognitive dissonance*. Stanford: Stanford University Press, 1957. (9, 15)

Festinger, L. *Conflict, decision and dissonance*. Stanford: Stanford University Press, 1964. (15)

Feyerabend, P. *Against method*. New York: NLB (Schocken), 1975. (23)

Fischer, D. H. *Historians' fallacies*. New York: Harper & Row, 1970. (23, 31)

Fischhoff, B. Hindsight ≠ foresight: The effect of outcome knowledge on judgment under uncertainty. *Journal of Experimental Psychology: Human Perception and Performance*, 1975, *1*, 288-299. (23, 30, 31)

Fischhoff, B. Attribution theory and judgment under uncertainty. In N. H. Harvey, W. J. Ickes, & R. F. Kidd (Eds.), *New directions in attribution research*. Hillsdale, N. J.: Erlbaum, 1976. (13)

Fischhoff, B. Cost-benefit analysis and the art of motorcycle maintenance. *Policy Sciences*, 1977, *8*, 177-202. (33) (a)

Fischhoff, B. Perceived informativeness of facts. *Journal of Experimental Psychology: Human Perception and Performance*, 1977, *3*, 349-358. (23, 31, 34) (b)

Fischhoff, B. Intuitive use of formal models. A comment on Morrison's "Quantitative Models in History." *History and Theory*, 1978, *17*, 207-210. (23)

Fischhoff, B. Latitude and platitudes. How much credit do people deserve? In G. Ungson & D. Braunstein (Eds.), *New directions in decision making*. New York: Kent, in press. (31) (a)

Fischhoff, B. No man is a discipline. In J. Harvey (Ed.), *Cognition, social behavior and the environment*. Hillsdale, N. J.: Erlbaum, in press. (23) (b)

Fischhoff, B., & Bar-Hillel, M. *Focusing techniques as aids to inference* (Decision Research Report 80-9). Eugene, Oreg.: Decision Research, 1980. (10, 34)

Fischhoff, B., & Beyth, R. "I knew it would happen" - Remembered probabilities of once-future things. *Organizational Behavior and Human Performance*, 1975, *13*, 1-16. (22, 23, 31)

Fischhoff, B., Goitein, B., & Shapira, Z. The experienced utility of expected utility approaches. In N. Feather (Ed.), *Expectancy, incentive and action*. Hillsdale, N. J.: Erlbaum, in press. (23)

Fischhoff, B., Lichtenstein, S., Slovic, P., Derby, S., & Keeney, R. *Acceptable risk*. New York: Cambridge University Press, 1981. (33)

Fischhoff, B., & MacGregor, D. Judged lethality (Decision Research Report 80-4). Eugene, Oreg.: Decision Research, 1980. (33)

Fischhoff, B., & Slovic, P. A little learning ...: Confidence in multicue judgment. In R. Nickerson (Ed.), *Attention and Performance VIII*. Hillsdale, N. J.: Erlbaum, 1980. (22, 23, 31)

Fischhoff, B., Slovic, P., & Lichtenstein, S. Knowing with certainty: The appropriateness of extreme confidence. *Journal of Experimental Psychology: Human Perception and Performance*, 1977, *3*, 552-564. (22, 23, 31, 33)

Fischhoff, B., Slovic, P., & Lichtenstein, S. Fault trees: Sensitivity of estimated failure probabilities to problem representation. *Journal of Experimental Psychology: Human Perception and Performance*, 1978, *4*, 330-334. (19, 23, 33, 34)

Fischhoff, B., Slovic, P., & Lichtenstein, S. Subjective sensitivity analysis. *Organizational Behavior and Human Performance*, 1979, *23*, 339-359. (10, 34)

Fischhoff, B., Slovic, P., & Lichtenstein, S. Knowing what you want: Measuring labile values. In T. Wallsten (Ed.), *Cognitive processes in choice and decision behavior*. Hillsdale, N. J.: Erlbaum, 1980. (19, 33)

Fischhoff, B., Slovic, P., Lichtenstein, S., Read, S., & Combs, B. How safe is safe enough? A psychometric study of attitudes towards technological risks and benefits. *Policy Sciences*, 1978, *9*, 127-152. (33)

Fiske, S. T., Taylor, S. E., Etcoff, N., & Laufer, J. Imaging, empathy and causal attribution. *Journal of Experimental Social Psychology*, 1979, *15*, 356-377. (13)

Fitch, G. Effects of self-esteem, perceived performance, and chance on causal attributions. *Journal of Personality and Social Psychology*, 1970, *16*, 311-315. (9)

Florovsky, G. The study of the past. In R. H. Nash (Ed.), *Ideas of history* (Vol. 2). New York: Dutton, 1969. (23)

Forrester, J. W. *World dynamics*. Cambridge: Wright-Alien, 1971. (11)

Foss, D. J., & Blank, M. A. Identifying the speech codes. *Cognitive Psychology*, 1980, *12*, 1-31. (35)

Freize, I., & Weiner, B. Cue utilization and attributional judgments for success and failure. *Journal of Personality*, 1971, *39*, 591-606. (9)

Friedman, A. K., Ashovitz, S. I., Berger, S. M., Dodd, M. D., Fisher, M. S., Lapayowker, M. S., Moore, J. P., Parlee, D. E., Stein, G. N., & Pendergrass, E. P. A cooperative evaluation of mammography in seven teaching hospitals. *Radiology*, 1966, *86*, 886-891. (18)

Fryback, D. G. *Use of radiologists' subjective probability estimates in a medical decision making problem*. (Michigan Mathematical Psychology Program, Report No. 74-14).

Ann Arbor: University of Michigan, 1974. (22)

Furby, L. Interpreting regression toward the mean in developmental research. *Developmental Psychology*, 1973, *8*, 172-179. (23)

Galbraith, R. C., & Underwood, B. J. Perceived frequency of concrete and abstract words. *Memory and Cognition*, 1973, *1*, 56-60. (1)

Gallie, W. B. *Philosophy and the historical understanding*. London: Chatto & Windus, 1964. (23)

Garcia, J., McGowan, B. K., & Greene, K. F. Sensory quality and integration: Constraints on conditioning. In A. H. Black & W. F. Prokasy (Eds.), *Classical conditioning II: Current research and theory*. New York: Appleton-Century-Crofts, 1972. (15)

Gardiner, P. C., & Edwards, W. Public values: Multi-attribute-utility measurement for social decision making. In M. F. Kaplan & S. Schwartz, (Eds.), *Human judgment and decision processes*. New York: Academic Press, 1975. (28)

Garner, W. R. Good patterns have few alternatives. *American Scientist*, 1970, *58* (1), 34-43. (3)

Gershon-Cohen, J., & Borden, A. G. G. Biopsy and mammography. *New York State Journal of Medicine*, 1964, 2751-2756. (18)

Gettys, C. F., & Willke, T. A. The application of Bayes' theorem when the true data state is uncertain. *Organizational Behavior and Human Performance*, 1969, *4*, 125-141. (26)

Ginosar, Z., & Trope, Y. The effects of base rates and individuating information on judgments about another person. *Journal of Experimental Social Psychology*, 1980, *16*, 228-242. (10)

Glanzer, M., & Clark, W. H. Accuracy of perceptual recall: An analysis of organization. *Journal of Verbal Learning and Verbal Behavior*, 1963, *1*, 289-299. (3)

Goethals, G. R., & Reckman, R. F. The perception of consistency in attitudes. *Journal of Experimental Social Psychology*, 1973, *9*, 491-501. (32, 34)

Goffman, E. *Interaction ritual*. New York: Anchor, 1967. (16)

Gold, R. H. The accuracy of mammography in the diagnosis of benign and malignant disease. *Oncology*, 1969, *23*, 159-163. (18)

Goldberg, L. R. The effectiveness of clinician's judgments: The diagnosis of organic brain damage from the Bender-Gestalt Test. *Journal of Consulting Psychology*, 1959, *23*, 25-33. (20)

Goldberg, L. R. Diagnosticians vs. diagnostic signs: The diagnosis of psychosis vs. neurosis from the MMPI. *Psychological Monographs*, 1965, *79* . (28)

Goldberg, L. R. Seer over sign: The first "good" example? *Journal of Experimental Research in Personality*, 1968, *3*, 168-171. (28) (a)

Goldberg, L. R. Simple models or simple processes? Some research on clinical judgments. *American Psychologist*, 1968, *23*, 483-496. (23, 34) (b)

Goldberg, L. R. Man vs. model of man: A rationale, plus some evidence, for a method of improving on clinical inferences. *Psychological Bulletin*, 1970, *73*, 422-432. (23, 28)

Goldberg, L. R. Parameters of personality inventory construction and utilization: A comparison of prediction strategies and tactics. *Multivariate Behavioral Research Monographs*, 1972, *72*, 1-59. (28)

Goldberg, L. R. Man vs. model of man: Just how conflicting is that evidence? *Organizational Behavior and Human Performance*, 1976, *16*, 13-22. (28)

Goldberg, P. Are women prejudiced against women? *Trans-Action*, April 1968, 28-30. (15)

Golding, S. L., & Rorer, L. G. Illusory correlation and the learning of clinical judgment. *Journal of Abnormal Psychology*, 1972, *80*, 249-260. (15)

Goldman, A. I. Epistemics: The regulative theory of cognition. *Journal of Philosophy*, 1978, *75*, 509-523. (32)

Goodfellow, L. D. A psychological interpretation of the results of the Zenith radio experiments in telepathy. *Journal of Experimental Psychology*, 1938, *23*, 601-632. (3)

Gray, C. W. Predicting with intuitive correlations. *Psychonomic Science*, 1968, *11*, 41-42. (4)

Green, B. F., Jr. Parameter sensitivity in multivariate methods. *Multivariate Behavioral Research*, 1977, *3*, 263. (28)

Green, D. M., & Swets, J. A. *Signal detection theory and psychophysics*. New York: Wiley, 1966. (22)

Greenwald, A. G. The totalitarian ego: Fabrication and revision of personal history. Unpublished manuscript, 1978. (12)

Greenwald, A. G., & Albert, R. D. Acceptance and recall of improvised arguments. *Journal of Personality and Social Psychology*, 1968, *8*, 31-34. (12)

Greenwald, A. G., & Sakumura, J. S. Attitude and selective learning: Where are the phenomena of yesteryear? *Journal of Personality and Social Psychology*, 1957, *7*, 387-397. (12)

Grether, D. M. Bayes' rule as a descriptive model: The representativeness heuristic (Social Science Working Paper No. 245). Pasadena: California Institute of Technology, 1979. (34)

Grether, D. M., & Plott, C. R. Economic theory of choice and the preference reversal phenomenon. *American Economic Review*, 1979, *69*, 623-638. (19, 33, 34)

Grice, H. P. Logic and conversation. In D. Davidson and G. Harman (Eds.), *The logic of grammar*. Encino: Dickenson, 1975. (34)

Gross, A. *Evaluation of the target person in a social influence situation*. Unpublished doctoral dissertation, Stanford University, 1966. (9)

Gruneberg, M. M., Morris, P. E., & Sykes, R. N. (Eds.), *Practical aspects of memory*. London: Academic Press, 1978. (31)

Guilford, J. P. *Psychometric methods*. New York: McGraw-Hill, 1954. (4)

Hacking, I. *The emergence of probability*. London: Cambridge University Press, 1975. (32)

Hamill, R., Wilson, T. D., & Nisbett, R. E. Insensitivity to sample bias: Generalizing from atypical cases. *Journal of Personality and Social Psychology*, 1980, *39*, 578-589. (9, 32, 34)

Hamilton, D. L. A cognitive attributional analysis of stereotyping. In L. Berkowitz (Ed.), *Advances in experimental social psychology* (Vol. 12). New York: Academic Press, 1979. (9)

Hamilton, D. L., & Rose, T. R. *Illusory correlation and the maintenance of stereotypic beliefs*. Unpublished manuscript, University of California at Santa Barbara, 1978. (13)

Hamlin, R. M. The clinician as judge: Implications of a series of studies. *Journal of Consulting Psychology*, 1954, *18*, 233-238. (20)

Hammerton, M. A case of radical probability estimation. *Journal of Experimental Psychology*, 1973, *101*, 252-254. (10)

Hammond, K. R. Probabilistic functioning and the clinical method. *Psychological Review*, 1955, *62*, 255-262. (28)

Hammond, K. R. Toward increasing competence of thought in public policy formation. In K. R. Hammond (Ed.), *Judgment and decision in public policy formation*. Boulder, Colo.: Westview Press, 1978. (19)

Hammond, K. R., & Adelman, L. Science, values, and human judgment. *Science*, 1976, *194*, 389-396. (28)

Hammond, K. R., McClelland, G. H., & Mumpower, J. *Human judgment and decision making: Theories, methods and procedures. New York*: Praeger, 1980. (34)

Hansen, R. D., & Donoghue, J. M. The power of consensus: Information derived from one's own and others' behavior. *Journal of Personality and Social Psychology*, 1977, *35*, 294-302. (10)

Hansen, R. D., & Lowe, C. A. Distinctiveness and consensus: The influence of behavioral information on actors' and observers' attributions. *Journal of Personality and Social Psychology*, 1976, *34*, 425-433. (10)

Hart, J. T. Memory and the memory-monitoring process. *Journal of Verbal Learning and Verbal Behavior*, 1967, *6*, 686-691. (11)

Hartshorne, H., & May, M. A. *Studies itl the nature of character* (Vol. 1),

Studies in deceit. New York: Macmillan, 1928. (15)

Hastie, R., & Kumar, P. A. Person memory: Personality traits as organizing principles in memory for behavior. *Journal of Personality and Social Psychology*, 1979, *37*, 25-38. (9)

Hathaway, S. R. Clinical intuition and inferential accuracy. *Journal of Personality*, 1956, *24*, 223-250. (20)

Hayes, J. R., & Simon, H. A. Psychological differences among problem isomorphs. In N. J. Castellan, Jr., D. B. Pisoni, & G. R. Potts (Eds.), *Cognitive theory*. Hillsdale, N. J.: Erlbaum, 1977. Vol. 2. (34)

Hazard, T. H., & Peterson, C. R. *Odds versus probabilities for categorical events* (Tech. Rep. (73-2). McLean, Va.: Decisions and Designs, Inc., 1973. (22)

Hedges, L. V., & Olkin, I. Vote counting methods on research synthesis. *Psychological Bulletin*, 1980, *88*, 359-369. (31)

Heider, F. Social perception and phenomenal causality. *Psychological Review*, 1944, *51*, 358-373. (9)

Heider, F. *The psychology of interpersonal relations*. New York: Wiley, 1958. (8, 9)

Hendrick, I. The discussion of the "Instinct to Master." *Psychoanalytic Quarterly*, 1943, *12*, 561-565. (16)

Henrion, M. *Assessing probabilities: A review*. Pittsburgh, Pa.: Carnegie-Mellon University, Department of Engineering and Public Policy, 1980. (31)

Henslin, J. M. Craps and magic. *American Journal of Sociology*, 1967, *73*, 316-330. (16)

Herrnstein, R. J. On the law of effect. *Journal of the Experimental Analysis of Behavior*, 1970, *13*, 243-266. (35)

Hershey, J. C., & Schoemaker, P. J. H. Risk taking and problem context in the domain of losses: An expected utility analysis. *Journal of Risk and Insurance*. 1980, *47*, 111-132. (33)

Hession, E., & McCarthy, E. *Human performance in assessing subjective probability distributions*. Unpublished manuscript, September, 1974. (Available from Department of Business Administration, University College Dublin, Belfield, Dublin 4, Ireland.) (22)

Hexter, J. H. *The history primer*. New York: Basic Books, 1971. (23)

Hoerl, A. E., & Fallin, H. K. Reliability of subjective evaluations in a high incentive situation. *Journal of the Royal Statistical Society* (*Series A*), 1974, *137*, 227-230. (22)

Hoffman, P. J. The paramorphic representation of clinical judgment. *Psychological Bulletin*, 1960, *57*, 116-131. (23, 28)

Hogarth, R. M. Cognitive processes and the assessment of subjective probability distributions. *Journal of the American Statistical Association*, 1975, *70*, 271-289. (19, 31)

Hohenemser, K. H. The failsafe risk. *Environment*, 1975, 17 (1), 6-10. (33)

Holdren, J. P. The nuclear controversy and the limitations of decision making by experts. *Bulletin of the Atomic Scientists*, 1976, *32*, 20-22. (33)

Holmes, D. S. Dimensions of projection. *Psychological Bulletin*, 1968, *69*, 248-268. (9)

Holt, R. R. Yet another look at clinical and statistical prediction. *American Psychologist*, 1970, *25*, 337-339. (28)

Horowitz, L. M., Norman, S. A., & Day, R. S. Availability and associative symmetry. *Psychological Review*, 1966, *73*, 1-15. (11)

Hovland, C. I. Reconciling conflicting results derived from experimental and survey studies of attitude change. *American Psychologist*, 1959, *14*, 8-17. (8)

Hovland, C. I., Mandell, W., Campbell, E. H., & Brock, T., Luchins, A. S., Cohen, A. R., McGuire, W. J., Janis, I. L., Feierabend, R. L., & Anderson, N. H. The effects of "commitment" on opinion change following communication. In C. I. Hovland et al., (Eds.), *The order of presentation in persuasion*. New Haven: Yale University Press, 1957. (9)

Howard, J. W., & Dawes, R. M. Linear prediction of marital happiness. *Personality and Social Psychology Bulletin*, 1976, *2*, 478-480. (28)

Howell, W. C., & Burnett, S. A. Uncertainty measurement: A cognitive taxonomy. *Organizational Behavior and Human Performance*, 1978, *22*, 45-68. (31, 35)

Howell, W. C., Gettys, C., & Martin, D. On the allocation of inference functions in decision systems. *Organizational Behavior and Human Performance*, 1971, *6*, 132-149. (26)

Huntsberger, D. V. *Elements of statistics* (2nd ed.). Boston: Allyn & Bacon, 1967. (15)

Hynes, M., & Vanmarcke, E. Reliability of embankment performance predictions. *Proceedings of the ASCE Engineering Mechanics Division Specialty Conference*. Waterloo, Ontario, Canada: University of Waterloo Press, 1976. (31, 33)

Ittelson, W. H., & Kilpatrick, F. P. Experiments in perception. *Scientific American*, 1951, *185*, 50-55. (35)

Janis, I. *Victims of groupthink*. Boston: Houghton Mifflin, 1972. (8, 23, 34)

Janis, I. L., & Mann, L. *Decision making*. New York: Free Press, 1977. (34)

Jenkins, H. M., & Ward, W. C. Judgment of contingency between responses and outcomes. *Psychological Monographs*, 1965, *79*. (11, 15, 19)

Jennergren, L. P., & Keeney, R. L. Risk assessment. In *Handbook of applied systems analysis*. Laxenberg, Austria: IIASA, in press. (31, 33)

Jennings, D. L., Lepper, M. R., & Ross, L. *Persistence of impressions of personal persuasiveness: Perseverance of erroneous self assessments outside the debriefing paradigm*. Unpublished manuscript, Stanford University, 1980. (9, 15)

Jervis, R. *Perception and misperception in international relations*. Princeton: Princeton University Press, 1975. (8, 34)

Johnson, D. M. *Systematic introduction to the psychology of thinking* . New York: Harper & Row, 1972. (4)

Johnson, T. J. , Feigenbaum, R. , & Weiby, M. Some determinants and consequences of the teacher's perception of causation. *Journal of Experimental Psychology*, 1964, *55*, 237-246. (9)

Johnson-Laird, P. N. , Legrenzi, P. , & Sonino-Legrenzi, M. Reasoning and a sense of reality. *British Journal of Psychology*, 1972, *63*, 395-400. (6, 34)

Johnson-Laird, P. N. , & Wason, P. C. A theoretical analysis of insight into a reasoning task. In P. N. Johnson-Laird and P. C. Wason (Eds.), *Thinking* . Cambridge: Cambridge University Press, 1977. (6, 34)

Jones, E. E. , & Davis, K. E. From acts to dispositions: The attribution process in person perception. In L. Berkowitz (Ed.), *Advances in experimental social psychology* (Vol. 2). New York: Academic Press, 1965. (9, 13)

Jones, E. E. , Davis, K. E. , & Gergen, K. Role playing variations and their informational value for person perception. *Journal of Abnormal and Social Psychology*, 1961, *63*, 302-310. (9)

Jones, E. E. , & DeCharms, R. Changes in social perception as a function of the personal relevance of behavior. *Sociometry*, 1957, *20*, 75-85. (9)

Jones, E. E. , & Harris, V. A. The attribution of attitudes. *Journal of Experimental Social Psychology*, 1967, *3*, 1-24. (9)

Jones, E. E. , Kanouse, D. E. , Kelley, H. H. , Nisbett, R. E. , Valins, S. , & Weiner, B. *Attribution: Perceiving the causes of behavior* . Morristown, N. J. : General Learning Press, 1971. (8, 9, 15)

Jones, E. E. , & Nisbett, R. E. The actor and the observer: Divergent perceptions of the causes of behavior. In E. E. Jones, D. Kanouse, H. H. Kelley, R. E. Nisbett, S. Valins, & B. Weiner, *Attribution: Perceiving the causes of behavior* . Morristown, N. J. : General Learning Press, 1971. (9, 11, 12)

Jones, J. M. *Prejudice and racism* . Reading, Mass. : Addison-Wesley, 1972. (15)

Jones, M. R. From probability learning to sequential processing: A critical review. *Psychological Bulletin*, 1971, *76*, 153-185. (3)

Kadane, J. Personal communication, November 1980. (22)

Kahneman, D., & Tversky, A. On prediction and judgment. *ORI Research Monograph*, 1972, *12* (4). (10) (a)

Kahneman, D., & Tversky, A. Subjective probability: A judgment of representativeness. *Cognitive Psychology*, 1972, *3*, 430-454. (1, 4, 5, 6, 11, 23, 32, 34) (b)

Kahneman, D., & Tversky, A. On the psychology of prediction. *Psychological Review*, 1973, *80*, 237-251. (1, 5, 6, 7, 8, 9, 10, 13, 15, 18, 23, 27, 30, 34)

Kahneman, D., & Tversky, A. Intuitive prediction: Biases and corrective procedures. *TIMS Studies in Management Science*, 1979, *12*, 313-327. (8, 33, 34, 35) (a)

Kahneman, D., & Tversky, A. Prospect theory: An analysis of decisions under risk. *Econometrica*, 1979, *47*, 263-291. (19, 33) (b)

Kasper, R. G. "Real" vs. perceived risk: Implications for policy. In G. T. Goodman & W. D. Rowe (Eds.), *Energy risk management*. London: Academic Press, 1979. (33)

Kassin, S. M. Base rates and prediction: The role of sample size. *Personality and Social Psychology Bulletin*, 1979, *5*, 210-213. (10) (a)

Kassin, S. M. Consensus information, prediction, and causal attribution: A review of the literature and issues. *Journal of Personality and Social Psychology*, 1979, *37*, 1966-1981. (10) (b)

Kates, R. W. *Hazard and choice perception in flood plain management* (Research Paper No. 78). Chicago: University of Chicago, Department of Geography, 1962. (23, 33)

Katz, D., & Allport, F. *Students' attitudes*. Syracuse: Craftsman Press, 1931. (9)

Kaufman, M. T. *The New York Times*, October 18, 1973. (7)

Kelley, H. H. Attribution theory in social psychology. In D. Levine (Ed.), *Nebraska Symposium on Motivation*: 1967. Lincoln: University of Nebraska Press, 1967, 192-241. (7, 9, 13, 15)

Kelley, H. H. Attribution in social interaction. In E. E. Jones, D. Kanouse, H. H. Kelley, R. E. Nisbett, S. Valins, & B. Weiner (Eds.), *Attribution: Perceiving the causes of behavior*. Morristown, N. J.: General Learning Press, 1971. (9, 15)

Kelley, H. H. The process of causal attribution. *American Psychologist*, 1973, *28*, 107-128. (9, 15)

Kelley, H. H., & Stahelski, A. J. Social interaction basis of cooperators' and competitors' beliefs about others. *Journal of Personality and Social Psychology*, 1970, *16*, 66-91. (9)

Kelly, L. Evaluation of the interview as a selection technique. In *Proceedings of the* 1953 *Invitational Conference on Testing Problems*. Princeton, N. J.: Educational Testing Service, 1954. (28)

Kelman, H. C. The human use of human subjects: The problem of deception in social psychological experiments. In A. G. Miller (Ed.), *The social psychology of psychological research*. New York: Macmillan, 1972. (9)

Kidd, J. B. The utilization of subjective probabilities in production planning. *Acta Psychologica*, 1970, *34*, 338-347. (30)

Kilpatrick, F. P. *Explorations in transactional psychology*. New York: New York University Press, 1961. (35)

King, J. F., Zechmeister, E. B., & Shaughnessy, J. J. Judgment of knowing: The influence of retrieval practice. *American Journal of Psychology*, in press. (31)

Koltuv, B. Some characteristics of intrajudge trait intercorrelations. *Psychological Monographs*, 1962, *76*. (15)

Koriat, A., Lichtenstein, S., & Fischhoff, B. Reasons for confidence. *Journal of Experimental Psychology: Human Learning and Memory*, 1980, *6*, 107-118. (22, 23, 31)

Kostlan, A. A method for the empirical study of psychodiagnosis. *Journal of Consulting Psychology*, 1954, *18*, 83-88. (20)

Krantz, D. H. Measurement structures and psychological laws. *Science*, 1972, *175*, 1427-1435. (28)

Krantz, D. H., Luce, R. D., Suppes, P., & Tversky, A. *Foundations of measurement* (Vol. 1). New York: Academic Press, 1971. (28)

Kruskal, W., & Mosteller, F. Representative sampling I: Non-scientific literature. *International Statistical Review*, 1979, *47*, 13-24. (6) (a)

Kruskal, W., & Mosteller, F. Representative sampling II: Scientific literature excluding statistics. *International Statistical Review*, 1979, *47*, 111-127. (6) (b)

Kuhn, T. *The structure of scientific revolution* . Chicago: University of Chicago Press, 1962. (8, 23)

Kushner, R. Breast cancer- "The night I found out." *San Francisco Chronicle*, March 24, 1976. (18)

Lakatos, I. Falsification and scientific research programmes. In I. Lakatos & A. Musgrave (Eds.), *Criticism and the growth of scientific knowledge* . Cambridge: Cambridge University Press, 1970. (23)

Langer, E. J., Taylor, S. E., Fiske, S. T., & Chanowitz, B. Stigma, staring and discomfort: A novel stimulus hypothesis. *Journal of Experimental Social Psychology*, 1976, *12*, 451-463. (13)

Lanir, Z. *Critical reevaluation of the strategic intelligence methodology* . Tel Aviv: Center for Strategic Studies, Tel Aviv University, 1978. (23)

Larkin, J., McDermott, J., Simon, D. P., & Simon, H. A. Expert and novice performance in solving physics problems. *Science*, 1980, *208*, 1335-1342. (34)

Larson, J. R., & Reenan, A. M. The equivalence interval as a measure of uncertainty. *Organizational Behavior and Human Performance*, 1979, *23* , 49-55. (22, 31)

Lepper, M. R., & Greene, D. Turning play into work: Effects of adult surveillance and extrinsic rewards on children's intrinsic motivation. *Journal of Personality and Social Psychology*, 1975, *31*, 479-486. (9)

Lepper, M. R., & Greene, D. *The hidden costs of reward*. Hillsdale, N. J.: Erlbaum, 1978. (9)

Lepper, M. R., Greene, D., & Nisbett, R. E. Undermining children's intrinsic interest with extrinsic reward: A test of the overjustification hypothesis. *Journal of Personality and Social Psychology*, 1973, *28*, 129-137. (9)

Lepper, M. R., Ross, L., & Lau, R. *Persistence of inaccurate and discredited personal impressions: A field demonstration of attributional perseverance*. Unpublished manuscript, Stanford University, 1979. (9)

Lesnick, G. J. Mammography: A word of caution. *New York State Journal of Medicine*, 1966, 2005-2008. (18)

Libby, R. Man versus model of man: Some conflicting evidence. *Organizational Behavior and Human Performance*, 1976, *16*, 1-12. (28)

Lichtenstein, S., & Fischhoff, B. Do those who know more also know more about how much they know? The calibration of probability judgments. *Organizational Behavior and Human Performance*, 1977, *20*, 159-183. (22, 31)

Lichtenstein, S., & Fischhoff, B. *How well do probability experts assess probability?* (Decision Research Report 80-5). Eugene, Oreg.: Decision Research, 1980. (22) (a)

Lichtenstein, S., & Fischhoff, B. Training for calibration. *Organizational Behavior and Human Performance*, 1980, *26*, 149-171. (22, 31) (b)

Lichtenstein, S., & Fischhoff, B. The effects of gender and instructions on Calibration (Decision Research Report 81-5). Eugene, Oreg.: Decision Research 1981. (22)

Lichtenstein, S., Fischhoff, B., & Phillips, L. D. Calibration of probabilities: The state of the art. In H. Jungermann & G. deZeeuw (Eds.), *Decision making and change in human affairs*. Amsterdam: D. Reidel, 1977. (33)

Lichtenstein, S., & Slovic, P. Reversal of preferences between bids and choices in gambling decisions. *Journal of Experimental Psychology*, 1971, *89*, 46-55. (19, 33, 34)

Lichtenstein, S., & Slovic, P. Response-induced reversals of preference in gambling: An extended replication in Las Vegas. *Journal of Experimental Psychology*, 1973, *101*, 16-20. (33, 34)

Lichtenstein, S., Slovic, P., Fischhoff, B., Layman, M., & Combs, B. Judged frequency of lethal events. *Journal of Experimental Psychology: Human Learning and Memory*, 1978, *4*, 551-578. (33)

Lindman, H. G., & Edwards, W. Supplementary report: Learning the gambler's fallacy. *Journal of Experimental Psychology*, 1961, *62*, 630. (23)

Loftus, E. F. *Eyewitness testimony*. Cambridge, Mass.: Harvard University Press, 1979. (34)

Loftus, E. F., & Palmer, J. C. Reconstruction of automobile destruction: An example of the interaction between language and memory. *Journal of Verbal Learning and Verbal Behavior*, 1974, *16*, 585-589. (34)

Lord, C., Lepper, M. R., & Ross, L. Biased assimilation and attitude polarization: The effects of prior theories on subsequently considered evidence. *Journal of Personality and Social Psychology*, 1979, *37*, 2098-2110. (9, 15)

Ludke, R. L., Stauss, F. F., & Gustafson, D. H. Comparison of five methods for estimating subjective probability distributions. *Organizational Behavior and Human Performance*, 1977, *19*, 162-179. (31)

Lusted, L. B. *Introduction to medical decision making*. Springfield, Ill.: Charles C Thomas, 1968. (18)

Lusted, L. B. *A study of thc cfficacy of diagnostic radiologic procedures: Final report on diagnostic efficacy.* Chicago: Efficacy Study Committee of the American College of Radiology, 1977. (22, 31)

Lusted, L. B., Bell, R. S., Edwards, W., Roberts, H. V., & Wallace, D. L. Evaluating the efficacy of radiologic procedures by Bayesian methods: A progress report. In K. J. Snapper (Ed.). *Models in metrics for decision makers*. Washington, D. C.: Information Resources Press, 1977. (18)

Lynn, R. *Attention, arousal and the orientation reaction*. Oxford: Pergamon, 1966. (35)

Lyon, D., & Slovic, P. Dominance of accuracy information and neglect of base rates in probability estimation. *Acta Psychologica*, 1976, *40*, 287-298. (10, 18)

Lyons, A. S. Aids to the surgeon by mammography. *Mt. Sinai Journal of Medicine, New York*, 1975, *42*, 223-231. (18)

Machover, K. *Personality projection in the drawing of the human figure*. Springfield, Ill.: Charles C Thomas, 1949. (17)

Malpass, R. S. Effects of attitude on learning and memory. The influence of instruction-induced sets. *Journal of Experimental Social Psychology*, 1969, *5*, 441-453. (12)

Manis, M., Dovalina, I., Avis, N. E., & Cardoze, S. Base rates can affect individual predictions. *Journal of Personality and Social Psychology*, 1980, *38*, 231-248. (10)

Markman, E. M. Realizing that you don't understand: Elementary school children's awareness of inconsistencies. *Child Development*, 1979, *50*, 643-655. (31)

Marković, M. Social determinism and freedom. In H. E. Kiefer & M. K. Munitz, (Eds.), *Mind, science and history*. Albany, N. Y.: State University of New York Press, 1970. (23)

Marquardt, D. W., & Snee, R. D. Ridge regression in practice. *American Statistician*, 1975, *29* (1), 3-19. (28)

Marwick, A. *The nature of history*. London: Macmillan, 1970. (23)

Mayzner, M. S., & Tresselt, M. E. Tables of single-letter and bigram frequency counts for various word-length and letter-position combinations. *Psychonomic Monograph Supplements*, 1965, *1*, 13-32. (11)

McArthur, C. Analyzing the clinical process. *Journal of Counseling Psychology*,

1954, *1*, 203-207. (20)

McArthur, L. Z. The how and what of why: Some determinants and consequences of causal attribution. *Journal of Personality and Social Psychology*, 1972, *22*, 171-193. (7, 9)

McArthur, L. Z. The lesser influence of consensus than distinctiveness information on causal attributions: A test of the person-thing hypothesis. *Journal of Personality and Social Psychology*, 1976, *33*, 733-742. (9)

McArthur, L. Z., & Post, D. Figural emphasis and person perception. *Journal of Experimental Social Psychology*, 1977, *13*, 520-535. (9)

McArthur, L. Z., & Solomon, L. K. Perceptions of an aggressive encounter as a function of the victim's salience and the perceiver's arousal. *Journal of Personality and Social Psychology*, 1978, *36*, 1278-1290. (9)

McCauley, C., & Stitt, C. L. An individual and quantitative measure of stereotypes. *Journal of Personality and Social Psychology*, 1978, *36*, 929-940. (10)

McClelland, G., & Rohrbaugh, J. Who accepts the Pareto axiom? The role of utility and equity in arbitration decisions. *Behavioral Science*, 1978, *23*, 446-456. (34)

McClow, M. V., & Williams, A. C. Mammographic examinations (4030): Ten-year clinical experience in a community medical center. *Annals of Surgery*, 1973, *177*, 616-619. (18)

McGrath, P. E. *Radioactive waste management: Potentials and hazards from a risk point of view* (Report EURFNR 1204 [KFK 1992]). Karlsruhe, West Germany: U. S. - EURATOM Fast Reactor Exchange Programme, 1974. (33)

McNeil, B. J., Wcichsclbaum, R., & Pauker, S. G. Fallacy of the five-year survival in lung cancer. *New England Journal of Medicine*, 1978, *299*, 1397-1401. (33)

Meehl, P. E. *Clinical versus statistical prediction: A theoretical analysis and a review of the evidence*. Minneapolis: University of Minnesota Press, 1954. (28)

Meehl, P. E. When shall we use our heads instead of the formula? *Journal of Counseling Psychology*, 1957, *4*, 268-273. (20)

Meehl, P. E. Seer over sign: The first good example. *Journal of Experimental Research in Personality*, 1965, *1*, 27-32. (28)

Meehl, P. E. Nuisance variables and the ex post facto design. In M. Radner & S. Winokur (Eds.), *Minnesota studies in the philosophy of science*. Minneapolis: University of Minnesota Press, 1970. (23)

Meehl, P. E., & Rosen, A. Antecedent probability and the efficacy of psychometric signs, patterns or cutting scores. *Psychological Bulletin*, 1955, *52*, 194-216. (10)

Merton, R. K. The self-fulfilling prophecy. *Antioch Review*, 1948, *8*, 193-210. (15)

Mervis, C. B., & Rosch, E. Categorization of natural objects. *Annual Review of Psychology*, 1981, *32*, 89-115. (6)

Michotte, A. *The perception of causality*. New York: Basic Books, 1963. (19)

Milgram, S. Behavioral study of obedience. *Journal of Abnormal and Social Psychology*, 1963, *67*, 371-378. (7, 9)

Mill, J. S. *A system of logic, ratiocinative and inductive*. Toronto: University of Toronto Press, 1974 (Originally published in 1843). (32)

Miller, A. G. *The social psychology of psychological research*. New York: Macmillan, 1972. (9)

Miller, A. G., Gillen, B., Schenker, C., & Radlove, S. Perception of obedience to authority. *Proceedings of the 81st Annual Convention of the American Psychological Association*, 1973, *8*, 127-128. (7)

Miller, D. T. What constitutes a self-serving attributional bias? *Journal of Personality and Social Psychology*, 1978, *36*, 1221-1223. (9)

Miller, D. T., & Ross, M. Self-serving biases in the attribution of causality: Fact or fiction? *Psychological Bulletin*, 1975, *82*, 213-225. (9)

Mischel, W. *Personality and assessment*. New York: Wiley, 1968. (4, 15)

Mischel, W. Continuity and change in personality. *American Psychologist*, 1969, *24*, 1012-1018. (15)

Mischel, W. On the interface of cognition and personality: Beyond the personsituation debate. *American Psychologist*, 1979, *34*, 740-754. (6)

Mischel, W., & Gilligan, C. Delay of gratification, motivation for the prohibited gratification, and responses to temptation. *Journal of Personality and Social Psychology*, 1964, *64*, 411-417. (15)

Mitchell, T. R., & Kalb, L. S. Outcome knowledge and content as determinants of supervisor attributions and judgments of responsibility about a subordinate's poor performance. *Journal of Applied Psychology*, in press. (31)

Moore, P. G. The manager's struggle with uncertainty. *Journal of the Royal Statistical Society* (Series A), 1977, *140*, 129-165. (31)

Morris, P. A. Decision analysis expert use. *Management Science*, 1974, *20*, 1233-1241. (31)

Morrison, R. J. Franklin D. Roosevelt and the Supreme Court: An example of the use of probability theory in political history. *History and Theory*, 1977, *16*, 137-146. (23)

Morton, J. Interaction of information in word recognition. *Psychological Review*, 1969, *76*, 165-178. (35)

Moskowitz, H., & Bullers, W. I. *Modified PERT versus fractile assessment of subjective probability distributions* (Paper No. 675). Purdue University, 1978. (22)

Murphy, A. H. Scalar and vector partitions of the probability score (Part I). Two-state situation. *Journal of Applied Meteorology*, 1972, *11*, 273-282. (22)

Murphy, A. H. A new vector partition of the probability score. *Journal of Applied Meteorology*, 1973, *12*, 595-600. (22)

Murphy, A. H. Personal communication, August 1980. (22)

Murphy, A. H., & Winkler, R. L. Forecasters and probability forecasts: Some current problems. *Bulletin of the American Meteorological Society*, 1971, *52*, 239-247. (22)

Murphy, A. H., & Winkler, R. L. Subjective probability forecasting experiments in meteorology: Some preliminary results. *Bulletin of the American Meteorological Society*, 1974, *55*, 1206-1216. (22, 31)

Murphy, A. H., & Winkler, R. L. Can weather forecasters formulate reliable probability forecasts of precipitation and temperature? *National Weather Digest*, 1977, *2*, 2-9. (22, 31) (a)

Murphy, A. H., & Winkler, R. L. The use of credible intervals in temperature forecasting: Some experimental results. In H. Jungermann & G. deZeeuw (Eds.), *Decision making and change in human affairs*. Amsterdam: D. Reidel, 1977. (22) (b)

Näätänen, R., & Summala, H. *Road-user behavior and traffic accidents*. Amsterdam: North-Holland, 1975. (33)

Nickerson, R. S., & McGoldrick, C. C., Jr. Confidence ratings and level of performance on a judgmental task. *Perceptual Motor Skills*, 1965, *20*, 311-316. (22, 31)

Nisbett, R. E., & Borgida, E. Attribution and the psychology of prediction. *Journal of Personality and Social Psychology*, 1975, *32*, 932-943. (7, 10, 27, 32)

Nisbett, R. E., Borgida, E., Crandall, R., & Reed, H. Popular induction: Information is not necessarily informative. In J. S. Carroll and J. W. Payne (Eds.), *Cognition and social behavior*. Hillsdale, N. J.: Erlbaum, 1976. (19, 28)

Nisbett, R. E., & Ross, L. *Human inference: Strategies and shortcomings of social judgment*. Englewood Cliffs, N. J.: Prentice-Hall, 1980. (6, 9, 10, 15, 32, 34, 35)

Nisbett, R. E., & Schachter, S. Cognitive manipulations of pain. *Journal of Experimental Social Psychology*, 1966, *2*, 227-236. (7)

Nisbett, R. E., & Wilson, T. D. Telling more than we can know: Verbal reports on mental processes. *Psychological Review*, 1977, *84*, 231-259. (19, 32, 34)

Nisbett, R. E., Zukier, H., & Lemley, R. E. The dilution effect: Nondiagnostic information weakens the implications of diagnostic information. *Cognitive Psychology*, 1981, *13*, 248-277. (34)

Norman, W. T., & Goldberg, L. R. Raters, ratees, and randomness in personality structure. *Journal of Personality and Social Psychology*, 1966, *4*, 681-691. (15)

Nowell-Smith, P. H. Historical explanation. In H. E. Kiefer & M. K. Munitz (Eds.), *Mind, science and history*. Albany, N. Y.: State University of New York Press, 1970, (23)

O'Leary, M. K., Coplin, W. D., Shapiro, H. B., & Dean, D. The quest for relevance. *International Studies Quarterly*, 1974, *18*, 211-237. (23)

Olson, C. L. Some apparent violations of the representativeness heuristic in human judgment. *Journal of Experimental Psychology: Human Perception and Performance*, 1976, *2*, 599-608. (5, 34)

Orne, M. T. Demand characteristics and their implications for real life: The importance of quasi-controls. In A. G. Miller (Ed.), *The social psychology of psychological research*. New York: Macmillan, 1972. (9)

Orne, M. T. Communication by the total experimental situation: Why it is important, how it is evaluated, and its significance for the ecological validity of findings. In P. Pliner, L. Krames, & T. Alloway (Eds.), *Communication and affect*. New York: Academic Press, 1973. (34)

Oskamp, S. The relationship of clinical experience and training methods to several criteria of clinical prediction. *Psychological Monographs*, 1962, *76*, (28, Whole No. 547). (20, 22, 31)

Overall, J. E. Classical statistical hypothesis testing within the context of Bayesian theory. *Psychological Bulletin*, 1969, *71*, 285-292. (2)

Parducci, A. Category judgment: A range-frequency model. *Psychological*

Review, 1965, *72*, 407-418. (34)

Passini, F. T., & Norman, W. T. A universal conception of personality structure? *Journal of Personality and Social Psychology*, 1966, *4*, 44-49. (15)

Patterson, C. H. Diagnostic accuracy or diagnostic stereotypy? *Journal of Consulting Psychology*, 1955, *19*, 483-485. (20)

Payne, J. W. Information processing theory: Some concepts and methods applied to decision research. In T. Wallsten (Ed.), *Cognitive processes in choice and decision behavior*. Hillsdale, N. J.: Erlbaum, 1980. (19)

Pennington, D. C., Rutter, D. R., McKenna, K., & Morley, I. E. Estimating the outcome of a pregnancy test: Women's judgments in foresight and hindsight. *British Journal of Social and Clinical Psychology*, 1980, *79*, 317-323. (31)

Peterson, C. R. (Ed.). Special issue: Cascaded inference. *Organizational Behavior and Human Performance*, 1973, *10*, 315-432. (27)

Peterson, C. R., & Beach, L. R. Man as an intuitive statistician. *Psychological Bulletin*, 1967, *68* (1), 29-46. (3, 15, 31)

Peterson, C. R., DuCharme, W. M., & Edwards, W. Sampling distributions and probability revisions. *Journal of Experimental Psychology*, 1968, *76*, 236-243. (3)

Peterson, C. R., Schneider, R. J., & Miller, A. J. Sample size and the revision of subjective probabilities. *Journal of Experimental Psychology*, 1965, *69*, 522-527. (25)

Phillips, L. D. *Some components of probabilistic inference* (Tech. Rep. No. 1). Human Performance Center, University of Michigan, 1966. (11)

Phillips, L. D., & Edwards, W. Conservatism in simple probability inference tasks. *Journal of Experimental Psychology*, 1966, *72*, 346-357. (25)

Phillips, L. D., Hays, W. L., & Edwards, W. Conservatism in complex probabilistic inference. *IEEE Transactions on Human Factors in Electronics*, 1966, *HFE-7*, 7-18. (25)

Phillips, L. D., & Wright, G. N. Cultural differences in viewing uncertainty and assessing probabilities. In H. Jungermann & G. deZeeuw (Eds.), *Decision making and change in human affairs*. Amsterdam: D. Reidel, 1977. (22, 31)

Pickhardt, R. C., & Wallace, J. B. A study of the performance of subjective probability assessors. *Decision Sciences*, 1974, *5*, 347-363. (22, 31)

Pitz, G. F. Subjective probability distributions for imperfectly known quantities. In L. W. Gregg (Ed.), *Knowledge and cognition*. New York: Wiley, 1974. (22, 31)

Pitz, G. F., Downing, L., & Reinhold, H. Sequential effects in the revision of subjective probabilities. *Canadian Journal of Psychology*, 1967, *21*, 381-393. (3)

Pokorny, G. Energy development: Attitudes and beliefs at the regional/national levels. Cambridge, Mass.: Cambridge Reports, 1977. (33)

Polefka, J. *The perception and evaluation of responses to social influences*. Unpublished doctoral dissertation, Stanford University, 1965. (9)

Pollack, I., & Decker, L. R. Confidence ratings, message receptions, and the receiver operating characteristics. *Journal of the Acoustical Society of America*, 1958, *30*, 286-292. (22)

Posner, M. I. *Chronometric explorations of mind*. Hillsdale, N. J.: Erlbaum, 1978. (35)

Posner, M. I., & Keele, S. W. On the genesis of abstract ideas. *Journal of Experimental Psychology*, 1968, *77*, 353-363. (6)

Poulton, E. C. The new psychophysics: Six models for magnitude estimation. *Psychological Bulletin*, 1968, *69*, 1-19. (33)

Poulton, E. C. Range effects in experiments with people. *American Journal of Psychology*, 1975, *88*, 3-32. (34)

Pratt, J. W. Personal communication, October 1975. (22)

President's Commission on the Accident at Three Mile Island. *Report*. Washington, D. C.: U. S. Government Printing Office, 1979. (33)

Primack, J. Nuclear reactor safety: An introduction to the issues. *Bulletin of the*

Atomic Scientists, 1975, *31*, 15-17. (33)

Pryor, J. B., & Kriss, M. The cognitive dynamics of salience in the attribution process. *Journal of Personality and Social Psychology*, 1977, *35*, 49-55. (13)

Raiffa, H. Risk, ambiguity and the Savage axioms: Comment. *Quarterly Journal of Economics*, 1961, *75*, 690-694. (35)

Raiffa, H. Assessments of probabilities. Unpublished manuscript, Harvard University, 1969. (22)

Rather, D., & Heskowitz, M. *The camera never blinks*. New York: Ballantine Books, 1977. (12)

Regan, D. T., & Totten, J. Empathy and attribution: Turning observers into actors. *Journal of Personality and Social Psychology*, 1975, *32*, 850-856. (9)

Remus, W. E., & Jenicke, L. O. Unit and random linear models in decision making. *Multivariate Behavioral Research*, 1978, *13*, 215-221. (28)

Rethans, A. *An investigation of consumer perceptions of product hazards*. Doctoral dissertation, University of Oregon, 1979. (33)

Rhoads, J. E. *Textbook of surgery*. Philadelphia: Lippincott, 1969. (18)

Rogers, T. B., Kuiper, N. A., & Kirker, W. S. Self-reference and the encoding of personal information. *Journal of Personality and Social Psychology*, 1977, *35*, 677-688. (12)

Root, H. E. Probability statements in weather forecasting. *Journal of Applied Meteorology*, 1962, *1*, 163-168. (22, 31)

Rosato, F., Thomas, J., & Rosato, E. Operative management of nonpalpable lesions detected by mammography. *Surgery, Gynecology, and Obstetrics*, 1973, *137*, 491-493. (18)

Rosch, E. Cognitive reference points. *Cognitive Psychology*, 1975, *7*, 532-547. (6, 8)

Rosch, E. Principles of categorization. In E. Rosch and B. B. Floyd (Eds.), *Cognition and categorization*. Hillsdale, N. J.: Erlbaum, 1978. (6)

Rosch, E., & Mervis, C. B. Family resemblances: Studies in the internal structure of categories. *Cognitive Psychology*, 1975, *7*, 573-605. (6)

Rosenberg, J. A question of ethics: The DNA controversy. *American Educator*, 1978, *2*, 27-30. (33)

Rosenhan, D. L. On being sane in insane places. *Science*, 1973, *179*, 250-258. (15)

Rosenthal, R., & Jacobson, L. *Pygmalion in the classroom: Teacher expectation and pupils' intellectual development*. New York: Holt, Rinehart & Winston, 1968. (9, 15)

Ross, L. The intuitive psychologist and his shortcomings: Distortions in the attribution process. In L. Berkowitz (Ed.), *Advances in experimental social psychology* (Vol. 10). New York: Academic Press, 1977, 174-177. (8, 9, 13, 15, 19, 30, 32)

Ross, L. Some afterthoughts on the intuitive psychologist. In L. Berkowitz (Ed.), *Cognitive theories in social psychology*. New York: Academic Press, 1978. (15)

Ross, L., Amabile, T. M., & Steinmetz, J. L. Social roles, social control, and biases in social perception processes. *Journal of Personality and Social Psychology*, 1977, *35*, 485-494. (9)

Ross, L., Bierbrauer, G., & Polly, S. Attribution of educational outcomes by professional and non-professional instructors. *Journal of Personality and Social Psychology*, 1974, *29*, 609-618. (9)

Ross, L., Greene, D., & House, P. The false consensus phenomenon: An attributional bias in self perception and social perception processes. *Journal of Experimental Social Psychology*, 1977, *13*, 279-301. (9)

Ross, L., & Lepper, M. R. The perseverance of beliefs: Empirical and normative considerations. In R. A. Shweder (Ed.), *New directions for methodology of behavioral sciences: Fallible judgment in behavioral research*. San Francisco: Jossey-Bass, 1980. (9, 34)

Ross, L., Lepper, M. R., & Hubbard, M. Perseverance in self perception and social perception: Biased attributional processes in the debriefing paradigm. *Journa of Personality and Social Psychology*, 1975, *32*, 880-892. (9, 15)

Ross, L., Lepper, M. R., Strack, F., & Steinmetz, J. L. Social explanation and social expectation: The effects of real and hypothetical explanations upon subjective likelihood. *Journal of Personality and Social Psychology*, 1977, *35*, 817-829. (9, 15)

Ross, M., & Sicoly, F. Egocentric biases in availability and attribution. *Journal of Personality and Social Psychology*, 1979, *37*, 322-336. (13)

Rothbart, M., Fulero, S., Jensen, C., Howard, J., & Birrell, P. From individual to group impressions: Availability heuristics in stereotype formation. *Journal of Experimental Social Psychology*, 1978, *14*, 237-255. (13)

Rothbart, M., & Snyder, M. Confidence in the prediction and postdiction of an uncertain event. *Canadian Journal of Behavioral Science*, 1970, *2*, 38-43. (35)

Rothschild, N. Coming to grips with risk. Address presented on BBC television, November 1978. (Reprinted in the *Wall Street Journal*, May 13, 1979.) (33)

Rumelhart, D. E. Schemata: The building blocks of cognition. In R. Spiro, B. Bruce, and W. Brewer (Eds.), *Theoretical issues in reading comprehension*. Hillsdale, N. J.: Erlbaum, 1979. (34)

Russell, B. *Philosophy*. New York: Norton, 1927. (7)

Russo, J. E. The value of unit price information. *Journal of Marketing Research*, 1977, *14*, 193-201. (19)

Sanders, F. *The evaluation of subjective probability forecasts* (Scientific Report No. 5). Cambridge: Massachusetts Institute of Technology, Department of Meteorology, 1958. (22)

Savage, L. J. *The foundations of statistics*. New York: Wiley, 1954. (1, 25)

Savage, L. J. Elicitation of personal probabilities and expectations. *Journal of the American Statistical Association*, 1971, *66*, 336, 783-801. (22)

Sawyer, J. Measurement *and* prediction, clinical *and* statistical. *Psychological Bulletin*, 1966, *66*, 178-200. (28)

Schachter, S., & Singer, J. E. Cognitive, social, and physiological determinants of emotional state. *Psychological Review*, 1962, *69*, 379-399. (7)

Schaefer, R. E., & Borcherding, K. The assessment of subjective probability distribution: A training experiment. *Acta Psychologica*, 1973, *37*, 117-129. (22, 31)

Schmidt, F. L. The relative efficiency of regression and simple unit predictor weights in applied differential psychology. *Educational and Psychological Measurement*, 1971, *31*, 669-714. (28)

Schoemaker, P. J. H., & Kunreuther, H. C. An experimental study of insurance decisions. *Journal of Risk and Insurance*, 1979, *46*, 603-618. (33)

Schum, D. Current developments in research and cascaded inference processes. In T. Wallsten (Ed.), *Cognitive processes in choice and decision behavior*. Hillsdale, N. J.: Erlbaum, 1980. (19)

Seaver, D. A., von Winterfeldt, D., & Edwards, W. Eliciting subjective probability distributions on continuous variables. *Organizational Behavior and Human Performance*, 1978, *21*, 379-391. (22, 31)

Selvidge, J. *Experimental comparison of different methods for assessing thc extremes of probability distributions by the fractile method*. (Management Science Report Series, Report 75-13). Boulder, Colo. Graduate School of Business Administration, University of Colorado, 1975. (22)

Selvidge, J. Assessing the extremes of probability distributions by the fractile method. *Decision Sciences*, 1980, *11*, 493-502. (31)

Shafer, G. *A mathematical theory of evidence*. Princeton, N. J.: Princeton University Press, 1976. (6, 35)

Shapiro, S., Strax, P., & Venet, L. Periodic breast cancer screening. *Archives of Environmental Health*, 1967, *15*, 547-553. (18)

Shapiro, S., Strax, P., & Venet, L. Periodic breast cancer screening in reducing mortality from breast cancer. *Journal of American Medical Association*, 1971, *215*, 1777-1785. (18)

Sheridan, T. B. Human error in nuclear power plants. *Technology Review*, February 1980, 23-33. (33)

Shweder, R. A. (Ed.), *New directions for methodology of behavioral sciences: Fallible judgment in behavioral research*. San Francisco: Jossey-Bass, 1980. (34)

Shweder, R. A., & D'Andrade, R. G. The systematic distortion hypothesis. In R. A. Shweder (Ed.), *Fallible judgment in behavioral research*. San Francisco: Jossey-Bass, 1980. (6)

Sieber, J. E. Effects of decision importance on ability to generate warranted subjective uncertainty. *Journal of Personality and Social Psychology*, 1974, *30*, 688-694. (22, 31)

Siegel, S. *Nonparametric statistics for the behavioral sciences*. New York: McGraw-Hill, 1956. (5)

Siegler, R. S. The origins of scientific reasoning. In R. S. Siegler (Ed.), *Children's thinking: What develops?* Hillsdale, N. J.: Erlbaum, 1979. (19)

Silverman, I. *Motives underlying the behavior of the subject in the psychological experiment*. Paper presented at the meeting of the American Psychological Association, Chicago, September 1965. (9)

Simon, H. *Models of man: Social and rational*. New York: Wiley, 1957. (13)

Simon, H. A. Information-processing theory of human problem solving. In W. K. Estes (Ed.), *Handbook of learning and cognitive processes* (Vol. 5). Hillsdale, N. J.: Erlbaum, 1978. (19)

Simon, H. A., & Chase, W. G. Skill in chess. *American Scientist*, 1973, *61*, 394-403. (28)

Simon, H. A., & Hayes, J. R. The understanding process: Problem isomorphs. *Cognitive Psychology*, 1976, *8*, 165-190. (19)

Simon, H. A., & Newell, A. Human problem solving: The state of the theory in 1970. *American Psychologist*, 1971, *26*, 145-159. (19)

Slovic, P. Cue consistency and cue utilization in judgment. *American Journal of Psychology*, 1966, *79*, 427-434. (4)

Slovic, P. From Shakespeare to Simon: Speculations - and some evidence - about man's ability to process information. *Oregon Research Institute Research Bulletin*, 1972, 12 (2). Available from Decision Research, Eugene, Oregon (8, 22) (a)

Slovic, P. Limitations of the mind of man: Implications for decision making in the nuclear age. In H. J. Otway (Ed.), *Risk vs. benefit: Solution or dream?* (Report LA 4860-MS). Los Alamos, N. M.: Los Alamos Scientific Laboratory, 1972. (Available from the National Technical Information Service). (28) (b)

Slovic, P. Psychological study of human judgment: Implications for investment decision making. *Journal of Finance*, 1972, *27*, 779-799. (31, 33) (c)

Slovic, P. Hypothesis testing in the learning of positive and negative linear functions. *Organizational Behavior and Human Performance*, 1974, *11*, 368-376. (23)

Slovic, P., & Fischhoff, B. On the psychology of experimental surprises. *Journal of Experimental Psychology: Human Perception and Performance*, 1977, *3*, 544-551. (23, 31)

Slovic, P., Fischhoff, B., & Lichtenstein, S. Cognitive processes and societal risk taking. In J. S. Carroll & J. W. Payne (Eds.), *Cognition and social behavior*. Hillsdale, N. J.: Erlbaum, 1976. (6, 19, 23)

Slovic, P., Fischhoff, B., & Lichtenstein, S. Behavioral decision theory. *Annual Review of Psychology*, 1977, *28*, 1-39. (8, 19, 34, 35)

Slovic, P., Fischhoff, B., & Lichtenstein, S. Accident probabilities and seat belt usage: A psychological perspective. *Accident Analysis and Prevention*, 1978, *10*, 281-285. (33)

Slovic, P., Fischhoff, B., & Lichtenstein, S. Rating the risks. *Environment*, 1979, 21 (3), 14-20, 36-39. (33)

Slovic, P., Fischhoff, B. & Lichtenstein, S. Facts vs. fears: Understanding perceived risk. In R. Schwing & W. A. Albers, Jr. (Eds.), *Societal risk assess-*

ment: *How safe is safe enough* ? New York: Plenum, 1980. (33)

Slovic, P., Fischhoff, B., & Lichtenstein, S. Characterizing perceived risk. In R. W. Kates & C. Hohenemser (Eds.), *Technological hazard management*. Cambridge, Mass.: Oelgeschlager, Gunn and Hain, in press. (33) (a)

Slovic, P., Fischhoff, B., & Lichtenstein, S. Response mode, framing, and information processing effects in risk assessment. In R. M. Hogarth (Ed.), *New directions for methodology of social and behavioral science*: *The framing of questions and the consistency of response*. San Francisco: Jossey-Bass, in press. (33) (b)

Slovic, P., Fischhoff, B., Lichtenstein, S., Corrigan, B., & Combs, B. Preference for insuring against probable small losses: Insurance implications. *Journal of Risk and Insurance*, 1977, *44*, 237-258. (33)

Slovic, P., Kunreuther, H., & White, G. F. Decision processes, rationality, and adjustment to natural hazards. In G. F. White (Ed.), *Natural hazards*: *Local*, *national*, *and global*. New York: Oxford University Press, 1974. (33)

Slovic, P., & Lichtenstein, S. Comparison of Bayesian and regression approaches to the study of information processing in judgment. *Organizational Behavior and Human Performance*, 1971, *6*, 649-744. (1, 3, 4, 23, 28)

Slovic, P., Lichtenstein, S., & Fischhoff, B. Images of disaster: Perception and acceptance of risks from nuclear power. In G. T. Goodman & W. D. Rowe (Eds.), *Energy risk management*. London: Academic Press, 1979. (33)

Slovic, P., & Tversky, A. Who accepts Savage's axiom? *Behavioral Science*, 1974, *19*, 368-373. (34)

Smedslund, J. The concept of correlation in adults. *Scandinavian Journal of Psychology*, 1963, *4*, 165-173. (15, 19)

Smedslund, J. Note on learning, contingency, and clinical experience. *Scandinavian Journal of Psychology*, 1966, *7*, 265-266. (11, 19)

Smith, E. E., Shoben, E. J., & Rips, L. J. Structure and process in semantic memory: A featural model for semantic decisions. *Psychological Review*, 1974,

81, 214-241. (6)

Snapper, K. J., & Fryback, D. G. Inference based on unreliable reports. *Journal of Experimental Psychology*, 1974, *87*, 401-404. (26)

Snyder, M., & Swann, W. B., Jr. When actions reflect attitudes: The politics of impression management. *Journal of Personality and Social Psychology*, 1976, *34*, 1034-1042. (15)

Snyder, M., & Swann, W. B., Jr. Behavioral confirmation in social interaction: From social perception to social reality. *Journal of Experimental Psychology*, 1978, *14*, 148-162. (9) (a)

Snyder, M., &Swann, W. B., Jr. Hypothesis-testing processes in social interaction. *Journal of Personality and Social Psychology*, 1978, *36*, 1202-1212. (9) (b)

Snyder, M., Tanke, E. D., & Berscheid, E. Social perception and interpersonal behavior: On the self-fulfilling nature of social stereotypes. *Journal of Personality and Social Psychology*, 1977, *35*, 656-666. (9, 15)

Snyder, R. E. Mammography: Contributions and limitations in the management of cancer of the breast. *Clinical Obstetrics and Gynecology*, 1966, *9*, 207-220. (18)

Sokolov, E. N. The modeling properties of the nervous system. In I. Maltzman and K. Cole (Eds.), *Handbook of Contemporary Soviet Psychology*, New York: Basic Books, 1969. (35)

Soskin, W. F. Bias in postdiction from projective tests. *Journal of Abnormal and Social Psychology*, 1954, *49*, 69-74. (20)

Sowby, F. D. Radiation and other risks. *Health Physics*, 1965, *11*, 879-887. (33)

Srinivisan, V. *A theoretical comparison of the predictive power of the multiple regression and equal weighting procedures* (Research Paper No. 347). Stanford, Calif.: Stanford University, Graduate School of Business, 1977. (28)

Staddon, J. E. R., & Simmelhag, V. L. The "superstition" experiment: A reexamination of its implications for the principles of adaptive behavior. *Psychological Review*, 1971, *78*, 3-43. (19)

Staël von Holstein, C. -A. S. An experiment in probabilistic weather forecasting. *Journal of Applied Meteorology*, 1971, *10*, 635-645. (22, 31) (a)

Staël von Holstein, C. -A. S. Two techniques for assessment of subjective probability distributions-An experimental study. *Acta Psychologica*, 1971, *35*, 478-494. (1) (b)

Staël von Holstein, C. -A. S. Probabilistic forecasting: An experiment related to the stock market. *Organizational Behavior and Human Performance*, 1972, *8*, 139-158. (31)

Starr, B. J., & Katkin, E. S. The clinician as an aberrant actuary: Illusory correlation and the incomplete sentence blank. *Journal of Abnormal Psychology*, 1969, *74*, 670-675. (15)

Starr, C., & Whipple, C. Risks of risk decisions. *Science*, 1980, *208*, 1114-1119. (33)

Steinbrugge, K. V., McClure, F. E., & Snow, A. J. *Studies in seismicity and earthquake damage statistics* (Report [Appendix A] COM-71-00053). Washington, D. C.: U. S. Department of Commerce, 1969. (33)

Stevens, S. S., & Greenbaum, H. B. Regression effect in psychophysical judgment. *Perception and Psychophysics*, 1966, *1*, 439-446. (4)

Storms, M. D. Videotape and the attribution process: Reversing actors' and observers' points of view. *Journal of Personality and Social Psychology*, 1973, *27*, 165-175. (9, 12)

Storms, M. D., & Nisbett, R. E. Insomnia and the attribution process. *Journal of Personality and Social Psychology*, 1970, *16*, 319-328. (7)

Strachey, L. *Eminent Victorians*. New York: Putnam, 1918. (23)

Strickland, L. H. Surveillance and trust. *Journal of Personality*, 1958, *26*, 200-215. (9)

Strickland, L. H., Lewicki, R. J., & Katz, A. M. Temporal orientation and perceived control as determinants of risk-taking. *Journal of Experimental Social Psychology*, 1966, *2*, 143-151. (16)

Svenson, O. Are we all less risky and more skillful than our fellow drivers? *Acta Psychologica*, 1981, *47*, 143-148. (33)

Swets, J. A., Tanner, W. P., Jr., & Birdsall, T. Decision processes in perception. *Psychological Review*, 1961, *68*, 301-340. (22)

Taft, R. The ability to judge people. *Psychological Bulletin*, 1955, *52*, 1-23. (20)

Tawney, R. H. *The agrarian problems in the sixteenth century*. New York: Franklin, 1961. (23)

Taylor, H. C., & Russell, J. T. The relationship of validity coefficients to the practical effectiveness of tests in selection: Discussion and tables. *Journal of Applied Psychology*, 1939, *23*, 565-578, (19)

Taylor, S. E., & Crocker, J. *The processing of context information in person perception*. Unpublished manuscript, Harvard University, 1979. (34) (a)

Taylor, S. E., & Crocker, J. Schematic bases of social information processing. In E. T. Higgins, P. Herman, & M. P. Zanna (Eds.), *The Ontario Symposium on Personality and Social Psychology* (Vol. 1). Hillsdale, N. J.: Erlbaum, 1979. (13) (b)

Taylor, S. E., & Fiske, S. T. Point of view and perceptions of causality. *Journal of Personality and Social Psychology*, 1975, *32*, 439-445. (9, 12, 13)

Taylor, S. E., & Fiske, S. T. Salience, attention, and attribution: Top of the head phenomena. In L. Berkowitz (Ed.), *Advances in experimental social psychology* (Vol. 11). New York: Academic Press, 1978. (9)

Taylor, S. E., Fiske, S. T., Close, M., Anderson, D., & Ruderman, A. *Solo status as a psychological variable: The power of being distinctive*. Unpublished manuscript, Harvard University, 1976. (9, 13)

Taylor, S. E., Fiske, S. T., Etcoff, N., & Ruderman, A. The categorical and contextual bases of person memory and stereotyping. *Journal of Personality and Social Psychology*, 1978, *36*, 778-793. (13)

Taynor, J., & Deaux, K. When women are more deserving than men: Equity, attribution, and perceived sex differences. *Journal of Personality and Social Psychology*, 1973, *28*, 360-367. (15)

Testa, T. J. Causal relationships and the acquisition of avoidance responses. *Psychological Review*, 1974, *81*, 491-505. (15)

Thibaut, J. W., & Riecken, H. W. Some determinants and consequences of the perception of social causality. *Journal of Personality*, 1955, *24*, 113-133. (9)

Thornton, B. Linear prediction of marital happiness: A replication. *Personality and Social Psychology Bulletin*, 1977, *3*, 674-676. (28) (a)

Thornton, B. Personal communication, 1977. (28) (b)

Tufte, E. R., & Sun, R. A. Are there bellwether electoral districts? *Public Opinion Quarterly*, 1975, *39*, 1-18. (23)

Tukey, J. W. Some thoughts on clinical trials, especially problems of multiplicity. *Science*, 1977, *198*, 679-690. (23)

Tulving, E., & Pearlstone, Z. Availability versus accessibility of information in memory for words. *Journal of Verbal Learning and Verbal Behavior*, 1966, *5*, 381-391. (11)

Tune, G. S. Response preferences: A review of some relevant literature. *Psychological Bulletin*, 1964, *61*, 286-302. (2, 3)

Turoff, M. An alternative approach to cross-impact analysis. *Technological Forecasting and Social Change*, 1972, *3*, 309-339. (8)

Tversky, A. Intransitivity of preferences. *Psychological Review*, 1969, *76*, 31-48. (19)

Tversky, A. Features of similarity. *Psychological Review*, 1977, *84*, 327-352. (6, 8)

Tversky, A., & Kahneman, D. The belief in the "law of small numbers." *Psychological Bulletin*, 1971, *76*, 105-110. (1, 3, 4, 6, 7, 23, 34)

Tversky, A., & Kahneman, D. Availability: A heuristic for judging frequency and probability. *Cognitive Psychology*, 1973, *5*, 207-232. (1, 4, 9, 12, 13,

14, 23, 30, 33)

Tversky, A., & Kahneman, D. Judgment under uncertainty: Heuristics and biases. *Science*, 1974, *185*, 1124-1131. (6, 8, 13, 19, 22, 27, 28, 30, 31, 33, 34, 35)

Tversky, A., & Kahneman, D. Causal schemas in judgments under uncertainty. In M. Fishbein (Ed.), *Progress in social psychology*. Hillsdale, N. J.: Erlbaum, 1980. (6, 10, 19, 30)

Tversky, A., & Kahneman, D. The framing of decisions and the rationality of choice. *Science*, 1981, *211*, 453-458. (33, 34)

U. S. House of Representatives. *Browns Ferry nuclear plant fire: Hearing*. 94th Congress, 1st Session. Washington, D. C.: U. S. Government Printing Office, September 16, 1975. (33)

U. S. Nuclear Regulatory Commission. *Reactor safety study: An assessment of accident risks in U. S. commercial nuclear power plants* (WASH 1400 [NUREG-75/014]). Washington, D. C.: NRC, 1975. (22, 23, 33)

U. S. Nuclear Regulatory Commission. *Risk assessment review group report to the U. S. Nuclear Regulatory Commission* (NUREG/CR-0400). Washington, D. C.: NRC, 1978. (33)

U. S. Weather Bureau. *Report on weather bureau forecast performance 1967-8 and comparison with previous years* (Tech. Memorandum WBTM FCST, *11*), Silver Spring, Md.: Office of Meteorological Operations, Weather Analysis and Prediction Division, March 1969. (22)

Valins, S. Persistent effects of information about internal reactions: Ineffectiveness of debriefing. In H. London & R. E. Nisbett (Eds.), *Thought and feeling: Cognitive modification of feeling states*. Chicago: Aldine, 1974. (9)

Vitz, P. C., & Todd, D. C. A coded element model of the perceptual processing of sequential stimuli. *Psychological Review*, 1969, *76*, 433-449. (3)

Von Winterfeldt, D., & Edwards, W. *Flat maxima in linear optimization models* (Tech. Rep. 011313-4-T). Ann Arbor: University of Michigan, Engineering

Psychology Laboratory, 1973. (22, 28)

Wagenaar, W. A. Subjective randomness and the capacity to generate information. In A. F. Sanders (Ed.), *Attention and Performance*, *III*, *Acta Psychologica*, 1970, *33*, 233-242. (3)

Wainer, H. Estimating coefficients in linear models: It don't make no nevermind. *Psychological Bulletin*, 1976, *83*, 312-317. (28)

Wainer, H., & Thissen, D. Three steps toward robust regression. *Psychometrika*, 1976, *41*, 9-34. (28)

Wallace, H. A. What is the corn judge's mind? *Journal of the American Society of Agronomy*, 1923, *15*, 300-304. (28)

Wallach, M. A., & Wing, C. W. Is risk a value? *Journal of Personality and Social Psychology*, 1968, *9*, 101-106. (16)

Wallis, W. A., & Roberts, H. V. *Statistics: A new approach*. New York: Free Press, 1956. (4)

Wallsten, T. Processes and models to describe choice and inference. In T. Wallsten (Ed.), *Cognitive processes in choice and behavior*. Hillsdale, N. J.: Erlbaum, 1980. (19)

Wallsten, T. S., & Budescu, D. F. *Encoding subjective probabilities: A psychological and psychometric review*. Research Triangle Park, N. C.: U. S. Environmental Protection Agency, Strategies and Air Standards Division, 1980. (31)

Walster, E., Berscheid, E., Abrahams, D., & Aronson, E. Effectiveness of debriefing following deception experiments. *Journal of Personality and Social Psychology*, 1967, *6*, 371-380. (9)

Ward, W. C., & Jenkins, H. M. The display of information and the judgment of contingency. *Canadian Journal of Psychology*, 1965, *19*, 231-241. (11, 15, 19)

Warren, R. M. Perceptual restoration of missing speech sounds. *Science*, 1970, *167*, 393-395. (35)

Wason, P. C. On the failure to eliminate hypotheses in a conceptual task. *Quarterly Journal of Experimental Psychology*, 1960, *12*, 129-140. (19)

Wason, P. C. Reasoning. In B. Foss (Ed.), *New horizons in psychology*. Middlesex, England: Penguin, 1966. (34)

Wason, P. C. Regression in reasoning? *British Journal of Psychology*, 1969, *60*, 471-480. (34)

Wason, P. C., & Evans, J. St. B. T. Dual processes in reasoning? *Cognition*, 1975, *3*, 141-154. (34)

Wason, P. C., & Johnson-Laird, P. N. A conflict between selecting and evaluating information in an inferential task. *British Journal of Psychology*, 1970, *61*, 509-515. (34)

Wason, P. C., & Johnson-Laird, P. N. *Psychology of reasoning: Structure and Content*. London: Batsford, 1972. (6, 9)

Wason P. C., & Shapiro, D. Natural and contrived experience in a reasoning problem. *Quarterly Journal of Experimental Psychology*, 1971, *23*, 63-71. (34)

Weatherwax, R. K. Virtues and limitations of risk analysis. *Bulletin of the Atomic Scientists*, 1975, *31*, 29-32. (22)

Weiner, B. *Achievement motivation and attribution theory*. Morristown, N. J.: General Learning Press, 1974. (9, 15)

Weiner, B., Frieze, I., Kukla, A., Reed, L., Rest, S., & Rosenbaum, R. *Perceiving the causes of success and failure*. Morristown, N. J.: General Learning Press, 1971. (7)

Weinstein, N. D. Unrealistic optimism about future life events. *Journal of Personality and Social Psychology*, 1980, *39*, 806-820. (33)

Wells, G. L., & Harvey, J. H. Do people use consensus information in making causal attributions? *Journal of Personality and Social Psychology*, 1977, *35*, 279-293. (10)

Wells, G. L., & Harvey, J. H. Naive attributors' attributions and predictions:

What is informative and when is an effect an effect? *Journal of Personality and Social Psychology*, 1978, *36*, 483-490. (10)

Wessman, A. E., & Ricks, D. F. *Mood and personality*. New York: Holt, Rinehart & Winston, 1966. (7)

Wheeler, G., & Beach, L. R. Subjective sampling distributions and conservatism. *Organizational Behavior and Human Performance*, 1968, *3*, 36-46. (3)

Wheeler, W. M. An analysis of Rorschach indices of male homosexuality. *Rorschach Research Exchange*, 1949, *13*, 97-126. (17)

White, R. W. *Lives in progress: A study of the natural growth of personality*. New York: Dryden Press, 1952. (20)

White, R. W. Motivation reconsidered: The concept of competence. *Psychological Review*, 1959, *66*, 297-333. (12, 16)

Wicklund, R. A. Objective self-awareness. In L. Berkowitz (Ed.), *Advances in experimental social psychology* (Vol. 9). New York: Academic Press, 1975. (9)

Wiggins, N., & Kohen, E. S. Man vs. model of man revisited: The forecasting of graduate school success. *Journal of Personality and Social Psychology*, 1971, *19*, 100-106. (28)

Wilks, S. S. Weighting systems for linear functions of correlated variables when there is no dependent variable. *Psychometrika*, 1938, *8*, 23-40. (23, 28)

Williams, P. The use of confidence factors in forecasting. *Bulletin of the American Meteorological Society*, 1951, *32*, 279-281. (22)

Wilson, R. Analyzing the daily risks of life. *Technology Review*, 1979, *81*, 40-46. (33)

Winch, R. F., & More, D. M. Does TAT add information to interviews? Statistical analysis of the increment. *Journal of Clinical Psychology*, 1956, *12*, 316-321. (20)

Winkler, R. L. The assessment of prior distributions in Bayesian analysis. *Journal of the American Statistical Association*, 1967, *62*, 776-800. (31)

Winkler, R. L., & Murphy, A. H. Evaluation of subjective precipitation probability forecasts. In *Proceedings of the First National Conference on Statistical Meteorology, Hartford, Conn., May 27-29*. Boston: American Meteorological Society, 1968. (22) (a)

Winkler, R. L., & Murphy, A. H. "Good" probability assessors. *Journal of Applied Meteorology*, 1968, *7*, 751-758. (22) (b)

Wohlstetter, R. *Pearl Harbor: Warning and decision*. Stanford, Calif.: Stanford University Press, 1962. (23, 31)

Wolfe, J. N. Mammography: Report on its use in women with breasts abnormal and normal on physical examination. *Radiology*, 1964, *83*, 244-254. (18)

Wolfe, J. N. Mammography: Errors in diagnosis. *Radiology*, 1966, *87*, 214-219.

Wolfe, J. N. *Mammography* (2nd ed.). Springfield, Ill.: Charles C Thomas, 1967. (18)

Wolosin, R. J., Sherman, S. J., & Till, A. Effects of cooperation and competition on responsibility attribution after success and failure. *Journal of Experimental Social Psychology*, 1973, *9*, 220-235. (9)

Wood, G. The knew-it-all-along effect. *Journal of Experimental Psychology: Human Perception and Performance*, 1978, *4*, 345-353. (31)

Woodworth, R. S. *Experimental psychology*. New York: Holt, 1938. (4)

Wright, G. N., & Phillips, L. D. *Personality and probabilistic thinking: An experimental study* (Tech. Rep. 76-3). Uxbridge, England: Brunel Institute of Organisational and Social Studies, 1976. (22)

Wright, G. N., Phillips, L. D., Whalley, P. C., Choo, G. T. G., Ng, K. O., Tan, I., & Wisudha, A. Cultural differences in probabilistic thinking. *Journal of Crosscultural Psychology*, 1978, *9*, 285-299. (22)

Wright, G. N., & Wisudha, A. *Differences in calibration for past and future events*. Paper presented at the 7th Research Conference on Subjective Probability, Utility and Decision-Making, Göteborg, Sweden, August 1979. (22)

Yarrow, M., Campbell, J. D., & Burton, R. V. Recollections of childhood: A study of the retrospective method. *Monographs of the Society for Research in Child Development*, 1970, *35* (5). (23)

Yntema, D. B., & Torgerson, W. S. Man-computer cooperation in decisions requiring common sense. *IRE Transactions of the Professional Group on Human Factors in Electronics*, 1961, *2* (1), 20-26. (28)

Zadeh, L. A. Fuzzy sets as a basis for a theory of possibility. *Fuzzy Set and Systems I*, 1978, 3-28. (6)

索　引

（所注页码为英文原书页码，即本书边码）

A

B

C

D

H

I

J

L

M

N

T

U

译后记

一本书的命运，和人的生命历程类似，会有无法预测的波折和磨难。本文集的翻译初稿，完成于2003年8月。但因为碰上一个不合适的出版社，一直耽搁下来，并经历诸多麻烦。衷心感谢中国人民大学出版社的潘宇博士和龚洪训先生的不懈努力，也感谢剑桥大学出版社的决断和信赖，这本名著现在才开始它在中文世界中的生命历程。

这本译稿，是我和我在北京大学社会学系的学生们艰苦合作的成果。本书翻译的分工如下：吴新利：15、19、21、22、24～29和32章；张擘：7～11、14、33～35章；肖文明：2～6、20、23章；李康乐：16～18章；李娜：30、35章；侯健：12章；李静文：13章；张蕾：31章；序言、1章和主题索引，由我翻译。所有译文，由我进行最后统校，部分译文几乎重译。虽小心翼翼，但由于学识所限，一定有许多错漏，恳请学界同仁不吝指教，以待再版时进行校正。

本文集的翻译，是我所主持的2006年度教育部人文社会科学重点研究基地重大项目“行动者群体资格研究：转型社会的实践和理论”（项目批准号：06JJD840001）的部分成果之一。

方　文

北京大学社会学系，100871

2012年8月6日

译后记

Judgment Under Uncertainty: *Heuristics and Biases*, 1e, 0521240646 by Daniel Kahneman, Paul Slovic, Amos Tversky, first published by Cambridge University Press 1982

This simplified Chinese edition for the People's Republic of China is published by arrangement with the Press Syndicate of the University of Cambridge, Cambridge, United Kingdom.

图书在版编目（CIP）数据

不确定状况下的判断：启发式和偏差/（美）卡尼曼等编；方文等译．—北京：中国人民大学出版社，2013.1
（诺贝尔经济学奖获得者丛书）
ISBN 978-7-300-16933-0

Ⅰ.①不…　Ⅱ.①卡…②方…　Ⅲ.①判断-文集②推理-文集　Ⅳ.①B812.22-53②B812.23-53

中国版本图书馆 CIP 数据核字（2012）第 306913 号

诺贝尔经济学奖获得者丛书
不确定状况下的判断：启发式和偏差
丹尼尔·卡尼曼
保罗·斯洛维奇　　编
阿莫斯·特沃斯基
方文　吴新利　张擘　等译
方文　校

出版发行	中国人民大学出版社		
社　　址	北京中关村大街 31 号	**邮政编码**	100080
电　　话	010－62511242（总编室）		010－62511770（质管部）
	010－82501766（邮购部）		010－62514148（门市部）
	010－62515195（发行公司）		010－62515275（盗版举报）
网　　址	http://www.crup.com.cn		
经　　销	新华书店		
印　　刷	唐山玺诚印务有限公司		
开　　本	720 mm×1000 mm　1/16	**版　　次**	2013 年 1 月第 1 版
印　　张	41.25 插页 1	**印　　次**	2025 年 12 月第 12 次印刷
字　　数	593 000	**定　　价**	128.00 元